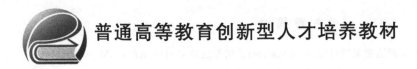

普通高等教育创新型人才培养教材

# CATIA V5 三维数字化设计

主　编　宋　伟
副主编　何国毅　陈龙胜　胡　涛　彭　云



北京航空航天大学出版社

## 内容简介

CATIA V5－6R2019 是由法国达索系统(Dassault System)公司开发的 CAD/CAE/CAM 一体化软件，广泛应用于航空航天、汽车制造、造船工业、电子电器和日用消费品等领域。

本书针对 CATIA V5－6R2019 软件与三维数字化设计相关的主要功能模块，分 10 章依次介绍 CATIA V5 软件基础、图形用户界面和基本操作、草图设计、零件设计、创成式外形设计、装配设计、工程制图、创成式钣金零件设计、分析与模拟及 CATIA 二次开发技术基础，重点介绍基于 CATIA V5 进行三维数字化设计的常用方法及其规律和技巧。

本书主要针对 CATIA V5 软件的初学者，适合作为高等学校及职业技术学校教材，同时也可作为 CAD/CAE/CAM 相关领域研发人员的自学和参考工具书。

**图书在版编目(CIP)数据**

CATIA V5 三维数字化设计 / 宋伟主编. -- 北京 ：北京航空航天大学出版社，2024.8

ISBN 978－7－5124－4379－2

Ⅰ. ①C… Ⅱ. ①宋… Ⅲ. ①机械设计—计算机辅助设计—应用软件 Ⅳ. ①TH122

中国国家版本馆 CIP 数据核字(2024)第 066868 号



**CATIA V5 三维数字化设计**

主　编　宋　伟

副主编　何国毅　陈龙胜　胡　涛　彭　云

策划编辑　董　瑞　　责任编辑　宋淑娟

*

北京航空航天大学出版社出版发行

北京市海淀区学院路 37 号(邮编 100191)　http://www.buaapress.com.cn

发行部电话：(010)82317024　传真：(010)82328026

读者信箱：goodtextbook@126.com　　邮购电话：(010)82316936

北京凌奇印刷有限责任公司印装　各地书店经销

*

开本：787×1 092　1/16　印张：25.25　字数：679 千字

2024 年 8 月第 1 版　2024 年 8 月第 1 次印刷　印数：1 000 册

ISBN 978－7－5124－4379－2　定价：76.00 元

若本书有倒页、脱页、缺页等印装质量问题，请与本社发行部联系调换。联系电话：(010)82317024

# 前　言

CATIA V5－6R2019 是由法国达索系统（Dassault System）公司开发的 CAD/CAE/CAM 一体化软件，广泛应用于航空航天、汽车制造、造船工业、电子电器和日用消费品等领域。

本书根据编者多年从事 CATIA V5 软件教学的讲义编写而成，内容全面，涵盖了草图设计、零件设计、创成式外形设计、装配设计、工程制图、创成式钣金零件设计等主要 CAD 模块，并结合具体实例介绍了创成式结构分析等 CAE 模块和 CATIA VBA 二次开发技术。

本书立足于工程实际应用，根据 CATIA V5 初学者的学习特点，针对 CATIA V5 三维数字化设计的常用功能，重点介绍基本操作流程及相关设置和参数。通过本书的学习，读者可以初步了解 CATIA V5 三维数字化设计理念，掌握 CATIA V5 软件常用功能模块的基本操作方法和应用技巧，为从事相关领域的设计工作打下良好基础。

本书各章内容安排如下：

第 1 章：主要介绍 CATIA 软件的发展历史、应用领域、功能组成及主要文档类型。

第 2 章：主要介绍 CATIA V5－6R2019 的图形用户界面、用户环境定制及常用基本操作。

第 3 章：针对草图设计工作台，主要介绍草图环境设置、草图绘制、草图编辑和草图约束的基本操作方法。

第 4 章：针对零件设计工作台，主要介绍基于草图的特征、修饰特征、变换特征和基于曲面的特征等主要实体特征的创建方法，以及实体间的布尔操作。

第 5 章：针对创成式外形设计工作台，主要介绍三维线框、三维曲面、曲线曲面编辑的基本操作方法。

第 6 章：针对装配设计工作台，主要介绍零部件的组织管理、位置调整及约束配合的基本操作方法。

第 7 章：针对工程制图工作台，主要介绍通过 CATIA 进行工程制图的常用模式、新建工程图、投影视图及尺寸标注的基本操作方法。

第 8 章：针对创成式钣金零件设计工作台，主要介绍钣金参数设置，以及主墙体、附加墙体和钣金特征的创建方法。

第 9 章：针对 CATIA 工程分析模组，结合具体实例，介绍网格划分、虚拟零件、定义约束、定义载荷、计算求解及后处理的基本操作方法。

第 10 章：针对 CATIA 二次开发，结合具体实例，介绍基于 Visual Basic. NET 的 CATIA 二次开发技术。

本书由宋伟主编，何国毅、陈龙胜、胡涛、彭云为副主编，其中第 1～6 章由宋伟编写，第 7 章由何国毅编写，第 8 章由陈龙胜编写，第 9 章由彭云编写，第 10 章由胡涛编写，全书由宋伟统稿，在此对参与本书编写的所有人员深表谢意。

本书在编写过程中，参考了部分图书资料，并得到了南昌航空大学王琦教授及北京航空航天大学出版社的大力支持，在此诚挚致谢。

因作者水平所限，对于书中不足之处，请读者批评指正。

作 者

2024 年 6 月

# 目　　录

# 第1章　CATIA V5 软件基础

## 1.1　引　言

CATIA 是法语 Conception Assistée Tridimensionnelle Interactive Appliquée 的缩写，同时也是英语 Computer Aided Three-dimensional Interface Application 的缩写，是由法国达索系统(Dassault Systems)公司开发的一套跨平台的 CAD/CAE/CAM 一体化商用软件系统。作为达索系统产品生命周期管理(Product Lifecycle Management，PLM)软件平台的核心，CATIA 是其最为重要的软件产品。

产品生命周期管理是在产品全生命周期中支持产品信息创建、管理、分发和应用的一系列应用解决方案，可应用于单一地点或分散于多地的企业内部，以及在产品研发领域具有协作关系的企业之间，能够集成与产品相关的人力资源。

作为一个产品生命周期管理软件系统，CATIA 能够辅助工程师完成从产品开发、制造到工程实现的所有设计工作。

### 1.1.1　CATIA 的发展历史

20 世纪 70 年代，CATIA 诞生于达索航空公司内部的软件开发项目 CADAM1，2。起初该软件被命名为 CATI(Conception Assistée Tridimensionnelle Interactive)，但之后又于 1981 年被重命名为 CATIA。同年，达索创立了专注于工程软件开发的子公司达索系统，并与 IBM 合作进行 CATIA 的营销与推广。

1984 年，美国波音飞机制造公司启用 CATIA 作为其主要的 CAD 软件，并从此成为 CATIA 的重要用户。

1988 年，CATIA V3 版本开始在 UNIX 平台上运行。

1992 年，CADAM 被 IBM 公司收购，CATIA V4 版本发布。

1996 年，CATIA V4 版本开始支持四种操作系统，分别是 IBM AIX、Silicon Graphics IRIX、Sun Microsystems SunOS 和惠普的 HP－UX。

1998 年，达索发布了一个重新编写的 CATIA 版本——V5 版本。这个版本为 Windows 系统编写，保留了 CATIA 在 UNIX 版本中的所有功能，但主框架(Mainframe)操作模式被废除。

2008 年，CATIA 新一代 V6 版本发布。V6 整合了包括 Enovia 和 Simulia 等在内的一系列软件。同年，达索停止了对 CATIA V4 UNIX 版本的支持。

### 1.1.2　CATIA 的应用领域

CATIA 广泛应用于航空航天、汽车制造、造船、机械制造、电子电器和日用消费品等行业，从大型的飞机、火箭发动机到化妆品的包装盒，几乎涵盖了所有制造业产品。

**1. 航空航天工业**

CATIA 源于航空航天工业，是业界无可争辩的“领袖”，以其精确性、安全性和可靠性满足航空航天领域各种应用的需要。

美国波音公司曾使用 CATIA V3 版本开发出波音 777 飞机。后来使用 CATIA V5 版本进行了波音 787 的开发。波音公司已经部署了达索系统的全套 PLM 软件，包括 CATIA、DELMIA、ENOVIA LCA，以及专为波音公司开发的应用组件。

印度曾使用 CATIA V5 进行轻型战斗机的研发。

中国的歼轰-7(飞豹)飞机是首架基于 CATIA V5 平台开发的战斗机，并于 2000 年 9 月 26 日完成设计。

法国空客公司自 2001 年起开始使用 CATIA 作为其开发平台。

加拿大庞巴迪公司使用 CATIA 进行其全部飞机的设计工作。

巴西航空工业公司使用 CATIA V4 和 V5 平台进行飞机设计开发。

英国直升机公司 Westlands 使用 CATIA V4 和 V5 进行飞机研发。

美国空军主要的直升机制造商 Sikorsky 使用 CATIA 进行飞机研发。

波音 777 是 CATIA 在航空航天领域最为典型的应用案例。美国波音公司在波音 777 项目中，应用 CATIA 设计了除发动机以外的 100％的机械零件，并将包括发动机在内的 100％的零件进行了预装配。波音 777 也是迄今为止唯一进行 100％数字化设计和装配的大型喷气式客机。

参与波音 777 项目的工程师、工装设计师、技师和项目管理人员超过 1 700 人，分布于美国、日本和英国的不同地区，他们通过 1 400 套 CATIA 工作站联系在一起，进行并行工作。

波音的设计人员对波音 777 的全部零件进行了三维实体造型，并在计算机上对整个波音 777 进行了全尺寸的预装配。预装配使工程师不必再制造一个物理样机，在预装配的数字样机上即可检查和修改设计中的干涉和不协调。

波音公司宣布在波音 777 项目中，与传统设计和装配流程相比较，应用 CATIA 节省了 50％的重复工作和错误修改时间。尽管由于各种原因，首架波音 777 的总研发时间与应用传统设计流程的其他机型相比，其节省的时间并不是非常显著，但波音公司预计，波音 777 后继机型的开发至少可节省 50％的时间。

**2. 汽车工业**

CATIA 在汽车工业中的应用也非常广泛，许多汽车制造厂商都在不同程度地应用 CATIA，包括宝马、保时捷、梅赛德斯-奔驰、克莱斯勒、本田、奥迪、大众、宾利、沃尔沃、菲亚特、标致、雪铁龙、雷诺、丰田、福特、斯堪尼亚、现代、斯柯达、特斯拉、塔塔、沃尔梅特、宾腾和 Mahindra 等。

由于 CATIA 出色的曲面建模功能，使得汽车设计制造公司常用其进行车身、车门、车顶等组件的设计。

**3. 造船工业**

CATIA 为造船工业提供了优秀的解决方案，包括专门的船体产品和船载设备以及机械解决方案。船体设计解决方案已被应用于众多船舶制造企业，例如 General Dynamics、Meyer Weft 和 Delta Marin，涉及所有类型船舶的零件设计、制造、装配。船体的结构设计与定义是基于三维参数化模型的。通过参数化管理零件之间的相关性，使得相关零件的更改可以影响船体的外形。船体设计解决方案与其他 CATIA 产品是完全集成的。传统的 CATIA 实体和曲面造型功能用于基本设计和船体光顺。

General Dynamic Electric Boat 和 Newport News Shipbuilding 使用 CATIA 设计和建造了美国海军的新型弗吉尼亚级攻击潜艇。

诺思罗普·格鲁曼造船公司使用 CATIA 设计、建造了吉拉德·R·福特号航空母舰。

中国广州的文冲船厂也成功应用 CATIA 进行了三维设计，取代了传统的二维设计。

**4. 其他领域**

CATIA 还广泛应用于机械制造、厂房设计、电子电器、加工装配和日用消费品等领域。

CATIA 之所以能够在众多领域得到广泛应用，主要是由于应用 CATIA 进行产品设计具有以下优势：

(1) 产品质量极大提高

在飞机装配之前可以利用 CATIA 的 3D 数字化技术对各种零件、紧固件以及飞机上复杂的设备与系统进行精确定义，在装配第一架飞机时就能达到以前装配几十架飞机后才能达到的质量。

(2) 装配时间减半

利用 CATIA 建立飞机的数字化零件和结构，能够极大缩短飞机装配时间。

(3) 完全消除装配问题

如果实际零件能够符合 CATIA 的数字化定义，就能 100%消除装配问题。

(4) 降低工具成本

以前在装配飞机时需要许多特殊的工具，而通过 CATIA 建立的数字化零件则具有非常高的精度，且能够保证各部分之间的钻孔位置高度一致，所以很多定位工具不再需要了。

(5) 取消实物模型

通过 CATIA 建立的数字模型非常精确，可以节省建立实物模型所需的成本和时间。利用 CATIA 的参数化设计，只需进行参数更改就可以得到满足用户需要的电子样机，用户可以在计算机上进行预览。

### 1.1.3 CATIA V5 的组成

目前应用于各个领域的 CATIA 主要有三个版本：V4、V5 和 V6。其中 CATIA V5 版本的应用最为广泛，因此本书重点介绍 CATIA V5 各个主要功能模块的使用方法，特别是在航空领域的应用方法。

CATIA V5 主要包括 12 个功能模组，如图 1-1 所示。每个模组又包括若干个功能模块。

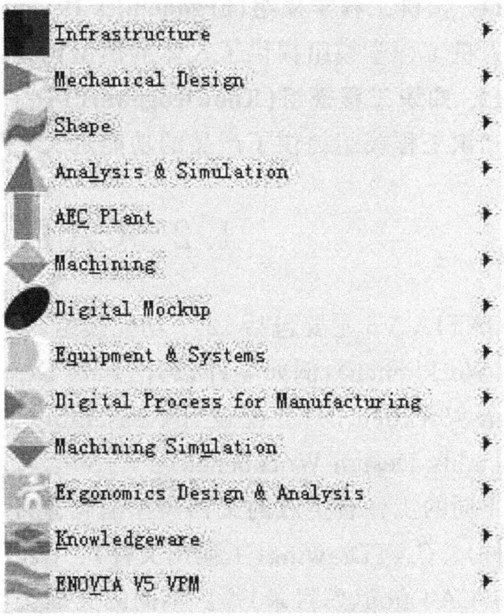


**图 1-1　CATIA V5 功能模组**

**1. 基础结构模组(Infrastructure)**

基础结构模组提供了管理整个 CATIA 架构的功能，主要包括材料库(Material Library)、CATIA 不同版本之间的转换、图片制作(Photo Studio)、实时渲染(Real Time Rendering)等基础模块。

**2. 机械设计模组(Mechanical Design)**

机械设计模组提供了机械设计中所需的几乎所有模块，包括零件设计(Part Design)、装配设计(Assembly Design)、工程绘图(Drafting)、钣金设计(Sheet Metal Design)、模具设计(Core & Cavity Design)等众多模块。

**3. 外形设计模组(Shape)**

外形设计模组用于构建、控制、修改工程曲面和自由曲面，包括自由样式(FreeStyle)、创成式外形设计(Generative Shape Design)、数字化外形编辑器(Digitized Shape Editor)、快速曲面重建(Quick Surface Reconstruction)等模块。

**4. 分析与模拟模组(Analysis & Simulation)**

分析与模拟模组提供了网格划分与静力、共振等有限元分析功能，并可输出网格分割数据，供其他分析软件使用，包括高级网格工具(Advanced Meshing Tools)、创成式结构分析(Generative Structural Analysis)等模块。

**5. 厂房设计模组(AEC Plant)**

厂房设计模组提供了厂房布局设计功能。

**6. 数控加工模组(Machining)**

数控加工模组提供了高效的编程能力，可满足复杂零件的数控加工需求，包括车削加工(Lathe Machining)、2.5 轴铣削加工(Prismatic Machining)、曲面加工(Surface Machining)、高级加工(Advanced Machining)、NC 加工检查(NC Manufacturing Review)、STL 快速成型(STL Rapid Prototyping)等模块。

**7. 数字样机模组(Digital Mockup)**

数字样机模组提供了机构的空间模拟、运动和结构优化等功能。

**8. 设备与系统工程模组(Equipment & Systems)**

设备与系统工程模组用于在 3D 电子样机中模拟复杂的电气、液压传动和机械系统的协同设计与集成。

**9. 数字化加工流程模组(Digital Process for Manufacturing)**

数字化加工流程模组提供了在三维空间中进行产品的特征、公差与配合标注等功能。

**10. 数控加工仿真模组(Machining Simulation)**

数控加工仿真模组用于数控加工的仿真。

**11. 人机工程学模组(Ergonomics Design & Analysis)**

人机工程学模组提供了人体的模型构造、姿态分析和行为分析等功能。

**12. 知识工程模组(Knowledgeware)**

知识工程模组提供了产品的功能定义、工程优化和知识模板等功能。

## 1.2 CATIA V5 文档类型

CATIA V5 主要包括 12 个功能模组，上百个功能模块，每个功能模块的工作环境称为工作台(Workbench)，例如零件设计(Part Design)模块的工作环境称为零件设计工作台(Part Design Workbench)，装配设计(Assembly Design)模块的工作环境称为装配设计工作台(Assembly Design Workbench)。

不同的工作台生成的文档类型有可能不同，如：.CATPart(零件文件)、.CATProduct(装配文件)、.CATDrawing(工程图文件)、.CATAnalysis(分析文件)、.CATProcess(工艺过程文件)和.CATalog(库目录)等。不同的文档类型与常用工作台之间的对应关系见表 1-1。

**表 1-1 CATIA V5 文档类型**

<table>
<tr><th colspan="2">工作台</th><th>文档类型</th></tr>
<tr><td colspan="2">草图设计工作台(Sketcher Workbench)</td><td rowspan="6">.CATPart</td></tr>
<tr><td colspan="2">零件设计工作台(Part Design Workbench)</td></tr>
<tr><td colspan="2">钣金零件设计工作台(Sheet Metal Design Workbench)</td></tr>
<tr><td rowspan="3">曲面工作台</td><td>线框与曲面设计工作台<br>(Wireframe and Surface Design Workbench)</td></tr>
<tr><td>创成式外形设计工作台<br>(Generative Shape Design Workbench)</td></tr>
<tr><td>自由样式工作台<br>(FreeStyle Workbench)</td></tr>
<tr><td colspan="2">装配设计工作台(Assembly Design Workbench)</td><td rowspan="2">.CATProduct</td></tr>
<tr><td colspan="2">产品结构工作台(Product Structure Workbench)</td></tr>
<tr><td colspan="2">工程制图工作台(Drafting Workbench)</td><td>.CATDrawing</td></tr>
<tr><td colspan="2">高级网格工具工作台(Advanced Meshing Tools Workbench)</td><td rowspan="2">.CATAnalysis</td></tr>
<tr><td colspan="2">创成式结构分析工作台<br>(Generative Structural Analysis Workbench)</td></tr>
<tr><td colspan="2">车削加工工作台(Lathe Machining Workbench)</td><td rowspan="5">.CATProcess</td></tr>
<tr><td colspan="2">2.5 轴铣削加工工作台(Prismatic Machining Workbench)</td></tr>
<tr><td colspan="2">曲面加工工作台(Surface Machining Workbench)</td></tr>
<tr><td colspan="2">高级加工工作台(Advanced Machining Workbench)</td></tr>
<tr><td colspan="2">NC 加工检查工作台(NC Manufaturing Review Workbench)</td></tr>
</table>

# 第 2 章　CATIA V5 图形用户界面和基本操作

## 2.1　图形用户界面

CATIA V5 的图形用户界面(Graphical User Interface,GUI)在组成和布局上与传统的 Windows 应用程序外观一致,主要由菜单栏(Menu Bar)、工具栏(Toolbars)和图形操作区域(Graphic Operation Zone)三部分组成,如图 2-1 所示。

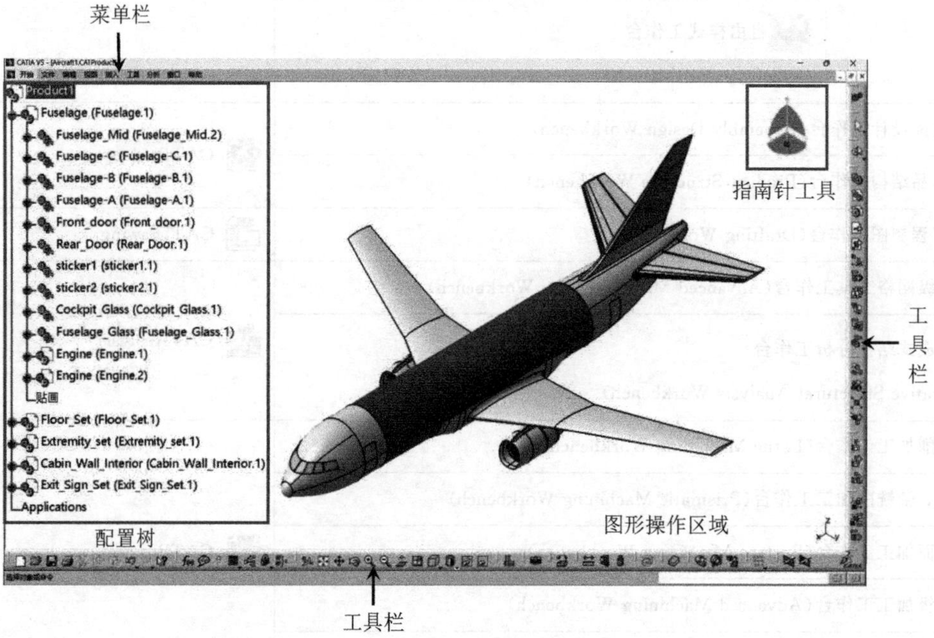


**图 2-1　CATIA V5 图形用户界面**

在图形操作区域中除了创建的三维模型以外,还包括配置树(Configuration Tree,又称特征树、结构树)和指南针工具(Compass Tool,又称罗盘)。

### 2.1.1　菜单栏

CATIA V5 的菜单栏位于用户界面的上方,包括开始菜单栏(Start Menu Bar)和标准菜单栏(Standard Menu Bar)两大类,如图 2-2 所示。

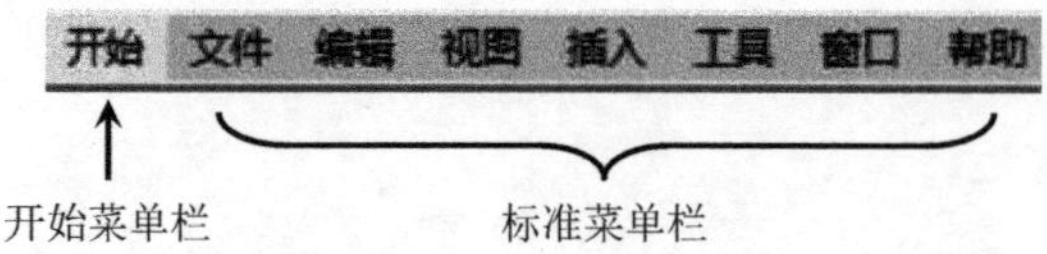


**图 2-2　CATIA V5 菜单栏**

**1. 开始菜单栏(Start Menu Bar)**

CATIA V5 的开始菜单栏位于用户界面的左上角,如图 2-3 所示,主要有如下两个作用。

(1) 工作台切换

在利用 CATIA V5 进行三维设计的过程中,经常需要在各个工作台之间进行切换,例如在零件设计工作台(Part Design Workbench)进行零件设计时,如果需要用到与曲线曲面相关的功能,就需要切换到相应的曲面设计工作台,如创成式外形设计工作台(Generative Shape Design Workbench),此时就需要通过开始菜单栏进行切换。

(2) 快速检索

开始菜单能够记录上次会话所使用的模型,以便于快速检索。

**2. 标准菜单栏(Standard Menu Bar)**

标准菜单栏是启动 CATIA V5 中大多数功能的主要途径之一,由 7 个基本菜单组成,如图 2-4 所示。

(1) 文件(File)

文件菜单主要用于与 CATIA V5 文件相关的操作,包括文件的打开、关闭、创建、保存等。除此以外,文件菜单也能记录上次会话中使用的模型,以便于快速检索。

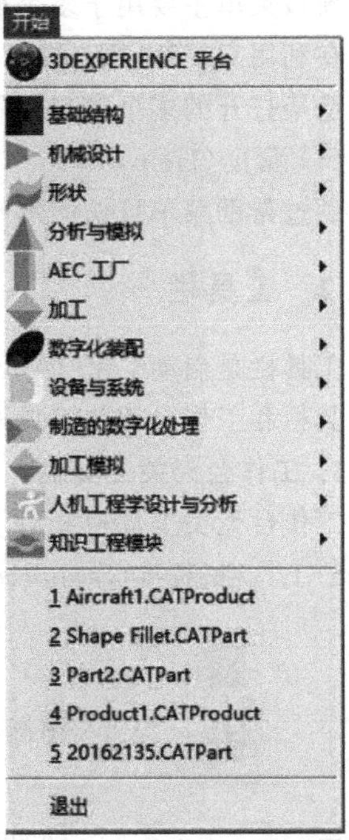


**图 2-3　CATIA V5 开始菜单栏**

(2) 编辑(Edit)

编辑菜单主要用于在 CATIA V5 环境下对相关对象进行编辑操作,包括剪切、复制、粘贴等。除此以外,还可通过编辑菜单访问和编辑选择集,以及查看和编辑对象属性等。

**图 2-4　CATIA V5 标准菜单栏**

(3) 视图(View)

视图菜单主要有如下两个作用:

① 控制几何模型的显示,例如缩放、平移、旋转和显示模式等。

② 控制各种工具的显示,例如工具栏、配置树和指南针工具等。

(4) 插入(Insert)

插入菜单用于在模型中创建、控制和插入相关的几何元素和特征。

根据当前工作台的不同,通过插入菜单能够访问的几何创建选项也将不同。例如,在零件设计工作台(Part Design Workbench)能够通过插入菜单访问各种实体特征的创建选项,如凸台、旋转体、多截面实体等;如果需要通过插入菜单访问各种曲线和曲面的创建选项,就必须首先切换到相关的曲面设计工作台,因为零件设计工作台的插入菜单中不包括曲线和曲面的创建选项。

(5) 工具(Tools)

工具菜单主要包括以下常用功能:

① 定制公式(Formulas,公式);

② 图像捕捉和视频录制(Image,图像);

③ 定制用户工作环境(Customize,自定义);

④ 修改系统参数(Options,选项)。

(6) 窗口(Window)

窗口菜单主要用于多个窗口的管理。

在利用 CATIA V5 进行三维设计的过程中,经常需要同时打开多个窗口。通过窗口菜单可对已经打开的多个窗口以竖排、横排或级联方式进行显示。

(7) 帮助(Help)

通过帮助菜单可访问本地的帮助文件或网络上的学习工具。

## 2.1.2 工具栏

工具栏是启动 CATIA V5 中大多数功能的另一个主要途径,主要包括两大类:工作台无关工具栏和工作台相关工具栏。

**1. 工作台无关工具栏**

工作台无关工具栏指在大多数 CATIA 工作台中都通用的工具栏,例如工作台(Workbench)工具栏、标准(Standard)工具栏、视图(View)工具栏、测量(Measure)工具栏等。

**图 2-5 工作台(Workbench)工具栏**

(1) 工作台(Workbench)工具栏

工作台工具栏(见图 2-5)中只有一个功能图标——当前工作台图标(Active Workbench Icon)。

当前工作台不同,当前工作台图标也不同,例如在零件设计(Part Design)工作台中,工作台工具栏中显示的是零件设计工作台图标;在装配设计(Assembly Design)工作台中,显示的则是装配设计工作台图标。但是不管当前是哪个工作台,选择该图标后都会显示一个欢迎使用 CATIA V5(Welcome to CATIA V5)对话框,如图 2-6 所示。通过该窗口能够快速访问 CATIA 工作台收藏夹(Favorites)中常用的工作台。

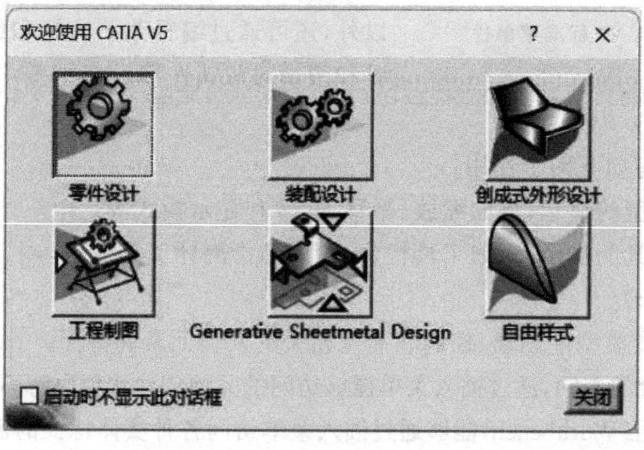


**图 2-6 欢迎使用 CATIA V5 对话框**

显示在欢迎使用 CATIA V5 对话框中的常用工作台是由使用者定制的,即在使用该功能之前,需要先将使用者常用的工作台添加到工作台收藏夹中,详见 2.2.1 小节。

(2) 标准(Standard)工具栏

标准工具栏包含常用的与文档操作和编辑操作相关的功能图标,如图 2-7 所示。

(3) 视图(View)工具栏

视图工具栏包含常用的在用户环境下查看、显示和定位模型的功能图标,如图 2-8 所示。

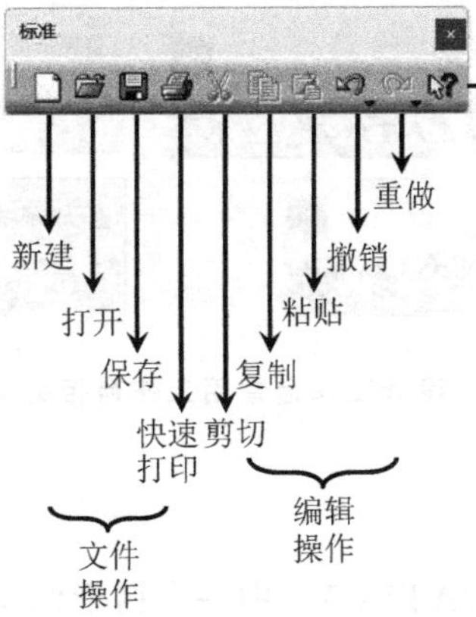


图 2-7　标准(Standard)工具栏

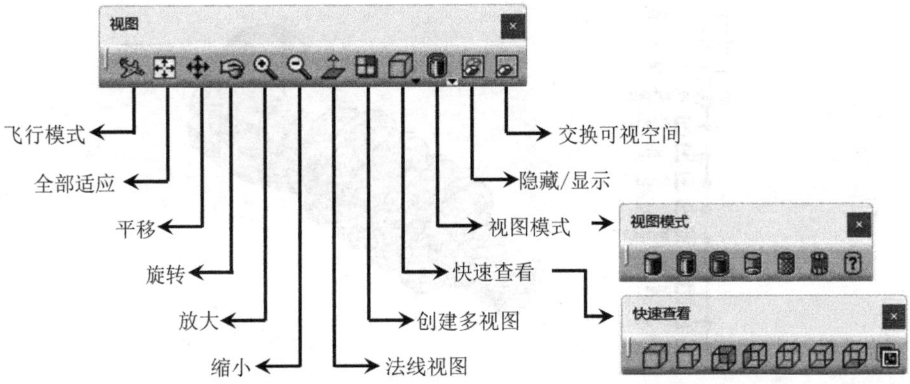


图 2-8　视图(View)工具栏

(4) 测量(Measure)工具栏

测量工具栏用于对指定对象的几何尺寸和物理属性进行测量,如图 2-9 所示。

**2. 工作台相关工具栏**

工作台相关工具栏指特定工作台为实现特定功能所特有的工具栏,例如零件设计(Part Design)工作台中的基于草图的特征(Sketch-Based Features)工具栏、修饰特征(Dress-Up Features)工具栏、变换特征(Transformation Features)工具栏、基于曲面的特征(Surface-Based Features)工具栏等都是专属于零件设计工作台的工作台相关工具栏,如图 2-10 所示。默认情况下,在其他工作台中是无法使用这些工具栏的。

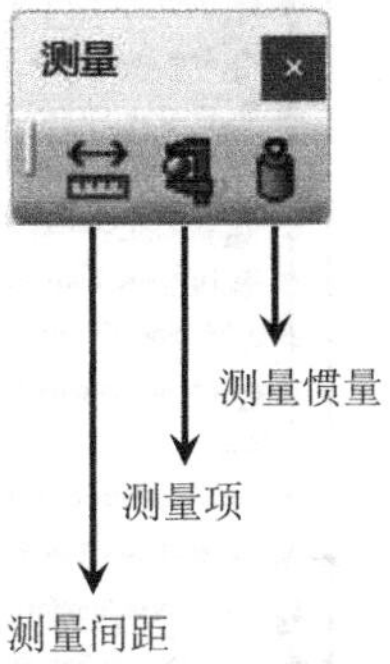


图 2-9　测量(Measure)工具栏

在 CATIA V5 的图形用户界面中,工具栏通常具有停靠和悬浮两种状态。默认情况下,大多数工具栏都停靠在图形操作区域四周特定的位置上,在实际使用过程中,还可根据使用者个人的使用习惯,改变工具栏的停靠位置,或者通过拖动使工具栏处于悬浮状态。

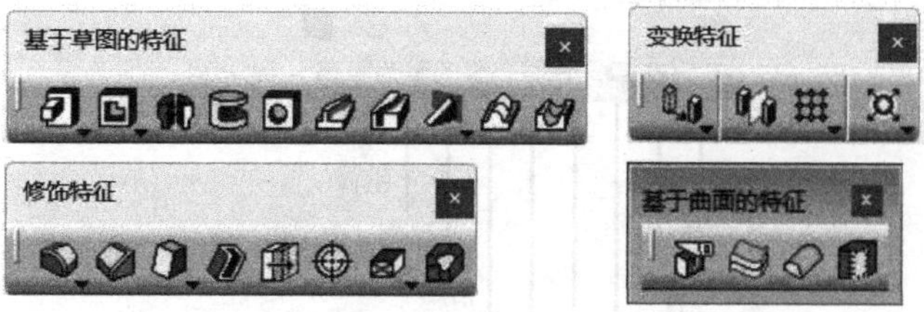


**图 2-10 零件设计工作台常用工作台相关工具栏**

### 2.1.3 配置树

配置树(Configuration Tree)是 CATIA V5 中一个树形结构的重要工具,又称特征树、结构树,通常位于图形操作区域的左侧,如图 2-11 所示。

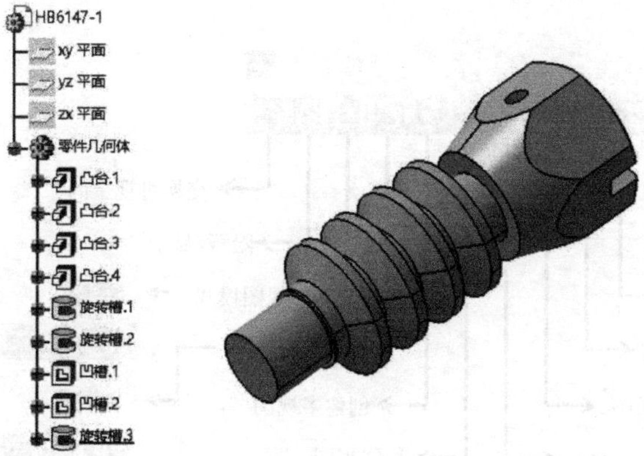


(a) 零件的配置树

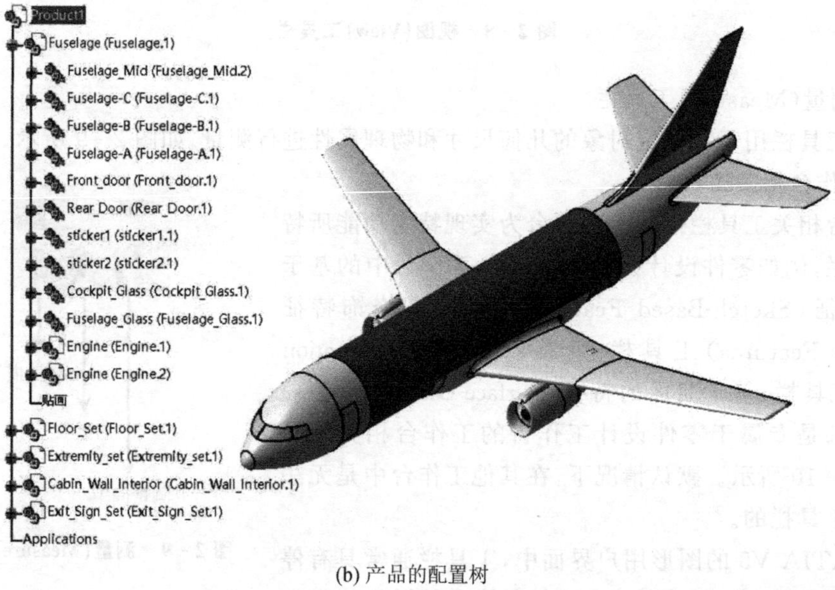


(b) 产品的配置树

**图 2-11 配置树(Configuration Tree)**

零件的配置树记录了构成该零件的所有几何体(Body),以及构成每一个几何体的三维特征,如图 2-11(a)所示。产品的配置树则记录了构成该产品的所有零部件,以及这些零部件相互之间的配合关系，如图 2－11(b)所示。

### 2.1.4 指南针工具

指南针工具(Compass Tool)代表当前的工作坐标系，又称罗盘，通常位于图形操作区域的右上角，其主体结构由 5 条线段(L1～L5)、3 条圆弧(C1～C3)、1 个红色方块和 1 个圆点组成，如图 2－12 所示。

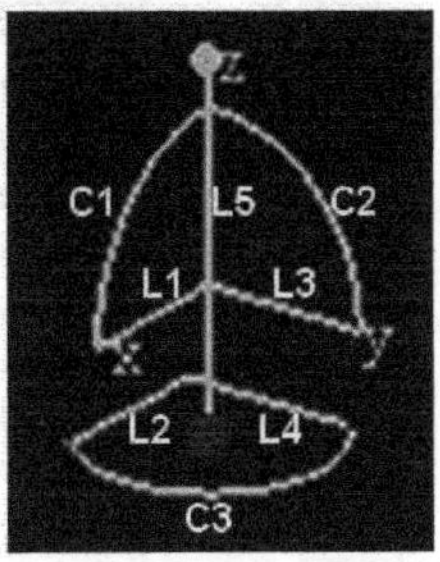


图 2－12 指南针工具(Compass Tool)

线段 L1、L2 代表当前工作坐标系的 x 轴；线段 L3、L4 代表当前工作坐标系的 y 轴；线段 L5 代表当前工作坐标系的 z 轴。

线段 L2、L4 和圆弧 C3 构成的平面代表当前工作坐标系的 xy 平面；线段 L3、L5 和圆弧 C2 构成的平面代表当前工作坐标系的 yz 平面；线段 L1、L5 和圆弧 C1 构成的平面代表当前工作坐标系的 zx 平面。

位于 L5 底端的红色方块用于指南针工具的拖拽操作，位于 L5 顶端的圆点用于旋转操作。

在进行零件设计和产品装配过程中，指南针工具是一个非常重要的定位工具。例如，在进行零件设计时，可通过指南针工具改变零件或视点相对于当前坐标系的位置和方位；在进行产品装配时，可通过指南针工具定位一个零件相对于另一个零件的位置。

## 2.2 用户环境定制

CATIA V5 的用户环境与使用者之间具有一定的交互性，允许使用者定制符合自己使用习惯的用户环境，这将极大地提高工作效率。

CATIA V5 用户环境的定制包括用户界面的定制和系统参数的设置两个方面。

### 2.2.1 定制用户界面

CATIA V5 的用户界面主要通过自定义(Customize)对话框来定制。自定义对话框的调用方法如下：

① 在菜单栏(标准菜单栏)中选择工具(Tools)菜单；

② 在下拉菜单中选择自定义选项，打开自定义对话框，如图 2－13 所示。

自定义对话框包括 5 个选项卡：开始菜单(Start Menu)、用户工作台(User Workbenches)、工具栏(Toolbars)、命令(Commands)、选项(Options)。这 5 个选项卡分别用来自定义开始菜单、用户工作台、工具栏、命令和其他定制操作。

**1. 开始菜单**

开始菜单(Start Menu)选项卡的主要作用是定制开始菜单，将使用者常用的工作台添加到收藏夹(Favorites)中，从而方便使用者通过开始菜单或当前工作台图标快速访问这些工作台。

开始菜单选项卡的界面如图 2－13 所示，主要包括 4 个控件：可用的(工作台)(Available)列表框、收藏夹列表框、添加按钮、移除按钮。

将工作台添加到收藏夹的方法如下：

① 在可用的(工作台)列表框中选择要添加的工作台，例如零件设计(Part Design)工

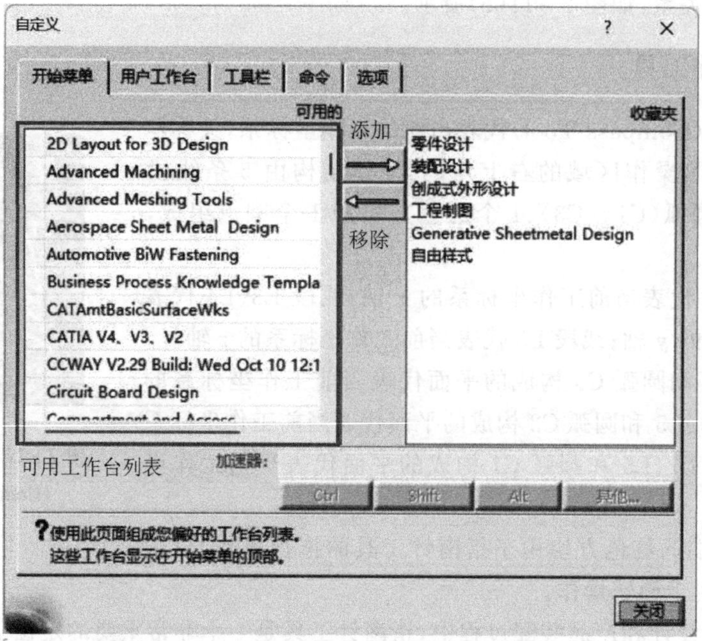


图 2-13 自定义(Customize)对话框

作台；

② 单击添加按钮，即可将零件设计工作台添加到收藏夹中。

将工作台从收藏夹中移除的方法如下：

① 在收藏夹列表框中选择要移除的工作台，例如零件设计工作台；

② 单击移除按钮，即可将零件设计工作台从收藏夹中移除。

图 2-13 的收藏夹中添加了 6 个工作台，分别是零件设计(Part Design)、装配设计(Assembly Design)、创成式外形设计(Generative Shape Design)、工程制图(Drafting)、创成式钣金零件设计(Generative Sheetmetal Design)和自由样式(FreeStyle)。此时选择开始(Start)菜单，会发现这 6 个工作台已经被添加到了开始菜单中，通过开始菜单即可快速访问这 6 个工作台，如图 2-14 所示。

除此以外，还可通过当前工作台图标来快速访问图 2-13 中的收藏夹列表框中收藏的常用工作台，详见 2.1.2 小节。

**2. 用户工作台**

用户工作台(User Workbenches)选项卡的主要作用是由使用者定制工作台。

CATIA V5 的工作台包括两大类：标准工作台和用户工作台。前文提到的零件设计工作台和装配设计工作台等都属于标准工作台。这类工作台为实现某一特定设计功能(如零件设计、装配设

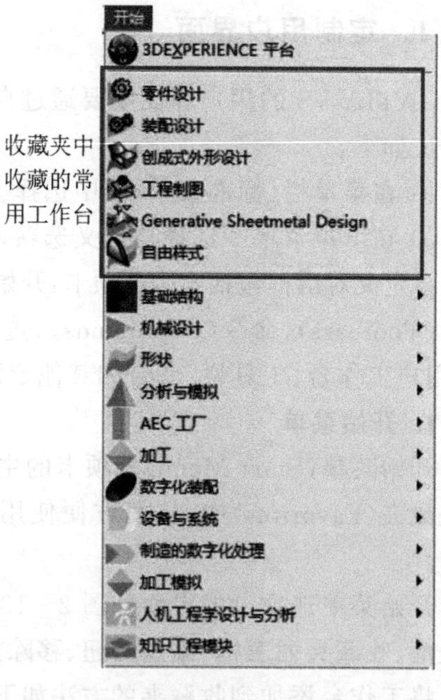


图 2-14 开始菜单中的常用工作台

计等)而设置,其中包括的命令选项都是 CATIA V5 预先定义好的。而用户工作台则是由使用者自己定制的,该功能允许使用者将不同工作台的命令选项添加到用户工作台中,从而最大限度地避免因工作台之间频繁切换而降低工作效率,可以极大提高自主性和灵活性。

用户工作台选项卡的界面如图 2-15 所示,主要包括 4 个控件:用户工作台列表框、新建(New)按钮、删除(Delete)按钮、重命名(Rename)按钮。

创建用户工作台的方法如下:

① 单击新建按钮,打开新用户工作台(New User Workbench)对话框,如图 2-16 所示;

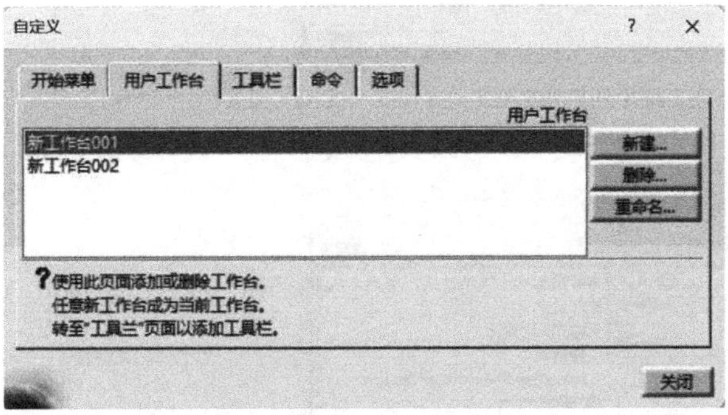


**图 2-15　用户工作台(User Workbenches)选项卡**

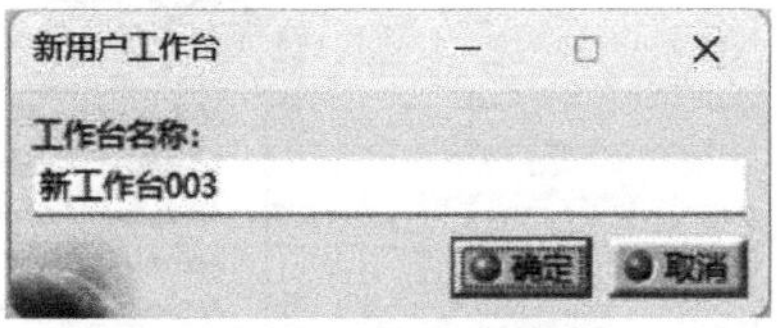


**图 2-16　新用户工作台(New User Workbench)对话框**

② 在新用户工作台对话框中输入工作台的名称,如"新工作台 003";

③ 在新用户工作台对话框中单击确定按钮完成工作台的创建。

新创建的用户工作台会自动添加到用户工作台列表框和收藏夹列表框中,如图 2-17 所示,从而方便使用者通过开始菜单和当前工作台图标访问该工作台。

删除用户工作台的方法如下:

① 在用户工作台列表框中选择要删除的工作台,如选择"新工作台 003";

② 单击删除(Delete)按钮,即可删除用户工作台。

执行删除操作后,该工作台会自动从用户工作台列表、收藏夹、开始菜单和欢迎使用 CATIA V5(Welcome to CATIA V5)对话框中删除,同时用户对该工作台的所有设置也会被删除,所以应慎重操作。

在新创建的用户工作台中,只包括一些最基本的工具栏和命令,如工作台工具栏、标准工具栏、视图工具栏等,还需根据用户工作台的具体功能需求通过自定义对话框的工具栏选项卡和命令选项卡进一步定制工具栏和命令。

**3. 工具栏**

工具栏(Toolbars)选项卡的界面如图 2-18 所示,其中工具栏列表中包含当前工作台的所有工具栏。

工具栏选项卡的主要作用包括以下 4 个方面:

① 在某个工作台(包括所有标准工作台和用户工作台)中插入其他工作台的工具栏。

② 在某个工作台(包括所有标准工作台和用户工作台)中新建工具栏,并将这个工作台或其他工作台的命令图标添加到新建工具栏中。

③ 恢复工具栏的默认设置:在工具栏选项卡中有一个恢复所有内容(Restore All Contents)按钮,通过单击该按钮可以恢复所有系统工具栏的默认内容,并删除所有自定义工具栏。

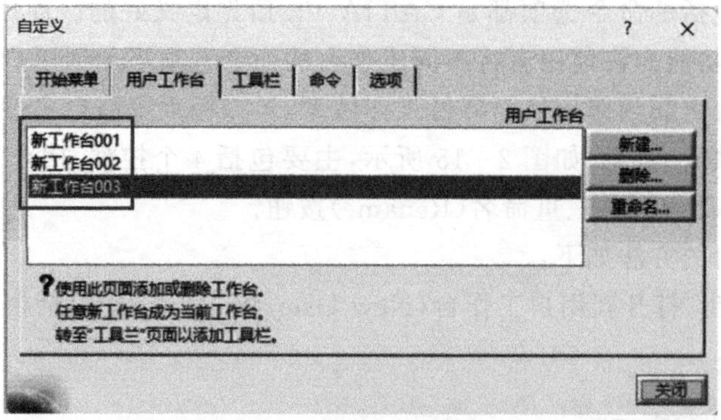


(a) 用户工作台列表框中的用户工作台

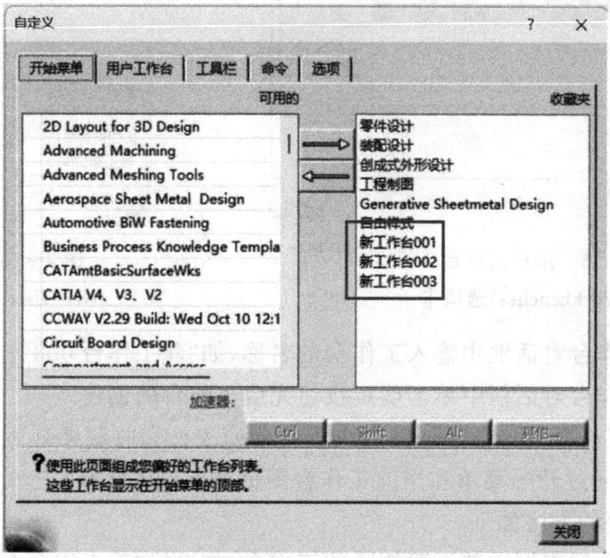


(b) 收藏夹列表框中的用户工作台

**图 2-17 用户工作台列表框和收藏夹列表框中的用户工作台**

④ 恢复工具栏的默认位置：CATIA V5 中所有的工具栏都具有默认的开关状态和位置，在具体使用过程中，使用者可能会改变某些工具栏的开关状态和位置，在这种情况下要想恢复默认设置，可以单击工具栏选项卡中的恢复位置（Restore Position）按钮。

**4. 命 令**

命令（Commands）选项卡的主要作用是自定义命令，使用者通过该选项卡能够很方便地在某一个工具栏上添加或移除命令图标，还可以改变命令图标的样式、名称和快捷键等。

命令选项卡的界面如图 2-19 所示，主要包括两个列表控件：类别（Categories）列表框和命令（Commands）列表框。在类别列表框中选择某个命令类型，则与该类别相关的命令名称都会罗列在命令列表框中。

通过命令选项卡往工具栏上添加命令图标的方法如下：

① 在类别列表框中选择要添加命令所属的类型，例如选择所有命令（All Commands），如图 2-19 所示；

② 在命令列表框中选择要添加的命令名称，如凸台；

③ 单击凸台（Pad）命令并保持，将凸台命令拖至相应工具栏上。

如果要删除某个工具栏上的某个命令图标，则可将该命令图标拖至命令列表框中即可。

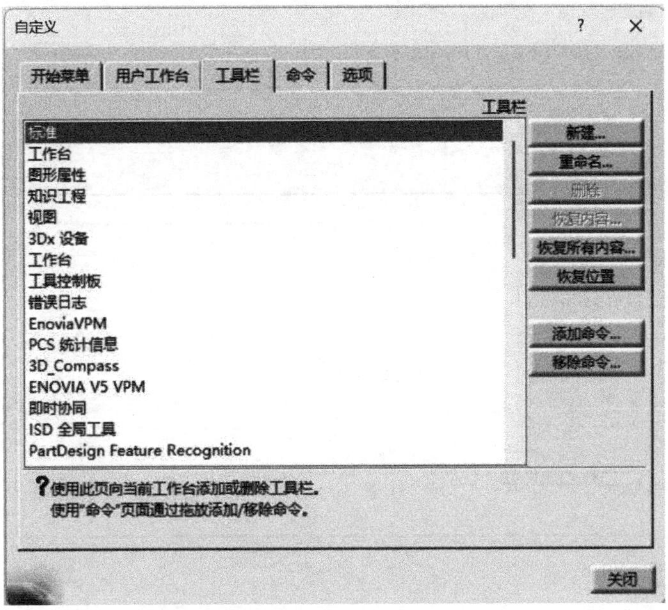


图 2 - 18　工具栏(Toolbars)选项卡

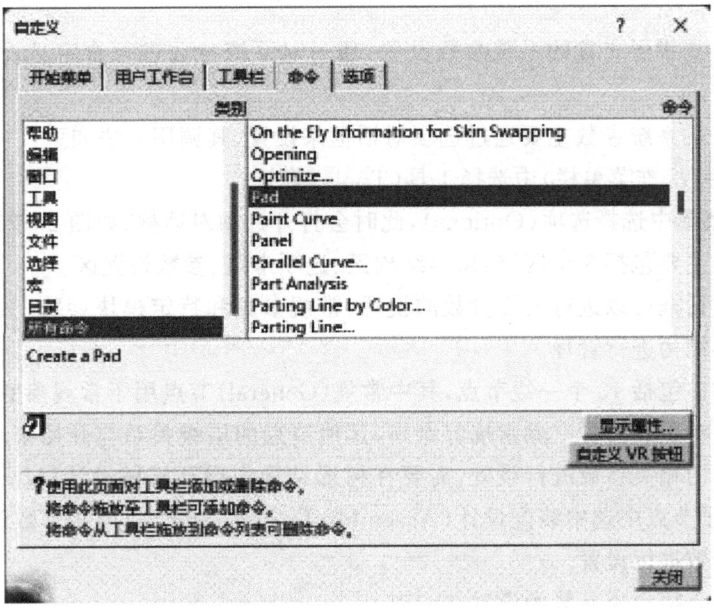


图 2 - 19　命令(Commands)选项卡

**5. 选　项**

选项(Options)选项卡的界面如图 2 - 20 所示，其自上而下分为 4 个区域，功能包括：

① 调整命令图标的大小；

② 设置是否显示工具提示；

③ 设置用户界面语言；

④ 设置是否锁定工具栏的位置，工具栏的位置一旦被锁定，将无法移动处于停靠状态的工具栏，处于悬浮状态的工具栏也无法停靠。

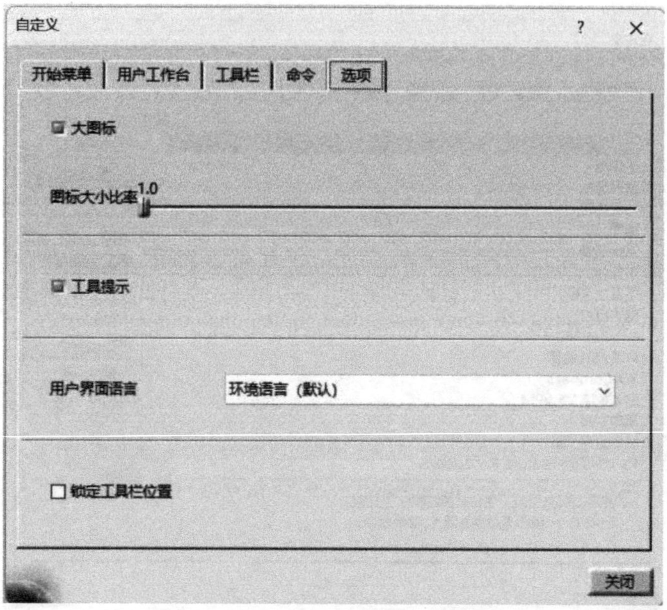


**图 2-20 选项(Options)选项卡**

## 2.2.2 系统参数设置

CATIA V5 提供了丰富的系统参数设置，通过对系统参数进行自定义设置，可以满足使用者的多种需求。

CATIA V5 的系统参数主要通过选项对话框来设置，其调用方法如下：

① 在菜单栏(标准菜单栏)中选择工具(Tools)菜单；

② 在下拉菜单中选择选项(Options)，此时会打开选项对话框，如图 2-21 所示。

选项对话框主要包括 3 个区域：树形结构区、选项卡区、参数设置区。

通过选项对话框可以进行两类参数的设置：常规参数和特定模块参数。这些参数通过对话框左边的树形结构进行管理。

在树形结构中包括 13 个一级节点，其中常规(General)节点用于常规参数的设置，其他节点用于特定模块参数的设置。除常规节点外，其他节点的层级关系与开始菜单类似。例如要对装配设计模块的相关参数进行设置，需要在树形结构中展开机械设计(Mechanical Design)节点，然后从其子节点中选中装配设计(Assembly Design)，此时即可在参数设置区对装配设计模块的相关参数进行设置。

本小节主要介绍常规参数的设置。

常规参数通过树形结构中的常规节点及其 4 个子节点进行管理，如图 2-22 所示，各个节点的功能如下：

① 常规(General)节点：用于基本参数的设置；

② 显示(Display)节点：用于显示参数的设置；

③ 兼容性(Compatibility)节点：用于兼容性参数的设置；

④ 参数和测量(Parameters and Measure)节点：用于参数和测量的设置；

⑤ 设备和虚拟现实(Devices and Virtual Reality)节点：用于进行与设备和虚拟现实相关参数的设置。

通过选项对话框进行管理的常规参数有很多，本小节只讲解其中最常用的参数设置。

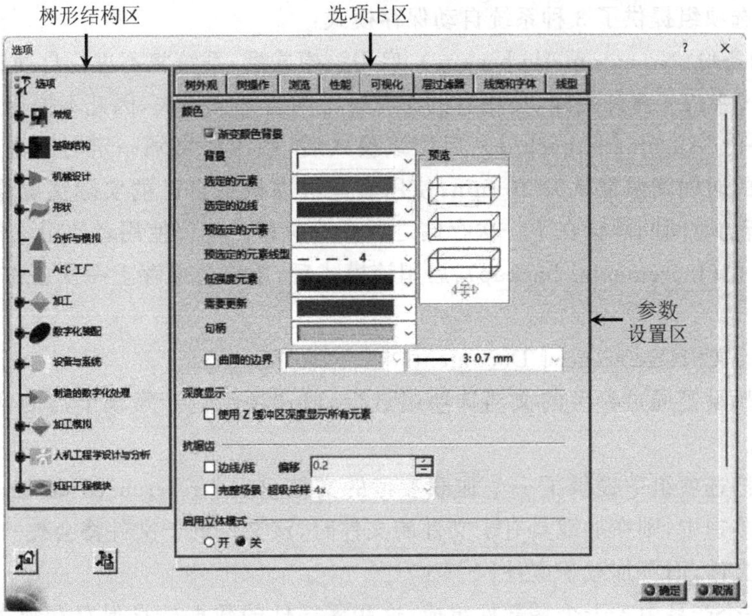


图 2-21　选项(Options)对话框

**1. 基本参数设置**

在选项对话框左边的树形结构中选择常规(General)节点，即可在对话框右边进行各种基本参数的设置，这些基本参数又是通过对话框上方的一排选项卡进行分类管理。

(1) 用户界面样式(User Interface Style)

用户界面样式的设置通过用户界面样式选项组进行，该选项组位于常规节点的常规选项卡，如图 2-23 所示。

针对不同的用户群体，CATIA V5 提供了 3 种不同的界面样式：P1、P2 和 P3。这 3 种界面样式分别与用户界面样式选项组的 3 个单选按钮 P1、P2 和 P3 相对应。

P1 是最基本的用户界面，主要针对对功能和性能均要求不高的用户。选用 P1 风格后，系统将具有最少的功能模块，可以在 Windows 95/98 系统中正常运行。

P2 是经典的用户界面，主要针对一般用户。与 P1 风格相比，P2 界面的功能模块数量大大增加，极大地提高了 CATIA 的设计功能。本书介绍的就是 P2 风格的 CATIA V5。

P3 是最新的用户界面，主要针对高端用户。P3 界面具有 CATIA V5 的全部功能模块，因此设计功能最为强大，而且工作界面更具有立体感，使用方便，但是对计算机硬件设备的要求非常高。

(2) 数据保存(Data Save)

数据保存的设置通过数据保存选项组进行，该选项组位于常规节点的常规选项卡，如图 2-24 所示。

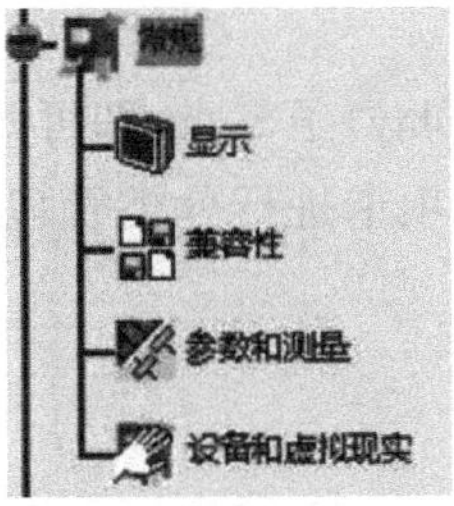


图 2-22　常规(General)节点及其子节点

图 2-23　用户界面样式(User Interface Style)选项组

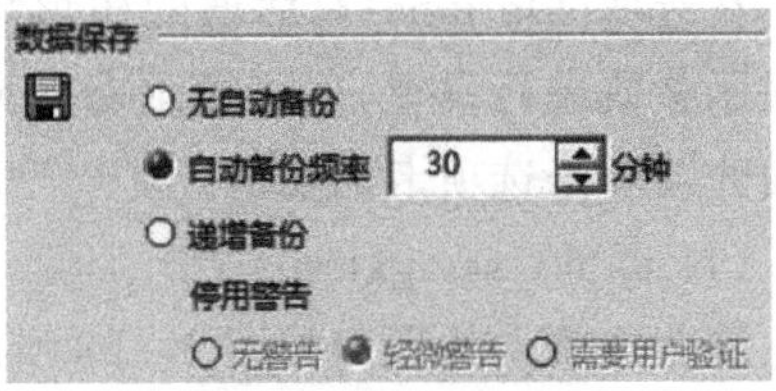


图 2-24　数据保存(Data Save)选项组

数据保存选项组提供了 3 种系统自动保存模式：

① 无自动备份(No automatic backup)：启用该模式后，系统将不进行自动保存，一旦由于某种原因导致 CATIA 意外关闭，使用者的所有设计内容都会丢失，因此不提倡启用该模式。

② 自动备份(Automatic backup)：启用该模式后，系统将每隔一定时间进行一次自动保存。自动保存的时间间隔默认为 30 min，使用者还可以根据自己的实际情况修改时间间隔，设置完成后，新的时间间隔会在下一次存储之后开始执行。建议使用者使用该模式。

③ 递增备份(Incremental backup)：启用该模式后，系统会保存上一次备份后所有发生变化的文件。

(3) 参考的文档(Referenced Documents)

参考的文档设置通过参考的文档选项组进行，该选项组位于常规节点的常规选项卡，如图 2-25 所示。

参考的文档选项组中提供了一个加载参考的文档(Load referenced documents)复选框，如果该复选框被选中，则在加载具有子文件的文件时，该文件的子文件将会被一起加载；否则，系统只加载父文件，而不加载子文件。

例如，某一个产品由若干个零部件组成，这些零部件的数据信息保存在独立的文件(零件文件或产品文件)中，则在加载该产品所对应的产品文件时，各个零部件文件是否同时被加载就取决于加载参考的文档(Load referenced documents)复选框是否被选中。如果该复选框没有被选中，则不加载零部件文件，且在产品的配置树中，这些零部件节点前面的图标如图 2-26 所示，此图标表明零部件没有被加载。

(4) 撤销(Undo)

在利用 CATIA V5 进行设计的过程中，如果某一个或某几个操作失误，就需要进行一次或多次撤销操作。撤销次数的设置是通过撤销选项组来进行的，该选项组位于常规节点的 PCS 选项卡，如图 2-27 所示。

**图 2-25 参考的文档(Referenced Documents)选项组**

**图 2-26 未加载零部件图标**

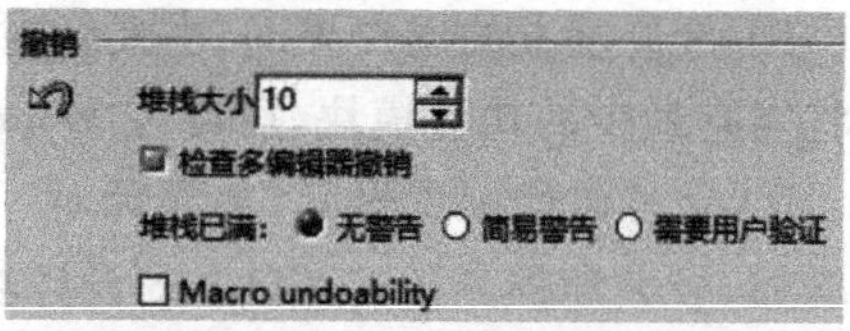


**图 2-27 撤销(Undo)选项组**

撤销选项组中提供了一个堆栈大小(Stack size)文本框，该文本框的默认数值是 10，即系统在堆栈中保存前 10 次操作，使用者可以撤销到 10 次操作之前的结果。使用者还可以根据实际情况来设置堆栈大小和撤销次数。

**2. 显示参数设置**

在选项(Options)对话框的树形结构中选择常规节点的显示(Display)子节点，即可对各种显示参数进行设置，这些显示参数同样是通过对话框上方的一排选项卡进行分类管理的。下面介绍部分选项卡的功能。

(1) 浏览(Navigation)

浏览选项卡的界面如图 2-28 所示，该选项卡由 5 个选项组组成：

① 选择(Selection)选项组：用于设置选择方式；

② 浏览(Navigation)选项组：用于设置浏览方式；

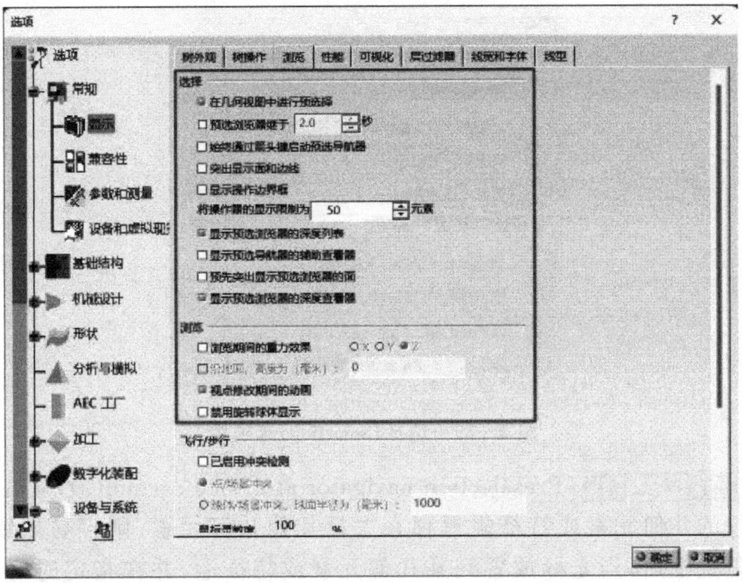


(a) 选项组①、②

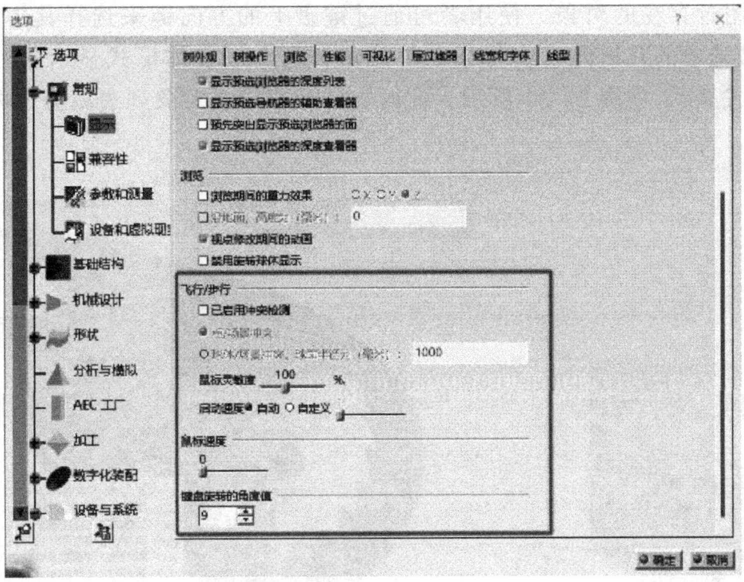


(b) 选项组③~⑤

**图 2-28　浏览(Navigation)选项卡**

③ 飞行/步行(Fyl/Walk)选项组：用于设置运动方式；

④ 鼠标速度(Mouse Speed)选项组：用于设置鼠标速度；

⑤ 键盘旋转的角度值(Angle value for keyboard rotations)选项组：用于设置键盘旋转的角度值。

本书主要介绍选择选项组中的常用选项，如图 2-29 所示。

1) 在几何视图中进行预选择(Preselect in geometry view)复选框

选中该复选框，当光标放置到某几何元素上时，该几何元素的边缘会反白显示，如图 2-30 所示，显示的颜色通过可视化(Visualization)选项卡(见下文)进行设置。

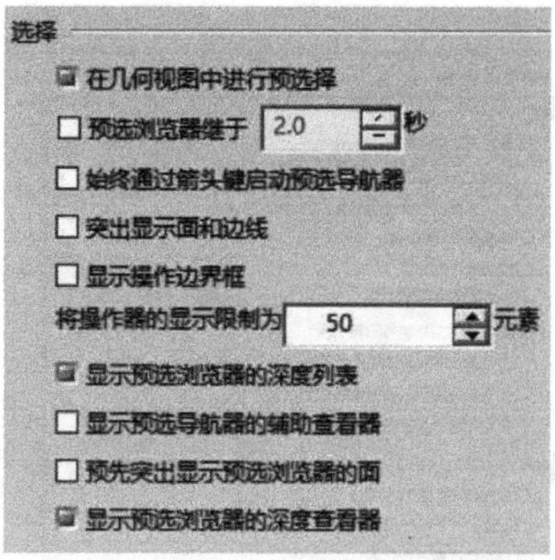


**图 2-29 选择(Selection)选项组**

2) 预选浏览器继于 2.0 秒(Preselection navigator after 2.0 second(s))复选框

如果要选择的几何元素或特征附近存在大量其他几何元素，则容易导致误选，在这种情况下选中该复选框后，当光标放置到某几何元素或特征上，并在指定时间内没进行任何选择操作时，系统会以光标为圆心显示一个圆形窗口，同时出现一个对象列表框，显示该圆形窗口内光标附近存在的对象。使用者可通过键盘上的方向键来选择其中的某一个几何元素或特征，被选中的几何元素或特征在圆形窗口内会以实体形式显示，没被选中的部分会以半透明形式显示，如图 2-31 所示。此时在圆形窗口或对象列表框区域内单击，即可选中该几何元素。

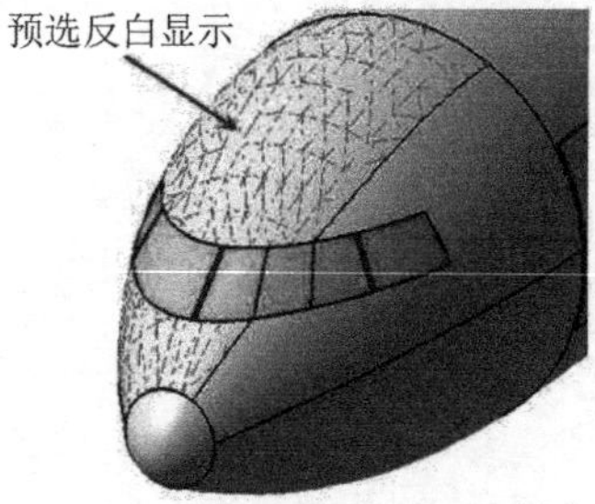


**图 2-30 预选反白显示**

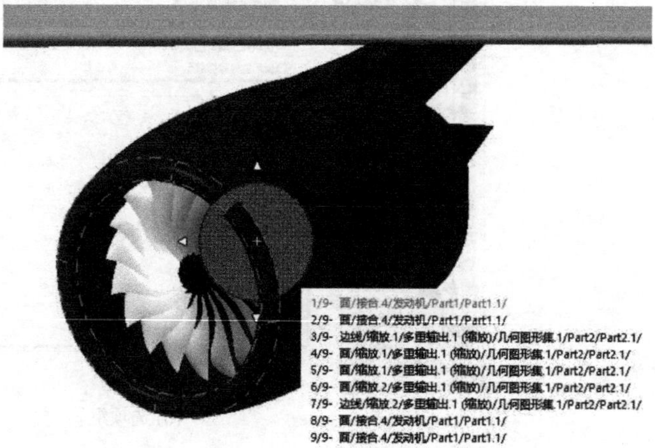


**图 2-31 预选导航**

3) 突出显示面和边线(Highlight faces and edges)复选框

选中该复选框，则被选中几何元素的边线和表面都会高亮突出显示，如图 2-32 所示，显示的颜色通过可视化(Visualization)选项卡进行设置。

4) 显示操作边界框(Display manipulation bounding box)复选框

选中该复选框，当使用者选中某一个几何元素时，与该几何元素相关的对象会被一个线形方框(边界框)包围，如图 2-33 所示。

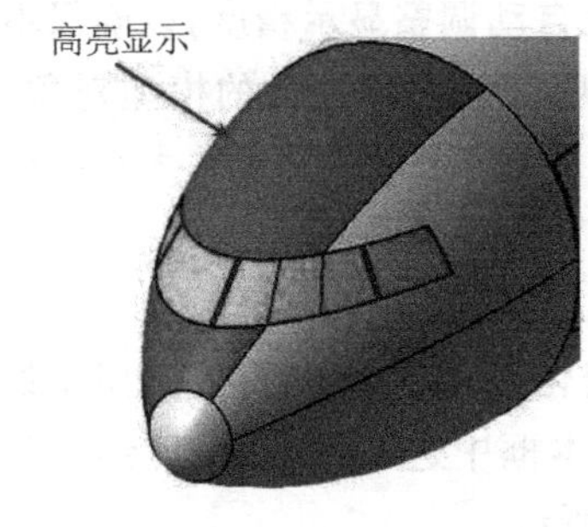


图 2-32　高亮显示

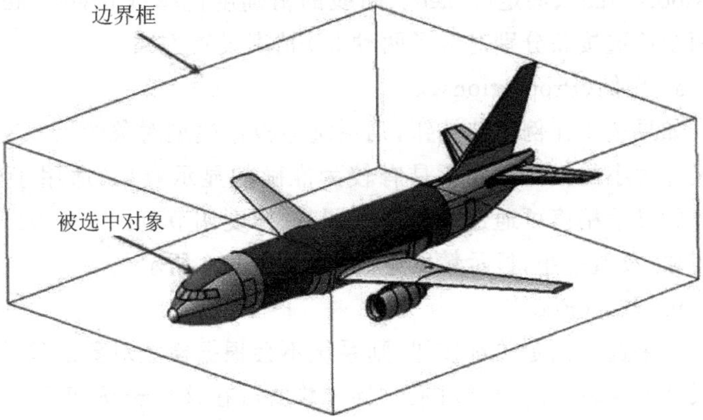


图 2-33　边界框

(2) 性能(Performance)

性能选项卡的界面如图 2-34 所示,该选项卡主要用于设置各类几何元素在各种情况下的显示精度。

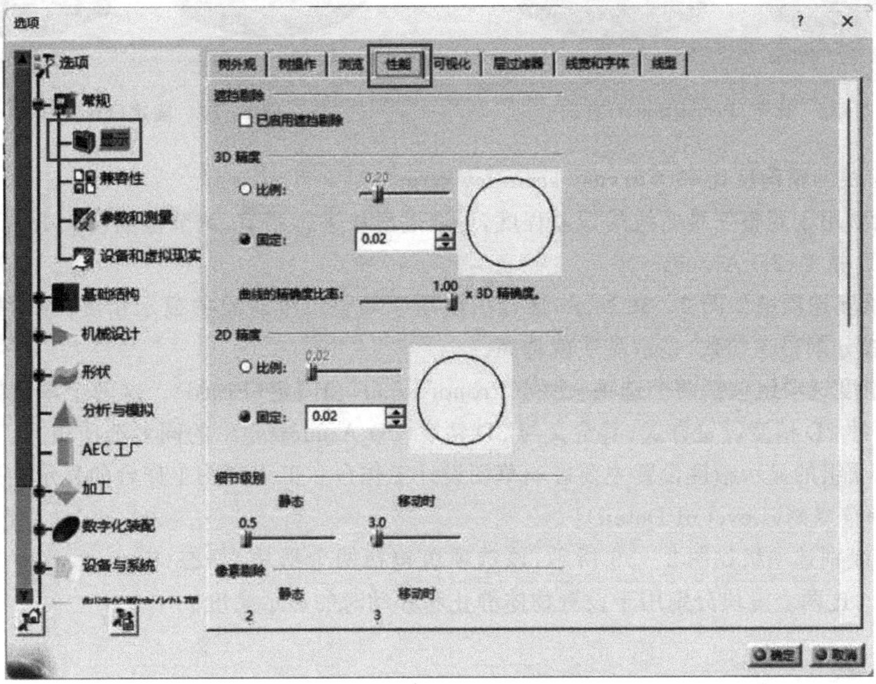


图 2-34　性能(Performance)选项卡

1) 3D 精度(3D Accuracy)

3D 精度选项组如图 2-35 所示,该选项组用于调整三维对象的显示精度,显示精度数值越低,多边形分割越细致,显示品质就越高,但是显示品质提高的代价是内存占用较多、运行速度降低。

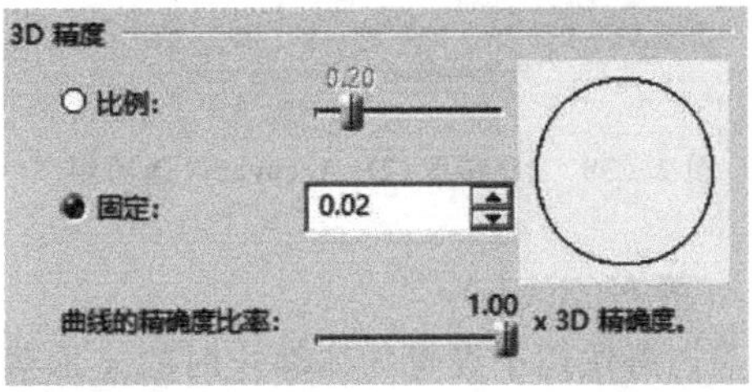


图 2-35　3D 精度(3D Accuracy)选项组

3D 精度选项组包括三个选项:比例

(Proportional)、固定(Fixed)、曲线的精确度比率(Curves' accuracy ratio)。其中比例和固定这两个单选按钮分别对应了两种 3D 精度设置方式。

a. 比例(Proportional)

如果选中比例单选按钮，则系统会根据模型对象的尺寸变化自动调整显示精度，以确保不同尺寸大小的模型对象都具有较为准确的显示效果，适用于处理尺寸差异较大的模型对象。具体的显示精度可通过滑块进行调节，精度调节范围在 0.01～1 之间，对于同等尺寸大小的模型对象，数值越小，显示精度越高，如图 2-36 所示。

b. 固定(Fixed)

如果选中固定单选按钮，则系统不会根据模型对象的尺寸变化来调整显示精度，适用于处理尺寸差异较小的模型对象。具体数值可在该单选按钮旁的文本框中进行设置，精度调节范围在 0.01～10 之间，数值越小，代表显示精度越高，如图 2-37 所示。

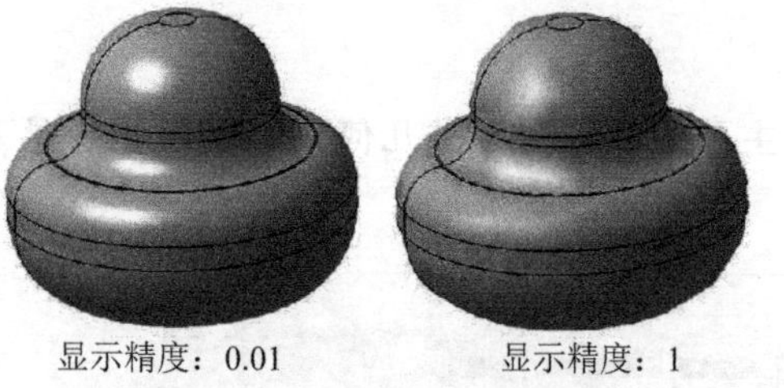


**图 2-36 比例(Proportional)方式**

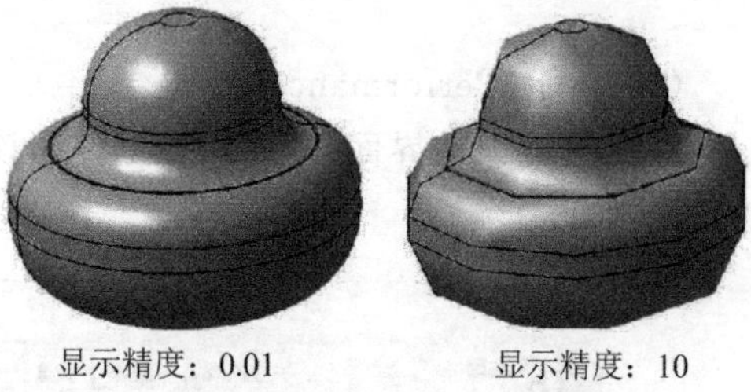


**图 2-37 固定(Fixed)方式**

c. 曲线的精确度比率(Curves' accuracy ratio)

该选项用于调整三维曲线的误差程度，可通过滑块进行调节，调节范围在 0.1～1 之间。

2) 2D 精度(2D Accuracy)

2D 精度选项组如图 2-38 所示，该选项组用于调整二维对象的显示精度，显示精度数值越低，曲线分割得越细致，显示品质就越高。

2D 精度选项组包括两个选项：比例(Proportional)和固定(Fixed)。这两个单选按钮分别对应了两种 2D 精度设置方式，其含义与 3D 精度(3D Accuracy)中的同名选项相同。

该选项组的显示精度设置主要影响草图设计工作台和工程制图工作台的显示品质。

3) 细节级别(Level of Detail)

细节级别选项组如图 2-39 所示，该选项组包括两个滑块：静态(Static)、移动时(While Moving)。这两个滑块分别用于设置物体静止和移动时的显示精度。

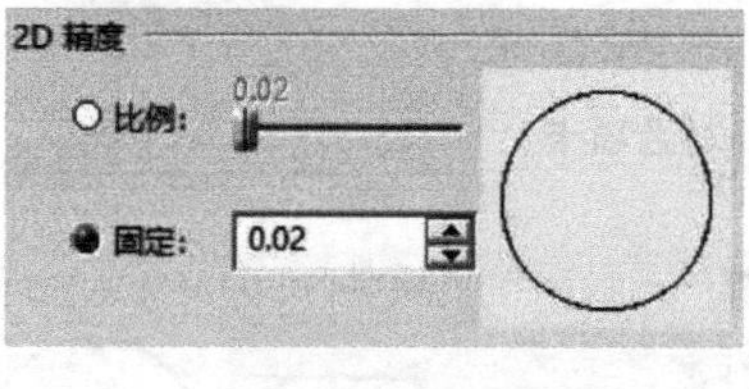


**图 2-38 2D 精度(2D Accuracy)选项组**

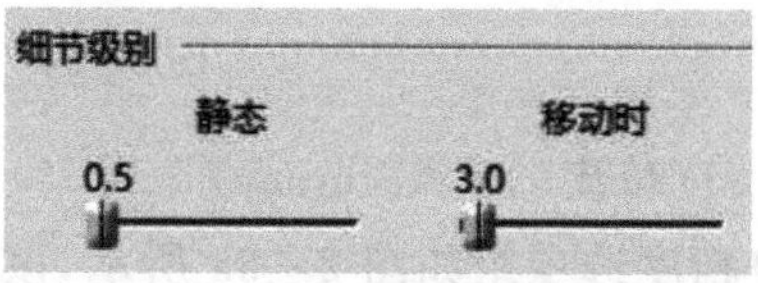


**图 2-39 细节级别(Level of Detail)选项组**

a. 静态(Static)

静态滑块用于设置物体静止时的显示精度，数值越低，静态显示精度越高。

b. 移动时(While Moving)

移动时滑块用于设置物体移动时(例如物体的平移、旋转过程)的显示精度,数值越低,移动时的显示精度越高;但是为了降低内存占用和运算时间,以加快物体的移动速度,建议物体移动时的显示精度不要设置过高。

(3) 可视化(Visualization)

可视化选项卡的界面如图 2-40 所示,该选项卡主要用于与可视化相关的参数设置,本书主要介绍其中的颜色设置。

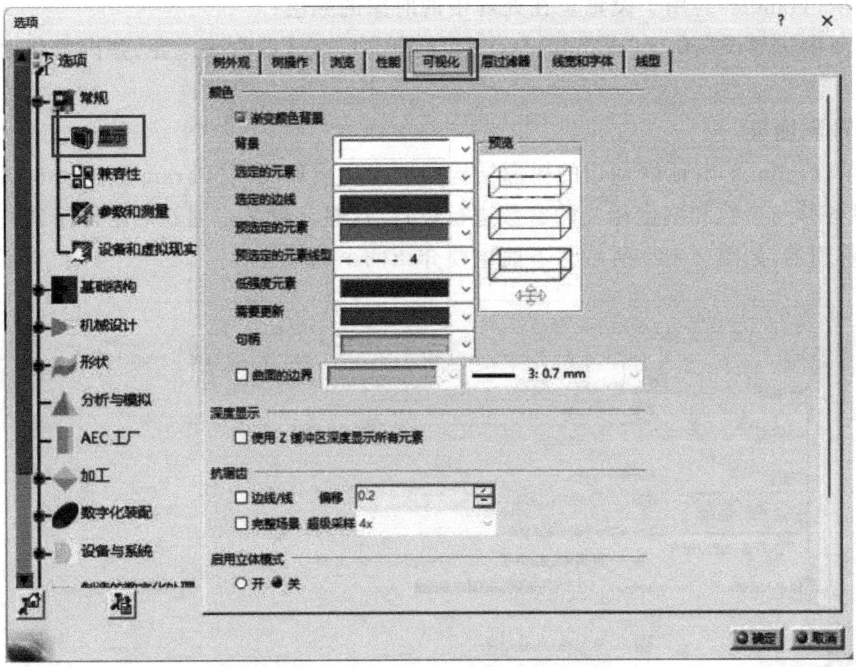


图 2-40 可视化(Visualization)选项卡

颜色(Colors)选项组的界面如图 2-41 所示,该选项组包括 9 个下拉列表框,主要用于设置 CATIA V5 使用环境中各种对象的颜色。9 个下拉列表框的作用如下:

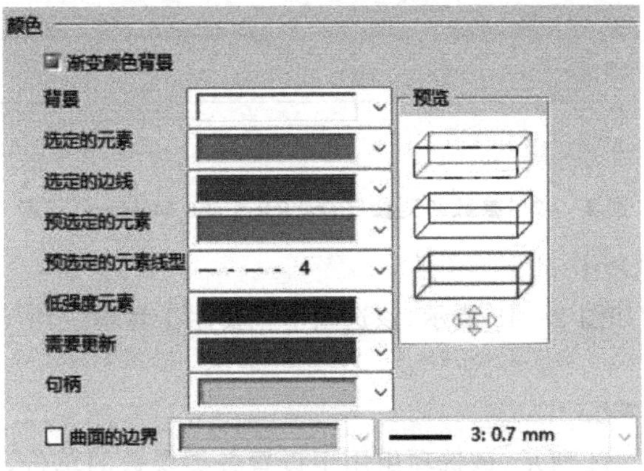


图 2-41 颜色(Colors)选项组

① 背景(Background):用于设置背景颜色;

② 选定的元素(Selected elements):用于设置被选择对象的颜色;

③ 选定的边线(Selected edges):用于设置被选择对象边线的颜色;

④ 预选定的元素(Preselected element):用于设置预选对象的颜色,即当把光标放到某一对象上时,该对象的显示颜色;

⑤ 预选定的元素线型(Preselected element linetype):用于设置预选对象的线型,即当把光标放到某一对象上时,该对象边线的显示形式;

⑥ 低强度元素(Low-intensity elements):用于设置低强度元素的显示颜色;

⑦ 需要更新(Update needed):用于设置需要更新的对象的颜色;

⑧ 句柄(Handles):用于设置正在处理中的对象的颜色;

⑨ 曲面的边界(Surfaces boundaries):用于确定是否显示曲面边界,并设置曲面边界的颜色和线型。

**3. 参数和测量**

在选项(Options)对话框左边的树形结构中选择参数和测量(Parameters and Measure)节点,即可对各种与参数和测量相关的参数进行设置,这些参数又是通过对话框中的一排选项卡进行分类管理的,如图 2-42 所示。下面主要介绍两个选项卡。

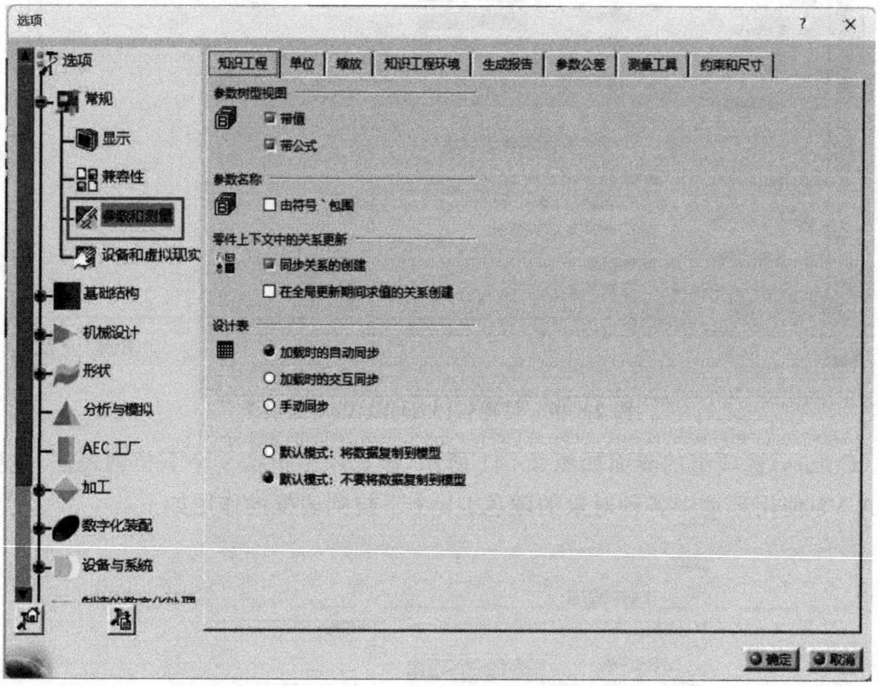


**图 2-42 参数和测量(Parameters and Measure)节点**

(1) 单位(Units)选项卡

单位选项卡的界面如图 2-43 所示,该选项卡主要用于对单位和尺寸显示进行设置,包括以下内容。

1) 单位(Units)选项组

单位选项组如图 2-44 所示,该选项组用于设置各类参数的单位,如长度(Length)、角度(Angle)、质量(Mass)等。

该选项组由一个列表框和一个下拉列表框组成。在设置单位时,先在列表框中选择要设置的参数类型,然后在下拉列表框中选择与该参数类型相对应的单位。例如,在列表框中选择

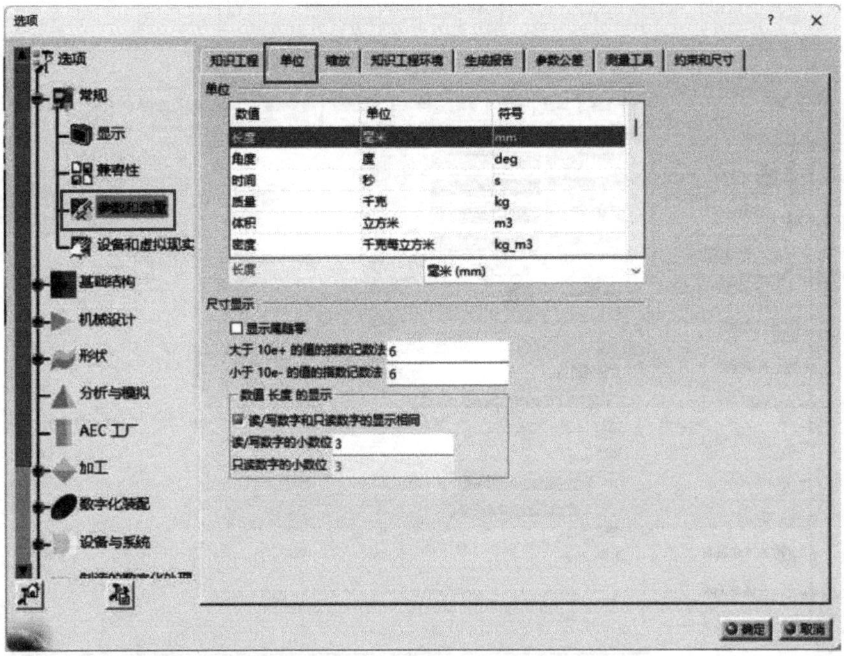


**图 2-43　单位(Units)选项卡**

长度,然后在下拉列表框中选择一种长度单位,如毫米(Millimeter)。

在实际使用过程中,各类参数的单位通常都设置为国际制单位。

2) 尺寸显示(Dimensions display)选项组

尺寸显示选项组如图 2-45 所示,该选项组用于设置尺寸的显示形式,主要包括:

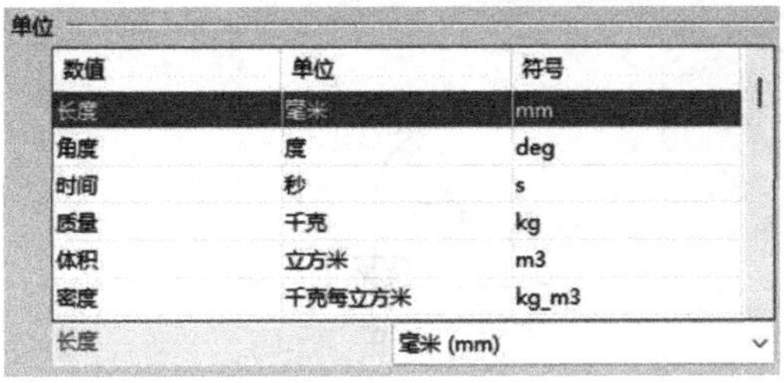


**图 2-44　单位(Units)选项组**

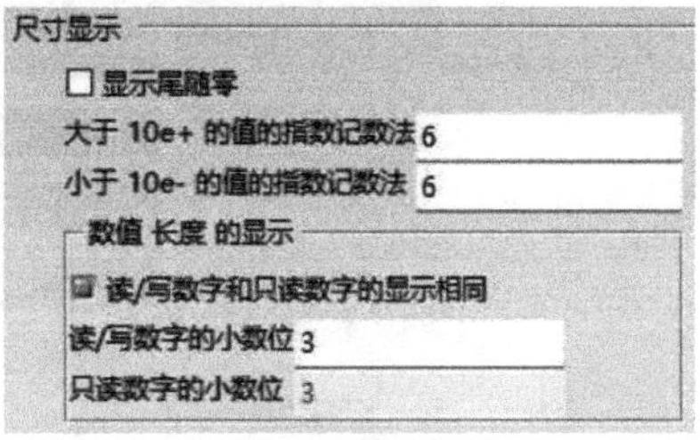


**图 2-45　尺寸显示(Dimensions display)选项组**

① 显示尾随零(Display trailing zeros):若选中该复选框,则显示小数尾数的 0。以长度 86.12 mm 为例,如果设置长度精确到小数点后三位,且选中显示尾随零复选框,则该长度将显示为 86.120 mm;如果不选中该复选框,则显示为 86.12 mm。

② 大于 10e+的值的指数记数法(Exponential notation for values greater than 10e+):该参数用于设置一个数量级,当 CATIA 中的数值超过该数量级时开始使用科学记数法。该参数的默认设置为 6,即当数值超过 $10^6$ 时开始使用科学记数法。

③ 小于 10e-的值的指数记数法(Exponential notation for values lower than 10e-):该参数用于设置一个数量级,当 CATIA 中的数值低于该数量级时开始使用科学记数法。该参数的默认设置为 6,即当数值低于 $10^{-6}$ 时开始使用科学记数法。

(2) 约束和尺寸(Constraints and Dimensions)选项卡

通过约束和尺寸选项卡可以设置与约束和尺寸相关的参数,如果 2-46 所示,包括以下内容。

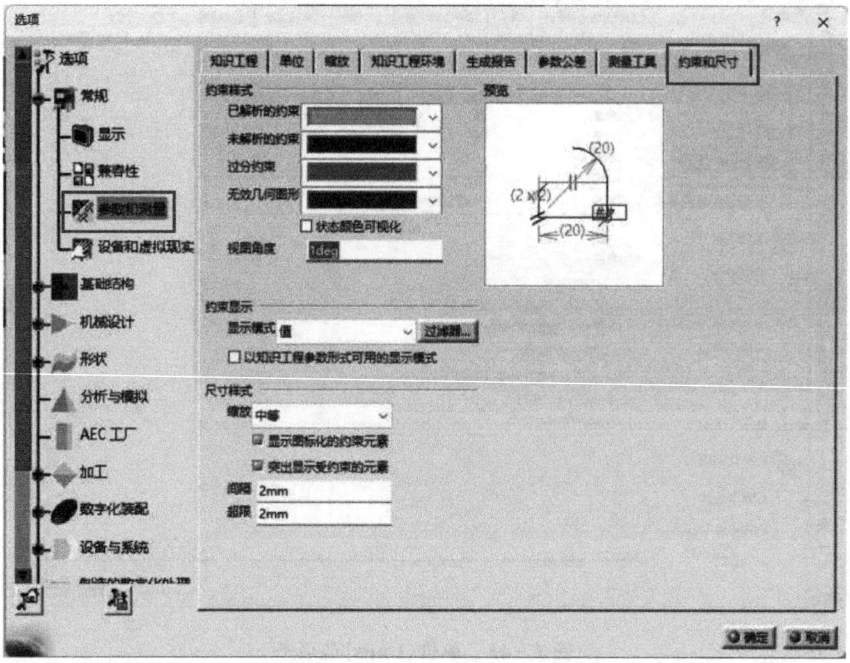


**图 2-46 约束和尺寸(Constraints and Dimensions)选项卡**

1) 约束样式(Constraint Style)选项组

该选项组主要用于设置不同类型约束的显示颜色等参数,如图 2-47 所示,包括:

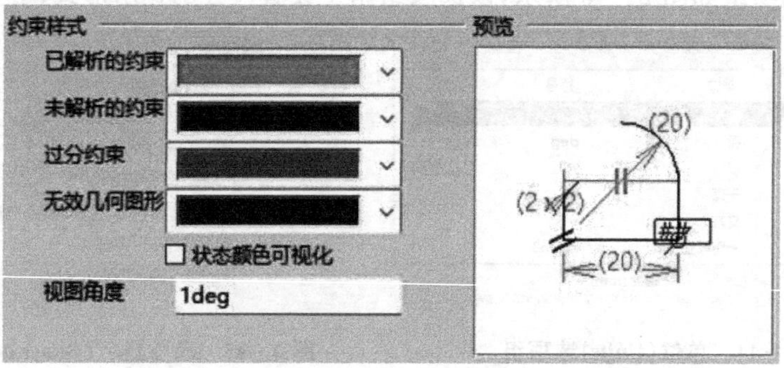


**图 2-47 约束样式(Constraint Style)选项组**

① 已解析的约束(Resolved constraint):用于设置对被约束对象正在发挥作用的约束颜色,默认为绿色;

② 未解析的约束(Unresolved constraint):用于设置对被约束对象已经失去约束作用的约束颜色;

③ 过分约束(Over constrained):用于设置过分约束的颜色,默认为紫色;

④ 无效几何图形(Invalid geometry):用于设置处于无效状态的几何对象的颜色,默认为暗红色;

⑤ 视图角度(View angle):用于设置约束的可视夹角。

2) 约束显示(Constraint Display)选项组

该选项组用于设置约束的显示模式,如图 2-48 所示,主要包括:

① 显示模式(Display Mode):在该下拉列表框中提供了 4 种约束的显示模式:

➢ 值(Value):显示约束的数值;

➢ 名称(Name):显示约束的名称;

➢ 名称+值(Name+Value):显示约束的名称和数值;

➢ 名称+值+公式(Name+Value+Fomula):显示约束的名称、数值和公式。

② 过滤器(Filter):单击该按钮,CATIA 会弹出一个约束过滤器(Constraint Filter)对话框。通过该对话框可以对约束的显示模式进行更加详细的设置。

3) 尺寸样式(Dimension Style)选项组

该选项组用于设置与尺寸显示相关的参数,如图 2-49 所示,包括:

**图 2-48　约束显示(Constraint Display)选项组**

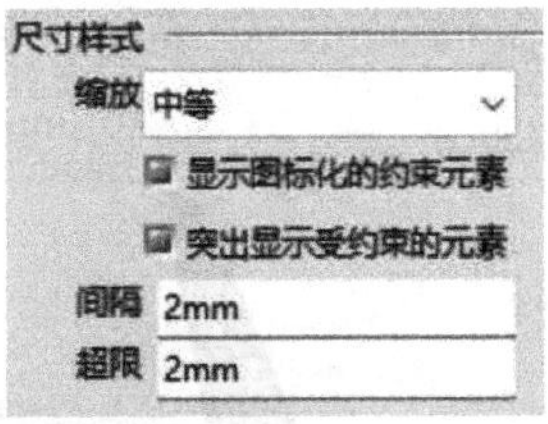


**图 2-49　尺寸样式(Dimension Style)选项组**

① 缩放(Scale):该下拉列表框用于设置约束符号的大小,包括小(Small)、中等(Medium)、大(Large)3 个选项;

② 显示图标化的约束元素(Display iconified constraint elements):如果选中该复选框,则会显示更多的外形约束条件;

③ 突出显示受约束的元素(Highlight constrained elements):如果选中该复选框,则当选中某一个约束时,被该约束所限制的几何元素会同时高亮显示;

④ 间隔(Gap):用于设置尺寸线与被约束的几何对象之间的间隔距离;

⑤ 超限(Overrun):用于设置尺寸边线与宽度线之间的距离。

## 2.3　基本操作

在 CATIA 中,不同的工作台具有不同的功能,但是一些基本操作在各个工作台中都是共通的,例如视图操作、选择操作、图形属性、测量、材料属性等。

### 2.3.1　视图操作

CATIA 中与视图相关的操作主要包括:全部适应(Fit All In)、平移(Pan)、旋转(Rotate)、缩放(Zoom In Out)、法线视图(Normal View)、创建多视图(Create Multi-View)、快速查看(Quick View)、视图模式(View Mode)、隐藏/显示(Hide/Show)、交换可视空间(Swap Visible Space)等。这些与视图操作相关的功能均可通过视图(View)工具栏进行调用,如图 2-50所示。

**1. 全部适应(Fit All In)**

在通过 CATIA 进行三维建模的过程中,经常需要对模型对象执行平移、旋转、缩放等操作,这些操作有可能导致部分模型超出当前窗口的显示范围,或者因缩得太小而在当前窗口中无法分辨模型的细节特征。在这种情况下,可以通过单击视图(View)工具栏中的全部适应(Fit All In)工具按钮,将模型对象以一个最适合的比例在当前窗口中全部显示出来,如图 2-51 所示。

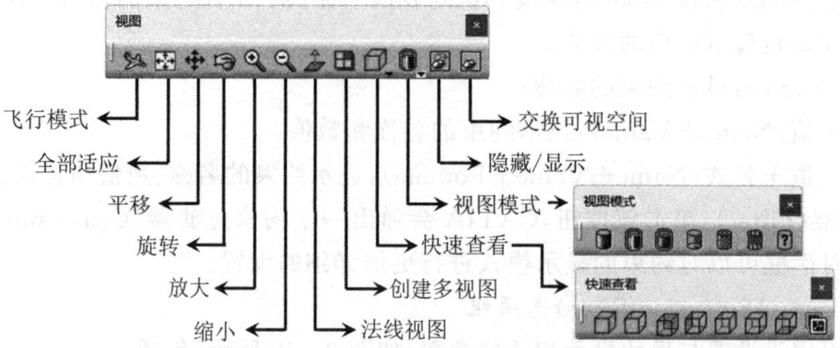


图 2-50 视图(View)工具栏

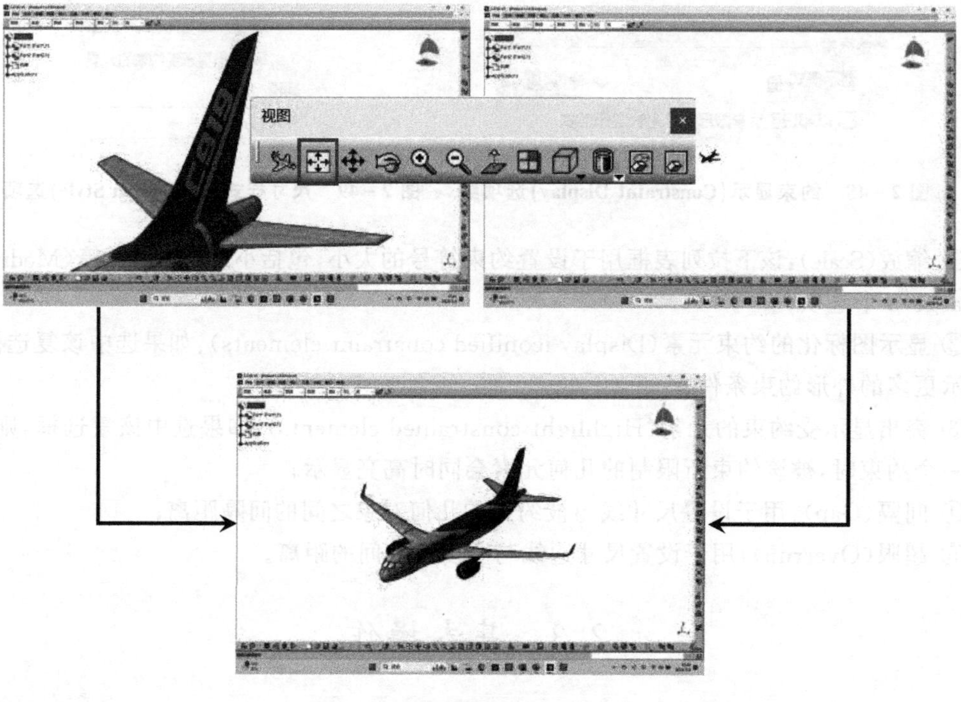


图 2-51 全部适应(Fit All In)

**2. 平移(Pan)**

平移指对显示视窗进行移动,但并不会改变模型对象在三维空间中的位置坐标。常用的平移方法有三种:通过平移命令进行平移、通过鼠标进行平移和通过指南针进行平移。

(1) 通过平移命令进行平移

平移命令可以通过两种方式调用:

① 通过视图(View)工具栏调用平移(Pan)命令,如图 2-52 所示;

图 2-52 视图(View)工具栏中的平移(Pan)命令

② 通过视图(View)菜单调用平移(Pan)命令,如图 2-53 所示。

调用了平移命令之后，按住鼠标左键不放，拖动鼠标即可平移。

(2) 通过鼠标进行平移

按住鼠标中键不放，拖动鼠标即可平移。

(3) 通过指南针进行平移

将光标移到指南针上代表坐标轴方向的直线上（见图 2－12 中的 L1～L5），按住鼠标左键不放进行拖动，即可沿着相应坐标轴方向平移。

将光标移到指南针的 xy、yz 和 zx 三个坐标平面上（见图 2－12），按住鼠标左键不放进行拖动，即可沿着相应的坐标平面平移。

**3. 旋转（Rotate）**

旋转指对显示视窗的方向进行旋转，但并不会改变模型对象在三维空间中的方位。常用的旋转方法有三种：通过旋转命令进行旋转、通过鼠标进行旋转和通过指南针进行旋转。

(1) 通过旋转命令进行旋转

旋转命令可以通过两种方式调用：

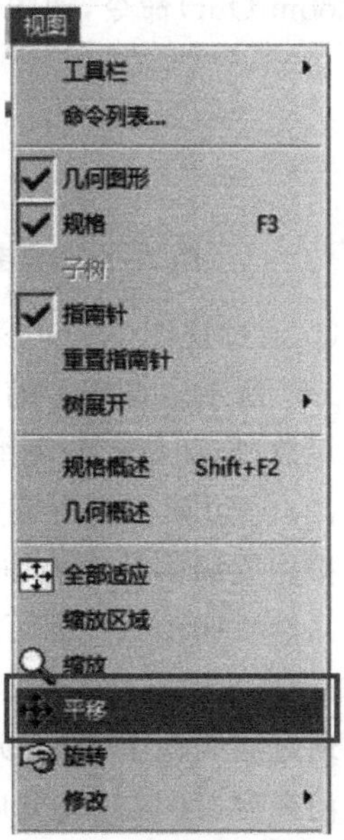


**图 2－53　视图（View）菜单中的平移（Pan）命令**

① 通过视图（View）工具栏调用旋转（Rotate）命令，如图 2－54 所示；

**图 2－54　视图（View）工具栏中的旋转（Rotate）命令**

② 通过视图（View）菜单调用旋转（Rotate）命令，如图 2－55 所示。

调用了旋转命令之后，按住鼠标左键不放，拖动鼠标即可旋转。

(2) 通过鼠标进行旋转

同时按住鼠标中键和右键不放，拖动鼠标即可旋转。

(3) 通过指南针进行旋转

将光标移到指南针的 xy、yz 和 zx 三个坐标平面的圆弧上（见图 2－12），按住鼠标左键不放进行拖动，即可绕着相应的坐标轴旋转。

将光标移到指南针顶部的小圆点上（见图 2－12），按住鼠标左键不放进行拖动，即可进行自由旋转。

**4. 缩放（Zoom In Out）**

缩放指对模型对象的显示大小进行放大或缩小，但并不会改变模型对象的实际大小。常用的缩放方法有两种：通过缩放命令进行缩放和通过鼠标进行缩放。

(1) 通过缩放命令进行缩放

缩放命令可以通过两种方式调用：

① 通过视图（View）工具栏调用放大（Zoom In）命令和缩

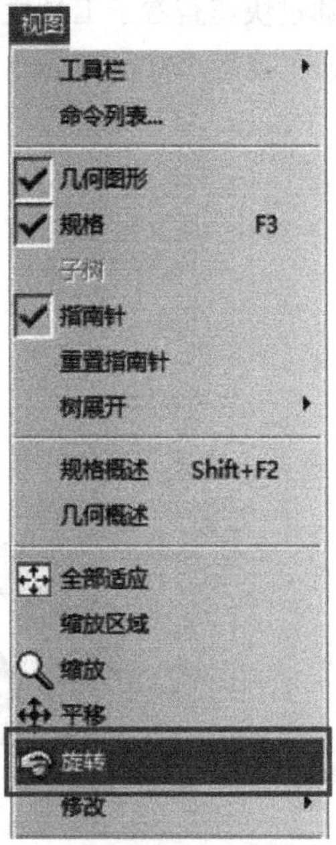


**图 2－55　视图（View）菜单中的旋转（Rotate）命令**

小(Zoom Out)命令，如图 2－56 所示。

**图 2－56 视图(View)工具栏中的放大(Zoom In)命令和缩小(Zoom Out)命令**

② 通过视图(View)菜单调用缩放(Zoom In Out)命令，如图 2－57 所示。调用了缩放(Zoom In Out)命令之后按住鼠标左键不放，拖动鼠标即可缩放。

(2) 通过鼠标进行缩放

按住鼠标中键并右击(右击后松开右键，保持中键的按住状态)，然后拖动鼠标即可缩放。

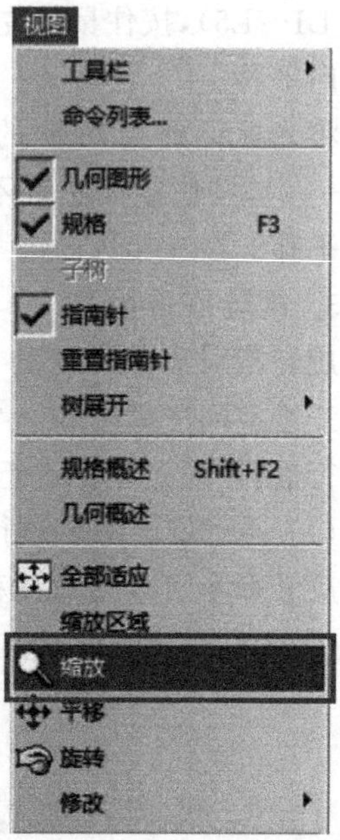


**图 2－57 视图(View)菜单中的缩放(Zoom In Out)命令**

**5. 法线视图(Normal View)**

通过法线视图命令(见图 2－58(a))可以使视图方向(垂直于当前视窗，且与视线方向保持一致)与指定基准平面的法线方向保持一致。

图 2－58(b)为零件的等轴测视图，如果想沿着图示基准平面的法线方向观察该零件，则只需选中该平面作为基准平面，然后在视图工具栏中单击法线视图图标即可，调整之后的视图状态如图 2－58(c)所示。

**6. 创建多视图(Create Multi-View)**

通过创建多视图命令可以将当前窗口四等分，分别显示等轴测视图、俯视图、背视图(后视图)和右视图，如图 2－59 所示。

**7. 快速查看(Quick View)**

通过快速查看子工具栏可将模型对象快速定位到某个视图方向，包括：等轴测视图(Isometric View)、正视图(Front View)、背视图(Back View)、左视图(Left View)、右视图(Right View)、俯视

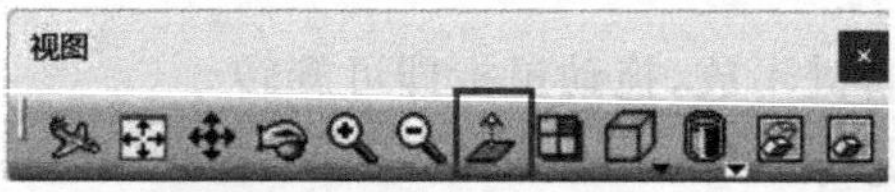


(a) 视图(View)工具栏中的法线视图(Normal View)命令

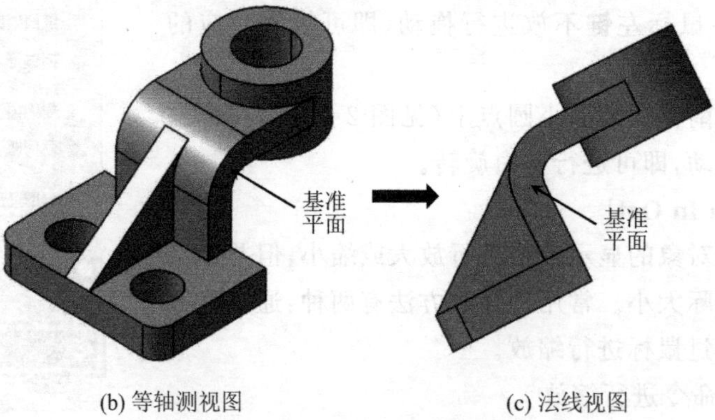


(b) 等轴测视图 (c) 法线视图

**图 2－58 法线视图(Normal View)**

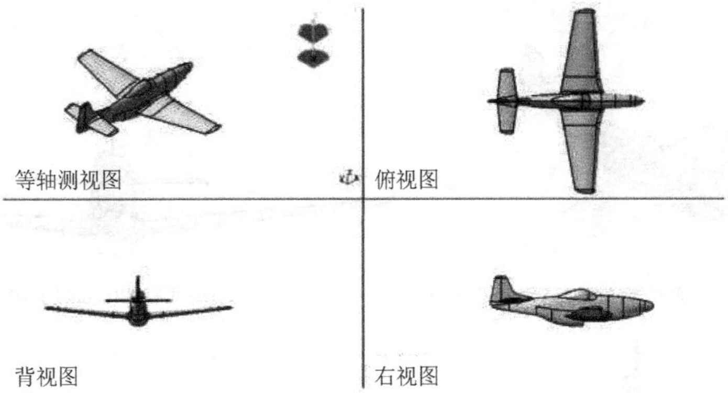


**图 2-59　创建多视图(Create Multi-View)**

图(Top View)、仰视图(Bottom View)和已命名的视图(Named Views),如图 2-60 所示。

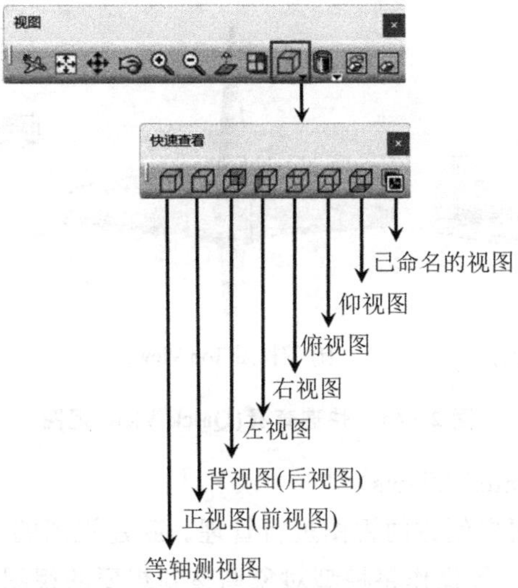


**图 2-60　快速查看(Quick View)子工具栏**

(1) 等轴测视图(Isometric View)

等轴测视图指采用平行投影法将模型对象连同该模型对象的直角坐标系一起沿不平行于任一坐标平面的方向进行投影得到的视图,如图 2-61(a)所示。

(2) 正视图(Front View)

正视图即前视图,指沿着 x 轴负方向进行投影得到的视图,如图 2-61(b)所示。

(3) 背视图(Back View)

背视图即后视图,指沿着 x 轴正方向进行投影得到的视图,如图 2-61(c)所示。

(4) 左视图(Left View)

左视图指沿着 y 轴正方向进行投影得到的视图,如图 2-61(d)所示。

(5) 右视图(Right View)

右视图指沿着 y 轴负方向进行投影得到的视图,如图 2-61(e)所示。

(6) 俯视图(Top View)

俯视图指沿着 z 轴负方向进行投影得到的视图,如图 2-61(f)所示。

(7) 仰视图(Bottom View)

仰视图指沿着 z 轴正方向进行投影得到的视图,如图 2-61(g)所示。

(a) 等轴测视图(Isometric View)

(b) 正视图(Front View)

(c) 背视图(Back View)

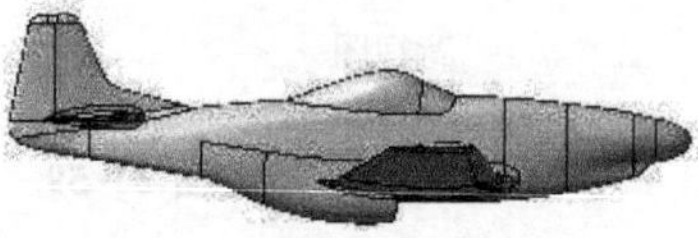

(d) 左视图(Left View)

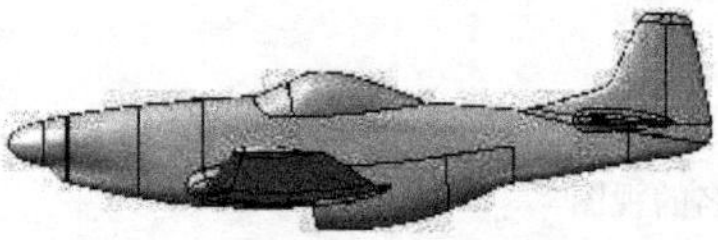

(e) 右视图(Right View)

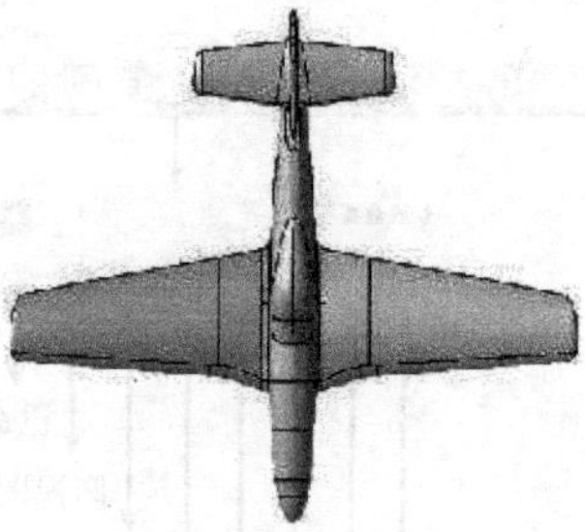

(f) 俯视图(Top View)

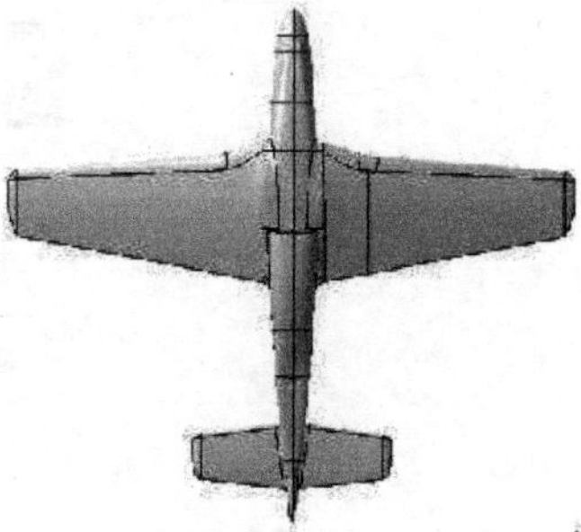

(g) 仰视图(Bottom View)

**图 2-61 快速查看(Quick View)视图**

(8) 已命名的视图(Named Views)

已命名的视图用于对用户创建的视图进行管理。新建视图的方法如下：

① 通过平移、旋转、缩放等操作将模型对象调整到想要的视图状态；

② 在快速查看(Quick View)子工具栏中单击已命名的视图(Named Views)图标，打开已命名的视图(Named Views)对话框，如图 2-62 所示；

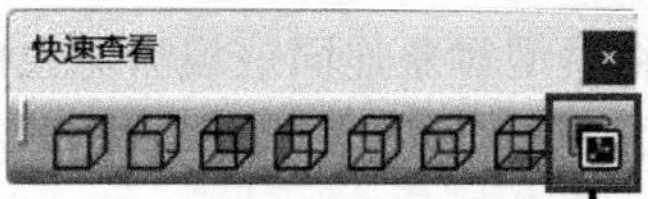

**图 2-62 已命名的视图(Named Views)对话框**

③ 在已命名的视图对话框的视图列表中列出了正(正视图)、背(背视图)、左(左视图)、右(右视图)、俯(俯视图)、仰(仰视图)和等距(等轴测视图)共 7 种标准视图选项(见图 2-62),通过这些选项可将模型对象快速定位到指定的视图状态,如果要新建视图,则需要单击已命名的视图对话框右侧的添加(Add)按钮,以添加一个新的视图,如图 2-63 所示;

④ 在视图列表下方的文本框中为新添加的视图重新命名,例如命名为"用户视图",如图 2-64 所示;

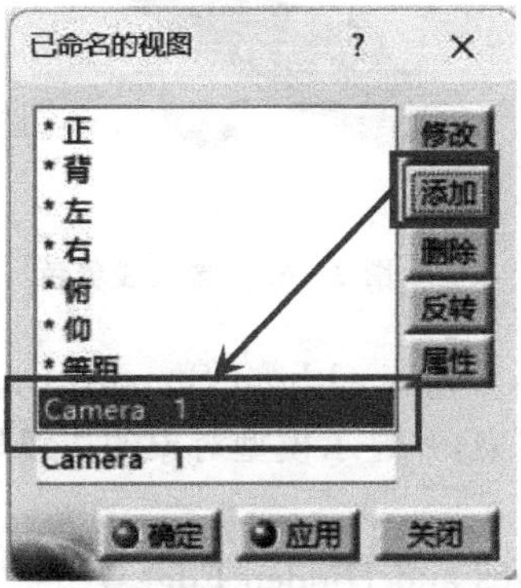


图 2-63 添加新的视图

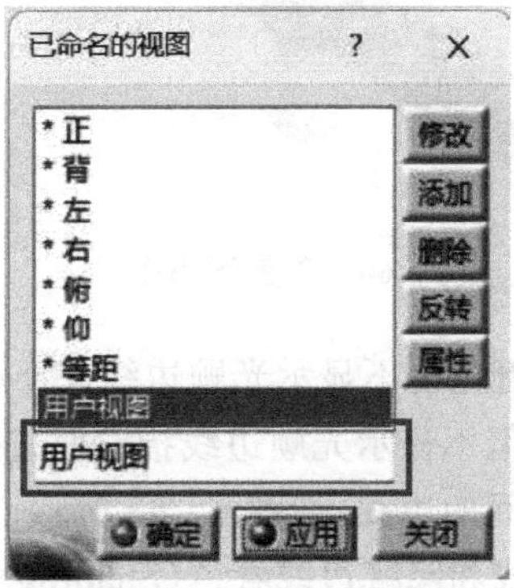


图 2-64 命名新视图

⑤ 单击确定(OK)按钮完成视图的创建。

使用新建视图的方法是:

① 在快速查看(Quick View)子工具栏中单击已命名的视图(Named Views)图标,打开已命名的视图(Named Views)对话框;

② 在已命名的视图对话框中的视图列表中选择新建的视图"用户视图";

③ 单击确定(OK)按钮。

**8. 视图模式(View Mode)**

视图模式子工具栏提供了多种不同的显示方法,如图 2-65 所示。

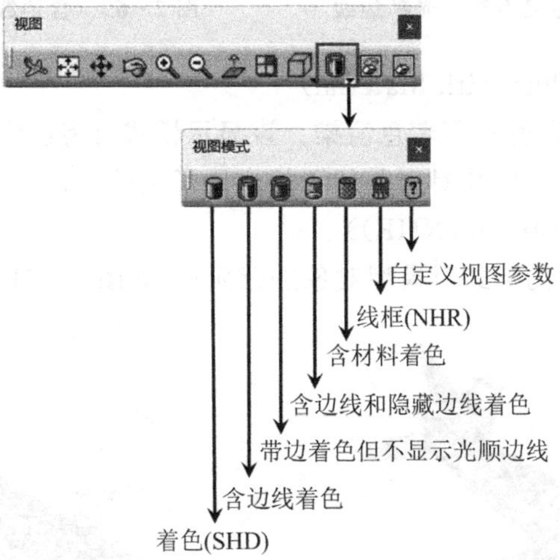


图 2-65 视图模式(View Mode)子工具栏

(1) 着色(SHD)(Shading(SHD))

着色(SHD)指只对面进行着色渲染,但不显示模型对象的边线轮廓,如图 2-66 所示。

(2) 含边线着色(Shading with Edges)

含边线着色指对面进行着色渲染,并显示模型对象的边线轮廓,如图 2-67 所示。

图 2-66 着色(SHD)

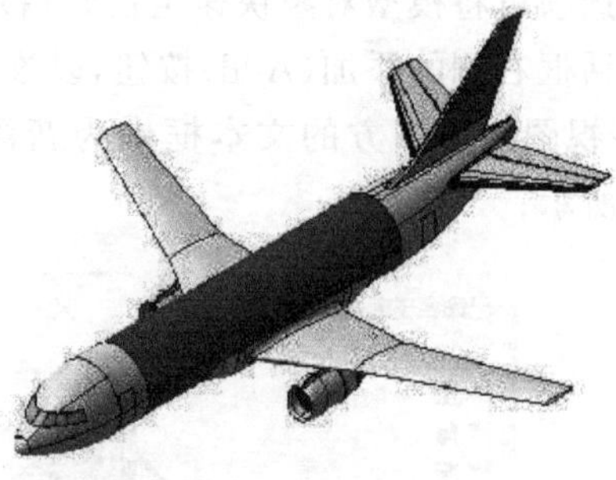

图 2-67 含边线着色

(3) 带边着色但不显示光顺边线(Shading with Edges without Smooth Edges)

带边着色但不显示光顺边线指对面进行着色渲染,并显示模型对象的边线轮廓,但不显示光滑连接面之间的边线,如图 2-68 所示。

(4) 含边线和隐藏边线着色(Shading with Edges and Hidden Edges)

含边线和隐藏边线着色指对面进行着色渲染,并显示模型对象的边线轮廓,除此以外,被遮挡的边线也会用虚线显示,如图 2-69 所示。

图 2-68 带边着色但不显示光顺边线

图 2-69 含边线和隐藏边线着色

(5) 含材料着色(Shading with Material)

含材料着色指带材料属性进行着色渲染。该显示模式可将已应用了材料属性的模型对象显示出材料的属性,在图 2-70 中针对整架飞机应用了铝的材料。

(6) 线框(NHR)(Wireframe(NHR))

线框(NHR)指以线框的形式对模型对象进行显示,如图 2-71 所示。

图 2-70 含材料着色

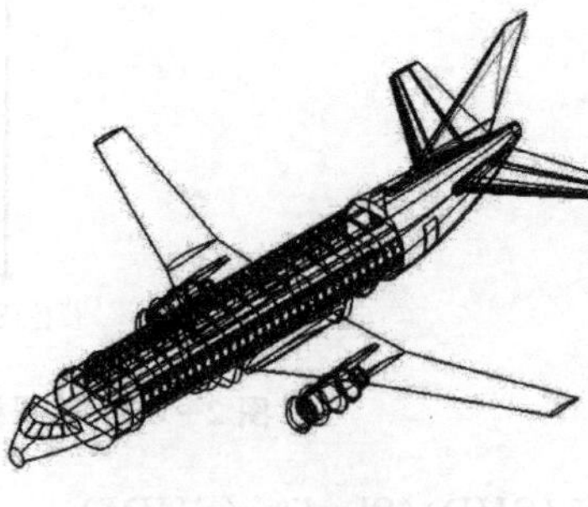

图 2-71 线框(NHR)

(7) 自定义视图参数(Customize View Parameters)

自定义视图参数指由使用者定制视图显示模式。在视图模式(View Mode)子工具栏中单击该图标,可以打开视图模式自定义(View Mode Customization)对话框,通过该对话框可以自定义用户需要的显示特性。

**9. 隐藏/显示(Hide/Show)**

通过隐藏/显示图标可将处于显示状态的对象隐藏起来,也可将已被隐藏的对象显示出来,方法如下:

① 选择要隐藏或显示的对象;

② 在视图(View)工具栏中单击隐藏/显示图标。

**10. 交换可视空间(Swap Visible Space)**

在 CATIA 的图形操作窗口中可以显示两类空间:可视空间和隐藏空间,默认显示的是可视空间。通过视图(View)工具栏中的交换可视空间(Swap Visible Space)图标可以在这两个空间之间进行切换;切换到隐藏空间后,会在窗口中显示处于隐藏状态的图形对象。

## 2.3.2 选择操作

CATIA 中的大多数操作需要明确指定操作对象,例如,创建凸台(Pad)特征时,需要选择一个草图作为拉伸对象;创建倒圆角(Edge Filet)特征时,需要选择一条或多条边线作为操作对象。CATIA 在选择(Select)工具栏中提供了 6 种选择模式,如图 2-72 所示。

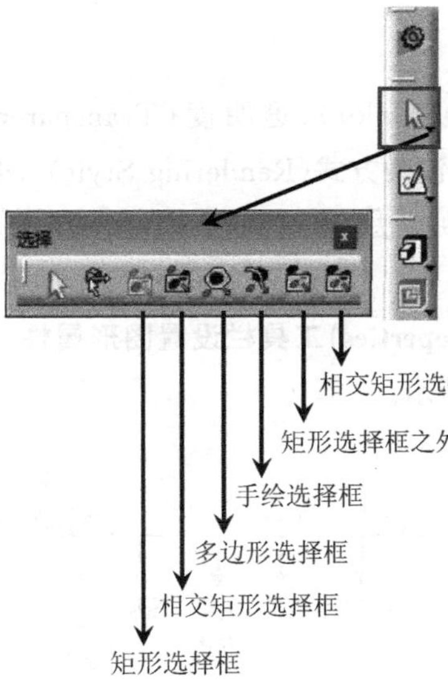


**图 2-72 选择(Select)工具栏**

**1. 矩形选择框(Rectangle Selection Trap)**

采用矩形选择框模式时,需要通过鼠标拖拽确定一个矩形选择框,那些完全处于该选择框内部的对象会被选中(呈高亮显示状态),与矩形选择框相交及完全位于矩形选择框之外的对象不会被选中。

**2. 相交矩形选择框(Intersecting Rectangle Selection Trap)**

采用相交矩形选择框模式时,需要通过鼠标拖拽确定一个矩形选择框,那些完全处于该选择框内部及与该选择框相交的对象会被选中(呈高亮显示状态),完全位于矩形选择框之外的对象不会被选中。

**3. 多边形选择框(Polygon Selection Trap)**

采用多边形选择框模式时,需要通过鼠标确定一个多边形选择框(通过单击确定多边形选择框的各个顶点,在最后一个顶点处双击完成多边形选择框的确定),那些完全处于该选择框内部的对象会被选中(呈高亮显示状态),与多边形选择框相交及完全位于多边形选择框之外的对象不会被选中。

**4. 手绘选择框(Free Hand Selection Trap)**

采用手绘选择框模式时,需要按住鼠标左键在图形操作窗口内画线,那些与线条相交的对象会被选中(呈高亮显示状态)。

**5. 矩形选择框之外(Outside Rectangle Selection Trap)**

采用矩形选择框之外模式时,需要通过鼠标拖拽来确定一个矩形选择框,那些完全位于该选择框外部的对象会被选中(呈高亮显示状态),与矩形选择框相交及完全位于矩形选择框之内的对象不会被选中。

**6. 相交矩形选择框之外(Outside Intersecting Rectangle Selection Trap)**

采用相交矩形选择框之外模式时,需要通过鼠标拖拽确定一个矩形选择框,那些与该选择框相交及完全位于该选择框外部的对象会被选中(呈高亮显示状态),完全位于矩形选择框之内的对象不会被选中。

### 2.3.3 图形属性

图形属性指图形对象的颜色(Color)、透明度(Transparence)、线型(Linetype)、线宽(Thickness)、点的符号(Symbol)、渲染方式(Rendering Style)、图层(Layers)等属性。

图形属性的设置主要有两种方法:通过图形属性(Graphic Properties)工具栏和属性(Properties)对话框。

**1. 通过图形属性(Graphic Properties)工具栏设置图形属性**

图形属性工具栏如图 2-73 所示。

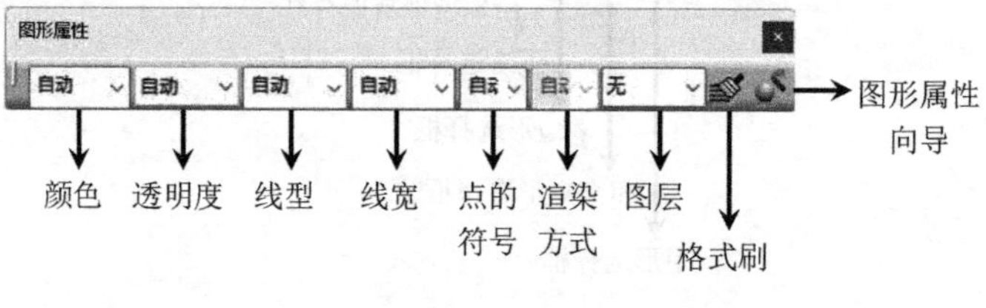


**图 2-73 图形属性(Graphic Properties)工具栏**

通过图形属性工具栏修改图形属性的方法如下:

① 选择需要修改图形属性的图形对象;

② 在图形属性工具栏相应的下拉列表框中选择新的图形属性。

图形属性工具栏中的格式刷(Painter)可以使指定图形对象的图形属性与其他对象(即样板对象)保持一致,使用方法如下:

① 在图形属性工具栏中单击格式刷图标;

② 选择需要修改图形属性的图形对象；

③ 选择样板对象。

需要注意的是：图形属性工具栏在默认情况下处于关闭状态，若想通过该工具栏修改图形属性，则首先需要通过工具栏菜单将该工具栏打开。

工具栏菜单包含了当前工作台的所有工具栏，图 2－74 是零件设计(Part Design)工作台的工具栏菜单，包含了零件设计工作台的所有工具栏。工具栏菜单中前面有"√"的工具栏是当前处于打开状态的工具栏，没有"√"的工具栏是当前处于关闭状态的工具栏，例如图 2－74 中的图形属性工具栏就是处于关闭状态的工具栏，选择该工具栏，可以将其打开。

打开工具栏菜单的方法有 2 种：

① 选择视图(View)→工具栏(Toolbars)菜单项，如图 2－75 所示；

② 在 CATIA 状态栏或任意工具栏的任意位置右击，同样可以打开工具栏菜单。

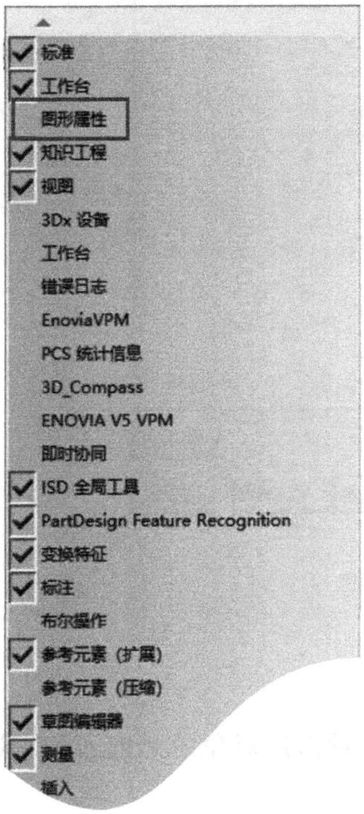


图 2－74 零件设计(Part Design)工作台工具栏菜单

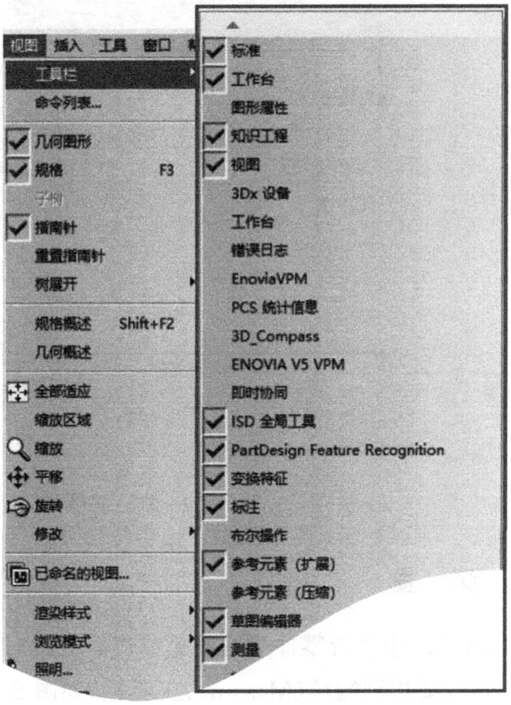


图 2－75 通过视图(View)菜单调用工具栏菜单

**2. 通过属性(Properties)对话框设置图形属性**

通过属性对话框修改图形属性的方法如下：

① 在要修改图形属性的图形对象上右击；

② 在弹出的快捷菜单中选择属性(Properties)选项，如图 2－76 所示；

③ 在打开的属性对话框中，通过相

图 2－76 属性(Properties)选项

应的选项设置图形属性，如图 2－77 所示。

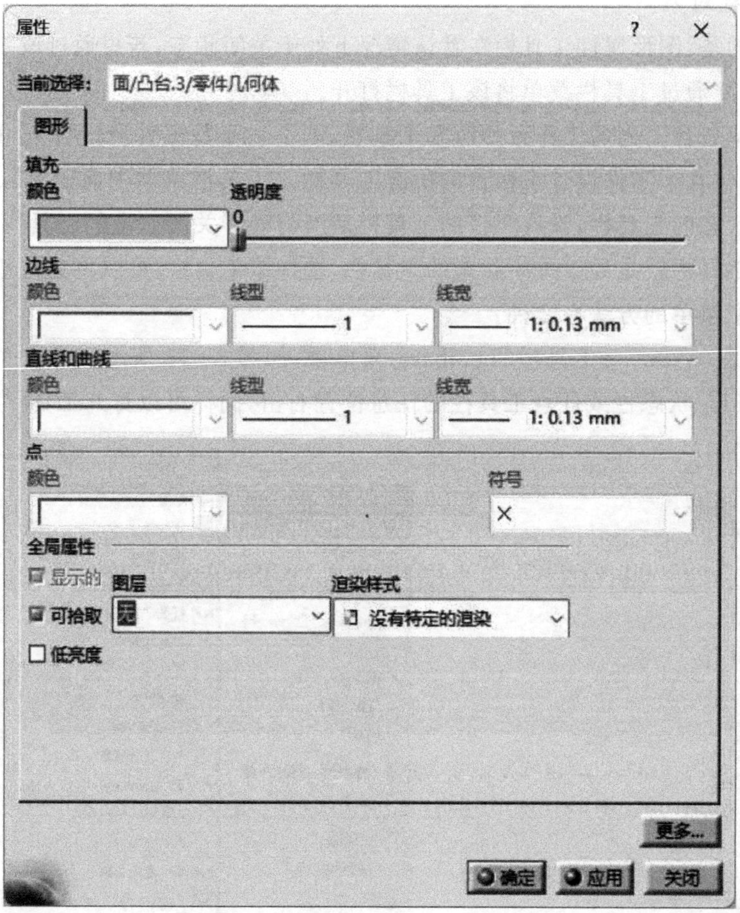


**图 2－77　属性(Properties)对话框**

## 2.3.4　测　量

在 CATIA 中进行零件三维建模或产品装配时经常需要对指定对象的几何或物理属性进行测量，这就要用到测量(Measure)工具栏，如图 2－78 所示。

**1. 测量间距(Measure Between)**

测量间距用于测量两个元素(点、线、面)之间的距离和角度。单击该图标后，CATIA 会弹出一个测量间距(Measure Between)对话框，如图 2－79 所示。

测量间距对话框的定义(Definition)选项组提供了 5 种测量模式，分别是：测量间距(Measure Between)、在链式模式中测量间距(Measure Between in Chain Mode)、在扇形模式中测量间距(Measure Between in Fan Mode)、测量项(Measure Item)、测量厚度(Measure the Thickness)。

(1) 测量间距(Measure Between)模式

若采用测量间距模式，则每次测量都需要选择两个元素，再次测量则需要重新选择两个元素，如图 2－80 所示。

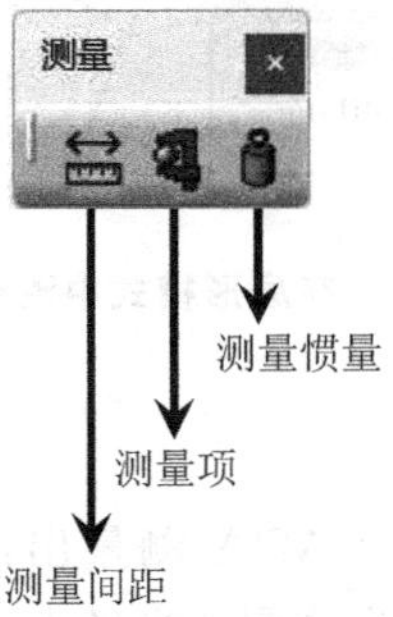


图 2-78　测量(Measure)工具栏

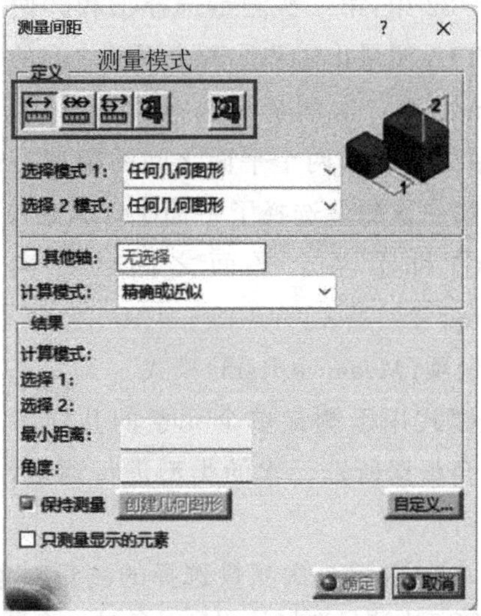


图 2-79　测量间距(Measure Between)对话框

在图 2-80 中,第一次测量选择①和②两个平面,CATIA 测量出①和②两个平面之间的距离为 40 mm;第二次测量选择③和④两个平面,CATIA 测量出③和④两个平面之间的距离为 39 mm。

(2) 在链式模式中测量间距(Measure Between in Chain Mode)模式

若采用在链式模式中测量间距模式,则第一次测量时需要选择两个元素,以后的每一次测量只需选择一个元素即可,以前一次测量的第二个元素作为本次测量的起始元素,如图 2-81 所示。

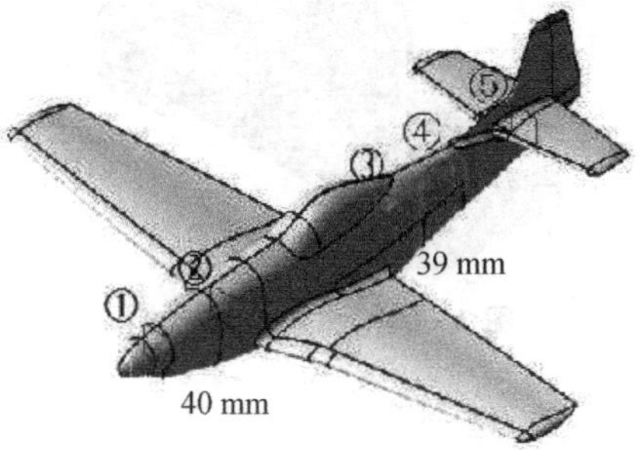


图 2-80　测量间距模式

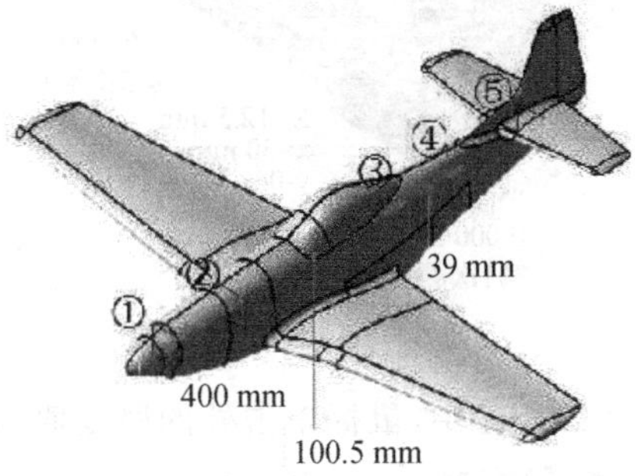


图 2-81　在链式模式中测量间距模式

在图 2-81 中,第一次测量选择①和②两个平面,CATIA 测量出①和②两个平面之间的距离为 40 mm;第二次测量只选择了平面③,CATIA 测量出②和③两个平面之间的距离是 100.5 mm(平面②是第一次测量时选择的第二个元素,在第二次测量时以该平面作为测量的起始元素);第三次测量选择了平面④,CATIA 测量出了③和④两个平面之间的距离是 39 mm。

(3) 在扇形模式中测量间距(Measure Between in Fan Mode)模式

若采用在扇形模式中测量间距模式,则第一次测量时需要选择两个元素,而以后的每一次测量只需选择一个元素,并以第一次测量的第一个元素作为本次测量的起始元素,如图 2-82 所示。

在图 2－82 中，第一次测量选择①和②两个平面，CATIA 测量出①和②两个平面之间的距离为 40 mm；第二次测量只选择了平面③，CATIA 测量出①和③两个平面之间的距离是 140.5 mm；第三次测量选择了平面④，CATIA 测量出了①和④两个平面之间的距离是 179.5 mm。

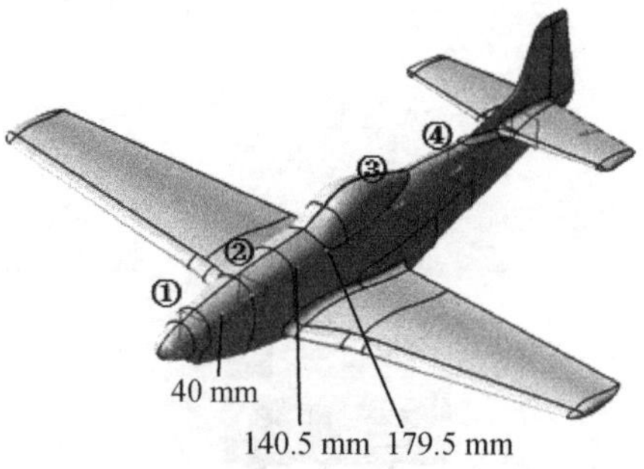


**图 2－82 在扇形模式中测量间距模式**

（4）测量项（Measure Item）模式

测量项模式用于测量单个元素的几何参数，CATIA 会根据所选元素的类型进行测量，如图 2－83 所示。

在图 2－83 中，第 1 次测量选择的测量对象是一个平面，CATIA 测量出该平面的面积为 0.000 8 $m^2$；第 2 次测量选择的测量对象是一个圆，CATIA 测量出该圆的半径为 12.5 mm，圆心坐标为(50,0,25)；第 3 次测量选择的测量对象是一条直线，CATIA 测量出该直线的长度为 60 mm。

（5）测量厚度（Measure the Thickness）模式

测量厚度模式用于测量模型对象上指定点处的厚度，如图 2－84 所示。

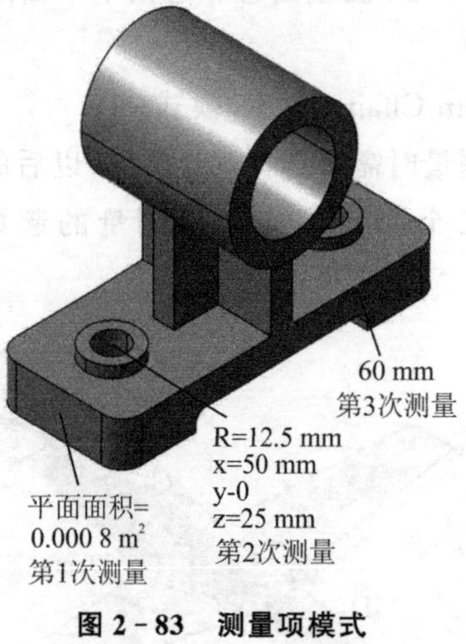


**图 2－83 测量项模式**

**图 2－84 测量厚度模式**

在图 2－84 中，鼠标单击处的厚度值为 20 mm。

**2. 测量项（Measure Item）**

测量项用于测量单个元素的几何参数，CATIA 会根据所选元素的类型进行测量，上文已做介绍。

**3. 测量惯量（Measure Inertia）**

测量惯量用于测量指定对象的物理属性。单击该图标并选择了测量对象后，CATIA 会弹出测量惯量（Measure Inertia）对话框，如图 2－85 所示。

在图 2－85 中，选择的测量对象是整个零件实体，在测量惯量对话框中测出了该零件的以下物理属性：体积（Volume）、区域[①]（Area）、质量（Mass）、密度（Density）、重心（Center of Gravity）、重心惯量矩阵（Inertia Matrix/G）、重心主惯量矩（Principal Moments/G）。

① 此处应译为面积。

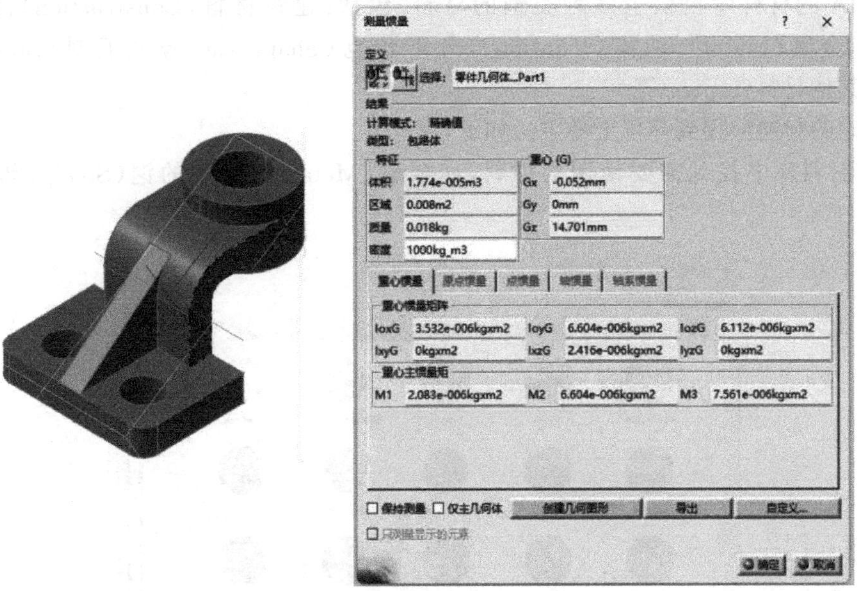


图 2-85 测量惯量(Measure Inertia)对话框

## 2.3.5 材料属性

在 CATIA 中进行产品设计，通常需要为组成产品的每一个零部件指定材料，赋予其一定的物理属性，这就要用到 CATIA 的材料库。

在 CATIA 中，调用材料库的方法是单击应用材料(Apply Material)图标。该图标通常停靠在图形用户界面的下方，单击该图标后，CATIA 会弹出库(Library)对话框，如图 2-86 所示。

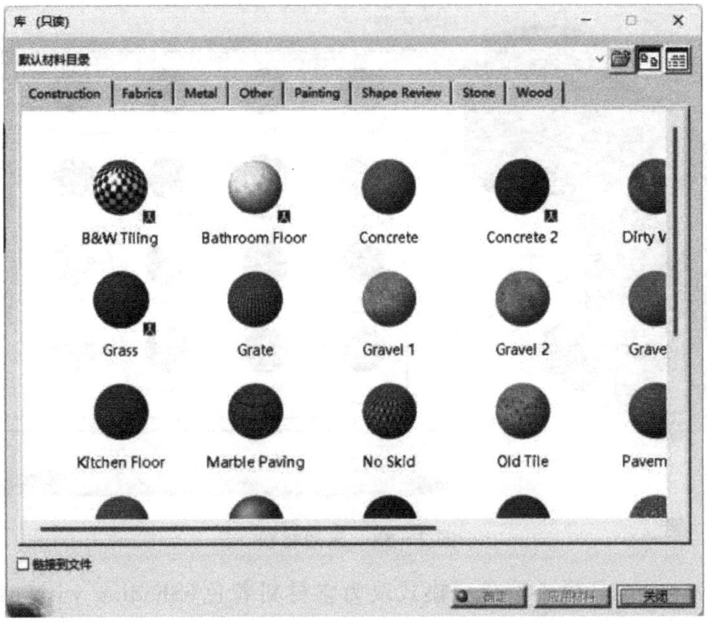


图 2-86 库(Library)对话框

CATIA 的材料库提供了多种类型的材料，包括：建筑材料（Construction）、纺织材料（Fabrics）、金属（Metal）、油漆（Painting）、外形预览（Shape Review）、石材（Stone）、木材（Wood）、其他材料（Other）等。

将指定的材料应用到零件上的方法如下：

① 在材料库中找到需要使用的材料，如金属（Metal）材料中的钢（Steel），如图 2－87 所示；

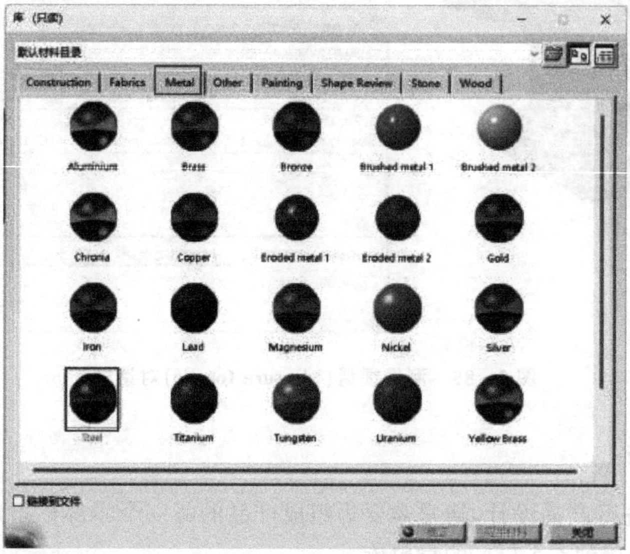


**图 2－87　钢（Steel）材料**

② 单击选择该材料后保持并将其拖动到相应的零件上，如图 2－88 所示；

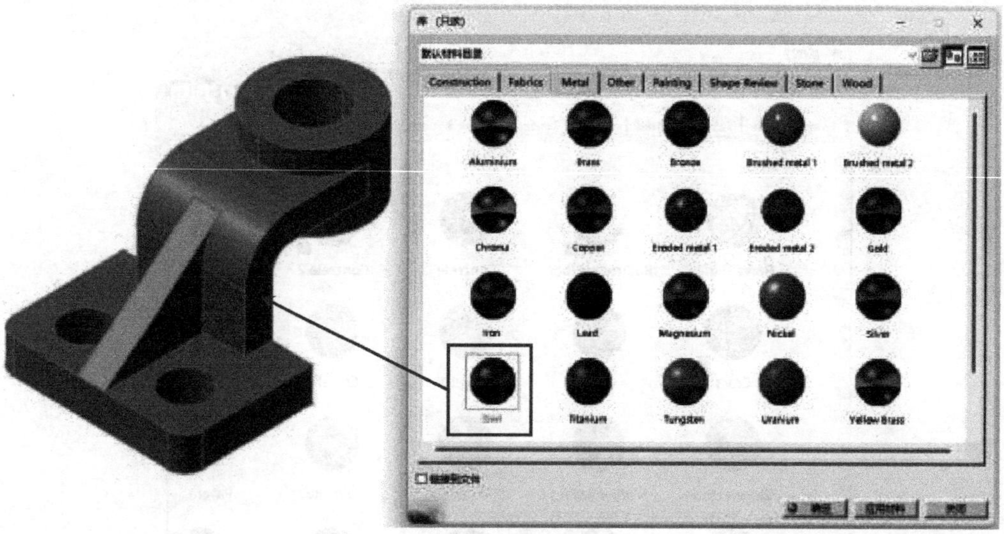

**图 2－88　应用材料**

③ 在视图（View）工具栏中将显示模式改为含材料着色（Shading with Material），结果如图 2－89 所示。

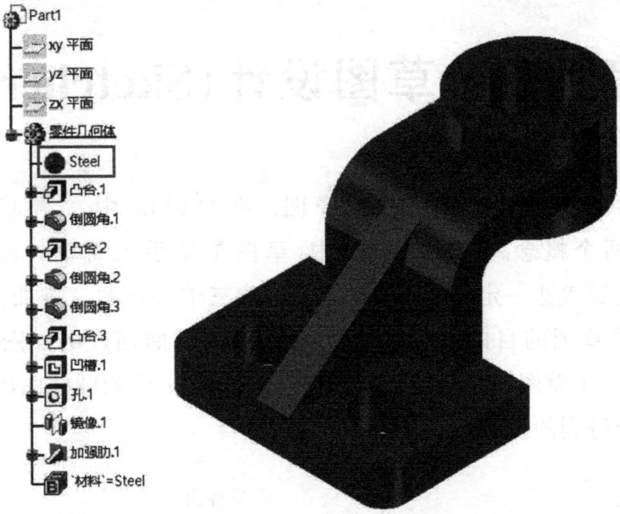


**图 2-89　应用材料后的零件**

# 第 3 章　草图设计(Sketcher)

草图设计工作台的主要功能是绘制二维草图。在 CATIA 中,二维草图与手工绘图中的草图是完全不同的两个概念。在手工绘图中,草图是用手工简单勾勒出来的线条;而在 CATIA 中,草图指能够表达一定的形状,并用于创建三维特征和三维曲面的轮廓,即在草图设计工作台绘制二维草图的目的是创建三维特征或三维曲面。例如图 3-1(a)中的凸台(Pad)特征是通过对一个草图圆进行拉伸得到的,图 3-1(b)中的圆柱曲面是通过对一条直线绕着指定的轴线旋转得到的。

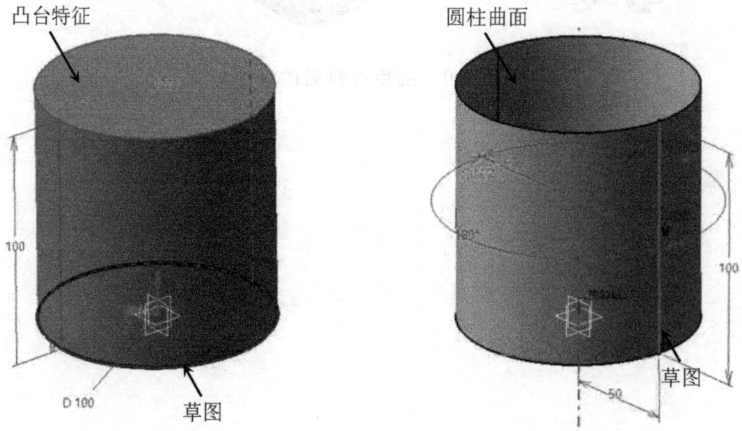


(a) 凸台特征　　　　(b) 圆柱曲面

**图 3-1　通过草图创建三维特征和三维曲面**

在草图设计工作台绘制出的二维草图具有三个基本属性:形状、尺寸和位置。对于简单的二维草图,其形状可以通过草图的绘制命令来确定,其尺寸和位置可以通过约束来确定。例如要绘制一个圆,可以通过圆(Circle)的绘制命令来确定其形状,通过约束圆的直径或半径来确定其尺寸,通过约束圆心的位置来确定圆的位置;对于相对复杂的草图,其尺寸和位置同样需要通过约束来确定,但其形状则无法单纯通过草图的绘制命令来确定,而是需要通过将草图绘制命令与约束工具结合使用才能保证形状的准确性。

也就是说,在草图设计工作台绘制二维草图的过程中,不管这个草图是简单的还是复杂的,实际上就是在反复执行两种操作:草图绘制和草图约束。草图绘制又包括草图轮廓的绘制和编辑两类操作,其中草图轮廓的绘制主要使用轮廓(Profile)工具栏,草图轮廓的编辑主要使用操作(Operation)工具栏,而草图约束主要使用约束(Constraint)工具栏。除此以外,在草图绘制过程中还需用到非常重要的草图工具(Sketch Tools)工具栏。因此,在草图设计工作台中,需要重点掌握 4 个工具栏:草图工具(Sketch Tools)工具栏、轮廓(Profile)工具栏、操作(Operation)工具栏、约束(Constraint)工具栏,如图 3-2 所示。

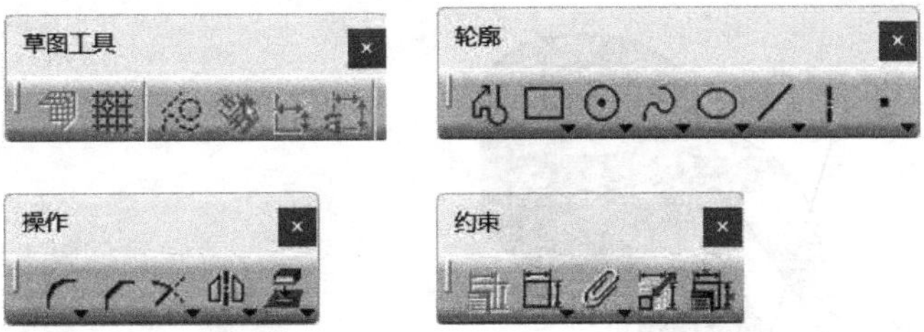


图 3-2　草图设计(Sketcher)工作台的常用工具栏

# 3.1　草图设计工作台的访问和退出

## 3.1.1　草图设计工作台的访问

要想绘制二维草图,首先要进入草图设计(Sketcher)工作台,但是草图设计工作台的访问与其他工作台有所不同,因为该工作台无法直接访问,而必须通过其他工作台作为中转。

可作为访问草图设计工作台中转站的工作台包括:零件设计(Part Design)工作台、线框和曲面设计(Wireframe and Surface Design)工作台、创成式外形设计(Generative Shape Design)工作台、钣金零件设计(Sheet Metal Design)工作台等。下面关于草图设计工作台的访问和退出,均以零件设计工作台作为中转站。

通过零件设计工作台访问草图设计工作台的方法如下:

① 进入零件设计工作台;

② 指定草图的绘图平面;

③ 单击草图(Sketch)图标。

进入零件设计工作台的基本方法是:选择开始(Start)→机械设计(Mechanical Design)→零件设计(Part Design)菜单项,如图 3-3 所示。进入零件设计工作台的其他方法和步骤将在第 4 章中详细讲述。

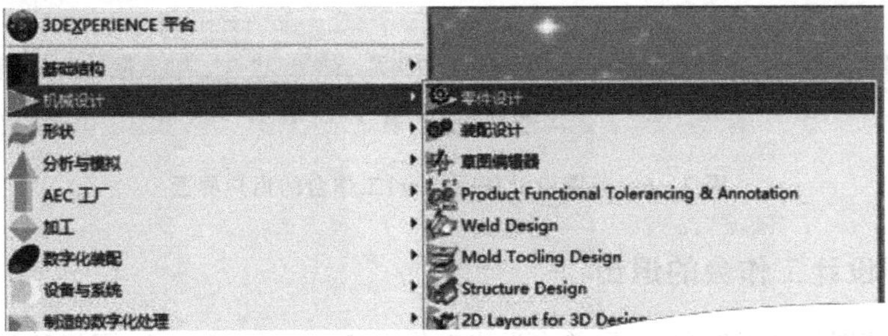


图 3-3　访问零件设计(Part Design)工作台

进入零件设计工作台之后,可以先指定草图的绘图平面,再单击草图图标;也可以先单击草图图标,再指定草图的绘图平面。对这两步的先后顺序没有强制性要求。

草图的绘图平面既可以是 xy、yz 和 zx 三个基准平面,也可以是零件上的任意平面,如图 3-4 所示。

草图图标位于草图工具栏,该工具栏通常位于用户界面的右上角,如图 3-5 所示。

图 3-6 为草图设计工作台的用户界面。

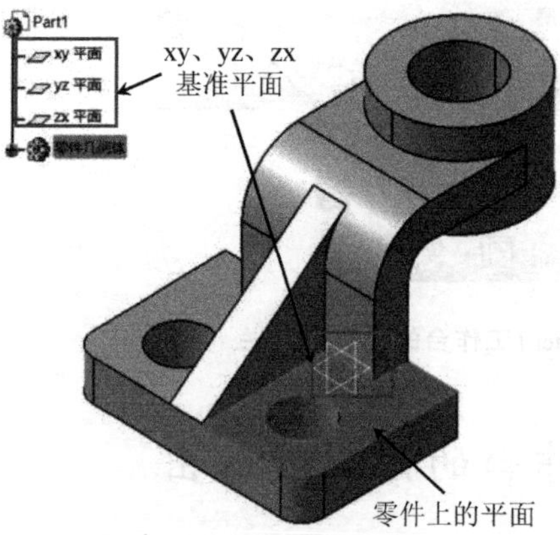


图 3-4 草图平面

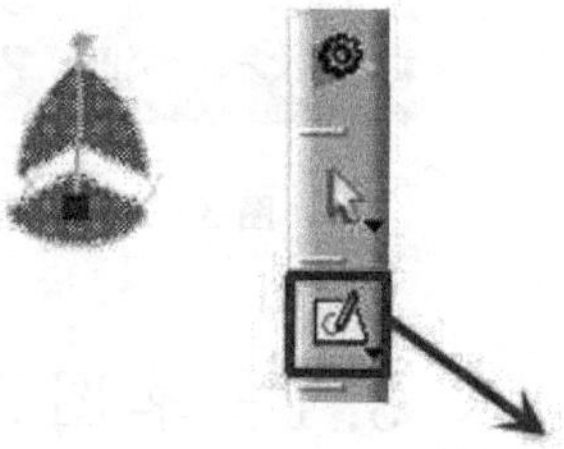


图 3-5 草图(Sketch)图标

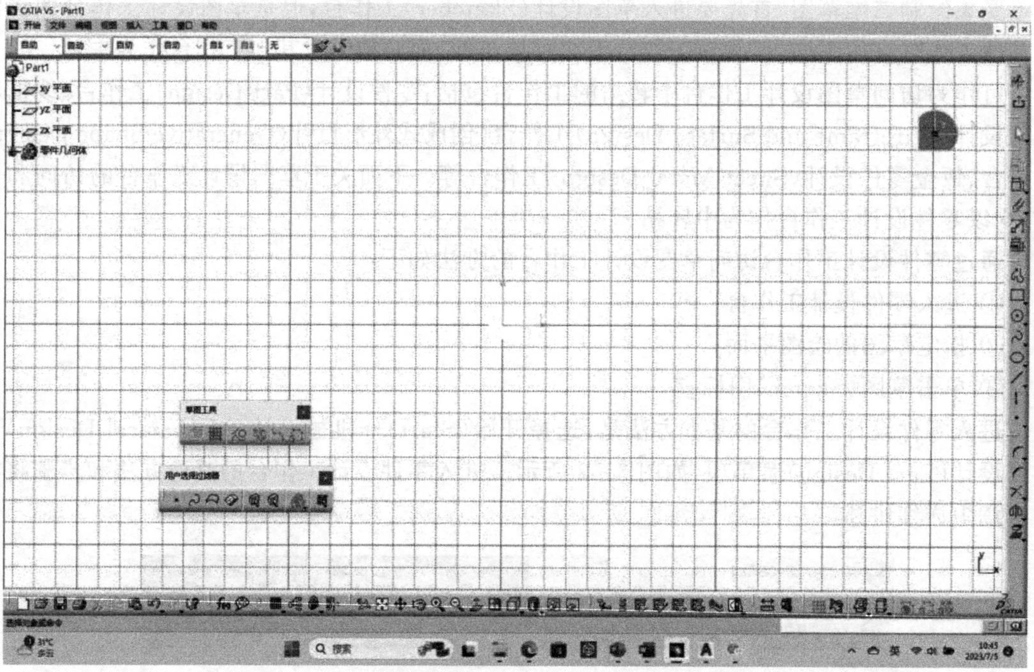


图 3-6 草图设计(Sketcher)工作台的用户界面

## 3.1.2 草图设计工作台的退出

要想退出草图设计工作台,只需单击退出工作台(Exit workbench)图标即可,该图标通常位于草图设计工作台的右上角,如图 3-7 所示。

如果是以零件设计工作台作为中转站访问草图设计工作台,那么单击退出工作台图标后,将会返回零件设计工作台;如果是以创成式外形设计工作台作为中转站访问草图设计工作台,那么单击退出工作台图标后,将会返回创成式外形设计工作台。

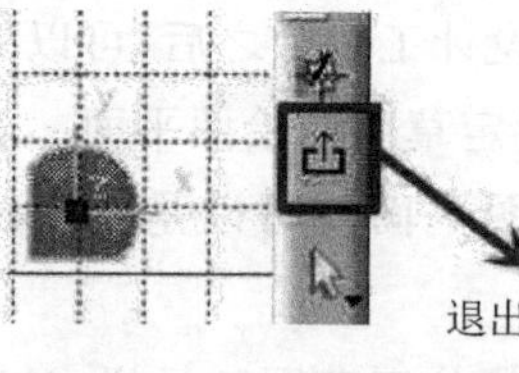


图 3-7 退出工作台(Exit workbench)图标

# 3.2 草图环境的设置

进入草图设计工作台后,在草图绘制平面上绘制二维草图之前以及在绘制二维草图的过程中,还需通过草图工具(Sketch tools)工具栏(见图 3-8)对草图的绘制环境和绘图操作进行相关设置。

草图工具工具栏中的内容会随着用户的绘图操作而发生相应变化。在不进行任何绘图操作时,该工具栏只包括 6 个功能图标:3D 网格参数(3D Grid Parameters)、点对齐(Snap to Point)、构造/标准元素(Construction/Standard Element)、几何约束(Geometrical Constrains)、尺寸约束(Dimensional Constrains)、自动尺寸约束(Automatic Dimensional Constrains)。

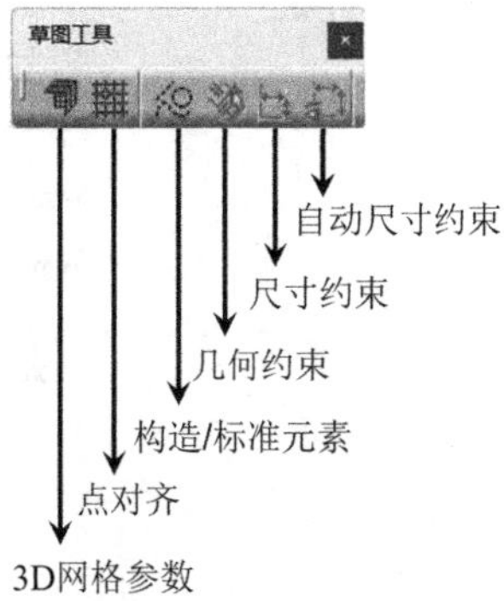


图 3-8 草图工具(Sketch tools)工具栏

在绘制二维草图时,草图工具工具栏会根据用户所选择的绘图命令而发生相应变化,如图 3-9 所示,其中增加了两个功能:

① 信息提示功能:提示下一步需要进行的操作;

② 参数输入功能:输入草图轮廓的各种初始参数,例如点的坐标、圆的半径、直线的角度等。

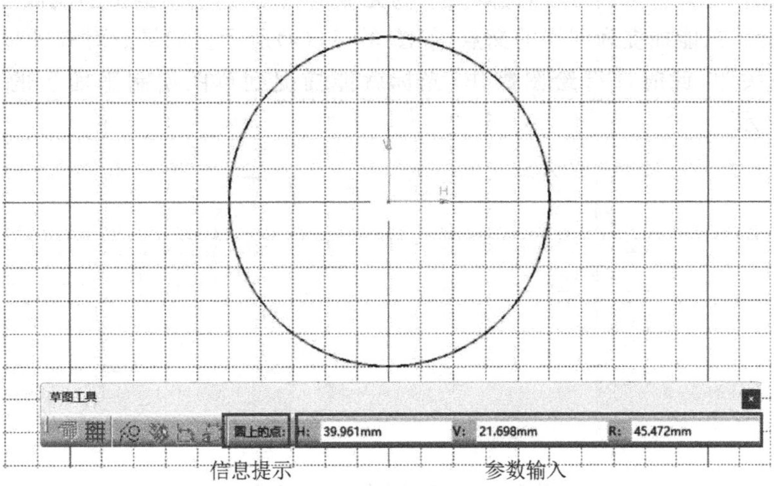


图 3-9 草图工具(Sketch tools)工具栏的信息提示和参数输入功能

## 3.2.1 3D 网格参数(3D Grid Parameters)

3D 网格参数图标用于显示或隐藏当前草图平面的 3D 网格,如图 3-10 所示。

若在进入草图设计工作台绘制二维草图之前创建了 3D 工作支持面(Work on Support 3D),且选择的草图平面平行于 xy、yz 或 zx 平面,则当单击 3D 网格参数图标,将其打开,使其处于高亮显示状态时,会在草图绘制平面上显示 3D 网格,图 3-10 中的草图平面平行于 xy 平面,因此显示 xy 平面的 3D 网格。通过 3D 网格可以在绘图时快速识别对象在草图平面中的具体位置。

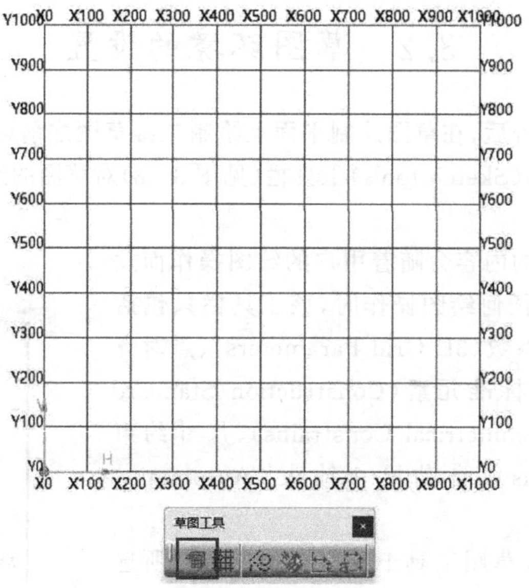


**图 3-10 草图绘制平面上的 3D 网格**

## 3.2.2 点对齐(Snap to Point)

点对齐图标用于打开或关闭网格捕捉功能。

当单击点对齐图标,将其打开,使其处于高亮显示状态时,网格捕捉功能被开启,此时进行绘图操作,光标将只能捕捉到网格的交点,如图 3-11(a)所示。如果点对齐图标被关闭,则网格捕捉功能被关闭,此时进行绘图操作,光标就能捕捉到草图绘制平面上的任意一点,如图 3-11(b)所示。

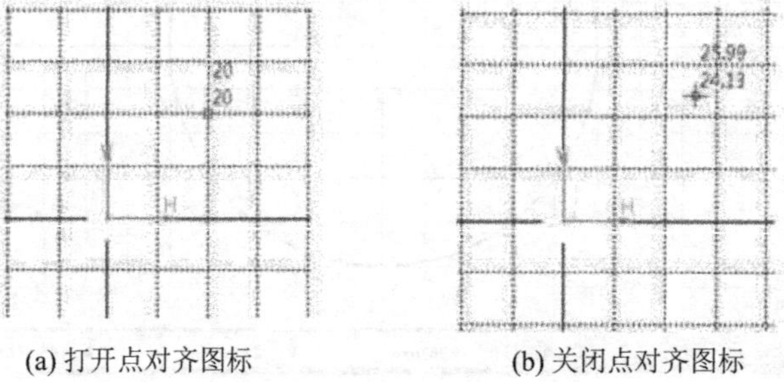


(a) 打开点对齐图标　　(b) 关闭点对齐图标

**图 3-11 点对齐(Snap to Point)**

## 3.2.3 构造/标准元素(Construction/Standard Element)

构造/标准元素图标用于设置绘制的二维草图轮廓是构造元素还是标准元素。

构造元素(Construction Element)在草图绘制平面上以虚线形式显示,通常在绘制二维草图时用作辅助元素,而不能作为草图轮廓生成三维实体特征或三维曲面,如图 3-12(a)所示。

标准元素(Standard Element)在草图绘制平面上以实线形式显示,可作为二维草图轮廓的一部分,用于创建三维实体特征或三维曲面,如图 3-12(b)所示。

当该图标处于关闭状态时,绘制出来的二维草图是标准元素;当该图标处于打开状态时,绘制出来的二维草图是构造元素。

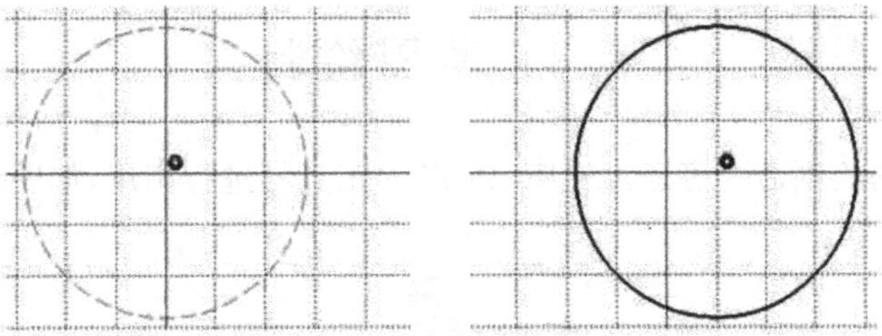

(a) 构造圆　　(b) 标准圆

**图 3 - 12　构造/标准元素(Construction/Standard Element)**

### 3.2.4　几何约束(Geometrical Constrains)

几何约束图标用于打开或关闭几何约束功能。

当几何约束图标被打开，处于高亮显示状态时，表示几何约束功能被开启，此时绘制二维草图，系统将自动添加相应的几何约束(如相切、平行、重合等)。在人为添加几何约束时，必须确保该图标处于打开状态，否则无法添加。

在该图标处于关闭状态时进行二维草图的绘制，系统不会自动添加任何几何约束，而需要在完成草图绘制后人为添加。

### 3.2.5　尺寸约束(Dimensional Constrains)

尺寸约束图标用于打开或关闭尺寸约束功能。

当该图标被打开，处于高亮显示状态时，尺寸约束功能被开启，此时绘制二维草图，系统会把用户在草图工具(Sketch tools)工具栏中输入的尺寸，自动转换为相应的尺寸约束(如长度、距离、角度等)，如图 3 - 13 所示。

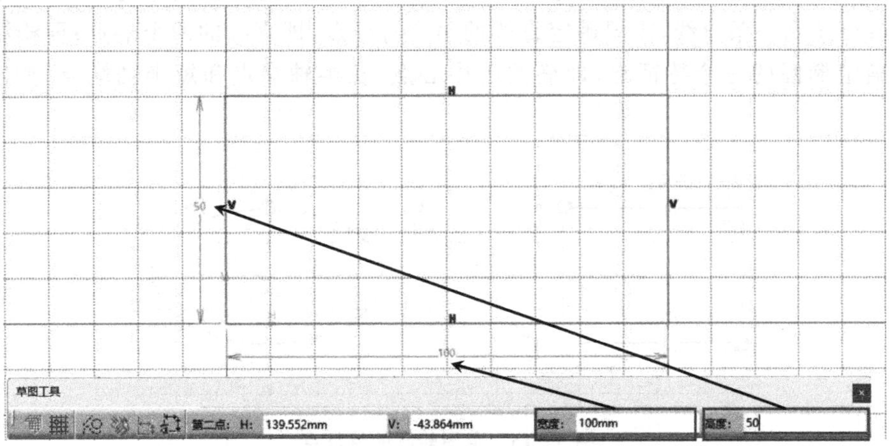


**图 3 - 13　尺寸约束(Dimensional Constrains)**

### 3.2.6　自动尺寸约束(Automatic Dimensional Constrains)

自动尺寸约束图标用于打开或关闭自动尺寸约束功能。

当该图标被打开，处于高亮显示状态时，自动尺寸约束功能被开启，此时绘制二维草图，系统会根据绘制的草图类型自动进行尺寸标注，如自动标注圆的直径、矩形的宽度和高度等。

# 3.3 草图绘制

各种草图轮廓的绘制命令可通过轮廓(Profile)工具栏进行调用,如图 3－14 所示。

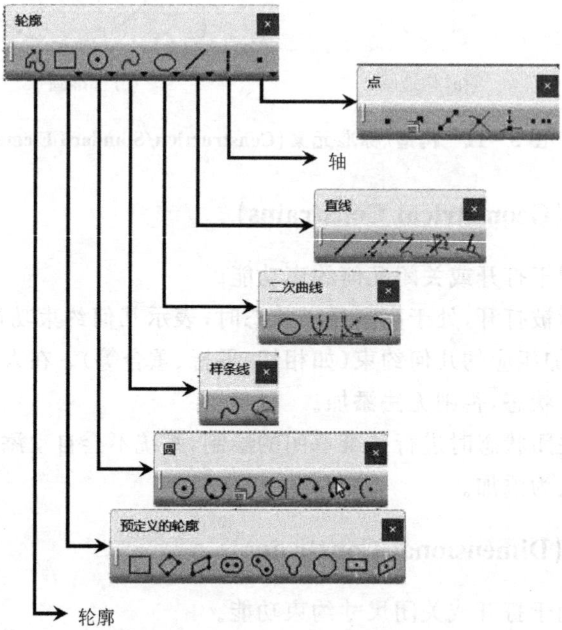


**图 3－14　轮廓(Profile)工具栏**

要想绘制如图 3－15 所示的草图轮廓,关键是确定这些草图轮廓的特征点,不同类型的草图轮廓具有不同的特征点。例如,要绘制一个矩形,需要确定矩形的两个特征点,即矩形的两个对角点;要绘制一条直线,需要确定直线的两个特征点,即直线的两个端点;要绘制一个椭圆,需要确定椭圆的三个特征点,即椭圆的中心点、长半轴端点和短半轴端点,如图 3－15 所示。

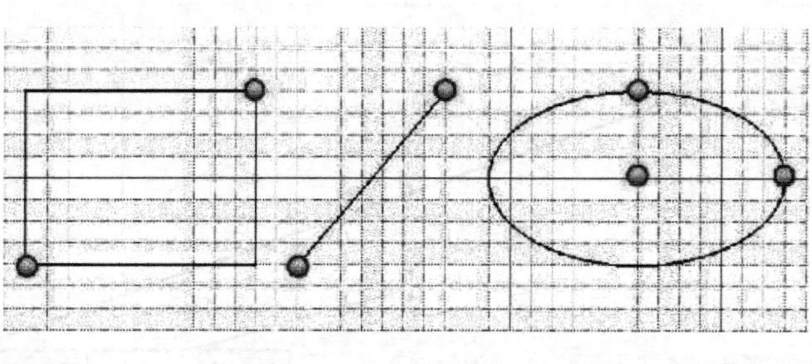

**图 3－15　草图轮廓的特征点**

在草图设计工作台上确定草图轮廓的特征点有三种基本的方法:

① 在草图平面上捕捉一个点作为特征点;

② 在草图工具工具栏中通过输入特征点的坐标来确定特征点;

③ 在草图工具工具栏中通过草图轮廓的特征尺寸来确定特征点,不同类型的草图轮廓需要通过不同的特征尺寸来确定特征点。

在草图设计工作台上绘制草图轮廓的指导思想是：在草图平面的大致位置上绘制草图轮廓的大致形状，然后通过草图编辑操作完善草图的细节特征，再通过约束确定草图的精确形状、尺寸和位置。因此，通常采用第①种方法来确定草图轮廓的特征点。

### 3.3.1　轮廓(Profile)

轮廓指由一系列直线和圆弧首尾相连构成的草图轮廓，包括封闭轮廓和开放轮廓两种类型，如图 3－16 所示。

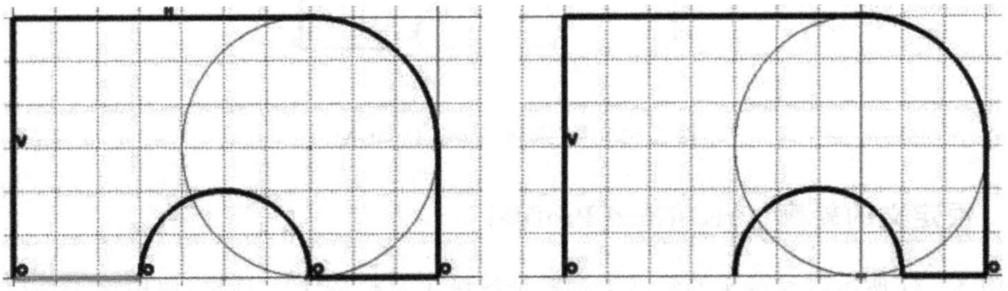

(a) 封闭轮廓　　(b) 开放轮廓

**图 3－16　轮廓(Profile)**

绘制轮廓时，草图工具工具栏会发生相应的变化，增加了三个功能图标：直线(Line)、相切弧(Tangent Arc)、三点弧(Three Point Arc)，如图 3－17 所示。

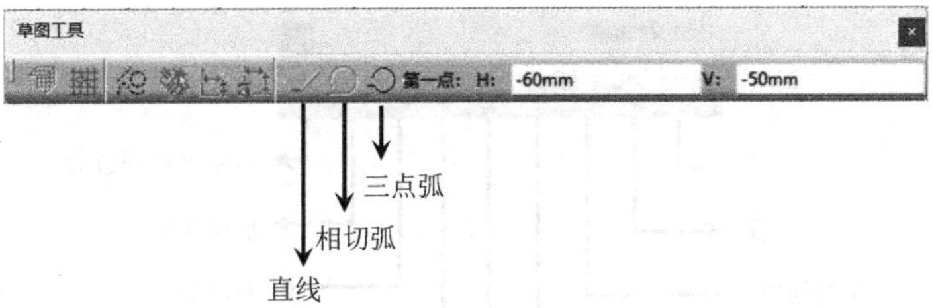


**图 3－17　绘制轮廓(Profile)时的草图工具(Sketch Tools)工具栏**

**1. 直线(Line)**

直线图标用于绘制直线段，如图 3－18 所示。

**2. 相切弧(Tangent Arc)**

相切弧图标用于通过两个点绘制一段圆弧，该圆弧与上一个元素(如直线或圆弧)相切，圆弧的起点既是上一个元素的终点，同时也是圆弧与上一个元素之间的切点，如图 3－19 所示。

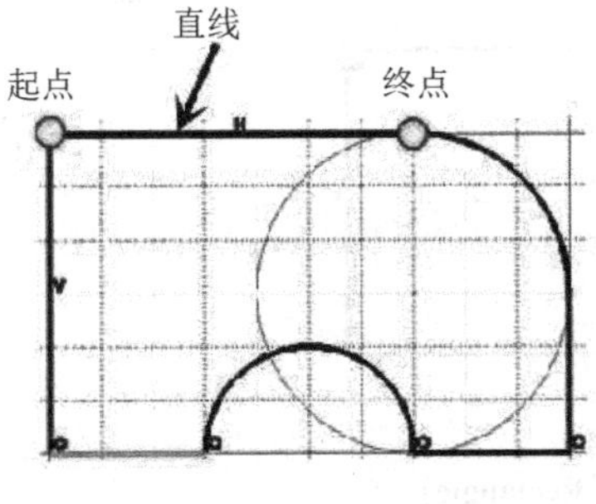


**图 3－18　直线(Line)**

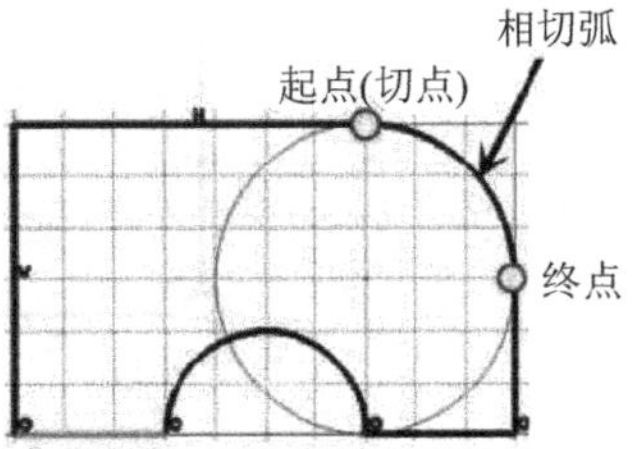


**图 3－19 相切弧(Tangent Arc)**

**3. 三点弧(Three Point Arc)**

三点弧图标用于通过三个点绘制一段圆弧,该圆弧的起点即是上一个元素(如直线或圆弧)的终点,如图 3-20 所示。

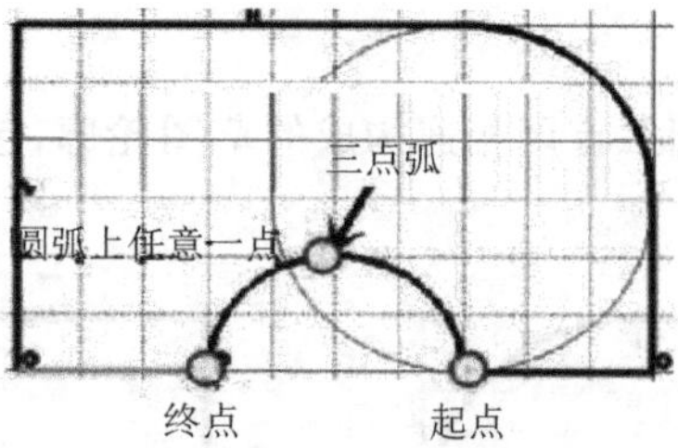


**图 3-20 三点弧(Three Point Arc)**

## 3.3.2 预定义的轮廓(Predefined Profile)

如图 3-21 所示的预定义的轮廓工具栏是轮廓工具栏的子工具栏,使用该工具栏可通过最少的参数输入绘制出一系列复杂的标准的草图轮廓线,主要包括:矩形(Rectangle)、斜置矩形(Oriented Rectangle)、平行四边形(Parallelogram)、延长孔(Elongated Hole)、圆柱形延长孔(Cylindrical Elongated Hole)、钥匙孔轮廓(Keyhole Profile)、多边形(Polygon)、居中矩形(Centered Rectangle)、居中平行四边形(Centered Parallelogram)。

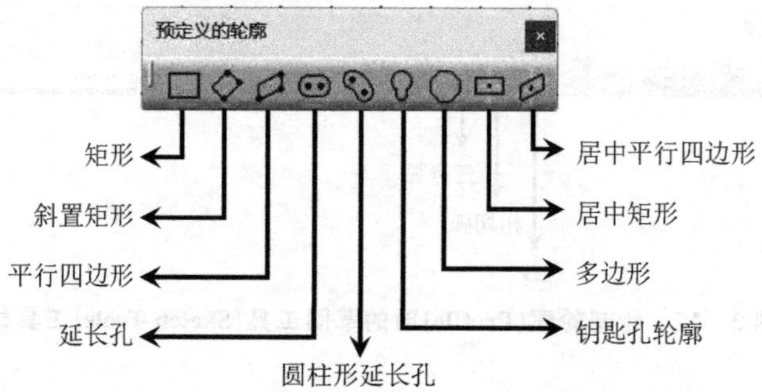


**图 3-21 预定义的轮廓(Predefined Profile)**

**1. 矩形(Rectangle)**

矩形是由两条水平边线(与横轴即 H 轴平行)和两条垂直边线(与纵轴即 V 轴平行)首尾相连构成的封闭轮廓,如图 3-22 所示。

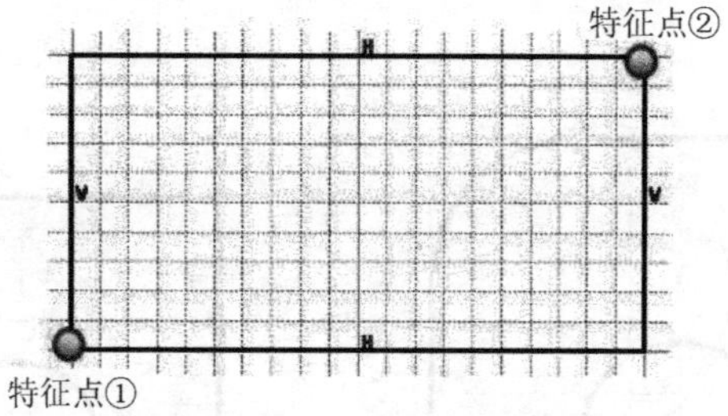


**图 3-22 矩形(Rectangle)**

要想绘制矩形,需要确定矩形的两个特征点,即矩形的两个对角点(见图 3-22 中的特征点①、②)。

确定这两个特征点的最常用方法是在草图平面的大致位置上,通过捕捉两个点作为特征点,然后通过约束工具精确约束矩形的尺寸和位置。

通过矩形的特征尺寸确定特征点的方法和步骤如下:

① 在草图平面上捕捉一个点作为第一个特征点,或者在草图工具(Sketch Tools)工具栏中通过输入第一个特征点的横、纵坐标来确定特征点,如图 3-23 所示;

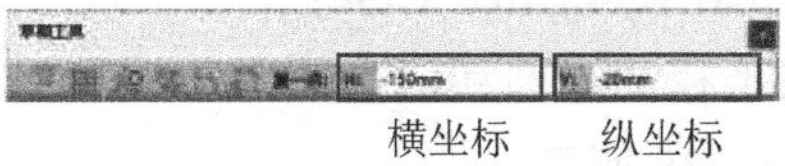


**图 3-23 输入矩形第一个对角点的横、纵坐标**

② 在草图工具(Sketch Tools)工具栏中输入矩形的宽度(Width)和高度(Height),如图 3-24 所示(矩形的宽度和高度就是确定矩形第二个特征点的两个特征尺寸)。

**图 3-24 确定矩形的第二个对角点**

**2. 斜置矩形(Oriented Rectangle)**

斜置矩形与矩形类似,都是由四条边线首尾相连构成的封闭轮廓,且相邻两条边线之间相互垂直,区别是斜置矩形的四条边线可以与坐标轴成任意角度,如图 3-25 所示。

要想绘制斜置矩形,需要确定斜置矩形的三个特征点,即斜置矩形的三个角点(见图 3-25 中的特征点①～③)。

**3. 平行四边形(Parallelogram)**

平行四边形是由四条边线首尾相连构成的封闭轮廓,且两组对边相互平行,如图 3-26 所示。

要想绘制平行四边形,需要确定平行四边形的三个特征点,即平行四边形的三个角点(见图 3-26 中的特征点①～③)。

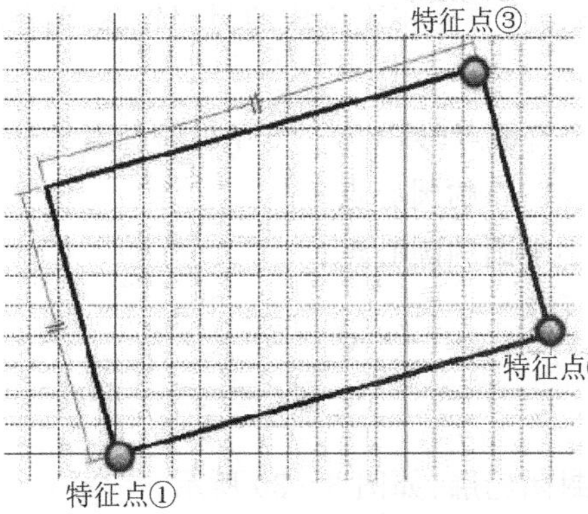


**图 3-25 斜置矩形(Oriented Rectangle)**

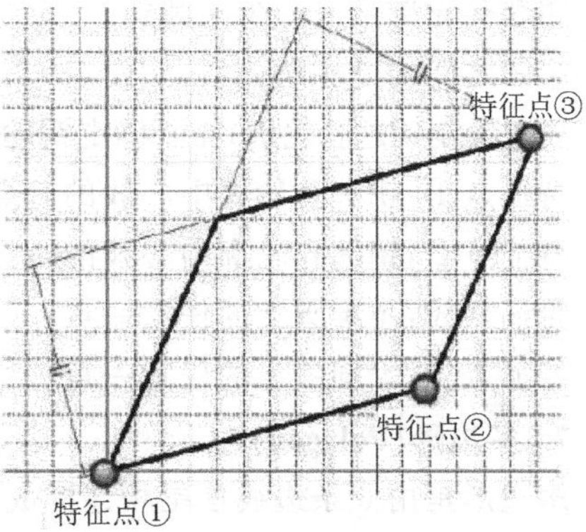


**图 3-26 平行四边形(Parallelogram)**

**4. 延长孔(Elongated Hole)**

延长孔是由两个同半径的半圆和两条直线首尾相连构成的封闭轮廓,两条直线与两个半圆均是相切关系,如图 3－27 所示。

要想绘制延长孔,需要确定延长孔的三个特征点(见图 3－27 中的特征点①～③):

特征点①:延长孔中心线的起点,同时也是第一个半圆的圆心点;

特征点②:延长孔中心线的终点,同时也是第二个半圆的圆心点;

特征点③:延长孔上的任意一点。

**5. 圆柱形延长孔(Cylindrical Elongated Hole)**

圆柱形延长孔是由两个同半径的半圆和两条圆弧首尾相连构成的封闭轮廓,两条圆弧与两个半圆均是相切关系,如图 3－28 所示。

要想绘制圆柱形延长孔,需要确定圆柱形延长孔的四个特征点(见图 3－28 中的特征点①～④):

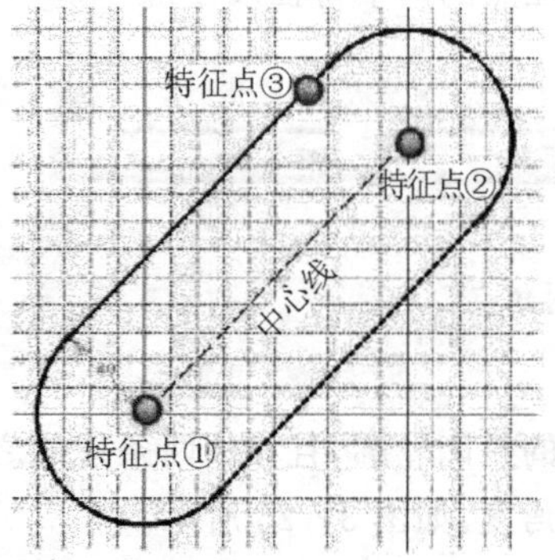


**图 3－27　延长孔(Elongated Hole)**

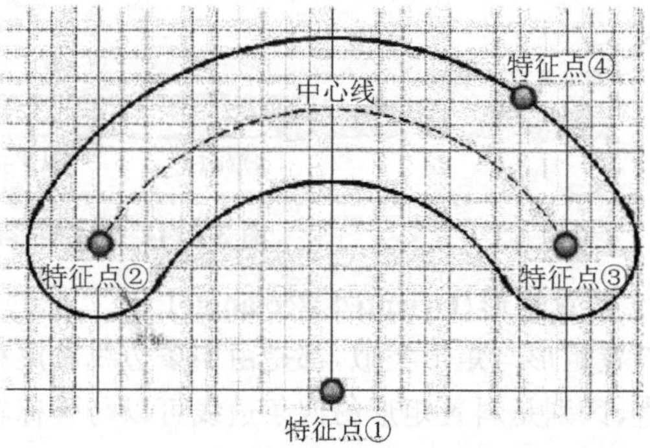


**图 3－28　圆柱形延长孔(Cylindrical Elongated Hole)**

特征点①:圆柱形延长孔中心线的圆心点;

特征点②:圆柱形延长孔中心线的起点,同时也是第一个半圆的圆心点;

特征点③:圆柱形延长孔中心线的终点,同时也是第二个半圆的圆心点;

特征点④:圆柱形延长孔上的任意一点。

**6. 钥匙孔轮廓(Keyhole Profile)**

钥匙孔轮廓是由一个大圆弧、一个小半圆和两条直线首尾相连构成的封闭轮廓,两条直线与小半圆之间均是相切关系,如图 3－29 所示。

要想绘制钥匙孔轮廓,需要确定钥匙孔轮廓的四个特征点(见图 3－29 中的特征点①～④):

特征点①:钥匙孔轮廓中心线的起点,同时也是大圆弧的圆心点;

特征点②:钥匙孔轮廓中心线的终点,同时也是小半圆的圆心点;

特征点③:小半圆上的任意一点;

特征点④:大圆弧上的任意一点。

**7. 多边形(Polygon)**

多边形是由 6 条边线首尾相连构成的正六边形封闭轮廓,如图 3－30 所示。

要想绘制多边形,需要确定两个特征点(见图 3－30 中的特征点①、②):

特征点①:多边形的中心点;

特征点②:多边形一条边的中点。

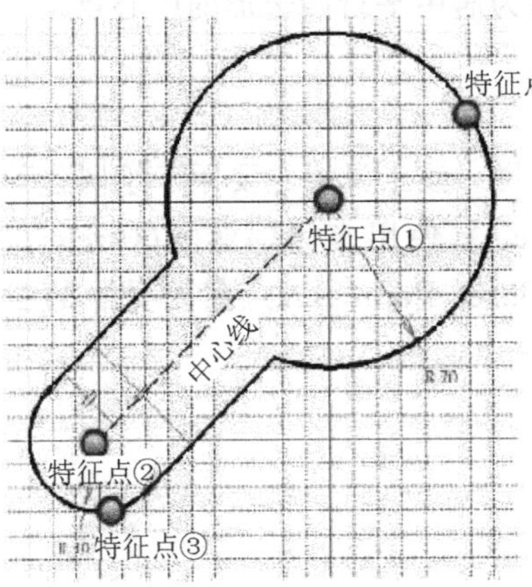


图 3-29　钥匙孔轮廓(Keyhole Profile)

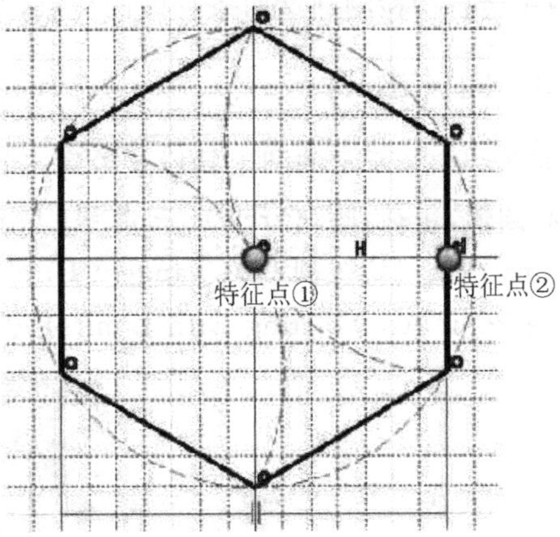


图 3-30　多边形(Polygon)

**8. 居中矩形(Centered Rectangle)**

居中矩形是由两条水平边线(与横轴即 H 轴平行)和两条垂直边线(与纵轴即 V 轴平行)首尾相连构成的封闭轮廓,且关于指定的中心点对称,如图 3-31 所示。

要想绘制居中矩形,需要确定居中矩形的两个特征点(见图 3-31 中的特征点①、②):

特征点①:居中矩形的中心点;

特征点②:居中矩形的一个角点。

在绘制二维草图时,如果涉及矩形的绘制,且该矩形关于某条直线或某个点对称,则使用居中矩形最为方便。

**9. 居中平行四边形(Centered Parallelogram)**

居中平行四边形是由四条边线首尾相连构成的封闭轮廓,两组对边相互平行,且两条相邻边与指定的两条直线相互平行,如图 3-32 所示。

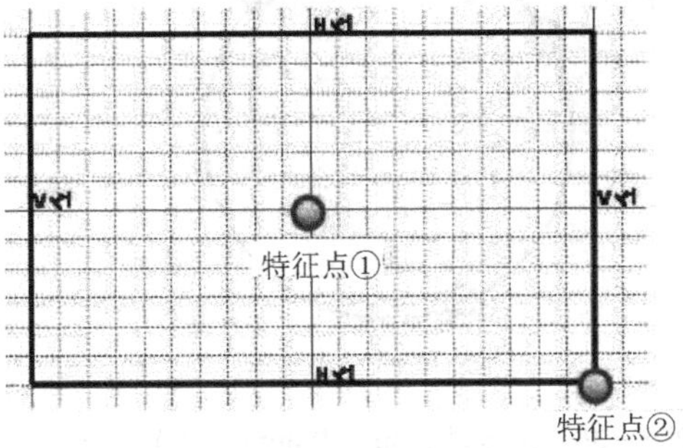


图 3-31　居中矩形(Centered Rectangle)

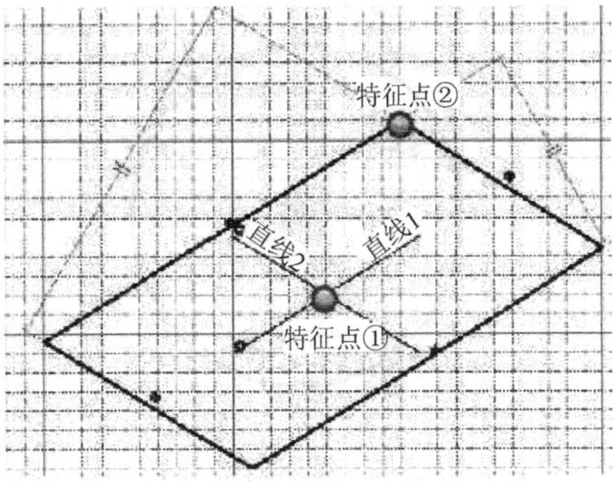


图 3-32　居中平行四边形(Centered Parallelogram)

要想绘制居中平行四边形,需要确定居中平行四边形的两个特征点(见图 3-32 中的特征点①、②):

特征点①:居中平行四边形的中心点;

特征点②:居中平行四边形的一个角点。

上述确定特征点的三种常用方法对于居中平行四边形中心点的确定并不适用,要想确定该中心点,需要选择草图平面上已经存在的两条相交直线,如图 3-32 中的直线 1 和直线 2,

CATIA 会自动检测到这两条直线的交点，并以该交点作为居中平行四边形的中心点。

### 3.3.3 圆(Circle)

如图 3-33 所示的圆工具栏是轮廓工具栏的子工具栏。该工具栏主要用于绘制各种类型的圆和圆弧，包括：圆(Circle)、三点圆(Three Point Circle)、使用坐标创建圆(Circle Using Coordinates)、三切线圆(Tri-Tangent Circle)、三点弧(Three Point Arc)、起始受限的三点弧(Three Point Arc Starting with Limits)、弧(Arc)。

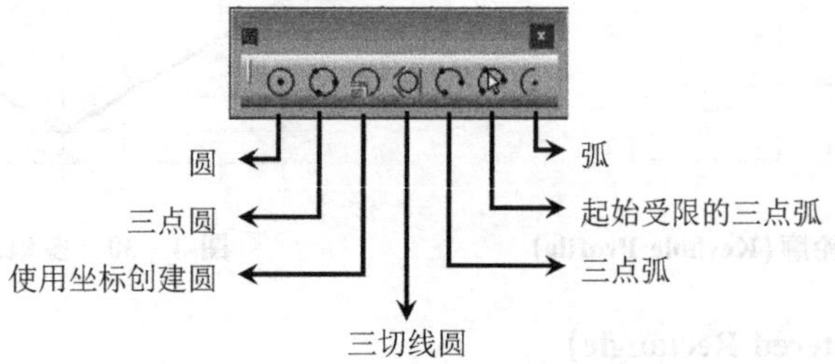


**图 3-33 圆(Circle)工具栏**

**1. 圆(Circle)**

要想绘制圆，需要确定圆的两个特征点(见图 3-34 中的特征点①、②)：

特征点①：圆心点；

特征点②：圆上的任意一点，在确定了圆心点的前提下，只要确定了圆上的任意一点即可确定圆的半径。

**2. 三点圆(Three Point Circle)**

要想绘制三点圆，只需确定三点圆上的三个特征点，即圆上的任意三个点即可(见图 3-35 中的特征点①～③)。

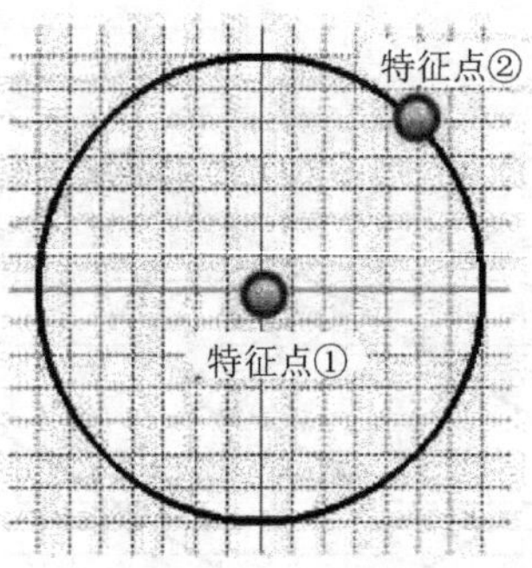


**图 3-34 圆(Circle)**

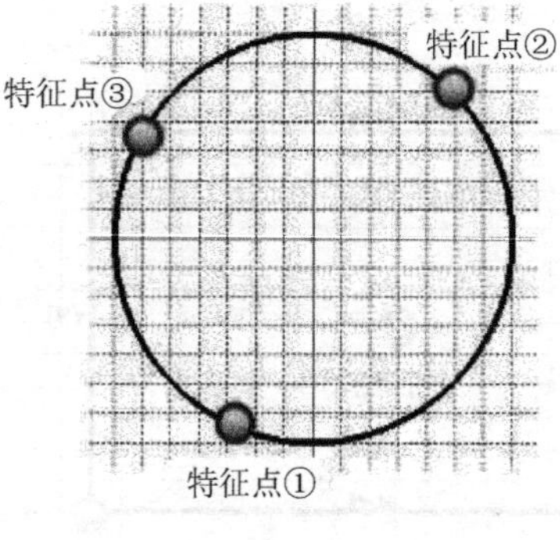


**图 3-35 三点圆(Three Point Circle)**

**3. 使用坐标创建圆(Circle Using Coordinates)**

使用坐标创建圆图标用于通过确定圆心坐标和半径绘制一个圆，其中包括在直角坐标系中绘制圆，如图 3-36(a)所示，以及在极坐标系中绘制圆，如图 3-36(b)所示。

在直角坐标系中绘制圆的方法如下：

① 在圆工具栏中单击使用坐标创建圆图标，系统弹出一个圆定义(Circle Definition)对话框，如图 3-37 所示；

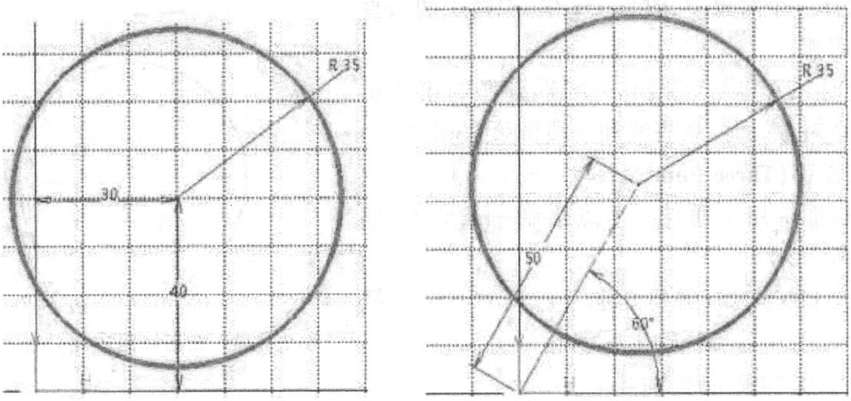


(a) 直角坐标系中的圆　　(b) 极坐标系中的圆

**图 3－36　使用坐标创建圆(Circle Using Coordinates)**

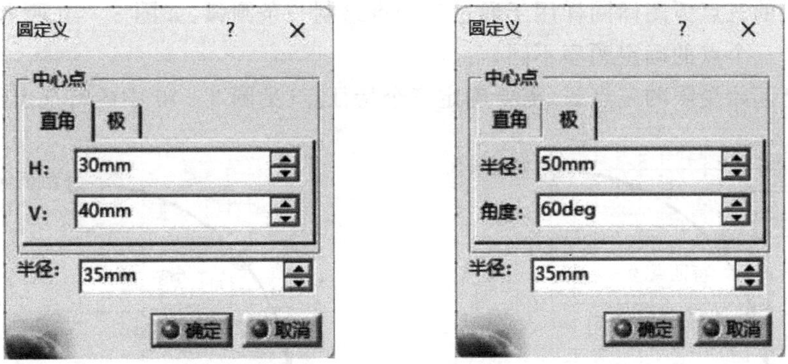


(a) 直角(Cartesian)标签　　(b) 极(Polar)标签

**图 3－37　圆定义(Circle Definition)对话框**

② 在圆定义对话框中单击直角(Cartesian)标签，如图 3－37(a)所示；

③ 在中心点(Center Point)选项组的 H 和 V 两个文本框中分别输入圆心点的横坐标和纵坐标；

④ 在半径(Radius)文本框中输入半径值；

⑤ 单击确定按钮完成绘制。

在极坐标系中绘制圆的方法如下：

① 在圆工具栏中单击使用坐标创建圆图标，系统弹出一个圆定义对话框；

② 在圆定义对话框中单击极(Polar)标签，如图 3－37(b)所示；

③ 在中心点选项组的半径(Radius)文本框中输入圆心与坐标原点连线的长度，在角度(Angle)文本框中输入圆心与坐标原点连线与横轴的夹角；

④ 在对话框下方的半径(Radius)文本框中输入圆的半径值；

⑤ 单击确定按钮完成绘制。

**4. 三切线圆(Tri-Tangent Circle)**

三切线圆图标用于绘制与三个选定的对象都相切的圆，如图 3－38 所示。

绘制三切线圆的方法如下：

① 在圆工具栏中单击三切线圆图标；

② 选择三个对象，在图 3-38 中，选择了两条直线和一段圆弧；

③ 此时，CATIA 绘制出一个圆，该圆与第②步选择的三个对象，即两条直线和一段圆弧都相切。

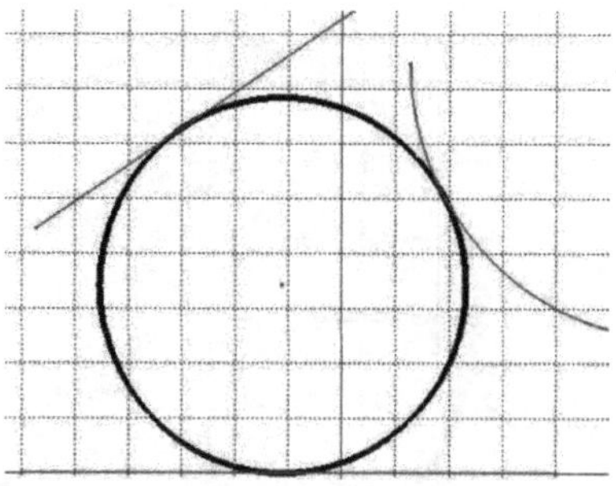

图 3-38 三切线圆(Tri-Tangent Circle)

**5. 三点弧(Three Point Arc)**

三点弧图标用于通过三个点绘制一条圆弧，如图 3-39 所示。

要想绘制三点弧，需要确定三点弧的三个特征点(见图 3-39 中的特征点①～③)：

特征点①：圆弧的起点；

特征点②：圆弧上的任意一点；

特征点③：圆弧的终点。

**6. 起始受限的三点弧(Three Point Arc Starting with Limits)**

起始受限的三点弧图标同样用于通过三个点绘制一条圆弧，如图 3-40 所示，与三点弧的不同之处在于三个点的确定顺序不同。

要想绘制起始受限的三点弧，需要确定三个特征点(见图 3-40 中的特征点①～③)：

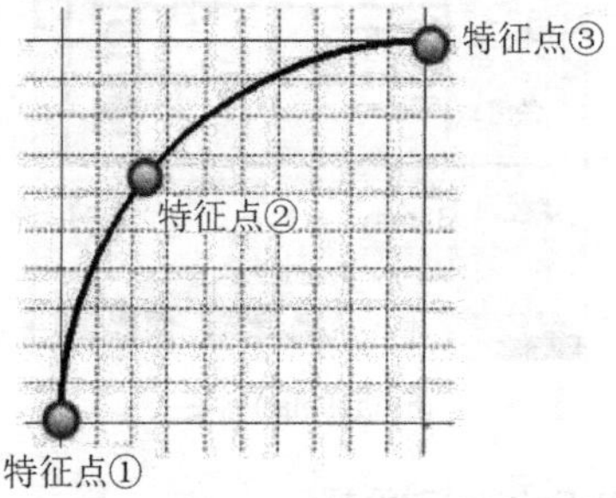


图 3-39 三点弧

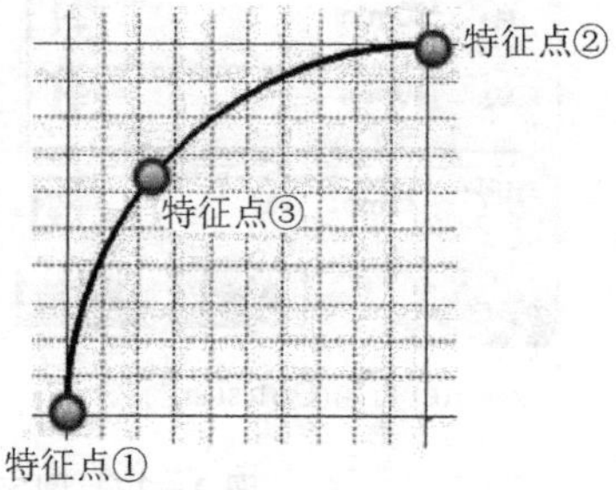


图 3-40 起始受限的三点弧

特征点①：圆弧的起点；

特征点②：圆弧的终点；

特征点③：圆弧上的任意一点。

**7. 弧(Arc)**

弧图标用于通过三个特征点绘制一段圆弧(见图 3-41 中的特征点①～③)：

特征点①：圆弧的圆心点；

特征点②：圆弧的起点；

特征点③：圆弧的终点。

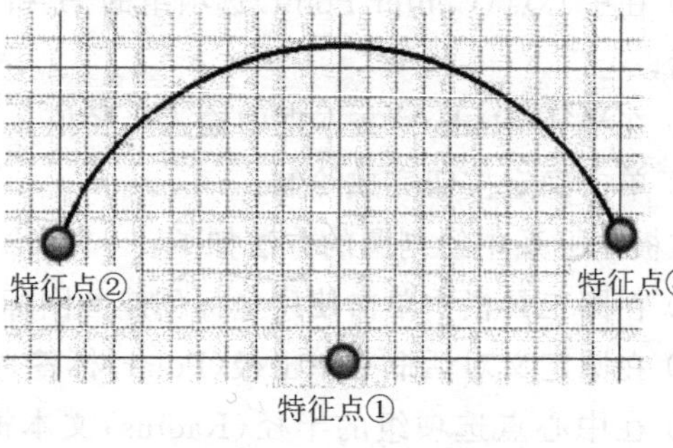


图 3-41 弧(Arc)

## 3.3.4 样条线(Spline)

如图 3-42 所示的样条线工具栏是轮廓工具栏的子工具栏。该工具栏包含两个功能图标：样条线(Spline)和连接(Connect)。

**1. 样条线(Spline)**

样条线图标用于绘制样条曲线，通过该图标绘制样条曲线，只需在草图平面上确定样条曲线要经过的一系列点,即样条线的控制点,如图 3－43 所示。

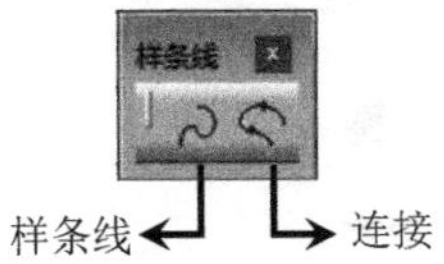


**图 3－42　样条线(Spline)工具栏**

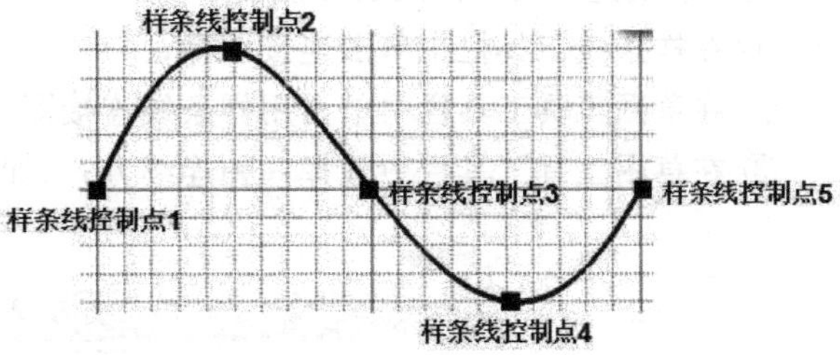


**图 3－43　样条线(Spline)**

绘制样条线的方法如下:

① 在样条线工具栏中单击样条线图标;

② 确定样条线要经过的一系列控制点。

在最后一个控制点处结束样条线的绘制,包括以下三种方法:

① 在样条线工具栏中再次单击样条线图标;

② 在最后一个控制点处双击;

③ 在键盘上双击 ESC 键。

**2. 连接(Connect)**

通过连接图标,可以用一段圆弧或样条线来连接另外两条曲线,如图 3－44 所示。

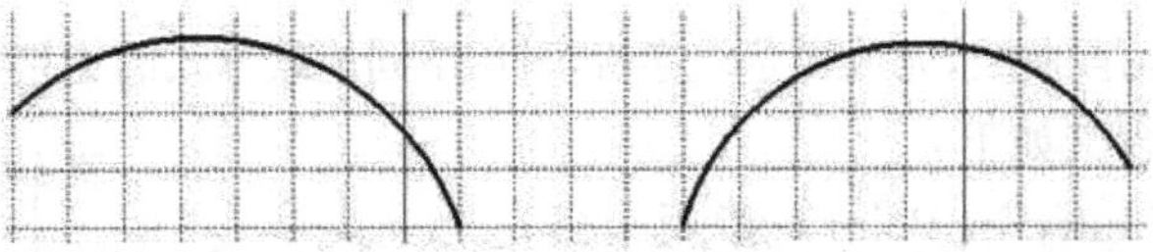

(a) 两段需要连接的曲线

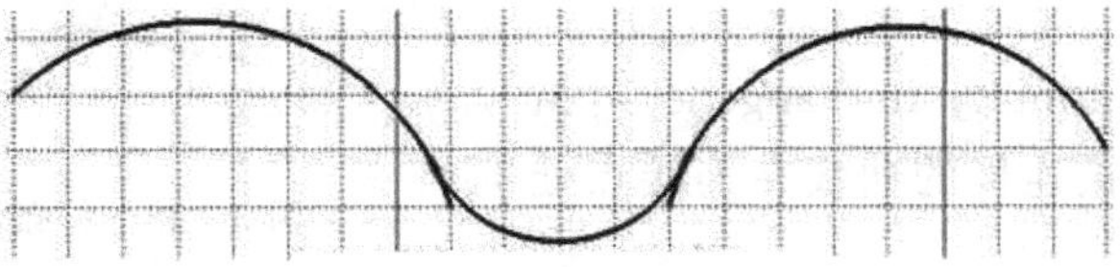

(b) 用圆弧连接两段曲线

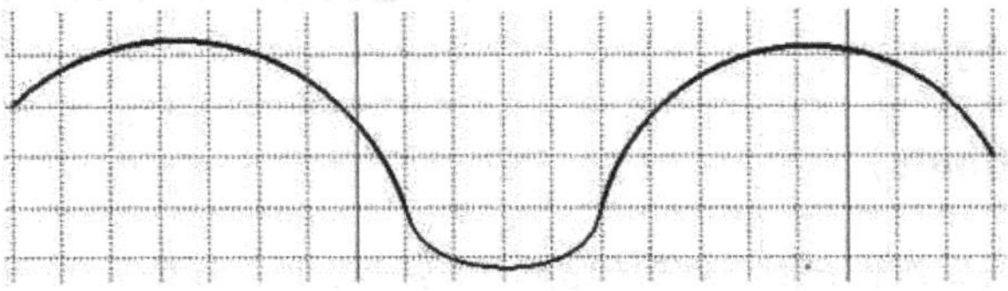

(c) 用样条线连接两段曲线

**图 3－44　连接(Connect)**

用圆弧连接两段曲线的方法如下:

① 在样条线工具栏中单击连接图标;

② 在草图工具工具栏中单击用弧连接图标,如图 3－45 所示;

③ 选择要连接的两段曲线,完成圆弧连接,如图 3－44(b)所示。

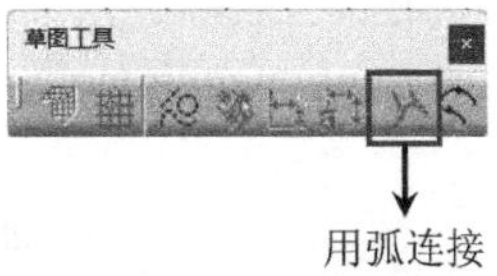


**图 3－45　用弧连接(Connect with an Arc)图标**

操作完成后，用于连接的圆弧与另外两段曲线之间都是相切关系。

用样条线连接两段曲线的方法如下：

① 在样条线工具栏中单击连接图标；

② 在草图工具工具栏中单击用样条线连接图标，如图 3－46 所示；

③ 在草图工具工具栏中选择一种连续方式，如图 3－47 所示；

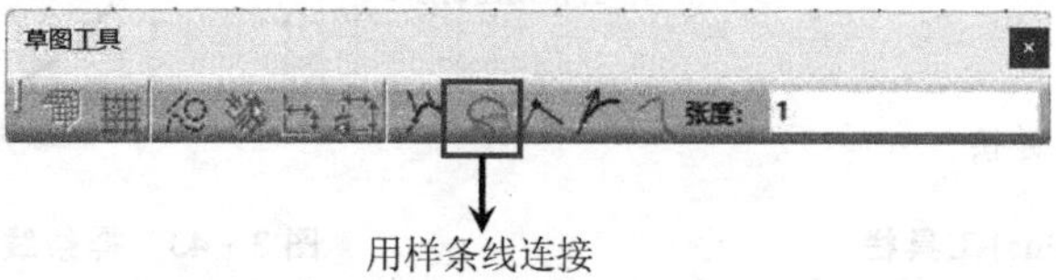


图 3－46　用样条线连接(Connect with a Spline)图标

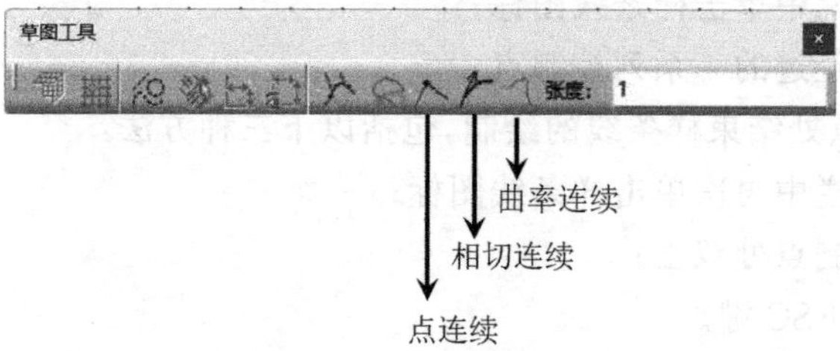


图 3－47　用样条线连接的三种连续方式

④ 选择要连接的两段曲线，完成样条线连接，采用不同连续方式的连接效果如图 3－48 所示。

三种连续方式的含义如下：

① 点连续(Continuity in Point)：指用一条直线来连接两条曲线，该直线以两条曲线的端点作为端点；

② 相切连续(Continuity in Tangency)：指用来连接的样条线与被连接的曲线在连接点处的斜率相同；

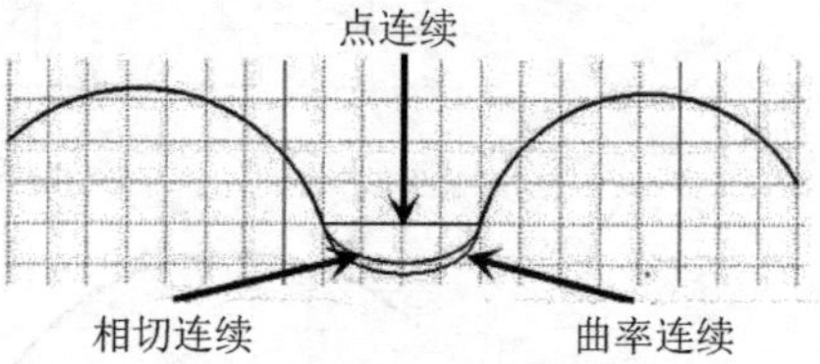


图 3－48　样条线连接的效果

③ 曲率连续(Continuity in Curvature)：指用来连接的样条线与被连接的曲线在连接点处的曲率相同，且具有相同的方向。

### 3.3.5　二次曲线(Conic)

如图 3－49 所示的二次曲线工具栏是轮廓工具栏的子工具栏。通过该工具栏可以绘制的曲线包括：椭圆(Ellipse)、通过焦点创建抛物线(Parabola by Focus)、通过焦点创建双曲线(Hyperbola by Focus)、二次曲线(Conic)。

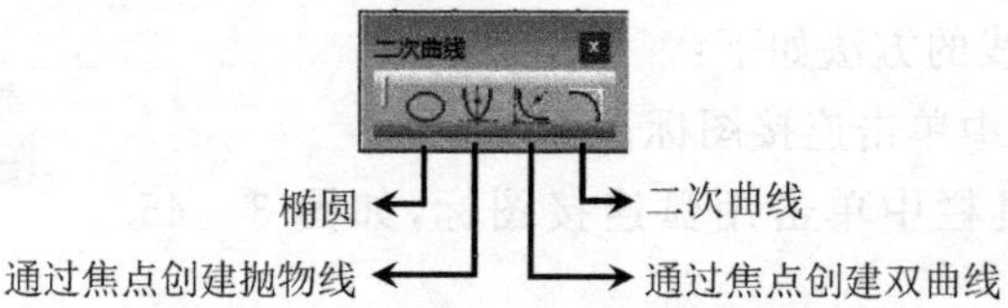


图 3－49　二次曲线(Conic)工具栏

**1. 椭圆(Ellipse)**

绘制椭圆需要确定椭圆的三个特征点(见图 3-50 中的特征点①~③)：

特征点①：椭圆的中心点；

特征点②：椭圆长半轴的端点(Major Semi-Axis Endpoint)；

特征点③：椭圆短半轴的端点(Minor Semi-Axis Endpoint)。

**2. 通过焦点创建抛物线(Parabola by Focus)**

通过焦点创建抛物线需要确定抛物线的四个特征点(见图 3-51 中的特征点①~④)：

特征点①：抛物线的焦点；

特征点②：抛物线的顶点；

特征点③：抛物线的起点；

特征点④：抛物线的终点。

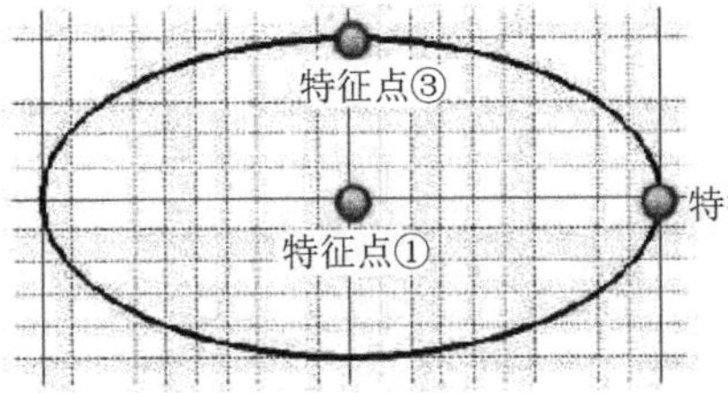


**图 3-50　椭圆(Ellipse)**

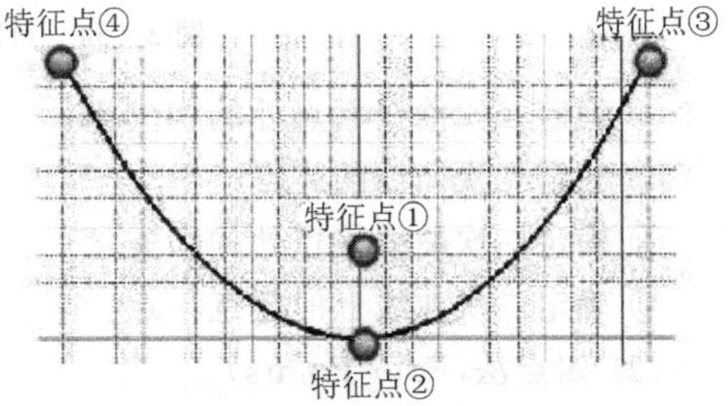


**图 3-51　通过焦点创建抛物线(Parabola by Focus)**

**3. 通过焦点创建双曲线(Hyperbola by Focus)**

通过焦点创建双曲线需要确定双曲线的五个特征点(见图 3-52 中的特征点①~⑤)：

特征点①：双曲线的焦点；

特征点②：双曲线的中心点；

特征点③：双曲线的顶点；

特征点④：双曲线的起点；

特征点⑤：双曲线的终点。

**4. 二次曲线(Conic)**

单击二次曲线图标后，草图工具工具栏如图 3-53 所示。

在图 3-53 中，左边方框中的三个图标对应了二次曲线的三种绘制方法，右边方框中的两个图标对应了切矢量的两种确定方法。

在 CATIA 中绘制二次曲线有三种方法，分别是：两点法(Tow Points)、四点法(Four Points)和五点法(Five Points)，如图 3-54 所示。

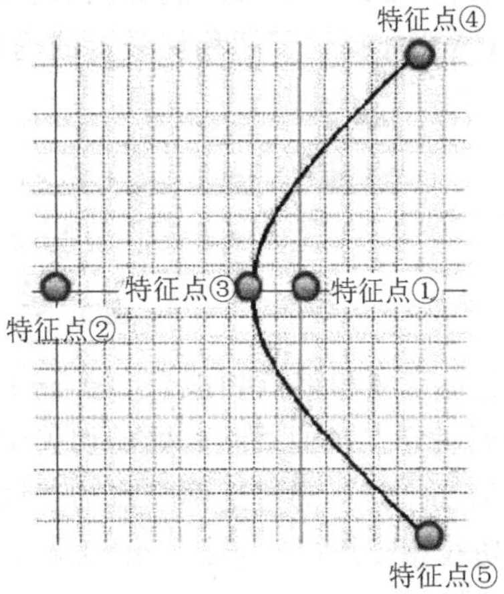


**图 3-52　通过焦点创建双曲线 (Hyperbola by Focus)**

(1) 两点法(Tow Points)

通过两点法绘制二次曲线的基本方法如下：

① 确定二次曲线的起点；

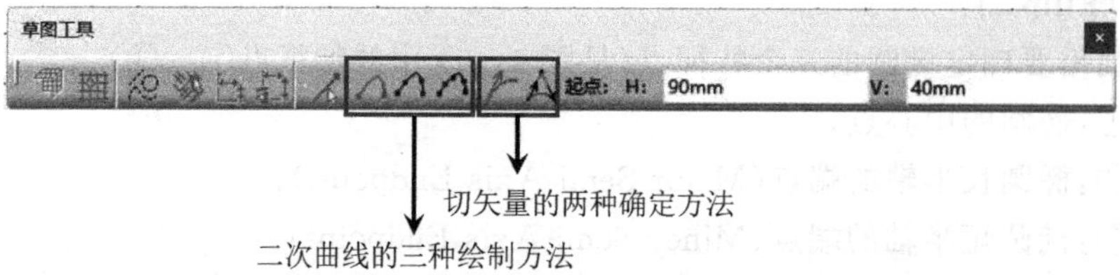


**图 3-53 单击二次曲线(Conic)图标后的草图工具(Sketch tools)工具栏**

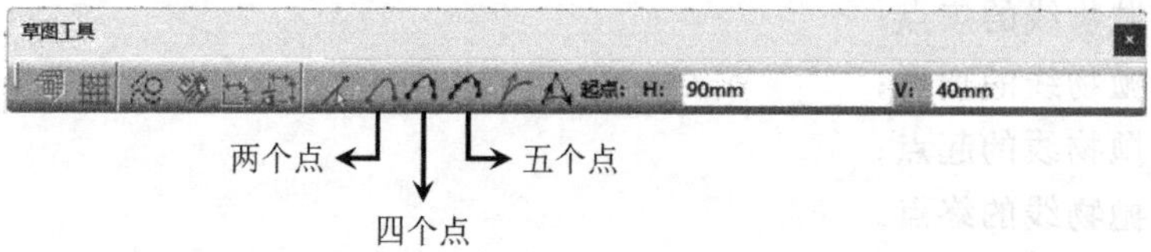


**图 3-54 绘制二次曲线的三种方法**

② 确定二次曲线起点处的切矢量；

③ 确定二次曲线的终点；

④ 确定二次曲线终点处的切矢量；

⑤ 确定二次曲线上的任意一点。

(2) 四点法(Four Points)

通过四点法绘制二次曲线的基本方法如下：

① 确定二次曲线的起点；

② 确定二次曲线起点处的切矢量；

③ 确定二次曲线的终点；

④ 确定二次曲线上的任意两点。

采用两点法或四点法绘制二次曲线时，都需要确定起点或终点处的切矢量，在草图工具工具栏中，CATIA 提供了两种切矢量的确定方法(见图 3-55)：

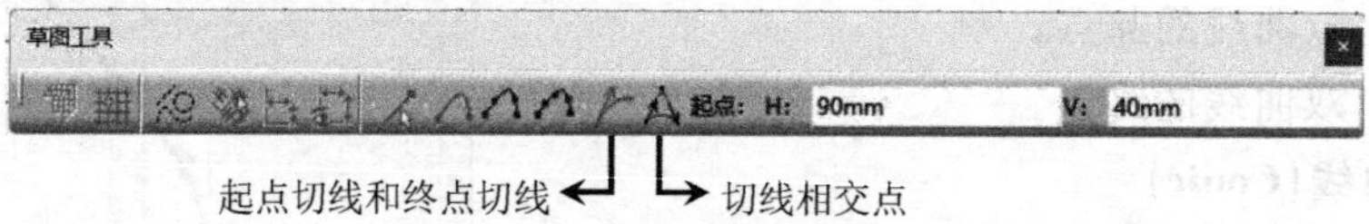


**图 3-55 切矢量的两种确定方法**

① 起点切线和终点切线(Start and End Tangent)：该方法通过两个点来确定一个切矢量，例如要确定二次曲线起点处的切矢量，需要首先确定起点(第一个点)的位置，然后再确定一个点(第二个点)，通过这两个点的连线确定切矢量的方向。

② 切线相交点(Tangent Intersection Point)：该方法通过用二次曲线的两个端点和两个端点处切线的相交点来确定切矢量。

(3) 五点法(Five Points)

通过五点法绘制二次曲线的基本方法如下：

① 确定二次曲线的起点；

② 确定二次曲线的终点；

③ 确定二次曲线上的任意三个点。

## 3.3.6 直线(Line)

如图 3－56 所示的直线工具栏是轮廓工具栏的子工具栏，主要用于绘制各种类型的直线，包括：直线(Line)、无限长线(Infinite Line)、双切线(Bi-Tangent Line)、角平分线(Bisecting Line)、曲线的法线(Line Normal to Curve)。

**1. 直线(Line)**

直线图标用于通过两个特征点绘制一条直线(见图 3－57 中的特征点①、②)：

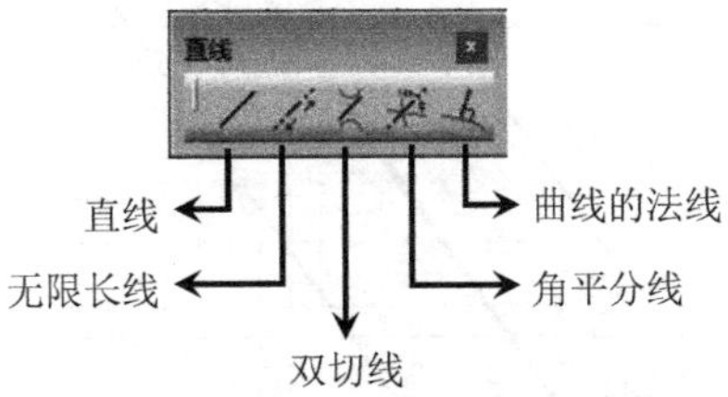


**图 3－56 直线(Line)工具栏**

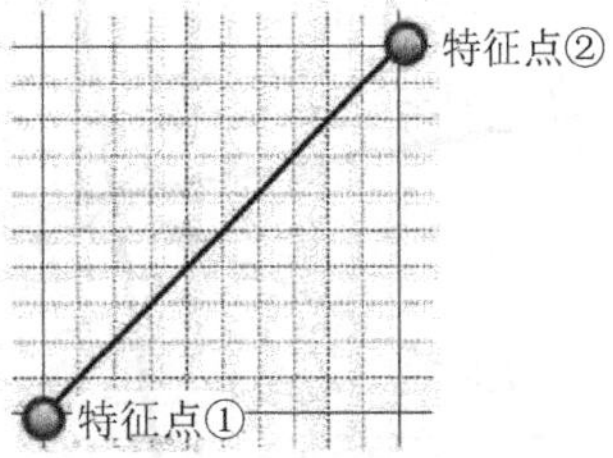


**图 3－57 直线(Line)**

特征点①：直线的起点；

特征点②：直线的终点。

**2. 无限长线(Infinite Line)**

无限长线图标用于绘制无限长直线，包括水平线(Horizontal Line)、竖直线(Vertical Line)和通过两点的直线(Line through Two Points)。

水平线和竖直线的绘制方法如下：

① 在直线工具栏中单击无限长线图标；

② 在草图工具工具栏中单击水平线图标或竖直线图标，如图 3－58 所示；

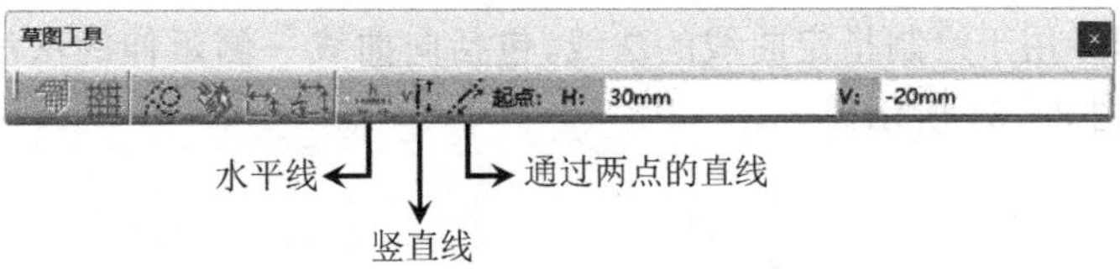


**图 3－58 三种无线长直线**

③ 确定水平线或竖直线要经过的一个点。

通过两点的直线的绘制方法如下：

① 在直线工具栏中单击无限长线图标；

② 在草图工具工具栏中单击通过两点的直线图标，如图 3－58 所示；

③ 确定直线要经过的两个点。

**3. 双切线(Bi-Tangent Line)**

双切线图标用于绘制两条曲线之间的公切线，如图 3－59 所示。

双切线的绘制方法如下：

① 在直线工具栏中单击双切线图标；

② 选择要创建公切线的两条曲线，如图 3－59 所

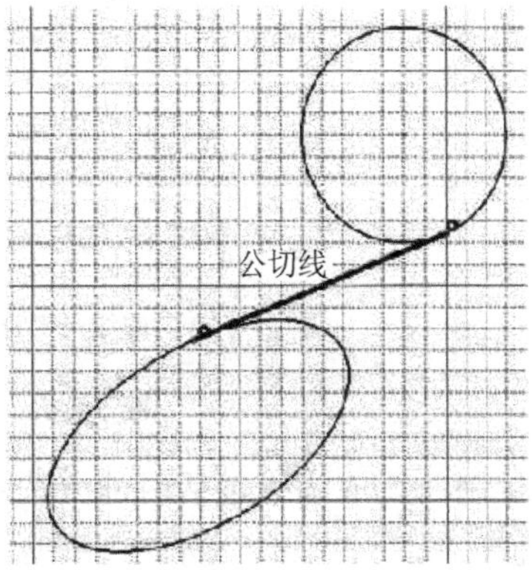


**图 3－59 双切线(Bi-Tangent Line)**

示，选择一个椭圆和一个圆。

由于两条曲线之间的公切线有可能不止一条，因此 CATIA 会根据用户选择曲线时光标的选择位置来绘制公切线。

**4. 角平分线(Bisecting Line)**

角平分线图标用于绘制两条直线之间的角平分线，角平分线属于无限长直线，如图 3 - 60 所示。

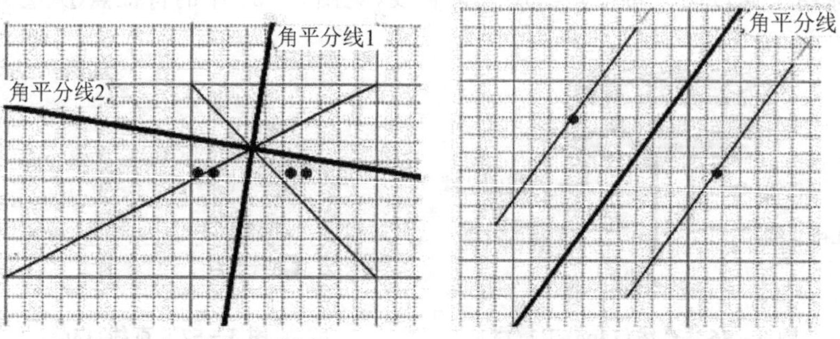


(a) 两条相交直线的角平分线　　(b) 两条平行直线的角平分线

图 3 - 60　角平分线(Bisecting Line)

绘制角平分线的方法如下：

① 在直线工具栏中单击角平分线图标；

② 选择要创建角平分线的两条直线。

两条相交直线可以构成 4 个角，能够创建两条角平分线，CATIA 会根据用户在选择两条相交直线时，光标选择的位置来绘制角平分线，如图 3 - 60(a)所示；如果选择的是两条平行直线，CATIA 会绘制两条平行直线的中线，如图 3 - 60(b)所示。

**5. 曲线的法线(Line Normal to Curve)**

曲线的法线图标用于绘制指定曲线的法线，包括向曲线一侧延伸的法线和向曲线两侧对称延伸的法线，如图 3 - 61 所示。

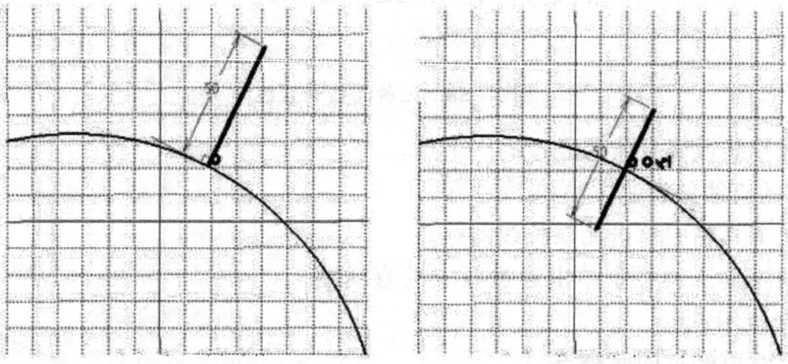

(a) 向曲线一侧延伸　　(b) 向曲线两侧对称延伸

图 3 - 61　曲线的法线(Line Normal to Curve)

绘制曲线的法线包括两种方法：经过曲线外一点作曲线的法线、经过曲线上一点作曲线的法线。

经过曲线外一点作曲线法线的方法如下：

① 在直线工具栏中单击曲线的法线图标；

② 检查草图工具工具栏中的之前选择曲线(Select a Curve Before)图标是否被打开(高亮显示),如果该图标处于打开状态,则单击该图标将其关闭,如图 3-62 所示;

③ 在曲线外选择法线的一个端点;

④ 选择要创建法线的曲线。

此时,CATIA 会经过曲线外一点向曲线作法线,如图 3-61(a)所示。

经过曲线上一点做曲线法线的方法如下:

① 在直线工具栏中单击曲线的法线图标。

② 检查草图工具工具栏中的之前选择曲线图标是否被打开(高亮显示),如果该图标处于关闭状态,则单击该图标将其打开,如图 3-62 所示。

③ 如果需要法线向曲线两侧对称延伸,则需要在草图工具工具栏中单击对称延长(Symmetrical Extension)图标,将其打开(高亮显示),如图 3-63 所示。

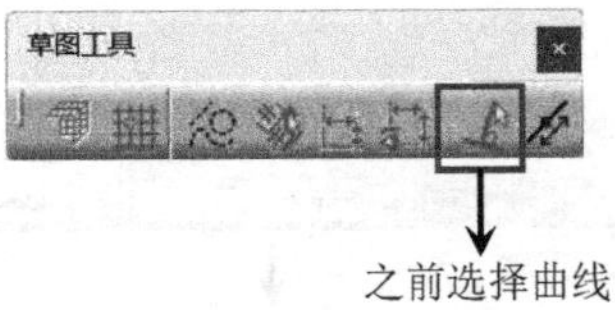


**图 3-62　之前选择曲线(Select a Curve Before)图标**

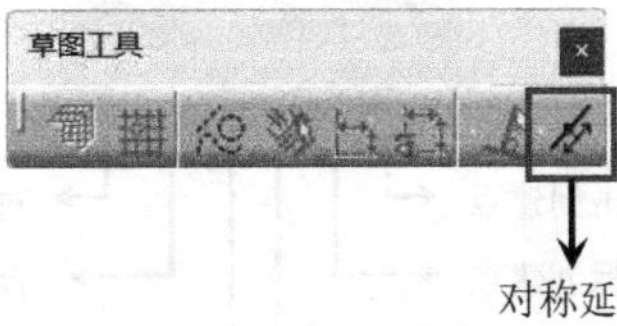


**图 3-63　经过曲线上一点作曲线的法线**

④ 选择要创建法线的曲线,在选择曲线时,光标选择的位置将作为垂线的垂足。

⑤ 确定法线的另一个端点,确定该端点的方法包括三种:

ⓐ 在草图绘制平面上捕捉一个点,作为法线的端点;

ⓑ 在草图工具工具栏中输入法线端点的横、纵坐标,如图 3-64 所示;

ⓒ 在草图工具工具栏中输入法线的长度,如图 3-64 所示。

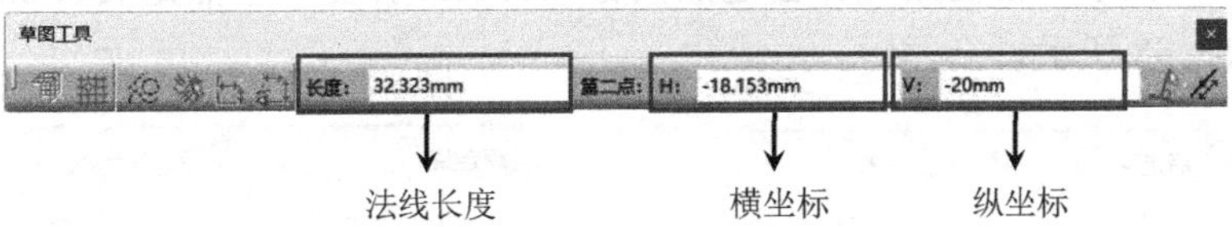


**图 3-64　确定法线的另一个端点**

## 3.3.7　轴(Axis)

轴图标用于通过两个特征点绘制轴线,作为构造元素辅助绘制草图,如图 3-65 所示。

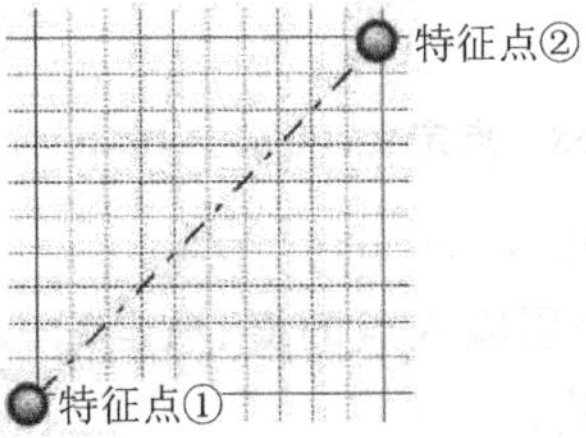


**图 3-65　轴(Axis)**

轴的绘制方法与直线的绘制方法完全相同。

## 3.3.8 点(Point)

如图 3－66 所示的点工具栏是轮廓工具栏的子工具栏，主要用于绘制各种类型的点，包括：通过单击创建点(Point by Clicking)、使用坐标创建点(Point by Using Coordinates)、等距点(Equidistant Points)、相交点(Intersection Point)、投影点(Projection Point)、对齐点(Align Points)。

**1. 通过单击创建点(Point by Clicking)**

通过单击创建点图标用于在草图绘制平面上通过单击创建一个点，绘制方法如下：

① 在点工具栏中单击通过单击创建点图标；

② 通过光标在草图绘制平面上捕捉点，或者在草图工具工具栏中输入点的横、纵坐标，如图 3－67 所示。

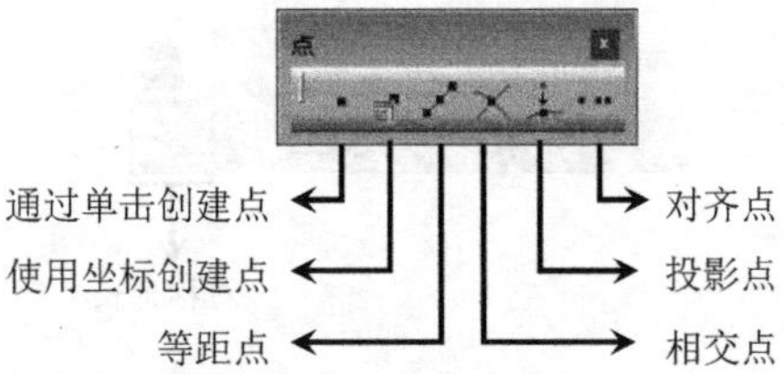

**图 3－66 点(Point)工具栏**

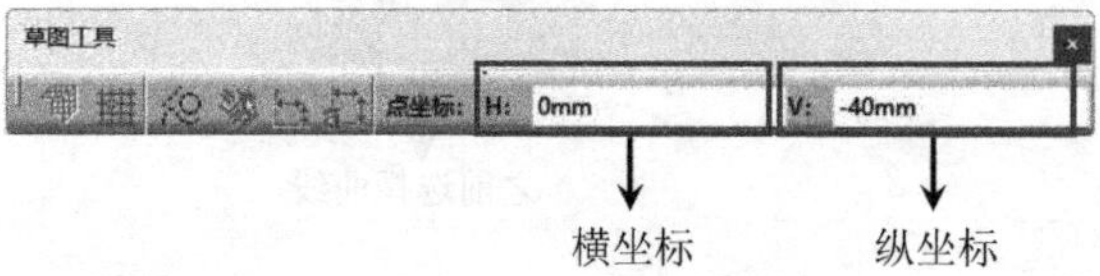

**图 3－67 输入点的横、纵坐标**

**2. 使用坐标创建点(Point by Using Coordinates)**

使用坐标创建点图标用于通过在直角坐标系中输入点的直角坐标或在极坐标系中输入点的极坐标来创建一个点。

在直角坐标系中创建坐标点的方法如下：

① 在点工具栏中单击使用坐标创建点图标，CATIA 弹出一个点定义(Point Definition)对话框，如图 3－68 所示；

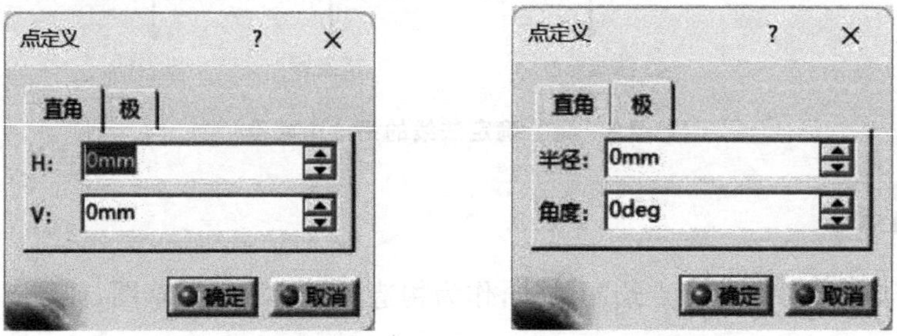

(a) 直角(Cartesian)标签　　(b) 极(Polar)标签

**图 3－68 点定义(Point Definition)对话框**

② 在点定义对话框中单击直角(Cartesian)标签；

③ 在 H 和 V 两个文本框中分别输入点的横、纵坐标，如图 3－68(a)所示；

④ 单击确定按钮完成点的创建。

在极坐标系中创建坐标点的方法如下：

① 在点工具栏中单击使用坐标创建点图标，CATIA 弹出一个点定义对话框，如图 3－68 所示；

② 在点定义对话框中单击极(Polar)标签,如图 3－68(b)所示;

③ 在半径(Radius)和角度(Angle)两个文本框中分别输入点的极坐标,如图 3－68(b)所示;

④ 单击确定按钮完成点的创建。

**3. 等距点(Equidistant Points)**

等距点图标用于在指定的曲线或曲线延长线上创建指定数量的点,每两个点之间的间距相同,且能够将曲线或曲线延长线进行等分,如图 3－69 所示。

绘制等距点的方法如下:

① 在点工具栏中单击等距点图标;

② 选择一条曲线,此时 CATIA 会弹出一个等距点定义(Equidistant Points Definition)对话框,如图 3－70 所示;

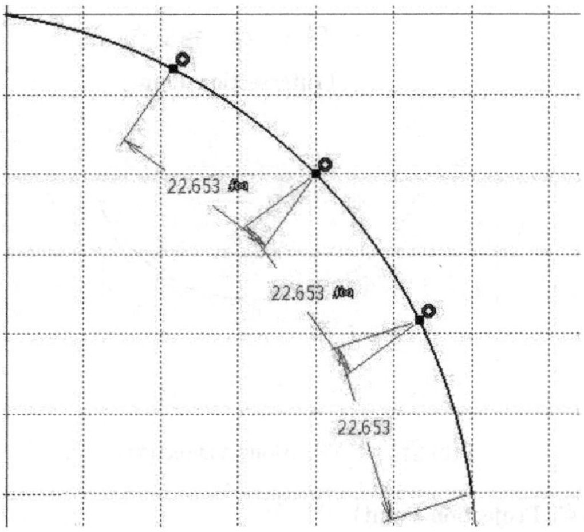


**图 3－69　等距点**
**(Equidistant Points)**

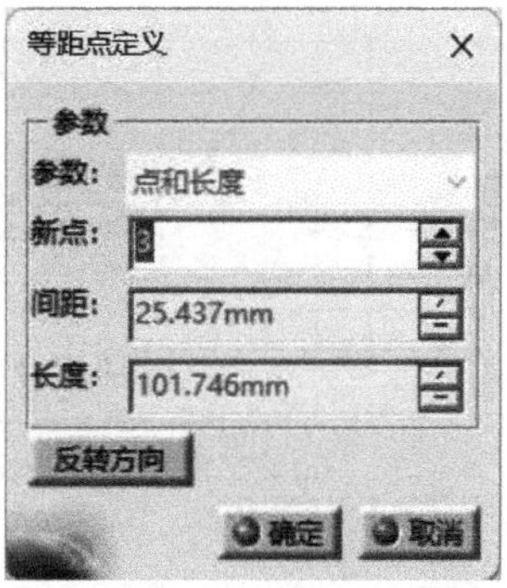


**图 3－70　等距点定义**
**(Equidistant Points Definition)对话框**

③ 在等距点定义对话框的新点(New Points)文本框中输入点的数量;

④ 如果所选择的曲线是直线、圆弧、椭圆弧等具有明确延伸规律的曲线,则可以在等距点定义对话框中单击反转方向(Reverse Direction)按钮,CATIA 即可根据曲线的延伸规律,在曲线的延长线上创建等距点,如图 3－71 所示;

⑤ 单击确定按钮完成等距点的创建。

**4. 相交点(Intersection Point)**

相交点图标用于创建两条曲线及其延长线之间的交点,如图 3－72 所示。

创建相交点的方法如下:

① 在点工具栏中单击相交点图标;

② 选择两条曲线,CATIA 会自动求取所选两条曲线或曲线延长线之间的交点,如图 3－72 所示。

图 3－72 中的交点 1 为直线与圆弧之间的交点,交点 2 为直线与圆弧延长线之间的交点。

**5. 投影点(Projection Point)**

投影点图标用于将指定的点向指定的曲线进行投影,获取投影点,包括正交投影(Orthogonal Projection)和沿某一方向(Along a Direction)两种方式,如图 3－73 所示。

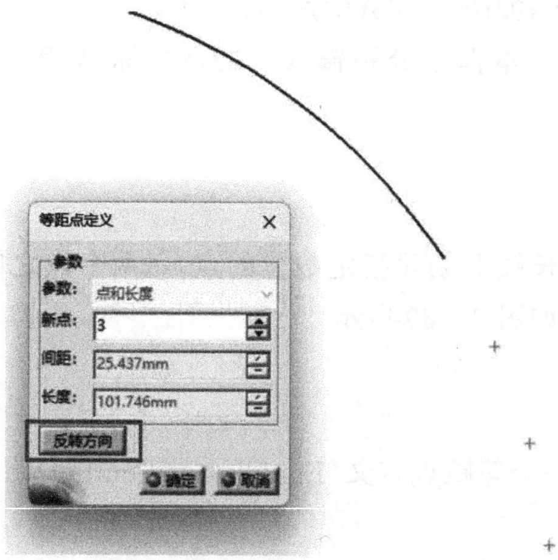


图 3-71　等距点定义对话框：
反转方向(Reverse Direction)按钮

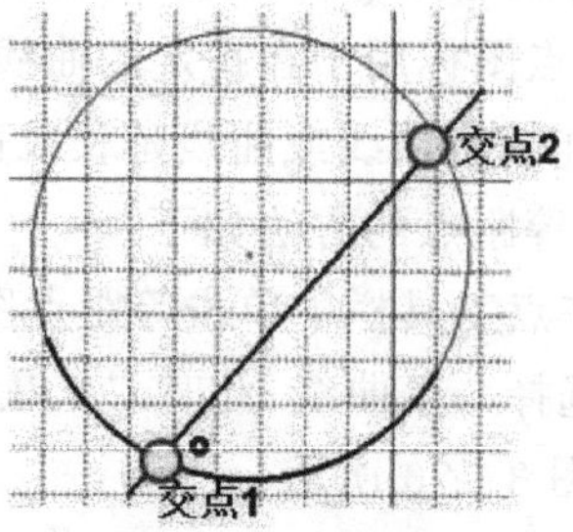


图 3-72　相交点
(Intersection Point)

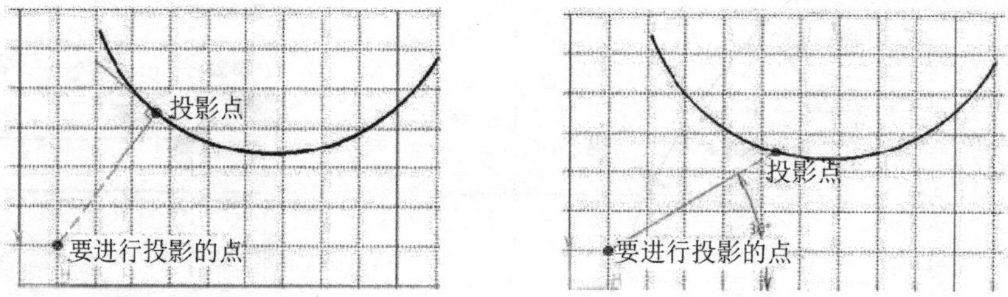


(a) 正交投影(Orthogonal Projection)　　(b) 沿某一方向(Along a Direction)

图 3-73　投影点(Projection Point)

正交投影的方法如下：

① 在点工具栏中单击投影点图标；

② 在草图工具工具栏中单击正交投影图标，如图 3-74 所示；

③ 选择要进行投影的点；

④ 选择一条曲线。

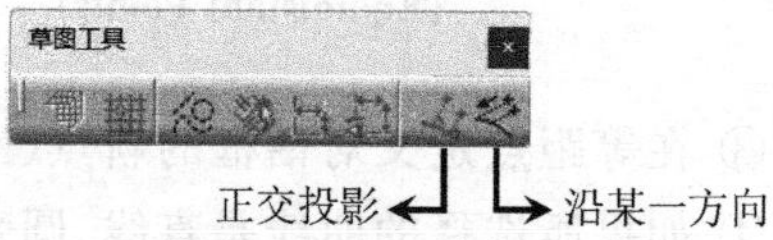


图 3-74　两种投影点的创建方式

此时 CATIA 会将第③步选择的点沿着正交方向向曲线投影，如图 3-73(a)所示。

沿某一方向投影的方法如下：

① 在点工具栏中单击投影点图标；

② 在草图工具工具栏中单击沿某一方向图标，如图 3-74 所示；

③ 选择要进行投影的点；

④ 指定投影方向；

⑤ 选择一条曲线。

此时 CATIA 会将第③步选择的点沿着指定方向向曲线投影，如图 3-73(b)所示。

指定投影方向包括两种方法：

① 指定一个点，并以该点与要进行投影的点的连线方向作为投影方向；

② 在草图工具工具栏中输入投影方向与横轴的夹角。

**6. 对齐点(Align Points)**

对齐点图标用于将指定的一组点沿指定的方向对齐。

对齐点的方法如下：

① 选择要对齐的一组点；

② 在点工具栏中单击对齐点图标；

③ 在草图工具工具栏中选择一种对齐方式，包括：沿某一方向(Along a Direction)、水平对齐(Horizontal Alignment)、垂直对齐(Vertical Alignment)、更改原点(Change Origin Point)、沿选定的线性元素对齐(Align Along Selected Linear Element)，如图3-75所示。

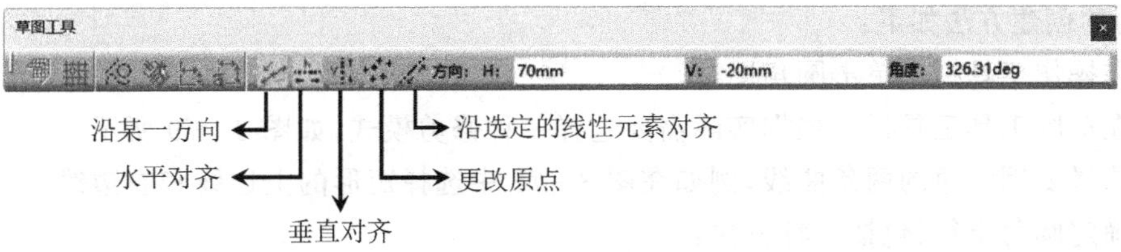


**图3-75 对齐方式**

# 3.4 草图编辑

如图3-76所示的操作工具栏用于对已绘制好的草图轮廓进行相关的修饰、变换操作，以创建相对更加复杂的草图轮廓。

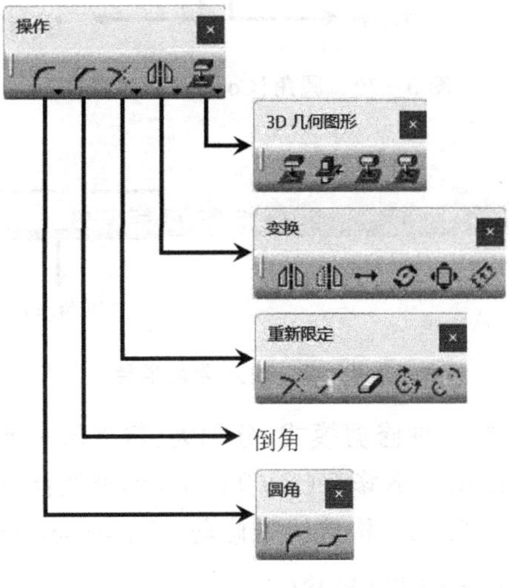


**图3-76 操作(Operation)工具栏**

## 3.4.1 圆角(Corner)

圆角工具栏是操作工具栏的子工具栏，如图3-77所示，包括：圆角(Corner)、相切弧(Tangent Arc)。

**1. 圆角(Corner)**

圆角图标用于在两条曲线之间进行倒圆角操作，倒出来的圆角与两条曲线之间均是相切关系，如图3-78所示。

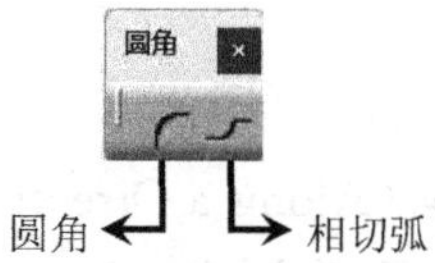


图 3-77　圆角(Corner)工具栏

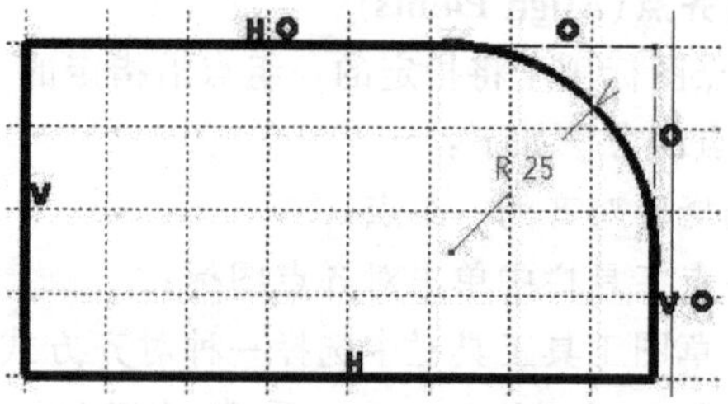


图 3-78　圆角(Corner)

圆角的创建方法如下：

① 在操作工具栏中单击圆角图标。

② 在草图工具工具栏中根据实际需要选择一种修剪模式，如图 3-79 所示。

③ 选择要倒圆角的两条曲线，例如在图 3-78 中选择矩形的上边线和右边线。

④ 确定圆角半径，包括两种方法：

ⓐ 在草图绘制平面上捕捉圆角要经过的一个点；

ⓑ 在草图工具工具栏中输入圆角半径，如图 3-80 所示。

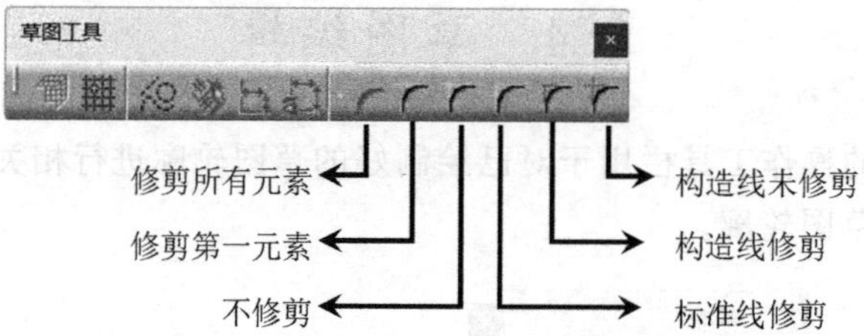


图 3-79　圆角(Corner)修剪模式

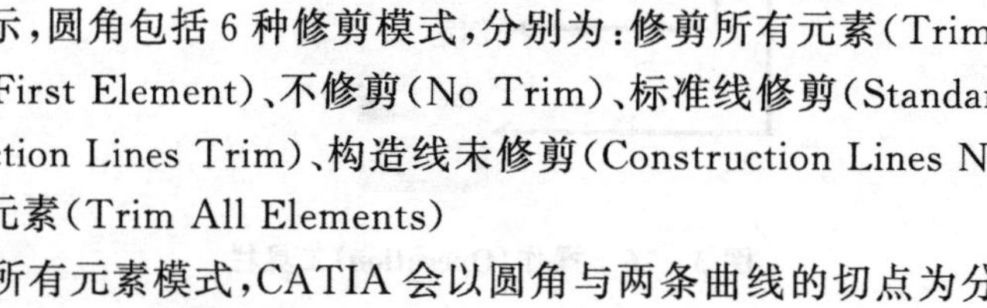


图 3-80　输入圆角半径

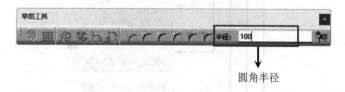

如图 3-79 所示，圆角包括 6 种修剪模式，分别为：修剪所有元素(Trim All Elements)、修剪第一元素(Trim First Element)、不修剪(No Trim)、标准线修剪(Standard Lines Trim)、构造线修剪(Construction Lines Trim)、构造线未修剪(Construction Lines No Trim)。

(1) 修剪所有元素(Trim All Elements)

如果选择修剪所有元素模式，CATIA 会以圆角与两条曲线的切点为分界点，将切点以外的曲线全部修剪掉，如图 3-81 所示。

(2) 修剪第一元素(Trim First Element)

如果选择了修剪第一元素模式，CATIA 会以圆角与第一条曲线的切点为分界点，对第一条曲线进行修剪，第二条曲线不变，如图 3-82 所示。

(3) 不修剪(No Trim)

如果选择了不修剪模式，CATIA 不会对两条曲线进行修剪，如图 3-83 所示。

(4) 标准线修剪(Standard Lines Trim)

如果选择了标准线修剪模式，CATIA 会以两条曲线的交点为分界点，对两条曲线进行修

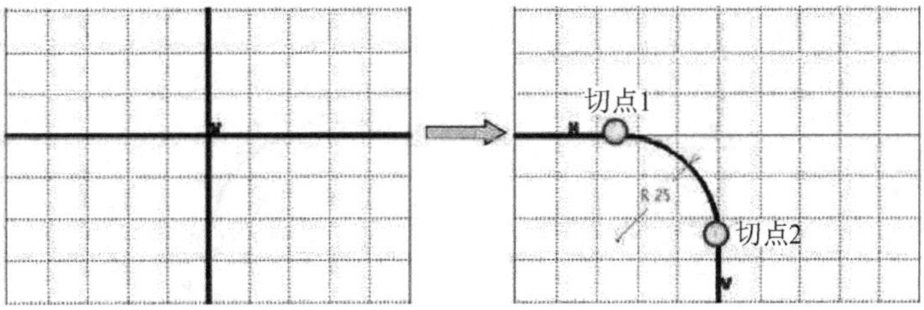


图 3 - 81　修剪所有元素(Trim All Elements)

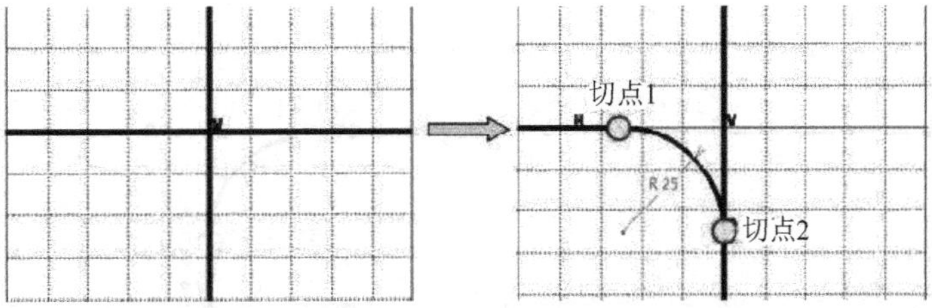


图 3 - 82　修剪第一元素(Trim First Element)

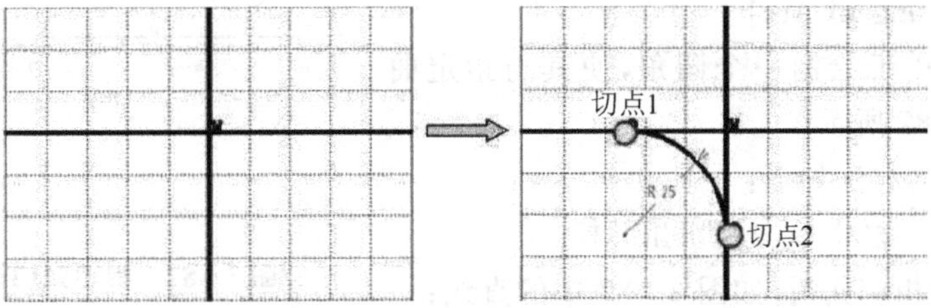


图 3 - 83　不修剪(No Trim)

剪,切点(圆角与两条曲线)与交点(两曲线之间)之间的曲线部分为标准元素(实线),如图 3 - 84 所示。

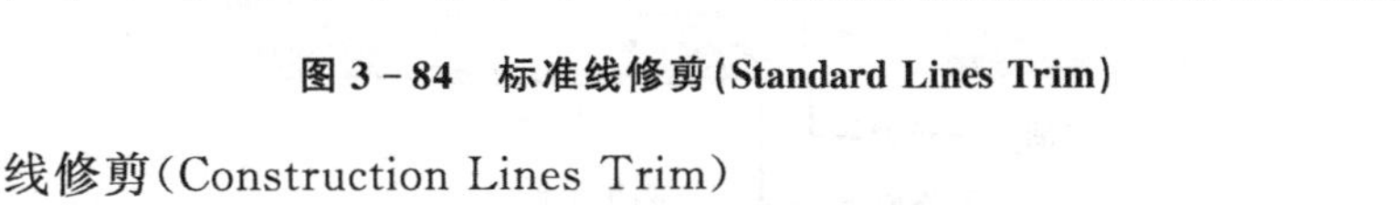

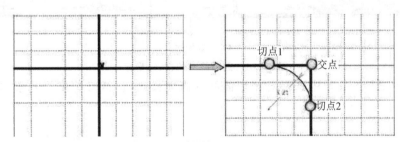


图 3 - 84　标准线修剪(Standard Lines Trim)

(5) 构造线修剪(Construction Lines Trim)

如果选择了构造线修剪模式,CATIA 会以两条曲线的交点为分界点,对两条曲线进行修剪,切点(圆角与两条曲线)与交点(两曲线之间)之间的曲线部分为构造元素(虚线),如图 3 - 85 所示。

(6) 构造线未修剪(Construction Lines No Trim)

如果选择了构造线未修剪模式,CATIA 会以切点(圆角与两条曲线)作为分界点,将分界点以外的曲线部分转换为构造元素(虚线),如图 3 - 86 所示。

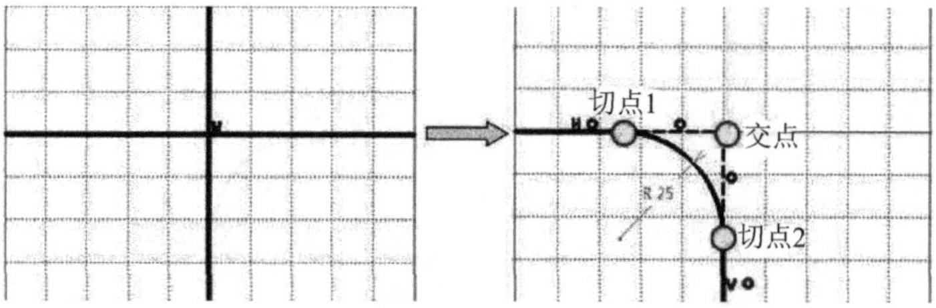


**图 3-85 构造线修剪(Construction Lines Trim)**

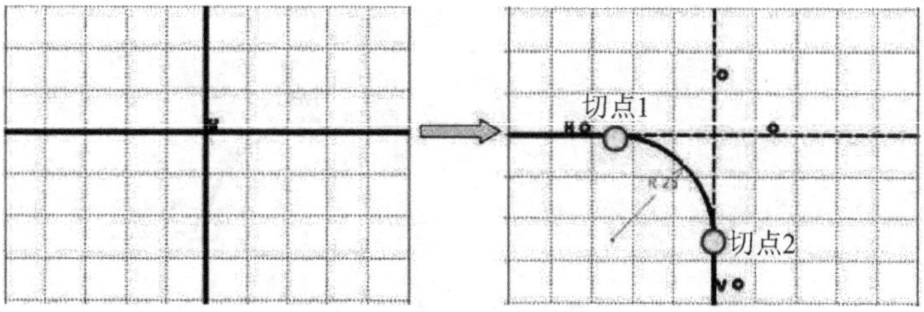


**图 3-86 构造线未修剪(Construction Lines No Trim)**

**2. 相切弧(Tangent Arc)**

相切弧图标用于绘制一个圆角,使其与指定曲线相切,如图 3-87 所示。

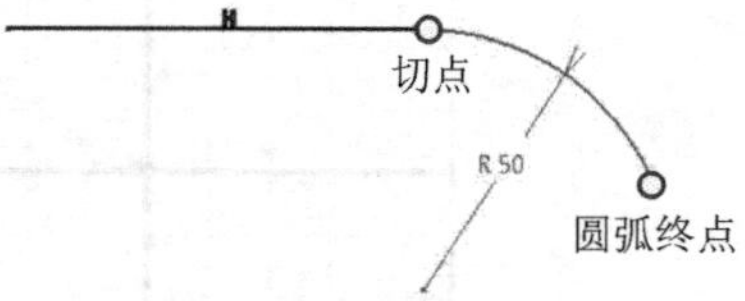


**图 3-87 相切弧(Tangent Arc)**

创建相切弧的方法如下:

① 在圆角工具栏中单击相切弧图标;

② 选择一条相切曲线,如图 3-87 中的直线;

③ 在草图绘制平面上捕捉圆弧的终点,或者在草图工具工具栏中输入圆弧终点的横、纵坐标,如图 3-88 所示;

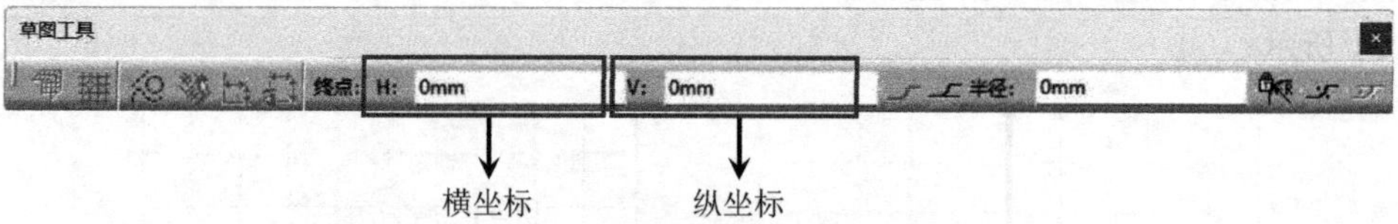


**图 3-88 圆弧终点的横、纵坐标**

④ 在草图工具工具栏中选择对相切曲线的修剪模式,包括修剪第一元素和不修剪,如图 3-89 所示;

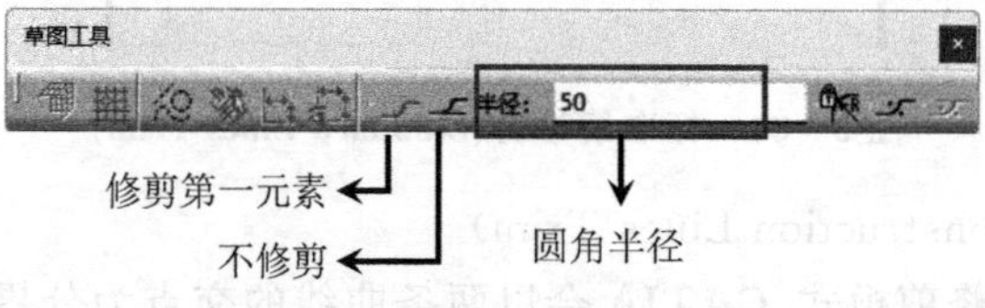


**图 3-89 修剪模式和圆角半径**

⑤ 用光标确定圆角与相切曲线的切点位置,或者在草图工具工具栏中输入圆角半径,如图 3-89 所示。

## 3.4.2 倒角(Chamfer)

倒角图标用于在两条曲线之间进行倒角操作,如图 3-90 所示。

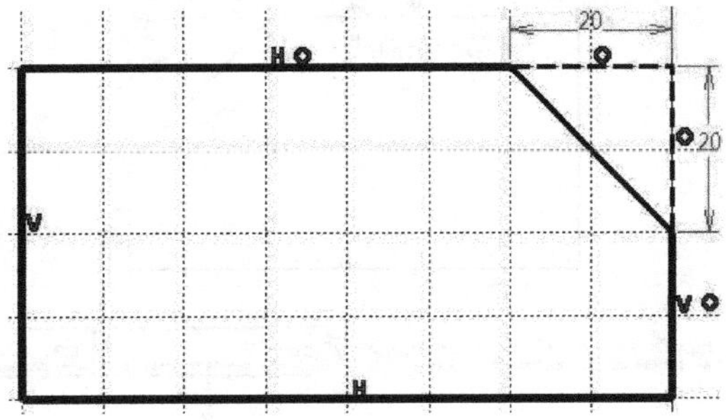


图 3-90 倒角(Chamfer)

倒角的创建方法如下：

① 在操作工具栏中单击倒角图标；

② 在草图工具工具栏中选择一种修剪模式(与圆角的修剪模式完全相同)，如图 3-91 所示；

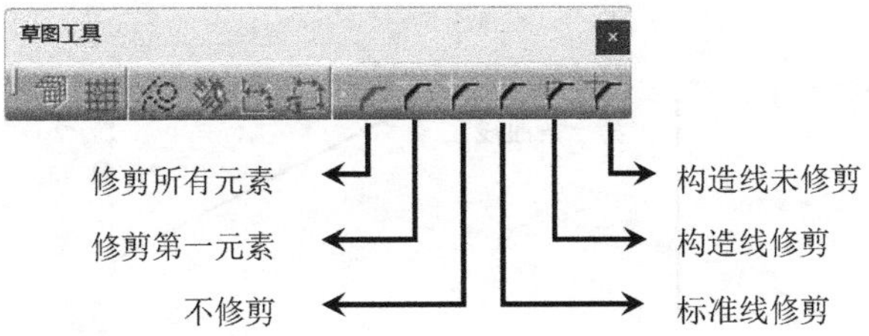


图 3-91 倒角(Chamfer)修剪模式

③ 选择要进行倒角的两条曲线，例如在图 3-90 中选择矩形的上边线和右边线；

④ 在草图工具工具栏中选择倒角参数的定义模式，如图 3-92 所示；

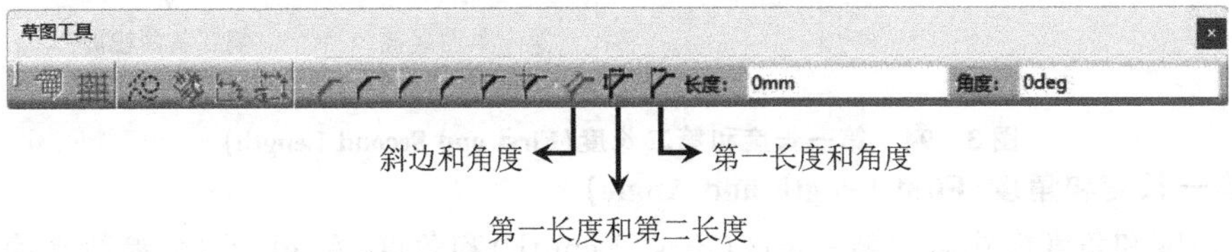


图 3-92 倒角参数的定义模式

⑤ 在草图绘制平面上捕捉倒角斜边经过的一个点，或者在草图工具工具栏中输入相应的倒角参数，完成倒角操作。

倒角参数的定义模式包括：斜边和角度(Hypotenuse and Angle)、第一长度和第二长度(First and Second Length)、第一长度和角度(First Length and Angle)。

**1. 斜边和角度(Hypotenuse and Angle)**

斜边和角度模式通过长度(Length)和角度(Angle)两个参数来确定倒角，如图 3-93 所示：

① 长度：倒角斜边的长度；

② 角度：倒角斜边与第一条曲线之间的夹角。

**2. 第一长度和第二长度(First and Second Length)**

第一长度和第二长度模式通过第一长度(First Length)和第二长度(Second Length)两个参数来确定倒角，如图 3-94 所示：

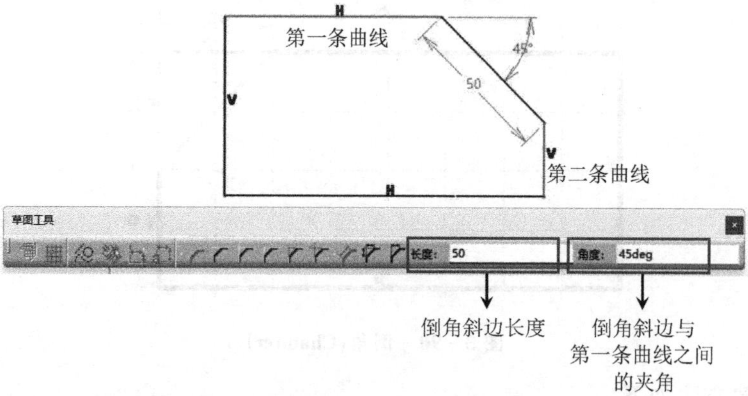


图 3-93 斜边和角度(Hypotenuse and Angle)

① 第一长度:第一条曲线被修剪的长度;

② 第二长度:第二条曲线被修剪的长度。

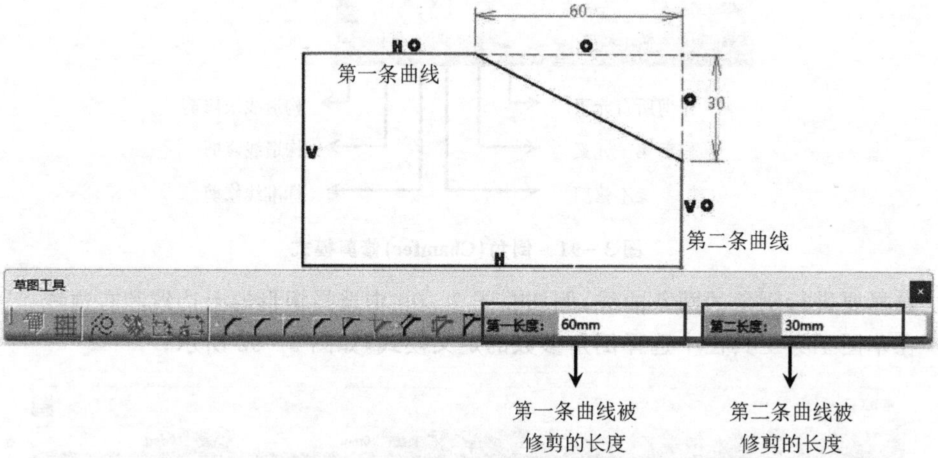


图 3-94 第一长度和第二长度(First and Second Length)

**3. 第一长度和角度(First Length and Angle)**

第一长度和角度模式通过第一长度(First Length)和角度(Angle)两个参数来确定倒角,如图 3-95 所示:

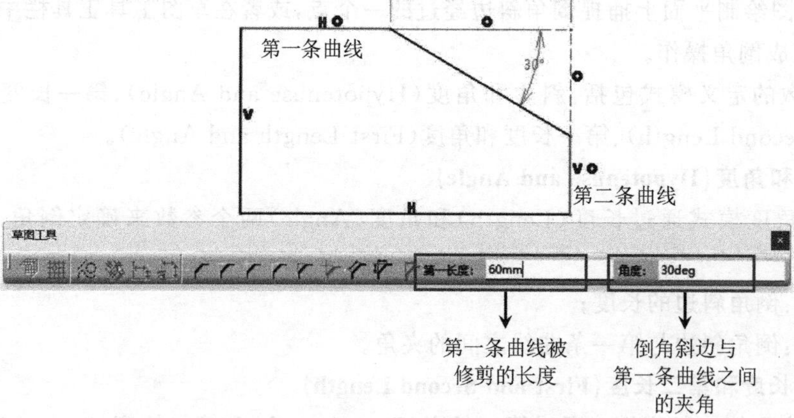


图 3-95 第一长度和角度(First Length and Angle)

① 第一长度:第一条曲线被修剪的长度;

② 角度:倒角斜边与第一条曲线之间的夹角。

### 3.4.3　重新限定(Relimitations)

重新限定工具栏是操作工具栏的子工具栏,如图 3-96 所示,包括修剪(Trim)、断开(Break)、快速修剪(Quick Trim)、封闭弧(Close arc)、补充(Complement)。

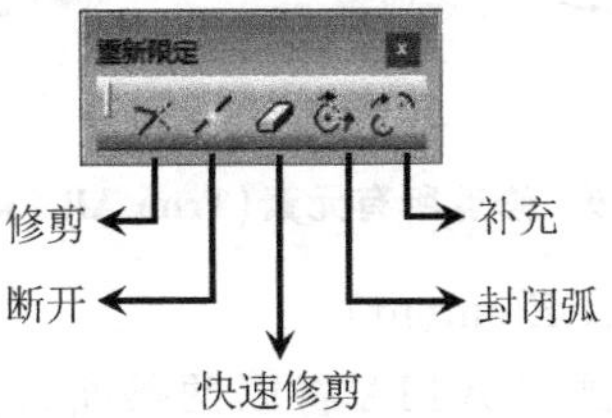


**图 3-96　重新限定(Relimitations)工具栏**

**1. 修剪(Trim)**

修剪图标用于以两条曲线或其延长线的交点作为分界点,保留或去除曲线的某一部分,如图 3-97 所示。

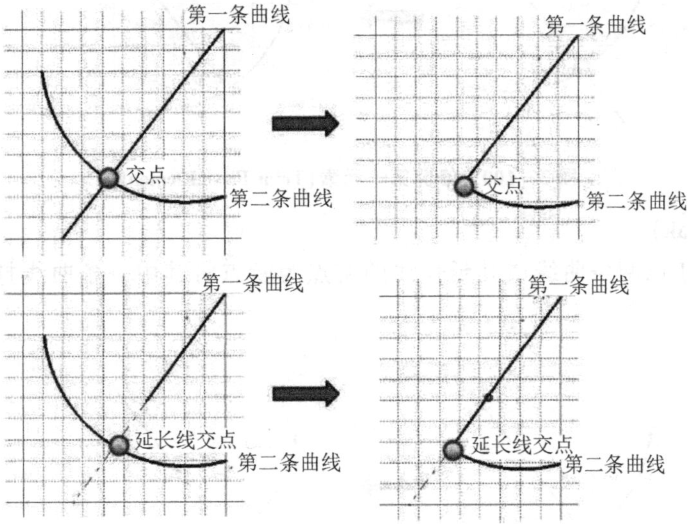


**图 3-97　修剪(Trim)**

修剪的方法如下:

① 在重新限定工具栏中单击修剪图标;

② 在草图工具工具栏中选择一种修剪模式,如图 3-98 所示;

③ 选择要进行修剪的两条曲线,完成修剪,如图 3-97 所示。

修剪包括两种修剪模式:修剪所有元素(Trim All Elements)和修剪第一元素(Trim First Element)。

(1) 修剪所有元素(Trim All Elements)

如果选择了修剪所有元素模式,CATIA 将以两条曲线的交点作为分界点对两条曲线进行修剪,在选择两条曲线时,光标选中的部分被保

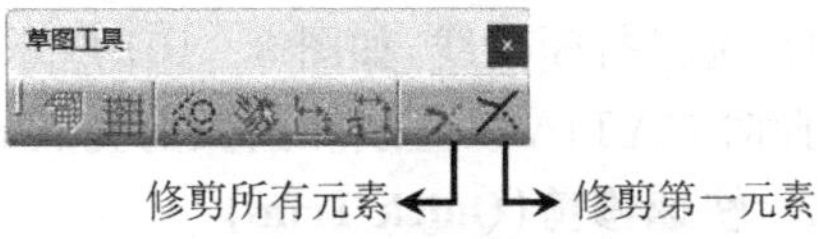


**图 3-98　修剪(Trim)的修剪模式**

留,其他部分被修剪,如图 3-99 所示。

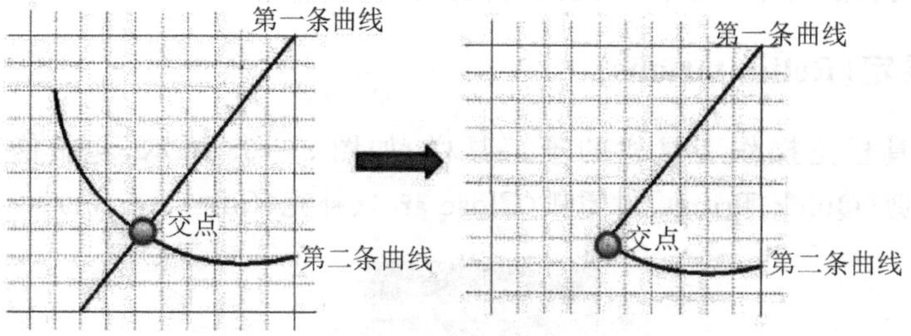


**图 3-99 修剪所有元素(Trim All Elements)**

(2) 修剪第一元素(Trim First Element)

如果选择了修剪第一元素模式,CATIA 将以两条曲线的交点作为分界点对第一条曲线进行修剪,在选择第一条曲线时,光标选中的部分被保留,其他部分被修剪,如图 3-100 所示。

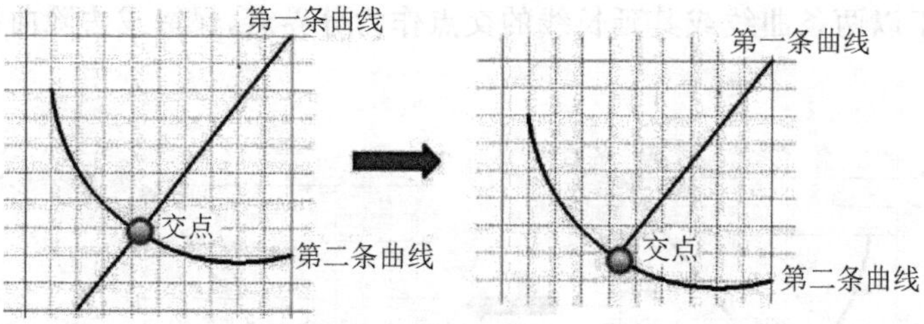


**图 3-100 修剪第一元素(Trim First Element)**

**2. 断开(Break)**

断开图标用于以两条曲线或其延长线的交点为断点将其中一条曲线打断,如图 3-101 所示。

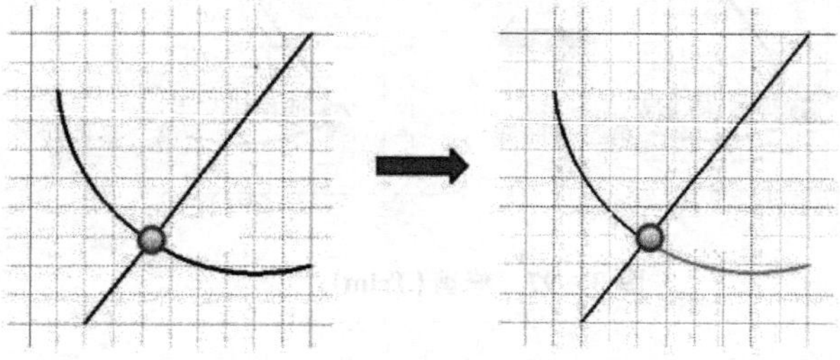

**图 3-101 断开(Break)**

断开的方法如下:

① 在重新限定工具栏中单击断开图标;

② 选择需要被打断的曲线,如图 3-101 所示的圆弧;

③ 选择打断曲线,如图 3-101 所示的直线。

此时 CATIA 以直线和圆弧的交点为断点,将图 3-101 中的圆弧打断成两段圆弧。

**3. 快速修剪(Quick Trim)**

快速修剪图标用于自动检测草图平面上指定曲线与其他曲线之间的交点,并以这些交点作为分界点,对指定曲线进行修剪,如图 3-102 所示。

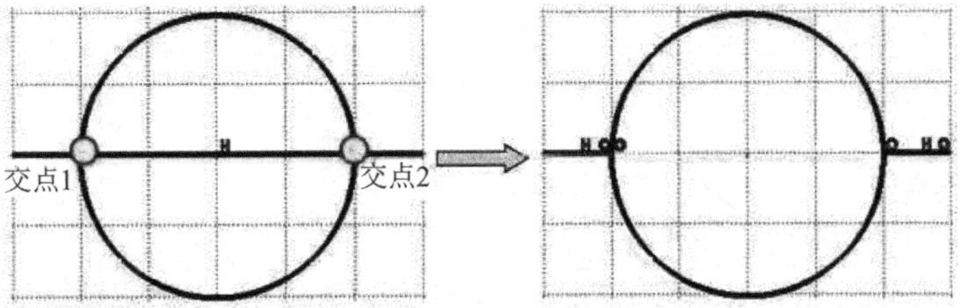


**图 3-102　快速修剪(Quick Trim)**

快速修剪的方法如下：

① 在重新限定工具栏中单击快速修剪图标；

② 在草图工具工具栏中选择一种修剪模式，如图 3-103 所示；

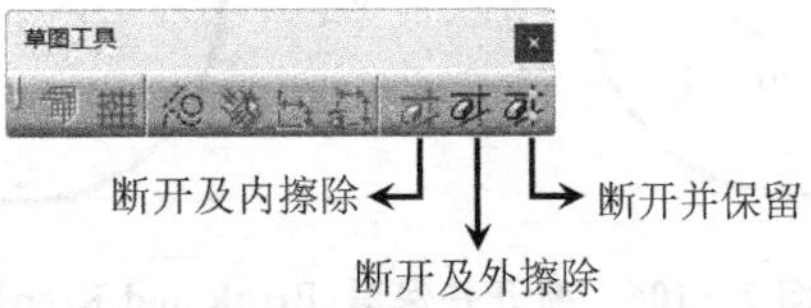


**图 3-103　快速修剪(Quick Trim)的修剪模式**

③ 选择要进行修剪的曲线，CATIA 会自动检测该曲线与草图平面上其他曲线之间的交点，并根据第②步选择的修剪模式进行修剪。

快速修剪的修剪模式包括：断开及内擦除(Break and Rubber In)、断开及外擦除(Break and Rubber Out)、断开并保留(Break and Keep)。

(1) 断开及内擦除(Break and Rubber In)

如果选择了断开及内擦除模式，系统会自动检测需要被修剪的曲线与草图平面上其他曲线之间的交点，并以这些交点作为断点将该曲线打断，选择曲线时光标选中的部分被删除，如图 3-104 所示。

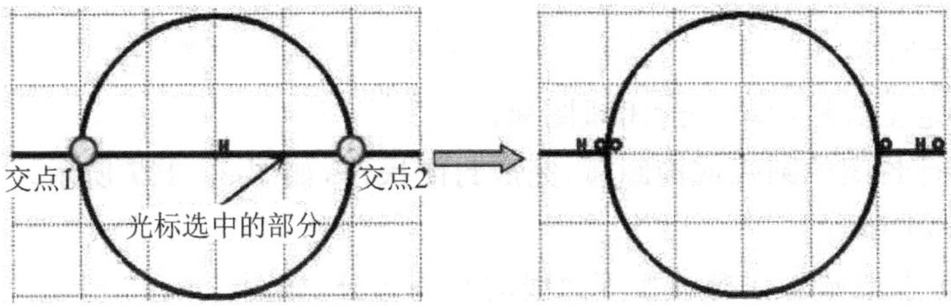


**图 3-104　断开及内擦除(Break and Rubber In)**

(2) 断开及外擦除(Break and Rubber Out)

如果选择了断开及外擦除模式，系统会自动检测需要被修剪的曲线与草图平面上其他曲线之间的交点，并以这些交点作为断点将该曲线打断，选择曲线时光标选中的部分被保留，其他部分被删除，如图 3-105 所示。

(3) 断开并保留(Break and Keep)

如果选择了断开并保留模式，系统会自动检测需要被修剪的曲线与草图平面上其他曲线之间的交点，并以这些交点作为断点将该曲线打断，打断后的曲线被保留，如图 3-106 所示。

**4. 封闭弧(Close arc)**

封闭弧图标用于对圆弧或椭圆弧等曲线进行封闭，形成完整的圆或椭圆，如图 3-107 所示。

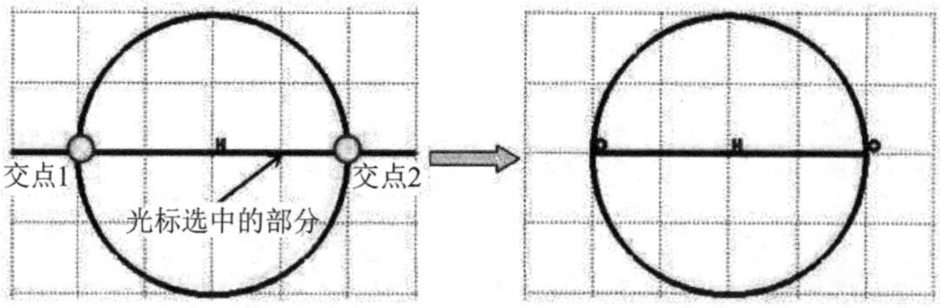


**图 3-105 断开及外擦除(Break and Rubber Out)**

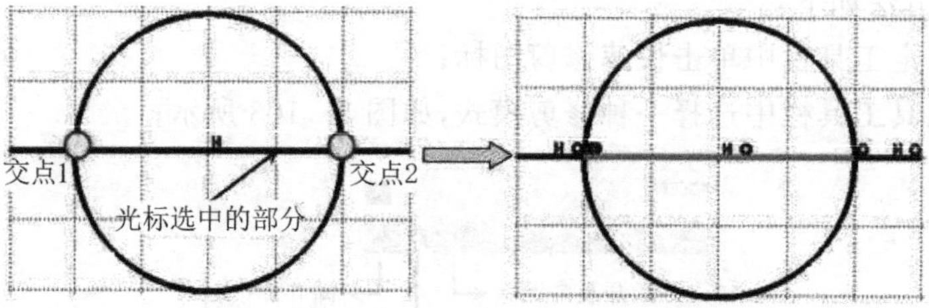


**图 3-106 断开并保留(Break and Keep)**

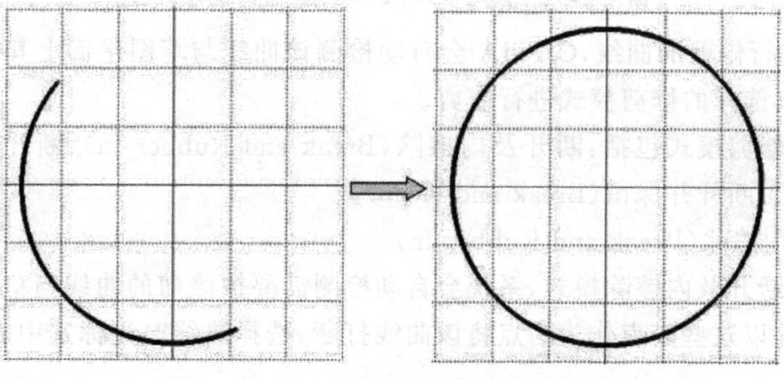

**图 3-107 封闭弧(Close arc)**

封闭弧的方法如下：

① 在重新限定工具栏中单击封闭弧图标；

② 选择要进行封闭的圆弧或椭圆弧，完成封闭操作，如图 3-107 所示。

**5．补充(Complement)**

补充图标用于求取圆弧或椭圆弧等曲线的互补部分，如图 3-108 所示。

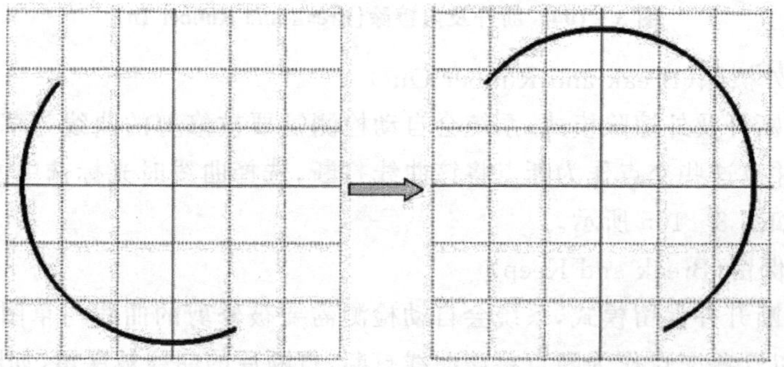

**图 3-108 补充(Complement)**

补充的方法如下：

① 在重新限定工具栏中单击补充图标；

② 选择要进行互补操作的圆弧或椭圆弧，完成互补操作，如图 3－108 所示。

### 3.4.4 变换(Transformations)

变换工具栏是操作工具栏的子工具栏，如图 3－109 所示，包括镜像(Mirror)、对称(Symmetry)、平移(Translate)、旋转(Rotate)、缩放(Scale)、偏移(Offset)。

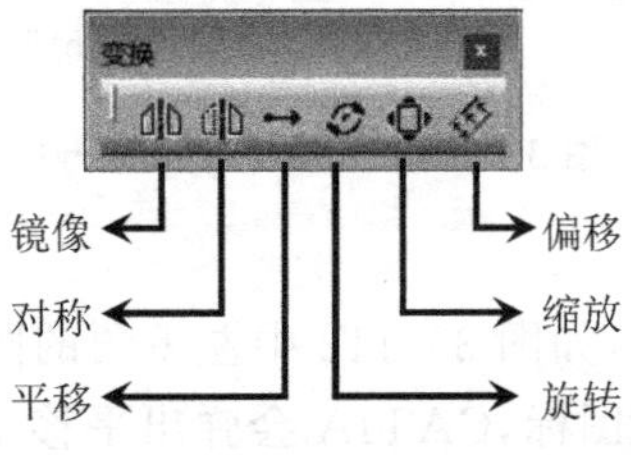


**图 3－109 变换(Transformation)工具栏**

**1. 镜像(Mirror)**

镜像图标用于创建指定草图轮廓关于某条直线或轴线的镜像，如图 3－110 所示。

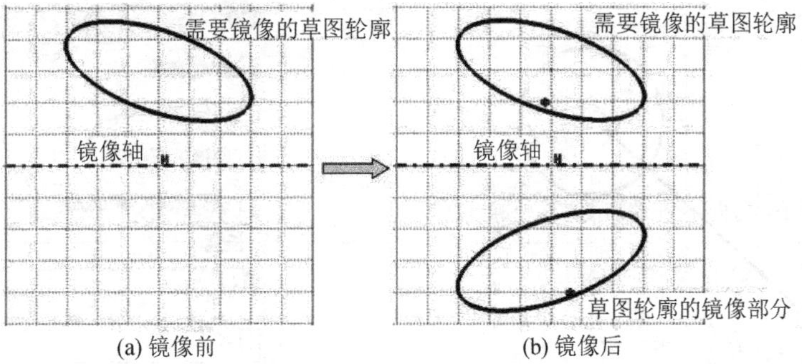


**图 3－110 镜像(Mirror)**

镜像的方法如下：

① 在变换工具栏中单击镜像图标；

② 选择需要镜像的草图轮廓，如图 3－110 所示，选择轴线上方的椭圆；

③ 选择一条镜像的轴线，如图 3－110 所示。

此时，CATIA 会创建出指定草图轮廓关于镜像轴线的镜像部分，原草图轮廓仍保留。

**2. 对称(Symmetry)**

对称图标用于创建指定草图轮廓关于某条直线或轴线的对称部分，如图 3－111 所示。

对称的方法如下：

① 在变换工具栏中单击对称图标；

② 选择需要进行对称操作的草图轮廓，如图 3－111 所示，选择轴线上方的椭圆；

③ 选择一条对称的轴线，如图 3－111 所示。

此时，CATIA 会创建出指定草图轮廓关于对称轴线的对称部分，原草图轮廓被删除。

**3. 平移(Translate)**

平移图标用于将指定草图轮廓沿指定方向移动指定的距离，如图 3－112 所示。

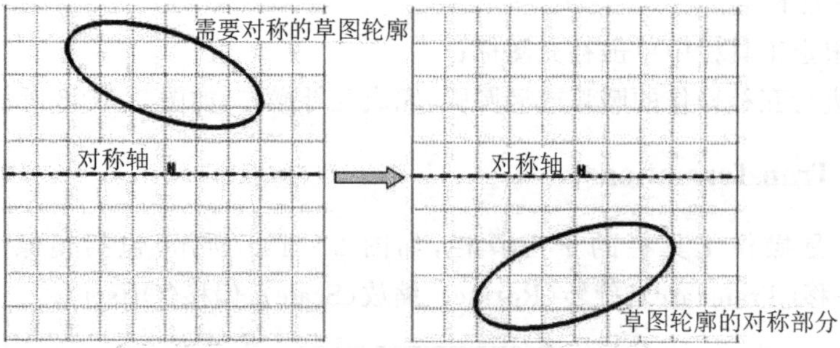


(a) 对称前　　(b) 对称后

**图 3-111　对称(Symmetry)**

平移的方法如下：

① 选择需要平移的草图轮廓，如图 3-112 中左下角的圆；

② 在变换工具栏中单击平移图标，CATIA 会弹出平移定义(Translation Definition)对话框，如图 3-113 所示；

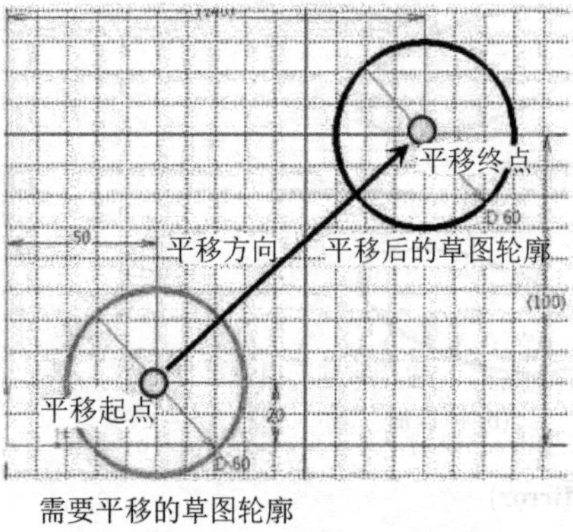


**图 3-112　平移(Translate)**

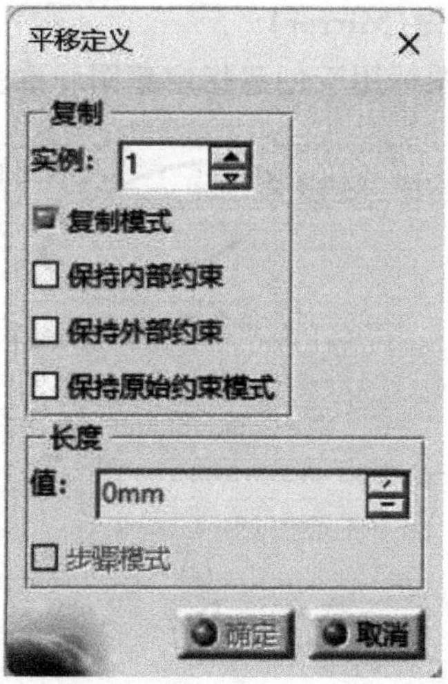


**图 3-113　平移定义(Translation Definition)对话框**

③ 在如图 3-113 所示的平移定义对话框中设置如下参数：实例(Instance(s))、复制模式(Duplicate mode)、保持内部约束(Keep internal constraints)、保持外部约束(Keep external constraints)、保持原始约束模式(Keep original constraint mode)、长度/值(Length/Value)、步骤模式(Step Mode)；

④ 确定平移的起点；

⑤ 确定平移的终点，在确定平移终点时，除了有在草图平面上捕捉一个点作为平移的终点和在草图工具工具栏中输入平移终点的横、纵坐标这两种方法外，还有第三种方法，即在平移定义对话框的长度/值(Length/Value)文本框中输入平移的距离，然后通过光标确定平移的方向。

在如图 3-113 所示的平移定义对话框中，各项参数及设置的含义如下：

(1) 实例(Instance(s))文本框

实例文本框用于设置平移时复制的实例数量，如果在该文本框中输入 $N$，则系统会沿着指定的平移方向，将指定的草图轮廓平移并复制 $N$ 个，且每两个实例之间的间距都相同。例如在该文本框中输入 2，平移的结果如图 3-114 所示。

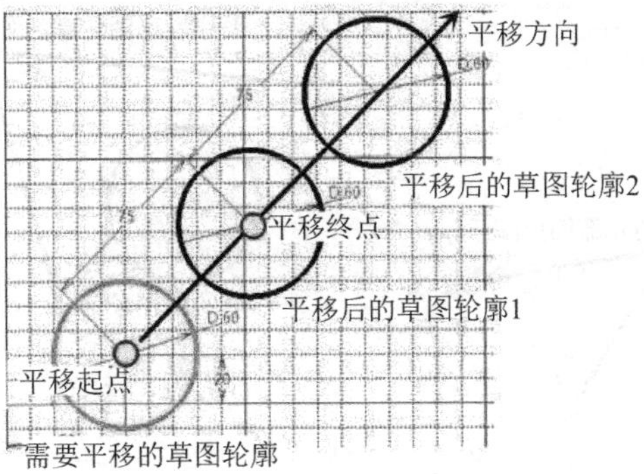


**图 3-114 实例(Instance(s))**

(2) 复制模式(Duplicate mode)复选框

复制模式复选框用于设置平移时的复制模式,如果该复选框被选中,则开启复制模式,平移后,所选择的需要平移的草图轮廓被保留;否则,被删除,如图 3-115 所示。

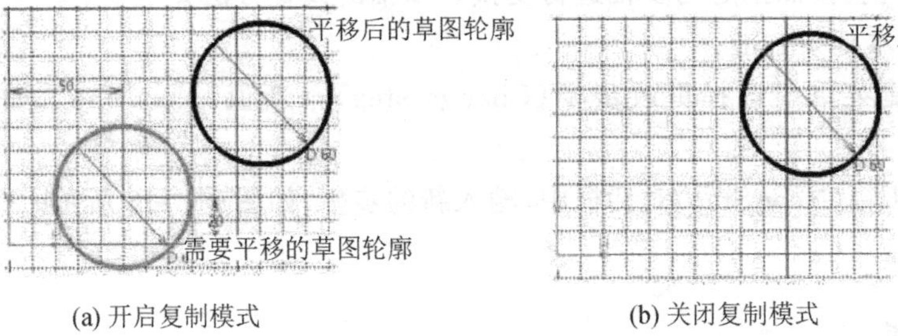


**图 3-115 复制模式(Duplicate mode)**

(3) 保持内部约束(Keep internal constraints)复选框

如果选中了保持内部约束复选框,则平移之后的草图轮廓会保留原草图轮廓的内部约束(自身的约束关系),如圆的直径、直线的长度等,如图 3-116 所示。

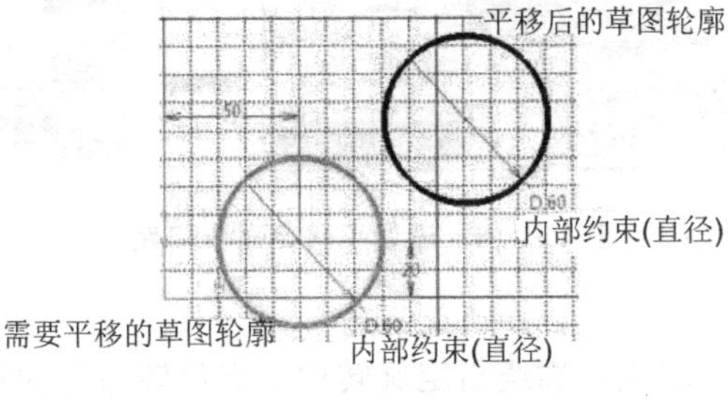


**图 3-116 保持内部约束(Keep internal constraints)**

(4) 保持外部约束(Keep external constraints)复选框

如果选中了保持外部约束复选框,则平移之后的草图轮廓会保留原草图轮廓的外部约束(草图轮廓相互之间的约束关系),如两条直线之间的距离、角度等,如图 3-117 所示。

(5) 保持原始约束模式(Keep original constraint mode)复选框

如果选中了保持原始约束模式复选框,CATIA 会建立平移起点与终点之间的约束关系。

(6) 长度/值(Length/Value)文本框

长度/值文本框用于设置平移的距离。

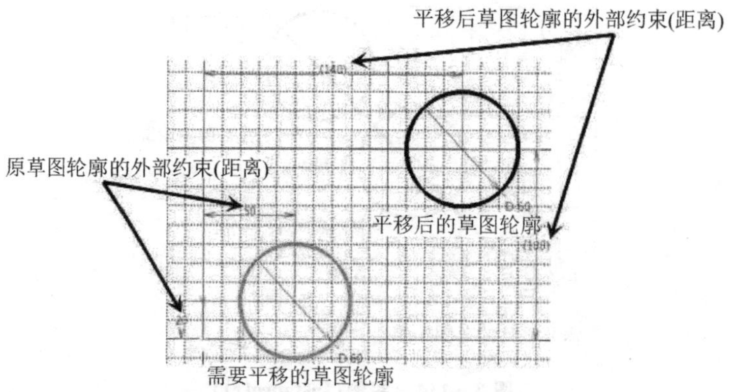


**图 3-117　保持外部约束(Keep external constraints)**

(7) 步骤模式(Step Mode)复选框

步骤模式复选框用于设置平移距离的变化幅度，如果该复选框被选中，则在移动光标确定平移距离时，平移距离会按照指定的步幅进行变换。步幅的设置方法如下：

① 在长度/值文本框中右击；

② 在弹出的快捷菜单中选择更改步幅(Change step)→新值(New one)，如图 3-118 所示；

③ 在弹出的新步幅(New Step)对话框中，输入新的步幅，如图 3-118 所示。

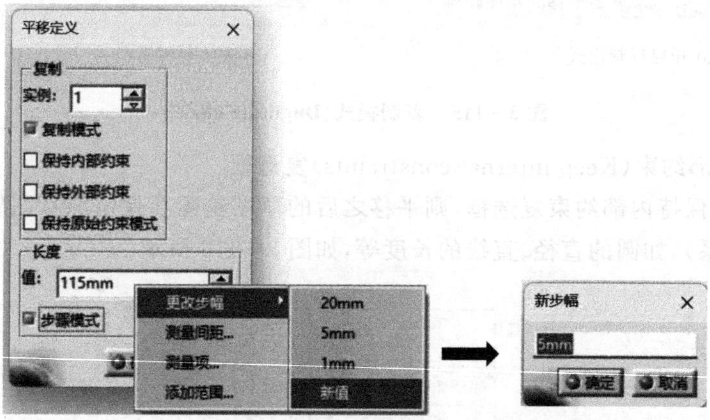


**图 3-118　设置平移距离步间距**

**4. 旋转(Rotate)**

旋转图标用于将指定的草图轮廓绕指定旋转中心点旋转指定的角度，如图 3-119 所示。旋转的方法如下：

① 选择要进行旋转的草图轮廓；

② 在变换工具栏中单击旋转图标，CATIA 会弹出旋转定义(Rotation Definition)对话框，如图 3-120 所示；

③ 在如图 3-120 所示的旋转定义对话框中设置如下参数：实例、复制模式、保持内部约束、保持外部约束、保持原始约束模式、角度/值；

④ 确定旋转中心点；

⑤ 确定旋转的起点；

⑥ 确定旋转的终点，在确定旋转终点时，除了有在草图平面上捕捉一个点作为旋转的终点和在草图工具工具栏中输入旋转终点的横、纵坐标这两种方法外，还有第三种方法，即在旋转定义对话框的角度/值(Angle/Value)文本框中输入旋转角度(逆时针旋转为正，顺时针旋转为负)。

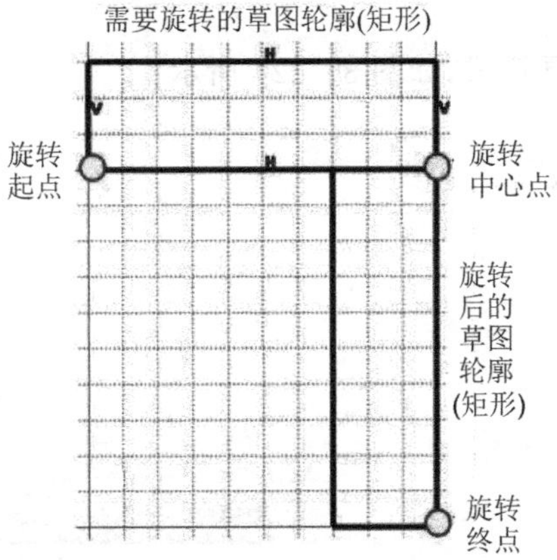


图 3-119　旋转(Rotate)

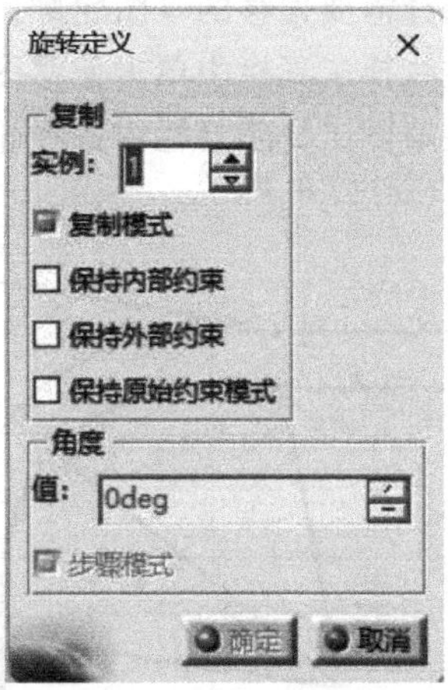


图 3-120　旋转定义(Rotation Definition)对话框

**5．缩放(Scale)**

缩放图标用于将指定的草图轮廓按照指定的缩放比例进行缩放，如图 3-121 所示。

缩放的方法如下：

① 选择要进行缩放的草图轮廓；

② 在变换工具栏中单击缩放图标，CATIA 会弹出缩放定义(Scale Definition)对话框，如图 3-122 所示；

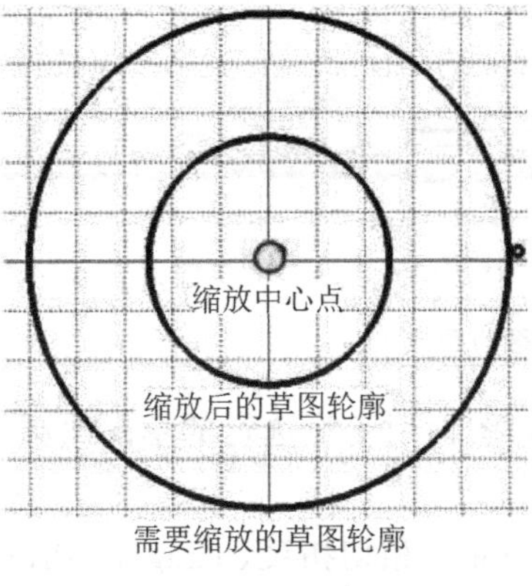


图 3-121　缩放(Scale)

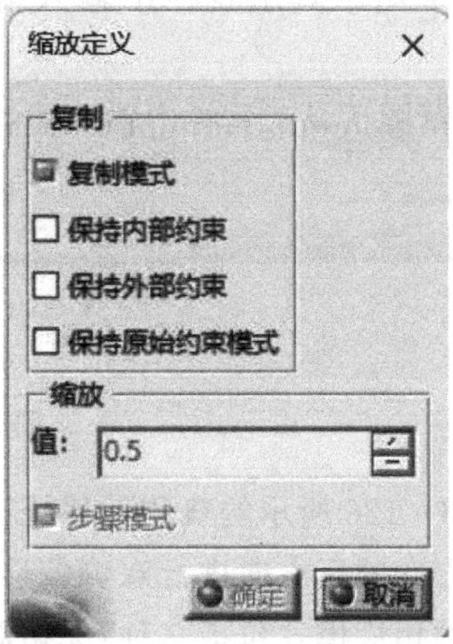


图 3-122　缩放定义(Scale Definition)对话框

③ 在如图 3-122 所示的缩放定义对话框中设置如下参数：复制模式、保持内部约束、保持外部约束、保持原始约束模式、缩放/值；

④ 确定缩放中心点，如图 3-121 所示，选择圆心点作为缩放中心点；

⑤ 确定缩放的终点，在确定缩放终点时，除了有在草图平面上捕捉一个点作为缩放终点和在草图工具工具栏中输入缩放终点的横、纵坐标这两种方法外，还有第三种方法，即在缩放定义对话框中的缩放/值(Scale/Value)文本框中输入缩放比例。

**6. 偏移(Offset)**

偏移图标用于将指定的草图轮廓沿其法线方向偏移指定的距离,如图 3-123 所示。

偏移的方法如下:

① 选择需要偏移的草图轮廓;

② 在变换工具栏中单击偏移图标;

③ 在草图工具工具栏中选择轮廓线的拓展模式,如图 3-124 所示;

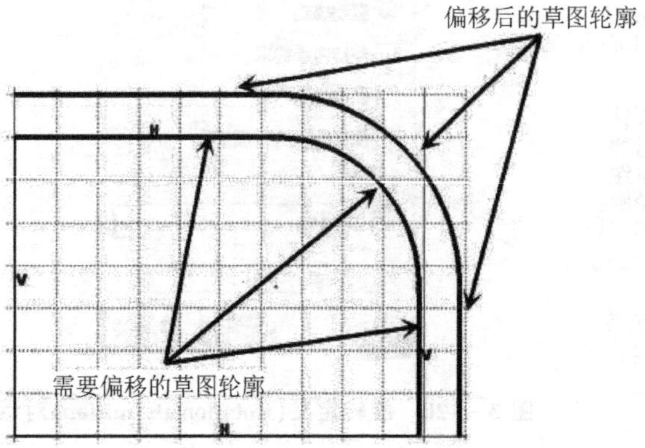


图 3-123 偏移(Offset)

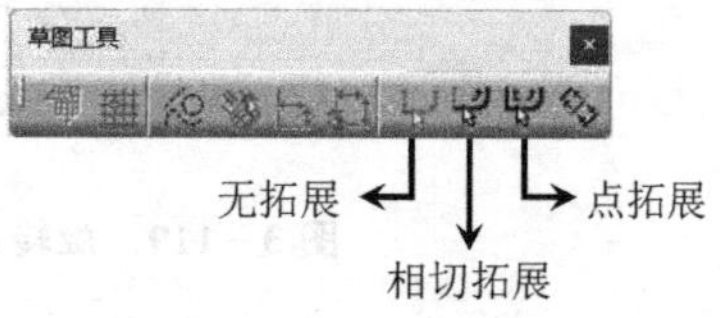


图 3-124 拓展模式

④ 确定偏移的距离。

此时,CATIA 会对选定的草图轮廓沿其法线方向偏移指定的距离,完成偏移操作。

在第④步中,偏移距离的确定包括三种方法:

① 在草图绘制平面上捕捉偏移后草图轮廓要经过的一个点;

② 在草图工具工具栏中输入偏移后草图轮廓要经过的点的横、纵坐标,如图 3-125 所示;

③ 在草图工具工具栏中输入偏移距离,如图 3-125 所示。

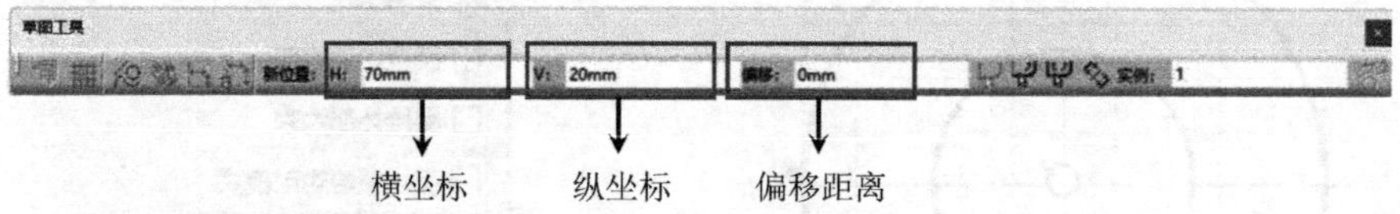


图 3-125 确定偏移的距离

如图 3-126 所示的双侧偏移(Both Side Offset)图标用于将选定的草图轮廓沿其法线方向和法线方向的反方向进行双侧偏移。

偏移的拓展模式包括三种:无拓展(No Propagation)、相切拓展(Tangent Propagation)和点拓展(Point Propagation),如图 3-124 所示。

(1) 无拓展(No Propagation)

如果选择了无拓展模式,CATIA 将只对直接选定的草图轮廓进行偏移,如图 3-127 所示。

(2) 相切拓展(Tangent Propagation)

如果选择了相切拓展模式,CATIA 会对直接选定的草图轮廓,以及与该草图轮廓相切的草图轮廓同时进行偏移,如图 3-128 所示。

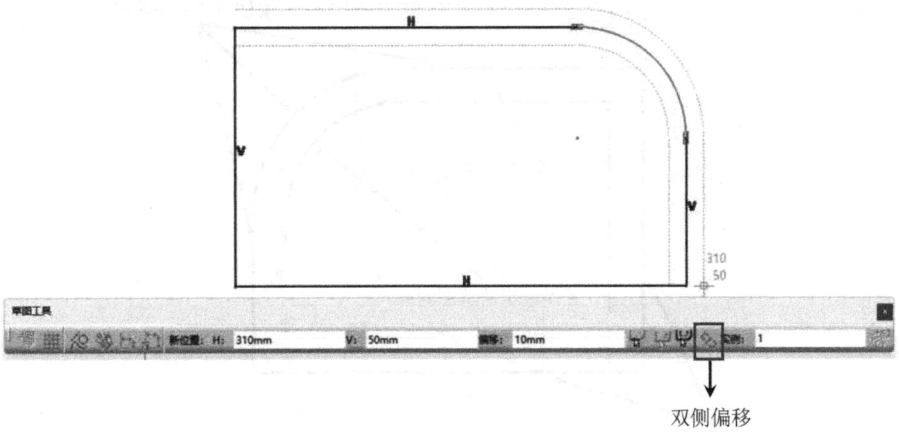


图 3-126 双侧偏移(Both Side Offset)

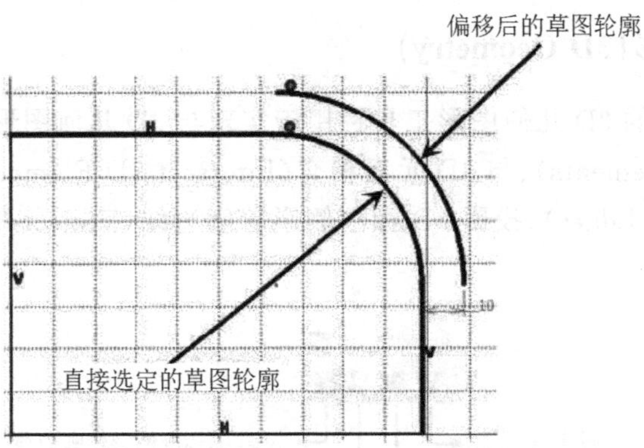


图 3-127 无拓展(No Propagation)模式

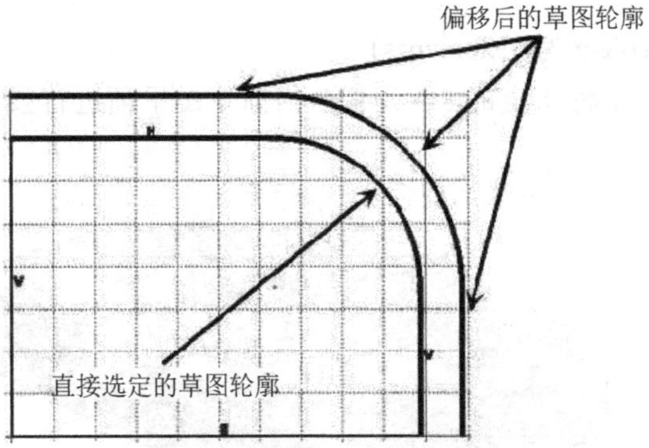


图 3-128 相切拓展(Tangent Propagation)模式

(3) 点拓展(Point Propagation)

如果选择了点拓展模式,CATIA 会对直接选定的草图轮廓,以及与该草图轮廓相连的草图轮廓同时进行偏移,如图 3-129 所示。

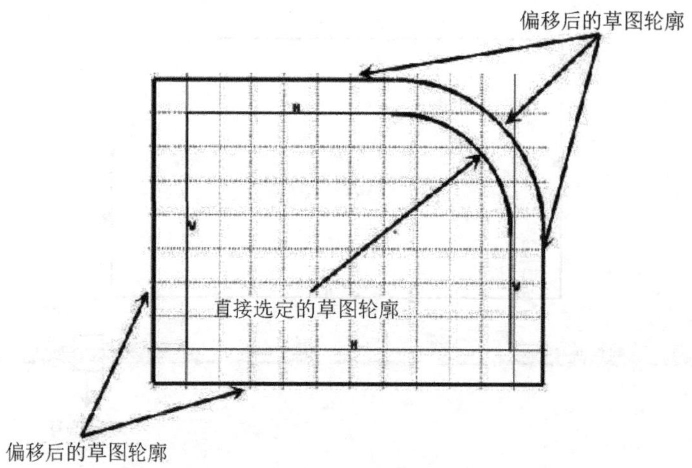


**图 3-129 点拓展(Point Propagation)模式**

### 3.4.5 3D 几何图形(3D Geometry)

如图 3-130 所示的 3D 几何图形工具栏用于实现与 3D 几何图形相关的操作，包括投影 3D 元素(Project 3D Elements)、与 3D 元素相交(Intersect 3D Elements)、投影 3D 轮廓边线(Project 3D Silhouette Edges)、投影 3D 标准侧影轮廓边线(Project 3D Canonical Silhouette Edges)。

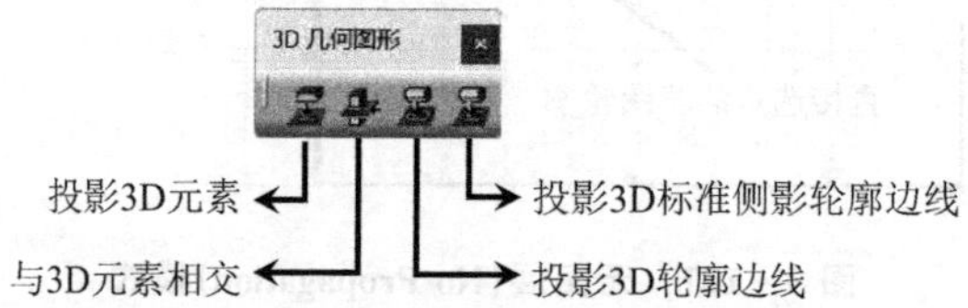


**图 3-130 3D 几何图形(3D Geometry)工具栏**

**1. 投影 3D 元素(Project 3D Elements)**

投影 3D 元素图标用于将指定的 3D 元素向当前草图平面进行投影，如图 3-131 所示。

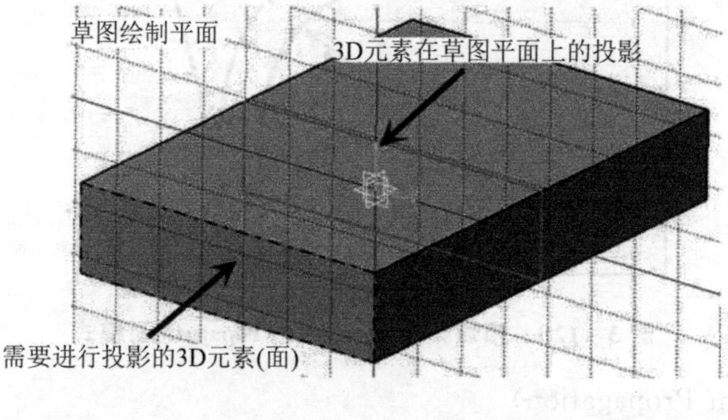


**图 3-131 投影 3D 元素(Project 3D Elements)**

投影 3D 元素的方法如下：

① 选择需要进行投影的 3D 元素，如图 3-131 所示的面；

② 在 3D 几何图形工具栏中单击投影 3D 元素图标即可完成投影操作，如图 3-131 所示。

**2. 与3D元素相交(Intersect 3D Elements)**

与3D元素相交图标用于求取3D元素与草图绘制平面的交线(或交点),如图3-132所示。

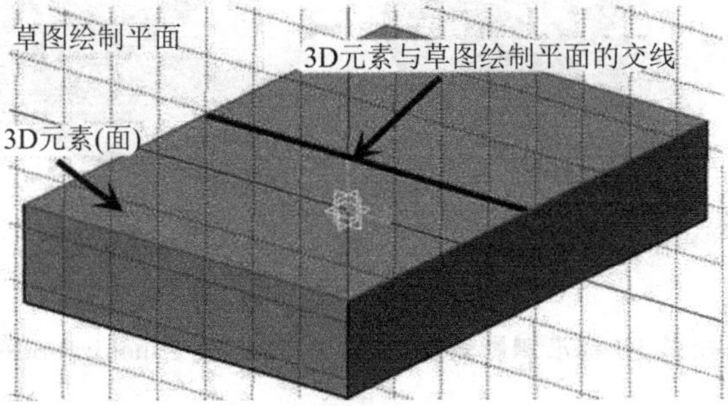


**图3-132　与3D元素相交(Intersect 3D Elements)**

与3D元素相交的方法如下:

① 选择要求取交线(交点)的3D元素,如图3-132所示的面;

② 在3D几何图形工具栏中单击与3D元素相交图标即可完成求取交线(或交点)操作,如图3-132所示。

**3. 投影3D轮廓边线(Project 3D Silhouette Edges)**

投影3D轮廓边线图标用于将规则曲面(包括实体表面和三维曲面)沿当前草图平面的法线方向向草图平面投影,如图3-133所示。

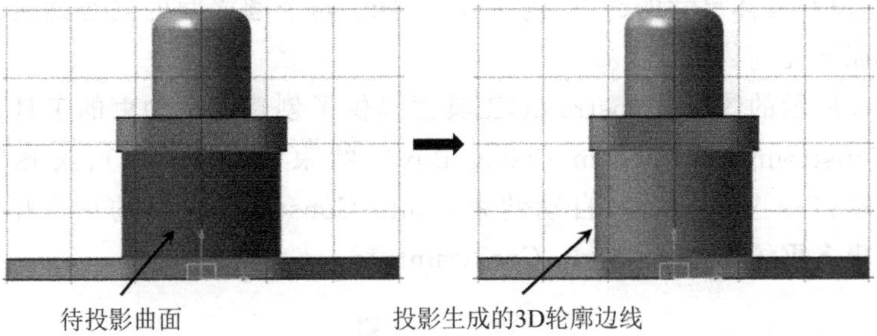


**图3-133　投影3D轮廓边线(Project 3D Silhouette Edges)**

投影3D轮廓边线的方法如下:

① 选择要向当前草图平面进行投影的曲面或实体表面,如图3-133所示;

② 在3D几何图形工具栏中单击投影3D轮廓边线图标即可完成投影3D轮廓边线操作,如图3-133所示。

**4. 投影3D标准侧影轮廓边线(Project 3D Canonical Silhouette Edges)**

投影3D标准侧影轮廓边线图标用于将轴线平行于当前草图平面的规则曲面(包括实体表面和三维曲面)的标准侧影向当前草图平面进行投影,如图3-134所示。

投影3D标准侧影轮廓边线的方法如下:

① 选择要向当前草图平面进行投影的曲面或实体表面,如图3-134所示;

② 在3D几何图形工具栏中单击投影3D标准侧影轮廓边线即可完成投影3D标准侧影轮廓边线操作,如图3-134所示。

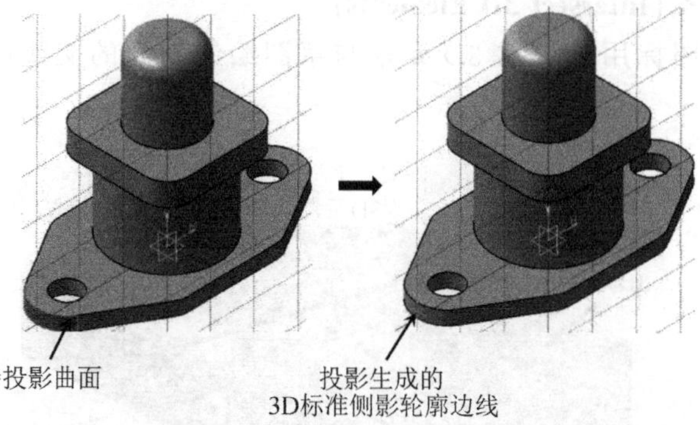


**图 3-134 投影 3D 标准侧影轮廓边线(Project 3D Canonical Silhouette Edges)**

# 3.5 草图约束

在绘制二维草图时,创建约束的目的就是确定二维草图的尺寸和位置。如果绘制二维草图,但不进行约束,就会产生一系列不良影响,而且这些不良影响不仅局限于草图设计,还会影响后续的零件创建、曲面绘制、产品装配,甚至工程图的绘制。

在草图设计工作台,约束可以分为两大类:尺寸约束和几何约束。

尺寸约束指具有具体尺寸的约束,例如圆的直径、半径,直线的长度,两条线之间的夹角、距离等,都属于尺寸约束。

几何约束指没有具体尺寸的约束,例如重合约束、两个圆之间的同心约束、两条直线之间的平行约束,都属于几何约束。

如图 3-135 所示的约束(Constraint)工具栏提供了创建各类约束的工具,包括对话框中定义的约束(Constraints Defined in Dialog Box)、约束(Constraint)、接触约束(Contact Constraint)、固联(Fix Together)、自动约束(Auto Constraint)、对约束应用动画(Animate Constraint)、编辑多重约束(Edit Multi-Constraints)。

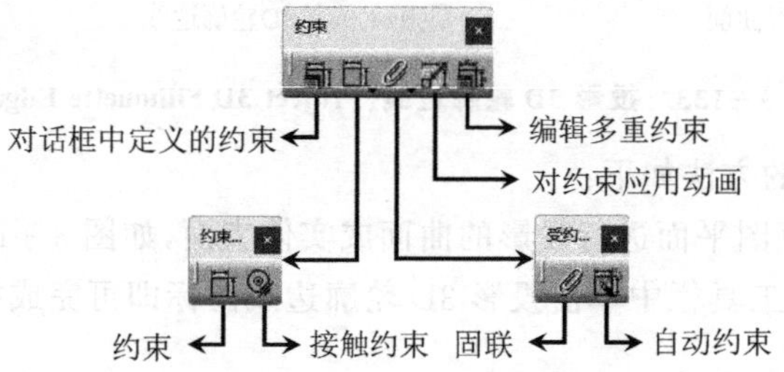


**图 3-135 约束(Constraint)工具栏**

## 3.5.1 对话框中定义的约束(Constraints Defined in Dialog Box)

对话框中定义的约束图标用于建立单个草图轮廓的约束或多个草图轮廓之间的约束,包括尺寸约束和几何约束。

在对话框中定义约束的方法如下:

① 选择要建立约束的草图轮廓(单选或多选);

② 在约束工具栏中单击对话框中定义的约束图标,CATIA 会弹出如图 3-136 所示的约

束定义(Constraint Definition)对话框；

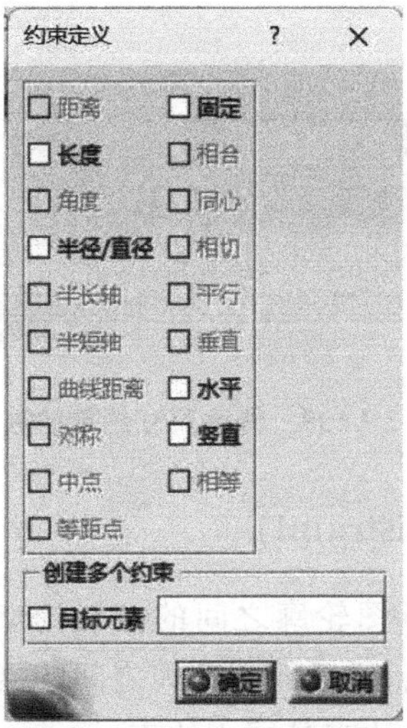


图 3-136　约束定义(Constraint Definition)对话框

③ 在约束定义对话框中选择要建立的约束(灰色选项意味着该约束对所选择的草图轮廓不可用)；

④ 单击确定按钮完成约束的建立。

### 3.5.2　约束(Constraint)

约束图标用于建立单个草图轮廓的尺寸约束或多个草图轮廓之间的尺寸约束，如直线的长度、圆的直径、两条平行直线之间的距离、两条不平行直线之间的夹角等，如图 3-137 所示。

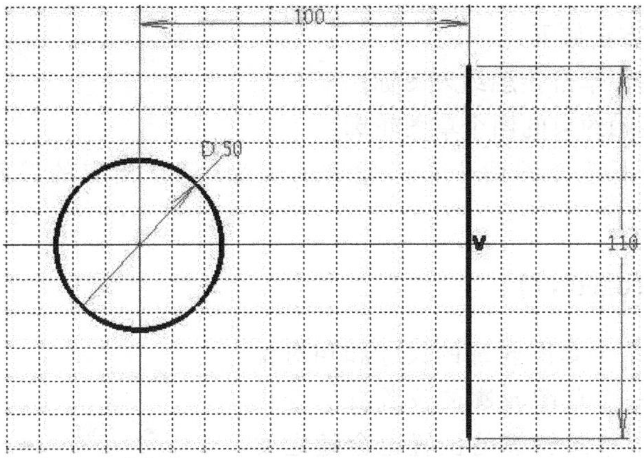


图 3-137　约束(Constraint)

创建约束的方法如下：

① 在约束工具栏中单击约束图标；

② 选择要建立约束的草图轮廓。

此时，CATIA 会根据所选择的草图轮廓的类型，自动创建相应的尺寸约束，如图 3-137 所示。

约束创建完成后，双击尺寸约束的数值会弹出如图 3-138 所示的对话框，在该对话框中可以重新修改尺寸约束的数值。

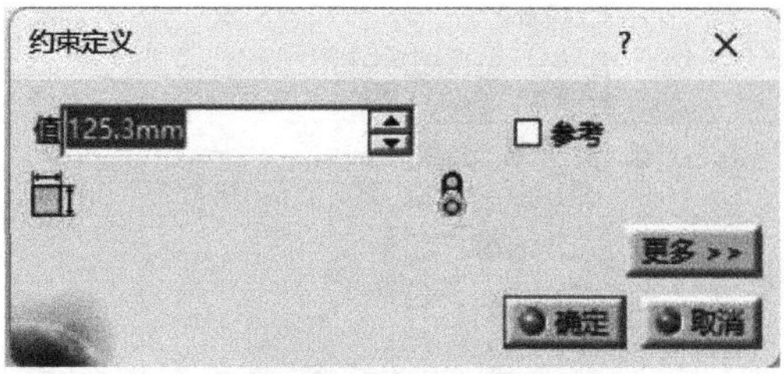


图 3－138　修改尺寸约束的数值

### 3.5.3　接触约束(Contact Constraint)

接触约束图标用于建立两个草图轮廓之间的接触约束，主要包括相切约束和同心约束。如图 3－139 所示，圆或圆弧与直线、样条线等曲线之间的接触约束是相切约束；圆(圆弧)与圆(圆弧)或椭圆(椭圆弧)之间的接触约束是同心约束。

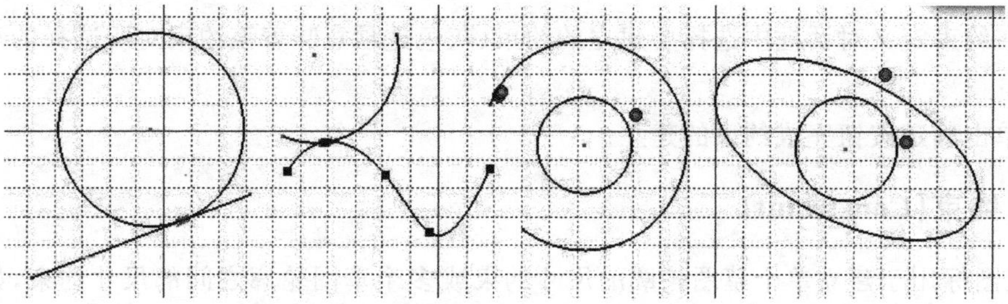

图 3－139　接触约束(Contact Constraint)

创建接触约束的方法如下：

① 在约束工具栏中单击接触约束图标；

② 选择要建立接触约束的两个草图轮廓。

系统会自动根据所选择的两个草图轮廓的类型，建立相应的接触约束，如图 3－137 所示。

### 3.5.4　固联(Fix Together)

固联图标用于将多个草图轮廓的尺寸和相对位置进行固定，当其中一个草图轮廓的位置发生变化时，固联在一起的各个草图轮廓的位置也会随之发生变化，始终保持相对位置不变。

固联的方法如下：

① 在约束工具栏中单击固联图标，CATIA 会弹出如图 3－140 所示的固联定义(Fix Together Definition)对话框；

② 选择要固联的草图轮廓，然后在固联定义对话框中单击确定按钮，完成固联约束的创建。

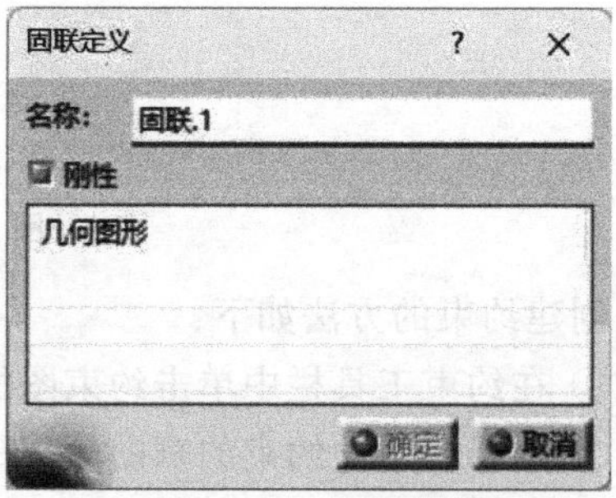


图 3－140　固联定义

(Fix Together Definition)对话框

### 3.5.5 自动约束(Auto Constraint)

自动约束图标用于对所选定的草图轮廓自动创建相应的尺寸约束和几何约束。

### 3.5.6 动画约束(Animate Constraint)

动画约束图标用于动态演示尺寸约束的修改过程。

### 3.5.7 编辑多重约束(Edit Multi-Constraints)

编辑多重约束图标用于对当前草图平面上的所有尺寸约束进行编辑和修改。

# 第 4 章　零件设计(Part Design)

零件设计工作台的主要功能是创建形状相对规则的一般零件,如图 4 - 1 所示。

图 4 - 2 为 CATIA 零件的结构图,即零件是由若干几何体(Body)通过布尔操作构成的,而每个几何体又是由若干个三维特征构成的,三维特征是构成零件的基本单元。

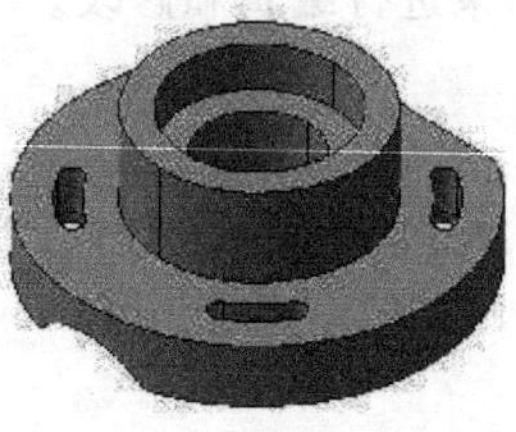

图 4 - 1　零　件

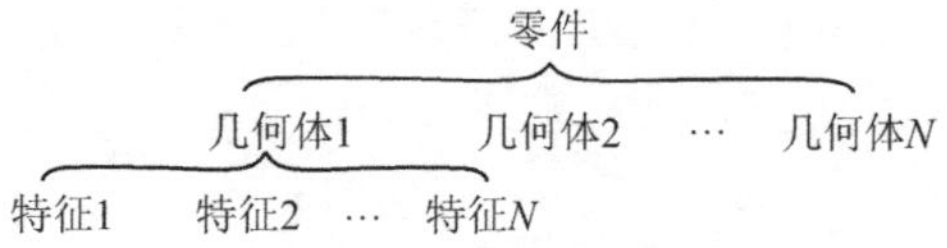


图 4 - 2　零件结构

在零件设计工作台中,三维特征主要包括四种类型,分别是基于草图的特征(Sketch-Based Features)、修饰特征(Dress-Up Features)、变换特征(Transformations Features)和基于曲面的特征(Surface-Based Features)。

**1. 基于草图的特征(Sketch-Based Features)**

基于草图的特征是通过对二维草图进行相关操作创建出来的特征,其操作对象是二维草图。要创建基于草图的特征,需要用到基于草图的特征工具栏,如图 4 - 3 所示。

**2. 修饰特征(Dress-Up Features)**

修饰特征是通过对已有特征或几何体的边线或面进行相关操作创建出来的特征,其操作对象是已有特征或几何体的边线或面。要创建修饰特征,需要用到修饰特征工具栏,如图 4 - 4 所示。

图 4 - 3　基于草图的特征
(Sketch-Based Features)工具栏

图 4 - 4　修饰特征
(Dress-Up Features)工具栏

**3. 变换特征(Transformations Features)**

变换特征是通过对已有的特征或几何体进行相关操作创建出来的特征,其操作对象是已有的特征或几何体。要创建变换特征,需要用到变换特征工具栏,如图 4 - 5 所示。

**4. 基于曲面的特征(Surface-Based Features)**

基于曲面的特征是通过对三维曲面进行相关操作创建出来的特征,其操作对象是三维曲面。要创建基于曲面的特征,需要用到基于曲面的特征工具栏,如图 4 - 6 所示。

由特征构成几何体之后,几何体相互之间又通过布尔操作构成最终的零件,要进行几何体之间的布尔操作,需要用到布尔操作(Boolean Operations)工具栏,如图 4 - 7 所示。

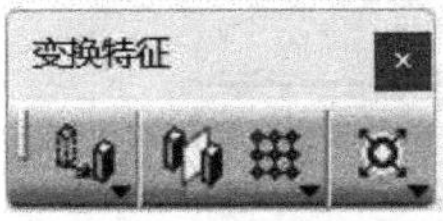


图 4－5　变换特征
(Transformations Features)工具栏

图 4－6　基于曲面的特征
(Surface-Based Features)工具栏

图 4－7　布尔操作
(Boolean Operations)工具栏

因此本章中，需要重点掌握五个工具栏：基于草图的特征工具栏、修饰特征工具栏、变换特征工具栏、基于曲面的特征工具栏和布尔操作工具栏。

## 4.1　基于草图的特征(Sketch-Based Features)

基于草图的特征是通过对二维草图进行相关操作创建出来的特征，其操作对象是二维草图。要创建基于草图的特征，需要用到基于草图的特征工具栏，通过该工具栏可以创建的常用的基于草图的特征包括：凸台(Pad)、凹槽(Pocket)、旋转体(Shaft)、旋转槽(Groove)、孔(Hole)、肋(Rib)、开槽(Slot)、加强肋(Stiffener)、多截面实体(Multi-sections Solid)、已移除的多截面实体(Removed Multi-sections Solid)，如图 4－8 所示。

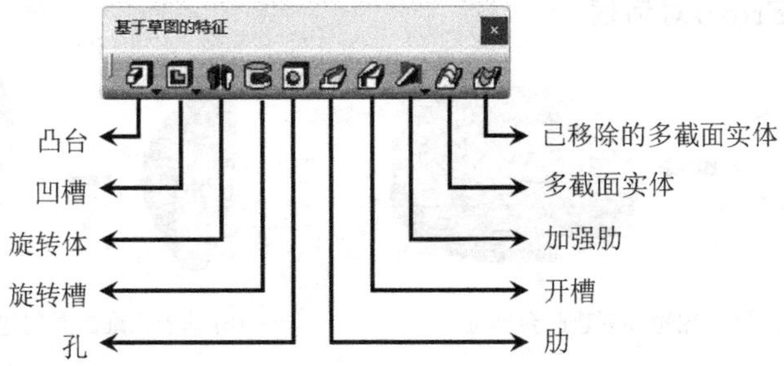


图 4－8　基于草图的特征(Sketch-Based Features)

### 4.1.1　凸台(Pad)

凸台特征是通过对指定的二维草图沿着指定的方向拉伸指定的长度创建出来的特征，如图 4－9 所示零件的底座就是在一个圆柱体凸台的基础上进行其他操作创建出来的。

在基于草图的特征工具栏中单击凸台图标后，CATIA 会弹出一个定义凸台(Pad Definition)对话框，如图 4－10(a)所示，在该对话框中单击更多(More)按钮，可以将其展开，如图 4－10(b)所示。

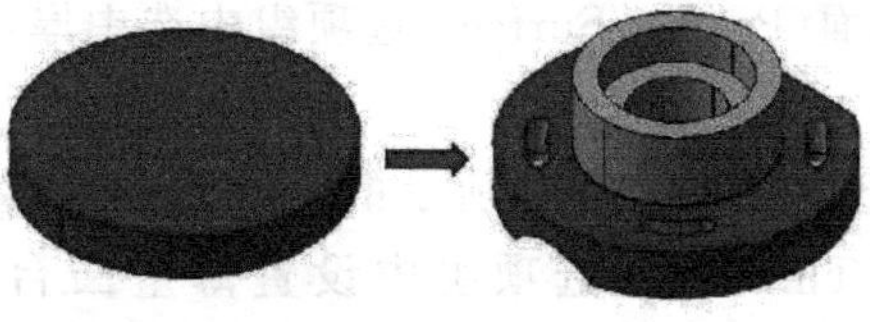

图 4－9　凸台(Pad)特征

要创建一个基本的凸台特征，需要在该对话框中指定三类参数，即拉伸对象、拉伸方向和拉伸类型。

**1. 拉伸对象**

用于创建凸台特征的拉伸对象主要包括两大类：二维草图轮廓和三维曲面，如图 4－11 所示，本小节主要介绍以二维草图轮廓作为拉伸对象。

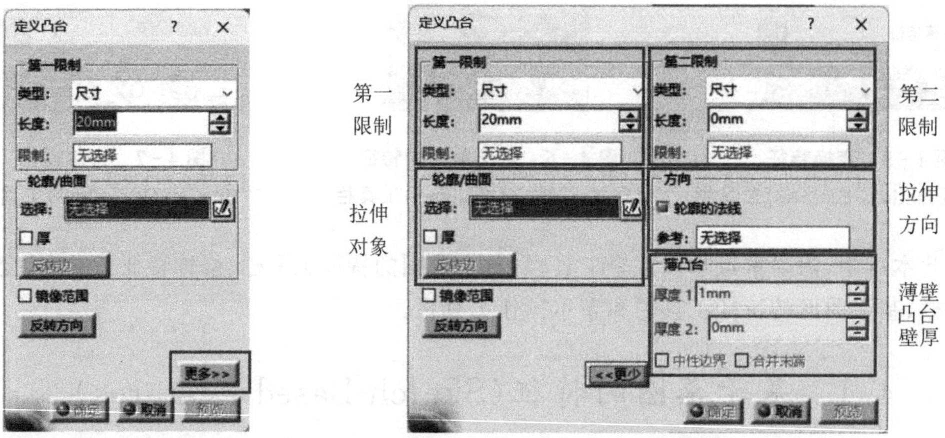


(a) 对话框展开前　　　　(b) 对话框展开后

**图 4-10　定义凸台(Pad Definition)对话框**

作为拉伸对象的二维草图轮廓既可以是封闭的，也可以是开放的。大多数情况下，都是以封闭的草图轮廓作为拉伸对象创建凸台特征，如图 4-11(a)所示。如果选择了一条开放性的草图轮廓作为拉伸对象，例如一段圆弧，CATIA 会弹出如图 4-12 所示的特征定义错误(Feature Definition Error)对话框。

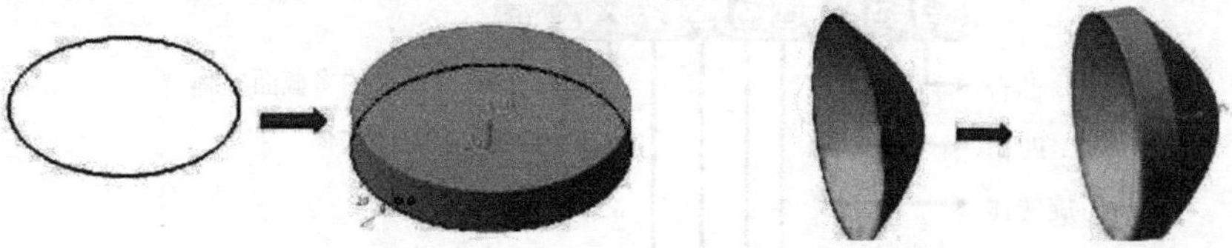

(a) 基于二维草图轮廓创建凸台特征　　　　(b) 基于三维曲面创建凸台特征

**图 4-11　凸台(Pad)特征的拉伸对象**

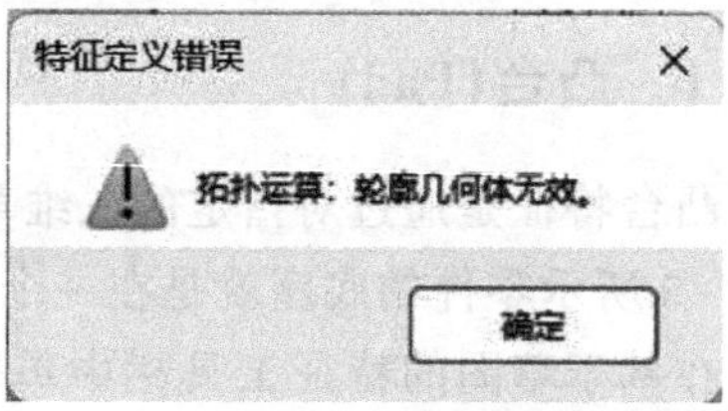


**图 4-12　特征定义错误(Feature Definition Error)对话框**

如果必须以该开放性的草图轮廓作为拉伸对象，则其后续操作方法如下：

① 在如图 4-12 所示的特征定义错误对话框中单击确定按钮；

② 在如图 4-13 所示的定义凸台对话框中的轮廓/曲面(Profile/Surface)选项组中选中厚(Thick)复选框；

③ 在如图 4-13 所示的定义凸台对话框中的薄凸台(Thin Pad)选项组中设置薄壁凸台的厚度 1(Thickness 1，指内壁厚)和厚度 2(Thickness 2，指外壁厚)。

需要注意的是，在拉伸对象是封闭性草图轮廓的情况下，同样可以通过上述步骤将其拉伸生成薄壁凸台特征，如图 4-14 所示。

**2. 拉伸方向**

凸台特征的拉伸方向需要通过图 4-10 中的方向(Direction)选项组进行设置。如果是以二维草图轮廓作为拉伸对象，则该选项组提供了两种拉伸方向可供选择：草图平面的法线方向和参考元素方向。

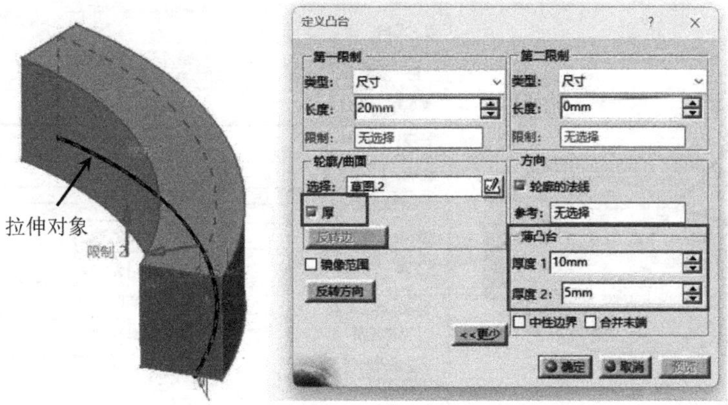


**图 4-13　薄壁凸台(Thin Pad)特征**

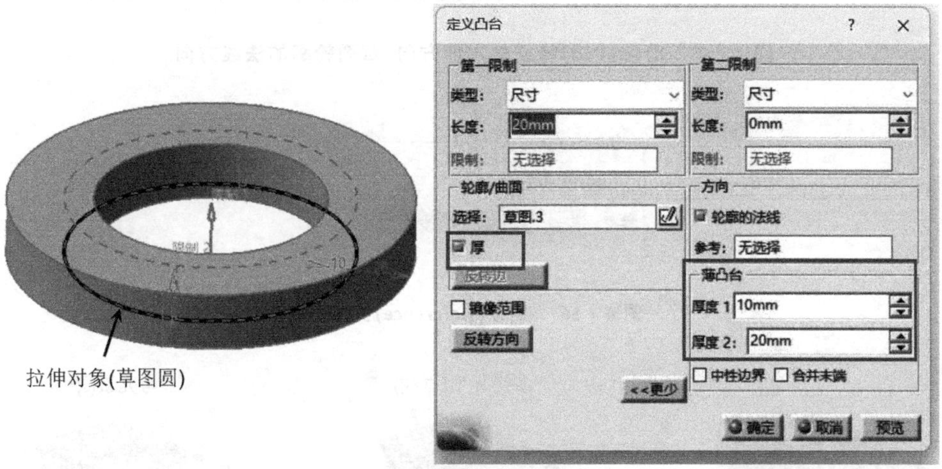


**图 4-14　将封闭性草图轮廓拉伸成薄壁凸台(Thin Pad)特征**

(1) 草图平面的法线方向

默认情况下，方向选项组中的轮廓的法线(Normal to Profile)复选框处于被选中状态，即此时的拉伸方向为草图平面的法线方向，如图 4-15 所示。

图 4-15 中的拉伸对象是一个草图圆，该圆是绘制在 xy 平面上的，因此在默认情况下，CATIA 以 xy 平面的法线方向(见图 4-15 中的箭头方向)，即 z 轴正方向作为创建凸台特征的拉伸方向。

(2) 参考元素方向

参考元素方向指选择一个参考元素，并通过该参考元素人为指定拉伸方向，其方法如下：

① 在方向选项组中，不选轮廓的法线复选框，此时参考(Reference)文本框自动处于激活状态，如图 4-16 所示；

② 选中一条已经存在的直线作为参考元素，以直线方向作为拉伸方向，或者选中一个已经存在的平面作为参考元素，以该平面的法线方向作为拉伸方向，如图 4-17 所示；

③ 如果在已存在的元素中无法找到一个合适的元素来定义拉伸方向，就需要重新创建一个参考元素，方法是在参考文本框中右击，CATIA 弹出如图 4-18 所示的快捷菜单，可通过该菜单创建参考元素。

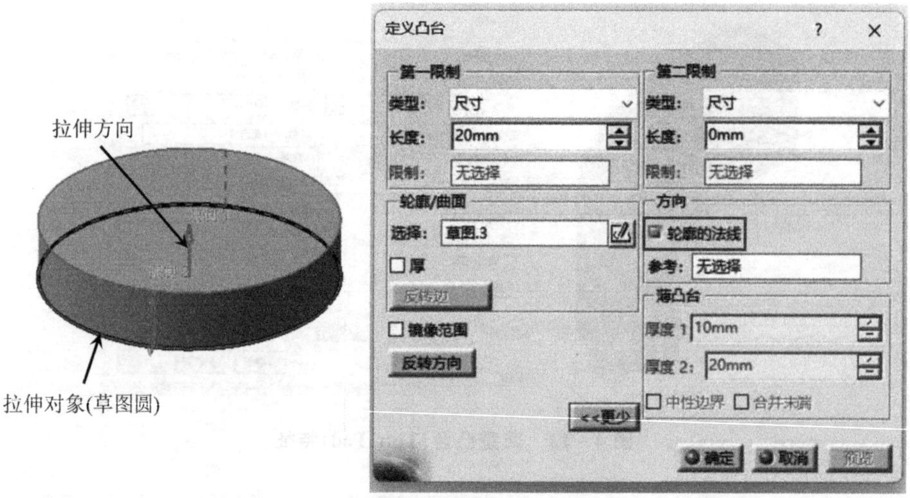


**图 4-15 凸台(Pad)特征的拉伸方向:草图轮廓的法线方向**

**图 4-16 参考(Reference)文本框**

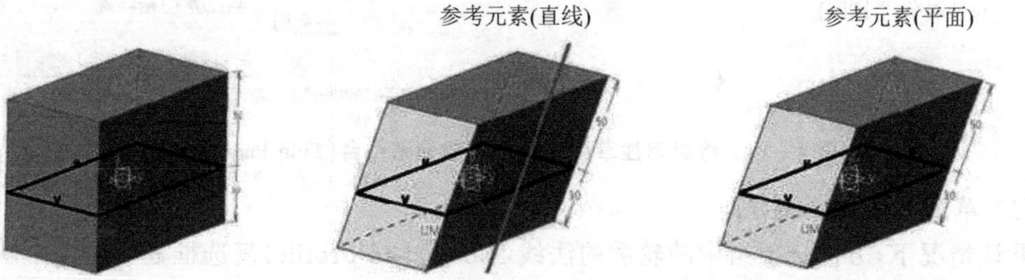


(a) 默认拉伸方向　　(b) 以直线方向作为拉伸方向　　(c) 以平面的法线方向作为拉伸方向

**图 4-17 设置拉伸方向**

图 4-18 中的各选项含义如下:

① 创建直线(Create Line):创建一条直线作为参考元素,并以该直线的方向作为拉伸方向;

② X 轴(X Axis):以 x 轴的正方向作为拉伸方向;

③ Y 轴(Y Axis):以 y 轴的正方向作为拉伸方向;

④ Z 轴(Z Axis):以 z 轴的正方向作为拉伸方向;

⑤ 创建罗盘方向(Create Compass Direction):创建罗盘方向作为拉伸方向;

⑥ 创建平面(Create Plane):创建一个平面作为参考元素,并以该平面的法线方向作为拉伸方向。

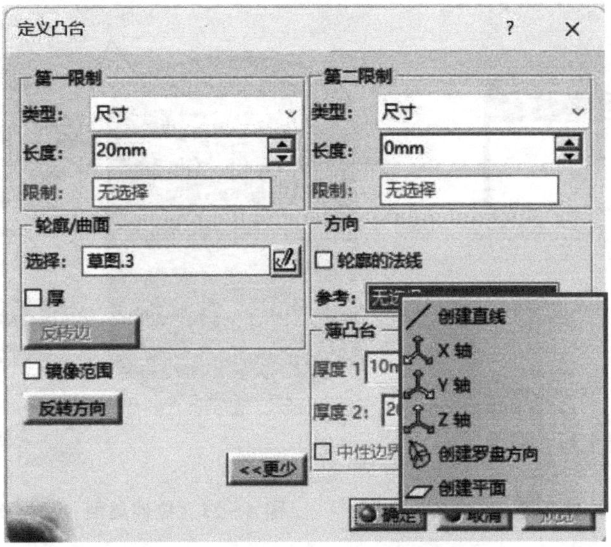


**图 4-18　创建参考元素定义拉伸方向**

### 3. 拉伸类型

图 4-10 中的第一限制(First Limit)和第二限制(Second Limit)两个选项组分别用于设置沿着第一限制方向(即拉伸方向)和沿着第二限制方向(即拉伸方向的反方向)的拉伸类型，如图 4-19 所示。

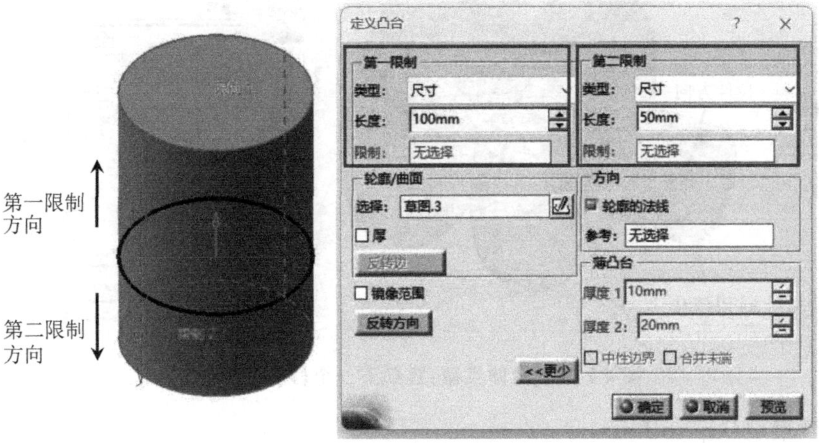


**图 4-19　拉伸的第一限制方向和第二限制方向**

以第一限制选项组为例，在该选项组的类型(Type)下拉列表框中提供了 5 种拉伸类型，分别是：尺寸(Dimension)、直到下一个(Up to Next)、直到最后(Up to Last)、直到平面(Up to Plane)、直到曲面(Up to Surface)，如图 4-20 所示。

(1) 尺寸(Dimension)

尺寸选项用于将拉伸对象沿指定的拉伸方向拉伸指定的长度，拉伸长度在长度(Length)文本框中进行设置，如图 4-21 所示。

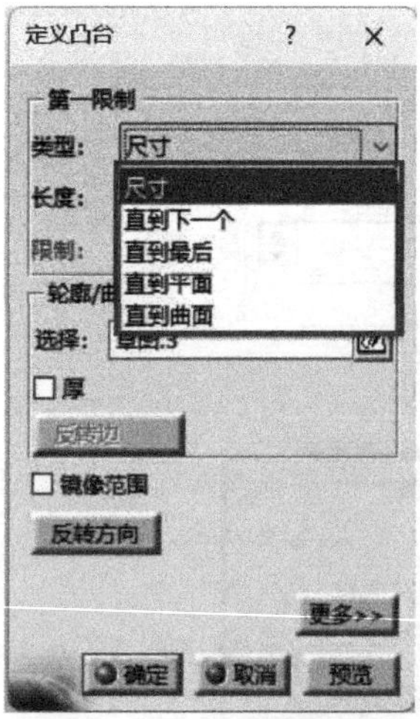


图 4-20 拉伸类型

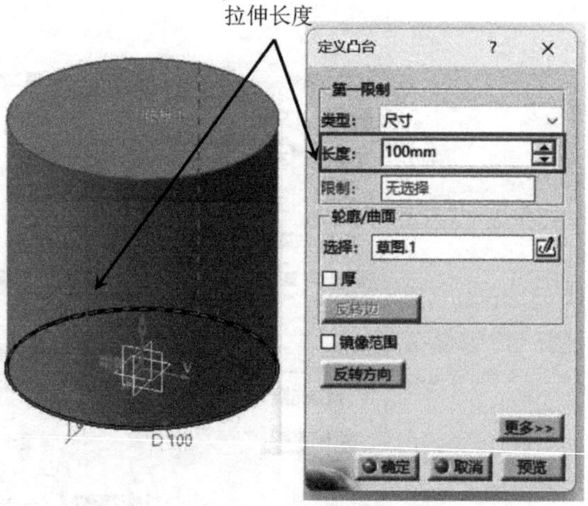


图 4-21 拉伸类型:尺寸(Dimension)

(2) 直到下一个(Up to Next)

直到下一个选项用于将拉伸对象沿着拉伸方向拉伸到距离拉伸对象最近的实体表面,如图 4-22 所示。

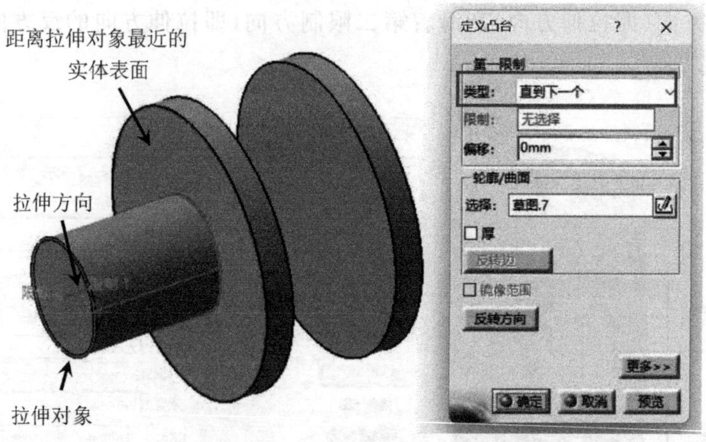


图 4-22 拉伸类型:直到下一个(Up to Next)

(3) 直到最后(Up to Last)

直到最后选项用于将拉伸对象沿着拉伸方向拉伸到距离拉伸对象最远的实体表面,如图 4-23 所示。

(4) 直到平面(Up to Plane)

直到平面选项用于将拉伸对象沿着拉伸方向拉伸到指定的限制(Limit)平面上,如图 4-24 所示。

(5) 直到曲面(Up to Surface)

直到曲面选项用于将拉伸对象沿着拉伸方向拉伸到指定的限制曲面上,如图 4-25 所示。

除了上述参数外,在定义凸台对话框中还有两个选项会经常用到,即镜像范围(Mirrored Extent)和反转方向(Reverse Direction),如图 4-10 所示。

如果镜像范围复选框处于选中状态,则只需在第一限制选项组中设置沿着第一限制方向

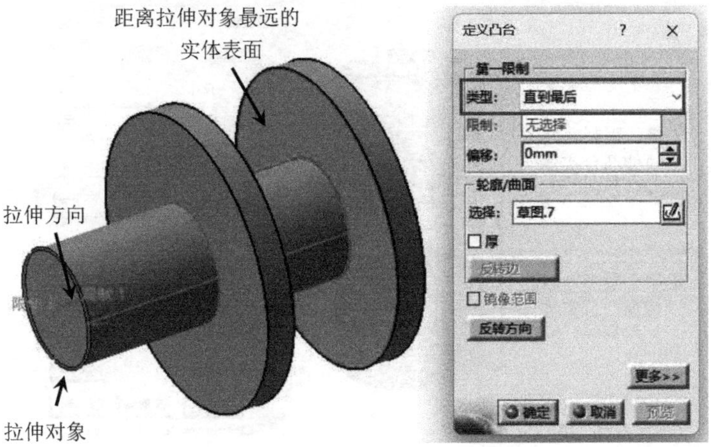


**图 4-23 拉伸类型:直到最后(Up to Last)**

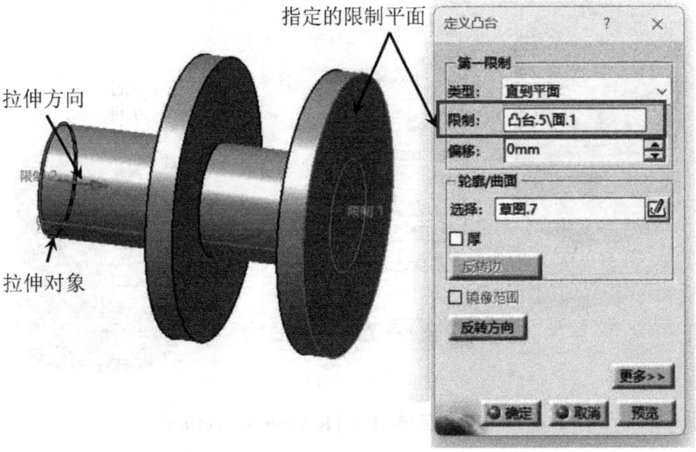


**图 4-24　拉伸类型:直到平面(Up to Plane)**

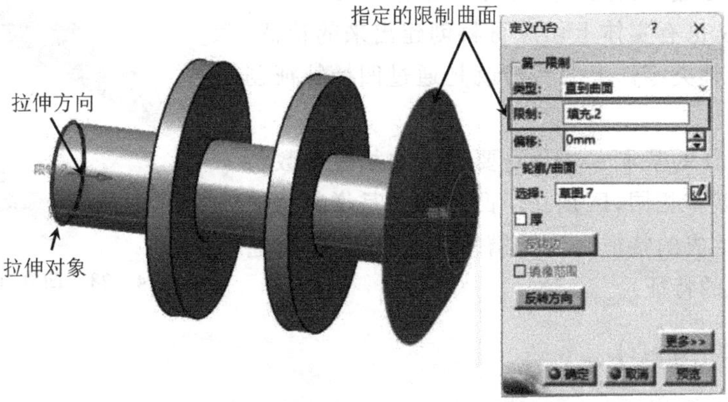


**图 4-25　拉伸类型:直到曲面(Up to Surface)**

的拉伸参数,然后 CATIA 会将凸台特征沿着第一限制方向拉伸得到的实体向着第二限制方向进行镜像,如图 4-26 所示。

反转方向按钮用于将拉伸的第一限制方向反向,如图 4-27 所示。

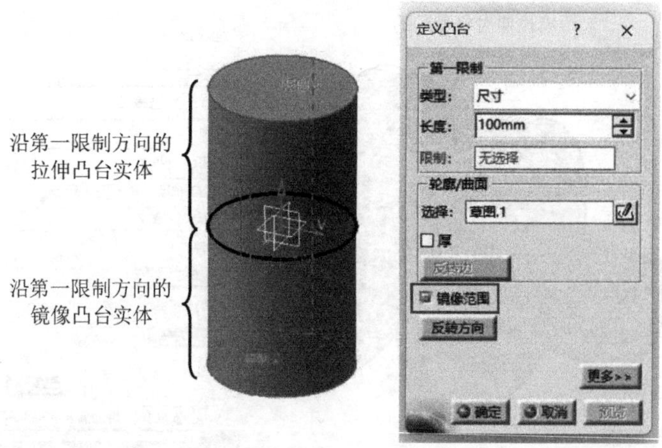


**图 4-26 镜像范围(Mirrored Extent)**

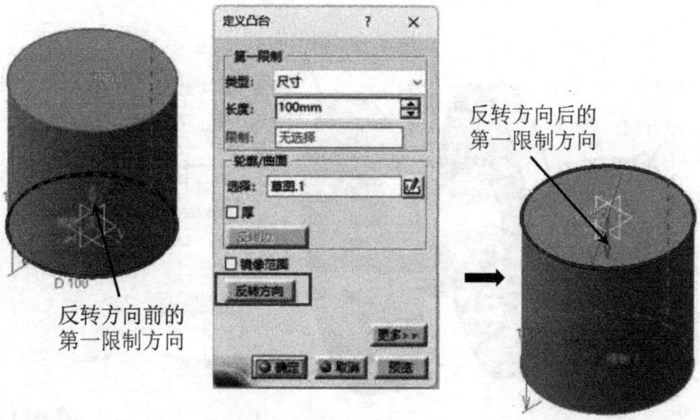


**图 4-27 反转方向(Reverse Direction)**

## 4.1.2 凹槽(Pocket)

凹槽特征是通过对指定的二维草图沿指定方向拉伸指定的长度，并从已有实体上切除材料创建出来的特征，如图 4-28 所示轴类零件上的键槽就是通过凹槽特征创建出来的。

创建凹槽特征的基本方法及需要设置的相关参数与凸台(Pad)特征基本相同，区别在于凸台特征是增料特征(通过增加材料生成的特征)，而凹槽特征是除料特征(通过去除材料生成的特征)。

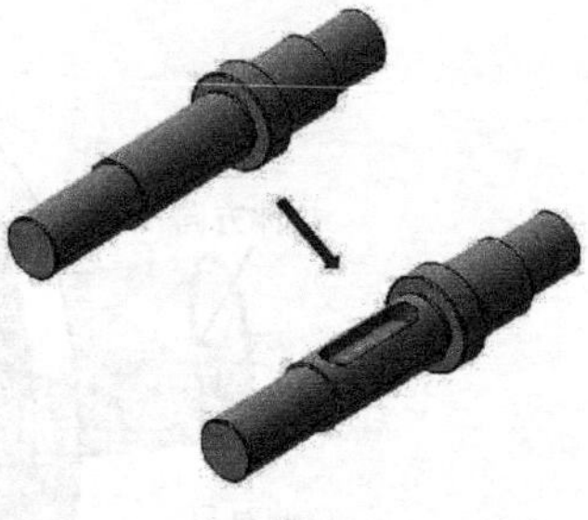

**图 4-28 凹槽(Pocket)特征**

## 4.1.3 旋转体(Shaft)

旋转体特征是通过对指定的二维草图绕指定轴线旋转指定角度创建出来的特征，如图 4-29 所示。

在基于草图的特征工具栏中单击旋转体图标后，CATIA 弹出一个定义旋转体(Shaft Definition)对话框，如图 4-30(a)所示，在该对话框中单击更多(More)按钮，可以将其展开，如图 4-30(b)所示。

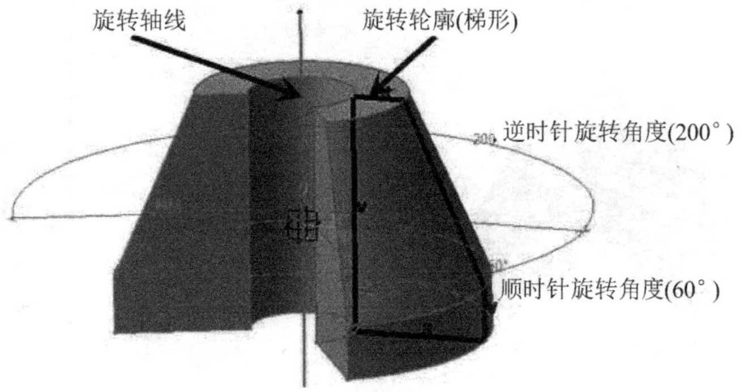


**图 4-29 旋转体(Shaft)特征**

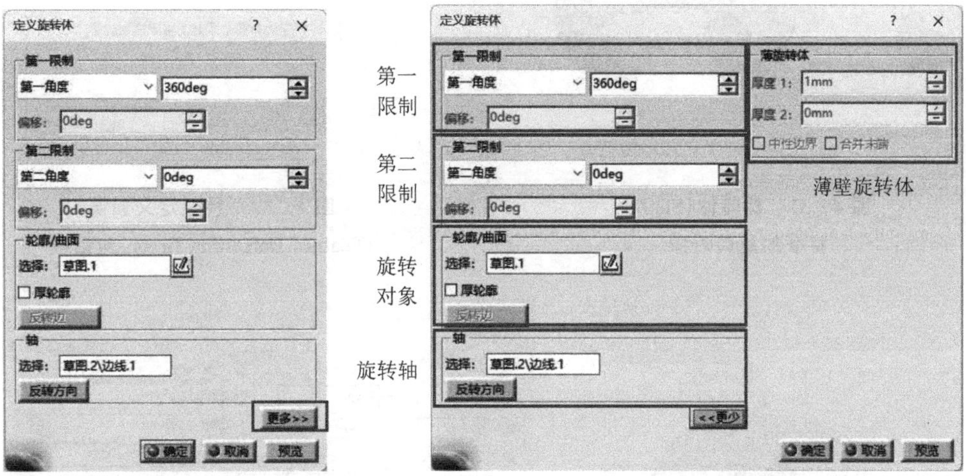


(a) 对话框展开前　　(b) 对话框展开后

**图 4-30 定义旋转体(Shaft Definition)对话框**

要想创建一个基本的旋转体特征，需要在该对话框中指定三类参数，即旋转对象、旋转轴线和旋转类型。

**1. 旋转对象**

用于创建旋转体特征的旋转对象主要包括两大类：二维草图轮廓和三维曲面，如图 4-31 所示，这里主要介绍以二维草图轮廓作为旋转对象。

作为旋转对象的二维草图轮廓既可以是封闭的，也可以是开放的。在大多数情况下，都是以封闭的草图轮廓作为旋转对象创建旋转体特征，如图 4-31(a)所示。如果选择了一条开放性的草图轮廓作为旋转对象，CATIA 弹出如图 4-32 所示的特征定义错误(Feature Definition Error)对话框。

如果必须以该开放性的草图轮廓作为旋转对象，则其后续操作方法如下：

① 在如图 4-32 所示的特征定义错误对话框中单击确定按钮；

② 在如图 4-33 所示的定义旋转体对话框中的轮廓/曲面选项组中选中厚轮廓(Thick Profile)复选框；

③ 在如图 4-33 所示的定义旋转体对话框中的薄旋转体(Thin Shaft)选项组中设置薄壁旋转体的厚度 1(Thickness 1，指内壁厚)和厚度 2(Thickness 2，指外壁厚)。

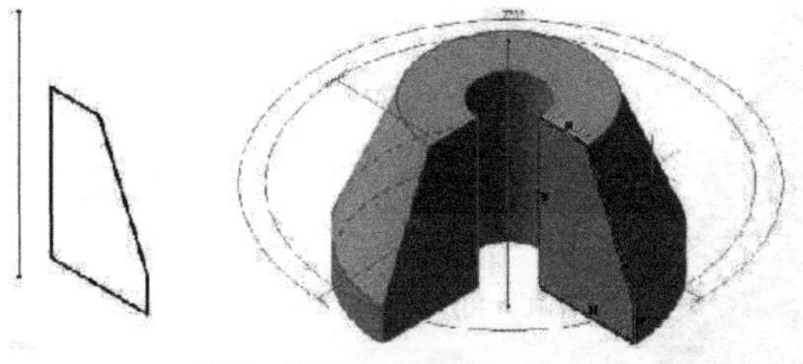

(a) 基于二维草图轮廓创建旋转体特征

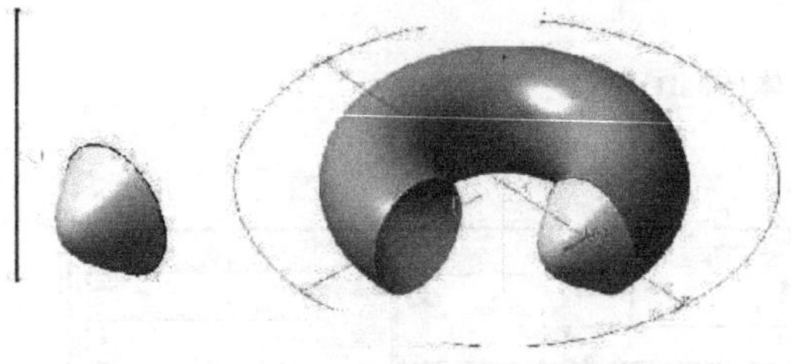

(b) 基于三维曲面创建旋转体特征

**图 4-31 旋转体(Shaft)特征的旋转对象**

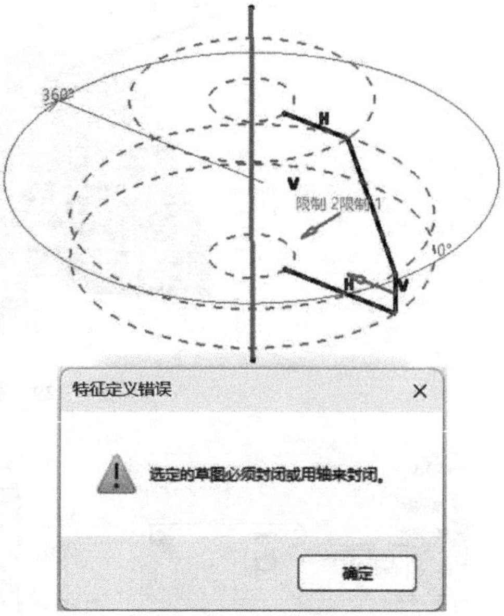


**图 4-32 特征定义错误(Feature Definition Error)对话框**

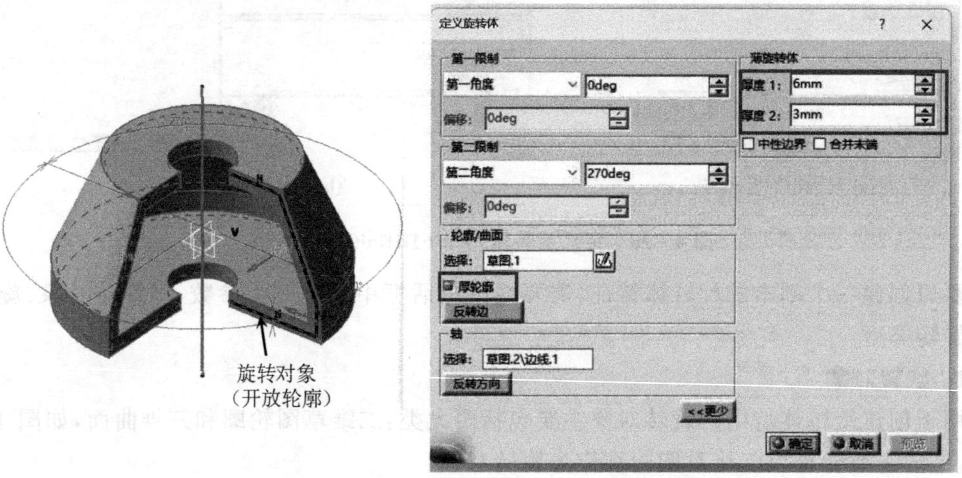


**图 4-33 厚轮廓(Thick Profile)和薄壁旋转体(Thin Shaft)特征**

需要注意的是,在旋转对象是封闭性草图轮廓的情况下,同样可以通过上述步骤将其旋转生成薄壁旋转体特征,如图 4-34 所示。

**2. 旋转轴线**

旋转轴线的设置有三种常用方法:

① 在绘制旋转草图轮廓时,在同一草图平面内绘制一条轴线(Axis),如图 4-35 所示,在选择了该草图轮廓作为旋转对象之后,CATIA 会自动识别出该轴线,并以该轴线作为旋转轴线。

如果在旋转草图轮廓所在的草图平面内同时存在多条轴线,则在创建旋转体特征时,CATIA 会选择最后绘制的那条轴线作为旋转轴线。

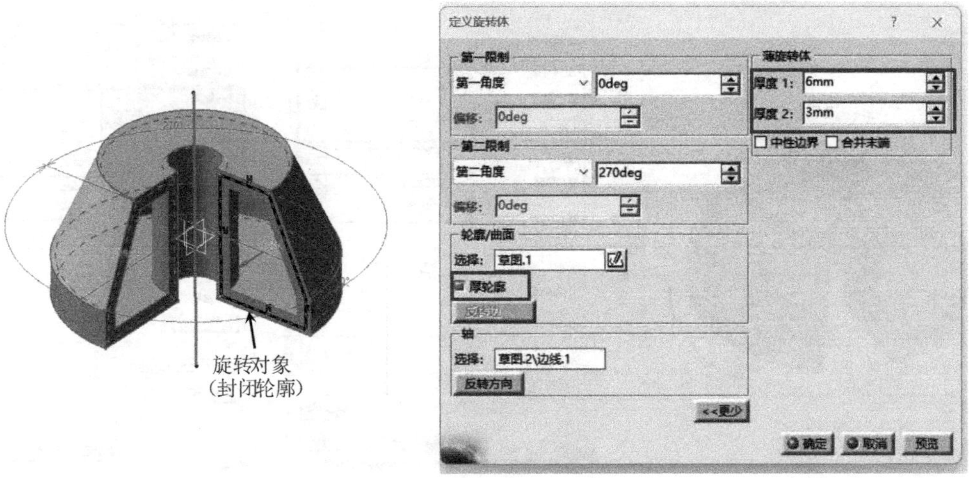


图 4 - 34　将封闭性草图轮廓旋转生成薄壁旋转体(Thin Shaft)特征

② 选择一条已经存在的直线作为旋转轴线,如图 4 - 29 所示。

③ 在定义旋转体对话框中的轴选项组中,右击选择(Selection)文本框,CATIA 弹出如图 4 - 36 所示的快捷菜单,可通过该菜单创建旋转轴线。

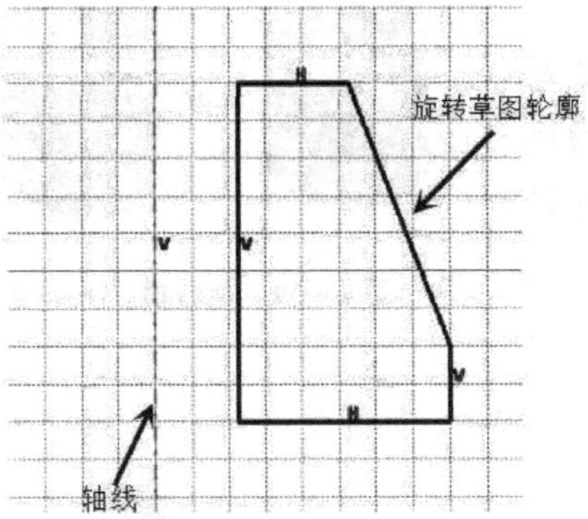


图 4 - 35　绘制旋转轴线

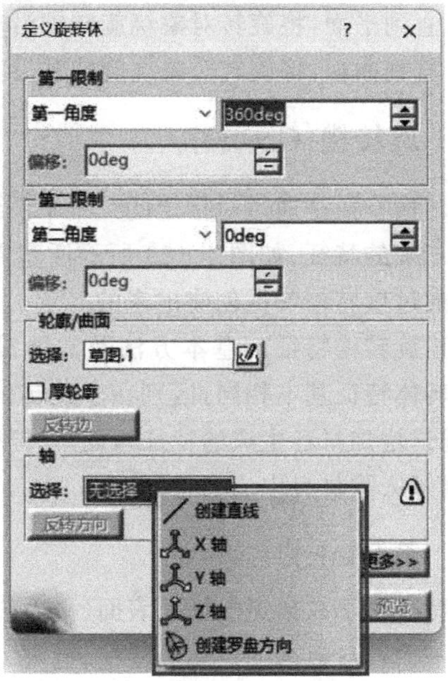


图 4 - 36　创建旋转轴线

### 3. 旋转类型

图 4 - 30 中的第一限制和第二限制两个选项组分别用于设置沿着第一限制方向(即旋转方向)和沿着第二限制方向(即旋转方向的反方向)的旋转类型,如图 4 - 37 所示,通过轴选项组中的反转方向按钮,可以将旋转方向反向。

以第一限制选项组为例,在该选项组的类型(Type)下拉列表框中提供了 5 种旋转类型,分别是:第一角度(First Angle)、直到下一个(Up to Next)、直到最后(Up to Last)、直到平面(Up to Plane)、直到曲面(Up to Surface),如图 4 - 38 所示,各种类型的含义如下:

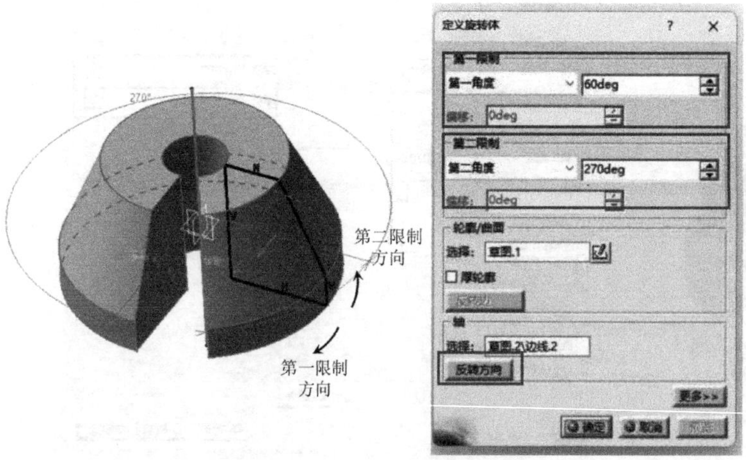


图 4-37 设置旋转角度

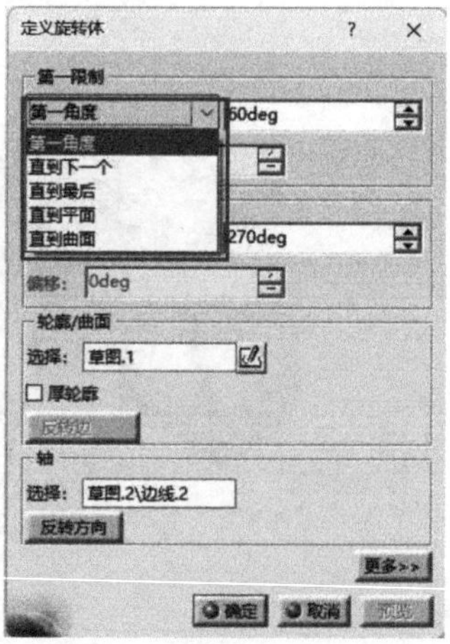


图 4-38 旋转类型

① 第一角度:将旋转对象绕旋转轴沿着旋转方向旋转指定角度;

② 直到下一个:将旋转对象绕旋转轴沿着旋转方向旋转到距离旋转对象最近的实体表面;

③ 直到最后:将旋转对象绕旋转轴沿着旋转方向旋转到距离旋转对象最远的实体表面;

④ 直到平面:将旋转对象绕旋转轴沿着旋转方向旋转到指定的平面;

⑤ 直到曲面:将旋转对象绕旋转轴沿着旋转方向旋转到指定的曲面。

## 4.1.4 旋转槽(Groove)

旋转槽特征是通过对指定的二维草图绕指定轴线旋转指定的角度,从已有实体上切除材料创建出来的特征,如图 4-39 所示活塞零件上的环形槽就是通过旋转槽特征创建出来的。

创建旋转槽特征的基本方法及需要设置的相关参数与旋转体特征基本相同,区别在于旋转体特征是增料特征(通过增加材料生成的特征),而旋转槽特征是除料特征(通过去除材料生成的特征)。

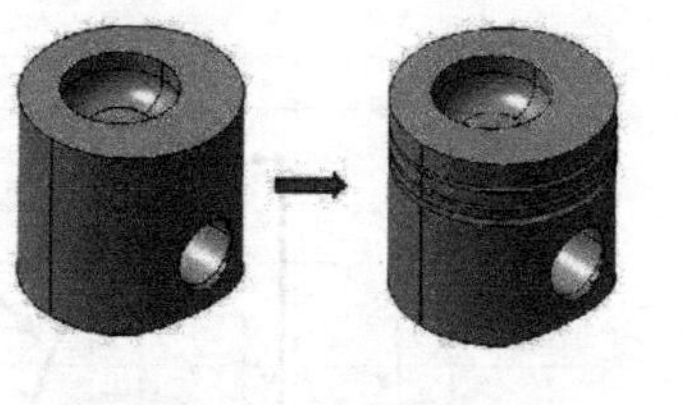

图 4-39 旋转槽(Groove)

## 4.1.5 孔(Hole)

孔特征用于在指定的钻孔表面(平面或曲面)上,根据指定的孔类型和相关参数,通过从已有实体上切除材料创建出来的特征,如图 4-40 所示。

要想创建孔特征,首先需要在零件实体上选择一个平面或曲面作为钻孔表面,然后在基于草图的特征工具栏中单击孔图标,CATIA 会弹出一个定义孔(Hole Definition)对话框,如图 4-41 所示。

在如图 4-41 所示的定义孔对话框中有三个选项卡:扩展(Extension)、类型(Type)、定义螺纹(Thread Definition),这三个选项卡分别用于设置孔的三类参数:基本参数、类型参数、螺纹参数。

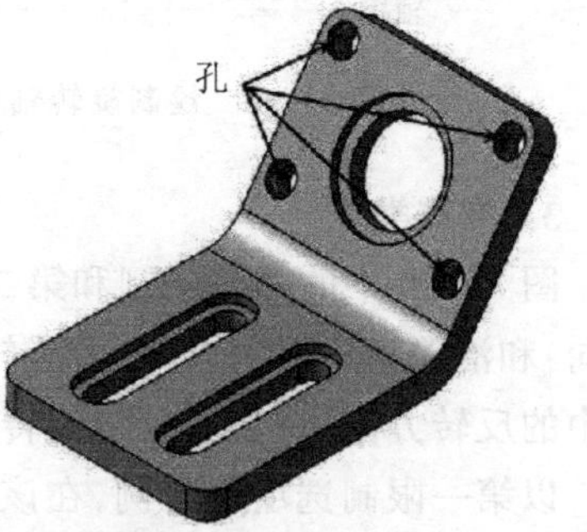


图 4-40 孔(Hole)

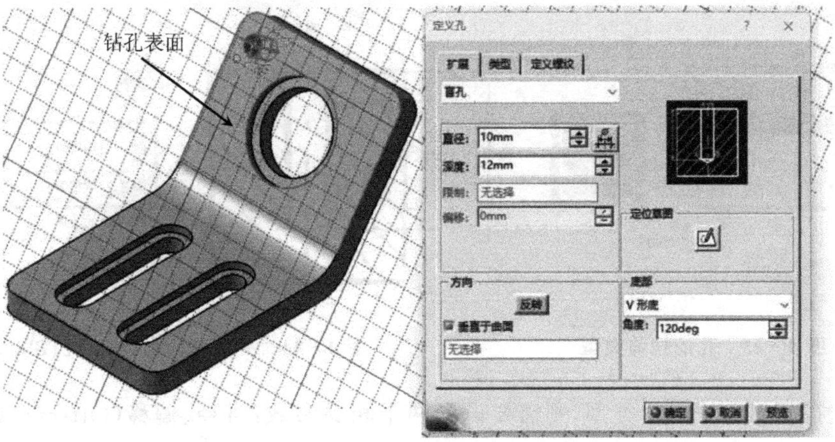


图 4－41　定义孔(Hole Definition)对话框

**1. 孔的基本参数**

孔的基本参数通过扩展(Extension)选项卡进行设置，需要设置的参数包括：孔的拉伸类型及拉伸参数、孔的拉伸方向、孔心的位置、孔的底部形状，如图 4－42 所示。

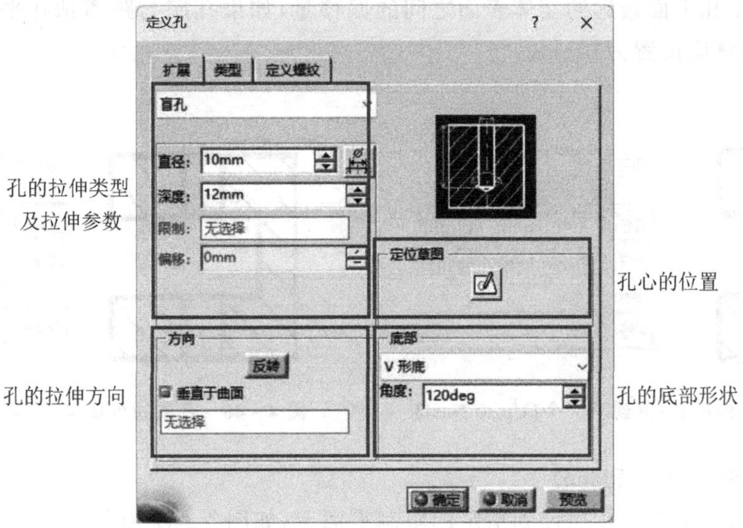


图 4－42　扩展(Extension)选项卡

(1) 孔的拉伸类型及拉伸参数

在如图 4－43 所示的下拉列表框中，CATIA 提供了 5 种孔的拉伸类型，分别是：盲孔(Blind)、直到下一个(Up to Next)、直到最后(Up to Last)、直到平面(Up to Plane)、直到曲面(Up to Surface)。

1) 盲孔(Blind)

盲孔如图 4－44 所示。

如果选择了盲孔类型，则需要设置两个相关参数：直径(Diameter)、深度(Depth)，如图 4－44 所示。

2) 直到下一个(Up to Next)

直到下一个选项用于将孔拉伸到距离钻孔表面最近的实体表面，如图 4－45 所示。

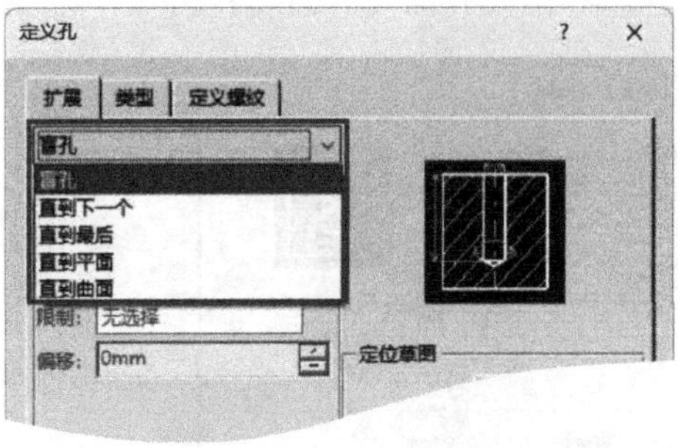


图 4-43 孔的拉伸类型

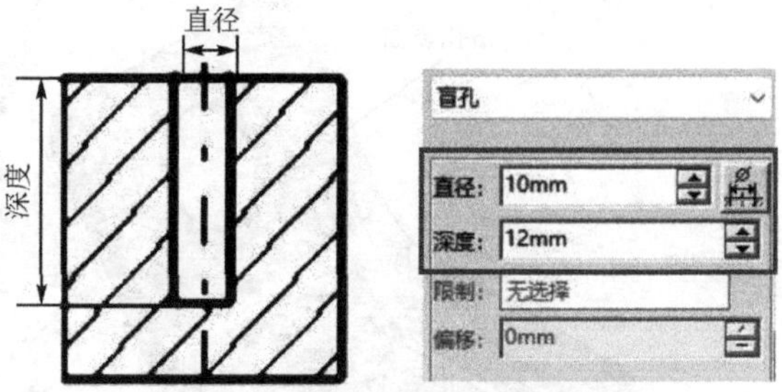


图 4-44 孔的拉伸类型:盲孔(Blind)

如果选择了直到下一个类型,则需要设置两个相关参数:直径、偏移(Offset),如图 4-45 所示。偏移指孔底与距离钻孔平面最近的实体表面之间的偏移量,如果孔底与距离钻孔平面最近的实体表面重合,则偏移应设置为 0mm。

3) 直到最后(Up to Last)

直到最后选项用于将孔拉伸到距离钻孔表面最远的实体表面,如图 4-46 所示。

如果选择了直到最后类型,则需要设置两个相关参数:直径、偏移,如图 4-46 所示。偏移指孔底与距离钻孔平面最远的实体表面之间的偏移量,如果孔底与距离钻孔平面最远的实体表面重合,则偏移应设置为 0mm。

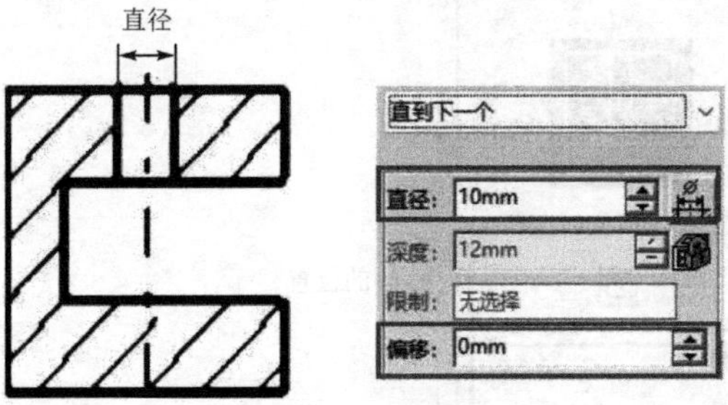


图 4-45 孔的拉伸类型:直到下一个(Up to Next)

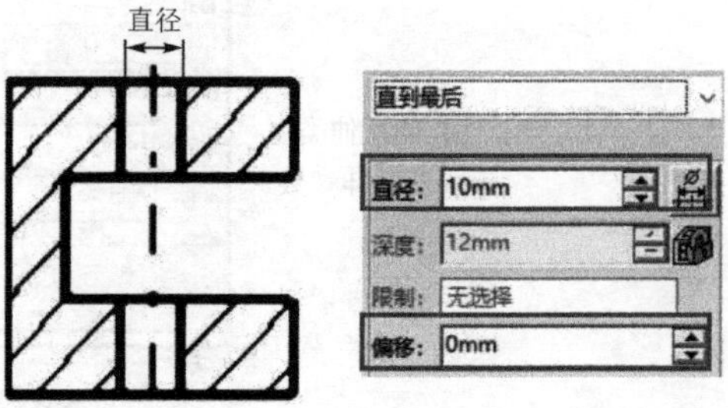


图 4-46 孔的拉伸类型:直到最后(Up to Last)

4) 直到平面(Up to Plane)

直到平面选项用于将孔拉伸到指定的限制平面上,如图 4-47 所示。

如果选择了直到平面类型,则需要设置三个相关参数:直径、限制(平面)(Limit)、偏移,如图 4-47 所示。偏移指孔底与限制平面之间的偏移量,如果孔底与限制平面重合,则偏移应设置为 0mm。

5) 直到曲面(Up to Surface)

直到曲面选项用于将孔拉伸到指定的限制曲面上,如图 4-48 所示。

如果选择了直到曲面类型,则需要设置三个相关参数:直径、限制(曲面)、偏移,如图 4-48 所示。偏移指孔底与限制曲面之间的偏移量,如果孔底与限制曲面重合,则偏移应设置为 0mm。

(2) 孔的拉伸方向

孔特征的拉伸方向需要通过图 4-42 中的方向(Direction)选项组进行设置,该选项组提供了两种拉伸方向可供选择:曲面的法线方向、参考元素方向。

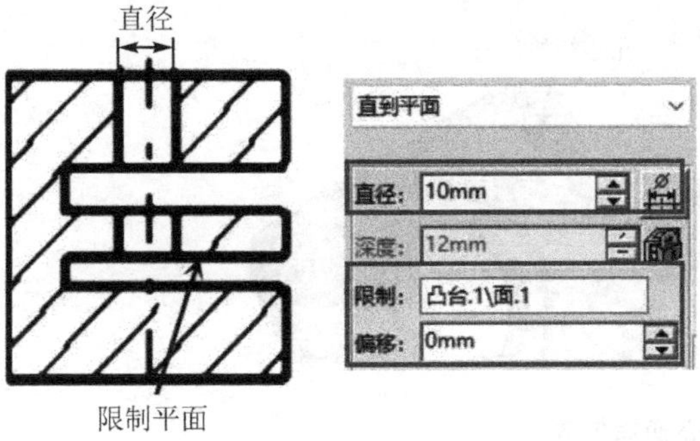


**图 4-47　孔的拉伸类型:直到平面(Up to Plane)**

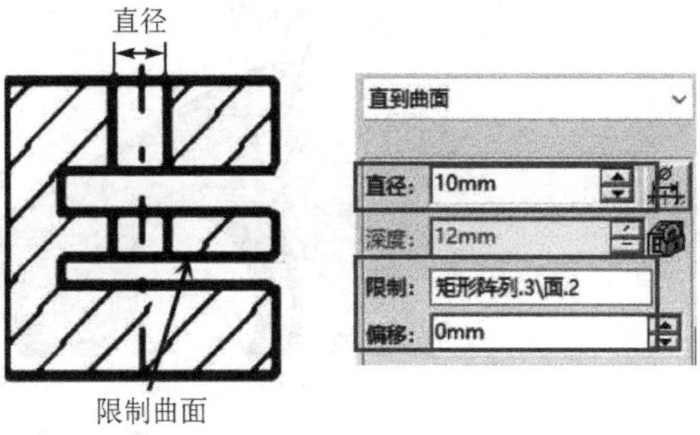


**图 4-48　孔的拉伸类型:直到曲面(Up to Surface)**

1) 曲面的法线方向

默认情况下,方向选项组中的垂直于曲面(Normal to Surface)复选框处于被选中状态,即此时的拉伸方向为钻孔平面/曲面的法线方向,如图 4-49 所示。

2) 参考元素方向

参考元素方向指选择一个参考元素,并通过该参考元素人为指定拉伸方向,其方法如下:

① 在方向选项组中,不选垂直于曲面复选框,此时该复选框下方的参考元素文本框自动处于激活状态,如图 4-50 所示;

② 选中一条已经存在的直线作为参考元素,以直线方向作为拉伸方向,或者选中一个已经存在的平面作为参考元素,并以该平面的法线方向作为拉伸方向;

③ 如果在已存在的元素中无法找到一个合适的元素来定义拉伸方向,则需要重新创建一个参考元素,方法是右击参考元素文本框,CATIA 弹出如图 4-51 所示的快捷菜单,通过该菜单提供的选项来创建参考元素。

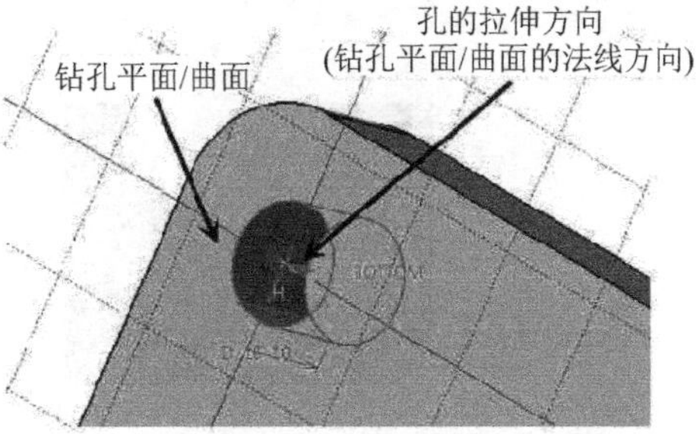


**图 4-49　孔的拉伸方向:曲面的法线方向**

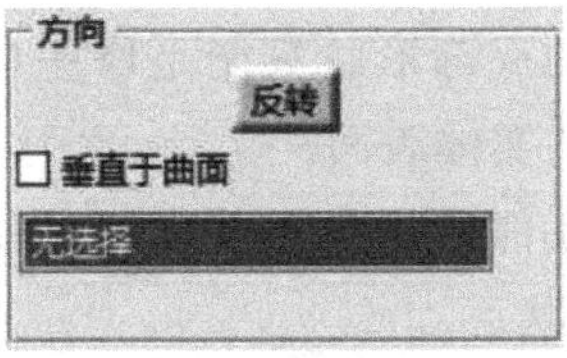


**图 4-50　参考元素文本框**

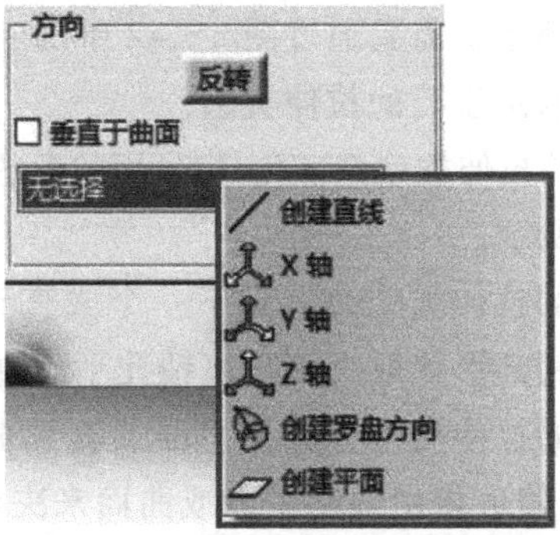


**图 4-51　创建参考元素并定义拉伸方向**

(3) 孔心的位置

默认情况下,CATIA 会以选择钻孔平面/曲面时光标的点击位置作为孔心的初始位置,如图 4-52 所示。

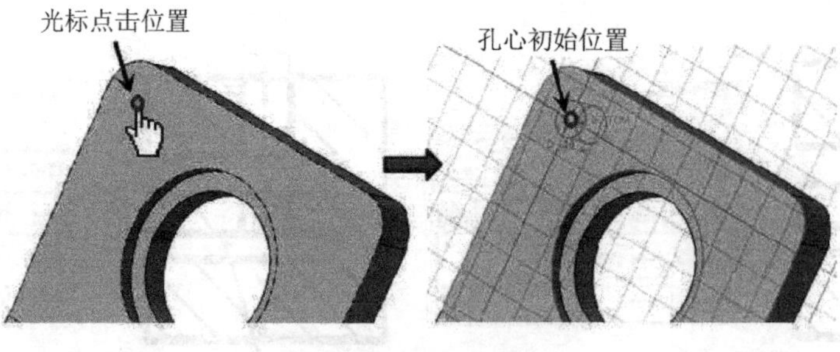


图 4-52　孔心初始位置

如果要精确定义孔心位置，则需要在定位草图（Positioning Sketch）选项组（见图 4-42）中单击草图图标，如图 4-53 所示。

图 4-53　草图图标

单击该图标后，CATIA 会以孔心的初始位置为原点，以垂直于孔拉伸方向的平面为草图平面进入草图设计（Sketcher）工作台，如图 4-54 所示。

图 4-54 中的“*”号表示孔心的位置，可以将其视为一个点，通过草图设计工作台提供的约束工具对其进行约束定位，以确定孔心的精确位置，如图 4-55 所示。

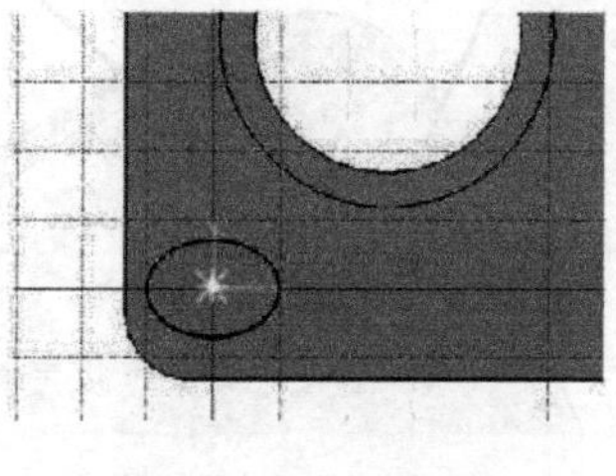

图 4-54　孔心位置

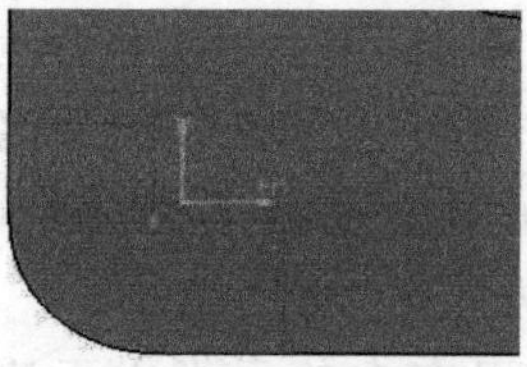

图 4-55　约束孔心位置

孔心位置确定后，单击退出工作台（Exit Workbench）图标即可退出草图设计工作台，返回定义孔对话框，继续设置其他参数。

(4) 孔的底部形状

孔的底部形状需要通过图 4-42 中的底部（Bottom）选项组进行设置，可供选择的孔的底部形状类型取决于孔的拉伸类型。

如果孔的拉伸类型为盲孔，则可用的孔的底部形状有两种：平底（Flat）、V 形底（V-Bottom），如图 4-56 所示。

如果孔的拉伸类型为直到下一个或直到最后，则孔的底部形状只能是修剪（Trimmed），即此时孔的底部形状取决于距离钻孔平面/曲面最近/远的实体表面。

如果孔的拉伸类型为直到平面或直到曲面，则孔的底部形状有三种选择：平底、V 形底、修剪，此时的修剪指由限制平面或曲面来决定孔的底部形状。

**2. 孔的类型参数**

孔的类型参数通过孔定义对话框中的类型（Type）选项卡进行设置，在该选项卡的下拉列表框中，CATIA 提供了 5 种孔的类型，分别是：简单（Simple）、锥形孔（Tapered）、沉头孔（Counterbored）、埋头孔（Countersunk）、倒钻孔（Counterdrilled），如图 4-57 所示。

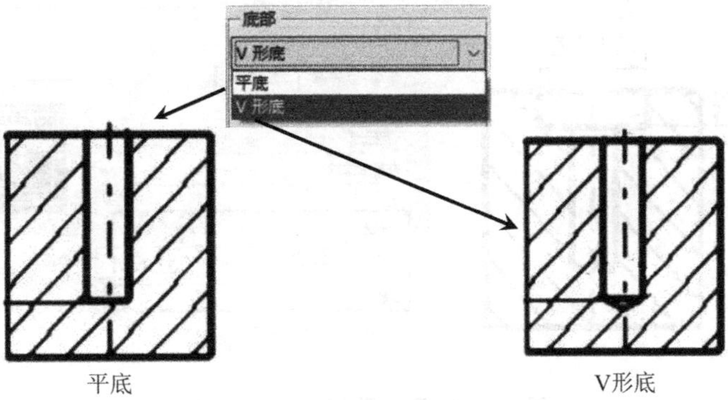


**图 4－56　孔的底部形状**

(1) 简单(Simple)

简单孔如图 4－58 所示,该类孔的所有参数都在扩展(Extension)选项卡中进行设置,因此在类型选项卡中无须设置任何参数。

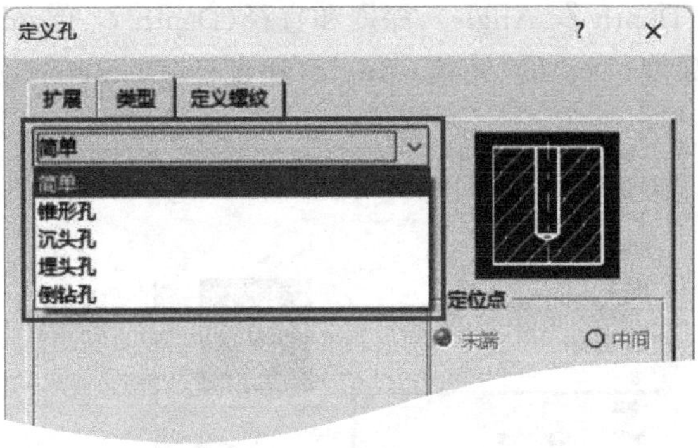


**图 4－57　类型(Type)选项卡**

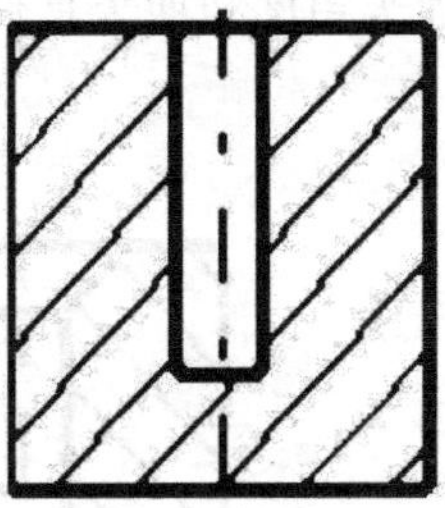

**图 4－58　简单(Simple)**

(2) 锥形孔(Tapered)

锥形孔如图 4－59 所示,该类孔除了需要在扩展选项卡中设置孔的直径和孔的深度等基本参数外,还需在类型选项卡中设置锥形孔的角度(Angle),如图 4－59 所示。

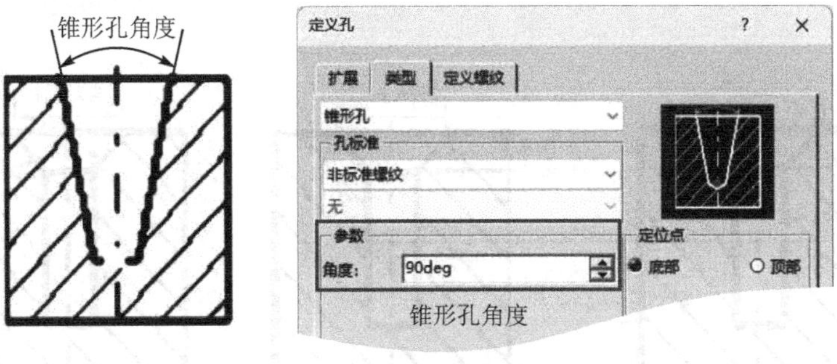


**图 4－59　锥形孔(Tapered)**

(3) 沉头孔(Counterbored)

沉头孔如图 4－60 所示,该类孔除了需要在扩展选项卡中设置孔的直径和孔的深度等基本参数外,还需在类型选项卡中设置沉头的相关参数,包括沉头直径(Diameter)和沉头深度(Depth),如图 4－60 所示。

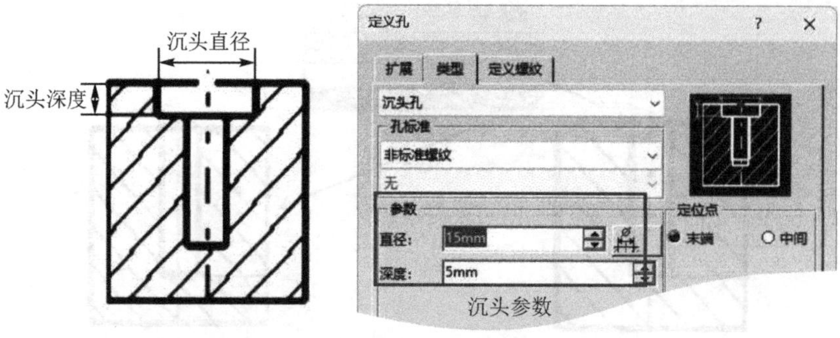


图 4-60 沉头孔(Counterbored)

(4) 埋头孔(Countersunk)

埋头孔如图 4-61 所示,该类孔除了需要在扩展选项卡中设置孔的直径和孔的深度等基本参数外,还需在类型选项卡中设置埋头的相关参数。

设置埋头参数需要首先选择参数模式(Mode),然后根据所选参数模式设置相关参数。参数模式包括三种,分别为:深度和角度(Depth & Angle)、深度和直径(Depth & Diameter)、角度和直径(Angle & Diameter),其中深度(Depth)、角度(Angle)和直径(Diameter)分别指埋头深度、埋头角度和埋头直径。

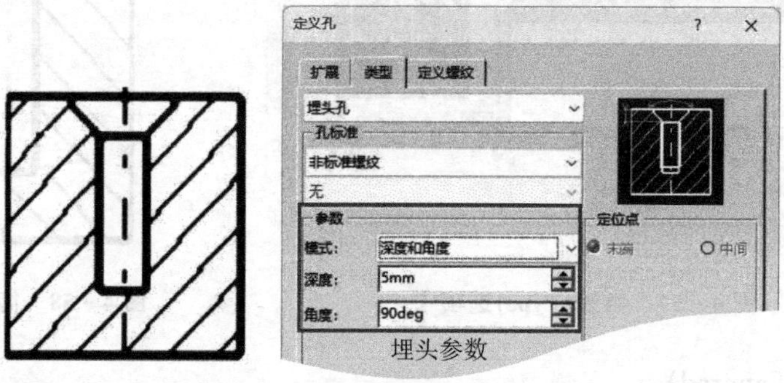


图 4-61 埋头孔(Countersunk)

图 4-61 中的模式下拉列表框用于指定通过哪两个参数组合来确定埋头的尺寸,如图 4-62 所示。

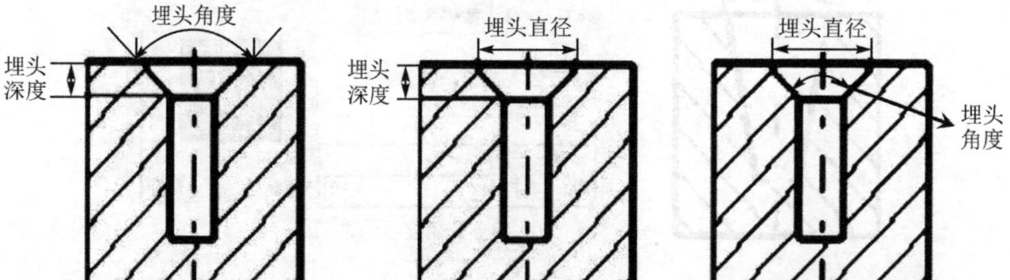


(a) 深度和角度 (b) 深度和直径 (c) 直径和角度

图 4-62 埋头尺寸的确定

(5) 倒钻孔(Counterdrilled)

倒钻孔如图 4－63 所示,该类孔的沉头部分由圆柱形沉头和圆锥形埋头两部分组成,因此需要在类型选项卡中设置沉头的相关参数。在类型选项卡的参数(Parameters)选项组中,模式下拉列表框提供了两种参数设置模式:无埋头孔直径(No Countersunk Diameter)、埋头孔直径(Countersunk Diameter)。

如果选择了无埋头孔直径模式,则需要设置圆柱形沉头的直径、深度和圆锥形埋头的角度,如图 4－63(a)所示。

如果选择了埋头孔直径模式,则需要设置圆柱形沉头的直径、深度及圆锥形埋头的角度、下沉直径(Sunk Diameter),如图 4－63(b)所示。

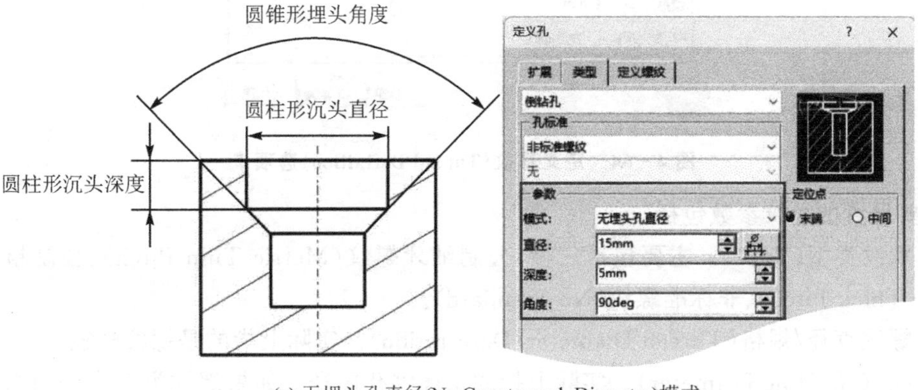


(a) 无埋头孔直径(No Countersunk Diameter)模式

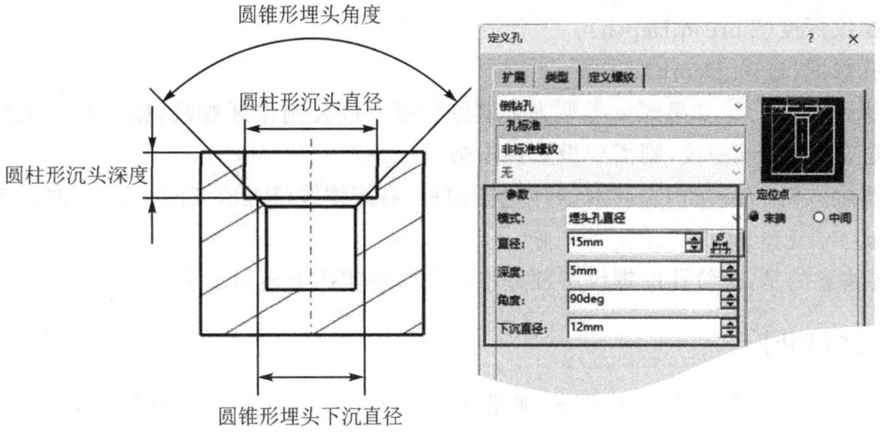


(b) 埋头孔直径(Countersunk Diameter)模式

**图 4－63　倒钻孔(Counterdrilled)**

**3. 孔的螺纹参数**

如果要创建的孔是螺纹孔,则需要在定义螺纹(Thread Definition)选项卡中设置相关的螺纹参数,如图 4－64 所示。

要设置螺纹参数,首先需要在定义螺纹选项卡中选中螺纹孔(Threaded)复选框,否则无法设置螺纹参数,如图 4－64 所示。

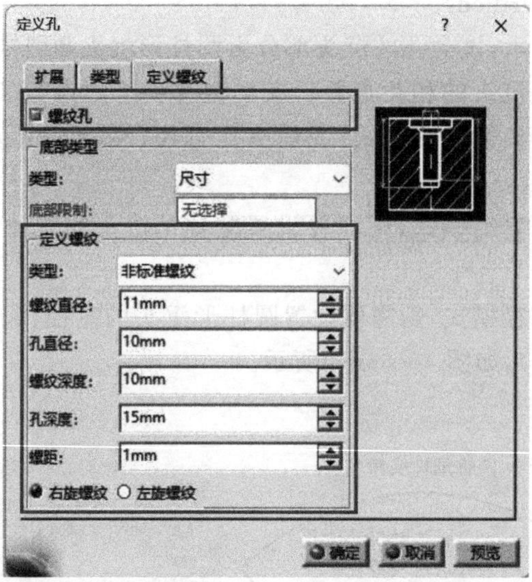


**图 4-64 定义螺纹(Thread Definition)选项卡**

需要设置的螺纹参数包括：

① 螺纹类型(Type)。主要包括三种：公制细牙螺纹(Metric Thin Pitch)、公制粗牙螺纹(Metric Thick Pitch)、非标准螺纹(No Standard)。

② 螺纹直径/规格(Thread Diameter/Description)。实际上指的是螺纹外径。

③ 孔直径(Hole Diameter)。实际上指的是螺纹孔内径。如果螺纹类型为公制细牙螺纹或公制粗牙螺纹，则该参数无须设置；如果螺纹类型为非标准螺纹，则需要设置该参数。

④ 螺纹深度(Thread Depth)。

⑤ 孔深度(Hole Depth)。

⑥ 螺距(Pitch)。如果螺纹类型为公制细牙螺纹或公制粗牙螺纹，则该参数无须设置；如果螺纹类型为非标准螺纹，则需要设置该参数。

⑦ 螺旋方向(Thread Direction)。包括两种：右旋螺纹(Right-Threaded)、左旋螺纹(Left-Threaded)。

需要注意的是，螺纹孔的螺纹特征并不会在零件实体上显示出来。

## 4.1.6 肋(Rib)

肋特征是通过将指定的草图轮廓沿着一条中心曲线进行扫掠创建出来的特征，如图 4-65 所示。

在基于草图的特征工具栏中单击肋图标后，CATIA 会弹出一个定义肋对话框，如图 4-66 所示。

要创建一个肋特征，需要在该对话框中指定三类基本参数，即草图轮廓(Profile)、中心曲线(Center Curve)和草图轮廓控制方式(Profile Control)。CATIA 会将草图轮廓按照指定的草图轮廓控制方式沿着中心曲线进行扫掠，从而生成肋特征。

CATIA 在定义肋对话框的控制轮廓选项组中提供了三种草图轮廓的控制方式，即保持角度(Keep Angle)、拔模方向(Pulling Direction)和参考曲面(Reference Surface)，如图 4-67 所示。

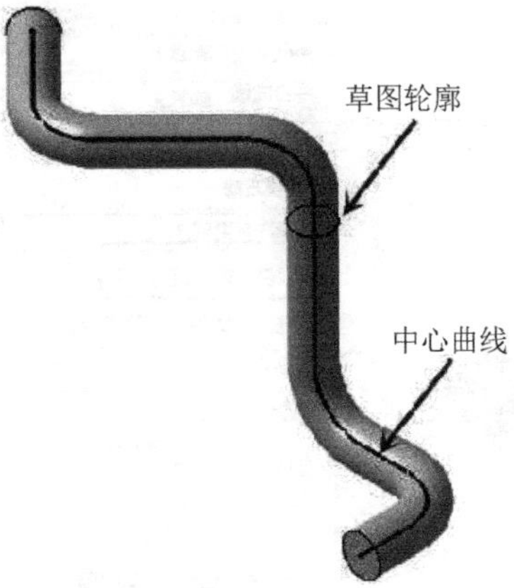


图 4-65　肋(Rib)特征

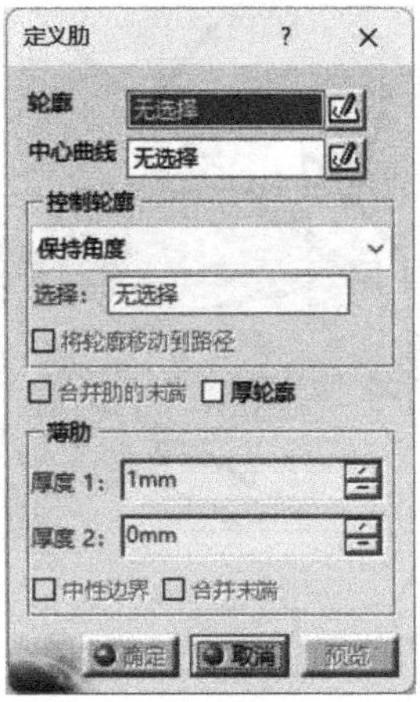


图 4-66　定义肋(Rib Definition)对话框

**1. 保持角度(Keep Angle)**

如果选择了保持角度选项，则在草图轮廓沿着中心曲线扫掠的过程中，草图轮廓所在平面与中心曲线切线的夹角始终保持不变，如图 4-68 所示。

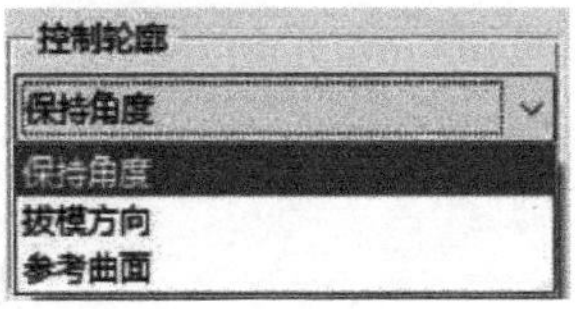


图 4-67　草图轮廓控制方式

**2. 拔模方向(Pulling Direction)**

如果选择了拔模方向选项，则需要选择一个参考元素(直线或平面)来定义拔模方向，在草图轮廓沿着中心曲线扫掠的过程中，草图轮廓所在平面与该方向之间的夹角始终保持不变，如图 4-69 所示。

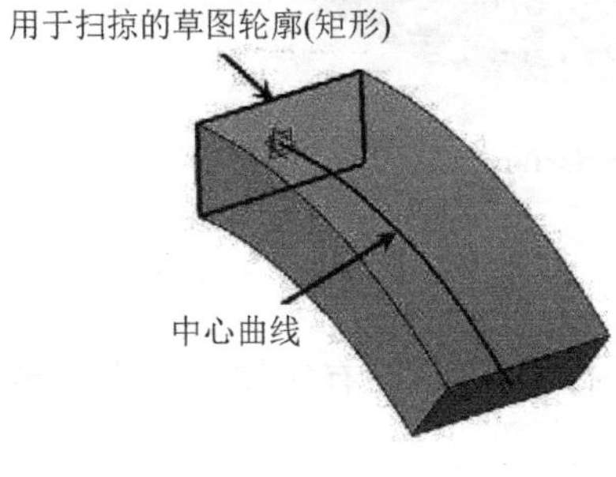


图 4-68　保持角度(Keep Angle)

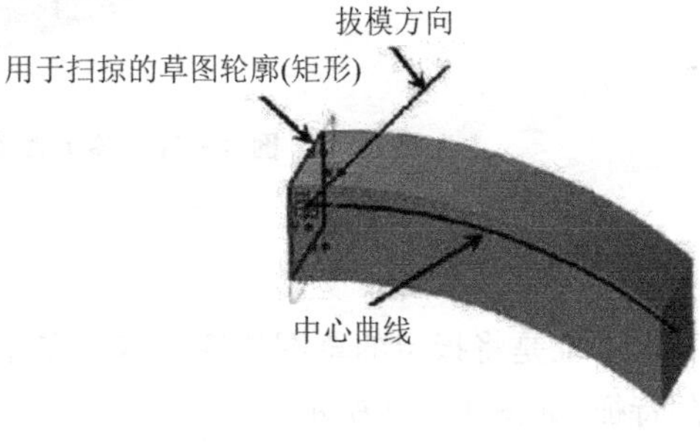


图 4-69　拔模方向(Pulling Direction)

如果选择了拔模方向选项，同时又选中了将轮廓移动到路径(Move profile to path)复选框，则在草图轮廓沿着中心曲线扫掠的过程中，草图轮廓所在平面的法线方向与拔模方向将始终保持垂直关系，如图 4-70 所示。

**3. 参考曲面(Reference Surface)**

如果选择了参考曲面选项，则需要选择一个参考曲面(该曲面必须包含中心曲线)，在扫掠过程中，草图轮廓所在平面的法线方向与参考曲面在中心曲线上各点处的法线方向的夹角始终保持不变，如图 4-71 所示。

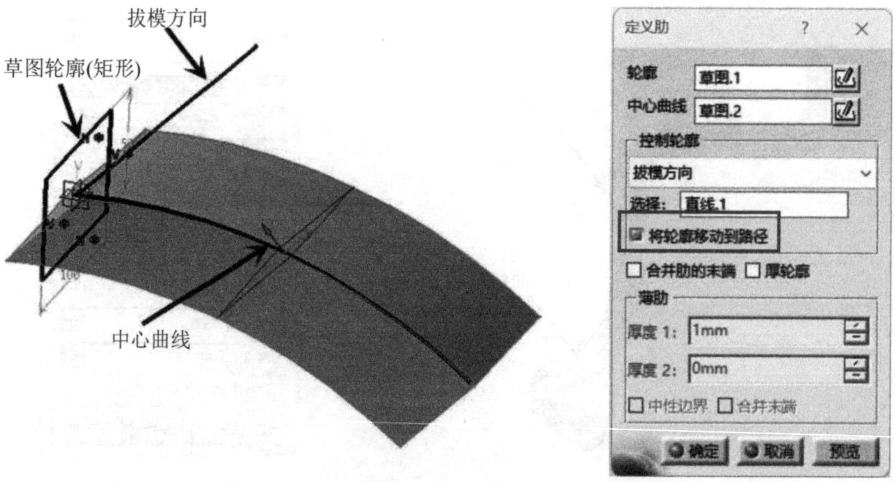


**图 4-70 将轮廓移动到路径(Move profile to path)**

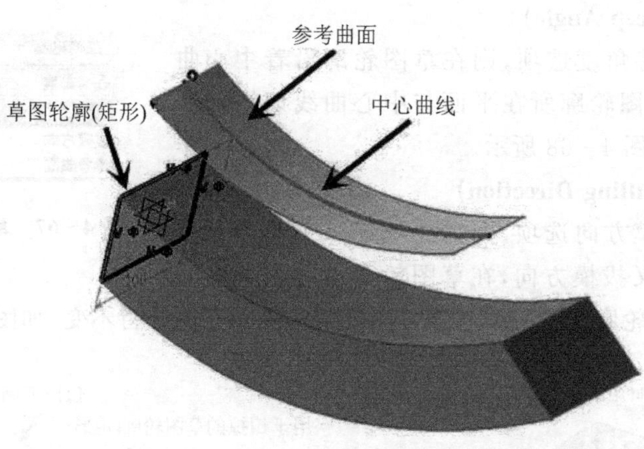


**图 4-71 参考曲面(Reference Surface)**

## 4.1.7 开槽(Slot)

开槽特征是将指定的草图轮廓沿着一条中心曲线进行扫掠,从已有实体上切除材料创建出来的特征,如图 4-72 所示。

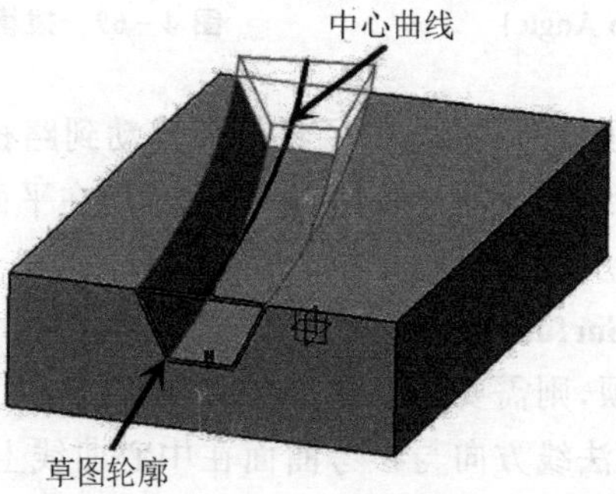


**图 4-72 开槽(Slot)**

创建开槽特征的基本方法及需要设置的相关参数与肋(Rib)特征基本相同,区别在于肋特征是增料特征(通过增加材料生成的特征),而开槽特征是除料特征(通过去除材料生成的特征)。

### 4.1.8　加强肋(Stiffener)

加强肋特征是通过对指定的草图轮廓沿着指定的方向拉伸和增厚创建出来的特征,通常用于薄壁零件,其目的是在不增加壁板厚度的条件下,加强薄壁零件的刚度和强度,也就是说,加强肋是附加在已有实体上的,因此加强肋特征不能作为零件的第一个特征,如图 4－73 所示。

在基于草图的特征工具栏中单击加强肋(Stiffener)图标后,CATIA 会弹出一个定义加强肋(Stiffener Definition)对话框,如图 4－74 所示。

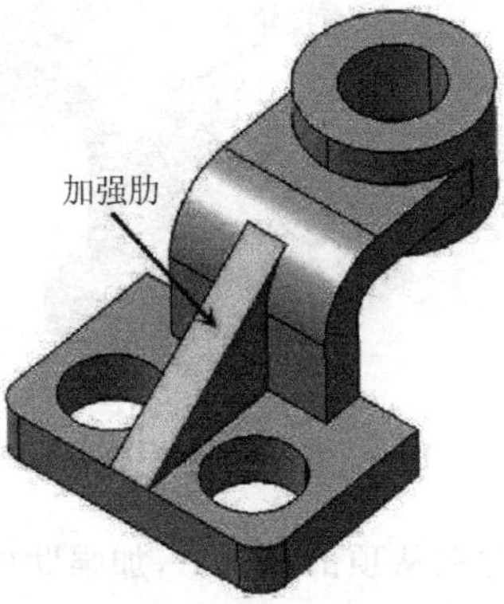


图 4－73　加强肋(Stiffener)

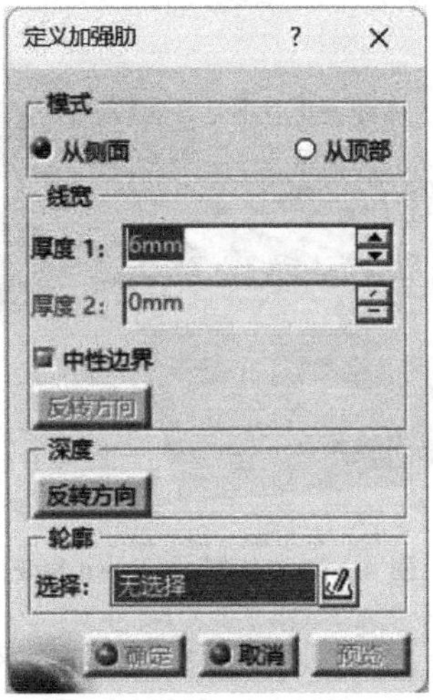


图 4－74　定义加强肋(Stiffener Definition)对话框

要创建一个基本的加强肋特征,需要在该对话框中指定三类参数,即加强肋的草图轮廓、加强肋创建模式和加强肋厚度。

**1. 加强肋的草图轮廓**

用于创建加强肋的草图轮廓(见图 4－75)需要满足以下两个条件:

① 草图轮廓必须是开放性的;

② 将草图轮廓沿着加强肋拉伸方向进行拉伸,必须与已有实体相交。

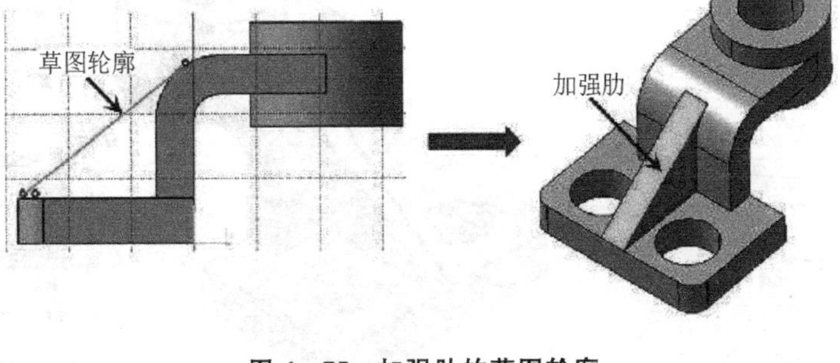


图 4－75　加强肋的草图轮廓

**2. 加强肋创建模式**

加强肋的创建模式用于指定加强肋的拉伸方向和增厚方向，包括两种：从侧面（From Side）、从顶部（From Top），如图 4－74 所示。

（1）从侧面（From Side）

如果采用从侧面模式，则加强肋的拉伸方向垂直于草图平面的法线方向，加强肋的增厚方向平行于草图平面的法线方向，如图 4－76 所示。

在图 4－76 中，草图轮廓是在 zx 平面绘制的，因此在从侧面模式下，加强肋的拉伸方向垂直于 zx 平面的法线方向，加强肋的增厚方向平行于 zx 平面的法线方向。

（2）从顶部（From Top）

如果采用从顶部模式，则加强肋的拉伸方向平行于草图平面的法线方向，加强肋的增厚方向垂直于草图平面的法线方向，如图 4－77 所示。

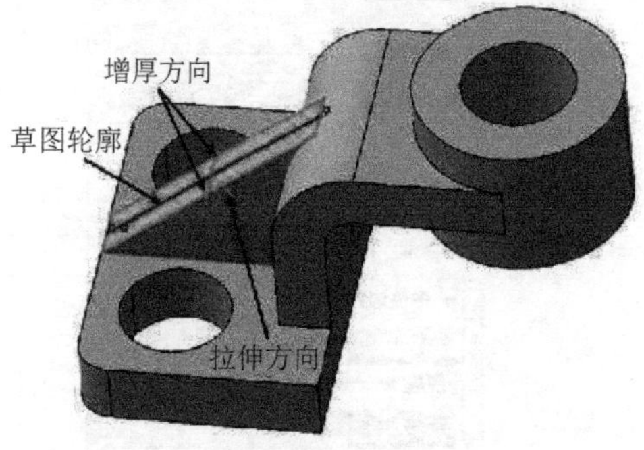


图 4－76 从侧面（From Side）模式

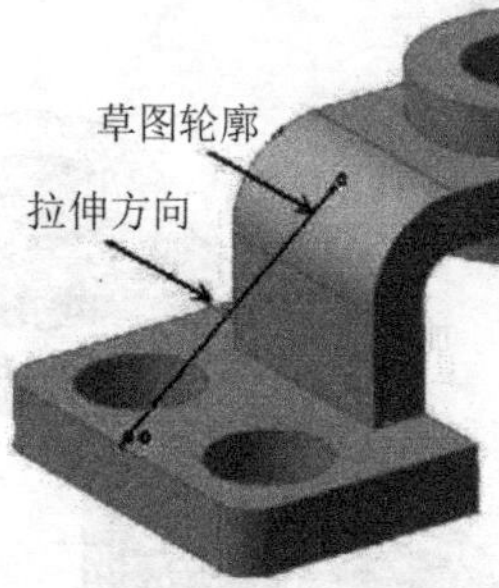


图 4－77 从顶部（From Top）模式

在图 4－77 中，草图轮廓是在 zx 平面绘制的，因此在从顶部模式下，加强肋的拉伸方向平行于 zx 平面的法线方向，加强肋的增厚方向垂直于 zx 平面的法线方向。但是，由于是将草图轮廓沿着拉伸方向拉伸，而无法与已有实体相交，因此图 4－77 中的草图轮廓在从顶部（From Top）模式下无法创建加强肋。

**3. 加强肋厚度**

定义加强肋对话框中的线宽（Thickness）选项组用于设置加强肋的厚度，如图 4－78 所示。

在图 4－78 中，如果中性边界（Neutral Fiber）复选框处于选中状态，则加强肋的厚度会在草图轮廓的两侧对称生成，如图 4－79 所示。

图 4－78 线宽（Thickness）选项组

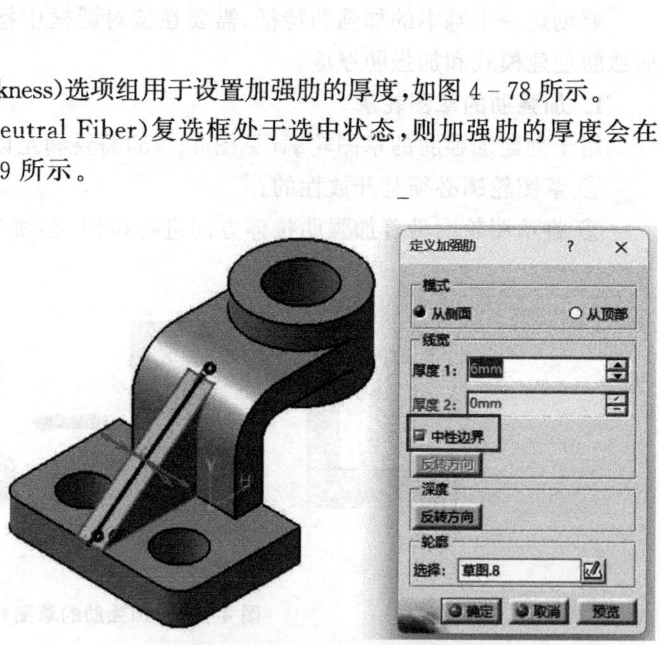


图 4－79 加强肋的厚度在草图轮廓的两侧对称生成

如果中性边界复选框处于未选中状态，则加强肋的厚度会在草图轮廓的一侧生成，如图 4－80 所示。

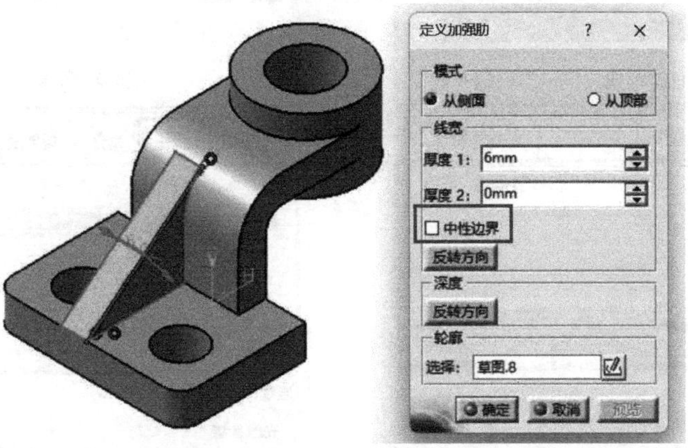


**图 4－80　加强肋的厚度在草图轮廓的一侧生成**

图 4－80 中的反转方向(Reverse Direction)按钮用于对加强肋的增厚方向进行反向。

## 4.1.9　多截面实体(Multi-Sections Solid)

多截面实体特征是通过在多个截面轮廓线之间，按照指定引导线和脊线进行扫掠创建出来的特征，如图 4－81 所示的螺旋桨桨叶就是通过多截面实体特征创建的。

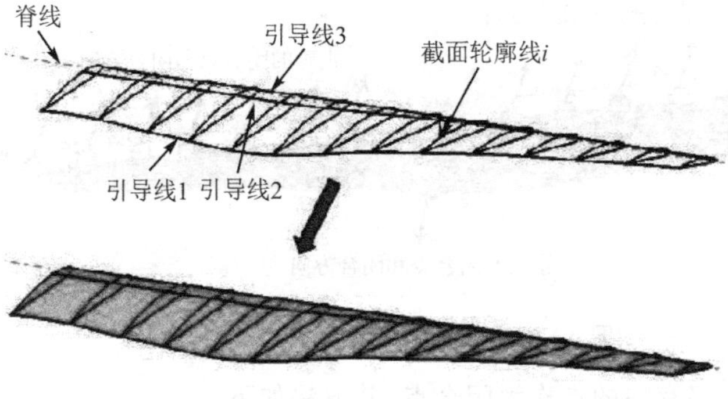


**图 4－81　多截面实体(Multi-Sections Solid)**

在基于草图的特征工具栏中单击多截面实体图标后，CATIA 会弹出一个多截面实体定义(Multi-Sections Solid Definition)对话框，如图 4－82 所示。

要创建一个基本的多截面实体特征，需要在该对话框中指定三类参数，即截面轮廓线、引导线和脊线。

**1. 截面轮廓线(Sections)**

要创建多截面实体特征，至少需要两条截面轮廓线。在选择截面轮廓线时，需要特别注意对闭合点和闭合方向的设置，如果闭合点和闭合方向设置得不合理，则会导致在两个截面轮廓线之间进行扫掠时出现扭曲等问题，最终导致多截面实体特征创建失败，如图 4－83 所示。

如果某条截面轮廓线的闭合点设置得不合理，就需要对其重新设置，重新选择一个已经存在的点或者创建一个点作为闭合点。

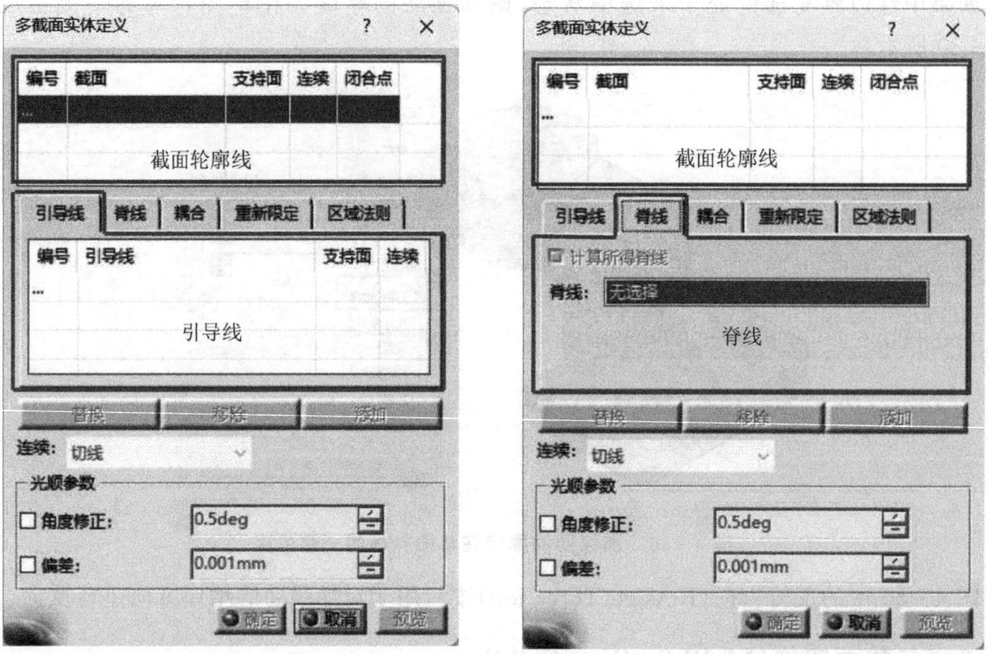


(a) 引导线(Guides)标签　　　　(b) 脊线(Spine)标签

**图 4-82　多截面实体定义(Multi-Sections Solid Definition)对话框**

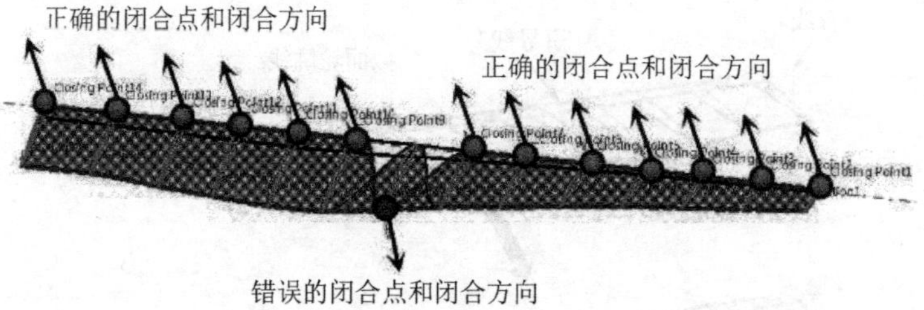


**图 4-83　正确/错误的闭合点和闭合方向**

重新选择一个已经存在的点作为闭合点,其方法如下:

① 在多截面实体定义对话框中的截面轮廓线列表框中,右击需要修改闭合点的截面轮廓线,CATIA 弹出快捷菜单,如图 4-84 所示;

② 在快捷菜单中选择替换闭合点(Replace Closing Point)命令,如图 4-84 所示;

③ 选择一个已经存在的点,以替换原有的闭合点。

创建一个点作为闭合点,其方法如下:

① 在多截面实体定义对话框中的截面轮廓线列表框中,右击需要修改闭合点的截面轮廓线,CATIA 弹出快捷菜单,如图 4-84 所示;

② 在快捷菜单中选择移除闭合点(Remove Closing Point)命令,如图 4-84 所示;

③ 在多截面实体定义对话框中的截面轮廓线列表框中,再次右击要修改闭合点的截面轮廓线,并在弹出的快捷菜单中选择创建闭合点(Create Closing Point)命令,如图 4-85 所示;

④ 通过弹出的点定义(Point Definition)对话框创建一个点作为闭合点。

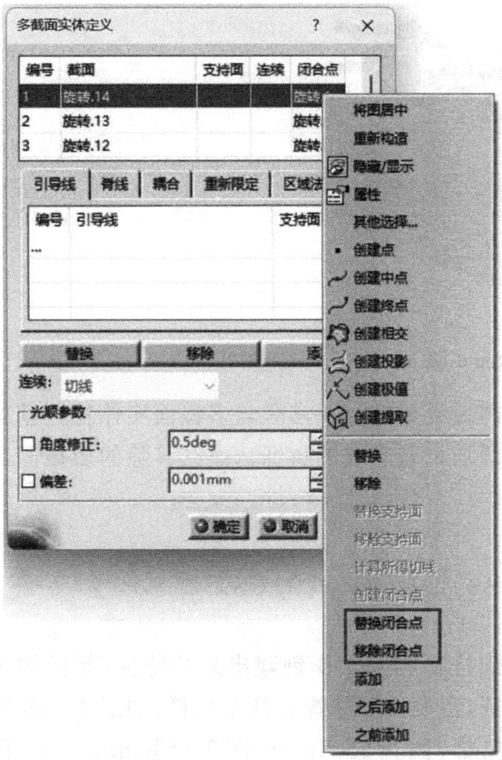


图 4-84　替换闭合点(Replace Closing Point)和移除闭合点(Remove Closing Point)

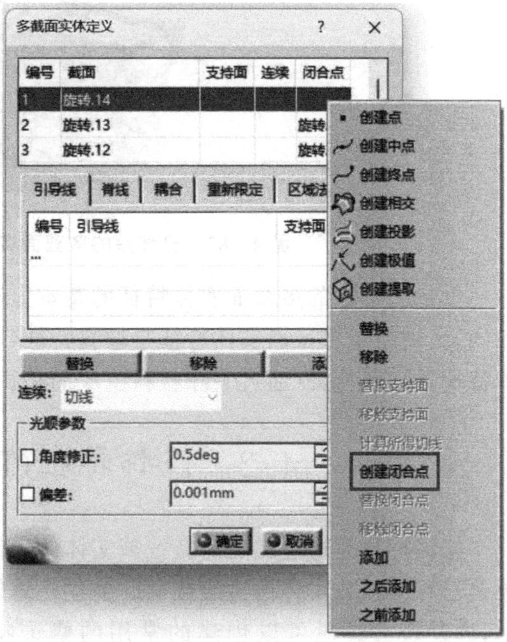


图 4-85　创建闭合点(Create Closing Point)

**2. 引导线(Guides)**

通过设置引导线可以保证在扫掠过程中,各个位置处的截面轮廓线始终经过引导线,即所有的引导线必然位于最终生成的多截面实体特征的表面上。如果不人为选择引导线,则 CATIA 会根据所选择的截面轮廓线自动计算出引导线,如图 4-86 所示。

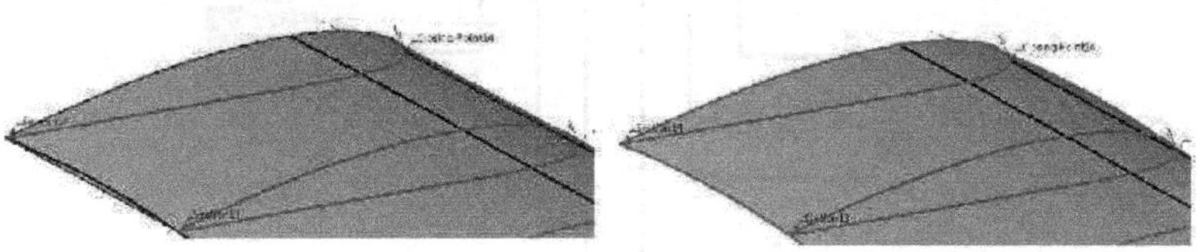

(a) 未选择引导线　　(b) 人为选择引导线

图 4-86　引导线(Guides)

**3. 脊线(Spine)**

通过设置脊线可以保证在最终生成的多截面实体特征上任意位置处的截面都与该脊线垂直。如果不人为选择脊线,则 CATIA 会根据所选择的截面轮廓线自动计算出脊线。

### 4.1.10　已移除的多截面实体(Removed Multi-Sections Solid)

已移除的多截面实体特征是通过在多个截面轮廓线之间,按照指定引导线和脊线进行扫掠,从已有实体上切除材料而创建出来的特征,如图 4-87 所示。

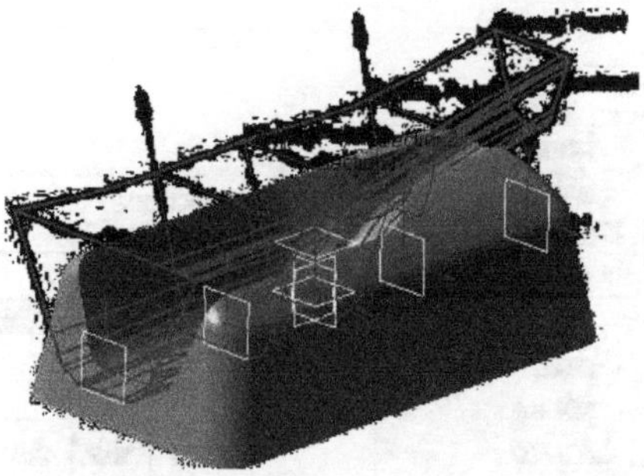

图 4-87　已移除的多截面实体(Removed Multi-Sections Solid)

创建已移除的多截面实体特征的基本方法及需要设置的相关参数与多截面实体特征基本相同,区别在于多截面实体特征是增料特征(通过增加材料生成的特征),而已移除的多截面实体特征是除料特征(通过去除材料生成的特征)。

## 4.2　修饰特征(Dress-Up Features)

修饰特征是通过对已有特征或实体的边线或面进行相关操作创建出来的特征,其操作对象是已有特征或实体的边线或面。要创建修饰特征,需要用到修饰特征工具栏,如图 4-88 所示,通过该工具栏可以创建的常用的修饰特征包括:圆角(Fillets)、倒角(Chamfer)、拔模(Drafts)、盒体(Shell)、厚度(Thickness)、外螺纹/内螺纹(Thread/Tap)①、移除/替换(Remove/Replace)、实体过渡倒圆(Solid Blend Corner)。下面仅介绍主要的修饰特征。

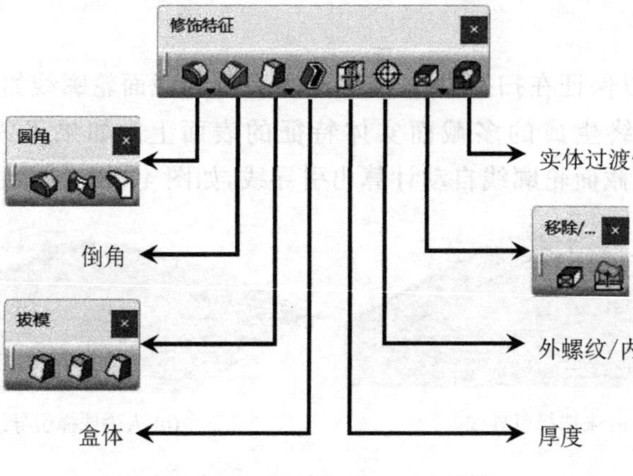


图 4-88　修饰特征(Dress-Up Features)工具栏

### 4.2.1　圆角(Fillets)

圆角指通过圆角特征来消除三维实体上的尖锐棱边,该圆角特征与形成尖锐棱边的两个面都是相切关系,如图 4-89 所示。

如图 4-90 所示的圆角工具栏提供了 3 种倒圆角的工具,包括:倒圆角(Edge Fillet)、面与面的圆角(Face-Face Fillet)、三切线内圆角(Tritangent Fillet)。

---

① 软件中的"内螺纹/外螺纹(Thread/Tap)"有误,本书已更正。

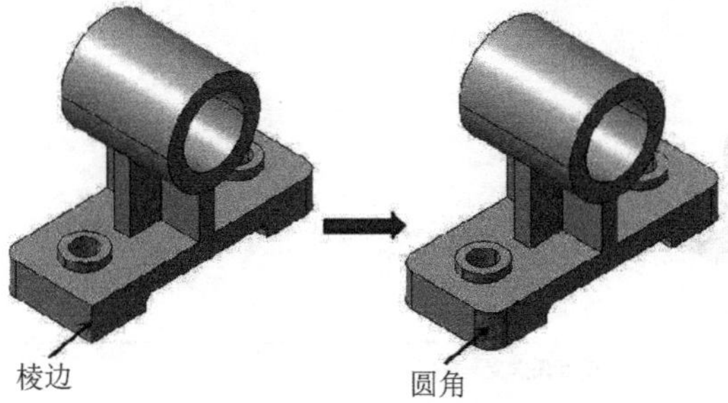


图 4-89　圆角特征

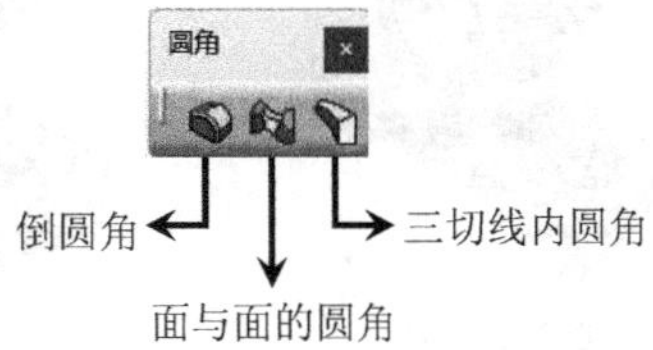


图 4-90　圆角(Fillets)工具栏

**1. 倒圆角(Edge Fillet)**

倒圆角特征是用一个等半径或变半径的圆角特征来代替尖锐棱边，从而使形成尖锐棱边的两个面通过圆角特征光滑过渡，如图 4-91 所示。

在圆角工具栏中单击倒圆角图标，CATIA 会弹出一个倒圆角定义(Edge Fillet Definition)对话框，如图 4-92 所示。

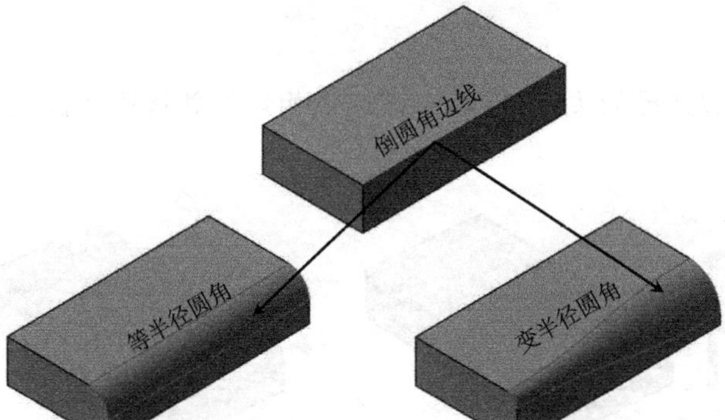


图 4-91　倒圆角
(Edge Fillet)

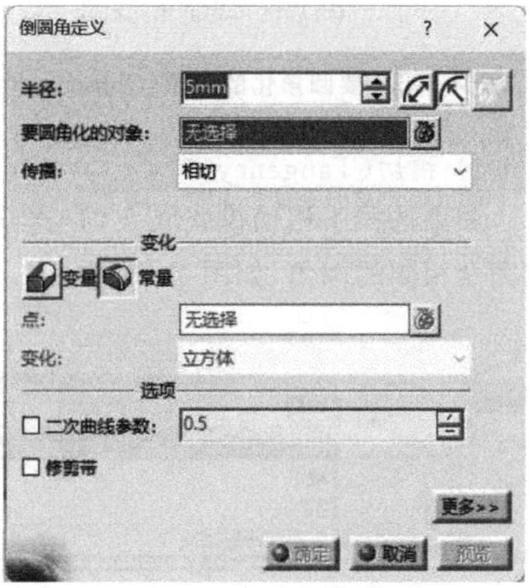


图 4-92　倒圆角定义
(Edge Fillet Definition)对话框

要创建等半径的圆角特征，需要在如图 4-92 所示对话框的变化(Variation)选项组中单击常量(Constant)图标，并指定 3 个基本参数，即要圆角化的对象(Object(s) to fillet)、圆角大小、边线传播模式(Propagation)。

(1) 要圆角化的对象(Object(s) to fillet)

要圆角化的对象可以是边线，也可以是面，如果以面作为圆角化对象，则 CATIA 会对该面上所有的边线都倒出半径相同的圆角，如图 4-93 所示。

(2) 圆角大小

圆角大小可以通过弦长(Chordal length)或半径(Radius)两种模式进行定义，如图 4-94 所示。

(3) 边线传播模式(Propagation)

在倒圆角定义对话框的传播下拉列表框中，CATIA 提供了四种边线传播模式，包括：相切(Tangency)、最小(Minimal)、相交(Intersection)、与选定特征相交(Intersection with selected features),如图 4 - 95 所示。

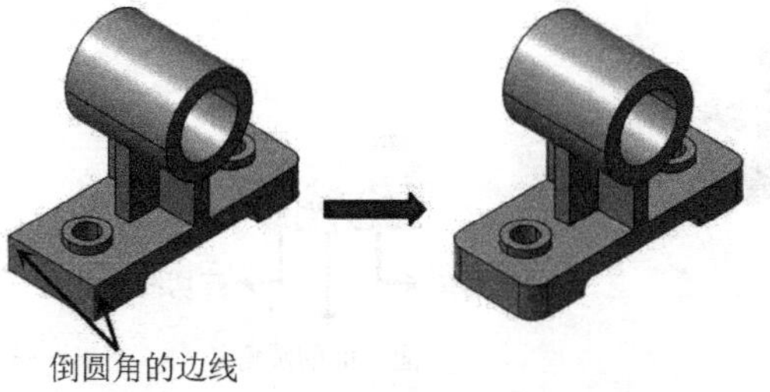


(a) 以边线作为圆角化对象

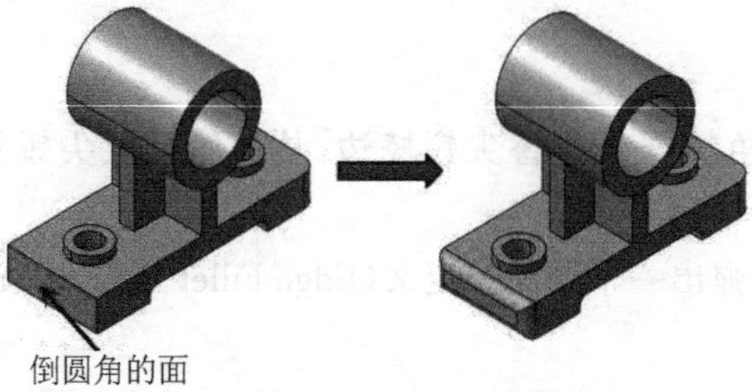


(b) 以面作为圆角化对象

**图 4 - 93 要圆角化的对象(Object(s) to fillet)**

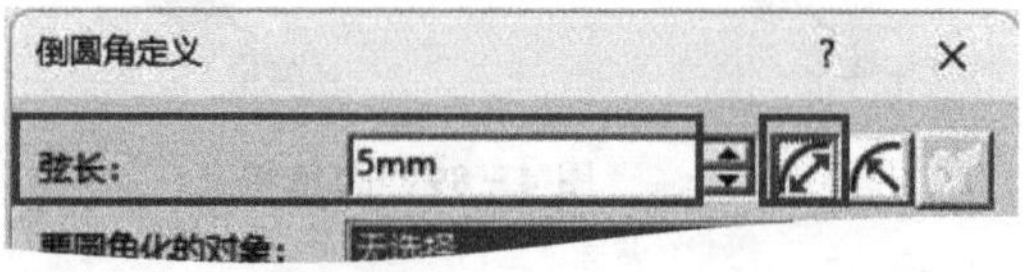


(a) 通过弦长(Chordal length)定义圆角大小

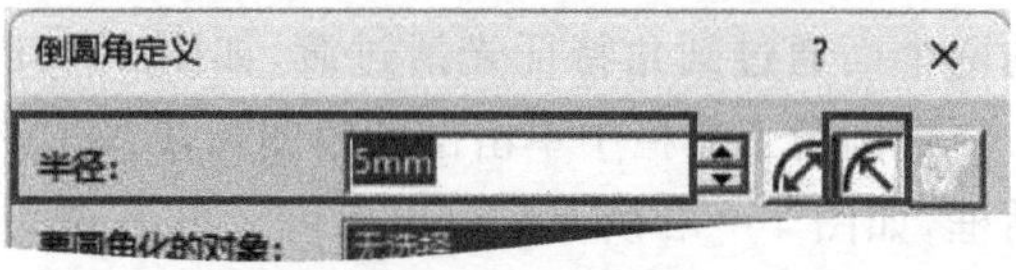


(b) 通过半径(Radius)定义圆角大小

**图 4 - 94 圆角大小**

1) 相切(Tangency)

如果选择了相切模式,CATIA 会对被选择的边线,以及与该边线相切的邻接边线倒出参数完全相同的圆角,如图 4 - 96 所示。

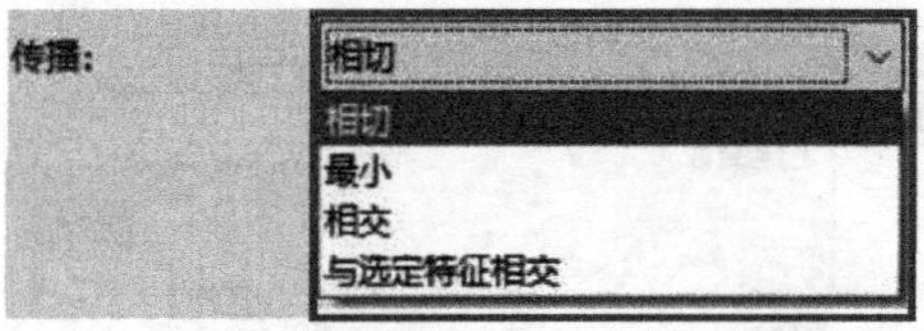


**图 4 - 95 边线传播模式(Propagation)(圆角)**

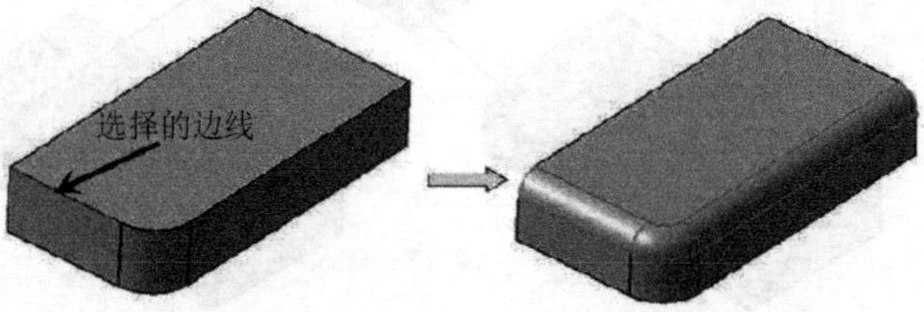


**图 4 - 96 相切(Tangency)模式**

2) 最小(Minimal)

如果选择了最小模式,CATIA 将只对被选择的边线倒圆角,如图 4 - 97 所示。

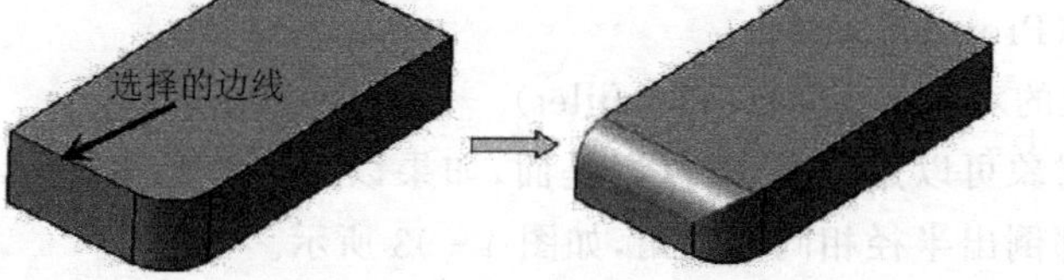


**图 4 - 97 最小(Minimal)模式**

3) 相交(Intersection)

如果选择了相交模式,CATIA 会对指定特征与其他特征的交线进行倒圆角,如图 4 - 98 所示。

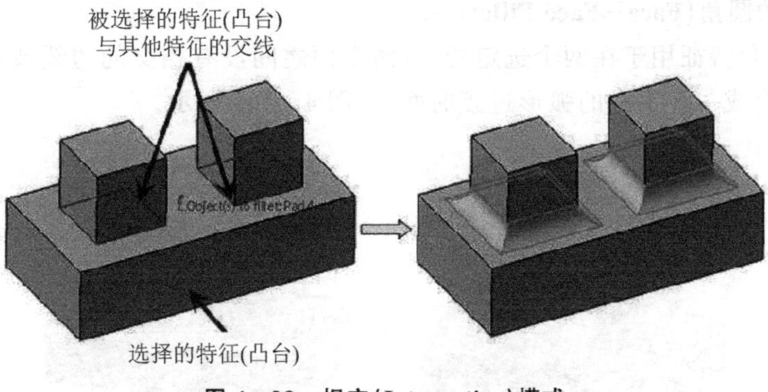


**图 4-98　相交(Intersection)模式**

4) 与选定特征相交(Intersection with selected features)

如果选择了与选定特征相交模式，CATIA 会对选定的特征与另外一个选定特征之间的交线进行倒圆角，如图 4-99 所示。

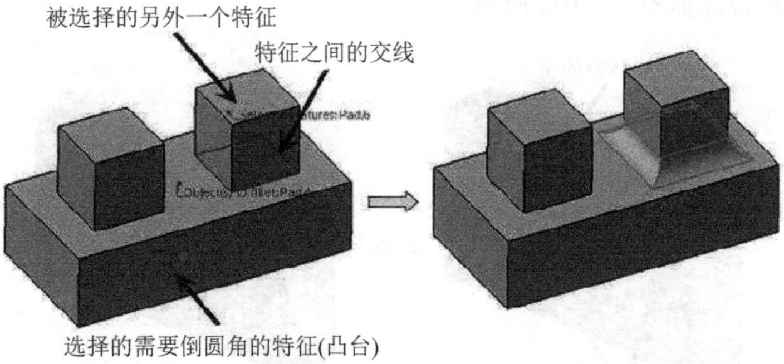


**图 4-99　与选定特征相交(Intersection with selected features)**

要创建变半径的圆角特征(Variable Radius Fillet)，需要在如图 4-92 所示对话框的变化(Variation)选项组中单击变量(Variable)图标，然后通过点(Points)文本框在要圆角化的边线上选择或创建一系列控制点，并分别设置每个控制点处的圆角大小，相邻两个控制点之间的圆角变化规律通过变化下拉列表框进行选择，包括：立方体①(Cubic)和线性(Linear)两种选择，如图 4-100 所示。

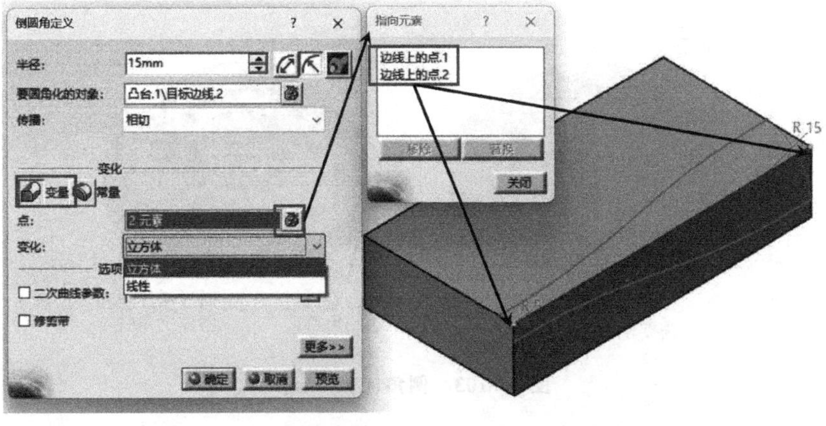


**图 4-100　变半径圆角特征(Variable Radius Fillet)**

---

① 此处应译为三次插值。

**2. 面与面的圆角(Face - Face Fillet)**

面与面的圆角特征用于在两个选定的面(两个面之间没有相交的边线或者存在多条相交的边线)之间混合成一个平滑的弧形过渡曲面,如图 4 - 101 所示。

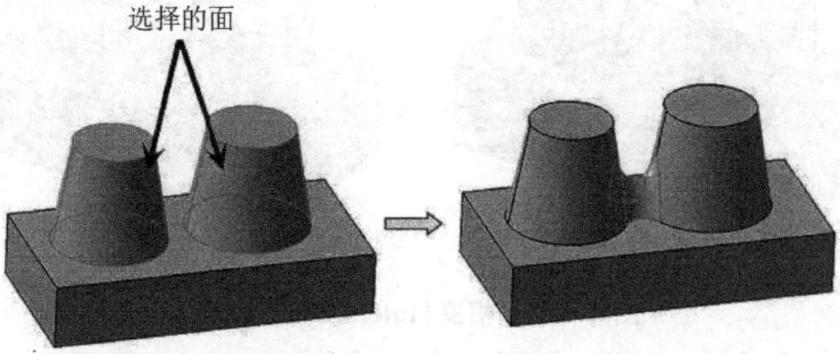


图 4 - 101 面与面的圆角(Face - Face Fillet)

**3. 三切线内圆角(Tritangent Fillet)**

三切线内圆角特征如图 4 - 102 所示。

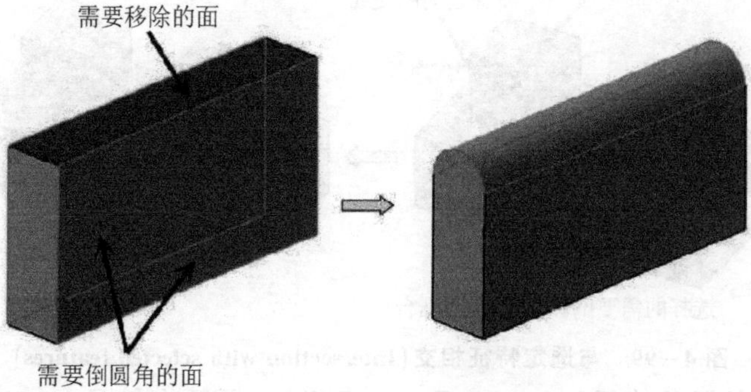


图 4 - 102 三切线内圆角(Tritangent Fillet)

## 4.2.2 倒角(Chamfer)

倒角特征是通过增加或去除材料的方式在边线交界处创建一个斜面特征,如图 4 - 103 所示。

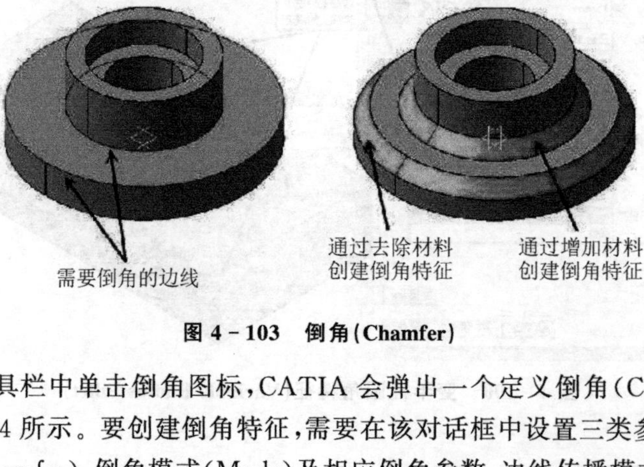


图 4 - 103 倒角(Chamfer)

在修饰特征工具栏中单击倒角图标,CATIA 会弹出一个定义倒角(Chamfer Definition)对话框,如图 4 - 104 所示。要创建倒角特征,需要在该对话框中设置三类参数,即要倒角的对象(Object(s) to chamfer)、倒角模式(Mode)及相应倒角参数、边线传播模式(Propagation)。

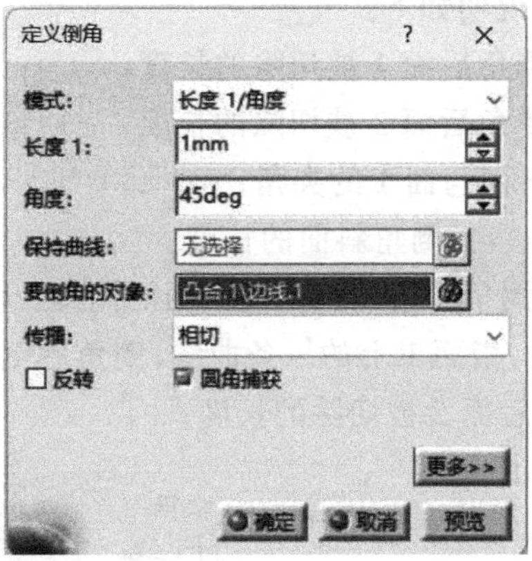


**图 4－104　定义倒角(Chamfer Definition)对话框**

### 1. 要倒角的对象(Object(s) to chamfer)

要倒角的对象既可以是边线,也可以是面,如果以面作为倒角的对象,则 CATIA 会对该面上所有的边线都倒出参数相同的斜面,如图 4－105 所示。

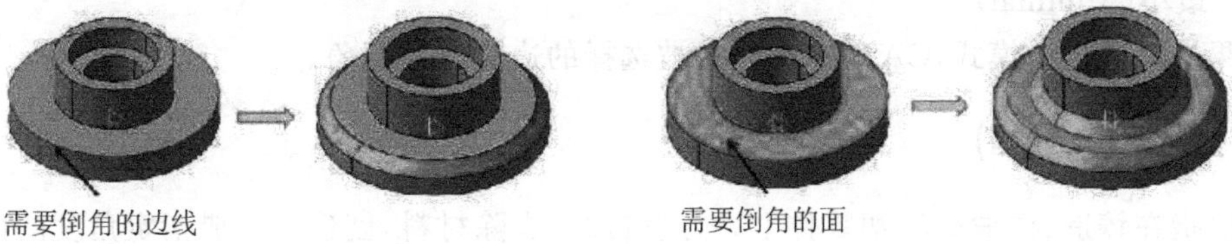


(a) 以边线作为倒角对象　　(b) 以面作为倒角对象

**图 4－105　要倒角的对象(Object(s) to chamfer)**

### 2. 倒角模式(Mode)及相应倒角参数

模式下拉列表框用于指定通过哪些参数组合来创建倒角特征。在模式下拉列表框中,CATIA 提供了 6 种倒角模式,即长度 1/角度(Length 1/Angle)、长度 1/长度 2(Length 1/Length 2)、弦长度/角度(Chordal length/Angle)、高度/角度(Height/Angle)、保持曲线/角度(Hold curve/Angle)、保持曲线/长度(Hold curve/Length),如图 4－106 所示。

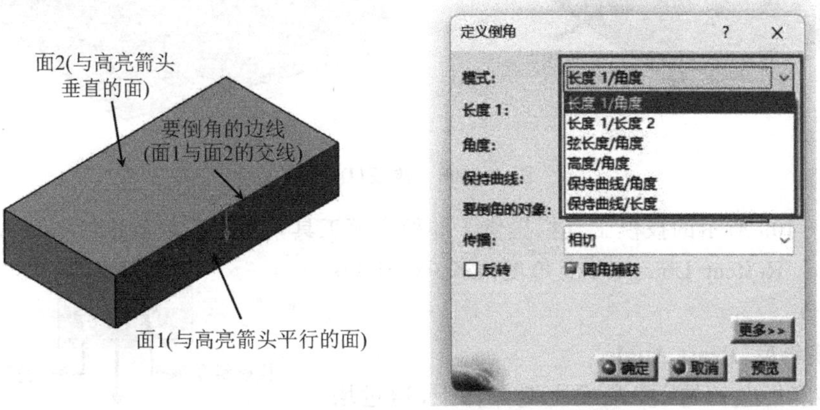


**图 4－106　倒角模式(Mode)及相应倒角参数**

在不同倒角模式下参数的说明如下：

① 长度 1(Length 1)：指倒角后面 1 被切除的长度；

② 长度 2(Length 2)：指倒角后面 2 被切除的长度；

③ 角度(Angle)：指倒角斜面与面 1 的夹角；

④ 弦长度(Chordal length)：指倒角斜面的长度；

⑤ 高度(Height)：指从要倒角的边线到倒角斜面的高度；

⑥ 保持曲线(Hold curve)：指面 1 上的一条曲线，倒角后倒角斜面以该曲线为边界；

⑦ 长度(Length)：指倒角后面 2 被切除的长度。

**3. 边线传播模式(Propagation)**

在传播下拉列表框中，CATIA 提供了两种边线传播模式，包括：相切(Tangency)、最小(Minimal)，如图 4-107 所示。

**图 4-107 边线传播模式(Propagation)(倒角)**

(1) 相切(Tangency)

如果选择了相切模式，CATIA 会对被选择的边线，以及与该边线相切的邻接边线进行参数完全相同的倒角。

(2) 最小(Minimal)

如果选择了最小模式，CATIA 将只对被选择的边线进行倒角。

## 4.2.3 拔模(Drafts)

拔模指在铸造、模锻或注塑零件上，通过增加或去除材料，创建一个成指定角度的面，以便模具与零件分离，如图 4-108 所示。

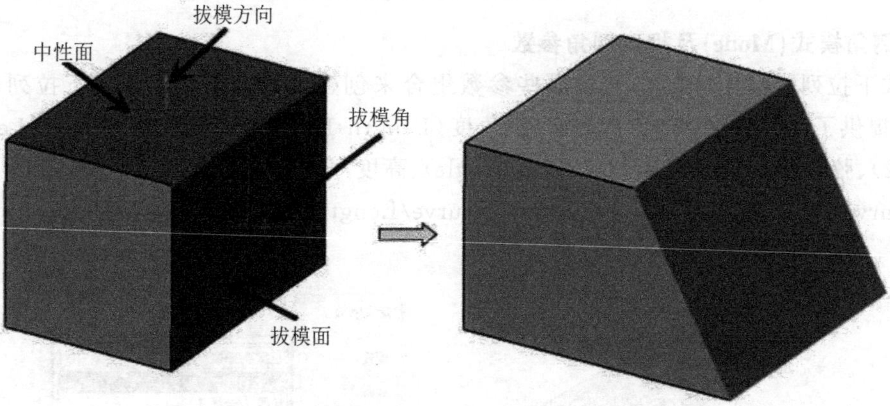


**图 4-108 拔模(Drafts)**

如图 4-109 所示的拔模工具栏提供了 3 种拔模工具，包括：拔模斜度(Draft Angle)、拔模反射线(Draft Reflect Line)、可变角度拔模(Variable Angle Draft)。

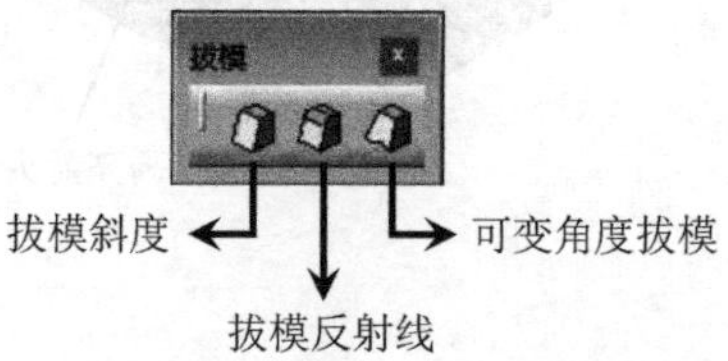


**图 4-109 拔模(Drafts)工具栏**

**1. 拔模斜度(Draft Angle)**

拔模斜度指在铸造、模锻或注塑零件上，通过增加或去除材料，创建一个成指定角度(该角度值是固定不变的)的斜面，如图 4-108 所示。

在拔模工具栏中单击拔模斜度图标,CATIA 会弹出一个定义拔模(Draft Definition)对话框,如图 4 - 110 所示。在该对话框中需要指定 4 个基本参数,即要拔模的面(Face(s) to draft)、中性元素(Neutral Element)、拔模方向(Pulling Direction)和角度(Angle)。

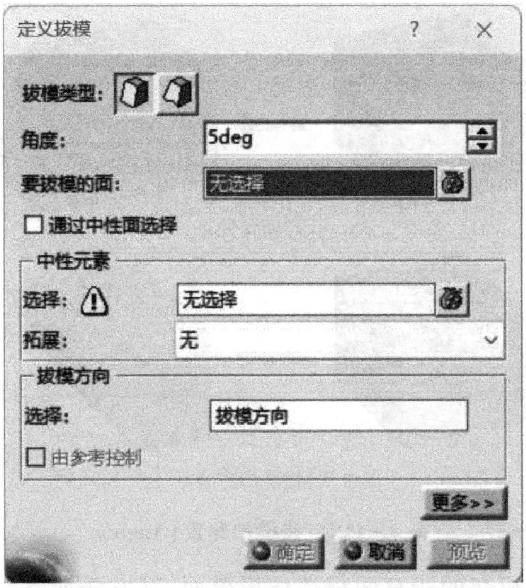


**图 4 - 110 定义拔模(Draft Definition)对话框**

(1) 要拔模的面(Face(s) to draft)

要拔模的面指要进行拔模、改变其倾斜角度的面。选中的拔模面会呈现暗红色,如图 4 - 108 所示。

(2) 中性元素(Neutral Element)

中性元素是拔模的基准,在拔模前后其大小、形状、位置都不发生变化。中性元素可以是面,也可以是曲线,对于拔模斜度特征来讲,应该选择一个面作为中性元素,又称为中性面。中性面会呈现蓝色,如图 4 - 108 所示。中性面与拔模面的交线为中性线,呈现紫色。

(3) 拔模方向(Pulling Direction)

CATIA 在默认情况下会选择 xy 基准平面的法线方向,即 z 轴方向作为拔模方向。如果选择了一个平面作为中性面,那么 CATIA 会以该中性面的法线方向作为默认的拔模方向,如图 4 - 108 所示。除此以外,还可以右击拔模方向选项组中的选择(Selection)文本框,通过弹出的快捷菜单中提供的工具指定其他方向作为拔模方向,如图 4 - 111 所示。

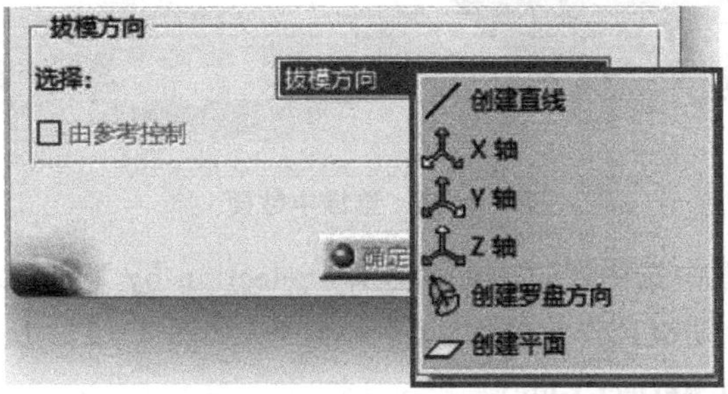


**图 4 - 111 拔模方向(Pulling Direction)**

（4）角度（Angle）

角度指拔模面与拔模方向之间的夹角，既可为正，也可为负。如果拔模角为正值，则通过增加材料创建拔模特征；反之，则通过去除材料创建拔模特征，如图 4－112 所示。

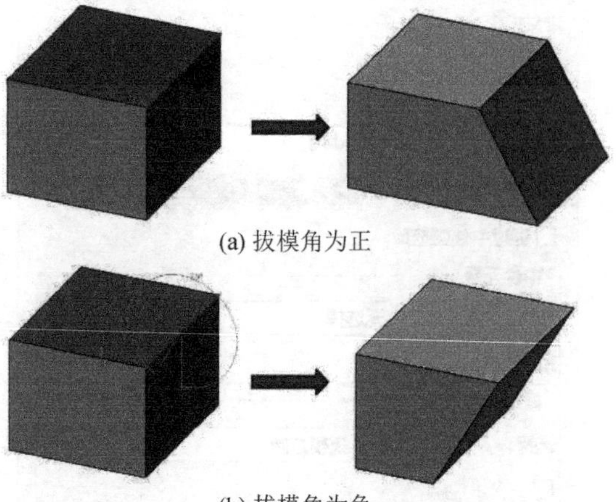

(a) 拔模角为正

(b) 拔模角为负

**图 4－112 拔模的角度（Angle）**

如果需要将与中性面相交的所有面都选作拔模面，其方法如下：

① 在拔模工具栏中单击拔模斜度（Draft Angle）图标，CATIA 会弹出一个定义拔模对话框，如图 4－110 所示；

② 选择中性面，如图 4－113 所示；

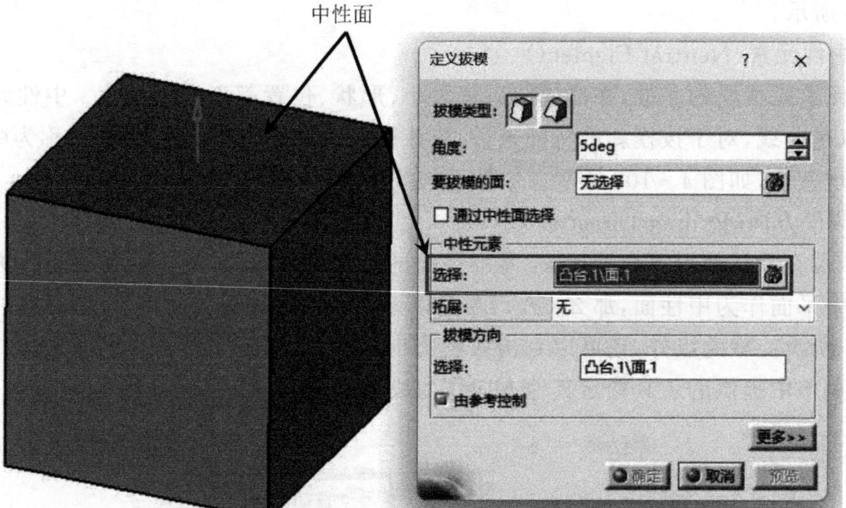


**图 4－113 选择中性面**

③ 在定义拔模对话框中选中通过中性面选择（Selection by Neutral Face）复选框，则与中性面相交的所有面均会自动被选作拔模面，呈现暗红色，如图 4－114 所示。

**2．拔模反射线（Draft Reflect Line）**

拔模反射线指以所选实体表面的一条曲线作为中性元素（即中性线）进行拔模，生成的拔模特征表面与实体表面相切，如图 4－115 所示。

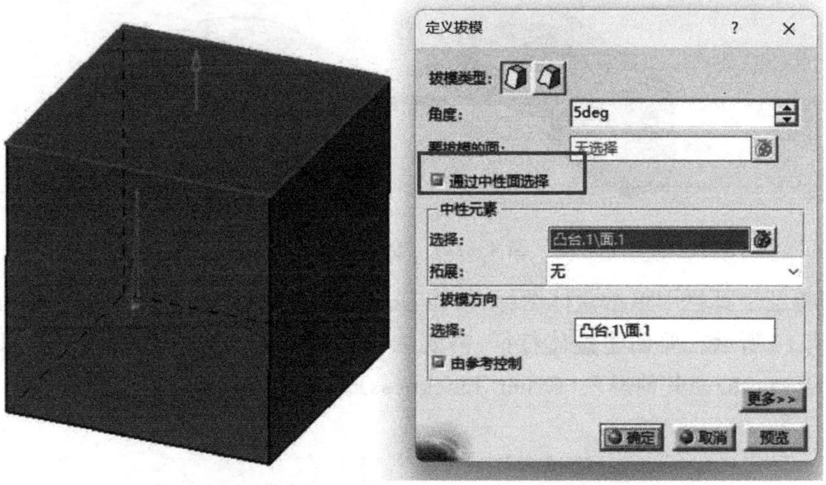


**图 4-114　通过中性面选择(Selection by Neutral Face)拔模面**

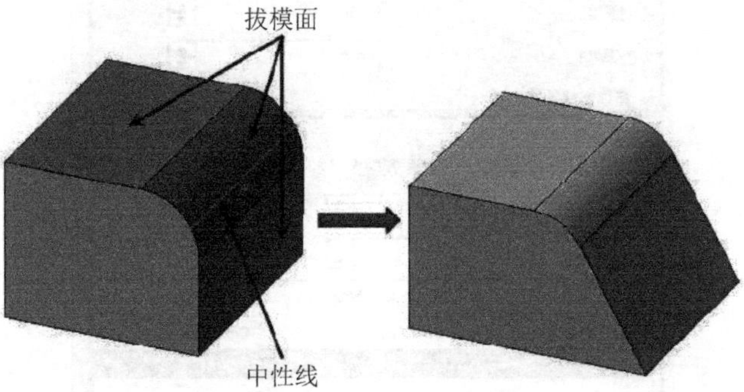


**图 4-115　拔模反射线(Draft Reflect Line)**

**3. 可变角度拔模(Variable Angle Draft)**

可变角度拔模指在中性线上设置多个控制点，在每个控制点处设置不同的拔模角进行拔模，如图 4-116 所示。

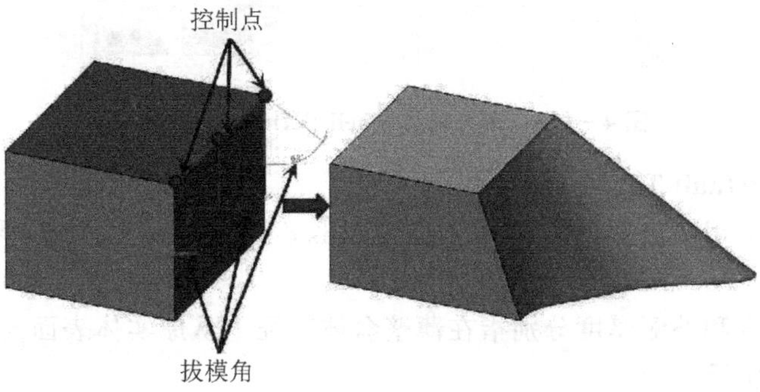


**图 4-116　可变角度拔模(Variable Angle Draft)**

## 4.2.4　盒体(Shell)

盒体特征指以当前实体(Body)为操作对象，将其转变为具有指定壁厚的薄壁实体，如图 4-117 所示。

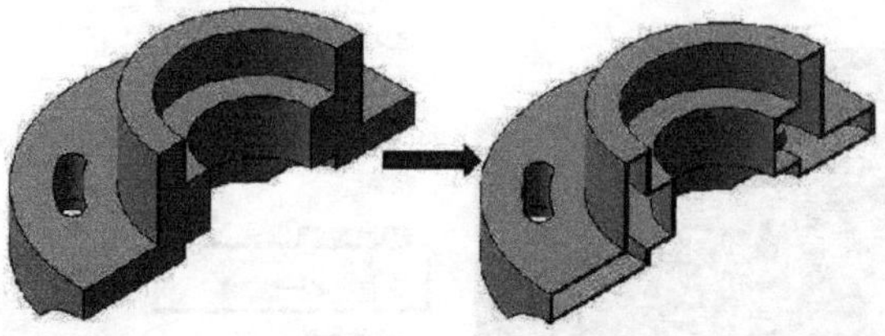

图 4-117 盒体(Shell)

在修饰特征工具栏中单击盒体图标,CATIA 会弹出一个定义盒体(Shell Definition)对话框,如图 4-118 所示。要创建盒体特征,需要在该对话框中指定两类基本参数,即默认厚度(Default Thickness)和其他厚度(Other Thickness)。

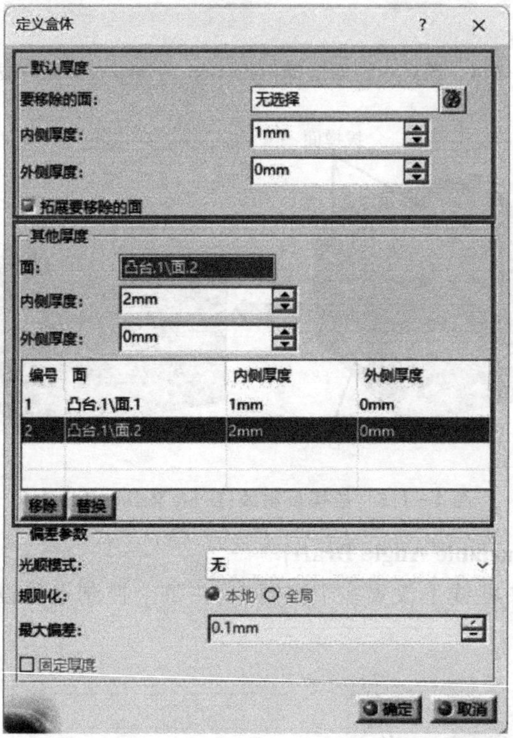


图 4-118 定义盒体(Shell Definition)对话框

**1. 默认厚度(Default Thickness)**

默认厚度选项组用于设置默认的内侧厚度(Inside thickness)、外侧厚度(Outside thickness)和要移除的面(Faces to remove)。

默认的内侧厚度和外侧厚度分别指在薄壁盒体特征上从原实体表面向实体内侧和外侧的厚度,如图 4-119 所示。

如果选择了要移除的面(Faces to remove),则该面处的实体将被彻底抽空,即壁厚为 0,如图 4-120 所示。

**2. 其他厚度(Other Thickness)**

其他厚度选项组用于选择一组面,并分别指定每个面处的内侧厚度和外侧厚度,如图 4-121 所示,选择的其他厚度面会显示在图 4-121 中的其他厚度面列表中。

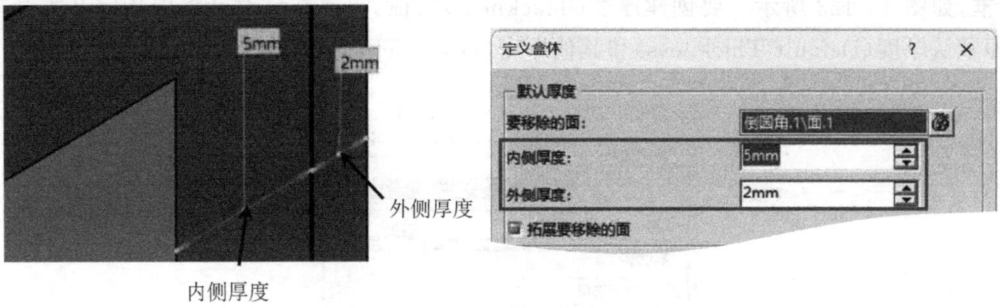


**图 4-119　默认壁厚**

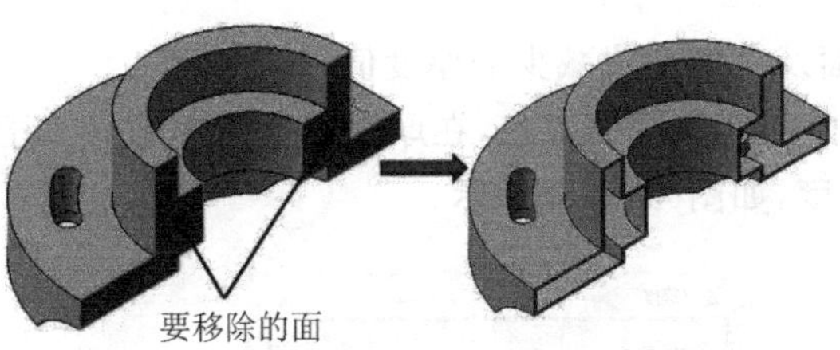


**图 4-120　要移除的面(Faces to remove)**

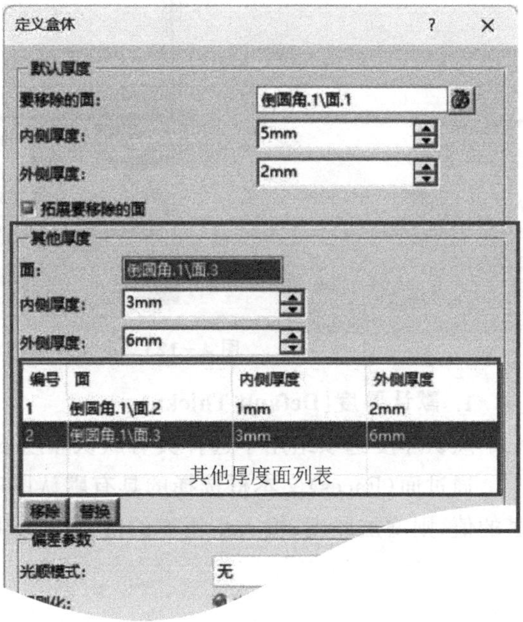


**图 4-121　其他厚度(Other Thickness)**

## 4.2.5　厚度(Thickness)

厚度特征是通过增加或减少指定零件实体表面的厚度而创建出来的特征，如图 4-122 所示。

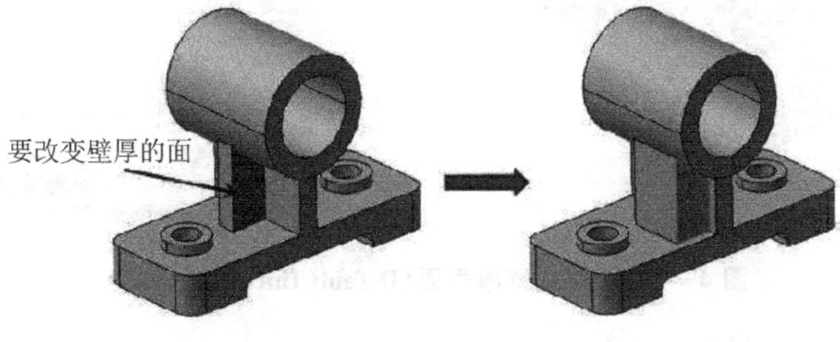


**图 4-122　厚度(Thickness)**

在修饰特征工具栏中单击厚度图标，CATIA 会弹出一个定义厚度(Thickness Definition)

对话框，如图 4－123 所示。要创建厚度(Thickness)特征，需要在该对话框中指定 2 类基本参数，即默认厚度(Default Thickness)和其他厚度(Other Thickness)。

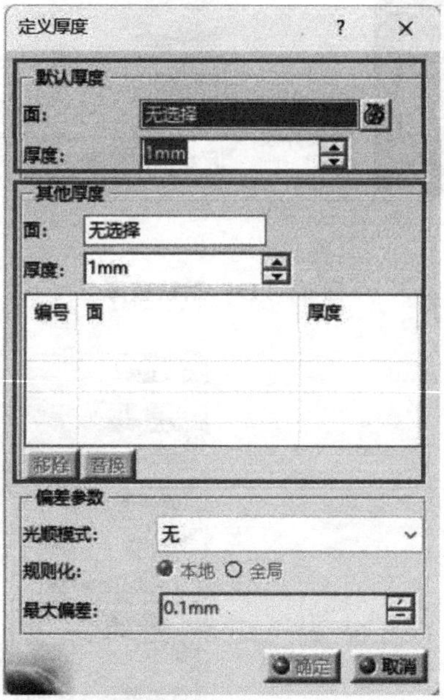


**图 4－123　定义厚度(Thickness Definition)对话框**

**1. 默认厚度(Default Thickness)**

默认厚度选项组用于选择具有默认厚度的面及其增加或减少的厚度值。

通过面(Faces)文本框选择的具有默认厚度的面会呈现暗红色，在厚度文本框中输入大于零的值，则增加厚度；输入小于零的值，则减少厚度，如图 4－124 所示。

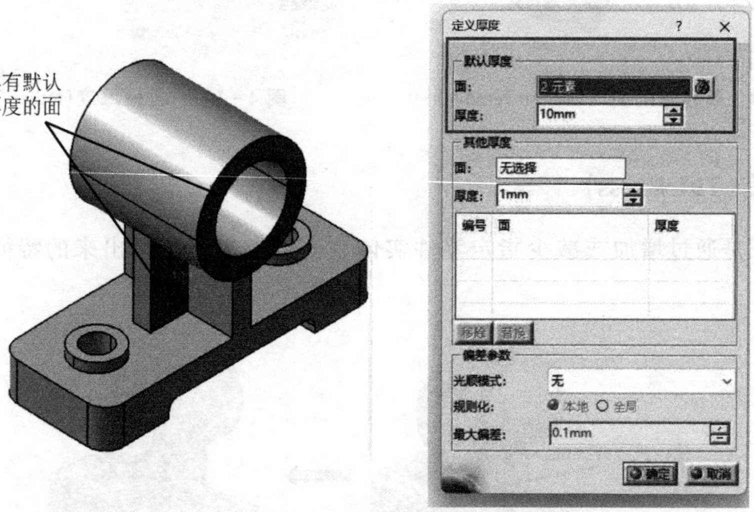


**图 4－124　默认壁厚表面(Default thickness faces)**

**2. 其他厚度(Other Thickness)**

其他厚度选项组用于选择一组面，并分别指定每个面处增加或减少的厚度，如图 4－125 所示，选择的其他厚度面会显示在图 4－125 中的其他厚度面列表中，并呈现浅蓝色。

其他厚度表面处的厚度变化量由其他厚度选项组中的厚度(Thickness)文本框控制。

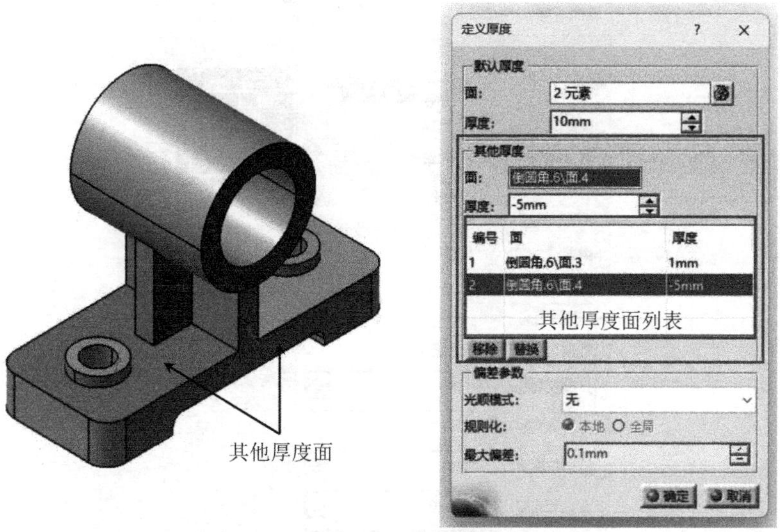


**图 4-125　其他厚度(Other Thickness)**

## 4.2.6　外螺纹/内螺纹(Thread/Tap)

外螺纹/内螺纹图标用于创建外螺纹和内螺纹,如图 4-126 所示。

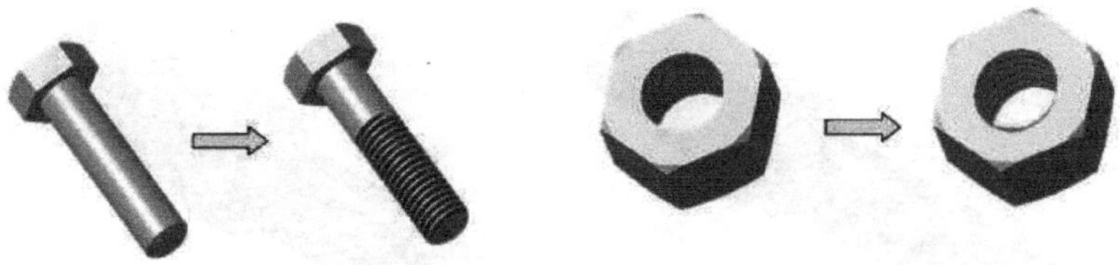

(a) 外螺纹(Thread)　　(b) 内螺纹(Tap)

**图 4-126　外螺纹/内螺纹(Thread/Tap)特征**

外螺纹指在圆柱体外表面创建的螺纹特征;内螺纹指在孔的内表面创建的螺纹特征。

在修饰特征工具栏中单击外螺纹/内螺纹(Thread/Tap)图标,CATIA 会弹出一个定义外螺纹/内螺纹(Thread/Tap Definition)对话框,如图 4-127 所示。要创建外螺纹/内螺纹特征,需要在该对话框中指定 4 类基本参数,即侧面(Lateral Face)、限制面(Limit Face)、螺纹方向和螺纹参数。

**1. 侧面(Lateral Face)**

侧面指构造螺纹的表面可以是圆柱体的外表面,也可以是孔的内表面。如果要创建外螺纹,则必须选择圆柱体的外表面作为构造螺纹的表面;如果要创建内螺纹,则必须选择孔的内表面作为构造螺纹的表面,如图 4-128 所示。

**2. 限制面(Limit Face)**

限制面用于限制开始生成螺纹的位置。选择了限制面后,CATIA 会从该面开始沿着螺纹方向在构造螺纹的表面生成螺纹。

**3. 螺纹方向**

选择了限制面后,CATIA 会以该面的法线方向作为螺纹方向,在定义外螺纹/内螺纹对话框中单击反转方向(Reverse Direction)按钮后会使螺纹方向反向。

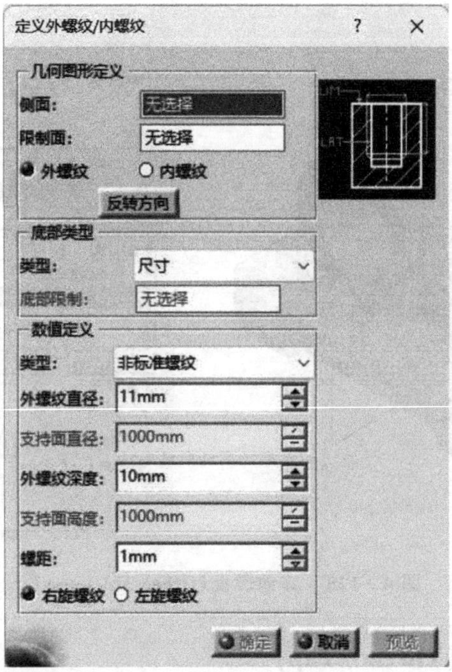


图 4-127　定义外螺纹/内螺纹(Thread/Tap Definition)对话框

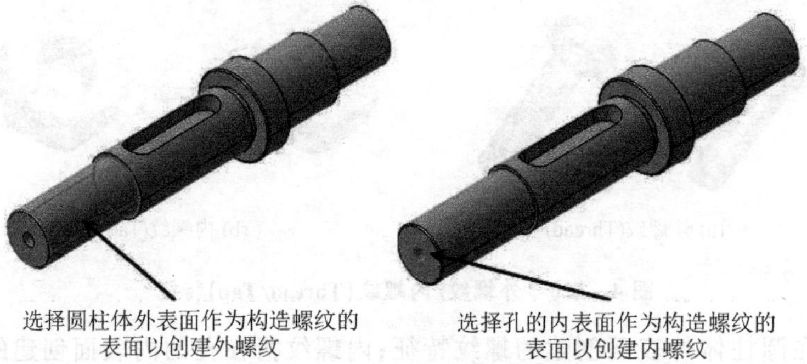


图 4-128　侧面(Lateral Face)

**4. 螺纹参数**

需要设置的螺纹参数包括:螺纹类型(Type)、螺纹直径(Thread Diameter,针对非标准螺纹)、螺纹描述(Thread Description,针对公制粗牙螺纹和公制细牙螺纹)、螺纹深度(Thread Depth)、螺距(Pitch)、螺旋方向,每个螺纹参数的具体含义已在 4.1.5 小节中做过详细介绍。

在设置螺纹深度时,定义外螺纹/内螺纹对话框在底部类型(Bottom Type)选项组中提供了 3 种类型,即尺寸(Dimension)、支持面深度(Support Depth)和直到平面(Up-To-Plane),如图 4-129 所示。

如果选择了尺寸选项,则需要在外螺纹深度①(Thread Depth)文本框中输入螺纹深度的具体数值;如果选择了支持面深度选项,CATIA 会自动选择所选侧面的最大深度值;如果选择了直到平面选项,则需要选择一个限制平面,螺纹生成到该限制平面为止。

① 此处应译为螺纹深度。

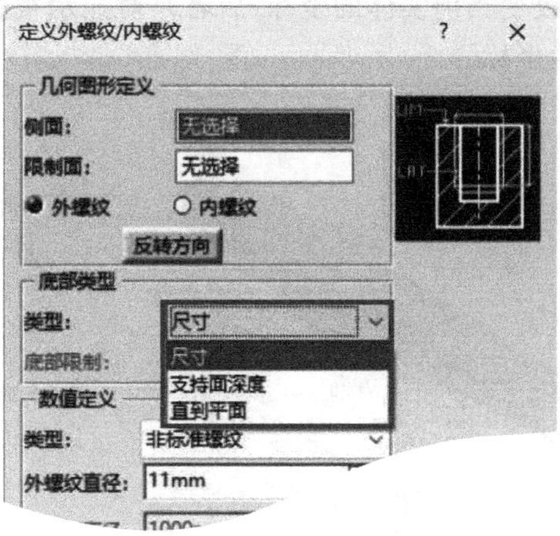


图 4－129　底部类型(Bottom Type)

需要注意的是,无论是外螺纹还是内螺纹,螺纹特征都不会在零件实体上显示出来。

## 4.3　变换特征(Transformation Features)

变换特征是通过对当前零件实体或当前零件实体上的指定特征进行相关操作创建出来的特征,其操作对象是当前零件实体或当前零件实体上的指定特征。要创建变换特征,需要用到变换特征工具栏,如图 4－130 所示,通过该工具栏可以创建的常用的变换特征包括:平移(Translation)、旋转(Rotation)、对称(Symmetry)、定位(AxisToAxis)、镜像(Mirror)、矩形阵列(Rectangular Pattern)、圆形阵列(Circular Pattern)、用户阵列(User Pattern)、缩放(Scaling)、仿射(Affinity)。

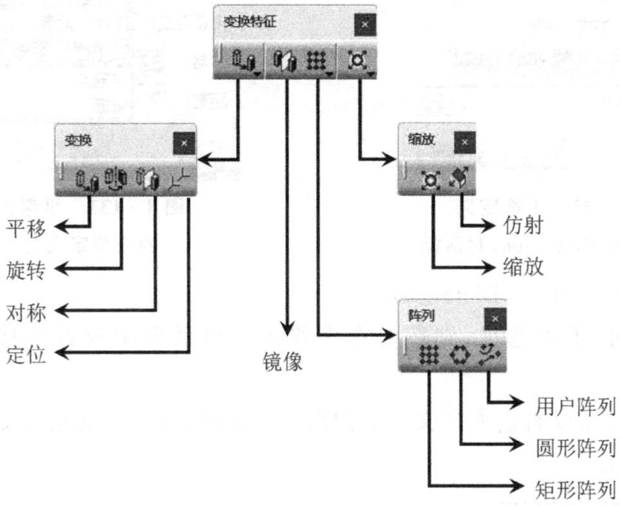


图 4－130　变换特征(Transformation Features)工具栏

### 4.3.1　平移(Translation)

平移图标用于将当前零件实体按照指定的方向平移指定的距离,平移的操作对象是当前零件实体,如图 4－131 所示。变换特征工具栏中的平移不同于视图工具栏中的平移,前者是相对于坐标系进行移动，会改变当前实体的坐标；后者是对显示视窗进行移动，并不会改变模型对象在三维空间中的位置坐标。

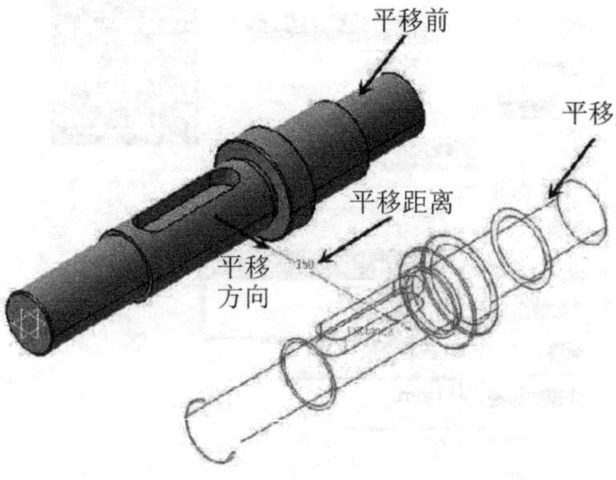


**图 4-131　平移(Translation)特征**

平移的方法如下：

① 单击平移图标，CATIA 弹出如图 4-132 所示的平移定义(Translate Definition)对话框；

② 在向量定义(Vector Definition)下拉列表框中设置平移方向的向量定义方式；

③ 根据向量定义方式设置相关的参数，包括定义平移方向和平移距离；

④ 单击确定按钮完成平移操作。

向量定义下拉列表框提供了 3 种平移方向的向量定义方式，如图 4-133 所示，包括：方向、距离(Direction，Distance)，点到点(Point to Point)，坐标(Coordinates)。

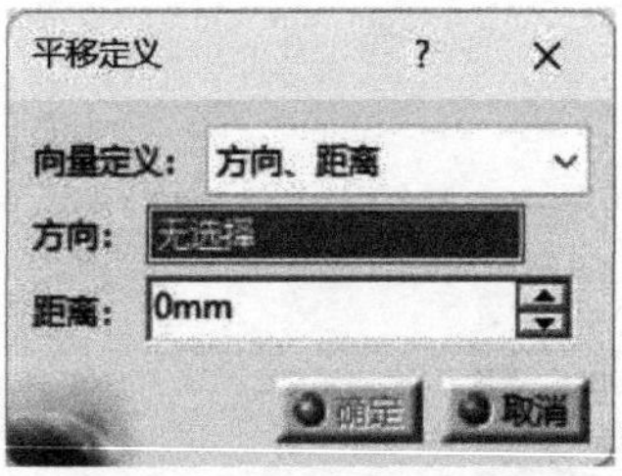


**图 4-132　平移定义**
**(Translate Definition)对话框**

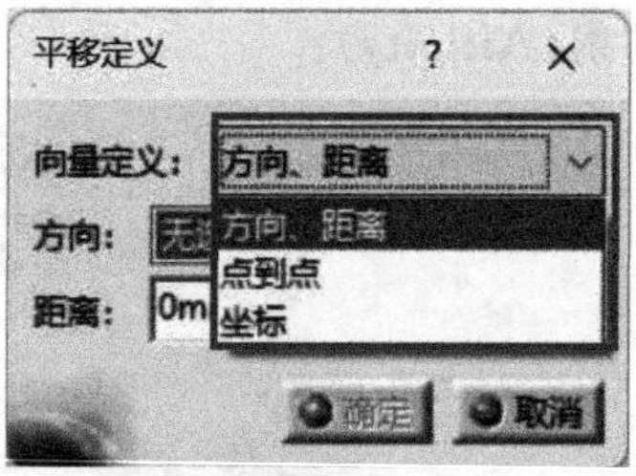


**图 4-133　平移方向**
**的向量定义方式**

(1) 方向、距离(Direction，Distance)

如果选择了方向、距离选项，则需要在平移定义对话框中设置平移的方向和距离，如图 4-134 所示。

设置平移方向时，可以右击方向文本框弹出快捷菜单，通过快捷菜单提供的选项设置平移方向，如图 4-135 所示。

(2) 点到点(Point to Point)

如果选择了点到点选项，则需要设置平移的起点(Start point)和终点(End point)，两点连线方向即是平移方向，两点连线的长度即是平移距离，如图 4-136 所示。

(3) 坐标(Coordinates)

如果选择了坐标(Coordinates)选项，则需要设置当前实体沿着 x、y 和 z 轴平移的距离，如图 4-137 所示。

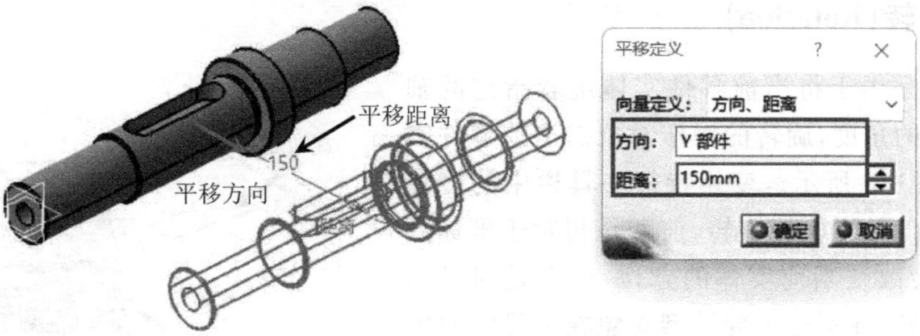


图 4 - 134　方向、距离(Direction,Distance)

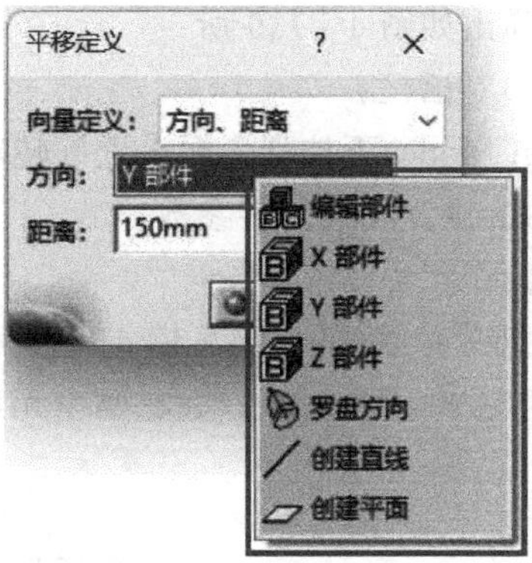


图 4 - 135　设置平移方向

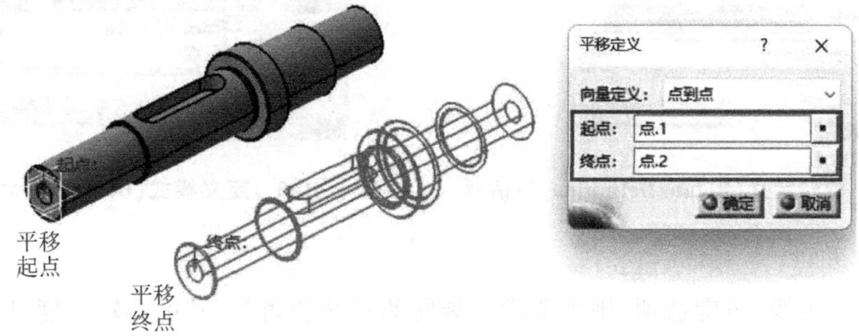


图 4 - 136　点到点(Point to Point)

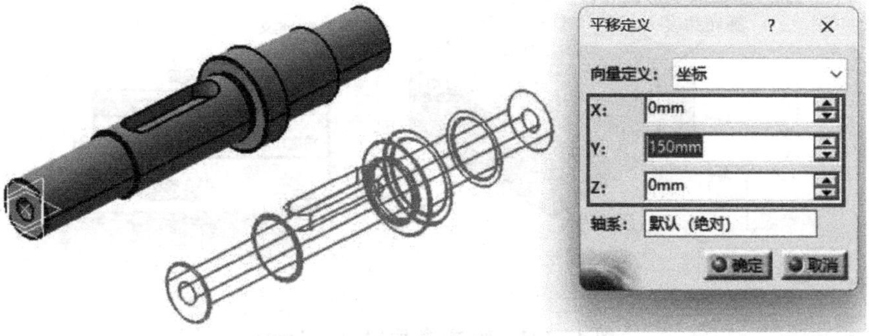


图 4 - 137　坐标(Coordinates)

## 4.3.2 旋转(Rotation)

旋转图标用于将当前零件实体绕着指定的轴线旋转指定的角度，旋转的操作对象是当前零件实体，如图 4－138 所示。变换特征工具栏中的旋转不同于视图工具栏中的旋转，前者是相对于坐标系进行旋转，会改变当前实体的方位；后者是对显示视窗进行旋转，并不会改变模型对象在三维空间中的方位。

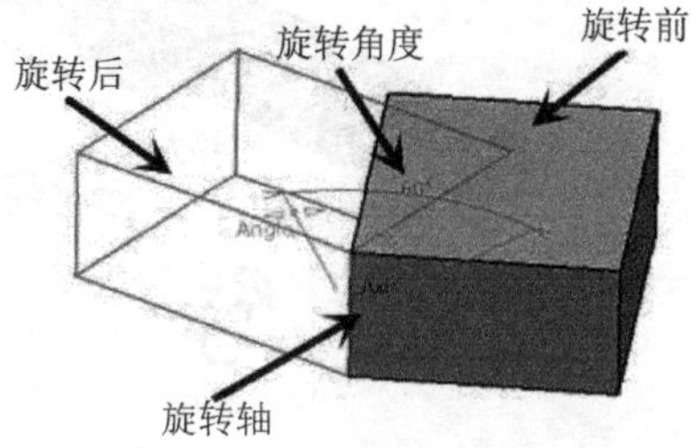


**图 4－138 旋转(Rotation)**

旋转的方法如下：

① 单击旋转图标，CATIA 弹出如图 4－139 所示的旋转定义(Rotate Definition)对话框；

② 通过定义模式(Definition Mode)下拉列表框设置旋转定义的模式；

③ 根据指定的旋转定义模式，设置相关旋转参数；

④ 单击确定按钮完成旋转操作。

在如图 4－139 所示的旋转定义对话框中，定义模式下拉列表框提供了 3 种定义模式，如图 4－140 所示，包括：轴线-角度(Axis－Angle)、轴线-两个元素(Axis－Two Elements)、三点(Three Points)。

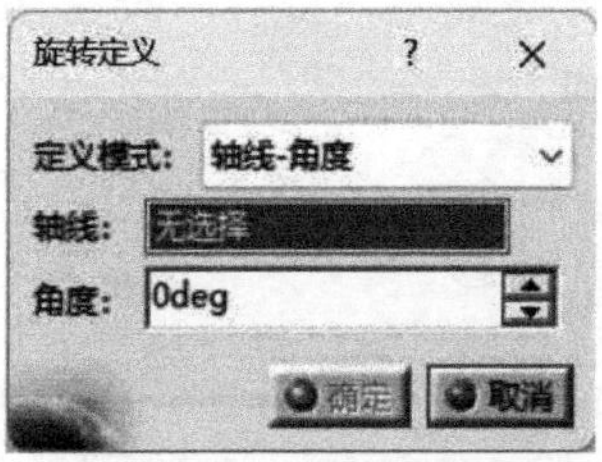


**图 4－139 旋转定义(Rotate Definition)对话框**

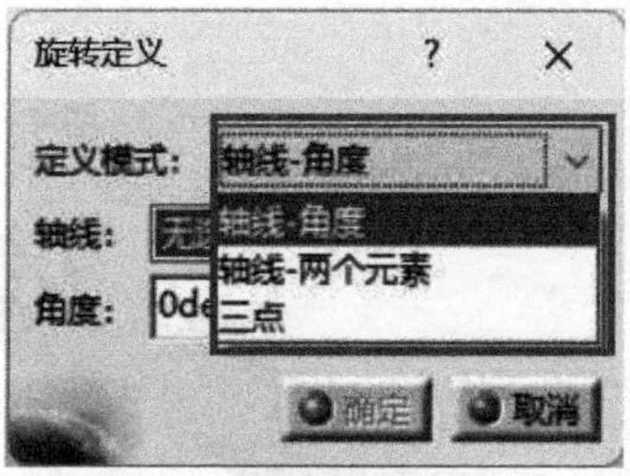


**图 4－140 定义模式(Definition Mode)**

(1) 轴线-角度(Axis－Angle)

如果选择了轴线-角度选项，则需要设置旋转的轴线和角度，其中旋转角度以逆时针为正，顺时针为负，如图 4－141 所示。

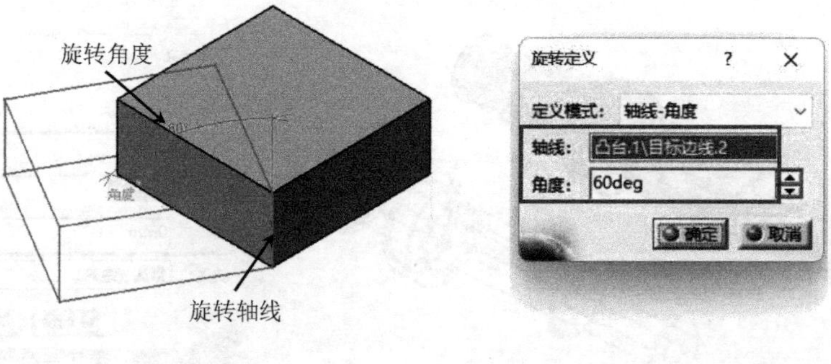


**图 4－141 轴线-角度(Axis－Angle)**

(2) 轴线-两个元素(Axis - Two Elements)

如果选择了轴线-两个元素选项,则需要指定一个旋转轴线和两个参考元素,CATIA 会将当前实体以第一个参考元素的位置为起始位置,绕着旋转轴线进行旋转,直到第一个参考元素的方向与第二个参考元素的方向相同为止,如图 4-142 所示。

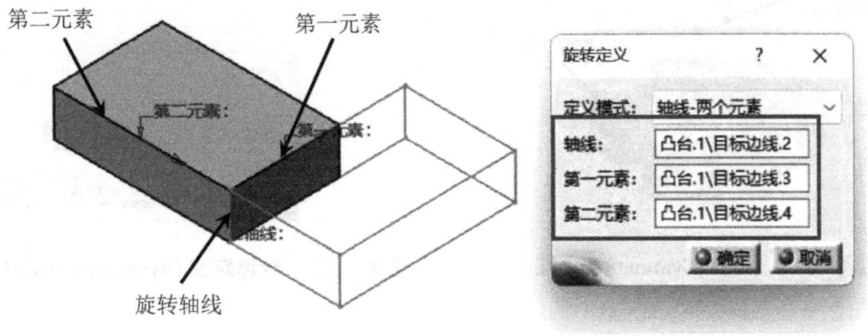


**图 4-142　轴线-两个元素(Axis - Two Elements)**

(3) 三点(Three Points)

如果选择了三点(Three Points)选项,则需要设置三个点,CATIA 会将当前实体以第二点为旋转中心点,以第二点和第一点连线为旋转起始位置进行旋转,直到第二点和第一点连线与第二点和第三点连线重合,如图 4-143 所示。

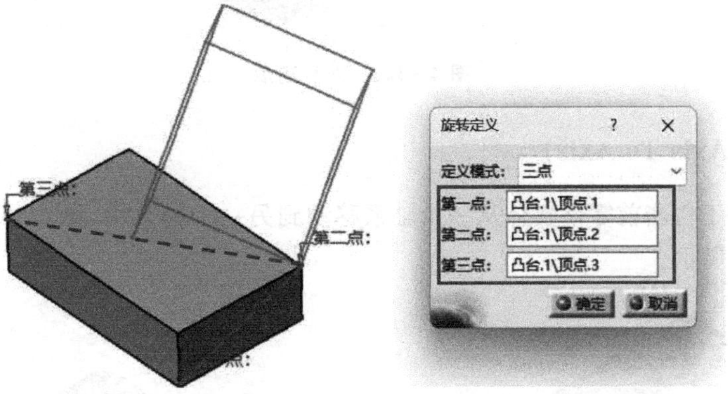


**图 4-143　三点(Three Points)**

## 4.3.3　对称(Symmetry)

对称图标用于将当前零件实体关于指定的参考平面进行对称操作,操作对象为当前零件实体,如图 4-144 所示。

对称操作的方法如下:

① 单击对称图标,CATIA 弹出如图 4-145 所示的对称定义(Symmetry Definition)对话框;

② 选择一个参考平面作为对称面;

③ 单击确定按钮完成对称操作,如图 4-146 所示。

完成对称操作以后,原实体会被删除。

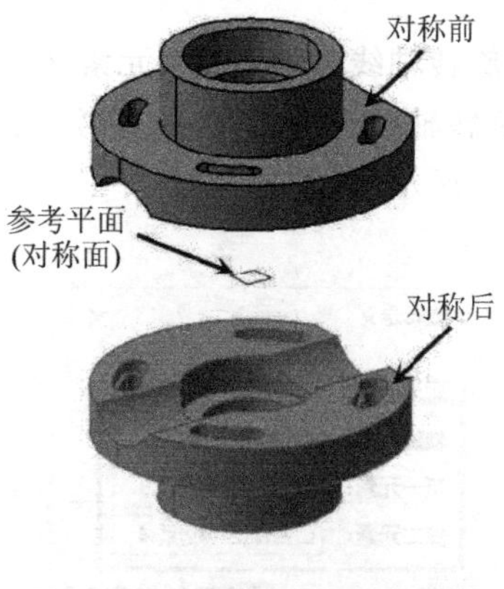


图 4－144 对称(Symmetry)特征

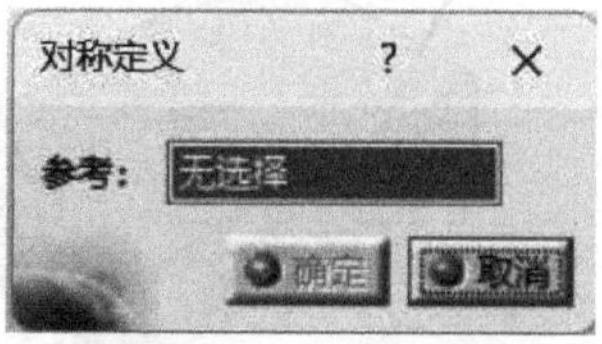


图 4－145 对称定义(Symmetry Definition)对话框

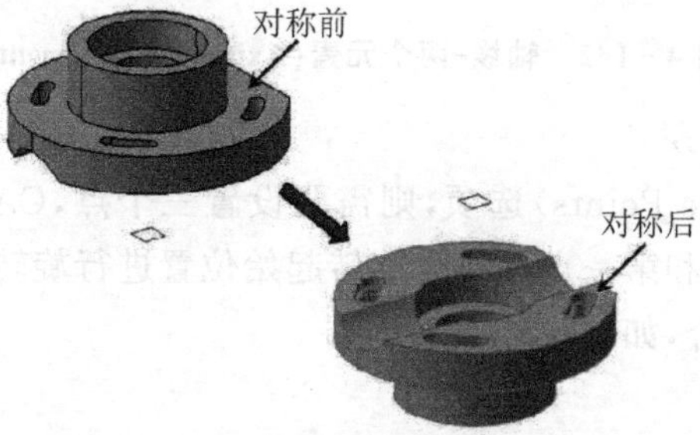


图 4－146 对称前后

## 4.3.4 定位(Axis To Axis)

定位图标用于将当前零件实体从一个轴系移动到另一个轴系中，操作对象为当前零件实体，如图 4－147 所示。

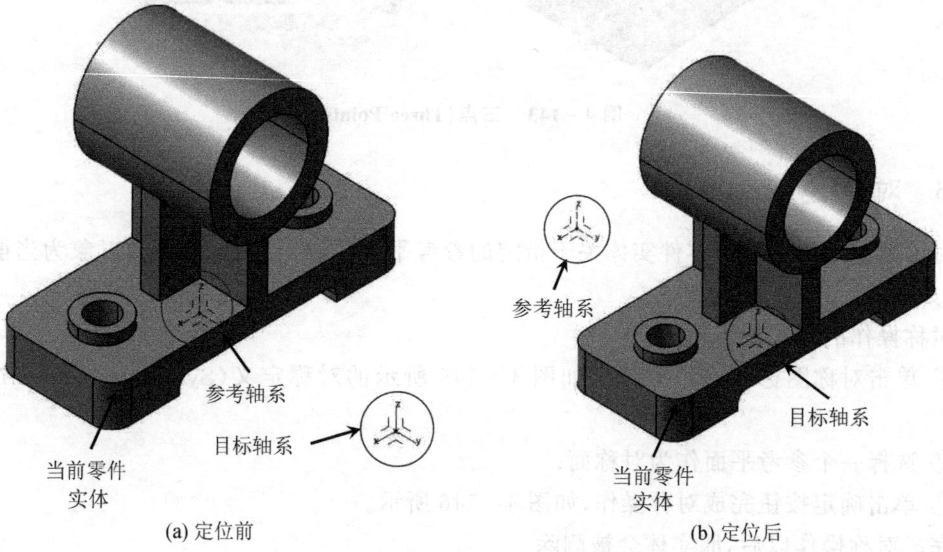


图 4－147 定位(Axis To Axis)

定位的方法如下：

① 将要进行定位的零件实体定义为当前工作对象；

② 单击定位(Axis To Axis)图标，CATIA 弹出如图 4－148 所示的问题(Question)对话框，在该对话框中单击是按钮；

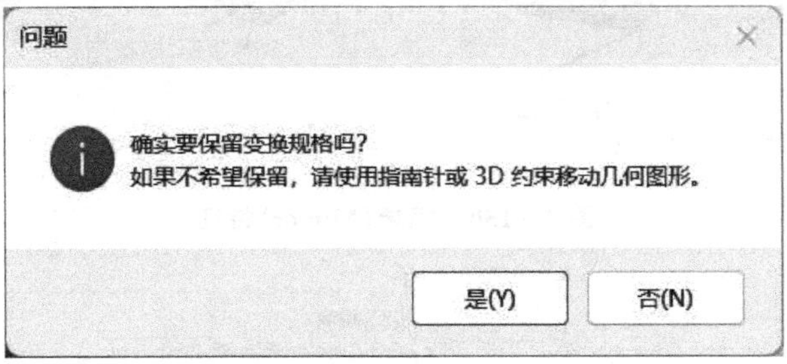


**图 4－148　问题(Question)对话框**

③ 通过"定位变换"定义("Axis To Axis" Definition)对话框中的参考(Reference)文本框选择参考轴系，通过目标(Target)文本框选择目标轴系，如图 4－149 所示；

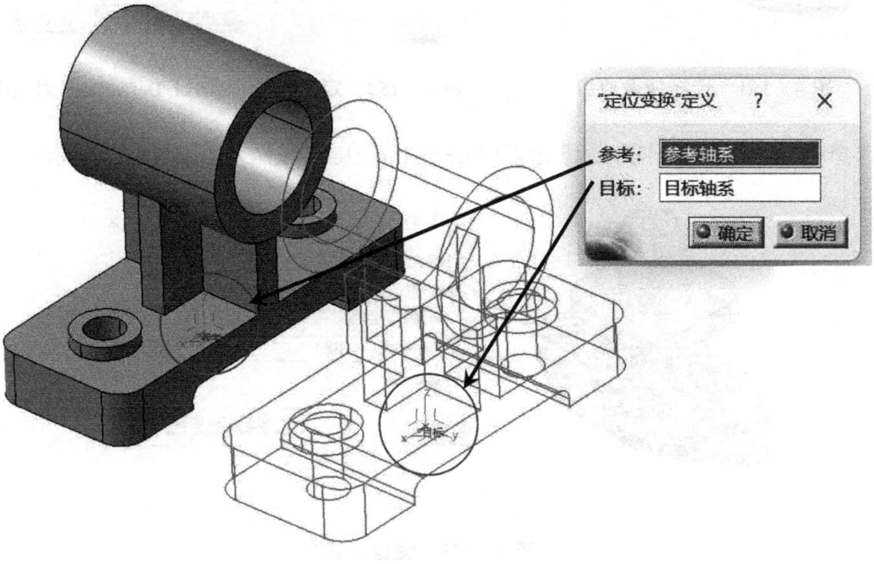


**图 4－149　"定位变换"定义(Axis To Axis Definition)对话框**

④ 在"定位变换"定义对话框中单击确定按钮完成操作，如图 4－147(b)所示。

## 4.3.5　镜像(Mirror)

镜像图标用于将当前零件实体或当前零件实体中的指定特征关于指定的参考平面进行镜像，操作对象为当前零件实体或当前零件实体中的指定特征，如图 4－150 所示。

如果要对指定的特征进行镜像，需要首先选择该特征作为镜像对象，然后再在修饰特征工具栏中单击镜像图标；如果要对当前零件实体进行镜像，则无须选择镜像对象，直接在修饰特征工具栏中单击镜像图标，CATIA 会自动以当前零件实体作为镜像对象。下面以对指定特征进行镜像为例，介绍镜像的具体方法：

① 选择要进行镜像的特征作为镜像对象，如图 4－151 所示；

② 单击镜像图标，CATIA 弹出如图 4－152 所示的定义镜像(Mirror Definition)对话框；

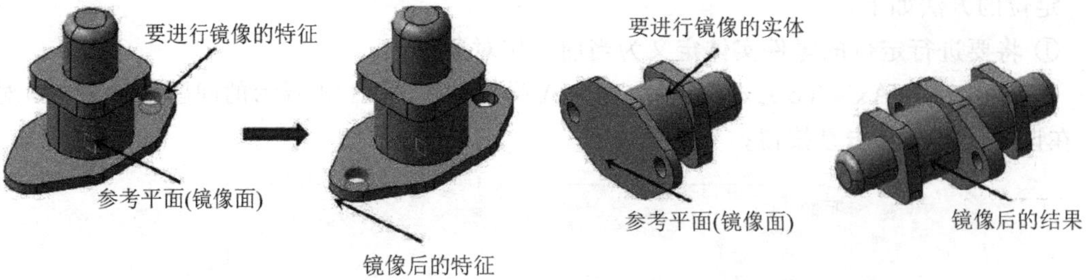


(a) 对特征进行镜像　　　　(b) 对实体进行镜像

**图 4-150　镜像(Mirror)特征**

**图 4-151　选择镜像对象**

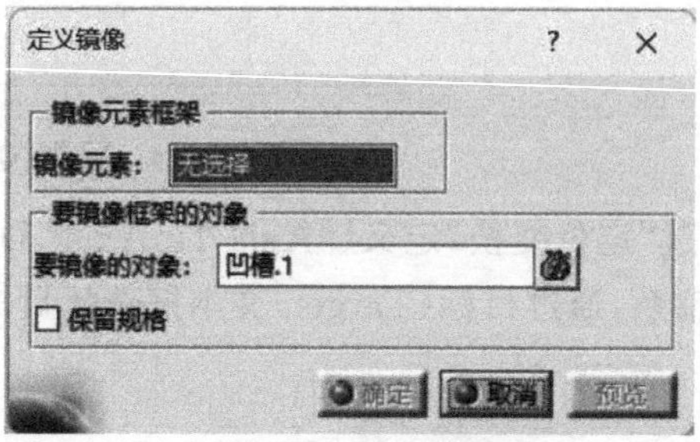


**图 4-152　定义镜像(Mirror Definition)对话框**

③ 选择一个参考平面作为镜像元素(Mirroring element),如图 4-153 所示;

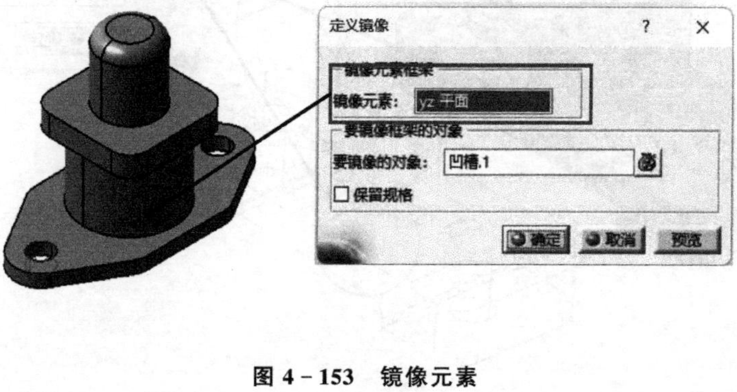


**图 4-153　镜像元素**

④ 单击确定按钮完成镜像操作,如图 4-154 所示。

**图 4-154　镜像后的特征**

镜像后,原来的镜像对象(特征或实体)仍然保留。

### 4.3.6 矩形阵列(Rectangular Pattern)

矩形阵列图标用于将当前零件实体或当前零件实体上的指定特征沿着指定方向进行复制，如图 4-155 所示。

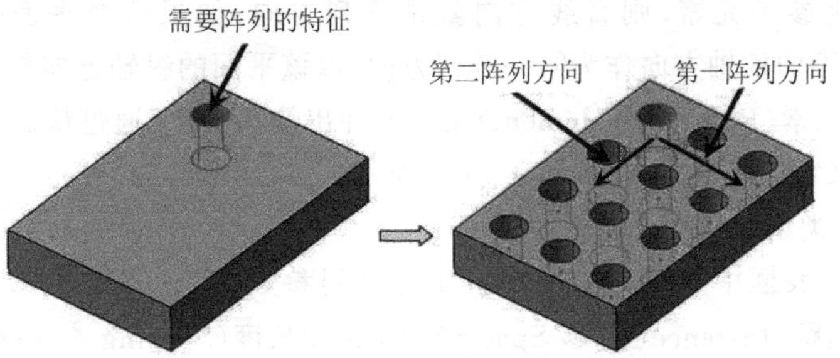


**图 4-155 矩形阵列(Rectangular Pattern)**

矩形阵列的方法如下：

① 选择要进行阵列的特征，如图 4-156 所示；

② 单击矩形阵列图标，CATIA 弹出如图 4-157 所示的定义矩形阵列(Rectangular Pattern Definition)对话框；

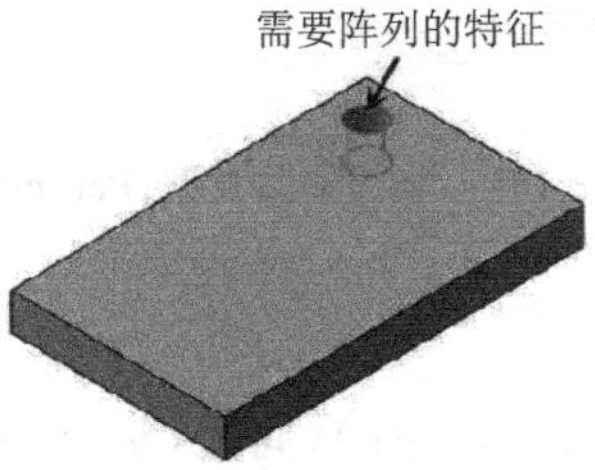


**图 4-156 选择要进行阵列的特征**

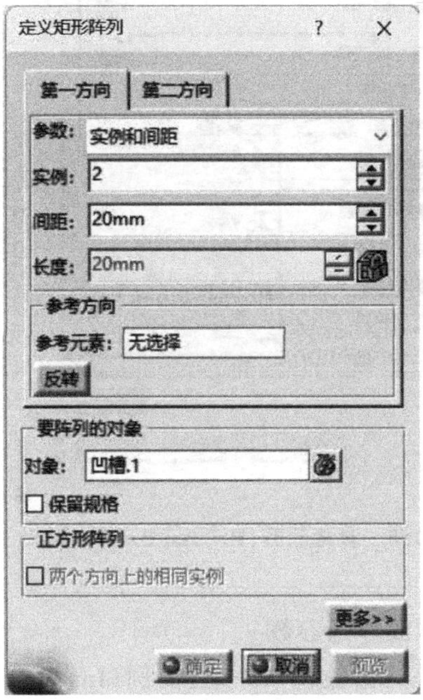


**图 4-157 定义矩形阵列(Rectangular Pattern Definition)对话框**

③ 单击第一方向(First Direction)标签，并设置第一阵列方向的阵列参数；

④ 单击第二方向(Second Direction)标签，并设置第二阵列方向的阵列参数；

⑤ 单击确定按钮完成矩形阵列操作。

在定义矩形阵列对话框中需要设置的第一方向和第二方向的参数包括参考方向(Reference Direction)、阵列参数类型(Parameters)和具体的阵列参数。

(1) 参考方向(Reference Direction)

定义矩形阵列对话框中的参考方向选项组用于设置阵列方向。设置阵列方向有 2 种方式:

① 选择一个已经存在的参考元素来设置阵列方向,参考元素可以是直线,也可以是平面。如果选择直线作为参考元素,则直线方向就是阵列方向;如果选择平面作为参考元素,则 CATIA 会以该平面的横轴方向作为第一阵列方向,以该平面的纵轴方向作为第二阵列方向。

② 右击参考元素(Reference element)文本框弹出快捷菜单,通过快捷菜单提供的选项创建一个参考元素来定义阵列方向,如图 4-158 所示。

(2) 阵列参数类型(Parameters)

在参数下拉列表框中,CATIA 提供了 4 种阵列参数类型:实例和长度(Instance(s) & Length)、实例和间距(Instance(s) & Spacing)、间距和长度(Spacing & Length)、实例和不等间距(Instance(s) & Unequal Spacing),如图 4-159 所示。

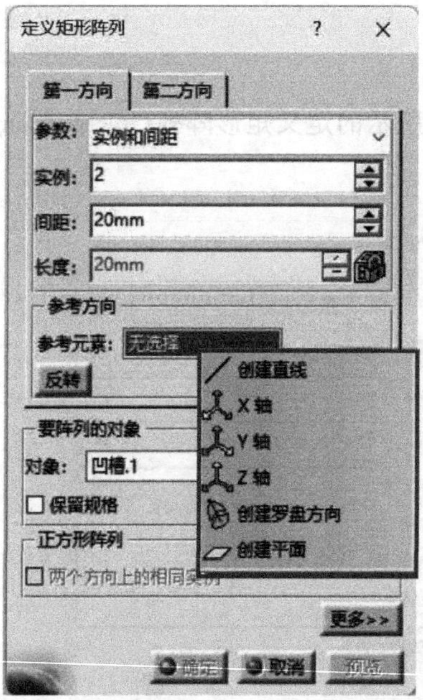

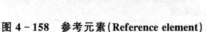

图 4-158 参考元素(Reference element)

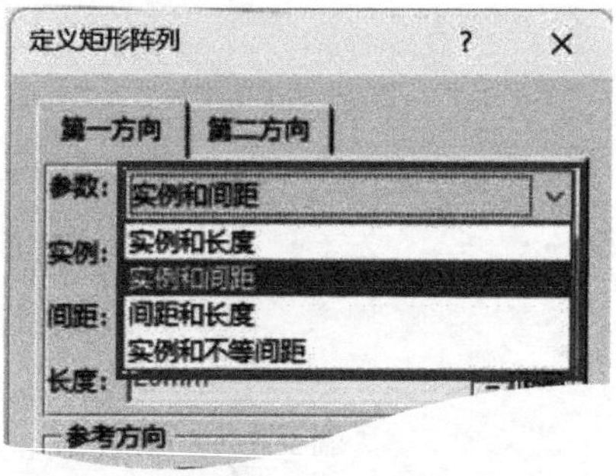


图 4-159 阵列参数类型(Parameter)

(3) 具体的阵列参数

具体的阵列参数包括 4 个:实例(Instance(s))、长度(Length)、间距(Spacing)、不等间距(Unequal Spacing),具体含义如下:

① 实例:指沿着阵列方向复制的实例数量(包含原特征);

② 长度:指第一个实例(原特征)与最后一个实例之间沿着阵列方向的总长度;

③ 间距:指相邻两个实例之间沿着阵列方向的距离;

④ 不等间距:可以自定义相邻两个实例之间沿着阵列方向的距离。

具体通过哪些参数组合来设置阵列特征,取决于阵列参数类型。

在定义矩形阵列对话框中需要设置的第二方向的参数与第一方向相同。

两个阵列方向的参数设置完成后,系统自动生成阵列的预览图,在每一个实例的位置上都有一个小圆点,单击该小圆点,可将该位置的实例删除;再次单击,可将该位置的实例恢复,如图 4-160 所示。

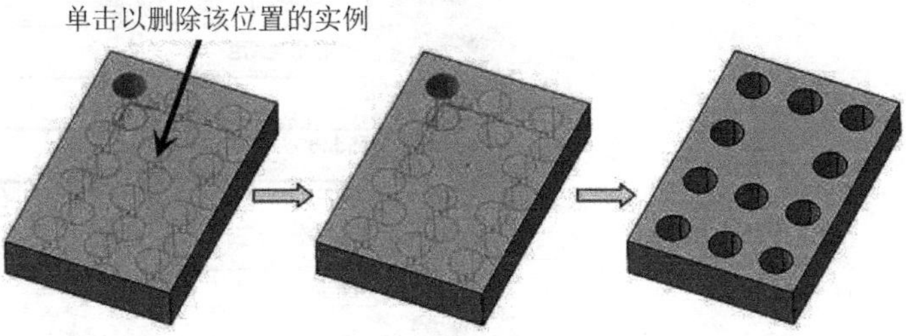


**图 4-160 删除阵列实例**

矩形阵列的操作对象既可以是当前零件实体,也可以是当前零件实体上的指定特征。如果需要对当前零件实体上的指定特征进行矩形阵列,需要先选择阵列特征,再单击矩形阵列图标;如果不选择阵列特征,直接单击矩形阵列图标,CATIA 会自动选择整个当前零件实体作为阵列对象。

### 4.3.7 圆形阵列(Circular Pattern)

圆形阵列图标用于将当前零件实体或当前零件实体上的指定特征沿着圆周方向进行复制,如图 4-161 所示。

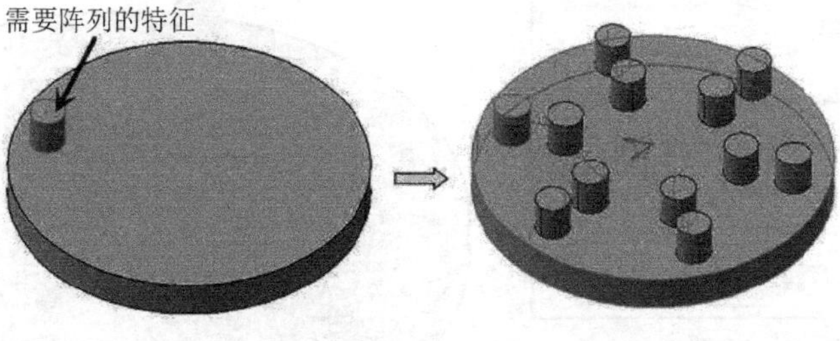


**图 4-161 圆形阵列(Circular Pattern)**

圆形阵列的操作方法如下:

① 选择要进行阵列的特征,如图 4-162 所示;

② 单击圆形阵列图标,CATIA 弹出如图 4-163 所示的定义圆形阵列(Circular Pattern Definition)对话框;

③ 单击轴向参考(Axial Reference)标签,并设置沿着圆周方向的阵列参数,如图 4-164 所示;

④ 单击定义径向(Crown Definition)标签,并设置沿着径向的阵列参数,如图 4-165 所示;

⑤ 单击确定按钮完成圆形阵列操作。

(1) 轴向参考(Axial Reference)

在轴向参考选项卡中需要设置的圆周方向阵列参数包括参考方向(Reference Direction)、阵列参数的类型(Parameter)和具体的阵列参数。

1) *参考方向*(Reference Direction)

参考方向选项组用于设置阵列轴,包括 2 种方式:

① 选择一个已经存在的参考元素来设置阵列轴;

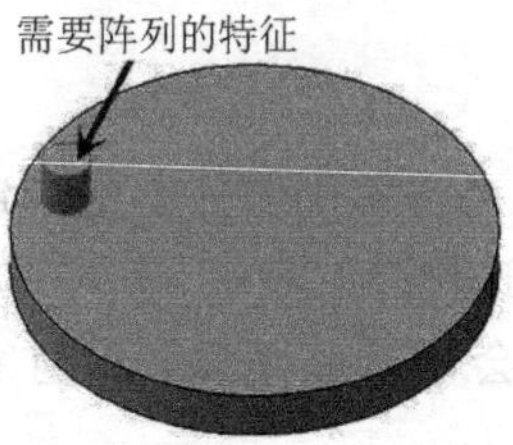


图 4 - 162 选择要进行阵列的特征

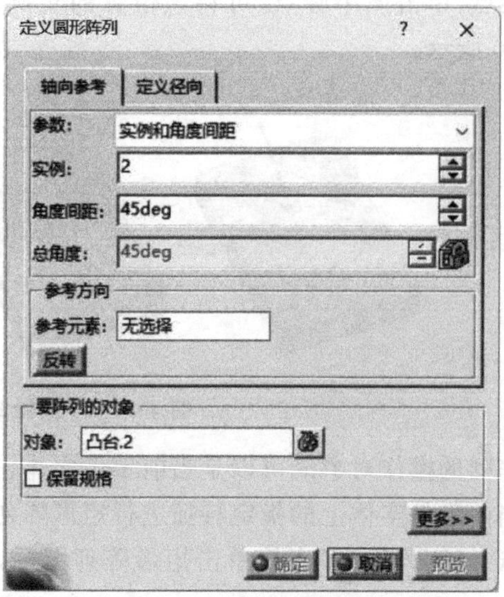


图 4 - 163 定义圆形阵列 (Circular Pattern Definition)对话框

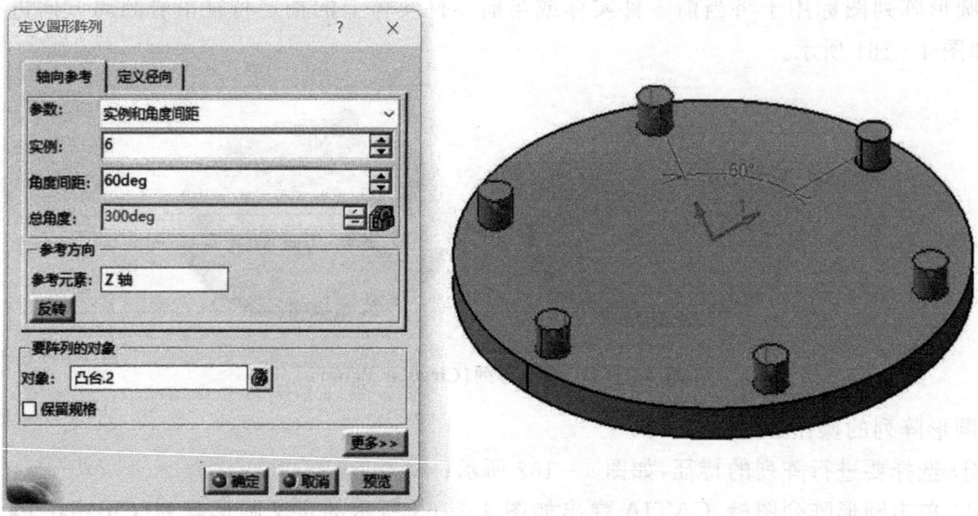


图 4 - 164 轴向参考(Axial Reference)

② 右击参考元素文本框弹出快捷菜单，通过快捷菜单提供的选项创建一个参考元素来定义阵列轴。

2) 阵列参数的类型(Parameter)

在参数下拉列表框中，CATIA 提供了 5 种圆周方向阵列参数的类型：实例和总角度(Instance(s) & total angle)、实例和角度间距(Instance(s) & angular spacing)、角度间距和总角度(Angular spacing & total angle)、完整径向(Complete crown)、实例和不等角度间距(Instance(s) & unequal angular spacing)，如图 4 - 166 所示。

3) 具体的阵列参数

具体的阵列参数包括 5 个：实例(Instance(s))、总角度(Total angle)、角度间距(Angular spacing)、完整径向(Complete crown)和不等角度间距(Unequal angular spacing)，具体含义如下：

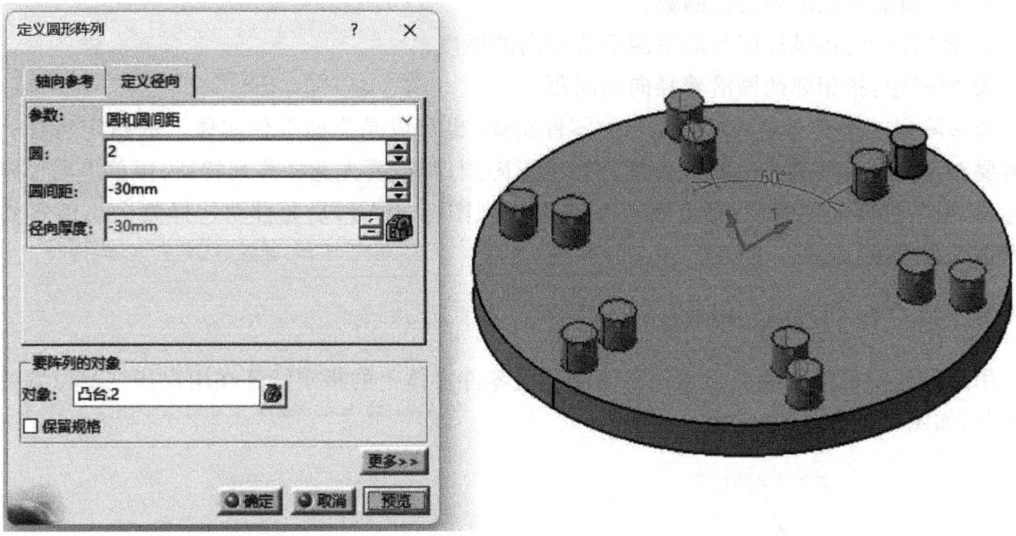


图 4-165　定义径向(Crown Definition)

① 实例:指沿着圆周方向复制的实例数量(包含原特征);

② 总角度:指第一个实例(原特征)与最后一个实例之间沿着圆周方向的夹角;

③ 角度间距:指相邻两个实例之间沿着圆周方向的夹角;

④ 完整径向:指在 360°范围内阵列的实例数量;

⑤ 不等角度间距:可以自定义相邻两个实例之间沿着圆周方向的夹角。

(2) 定义径向(Crown Definition)

在定义圆形阵列对话框中需要设置的径向阵列参数位于定义径向选项卡中,包括阵列参数的类型(Parameters)和具体的阵列参数。

1) 阵列参数的类型(Parameters)

CATIA 提供了 3 种径向阵列参数的类型,如图 4-167 所示,包括:圆和径向厚度(Circle(s) & crown thickness)、圆和圆间距(Circle(s) & circle spacing)、圆间距和径向厚度(Circle spacing & crown thickness)。

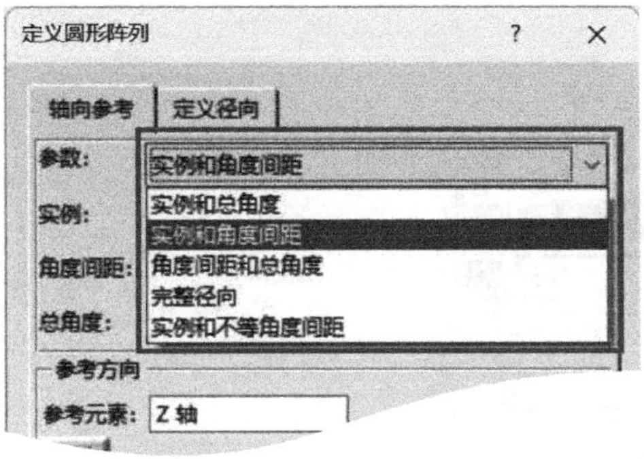


图 4-166　圆周方向阵列参数的类型

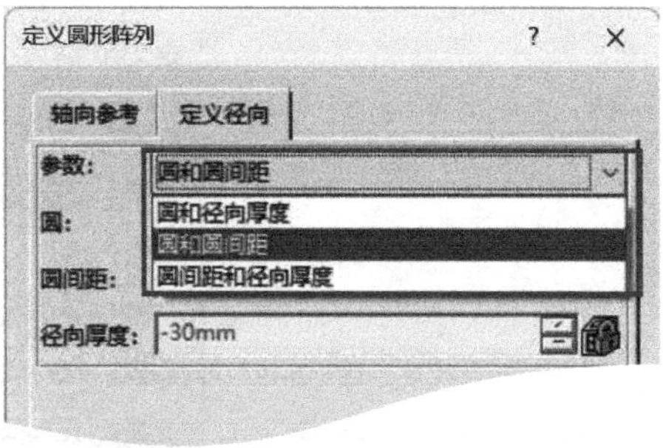


图 4-167　径向阵列参数的类型

2) 具体的阵列参数

具体的阵列参数包括 3 个:圆(Circle(s))、径向厚度(Crown thickness)、圆间距(Circle spacing),具体含义如下:

① 圆:指沿着径向阵列的圈数;

② 径向厚度:指最外圈与最里圈沿着径向的厚度;

③ 圆间距:指相邻两圈沿着径向的间距。

圆形阵列的操作对象既可以是当前零件实体,也可以是当前零件实体上的指定特征。如果需要对当前零件实体上的指定特征进行圆形阵列,则需要先选择阵列特征,再单击圆形阵列图标;如果不选择阵列特征,则直接单击圆形阵列图标,CATIA 会自动选择整个当前零件实体作为阵列对象。

### 4.3.8 用户阵列(User Pattern)

用户阵列图标用于将当前零件实体或当前零件实体上的指定特征在用户指定的位置处进行复制,如图 4-168 所示。

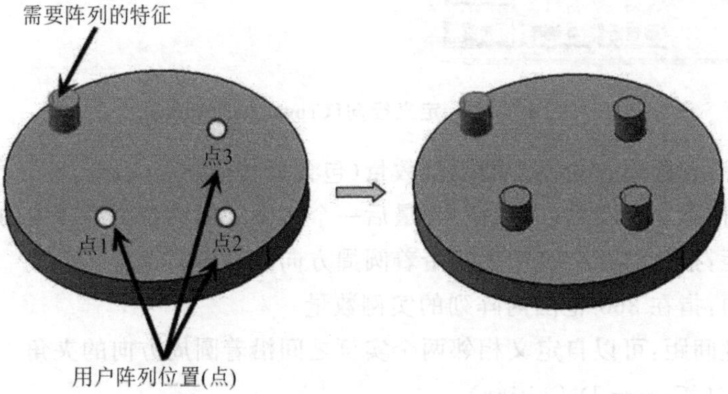


**图 4-168 用户阵列(User Pattern)**

用户阵列的创建方法如下:

① 在要生成阵列实体的位置创建一系列的点(可以在草图设计工作台绘制这些点),通过这些点来定义阵列位置,如图 4-168 所示;

② 选择要进行阵列的特征;

③ 单击用户阵列图标,CATIA 弹出如图 4-169 所示的定义用户阵列(User Pattern Definition)对话框;

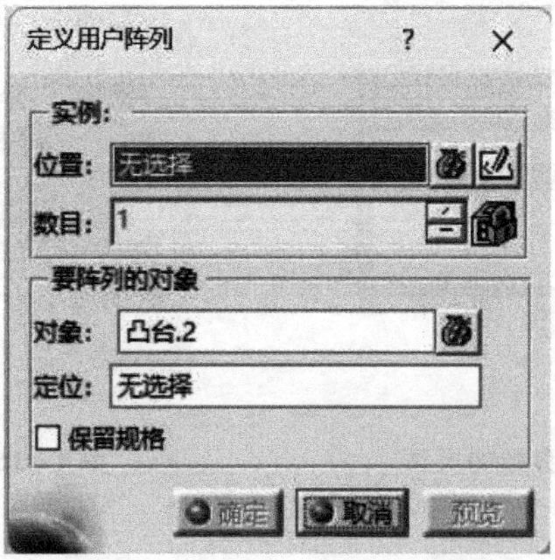


**图 4-169 定义用户阵列(User Pattern Definition)对话框**

④ 在定义用户阵列对话框中单击位置(Positions)文本框，选择用于定义用户阵列位置的草图；

⑤ 单击确定按钮完成用户阵列操作。

用户阵列的操作对象既可以是当前零件实体，也可以是当前零件实体上的指定特征。如果需要对当前零件实体上的指定特征进行用户阵列，则需要先选择阵列特征，再单击用户阵列图标；如果不选择阵列特征，则直接单击用户阵列图标，CATIA 会自动选择整个当前零件实体作为阵列对象。

## 4.3.9　缩放(Scaling)

缩放图标用于将当前实体沿着指定的方向缩放指定的倍数，如图 4－170 所示。

缩放的方法如下：

① 单击缩放图标，CATIA 弹出如图 4－171 所示的缩放定义(Scaling Definition)对话框。

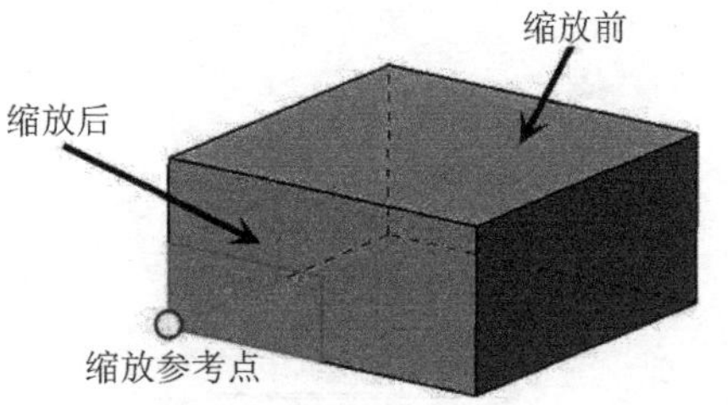


图 4－170　缩放(Scaling)

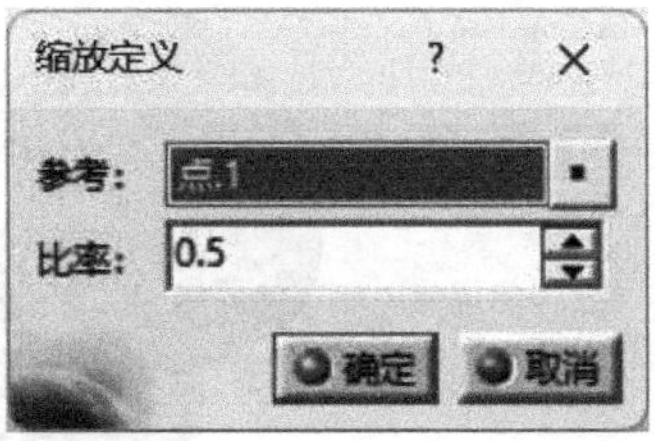


图 4－171　缩放定义(Scaling Definition)对话框

② 选择缩放参考元素(点或平面)，如果选择点作为参考元素，则系统会以该参考点为缩放中心，沿着 x、y、z 三个方向等比例缩放；如果选择平面作为参考元素，则系统会沿着该面的法线方向进行缩放。

③ 设置缩放比例。

④ 单击确定按钮完成缩放操作。

## 4.3.10　仿射(Affinity)

仿射图标用于在指定的轴系中对当前零件实体沿着 x、y、z 三个坐标轴方向分别缩放不同的比例，如图 4－172 所示。

仿射的方法如下：

① 将要进行仿射的零件实体定义为当前工作对象。

② 单击仿射(Affinity)图标，CATIA 弹出如图 4－173 所示的仿射定义(Affinity Definition)对话框。

③ 在轴系(Axis system)选项组中，通过选择轴系原点(Origin)、XY 平面(XY Plane)和 X 轴(X axis)来设置仿射参考轴系，如图 4－174 所示；如果不人为设置仿射参考轴系，则默认情况下 CATIA 会选择绝对轴系作为参考轴系，如图 4－173 所示。

④ 在比率(Ratios)选项组中，通过 X、Y、Z 三个文本框分别设置沿仿射参考轴系 x、y、z 三个坐标轴方向的缩放比率，如图 4－174 所示。

⑤ 单击确定按钮完成操作。

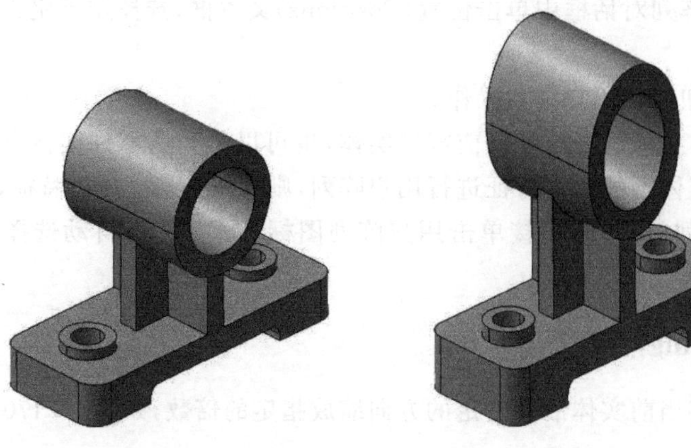

(a) 仿射前　　(b) 仿射后

图 4-172　仿射(Affinity)

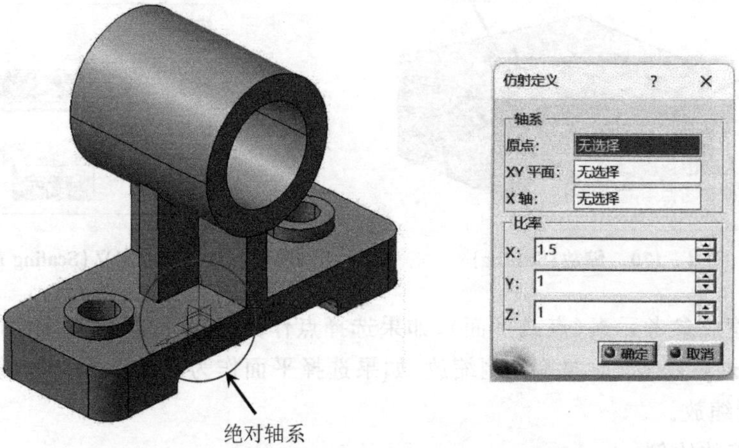


图 4-173　仿射定义(Affinity Definition)对话框

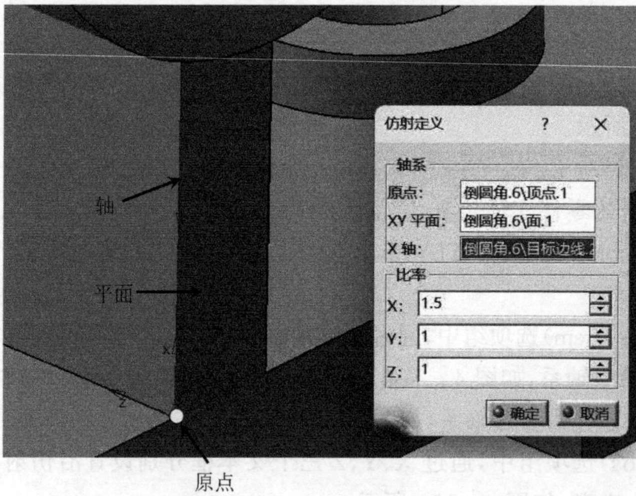


图 4-174　设置参考轴系(Axis system)

# 4.4　基于曲面的特征(Surface-Based Features)

基于曲面的特征是通过对三维曲面进行相关操作创建的特征，其操作对象是三维曲面。要创建基于曲面的特征，需要用到基于曲面的特征工具栏，如图 4－175 所示。通过该工具栏可以创建的常用的基于曲面的特征包括：分割(Split)、厚曲面(Thick Surface)、封闭曲面(Close Surface)、缝合曲面(Sew Surface)。

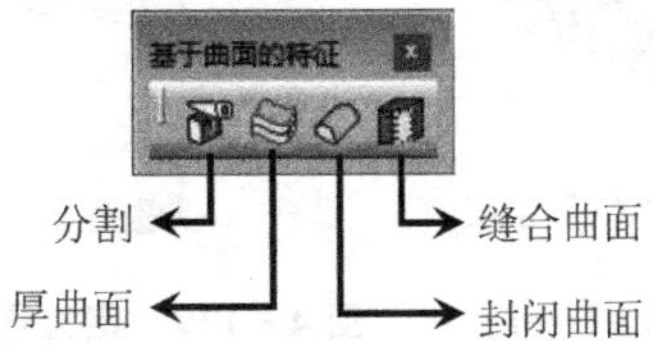


**图 4－175　基于曲面的特征(Surface-Based Features)工具栏**

## 4.4.1　分割(Split)

分割图标用于以指定的曲面对当前实体进行分割，如图 4－176 所示。

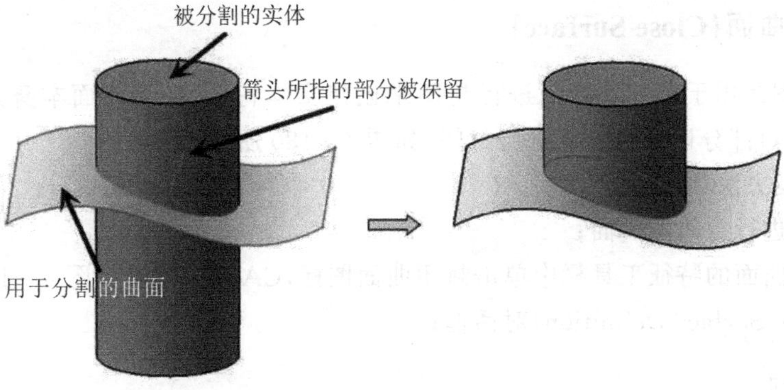


**图 4－176　分割(Split)**

分割的方法如下：

① 在基于曲面的特征工具栏中单击分割图标，CATIA 弹出如图 4－177 所示的定义分割(Split Definition)对话框；

② 选择一个曲面作为分割元素；

③ 如有必要，可单击如图 4－176 所示的箭头，以改变保留的部分；

④ 单击确定按钮完成分割操作。

**图 4－177　定义分割(Split Definition)对话框**

## 4.4.2　厚曲面(Thick Surface)

厚曲面图标用于对三维曲面设置一个厚度来创建实体特征，如图 4－178 所示。

厚曲面的创建方法如下：

① 选择要进行加厚的曲面；

② 在基于曲面的特征工具栏中单击厚曲面图标，CATIA 弹出如图 4－179 所示的定义厚

曲面(Thick Surface Definition)对话框；

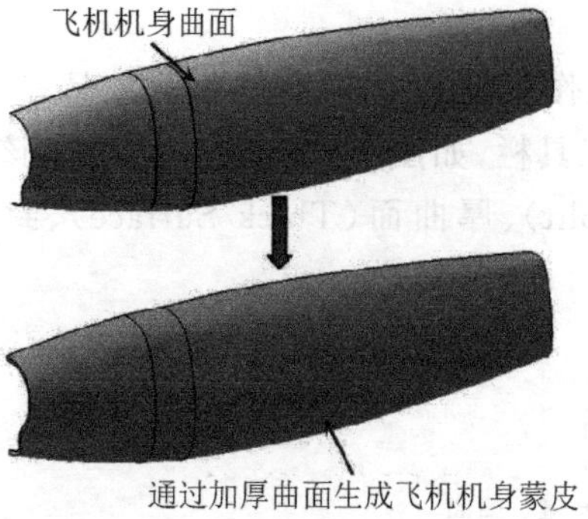


图 4-178 厚曲面(Thick Surface)

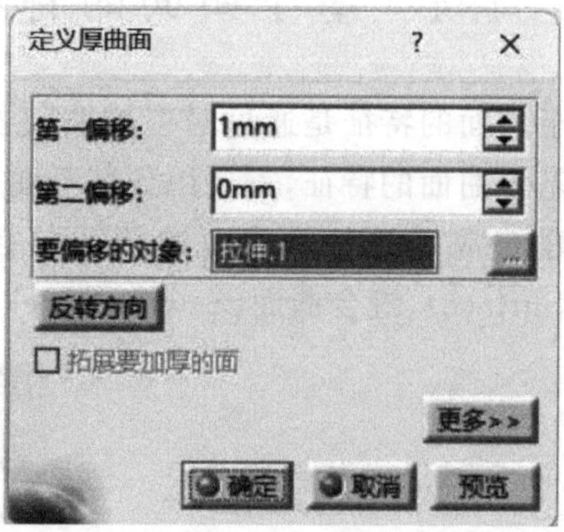


图 4-179 定义厚曲面(Thick Surface Definition)对话框

③ 在第一偏移(First Offset)和第二偏移(Second Offset)文本框中设置沿着加厚方向及其反方向的厚度；

④ 如有必要，可单击反转方向(Reverse Direction)按钮，将加厚方向反向；

⑤ 单击确定按钮完成加厚曲面操作。

### 4.4.3 封闭曲面(Close Surface)

封闭曲面图标用于对三维曲面进行封闭来创建实体特征，如果曲面本身是不封闭的，则CATIA会将开口部分以线性方式进行封闭，如图 4-180 所示。

封闭曲面的方法如下：

① 选择要进行封闭的曲面；

② 在基于曲面的特征工具栏中单击封闭曲面图标，CATIA 弹出如图 4-181 所示的定义封闭曲面(Close Surface Definition)对话框；

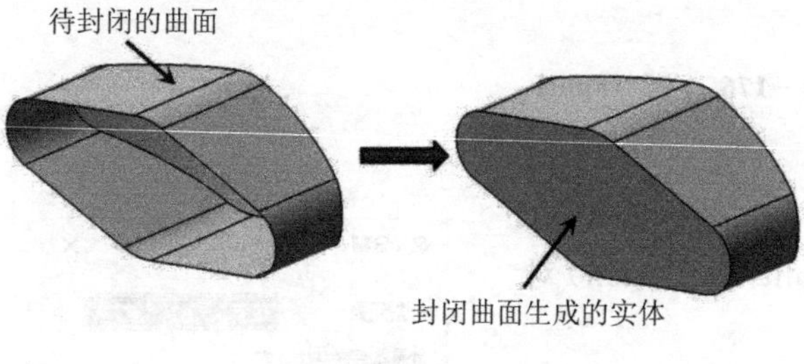


图 4-180 封闭曲面

(Close Surface)

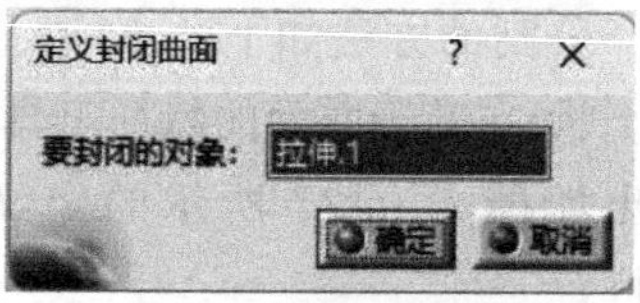


图 4-181 定义封闭曲面

(Close Surface Definition)对话框

③ 单击确定按钮完成封闭曲面操作。

### 4.4.4 缝合曲面(Sew Surface)

缝合曲面图标通过将三维曲面与已存在的实体进行布尔运算来创建新的实体特征，如图 4-182 所示。

缝合曲面的方法如下：

① 选择要进行缝合的曲面；

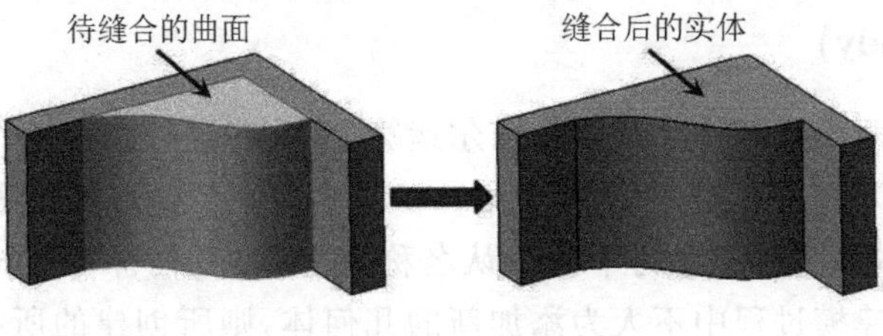


**图 4-182　缝合曲面(Sew Surface)**

② 在基于曲面的特征工具栏中单击缝合曲面图标,CATIA 弹出如图 4-183 所示的定义缝合曲面(Sew Surface Definition)对话框;

③ 单击确定按钮完成缝合曲面操作。

在进行曲面缝合的过程中,需要注意箭头应指向曲面内部,如图 4-184 所示,单击曲面上的箭头可以改变方向。

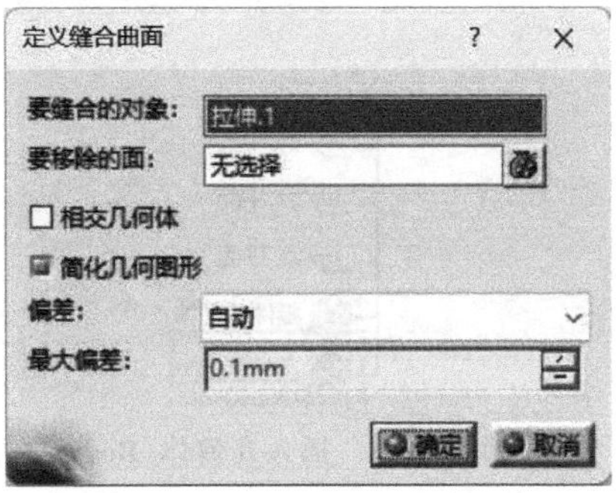


**图 4-183　定义缝合曲面(Sew Surface Definition)对话框**

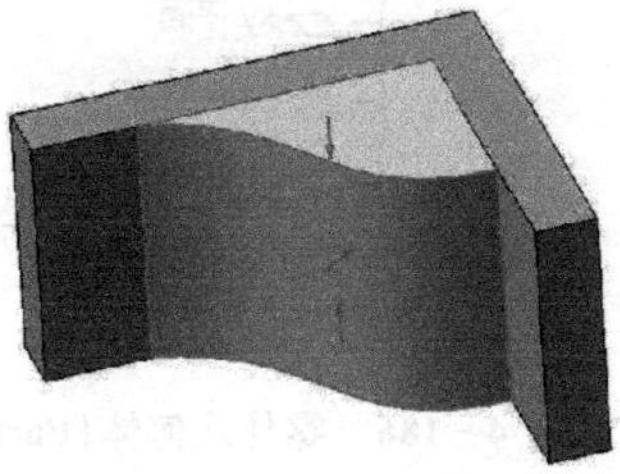

**图 4-184　箭头指向曲面内部**

## 4.5　布尔操作(Boolean Operations)

布尔操作用于在两个实体之间通过布尔运算,将两个实体结合成一个实体。要进行布尔操作需要用到插入工具栏和布尔操作工具栏,涉及的主要功能包括:几何体(Body)、添加(Add)、移除(Remove)、相交(Intersect)、联合修剪(Union Trim)、移除块(Remove Lump)、装配(Assemble),如图 4-185 所示。

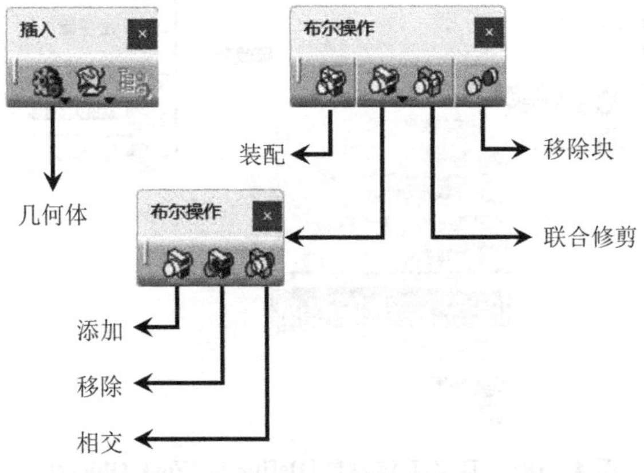


**图 4-185　布尔操作(Boolean Operations)**

### 4.5.1 几何体(Body)

布尔操作用于在两个几何体之间进行布尔运算，因此在进行布尔操作之前，必须存在两个以上的几何体。在进入零件设计(Part Design)工作台以后，CATIA 会自动为当前零件创建一个几何体，该几何体在零件配置树中的默认名称为“零件几何体”(PartBody)，如图 4－186 所示。如果在后续的建模过程中不人为添加新的几何体，则所创建的所有三维特征都将属于“零件几何体”。

要在两个几何体之间进行布尔操作，除了零件几何体外，还必须为当前零件添加新的几何体，这就需要用到插入(Insert)工具栏中的几何体(Body)功能。

插入几何体的方法如下：

① 在插入工具栏中单击几何体图标；

② 单击几何体图标后，在当前零件的配置树中除了零件几何体外，会增加一个新的几何体，默认名称为“几何体.2”，如图 4－187 所示；

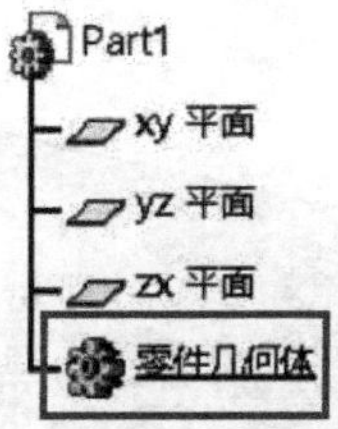


图 4－186 零件几何体(PartBody)

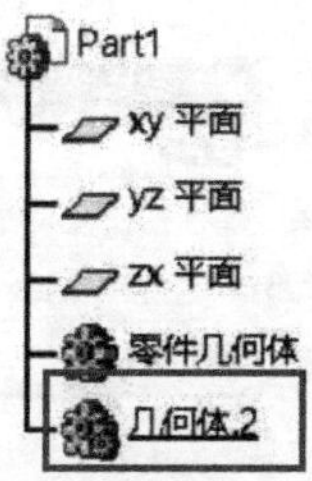


图 4－187 插入几何体(Body)

③ 如图 4－187 所示，在新插入的“几何体.2”节点上有一条下划线，这意味着该节点是当前的工作对象，在后续的建模过程中，如果不改变当前的工作对象，那么创建的所有三维特征都将属于“几何体.2”；

④ 如果要改变当前的工作对象，例如要将零件几何体重新设置为当前的工作对象，则可以右击配置树中的零件几何体节点，然后在快捷菜单中选择定义工作对象(Define in Work Object)选项，此时零件几何体节点上会出现下划线，这意味着当前工作对象设置成功，如图 4－188 所示。

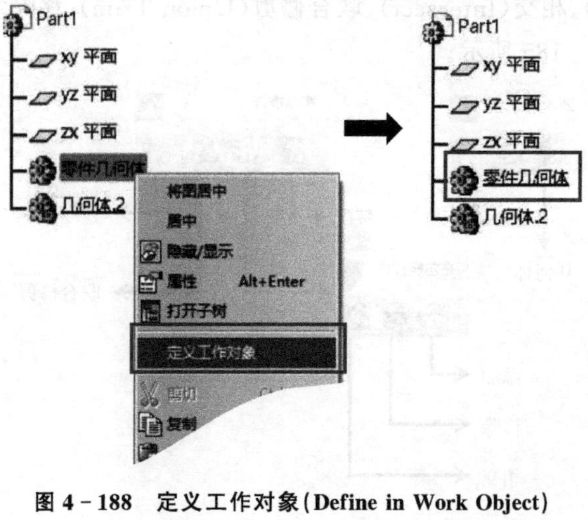


图 4－188 定义工作对象(Define in Work Object)

## 4.5.2 装配(Assemble)

装配用于将两个不同的几何体组装成一个实体。

在如图 4－189 所示的零件 HB4－26－14(四通管)中,包含“零件几何体”和“几何体.2”两个实体,对这两个几何体进行装配的方法如下:

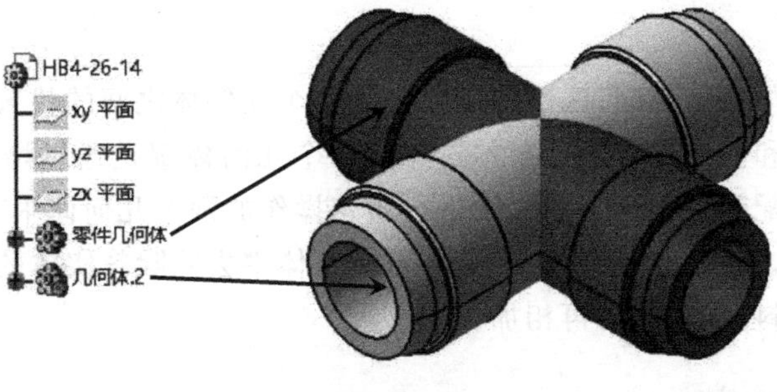


图 4－189 待装配的几何体

① 将“零件几何体”设置为当前的工作对象;

② 在布尔操作工具栏中单击装配图标,CATIA 弹出如图 4－190 所示的装配(Assemble)对话框;

③ 选择“几何体.2”实体,将“几何体.2”装配到“零件几何体”中,如图 4－191 所示;

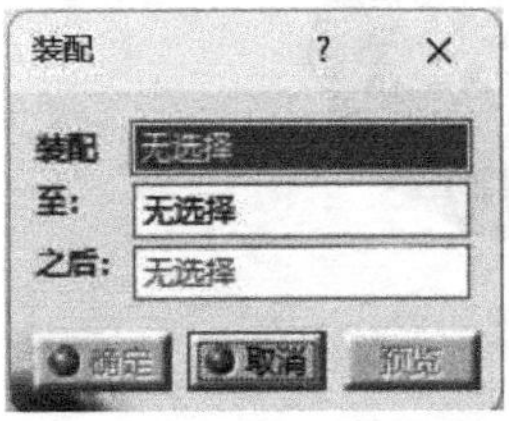


图 4－190 装配(Assemble)对话框

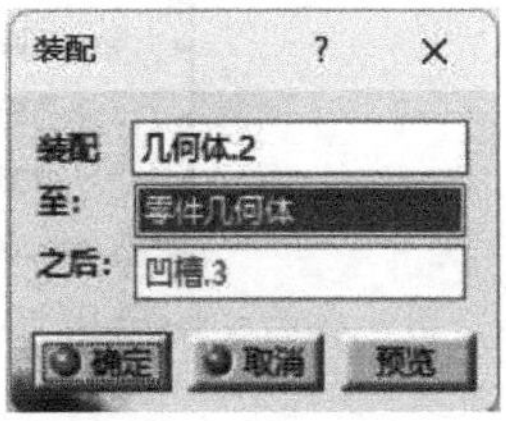


图 4－191 将“几何体.2”装配到“零件几何体”中

④ 单击确定按钮完成装配操作,如图 4－192 所示。

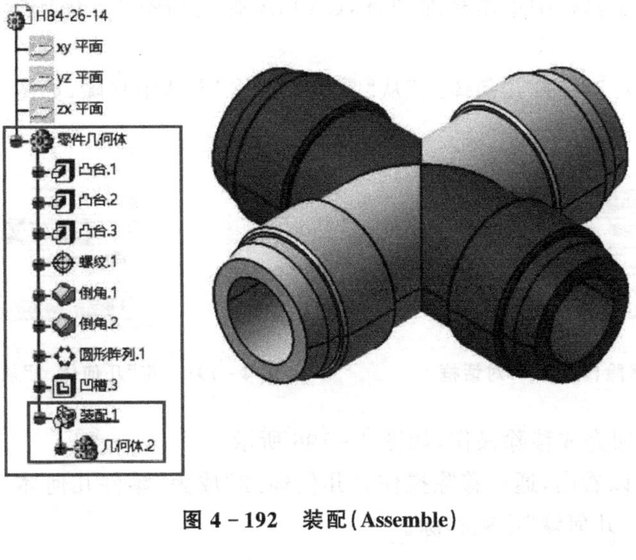


图 4－192 装配(Assemble)

从图 4－192 可以看出，通过装配操作，“几何体. 2”成为“零件几何体”的子节点，说明“几何体. 2”已经被装配到“零件几何体”中。

需要注意的是，“零件几何体”是当前零件的默认几何体，在进行装配操作时，只能将其他几何体装配到“零件几何体”实体中，而不能将“零件几何体”装配到其他几何体中（该项限制对其他布尔操作同样适用）。

### 4.5.3 添加（Add）

添加的操作方法与装配相同，区别在于装配是两个几何体之间的代数和，而添加是两个几何体之间的绝对值之和。如果要进行布尔操作的两个几何体都是通过增加材料生成的（增料实体），那么添加和装配效果相同。如果要进行布尔操作的两个几何体中有一个是通过去除材料生成的（除料实体），那么装配的结果就是从增料实体中去除除料实体的材料；而添加则是先将除料实体转变为增料实体，然后再相加。

### 4.5.4 移除（Remove）

移除是通过布尔减运算，从当前几何体中去除与另外一个几何体的相交部分。

在如图 4－193 所示的零件中包含“零件几何体”和“几何体. 2”两个实体，从“零件几何体”中移除“几何体. 2”的方法如下：

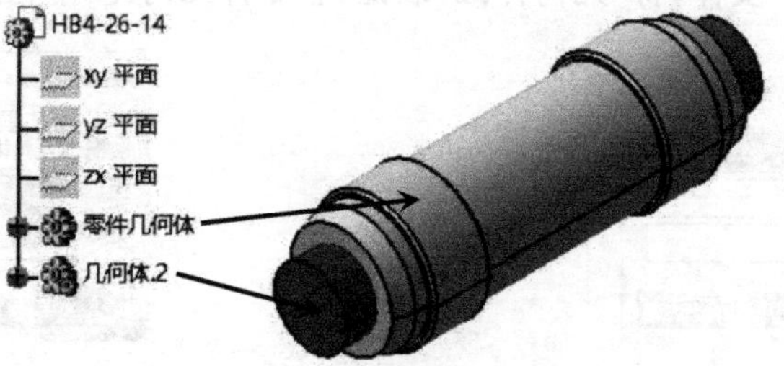


**图 4－193 待移除的几何体**

① 将“零件几何体”设置为当前的工作对象；

② 在布尔操作工具栏中单击移除图标，CATIA 弹出如图 4－194 所示的移除（Remove）对话框；

③ 选择“几何体. 2”，将“几何体. 2”从“零件几何体”实体中移除，如图 4－195 所示；

**图 4－194 移除（Remove）对话框**

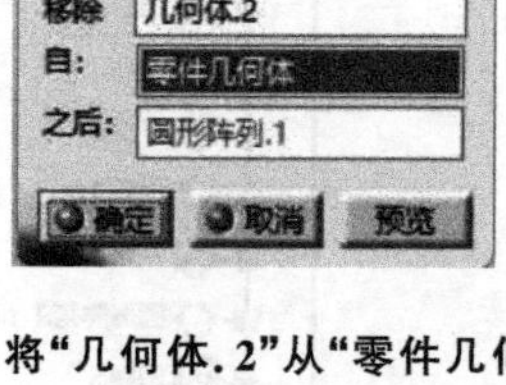


**图 4－195 将“几何体. 2”从“零件几何体”中移除**

④ 单击确定按钮完成移除操作，如图 4－196 所示。

从图 4－196 可以看出，通过移除操作，“几何体. 2”成为“零件几何体”的子节点，说明“几何体. 2”已经从“零件几何体”中被移除。

图 4-196　移除(Remove)

### 4.5.5　相交(Intersect)

相交就是通过布尔运算求取两个几何体的公共部分。

在如图 4-193 所示的零件中,将“零件几何体”与“几何体.2”进行相交的方法如下:

① 将“零件几何体”设置为当前的工作对象;

② 在布尔操作工具栏中单击相交图标,CATIA 弹出如图 4-197 所示的相交对话框;

③ 选择“几何体.2”实体,求取“几何体.2”与“零件几何体”的相交部分,如图 4-198 所示;

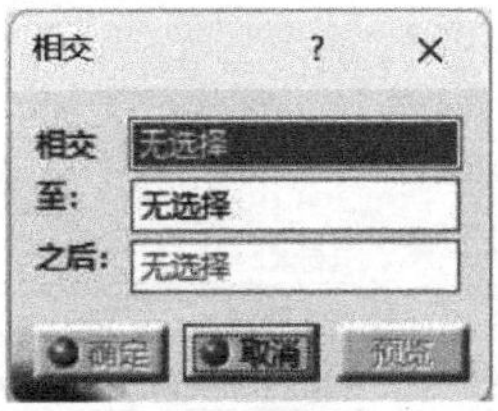


图 4-197　相交(Intersect)对话框

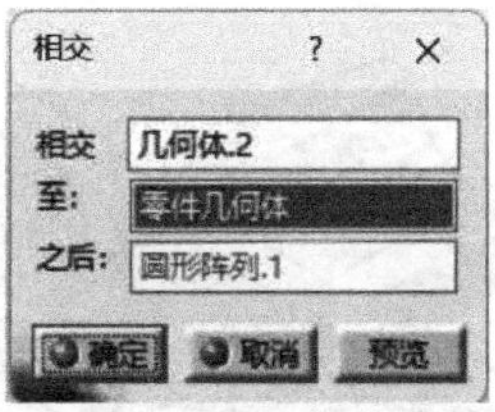


图 4-198　求取“几何体.2”与“零件几何体”的相交部分

④ 单击确定按钮完成相交操作,如图 4-199 所示。

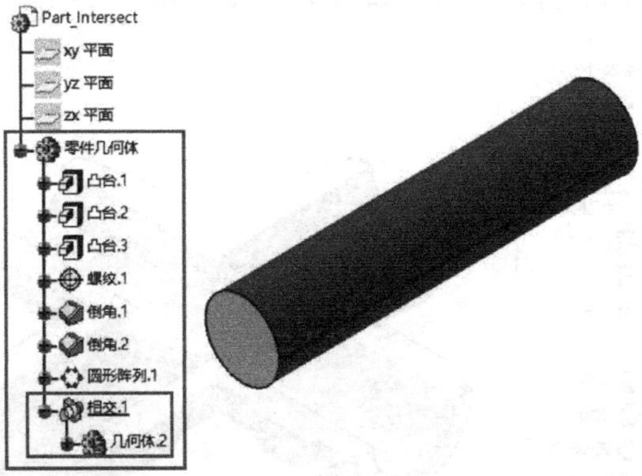


图 4-199　相交(Intersect)

从图 4-199 可以看出,通过相交操作,“几何体.2”成为“零件几何体”的子节点,说明“几何体.2”已经被相交到“零件几何体”实体中。

### 4.5.6 联合修剪(Union Trim)

联合修剪用于对两个几何体进行合并，并对指定的部分进行修剪。

在如图 4-200 所示的零件中包含“零件几何体”和“几何体.2”两个几何体，对这两个几何体进行联合修剪的方法如下：

① 将“零件几何体”设置为当前的工作对象；

② 在布尔操作工具栏中单击联合修剪图标；

③ 选择“几何体.2”，将“几何体.2”合并到“零件几何体”中，CATIA 弹出定义修剪(Trim Definition)对话框，如图 4-201 所示；

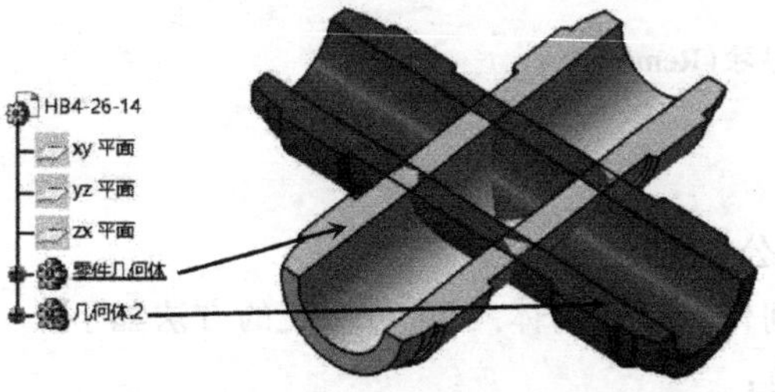


图 4-200 待联合修剪的实体

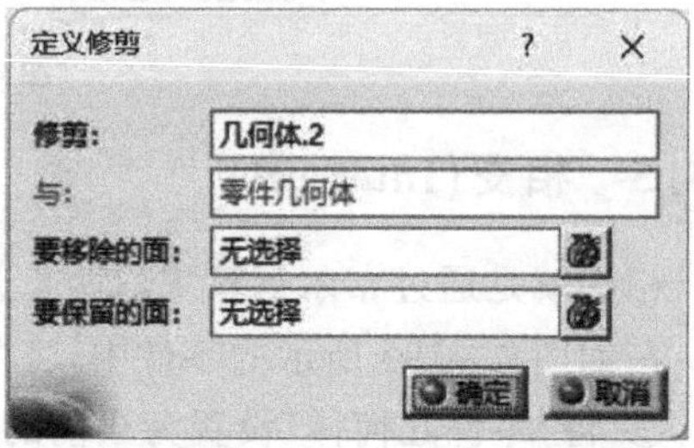


图 4-201 定义修剪(Trim Definition)对话框

④ 单击要移除的面(Faces to remove)文本框，并选择要移除的面，如图 4-202 所示；

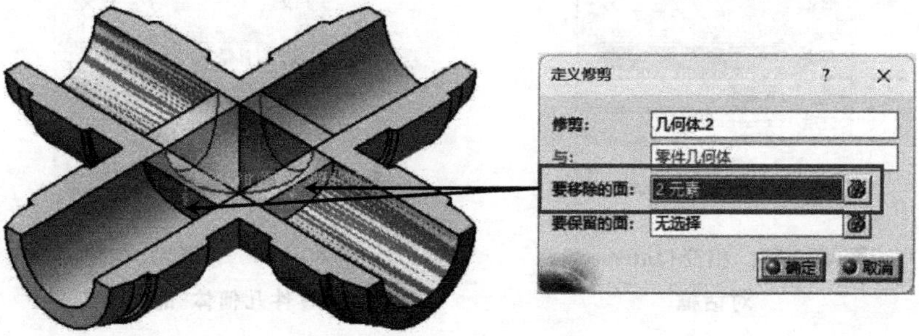


图 4-202 要移除的面(Faces to remove)

⑤ 单击确定按钮完成联合修剪操作，如图 4-203 所示。

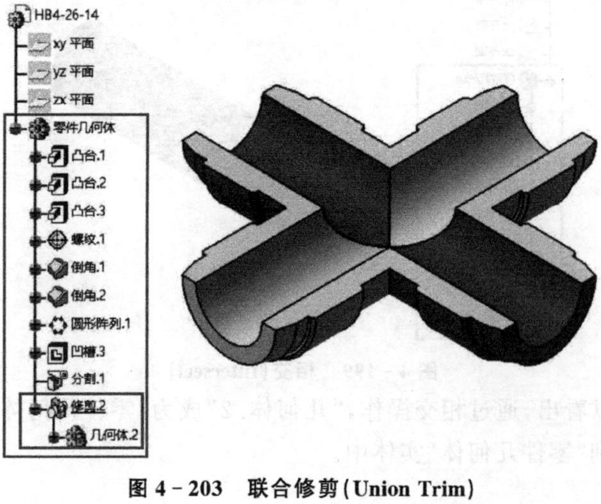


图 4-203 联合修剪(Union Trim)

### 4.5.7　移除块(Remove Lump)

移除块用于在几何体之间进行布尔操作后，去除残留的孤立部分。

在如图 4－204 所示的零件中包含“零件几何体”和“几何体.2”两个几何体，将“几何体.2”从“零件几何体”中移除后生成如图 4－205 所示的零件，中间存在一块孤立的部分。

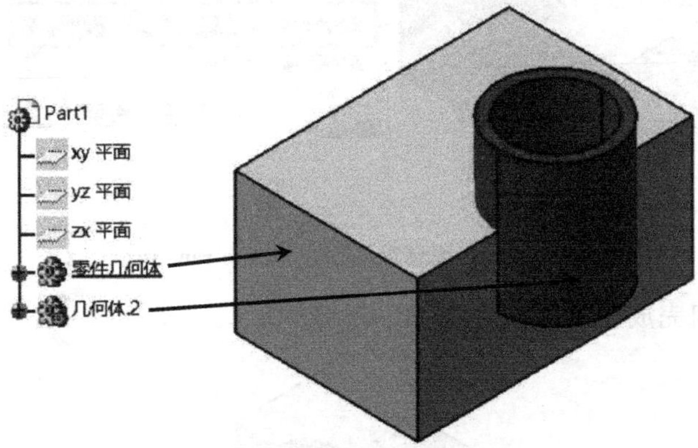


图 4－204　待操作的几何体

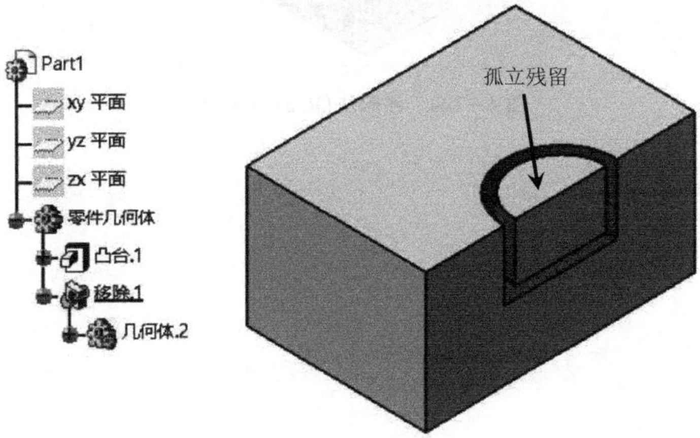


图 4－205　布尔操作形成的孤立残留

对图 4－205 中的孤立部分去除残留的方法如下：

① 在布尔操作工具栏中单击移除块图标；

② 选择要去除的孤立残留所属的“零件几何体”，CATIA 弹出如图 4－206 所示的定义移除块(修剪)(Remove Lump Definition (Trim))对话框；

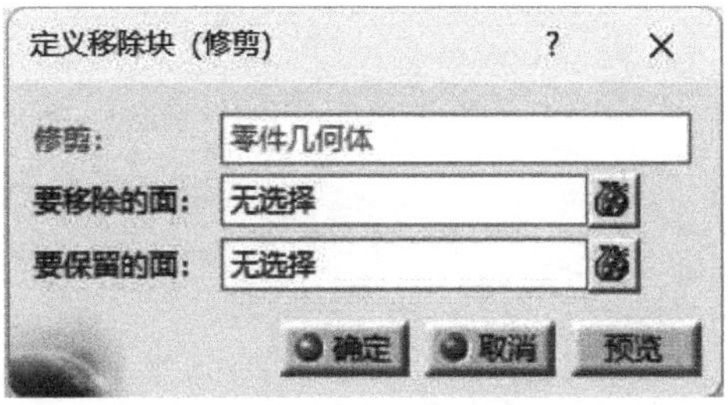


图 4－206　定义移除块(修剪)(Remove Lump Definition (Trim))对话框

③ 单击要移除的面(Faces to remove)文本框，并选择要移除的面(呈现洋红色)，如图 4－207 所示；

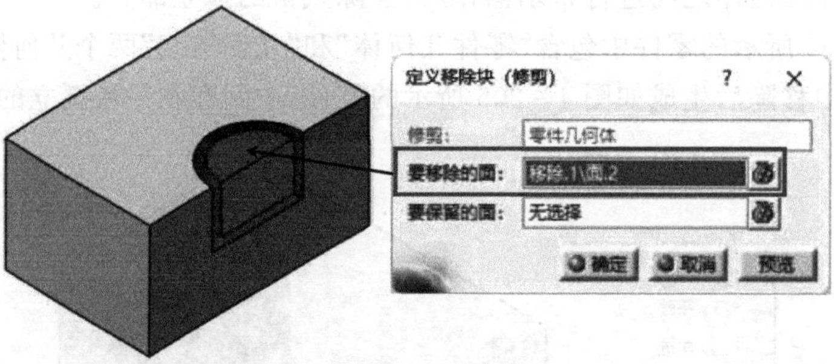


**图 4－207　要移除的面(Faces to remove)**

④ 单击确定按钮完成移除块操作，如图 4－208 所示。

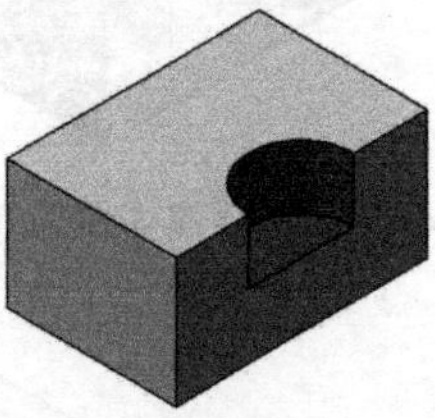

**图 4－208　移除块(Remove Lump)**

# 第 5 章　创成式外形设计
# （Generative Shape Design）

根据模型的复杂性和功能性需求，CATIA 提供了多个关于线框和曲面建模的功能模块，常用的包括：线框和曲面设计（Wireframe and Surface Design）模块、创成式外形设计（Generative Shape Design）模块、自由样式（FreeStyle）模块等，本书重点介绍创成式外形设计模块的基本功能。

在创成式外形设计模块中进行曲面设计的一般流程（见图 5－1）如下：

① 绘制二维草图和三维线框；

② 对二维草图和三维线框进行相关操作，创建三维曲面；

③ 对创建的三维曲面进行编辑，以细化曲面的细部特征。

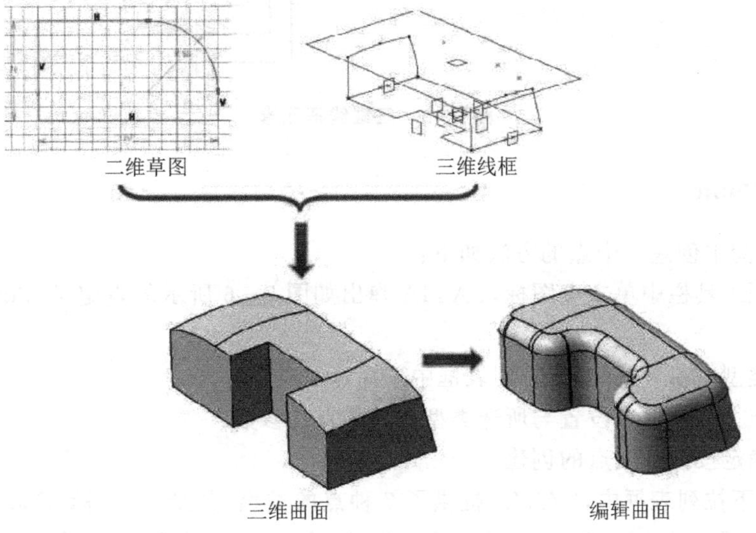


**图 5－1　创成式外形设计的一般流程**

二维草图是在指定的草图平面上绘制出来的平面草图轮廓线，第 3 章已对二维草图的相关内容做了详细介绍。

三维线框是在三维空间中创建的各类点、线、面的集合。

要创建三维线框需要用到线框（Wireframe）工具栏，如图 5－2 所示。

要创建三维曲面，需要用到曲面（Surfaces）工具栏，如图 5－3 所示。

要对曲线、曲面进行编辑，需要用到操作（Operations）工具栏，如图 5－4 所示。

**图 5－2　线框（Wireframe）工具栏**

**图 5－3　曲面（Surfaces）工具栏**

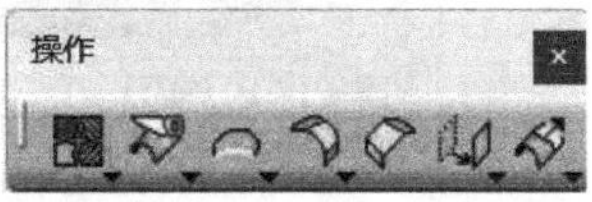


**图 5－4　操作（Operations）工具栏**

本章的重点就是介绍上述几个工具栏及其相关功能的使用。

## 5.1 三维线框

要创建三维线框需要用到线框工具栏，通过该工具栏可以创建的常用三维线框元素包括：点(Point)、直线(Line)、平面(Plane)、投影(Projection)、相交(Intersection)、平行曲线(Parallel Curve)、圆(Circle)、圆角(Corner)、连接曲线(Connect Curve)、二次曲线(Conic)、样条线(Spline)、螺旋线(Helix)、螺线(Spiral)等，如图5-5所示。

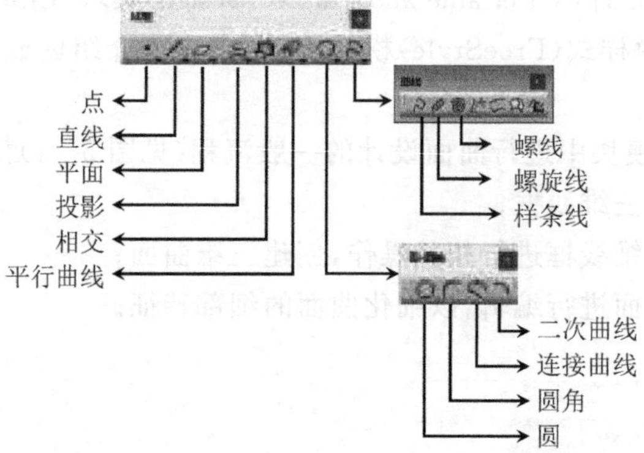


**图5-5 三维线框元素**

### 5.1.1 点(Point)

在三维空间中创建一个点的方法如下：

① 在线框工具栏中单击点图标，CATIA弹出如图5-6所示的点定义(Point Definition)对话框；

② 在点类型(Point type)下拉列表框中选择点的类型；

③ 在点定义对话框中设置与所选类型相关的点的参数；

④ 单击确定按钮完成点的创建。

在点类型下拉列表框中，CATIA提供了7种点的类型，分别是：坐标(Coordinates)、曲线上(On Curve)、平面上(On Plane)、曲面上(On Surface)、圆/球面/椭圆中心(Circle/Sphere/Ellipse Center)、曲线上的切线(Tangent on Curve)、之间(Between)，如图5-7所示。

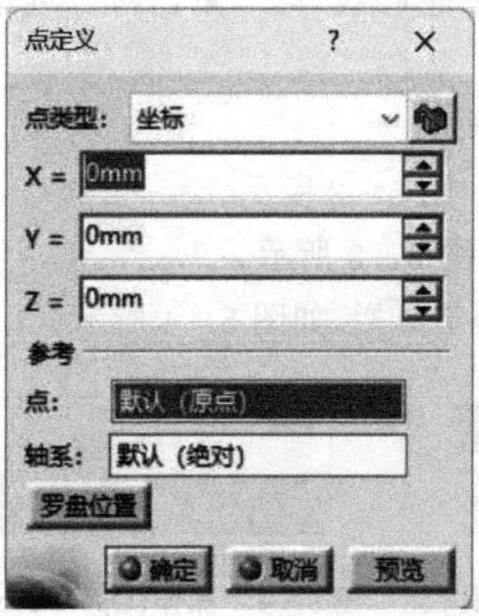


**图5-6 点定义(Point Definition)对话框**

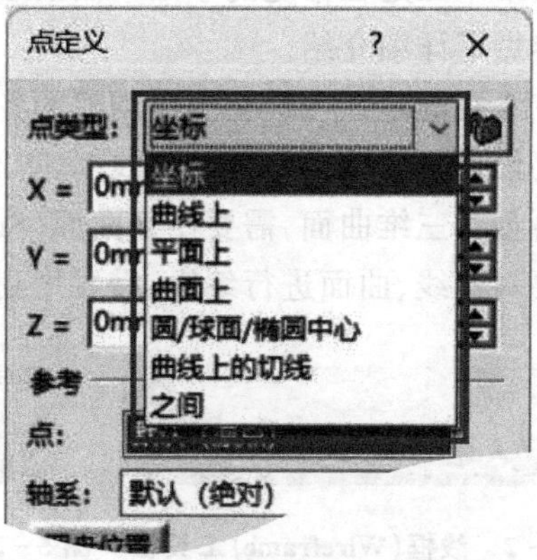


**图5-7 点类型(Point type)**

**1. 坐标(Coordinates)**

点类型下拉列表框中的坐标选项用于创建坐标点,需要指定的参数包括参考轴系、参考点、坐标点的 X、Y、Z 坐标,如图 5-8 所示。

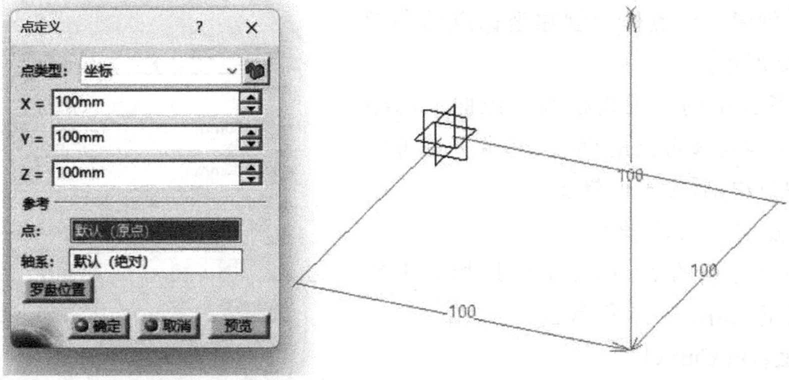


**图 5-8　坐标(Coordinates)**

(1) 参考轴系

在点定义对话框中,参考(Reference)选项组中的轴系(Axis System)文本框用于指定创建坐标点的参考轴系,该轴系指参考点和要创建的坐标点所属的轴系。默认情况下,CATIA 选择绝对轴系(Absolute Axis System)作为参考轴系。如果需要以其他轴系作为创建坐标点的参考轴系,则有以下两种常用的设置方法:

① 在点定义对话框中单击轴系文本框,然后选择已经存在的其他轴系作为参考轴系;

② 在点定义对话框中右击轴系文本框,在弹出的快捷菜单中选择在曲面上创建轴系①(Create Axis System)选项,通过该选项新建一个轴系作为创建坐标点的参考轴系,如图 5-9 所示。

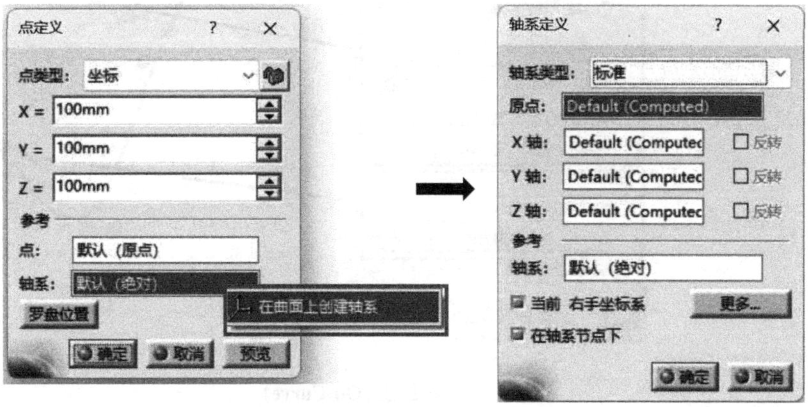


**图 5-9　创建轴系(Create Axis System)**

(2) 参考点

在点定义对话框中,参考选项组中的点文本框用于指定创建坐标点的参考点。要创建的坐标点的 X、Y、Z 坐标是相对于参考点进行定义的。默认情况下,CATIA 选择参考轴系的坐

① 此处应译为创建轴系。

标原点作为参考点。如果需要以其他点作为创建坐标点的参考点，则有以下两种常用的设置方法：

① 在点定义对话框中单击点文本框，然后选择已经存在的其他点作为参考点；

② 在点定义对话框中右击点文本框，通过弹出的快捷菜单创建一个点作为创建坐标点的参考点，如图 5－10 所示。

注：在本章介绍的三维线框和三维曲面的创建过程中，凡是涉及参考点的创建，基本上都可以采用上述两种方法，后文不再赘述。

(3) 坐标点的 X、Y、Z 坐标

要创建的坐标点的 X、Y、Z 坐标是相对于参考点进行定义的，如图 5－8 所示。

**2. 曲线上(On Curve)**

点类型下拉列表框中的曲线上选项用于在曲线上创建点，需要指定的参数包括：参考曲线、参考点、要创建的点与参考点之间的距离(Distance to reference)，如图 5－11 所示。

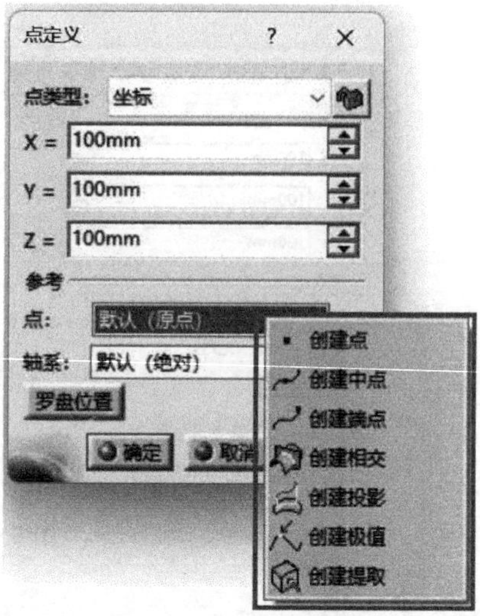


**图 5－10 创建参考点**

(1) 参考曲线

参考曲线指要创建的点所在的曲线，通过图 5－11 中的曲线(Curve)文本框来指定。

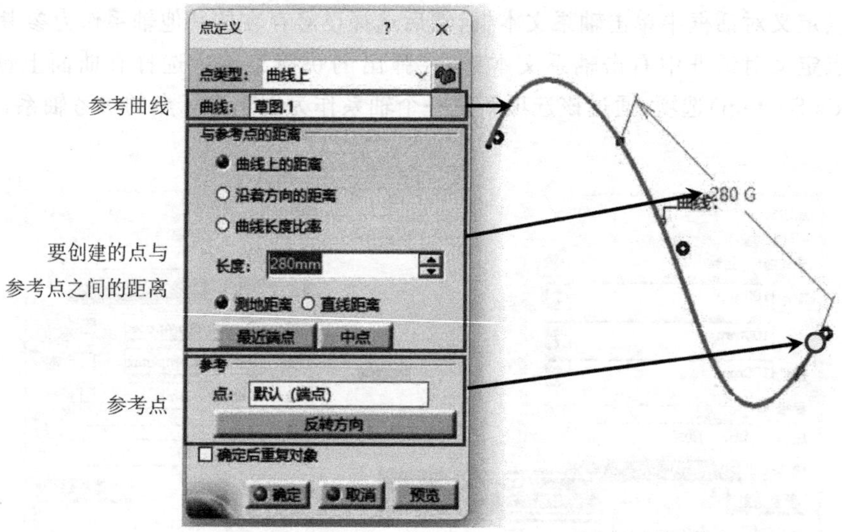


**图 5－11 曲线上(On Curve)**

(2) 参考点

默认情况下，CATIA 会选择参考曲线的一个端点作为参考点，还可以根据需要选择曲线上的其他点作为参考点，通过图 5－11 中的点(Point)文本框来指定。

(3) 要创建的点与参考点之间的距离

要创建的点与参考点之间的距离通过图 5－11 中的与参考点的距离(Distance to reference)选项组进行设置，包括三种方式：

1) 曲线上的距离(Distance on curve)

曲线上的距离指要创建的点与参考点之间沿着曲线的距离。该曲线上的距离又包括两种计算方式:测地距离(Geodesic)、直线距离(Euclidean),如图 5-12 所示。

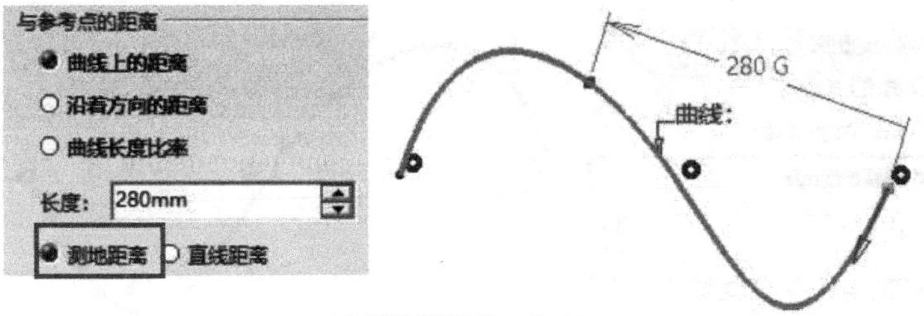


(a) 测地距离(Geodesic)

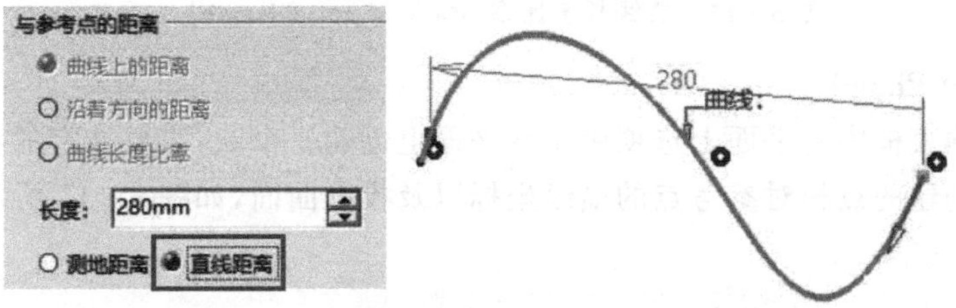


(b) 直线距离(Euclidean)

**图 5-12 曲线上的距离(Distance on curve)**

测地距离指在参考曲线上,要创建的点与参考点之间的曲线距离;直线距离指要创建的点与参考点之间的直线距离。

2) 沿着方向的距离(Distance along direction)

沿着方向的距离指要创建的点与参考点之间沿着指定方向的距离,选中该选项后,可以单击方向(Direction)文本框,然后通过选择一个参考元素来定义该方向;也可以右击方向文本框,然后通过弹出的快捷菜单创建该方向,如图 5-13 所示。

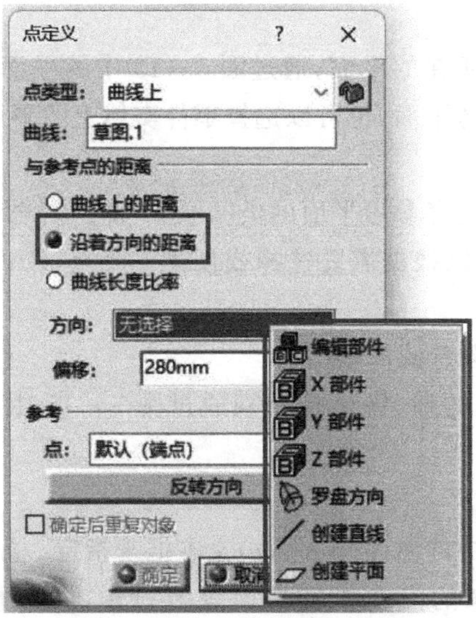


**图 5-13 沿着方向的距离(Distance along direction)**

3）曲线长度比率(Ratio of curve length)

曲线长度比率指要创建的点与参考点之间的那段参考曲线长度占整条参考曲线长度的比率。选中该选项后，需要在比率(Ratio)文本框中输入比率值，如图 5－14 所示。

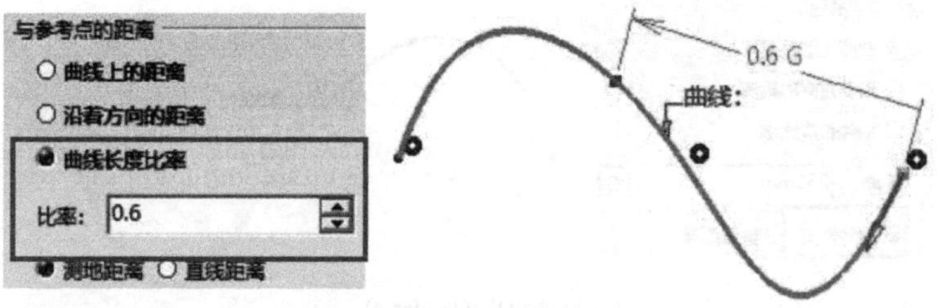


图 5－14　曲线长度比率(Ratio of curve length)

**3. 平面上(On Plane)**

点类型下拉列表框中的平面上选项用于在平面上创建一个点，需要指定的参数包括：参考平面、参考点、要创建的点相对参考点的横纵坐标以及投影曲面，如图 5－15 所示。

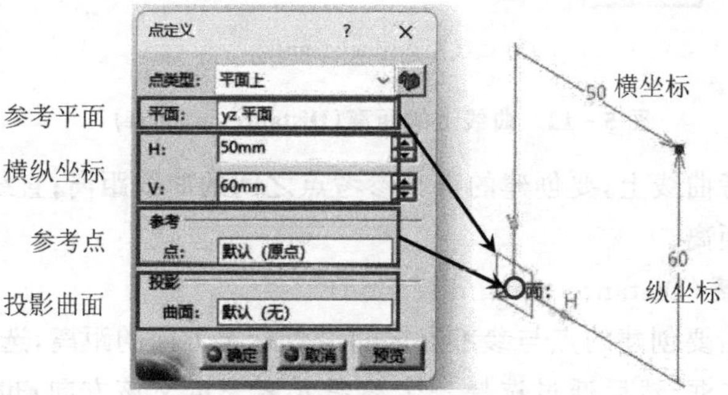


图 5－15　平面上(On Plane)

(1) 参考平面

参考平面是要创建的点所在的平面，通过图 5－15 中的平面(Plane)文本框来指定，既可以选择三维线框平面作为参考平面，也可以选择零件实体上的平面作为参考平面。

(2) 参考点

默认情况下，CATIA 会选择参考平面的坐标原点(即绝对轴系的坐标原点在参考平面上的投影点)作为参考点，还可以根据需要选择或创建一个点，CATIA 会以该点在参考平面上的投影点作为参考点。

(3) 要创建的点相对参考点的横纵坐标

要创建的点相对参考点的横、纵坐标分别通过图 5－15 中的 H 和 V 两个文本框进行设置。

(4) 投影曲面

投影曲面通过图 5－15 中的曲面(Surface)文本框来指定。如果设置了投影曲面，CATIA 会对通过上述参数创建出来的点向投影曲面进行投影，并以投影点作为最终生成的点，如图 5－16 所示。

需要注意的是，在平面上创建点时，投影曲面并非必须设置的参数，可以根据建模的实际需要进行设置。

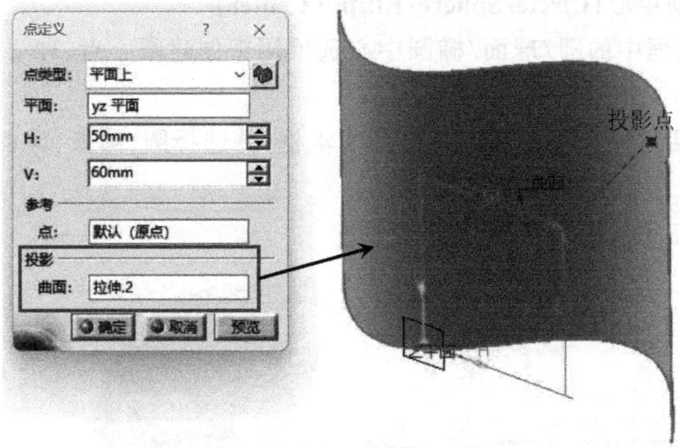


**图 5-16　投影曲面(Projection Surface)**

**4. 曲面上(On Surface)**

点类型下拉列表框中的曲面上选项用于在曲面上创建一个点，需要指定的参数包括：参考曲面、参考点、参考方向、要创建的点与参考点之间的距离，如图 5-17 所示。

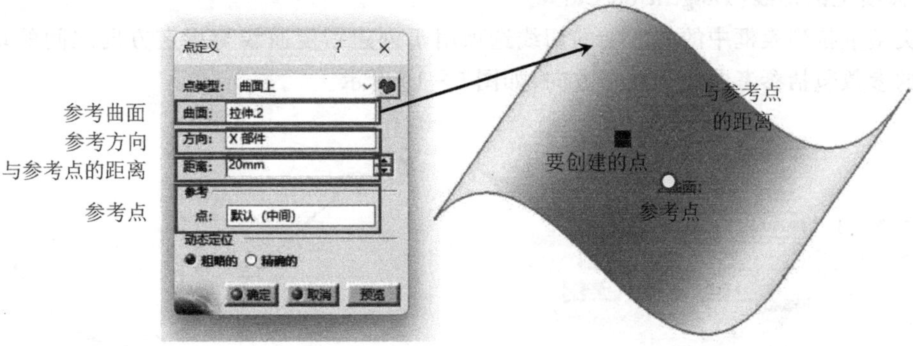


**图 5-17　曲面上(On Surface)**

(1) 参考曲面

参考曲面指要创建的点所在的曲面，通过图 5-17 中的曲面文本框进行设置。

(2) 参考点

参考点通过图 5-17 中参考选项组中的点文本框进行设置。默认情况下，CATIA 会选择参考曲面的中点(Middle)作为参考点，也可以根据实际需要，选择参考曲面上的其他点作为参考点。

(3) 参考方向

参考方向通过图 5-17 中的方向文本框进行设置。可以通过选择一个已经存在的元素(直线或平面)作为参考元素，来定义参考方向，例如以参考直线的方向作为参考方向，或者以参考平面的法线方向作为参考方向；也可以右击方向文本框，通过弹出的快捷菜单中的选项来指定参考方向。

注：在本章介绍的三维线框和三维曲面的创建过程中，凡是涉及参考方向的设置，基本上都可以采用上述两种方法，后文不再赘述。

(4) 要创建的点与参考点之间的距离

要创建的点与参考点之间的距离指要创建的点与参考点之间沿着参考方向的距离，通过图 5-17 中的距离(Distance)文本框进行设置。

**5. 圆/球面/椭圆中心(Circle/Sphere/Ellipse Center)**

点类型下拉列表框中的圆/球面/椭圆中心选项用于创建圆心点、球心点和椭圆中心点,方法如下:

① 在点定义对话框中单击圆/球面/椭圆文本框,并选择圆、圆弧、球面、椭圆或椭圆弧,如图 5－18 所示;

② 单击确定按钮完成操作。

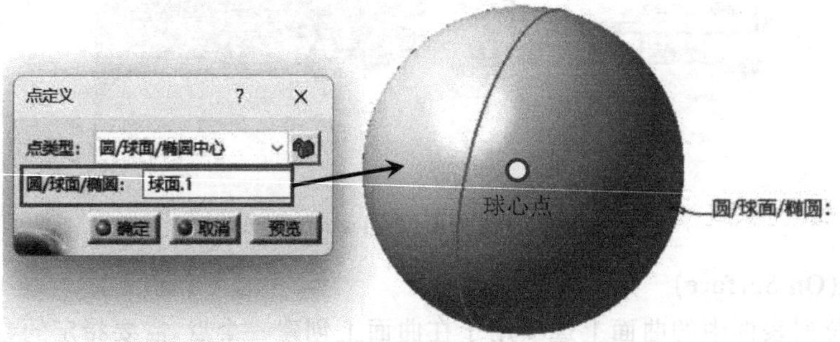


**图 5－18 圆/球面/椭圆中心(Circle/Sphere/Ellipse Center)**

**6. 曲线上的切线(Tangent on Curve)**

点类型下拉列表框中的曲线上的切线选项用于创建指定曲线与指定方向之间的切点,需要指定的参数包括参考曲线和参考方向,如图 5－19 所示。

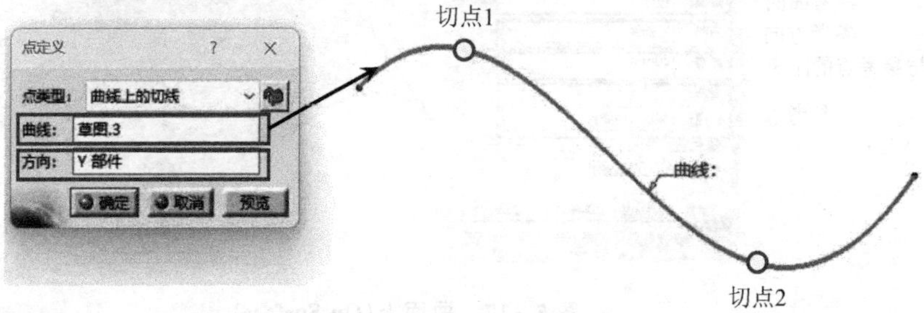


**图 5－19 曲线上的切线(Tangent on Curve)**

如果参考曲线与参考方向之间的切点不止一个,那么在点定义对话框中单击确定按钮之后,CATIA 会弹出一个多重结果管理(Multi-Result Management)对话框,如图 5－20 所示。通过该对话框可以在多个满足要求的切点中选择最终所需要的切点。在该对话框中包括三个单选按钮:

(1) 使用近/远,仅保留一个子元素(Keep only one sub-element using a Near/Far)

如果选择了该选项,则只能选择多个切点中的一个作为最终结果,方法是选择一个参考元素,CATIA 会选择距离参考元素最近或最远的切点作为最终结果。

(2) 使用提取,仅保留一个子元素(Keep only one sub-element using an Extract)

如果选择了该选项,同样只能选择多个切点中的一个作为最终结果,方法是通过鼠标精确捕捉需要保留的那个结果。

(3) 保留所有子元素(Keep all the sub-elements)

如果选择了该选项,则保留所有结果。

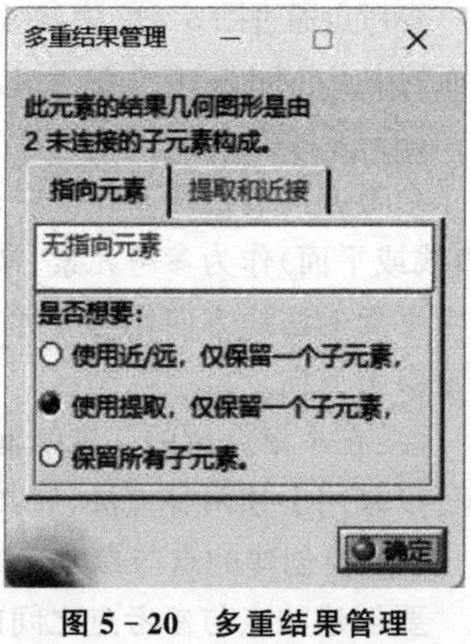


**图 5－20 多重结果管理(Multi-Result Management)对话框**

**7. 之间(Between)**

点类型下拉列表框中的之间选项用于在两个点之间的连线上创建一个点，需要指定的参数包括：两个参考点、比率、支持面，如图 5-21 所示。

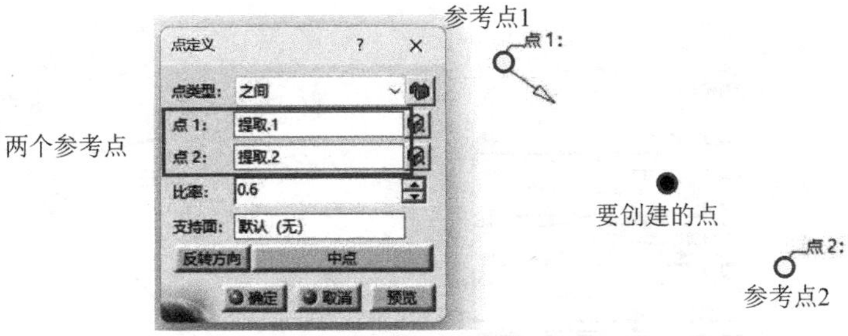


图 5-21　之间(Between)

比率(Ratio)指要创建的点与参考点 1(Point 1)之间的距离与两个参考点之间距离的比值。

如果设置了支持面(Support)，CATIA 会对通过上述参数创建出来的点向支持面进行投影，并以投影点作为最终生成的点。

## 5.1.2　直线(Line)

在三维空间中创建一条直线的方法如下：

① 在线框工具栏中单击直线图标，CATIA 弹出如图 5-22 所示的直线定义(Line Definition)对话框；

② 在线型(Line type)下拉列表框中选择直线类型；

③ 在直线定义对话框中设置与所选类型相关的直线参数；

④ 单击确定按钮完成直线的创建。

在线型下拉列表框中，CATIA 提供了 6 种直线类型，分别是：点-点(Point-Point)、点-方向(Point-Direction)、曲线的角度/法线(Angle/Normal to Curve)、曲线的切线(Tangent to Curve)、曲面的法线(Normal to Surface)、角平分线(Bisecting)，如图 5-23 所示。

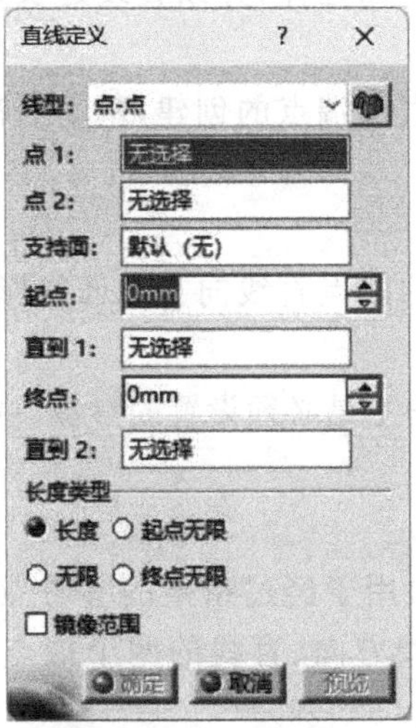


图 5-22　直线定义(Line Definition)对话框

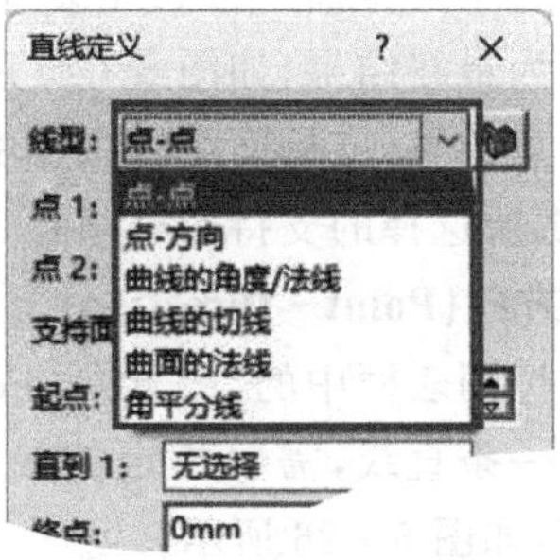


图 5-23　线型(Line type)

**1. 点-点(Point - Point)**

线型下拉列表框中的点-点选项用于创建两点直线，即连接两个指定的参考点绘制一条直线，需要指定的参数包括：两个参考点、直线的两个端点(起点和终点)、支持面，如图 5 - 24 所示。

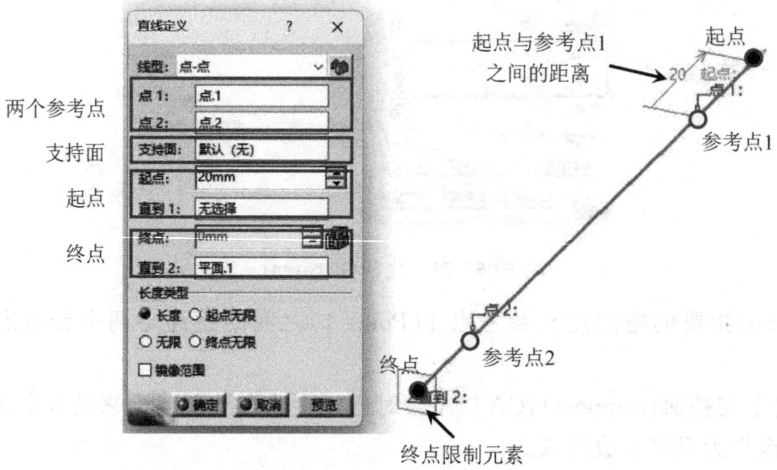


**图 5 - 24　点-点(Point - Point)**

(1) 两个参考点

通过选择两个参考点来确定直线的方向，即两个参考点连线的方向，如图 5 - 24 所示。

(2) 直线的两个端点(起点和终点)

要确定直线的两个端点(起点和终点)，CATIA 提供了两种方法：

① 指定直线端点与参考点之间沿着直线方向的距离，例如在图 5 - 24 的起点(Start)文本框中输入数值 20mm，意味着直线起点与参考点 1(Point 1)之间沿着直线方向的距离为 20mm；

② 指定一个限制元素(平面或曲面)，CATIA 会将直线向限制元素延伸，并把直线延长线与限制元素之间的交点作为直线的端点，例如在图 5 - 24 中的直到 2(Up - to 2)文本框中选择了一个平面作为限制元素，CATIA 会将直线向着该限制平面延伸，并以直线延长线与限制平面之间的交点作为直线的终点。

注：在本章介绍的各类直线的创建过程中，凡是涉及直线端点的创建，基本上都可以采用上述两种方法，后文不再赘述。

(3) 支持面(Support)

如果设置了支持面，CATIA 会对通过上述参数创建的两点直线向支持面投影，并以得到的投影线作为最终结果，如图 5 - 25 所示。

需要注意的是，支持面可以根据实际情况进行设置，它不是必须设置的参数。如果要设置支持面，那么所选择的支持面必须经过两个参考点。

**2. 点-方向(Point - Direction)**

线型下拉列表框中的点-方向(Point - Direction)选项用于经过指定的参考点，沿着指定的方向绘制一条直线，需要指定的参数包括：参考点、直线方向、直线的两个端点(起点和终点)、支持面，如图 5 - 26 所示。

(1) 参考点(Point)

参考点是要创建的直线必须经过的点，通过图 5 - 26 中的点文本框进行设置。

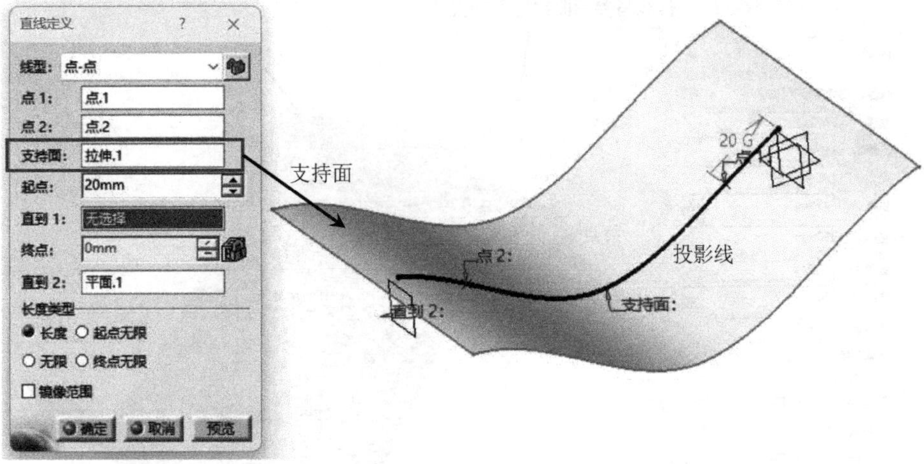


图 5-25　支持面(Support)

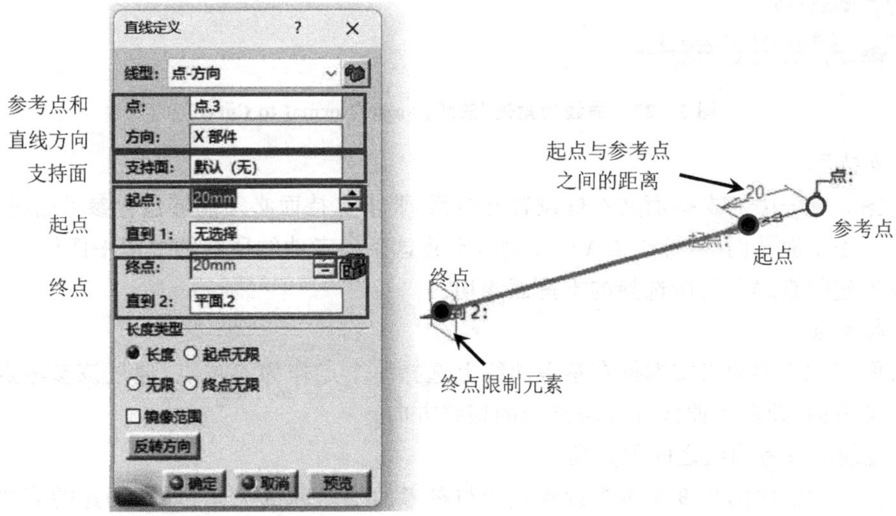


图 5-26　点-方向(Point-Direction)

(2) 直线方向(Direction)

直线方向可以通过图 5-26 中的方向文本框进行设置。

(3) 直线的两个端点(起点和终点)

直线的两个端点(起点和终点)的设置与两点直线相同。

(4) 支持面

如果设置了支持面,则 CATIA 会对通过上述参数创建的点和方向线向着支持面进行投影。

**3. 曲线的角度/法线(Angle/Normal to Curve)**

线型下拉列表框中的曲线的角度/法线选项用于创建与指定曲线成指定角度的直线,需要指定的参数包括:参考曲线、支持面、参考点、直线与参考曲线之间的夹角、直线的两个端点(起点和终点),如图 5-27 所示。

(1) 参考曲线

通过图 5-27 中的曲线文本框设置参考曲线。

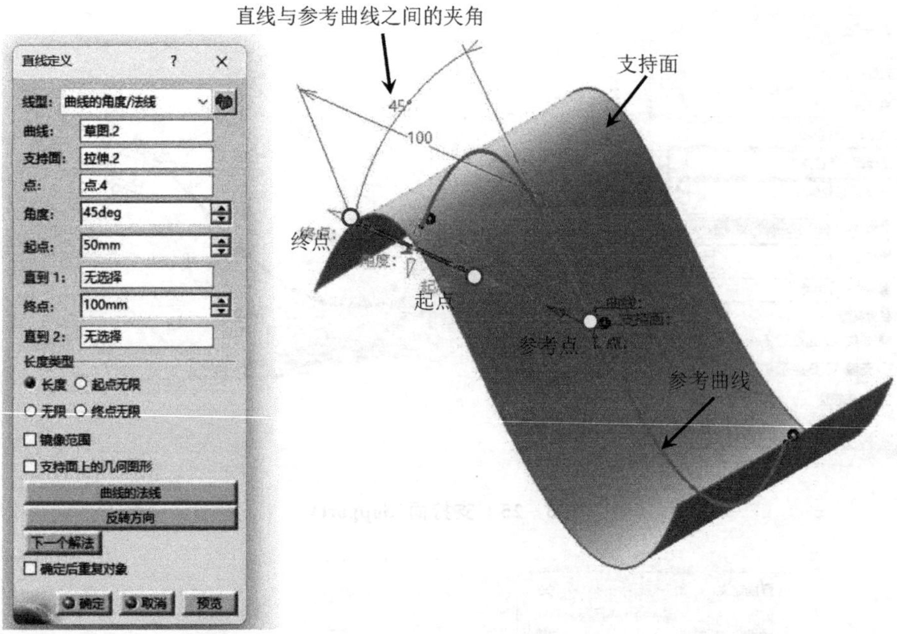


**图 5-27 曲线的角度/法线(Angle/Normal to Curve)**

(2) 支持面

通过图 5-27 中的支持面文本框设置支持面,要求支持面必须能够包含参考曲线,如果参考曲线是一条平面草图线,那么 CATIA 会自动将这条参考曲线所在的草图平面作为支持面。最终创建的直线会与所选择的支持面相切。

(3) 参考点

通过图 5-27 中的点文本框在参考曲线上选择一个点作为参考点,通过该参考点可以确定一个参考方向,即参考曲线在参考点处的切线方向。

(4) 直线与参考曲线之间的夹角

通过图 5-27 中的角度文本框设置直线与参考曲线之间的夹角,即要创建的直线与参考方向(参考曲线在参考点处的切线方向)之间的夹角。

(5) 直线的两个端点(起点和终点)

通过图 5-27 中的起点和终点文本框来确定直线的两个端点(起点和终点)。

**4. 曲线的切线(Tangent to Curve)**

线型下拉列表框中的曲线的切线选项用于按照指定的相切类型创建指定参考曲线的切线,需要指定的参数包括:参考曲线、参考元素、相切类型、直线的两个端点(起点和终点),如图 5-28 所示。

(1) 参考曲线

通过图 5-28 中的曲线文本框设置参考曲线。

(2) 参考元素

通过图 5-28 中的元素 2(Element 2)文本框设置参考元素,可供选择的参考元素类型包括点和曲线。

(3) 相切类型

在图 5-28 中切线选项(Tangency options)选项组的类型(Type)下拉列表框中,CATIA 提供了 2 种相切类型:单切线(Mono-Tangent)、双切线(Bitangent),如图 5-29 所示。

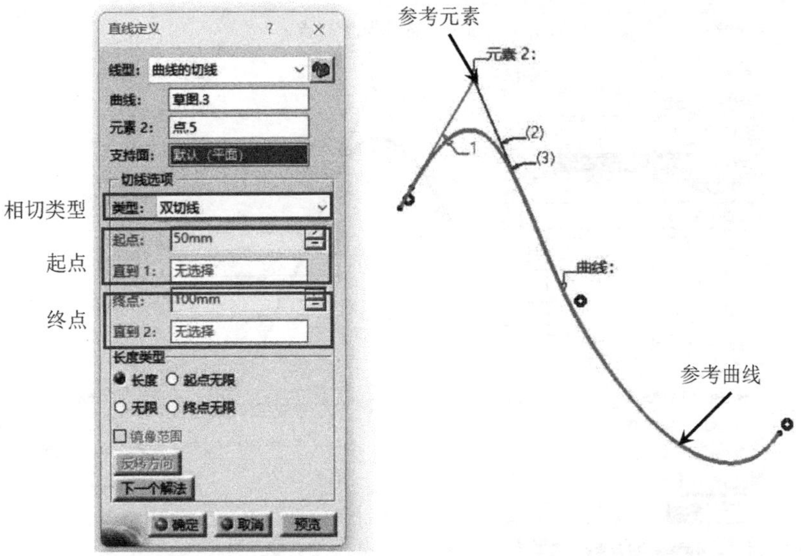


图 5 - 28　曲线的切线(Tangent to Curve)

参考元素和相切类型不同，创建出来的曲线切线也不同：

图 5 - 29　相切类型

① 如果选择点作为参考元素，选择单切线的相切类型，那么 CATIA 会经过参考点创建一条与参考曲线不相交的直线，但是直线方向是与参考曲线相切的，如图 5 - 30 所示。

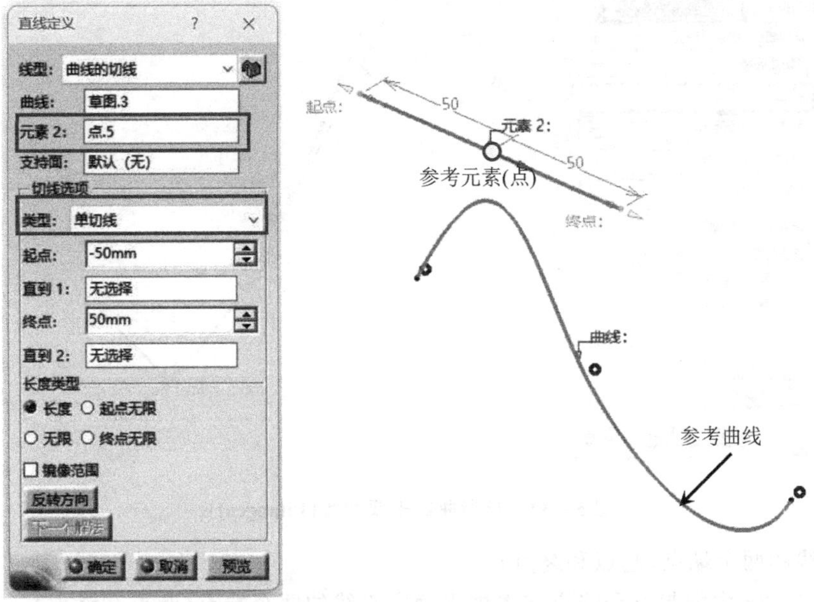


图 5 - 30　参考点＋单切线(Mono-Tangent)

② 如果选择点作为参考元素，选择双切线的相切类型，那么 CATIA 会经过参考点创建一条直线，这条直线与参考曲线存在具体的切点(这样的切线，有可能不止一条，需要人为指定需要哪条切线)，如图 5 - 31 所示。

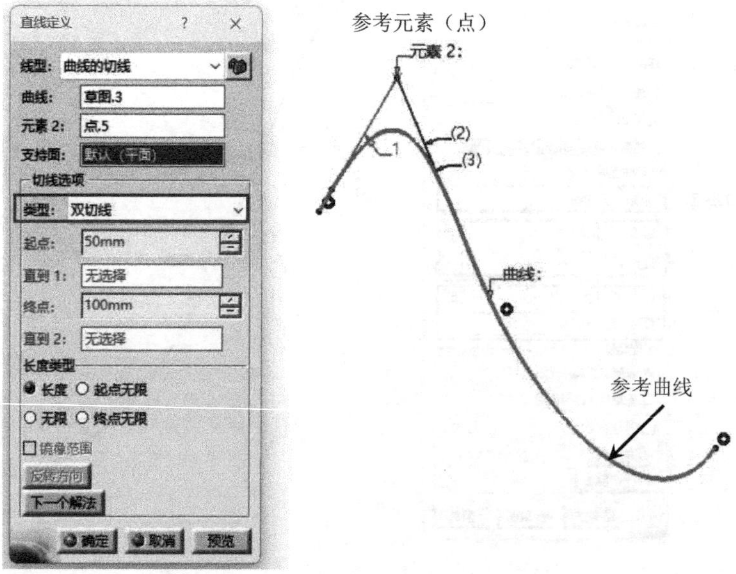


**图 5-31　参考点＋双切线(Bitangent)**

③ 如果选择曲线作为参考元素，那么只有双切线一种相切类型可以选择，CATIA 会创建出这条曲线与参考曲线的公切线，如图 5-32 所示。

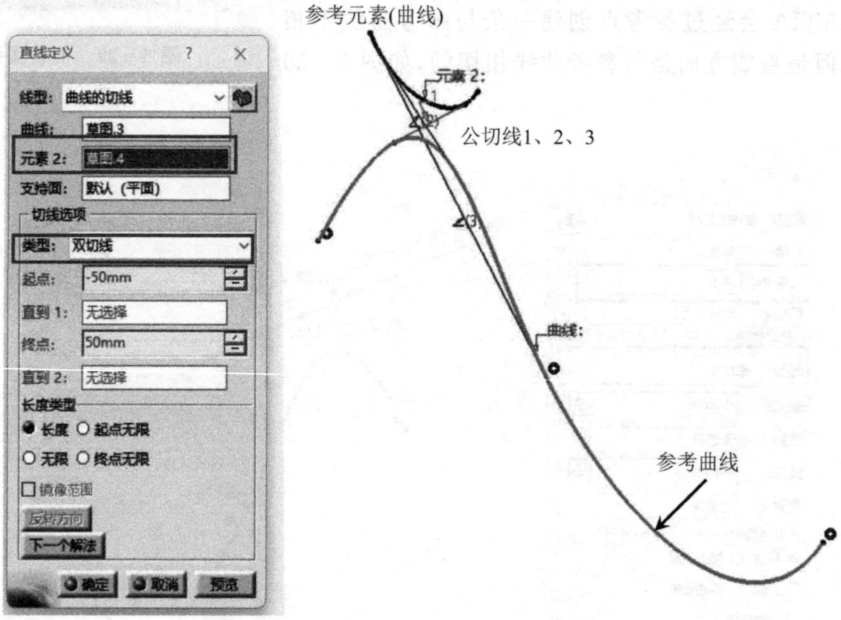


**图 5-32　参考曲线＋双切线(Bitangent)**

(4) 直线的两个端点(起点和终点)

通过图 5-28 中的起点和终点文本框来确定直线的两个端点(起点和终点)。

**5. 曲面的法线(Normal to Surface)**

线型下拉列表框中的曲面的法线选项用于经过指定的参考点创建参考曲面的法线，需要指定的参数包括：参考曲面、参考点和直线的两个端点(起点和终点)，如图 5-33 所示。

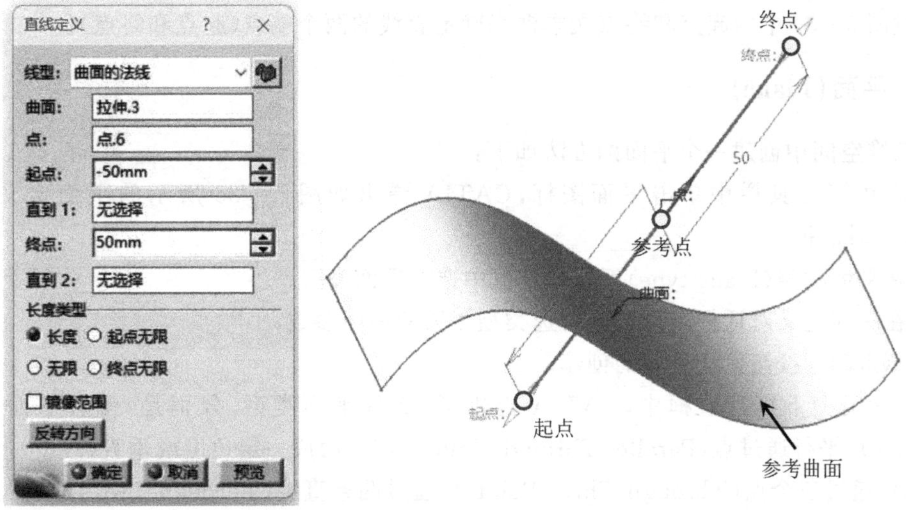


图 5 - 33 曲面的法线(Normal to Surface)

**6. 角平分线(Bisecting)**

线型下拉列表框中的角平分线选项用于创建两条直线的角平分线，需要指定的参数包括：两条参考直线、参考点、直线的两个端点(起点和终点)，如图 5 - 34 所示。

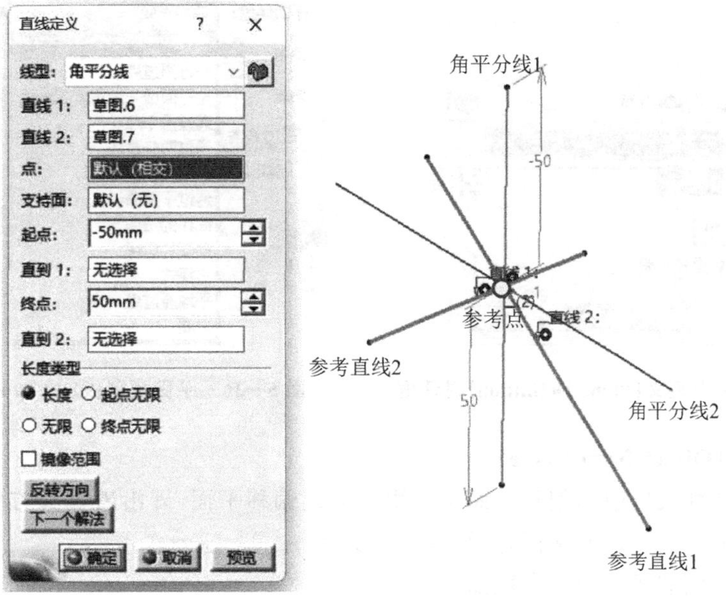


图 5 - 34 角平分线(Bisecting)

(1) 两条参考直线

通过图 5 - 34 中的直线 1(Line 1)和直线 2(Line 2)两个文本框选择要创建角平分线的两条参考直线。

(2) 参考点

通过图 5 - 34 中的点文本框选择参考点，默认情况下，CATIA 会选择两条参考直线的交点作为参考点。

(3) 直线的两个端点(起点和终点)

通过图 5 - 34 中的起点和终点文本框来确定直线的两个端点(起点和终点)。

### 5.1.3 平面(Plane)

在三维空间中创建一个平面的方法如下：

① 在线框工具栏中单击平面图标，CATIA 弹出如图 5 - 35 所示的平面定义(Plane Definition)对话框；

② 在平面类型(Plane type)下拉列表框中选择平面类型；

③ 在平面定义对话框中设置与所选类型相关的平面参数；

④ 单击确定按钮完成平面的创建。

在平面类型下拉列表框中，CATIA 提供了 12 种平面类型，分别是：偏移平面(Offset from Plane)、平行通过点(Parallel Through Point)、与平面成一定角度或垂直(Angle/Normal to Plane)、通过三个点(Through Three Points)、通过两条直线(Through Two Lines)、通过点和直线(Through Point and Line)、通过平面曲线(Through Planer Curve)、曲线的法线(Normal to Curve)、曲面的切线(Tangent to Surface)、方程式(Equation)、平均通过点(Mean Through Point)、之间(Between)，如图 5 - 36 所示。

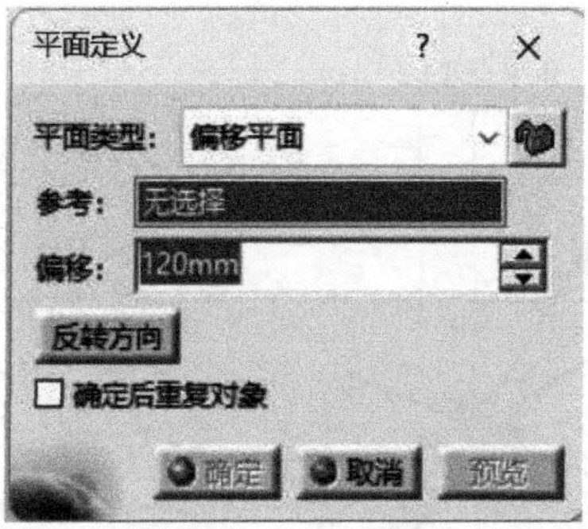


图 5 - 35 平面定义(Plane Definition)对话框

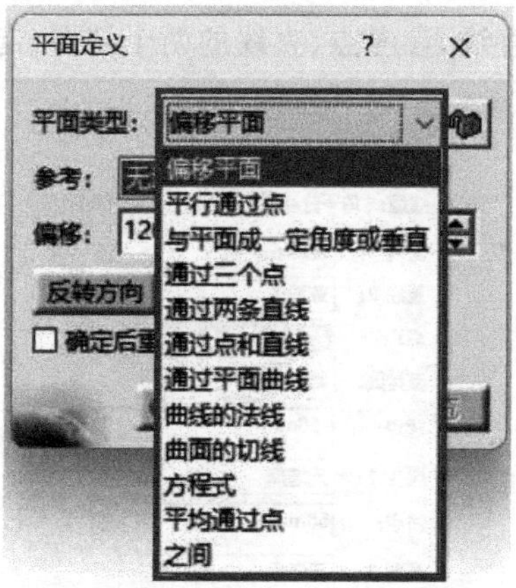


图 5 - 36 平面类型(Plane type)

**1. 偏移平面(Offset from Plane)**

平面类型下拉列表框中的偏移平面选项用于创建偏移平面，即沿着偏移方向对指定的参考平面偏移指定的距离创建的平面，如图 5 - 37 所示。

要创建偏移平面需要指定的参数如下：

(1) 参考平面

参考平面指偏移的操作对象，通过图 5 - 37 中的参考文本框进行设置。根据实际情况，既可以选择已经存在的线框平面作为参考平面，也可以选择零件实体上的某个平面作为参考平面。

(2) 偏移方向

默认情况下，CATIA 会选择参考平面的法线方向作为偏移方向，在图 5 - 37 中单击反转方向按钮，可以将偏移方向反向，也就是说在创建偏移平面时，偏移方向只能是参考平面的法线方向或是参考平面的法线方向的反方向。

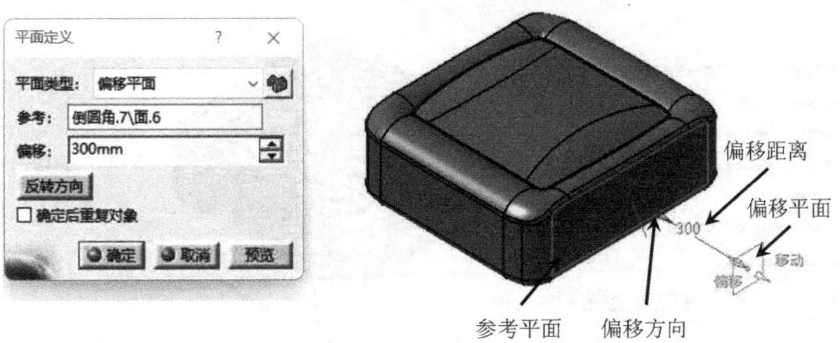


图 5-37　偏移平面(Offset from Plane)

(3) 偏移距离

偏移距离可以在图 5-37 中的偏移(Offset)文本框中进行设置。

**2．平行通过点(Parallel Through Point)**

平面类型下拉列表框中的平行通过点选项用于经过一点创建平行平面，即经过指定的参考点创建一个平面，使其与指定的参考平面平行，如图 5-38 所示。

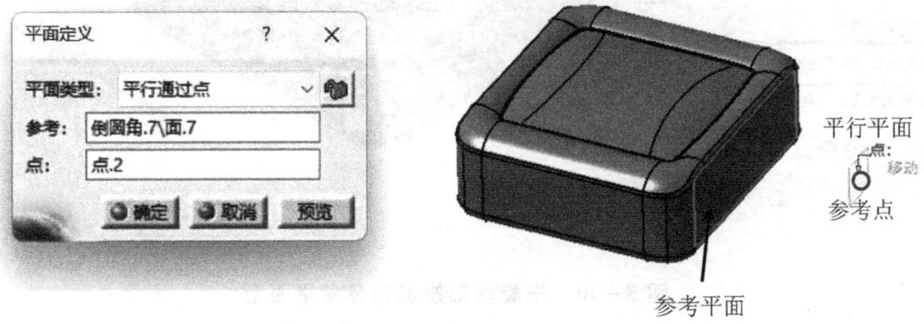


图 5-38　平行通过点(Parallel Through Point)

要经过一点创建平行平面需要指定的参数包括参考平面和参考点，分别通过平面定义对话框中的参考(Reference)和点(Point)两个文本框进行指定。

**3．与平面成一定角度或垂直(Angle/Normal to Plane)**

平面类型下拉列表框中的与平面成一定角度或垂直选项用于创建与指定平面成一定角度或垂直的平面，即经过指定的旋转轴线创建一个平面，该平面与指定的参考平面成指定的角度或垂直，如图 5-39 所示。

要创建与指定平面成一定角度或垂直的平面需要指定如下参数：

(1) 旋转轴

旋转轴是要创建的平面必须经过的一条直线，通过图 5-39 中的旋转轴(Rotation axis)文本框进行设置。如果在图 5-39 中选中了把旋转轴投影到参考平面上(Project rotation axis on reference plane)复选框，则 CATIA 会将旋转轴向着参考平面进行投影，并以投影线作为要创建的平面必须经过的直线，如图 5-40 所示。

(2) 参考平面

参考平面通过图 5-39 中的参考文本框进行设置。根据实际情况，既可以选择已经存在的线框平面作为参考平面，也可以选择零件实体上的某个平面作为参考平面。

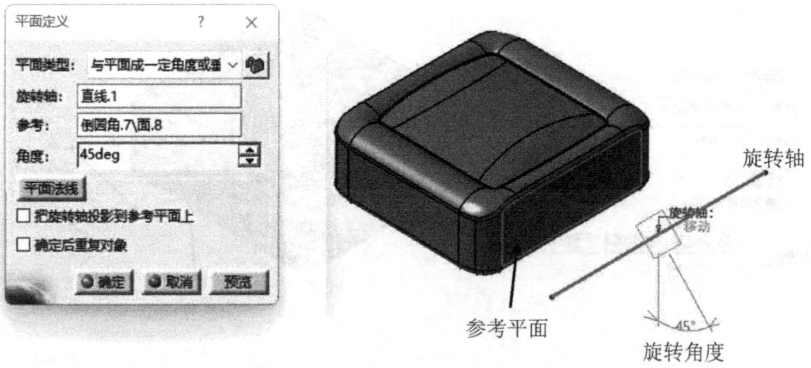


图 5－39　与平面成一定角度或垂直(Angle/Normal to Plane)

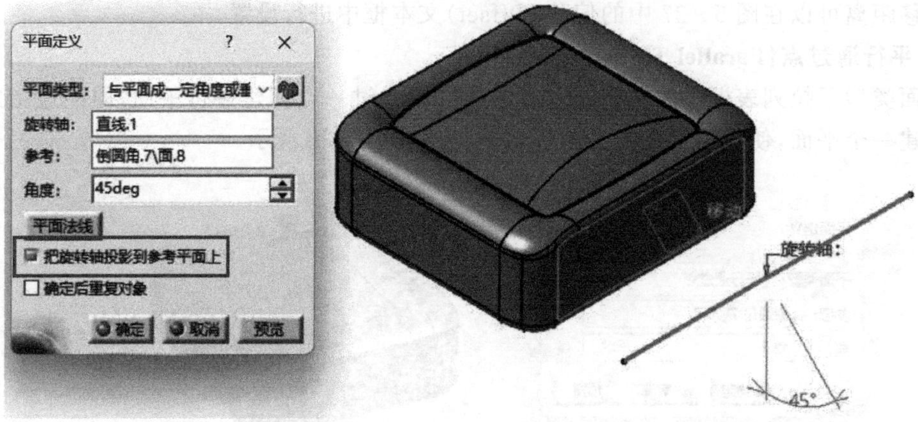


图 5－40　把旋转轴投影到参考平面上

(Project rotation axis on reference plane)

(3) 夹　角

夹角指要创建的平面与指定参考平面之间的夹角，通过图 5－39 中的角度文本框来设置。

**4. 通过三个点(Through Three Points)**

平面类型下拉列表框中的通过三个点选项用于经过空间中指定的三个参考点创建一个平面，如图 5－41 所示。

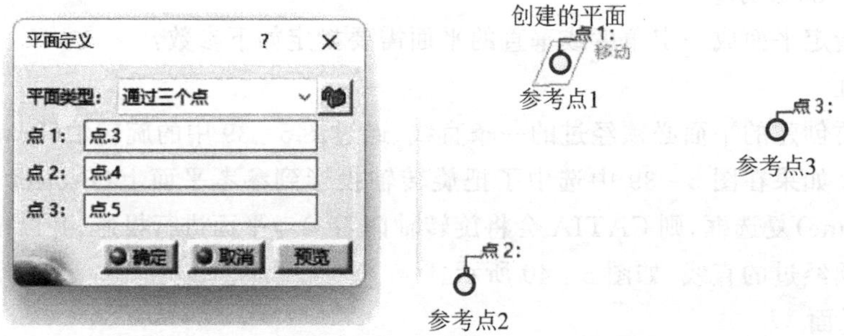


图 5－41　通过三个点(Through Three Points)

**5. 通过两条直线(Through Two Lines)**

平面类型下拉列表框中的通过两条直线选项用于经过空间中指定的两条参考直线创建一个平面，如图 5－42 所示。

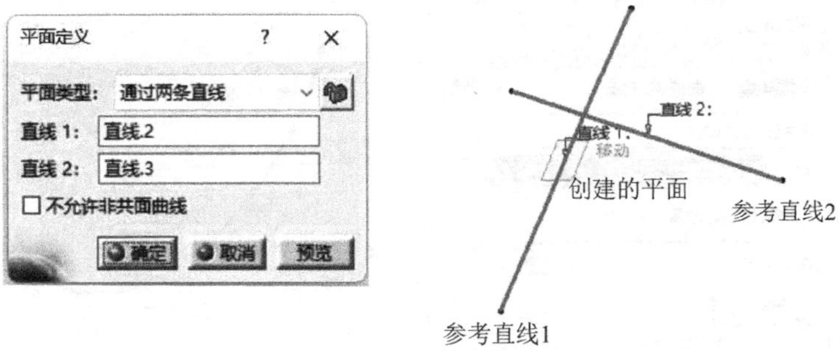


图 5－42　通过两条直线(Through Two Lines)

**6. 通过点和直线(Through Point and Line)**

平面类型下拉列表框中的通过点和直线选项用于经过空间中指定的一个参考点和一条参考直线创建一个平面，如图 5－43 所示。

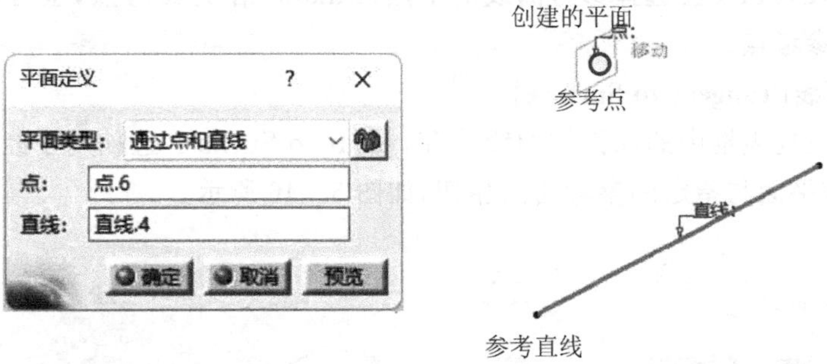


图 5－43　通过点和直线(Through Point and Line)

**7. 通过平面曲线(Through Planer Curve)**

平面类型下拉列表框中的通过平面曲线选项用于经过一条平面参考曲线创建一个平面，如图 5－44 所示。

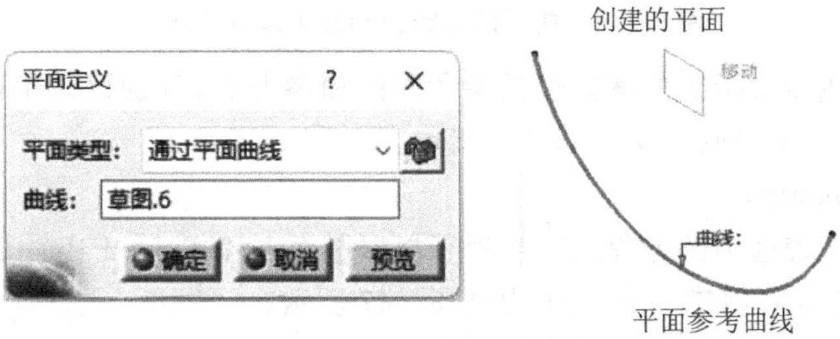


图 5－44　通过平面曲线(Through Planer Curve)

**8. 曲线的法线(Normal to Curve)**

平面类型下拉列表框中的曲线的法线①(Normal to Curve)选项用于经过指定的参考点创建指定参考曲线的法平面,如图 5-45 所示。

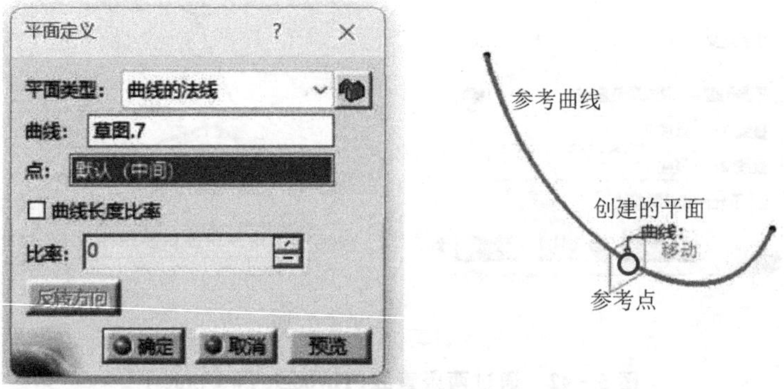


图 5-45 创建曲线的法线(Normal to Curve)

要创建曲线的法线需要指定的参数包括参考曲线和参考点,分别通过平面定义对话框中的曲线(Curve)和点(Point)两个文本框进行指定。

默认情况下,CATIA 会选择参考曲线的中点(Middle)作为参考点,也可以根据实际情况选择其他点作为参考点。

**9. 曲面的切线(Tangent to Surface)**

平面类型下拉列表框中的曲面的切线②(Tangent to Surface)选项用于经过指定的参考点创建一个平面,该平面与指定的参考曲面相切,如图 5-46 所示。

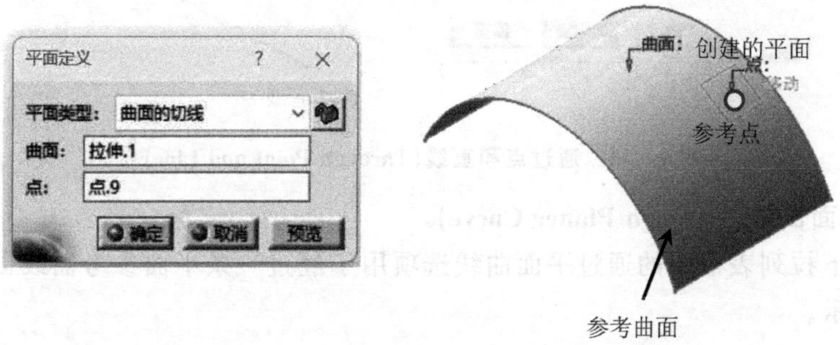


图 5-46 曲面的切线(Tangent to Surface)

创建曲面的切线需要指定的参数包括参考曲面和参考点,分别通过平面定义对话框中的曲面(Surface)和点(Point)两个文本框进行指定。

**10. 方程式(Equation)**

平面类型下拉列表框中的方程式选项用于根据平面方程式 $Ax+By+Cz=D$,通过指定相应的系数 A、B、C 和 D 来创建一个平面,如图 5-47 所示。

通过方程式创建平面需要指定的参数包括:

① 参考轴系。默认情况下,CATIA 会选择绝对轴系(Absolute Axis System)作为平面的参考轴系。

---

① 此处应译为曲线的法平面。

② 此处应译为曲面的切平面。

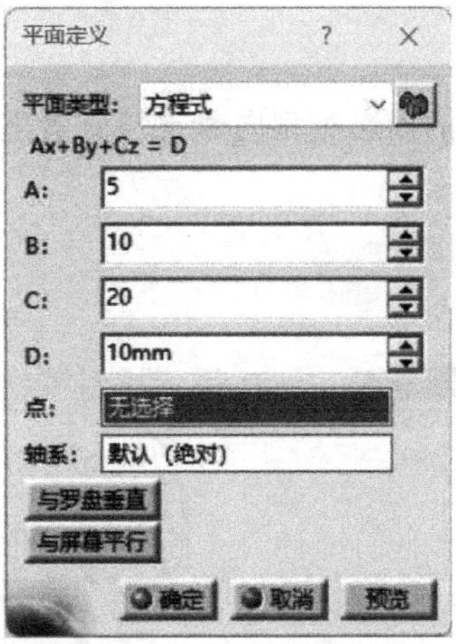


图 5-47　方程式(Equation)

② 平面方程系数(A、B、C 和 D)。

③ 参考点。参考点指要创建的平面必须经过的点,如果设置了平面方程系数 D,则无须指定参考点;反之,如果指定了参考点,则无须设置系数 D。

**11. 平均通过点(Mean Through Point)**

平面类型下拉列表框中的平均通过点选项用于创建多个点的平均平面,即通过指定多个参考点创建一个平面,这些参考点到该平面的平均距离是最短的,如图 5-48 所示。

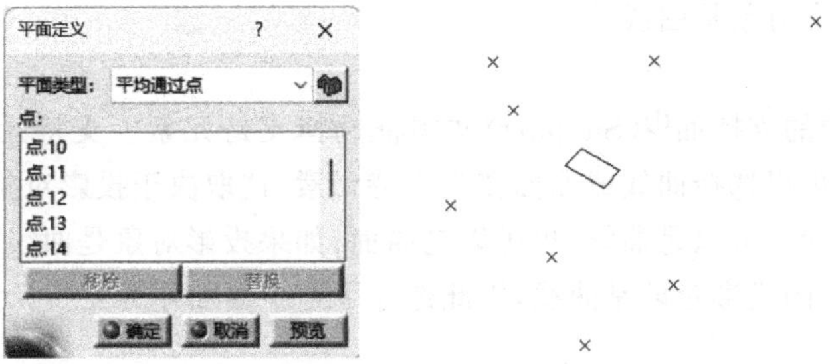


图 5-48　平均通过点(Mean Through Point)

**12. 之间(Between)**

平面类型下拉列表框中的之间选项用于在两个参考平面之间按照一定比率创建一个平面,如图 5-49 所示。

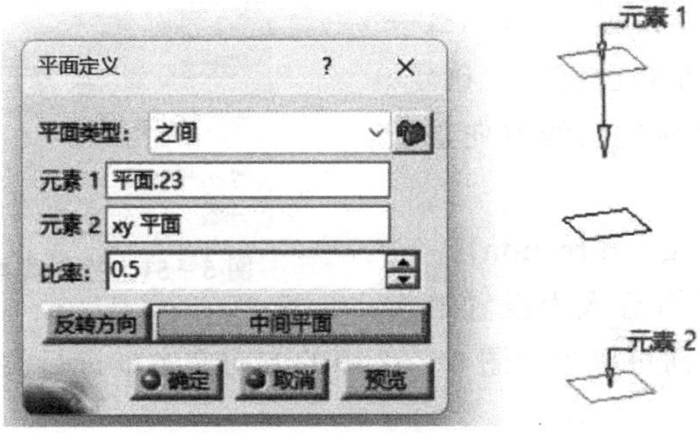


图 5-49　之间(Between)

### 5.1.4 投影(Projection)

投影指将投影对象按照指定的投影类型向着支持元素进行投影，如图 5-50 所示。

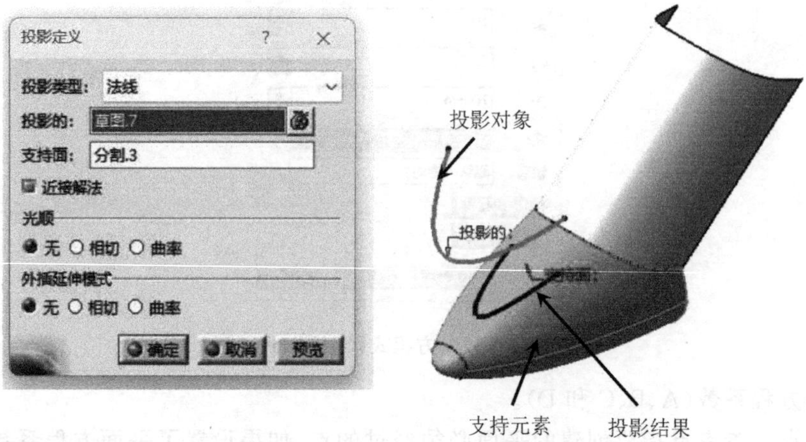


图 5-50 投影(Projection)

要进行投影需要在投影定义(Projection Definition)对话框中指定如下参数：

**1. 投影对象**

通过图 5-50 中的投影的(Projected)文本框选择投影对象。投影对象可以选择点或曲线，图 5-50 中的投影对象是曲线。

**2. 支持元素**

通过图 5-50 中的支持面①(Support)文本框选择支持元素。支持元素用于指定将投影对象投影到哪里去，可以选择曲线或曲面作为支持元素，这取决于投影对象的类型。如果投影对象是点，那么支持元素可以是曲线，也可以是曲面；如果投影对象是曲线，那么支持元素只能是曲面。图 5-50 中的投影对象是曲线，因此选择了一个曲面作为支持元素，将曲线向着该曲面进行投影。

**3. 投影类型**

在图 5-50 中的投影类型(Projection type)下拉列表框中，CATIA 提供了 2 种投影类型：法线(Normal)、沿某一方向(Along a direction)，如图 5-51 所示。

(1) 法线(Normal)

法线选项用于沿着支持元素的法线方向进行投影，因此如果选择该投影类型，那么一旦选定了支持元素，投影方向也就随之确定。图 5-50 中就是沿着支持面的法线方向进行投影。

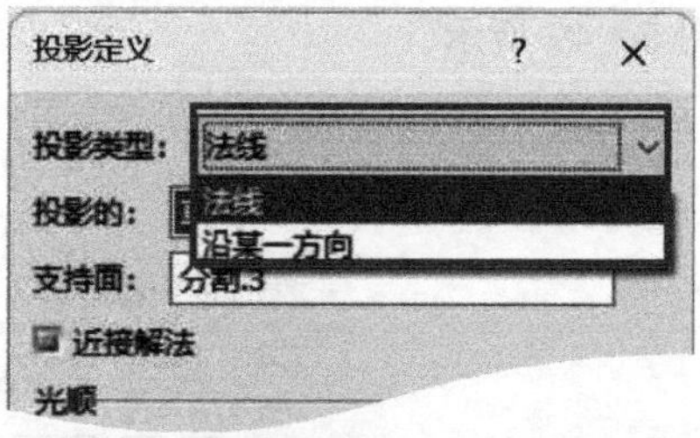


图 5-51 投影类型(Projection type)

(2) 沿某一方向(Along a direction)

沿某一方向选项用于沿着人为设置的投影方向进行投影。投影方向可以通过图 5-52 中的方向文本框进行设置。

① 此处应译为支持元素。

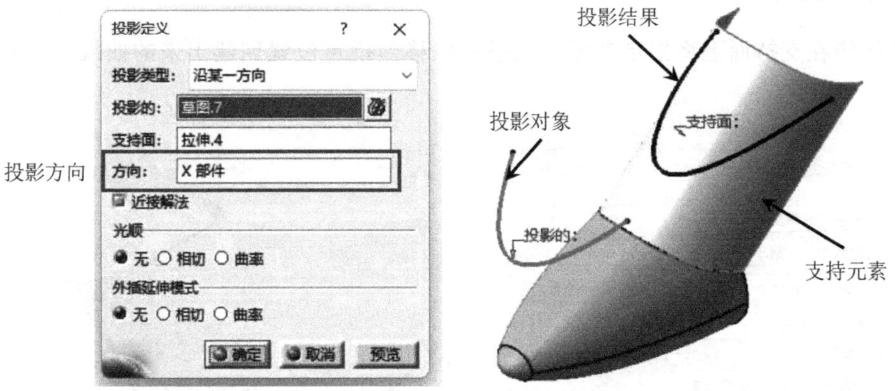


图 5－52　沿某一方向(Along a direction)

## 5.1.5　相交(Intersection)

相交用于求取多个相交元素(曲线/曲面/实体)之间的交点或交线，如图 5－53 所示。

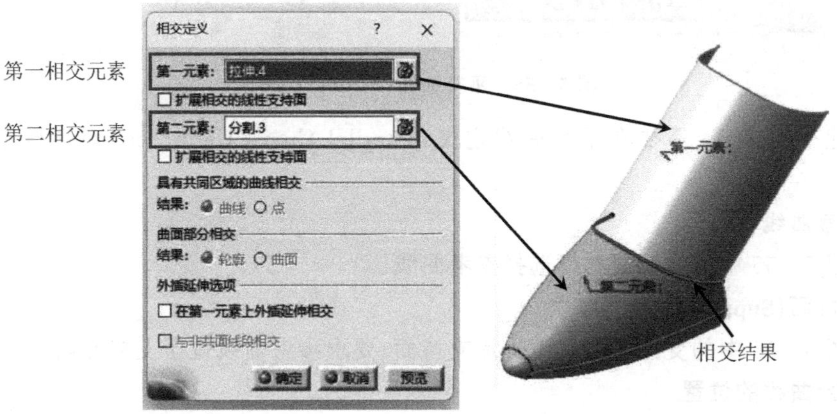


图 5－53　相交(Intersection)

要进行相交操作，需要选择两个相交元素，即第一个相交元素(First Element)和第二个相交元素(Second Element)，CATIA 会自动求取二者之间的交点或交线，如果相交的结果不止一个，存在两个或两个以上的交点/交线，CATIA 会弹出一个多重结果管理对话框，如图 5－54 所示。通过该对话框可以从多个满足要求的交点/交线中选择最终所需要的结果。该对话框中各个选项的含义在 5.1.1 小节中已做过介绍。

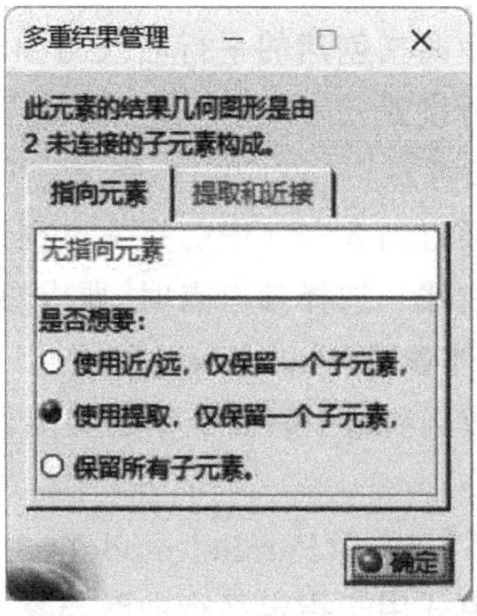


图 5－54　多重结果管理
(Multi-Result Management)对话框

### 5.1.6 平行曲线(Parallel Curve)

平行曲线指在支持面上将指定参考曲线平行偏移到指定位置创建出来的曲线，如图 5-55 所示。

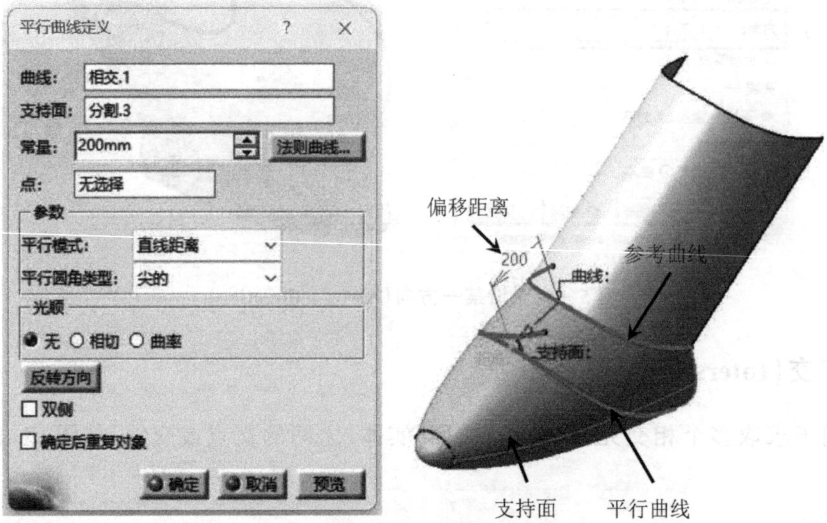


图 5-55 平行曲线(Parallel Curve)

要创建平行曲线，需要在平行曲线定义(Parallel Curve Definition)对话框中指定如下参数：

**1. 参考曲线(Curve)**

通过图 5-55 中的曲线文本框选择参考曲线。

**2. 支持面(Support)**

通过图 5-55 中的支持面文本框选择支持面，要求参考曲线位于支持面内。

**3. 平行曲线的位置**

要在支持面上确定平行曲线的位置，CATIA 在平行曲线定义对话框中提供了 2 种方法：指定偏移距离、指定参考点。

(1) 偏移距离

偏移距离指创建的平行曲线与参考曲线之间的距离，通过图 5-55 中的常量(Constant)文本框进行设置。

(2) 参考点

如果通过图 5-55 中的点文本框选择了一个参考点，CATIA 会在支持面上经过该参考点创建平行曲线。选择参考点时，要求参考点必须位于支持面内。

**4. 其他参数(Parameters)**

在参数选项组中有 2 个参数需要设置：平行模式(Parallel mode)和平行圆角类型(Parallel corner type)。

(1) 平行模式(Parallel mode)

平行模式用于指定平行曲线与参考曲线之间距离的计算模式，包括直线距离(Euclidean)和测地距离(Geodesic)2 种选择，如图 5-56 所示。

如果选择了直线距离，那么平行曲线与参考曲线之间的距离指二者之间的直线距离；如果选择了测地距离，那么平行曲线与参考曲线之间的距离是沿着支持面来计算的。

(2) 平行圆角类型(Parallel corner type)

只有当平行模式设置为直线距离时，才需要设置平行圆角类型。在平行圆角类型下拉列表框中，CATIA 提供了 2 种平行圆角类型：尖的(Sharp)、圆的(Round)，如图 5－57 所示。

图 5－56 平行模式(Parallel mode)

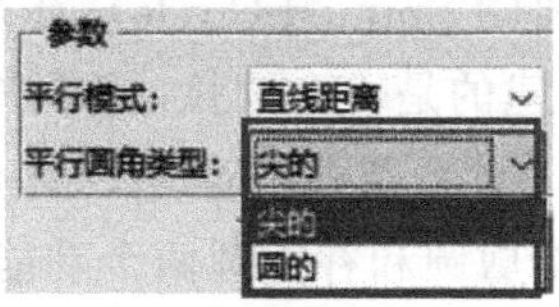


图 5－57 平行圆角类型(Parallel corner type)

如果参考曲线上存在尖角，且平行圆角类型设置为尖的，那么生成的平行曲线上会保留参考曲线上的尖角，如图 5－58 所示。

如果参考曲线上存在尖角，且平行圆角类型设置为圆的，那么 CATIA 会在生成的平行曲线上用圆角代替尖角，进行平滑过渡，如图 5－59 所示。

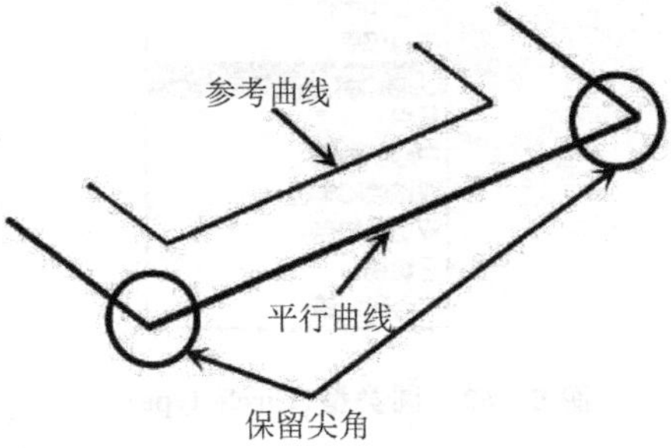


图 5－58 平行圆角类型 (Parallel corner type)：尖的(Sharp)

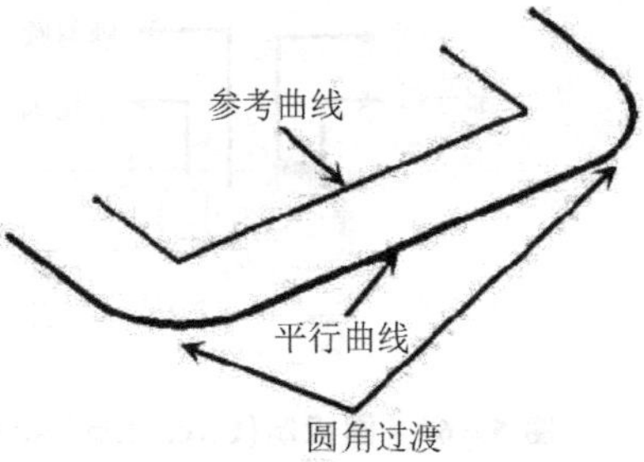


图 5－59 平行圆角类型 (Parallel corner type)：圆的(Round)

## 5.1.7 圆(Circle)

圆图标用于在三维空间中根据指定参数创建圆或圆弧，方法如下：

① 单击圆图标，CATIA 弹出如图 5－60 所示的圆定义(Circle Definition)对话框。

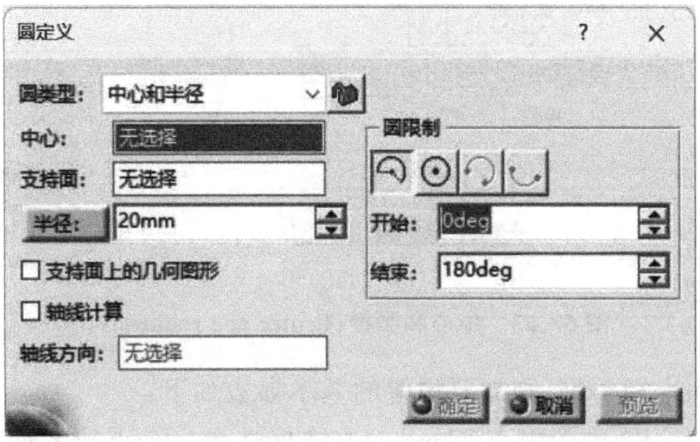


图 5－60 圆定义(Circle Definition)对话框

② 在圆类型(Circle type)下拉列表框中选择一种圆/圆弧类型。

③ 在圆定义对话框中设置与所选圆/圆弧类型相关的参数。

④ 在圆限制(Circle Limitation)选项组中设置圆/圆弧的限制参数。

在圆限制选项组中，CATIA 提供了 4 个功能图标：部分弧(Part Arc)、全圆(Whole Circle)、修剪圆(Trimmed Circle)、补充圆(Complementary Circle)，如图 5-61 所示。

如果要创建的是一个圆弧，就单击部分弧(Part Arc)图标，并在下方的开始(Start)和结束(End)文本框中设置圆弧的起始和终止角度；如果要创建一个完整的圆，就单击全圆(Whole Circle)图标；修剪圆和补充圆两个功能图标用于设置圆弧的凹凸方向。

⑤ 单击确定按钮完成圆/圆弧的创建。

在圆类型下拉列表框中，CATIA 提供了 9 种圆/圆弧类型，分别是：中心和半径(Center and radius)、中心和点(Center and point)、两点和半径(Two points and radius)、三点(Three points)、中心和轴线(Center and axis)、双切线和半径(Bitangent and radius)、双切线和点(Bitangent and point)、三切线(Tritangent)、中心和切线(Center and tangent)，如图 5-62 所示。

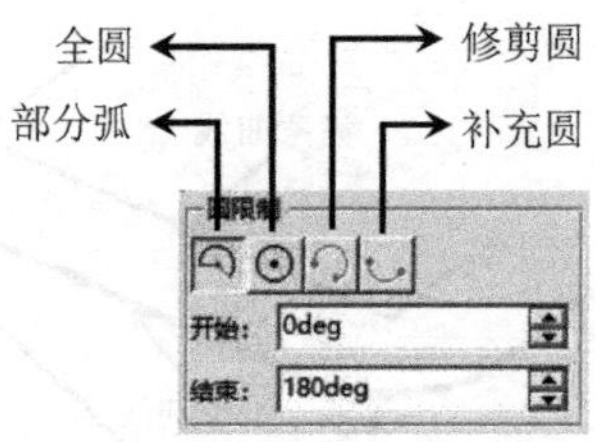


图 5-61 圆限制(Circle Limitation)

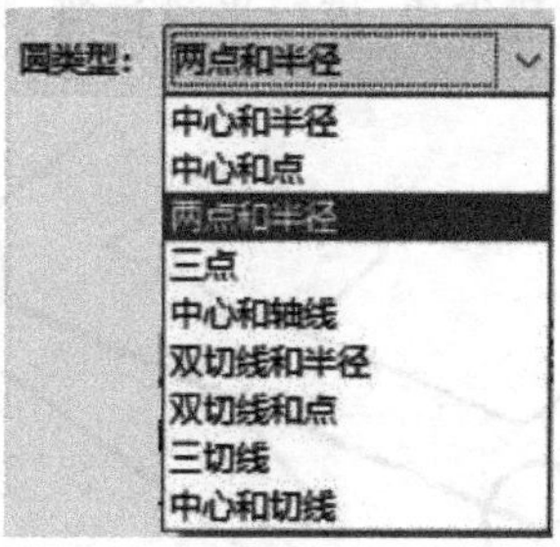


图 5-62 圆类型(Circle type)

下面在介绍各类圆类型时，均以圆的创建为例，要创建圆弧请在圆限制选项组中设置相关参数。

**1. 中心和半径(Center and radius)**

中心和半径类型指按照指定的圆心点和半径值创建圆/圆弧，如图 5-63 所示。

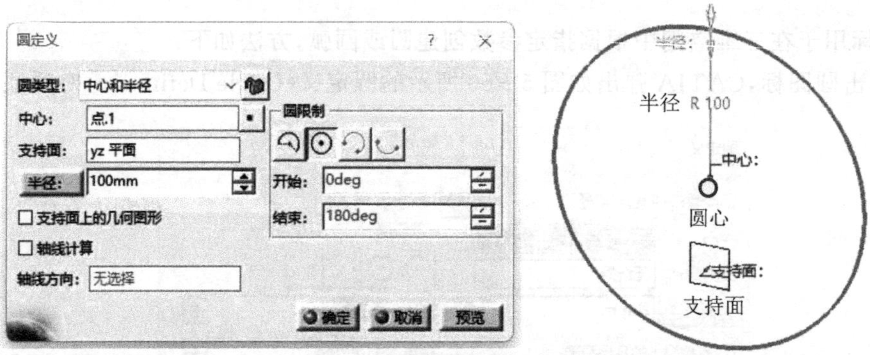


图 5-63 中心和半径(Center and radius)

如果选择了中心和半径类型，则需要设置的基本参数如下：

① 圆心。通过图 5-63 中的中心(Center)文本框选择一个点或者创建一个点作为圆/圆弧的圆心点。

② 支持面。通过图 5-63 中的支持面文本框选择一个平面或曲面作为支持面，以确定要

创建的圆所在的平面。选择了支持面后，CATIA 会经过圆心生成一个平面(该平面是一个虚拟平面，在 CATIA 中看不到)，该平面的法线方向垂直于所选支持面，要创建的圆是在该平面上绘制出来的。

在图 5－64 中，选择了一个球面作为支持面，图中箭头所指方向就是圆所在平面的法线方向，该方向与作为支持面的球面垂直。

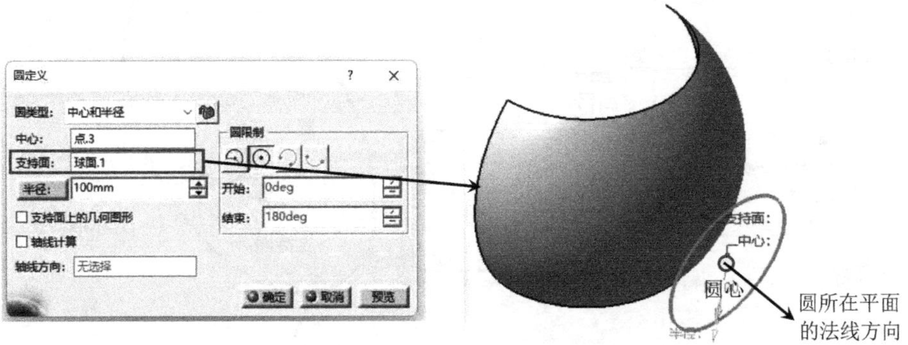


**图 5－64　以曲面作为支持面**

在圆定义对话框中有一个支持面上的几何图形(Geometry on Support)复选框，如图 5－65 所示。如果选中该复选框，CATIA 会将生成的圆投影到支持元素上。

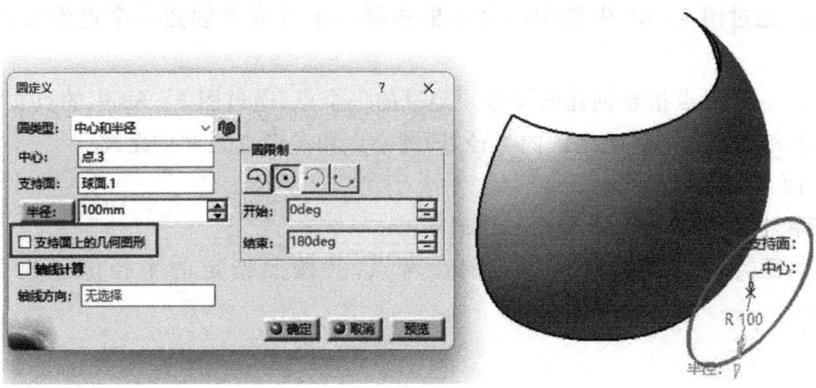


(a) 未选中支持面上的几何图形(Geometry on Support)复选框

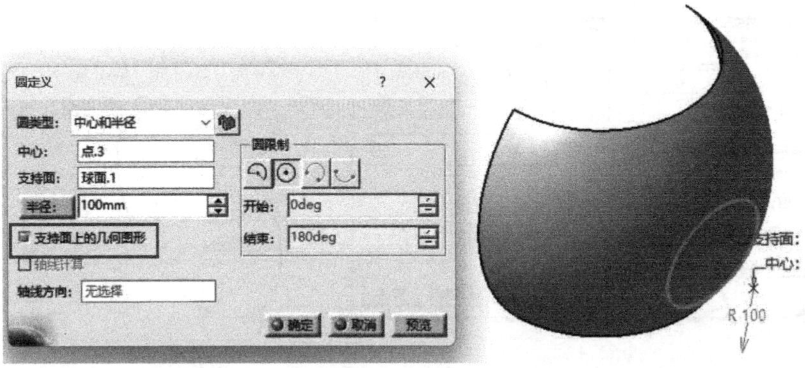


(b) 选中支持面上的几何图形(Geometry on Support)复选框

**图 5－65　在支持面上绘制圆**

③ 半径。

**2. 中心和点(Center and point)**

中心和点类型指按照指定的圆心点创建圆/圆弧,并且该圆/圆弧经过指定的参考点,如图 5-66 所示。

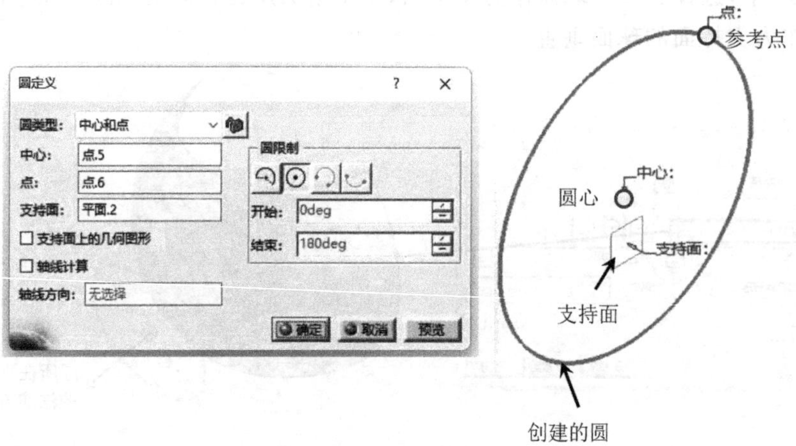


图 5-66 中心和点(Center and point)

如果选择了中心和点类型,则需要设置的基本参数如下:

① 圆心。通过图 5-66 中的中心文本框选择一个点或者创建一个点作为圆/圆弧的圆心点。

② 参考点。参考点指要创建的圆必须经过的一个点,通过图 5-66 中的点文本框进行设置。通过圆心和参考点可以确定圆的半径,即圆心点和参考点之间的距离。

③ 支持面。

**3. 两点和半径(Two points and radius)**

两点和半径类型指经过两个指定的参考点,并按照指定的半径值创建圆/圆弧,如图 5-67 所示。

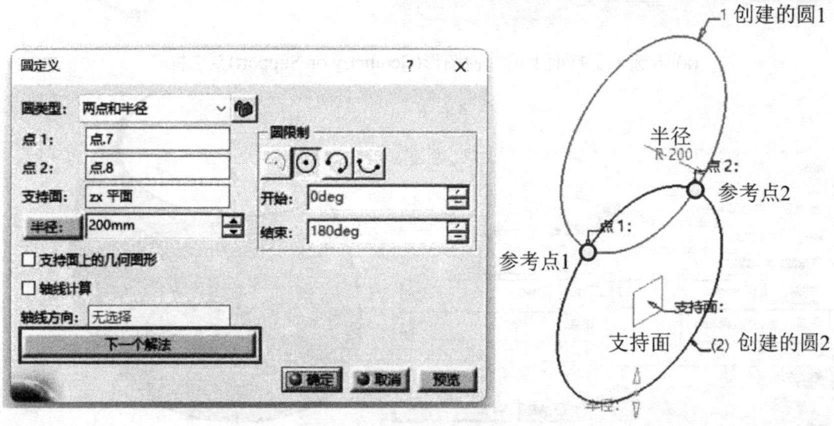


图 5-67 两点和半径(Two points and radius)

如果选择了两点和半径类型,则需要设置的基本参数如下:

① 参考点 1。参考点 1 指要创建的圆必须经过的一个点,通过图 5-67 中的点 1(Point 1)文本框进行设置。

② 参考点2。参考点2指要创建的圆必须经过的另外一个点,通过图5-67中的点2(Point 2)文本框进行设置。

③ 半径。

④ 支持面。

需要注意的是,按照上述参数可以创建出来的圆可能不止一个,在这种情况下,可以通过圆定义对话框中的下一个解法(Next Solution)按钮在多个解决方案之间进行切换,如图5-67所示。

**4. 三点(Three points)**

三点类型指经过指定的三个参考点创建圆/圆弧,如图5-68所示。

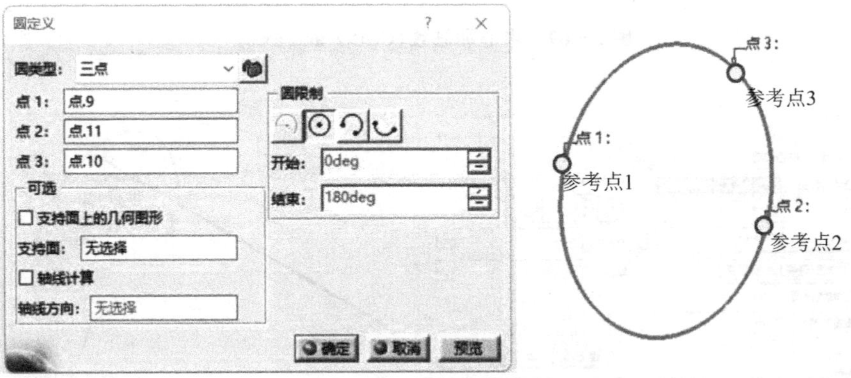


**图5-68 三点(Three points)**

如果选择了三点类型,则需要设置的基本参数如下:

① 参考点1。参考点1指要创建的圆必须经过的第一个点,通过图5-68中的点1(Point 1)文本框进行设置。

② 参考点2。参考点2指要创建的圆必须经过的第二个点,通过图5-68中的点2(Point 2)文本框进行设置。

③ 参考点3。参考点3指要创建的圆必须经过的第三个点,通过图5-68中的点3(Point 3)文本框进行设置。

通过这三个参考点可以确定一个平面,该平面就是要创建的圆所在的平面。

**5. 中心和轴线(Center and axis)**

中心和轴线类型指按照指定的参考轴线和参考点确定一个参考平面,在该参考平面上按照指定的半径值创建圆/圆弧,如图5-69所示。

如果选择了中心和轴线类型,则需要设置的基本参数如下:

① 参考轴线。通过轴线/直线(Axis/line)文本框可以选择或创建一条参考轴线,通过这条参考轴线来确定参考平面(要创建的圆所在的平面)的法线方向。

② 参考点。通过点文本框可以选择或创建一个参考点,CATIA会经过该点按照参考轴线方向创建参考平面(要创建的圆所在的平面)。

如果在圆定义对话框中选中了轴线/直线上的投影点(Project point on axis/line)复选框,CATIA会将参考点向着轴线/直线进行投影,并以投影点(轴线/直线与参考平面的交点)作为圆心点,如图5-69所示。

如果在圆定义对话框中没有选中轴线/直线上的投影点复选框,CATIA会以参考点作为圆心点,如图5-70所示。

③ 半径。

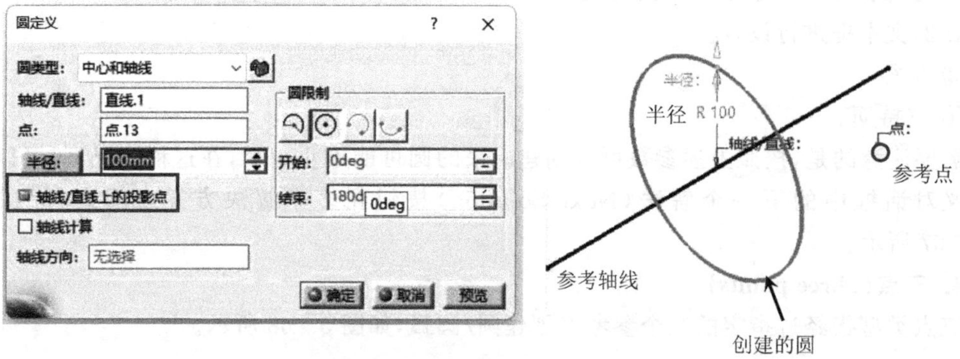


图 5-69　中心和轴线(Center and axis)

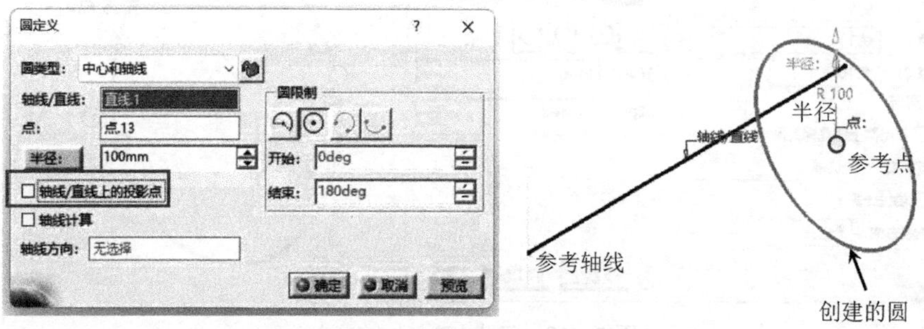


图 5-70　以参考点作为圆心

## 6. 双切线和半径(Bitangent and radius)

双切线和半径类型指按照指定的半径值创建圆/圆弧，该圆/圆弧与两个指定的相切元素都相切，如图 5-71 所示。

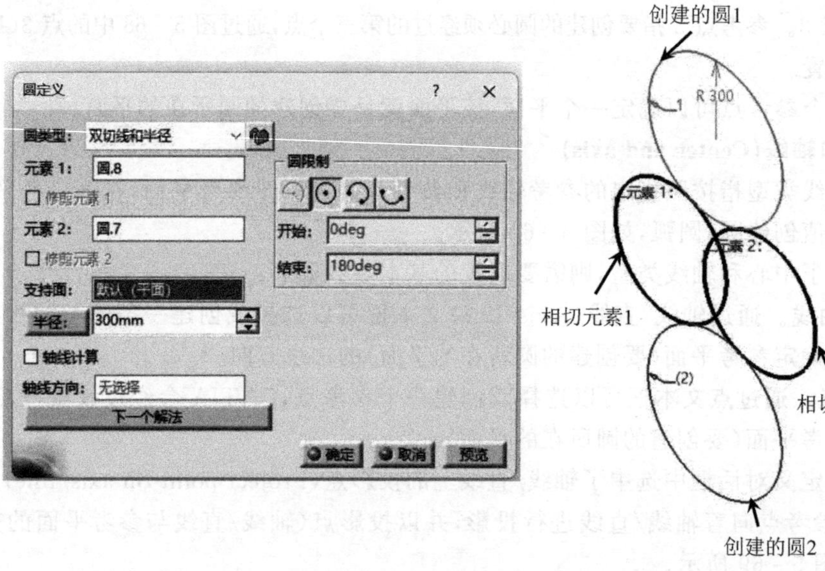


图 5-71　双切线和半径(Bitangent and radius)

如果选择了双切线和半径类型，则需要设置的基本参数如下：

① 相切元素 1。通过图 5 - 71 中的元素 1(Element 1)文本框设置相切元素 1。

② 相切元素 2。通过图 5 - 71 中的元素 2(Element 2)文本框设置相切元素 2。

③ 半径。

需要注意的是,按照上述参数可以创建出来的圆可能不止一个,在这种情况下,可以通过圆定义对话框中的下一个解法按钮在多个解决方案之间进行切换。

**7. 双切线和点(Bitangent and point)**

双切线和点类型指经过指定的点创建圆/圆弧,该圆/圆弧与指定的相切元素和参考曲线相切,如图 5 - 72 所示。

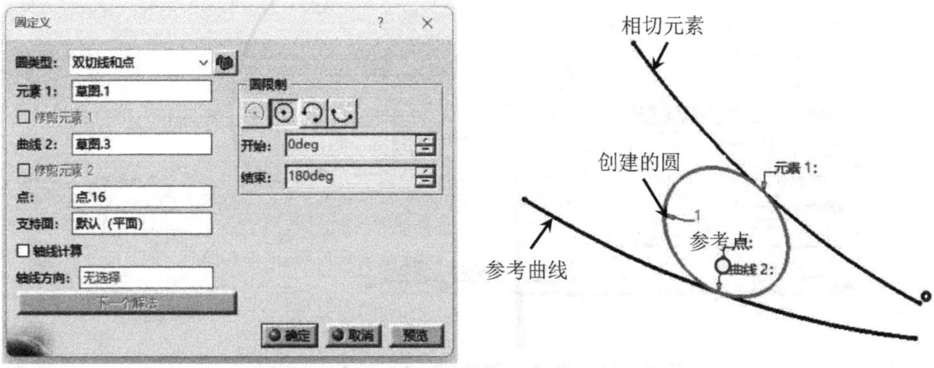


**图 5 - 72　双切线和点(Bitangent and point)**

如果选择了双切线和点类型,则需要设置的基本参数如下:

① 相切元素。通过图 5 - 72 中的元素 1 文本框设置相切元素。相切元素可以是点、直线或曲线,如果选择点作为相切元素,那么创建的圆将会经过该点;如果选择直线/曲线作为相切元素,那么创建的圆将会与所选直线/曲线相切。

② 参考曲线。通过图 5 - 72 中的曲线 2(Curve2)文本框设置参考曲线。参考曲线可以是直线或曲线,创建的圆将会与所选直线/曲线相切。

③ 参考点。通过图 5 - 72 中的点文本框设置参考点。如果所选参考点是参考曲线上的点,那么要创建的圆将会在该点处与参考曲线相切;如果所选参考点不是参考曲线上的点,那么 CATIA 会将该点向着参考曲线进行投影,并以投影点作为切点。

**8. 三切线(Tritangent)**

三切线类型指创建圆/圆弧时,该圆/圆弧与指定的三个相切元素都相切,如图 5 - 73 所示。

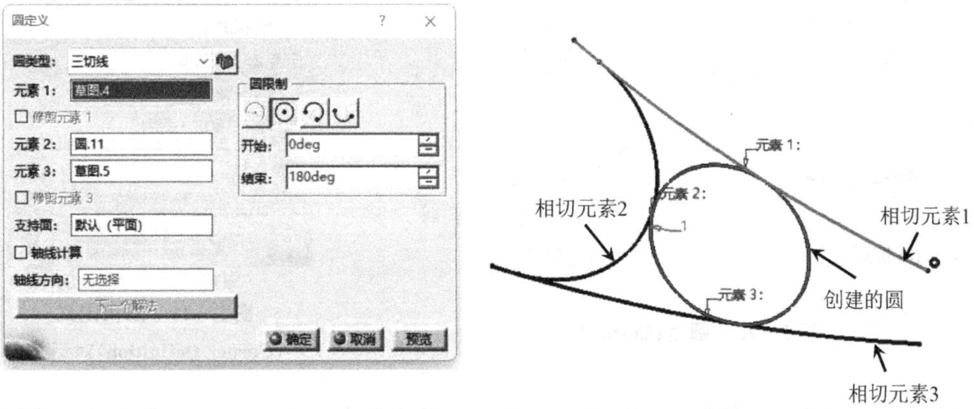


**图 5 - 73　三切线(Tritangent)**

如果选择了三切线类型，则需要设置的基本参数如下：

① 相切元素 1。

② 相切元素 2。

③ 相切元素 3。

**9. 中心和切线(Center and tangent)**

中心和切线类型指按照指定的圆心点创建一个圆，该圆与指定的相切元素相切，如图 5-74 所示。

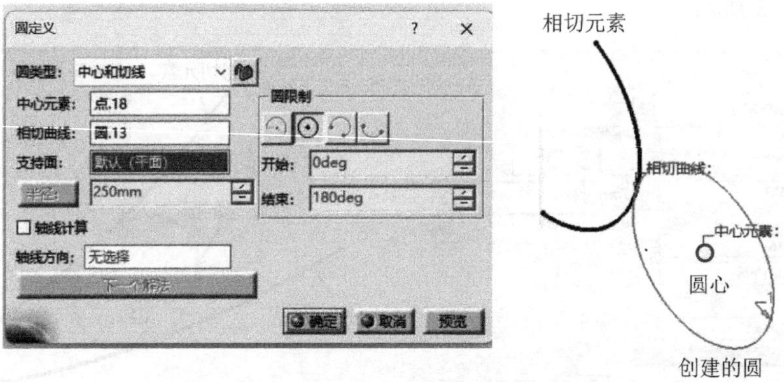


**图 5-74　中心和切线(Center and tangent)**

如果选择了中心和切线类型，则需要设置的基本参数包括圆心(Center Element)和相切元素(Center Curve)。

## 5.1.8　圆角(Corner)

圆角用于在两条参考曲线之间生成一条过渡曲线，使得这两条参考曲线通过该曲线相切过渡，如图 5-75 所示。

在线框工具栏中单击圆角图标后，CATIA 弹出如图 5-76 所示的圆角定义(Corner Definition)对话框。

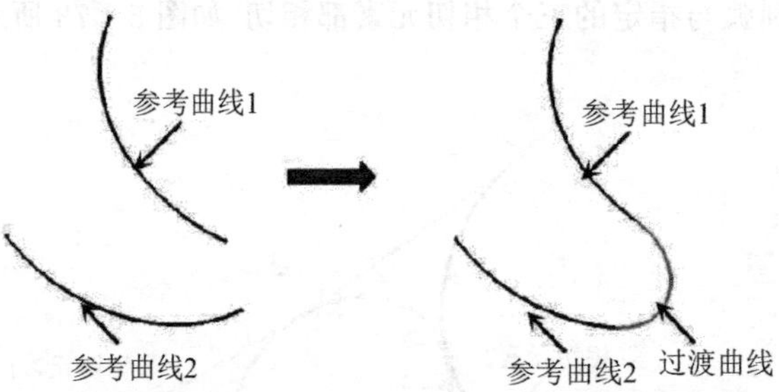


(a) 倒圆角之前　(b) 倒圆角之后

**图 5-75　圆角(Corner)**

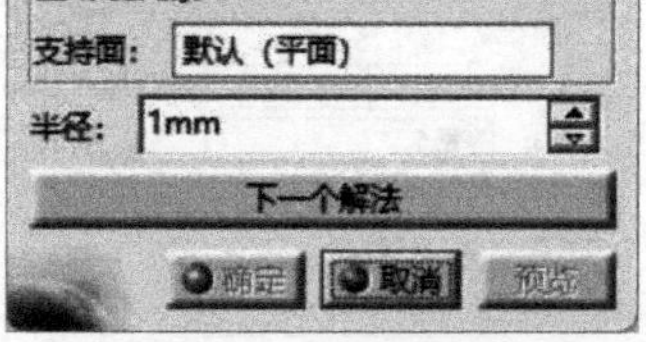

**图 5-76　圆角定义(Corner Definition)对话框**

在圆角定义对话框的圆角类型(Corner Type)下拉列表框中，CATIA 提供了 2 种圆角类型：支持面上的圆角(Corner on Support)、3D 圆角(3D Corner)，如图 5-77 所示。

**1. 支持面上的圆角(Corner on Support)**

支持面上的圆角指在指定的支持面(平面或曲面)内生成一条指定半径的过渡曲线,通过这条过渡曲线使指定的两条参考曲线相切过渡,如图 5-78 所示。

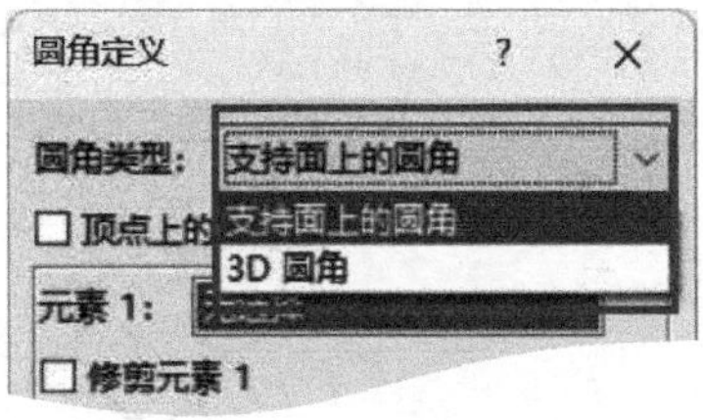


图 5-77 圆角类型(Corner Type)

要在两条参考曲线之间创建支持面上的圆角,需要指定的基本参数包括:

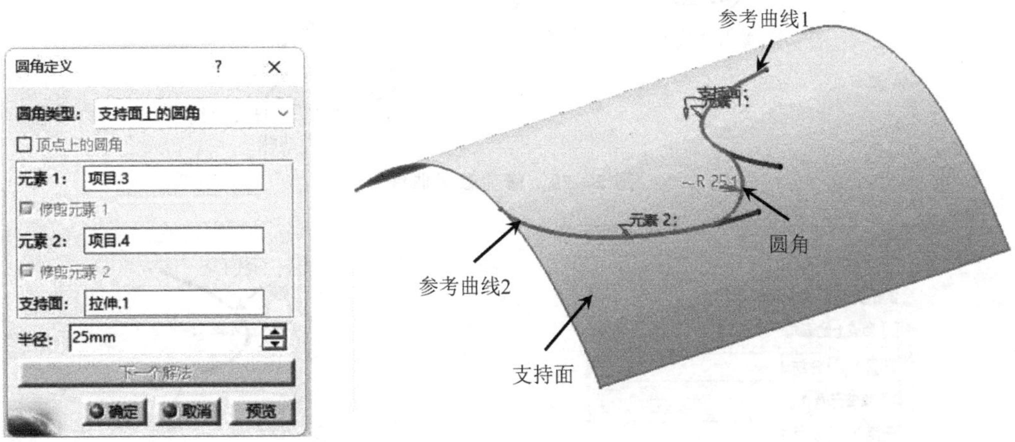


图 5-78 支持面上的圆角(Corner on Support)

① 参考曲线 1。通过图 5-78 中的元素 1 文本框选择一条曲线作为参考曲线 1。

② 参考曲线 2。通过图 5-78 中的元素 2 文本框选择一条曲线作为参考曲线 2。

③ 支持面。通过图 5-78 中的支持面文本框选择一个平面或曲面作为支持面,最终在两条参考曲线之间生成的圆角就位于支持面上。

在圆角定义对话框的元素 1 和元素 2 文本框下方各有一个复选框,即修剪元素 1(Trim element 1)和修剪元素 2(Trim element 2)。如果选中这两个复选框,则 CATIA 在生成圆角时,会以圆角曲线与参考曲线的切点对参考曲线进行修剪;反之则只生成圆角,对参考曲线不修剪,如图 5-79 所示。

④ 圆角半径。

**2. 3D 圆角(3D Corner)**

3D 圆角指在三维空间中生成一条指定半径的 3D 圆角,通过这条圆角曲线使指定的两条参考曲线相切过渡,如图 5-80 所示。

要在两条参考曲线之间创建 3D 圆角,需要指定的基本参数包括:

① 参考曲线 1。通过图 5-80 中的元素 1 文本框选择一条曲线作为参考曲线 1。

② 参考曲线 2。通过图 5-80 中的元素 2 文本框选择一条曲线作为参考曲线 2。

③ 参考方向。参考方向可以通过图 5-80 中的方向文本框来选择或创建。指定了参考方向之后,CATIA 最终生成的 3D 圆角沿着该方向进行投影,将会得到一段圆弧。

④ 圆角半径。

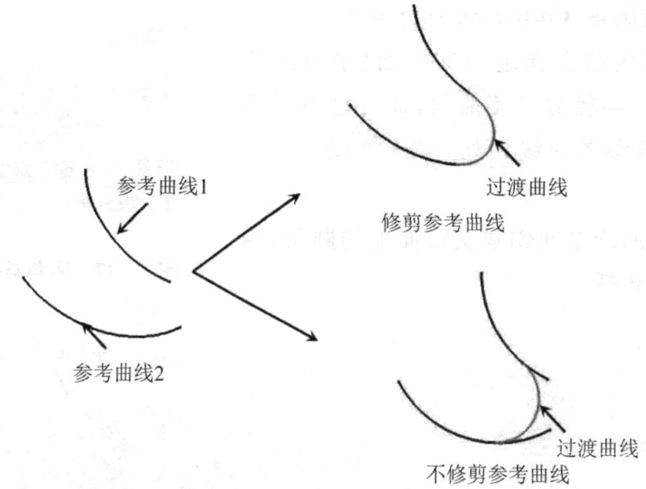


**图 5-79 修剪参考曲线**

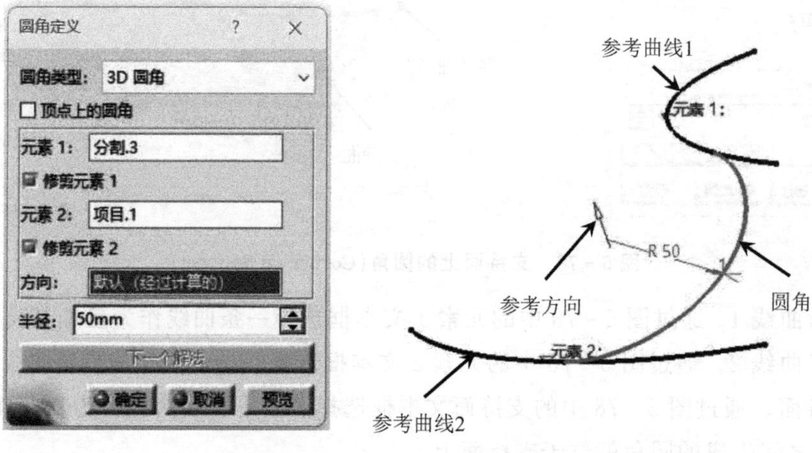


**图 5-80 3D 圆角(3D Corner)**

## 5.1.9 连接曲线(Connect Curve)

连接曲线指生成一条空间曲线,该曲线按照指定的连续关系连接两条参考曲线,如图 5-81 所示。

要创建连接曲线需要指定的参数包括:

① 两条参考曲线。两条参考曲线(参考曲线 1 和参考曲线 2)分别通过第一曲线(First Curve)和第二曲线(Second Curve)选项组中的曲线文本框来选择或创建。

② 连接曲线与两条参考曲线之间的连接点。连接曲线与两条参考曲线之间的连接点分别通过第一曲线和第二曲线选项组中的点文本框来选择或创建,默认情况下以参考曲线的端点作为连接点。

③ 连接曲线与两条参考曲线之间的连续关系。连接曲线与两条参考曲线之间的连续关系分别通过第一曲线和第二曲线选项组中的连续(Continuity)下拉列表框来选择,在该列表框中,CATIA 提供了 3 种连续关系:点(Point)、相切(Tangency)、曲率(Curvature),如图 5-82 所示。

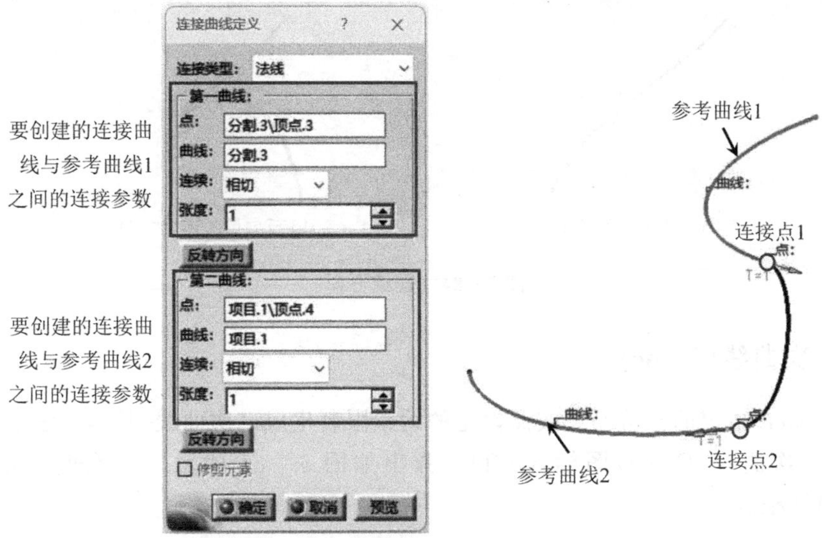


**图 5－81　连接曲线(Connect Curve)**

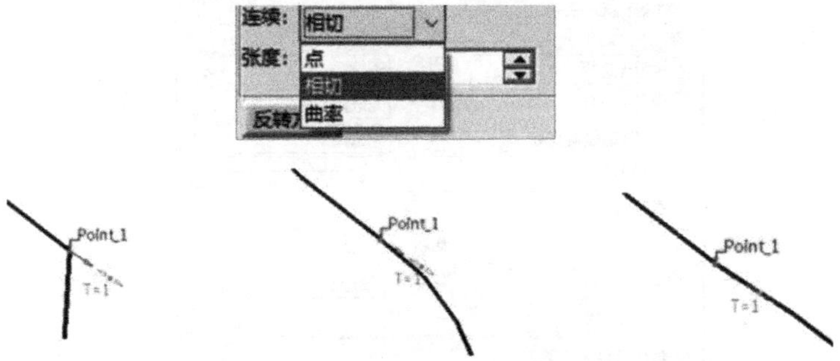


(a) 点连续(Point)　　(b) 相切连续(Tangency)　　(c) 曲率连续(Curvature)

**图 5－82　连续关系**

④ 连接曲线与两条参考曲线在连接点处的张度值。连接曲线与两条参考曲线在连接点处的张度值分别通过第一曲线和第二曲线选项组中的张度(Tension)文本框进行设置，通过张度值可以控制连接曲线与参考曲线在连接点处过渡的平滑程度，张度值越大，过渡就越平滑，如图 5－83 所示。

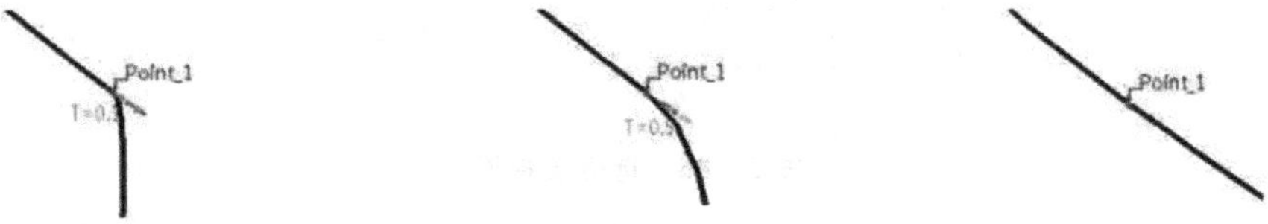


(a) 张度值=0.1　　(b) 张度值=0.5　　(c) 张度值=5

**图 5－83　张度(Tension)**

除此以外，第一曲线和第二曲线选项组下的反转方向(Reverse Direction)按钮用于将连接曲线与两条参考曲线在连接点处的连续方向进行反向，如图 5－84 所示。

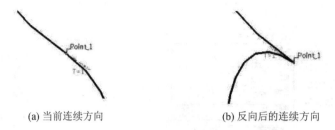


(a) 当前连续方向　　(b) 反向后的连续方向

**图 5-84　连续方向**

## 5.1.10　二次曲线(Conic)

二次曲线指在指定的支持面上按照设定的约束限制生成二次曲线，具体方法如下：

① 单击二次曲线(Conic)图标，CATIA 弹出如图 5-85 所示的二次曲线定义(Conic Definition)对话框。

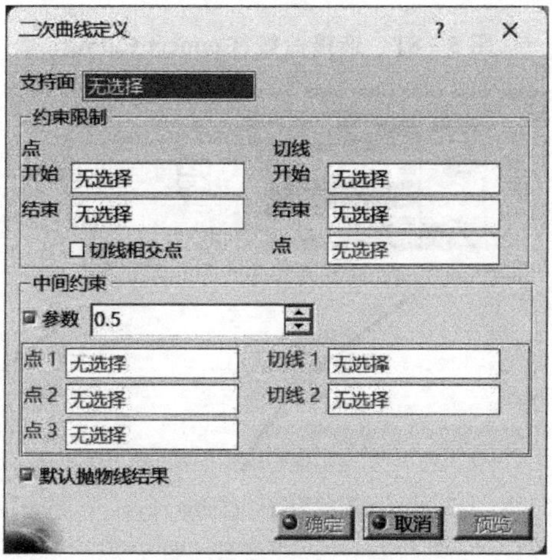


**图 5-85　二次曲线定义(Conic Definition)对话框**

② 通过支持面(Support)文本框选择二次曲线所在平面，如图 5-86 所示。

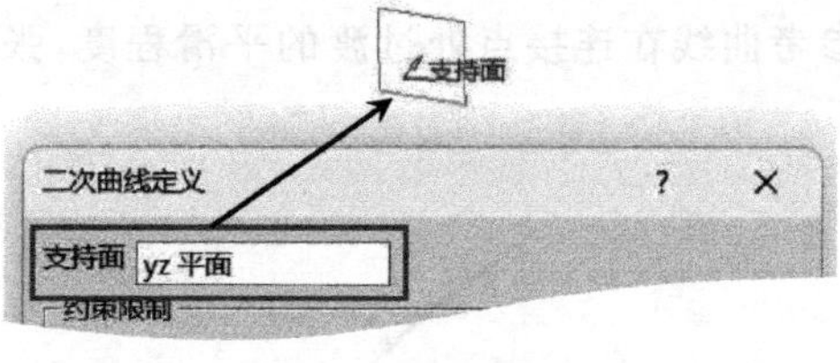


**图 5-86　选择支持面**

③ 分别通过约束限制(Constraint Limits)选项组左侧的开始(Start)和结束(End)文本框选择二次曲线的起点和终点，如图 5-87 所示。

④ 设置二次曲线的其他约束限制。可根据实际情况，通过以下 5 种方式采用不同的约束限制组合生成二次曲线：

ⓐ 分别通过约束限制选项组右侧的开始和结束文本框设置二次曲线在起点和终点处的切线，并通过中间约束(Intermediate Constraints)选项组的参数(Parameter)文本框设置二次曲线的形状参数，如图 5-88 所示；

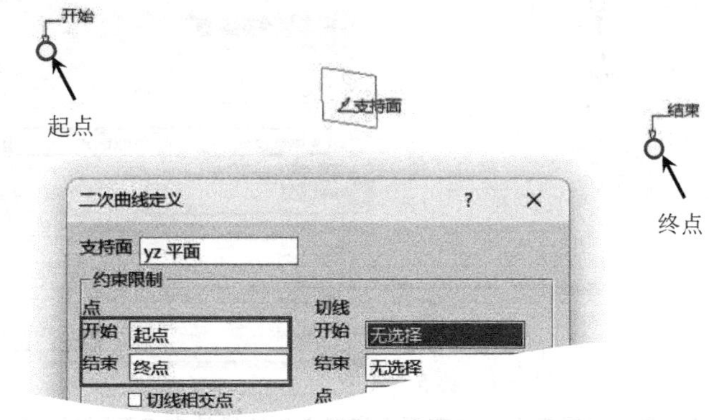


**图 5-87　设置二次曲线的起点和终点**

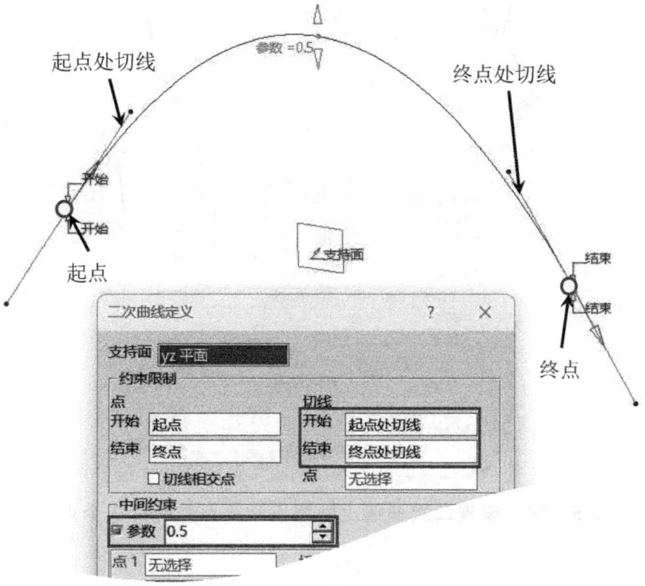


**图 5-88　设置二次曲线起点和终点处的切线及形状参数**

ⓑ 选中约束限制选项组中的切线相交点(Tgt Intersection Point)复选框，并通过点(Point)文本框选择二次曲线在起点和终点处切线的交点，通过中间约束选项组的参数文本框设置二次曲线的形状参数，如图 5-89 所示；

ⓒ 在设置了二次曲线在起点和终点处的切线或切线交点后，通过中间约束选项组中的点 1(Point 1)文本框选择二次曲线上除起点和终点外的第 3 个点，如图 5-90 所示；

ⓓ 分别通过中间约束选项组中的点 1(Point 1)、点 2(Point 2)和点 3(Point 3)文本框选择二次曲线上除起点和终点外的其他 3 个点，如图 5-91 所示；

ⓔ 分别通过中间约束选项组中的点 1 和点 2 文本框选择二次曲线上除起点和终点外的其他 2 个点，并通过切线 1(Tangent 1)或切线 2(Tangent 2)文本框选择二次曲线在点 1 或点 2 处的切线，如图 5-92 所示。

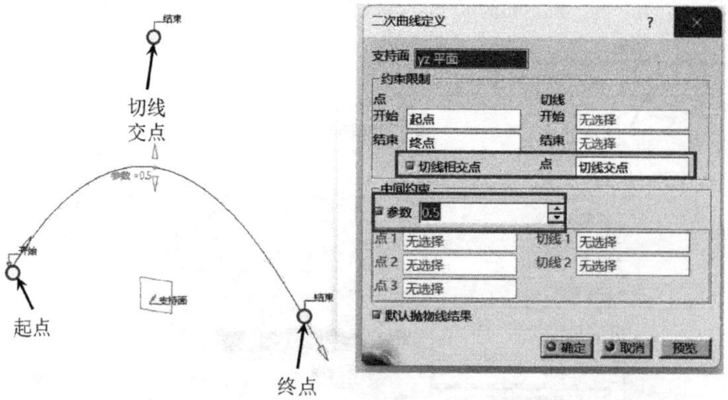


图 5-89 设置二次曲线在起点和终点处切线的交点及形状参数

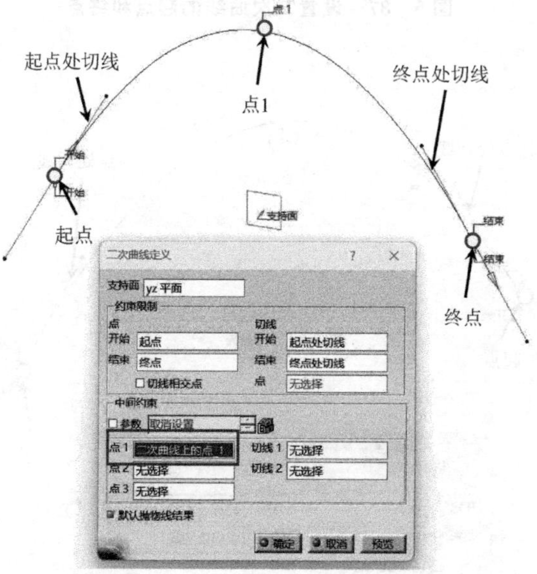


图 5-90 设置二次曲线上除起点和终点外的第 3 个点

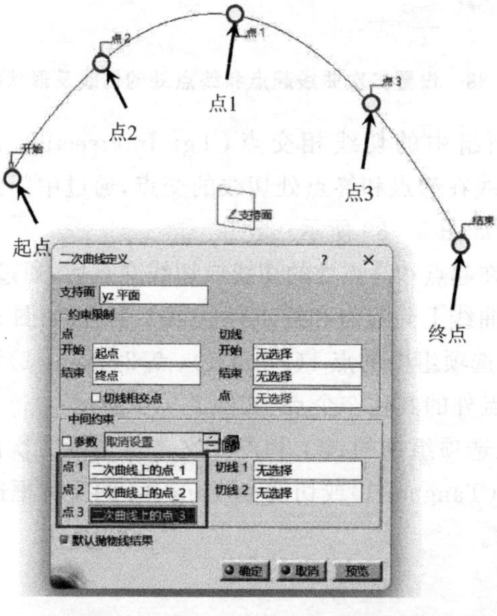


图 5-91 设置二次曲线上除起点和终点外的其他 3 个点

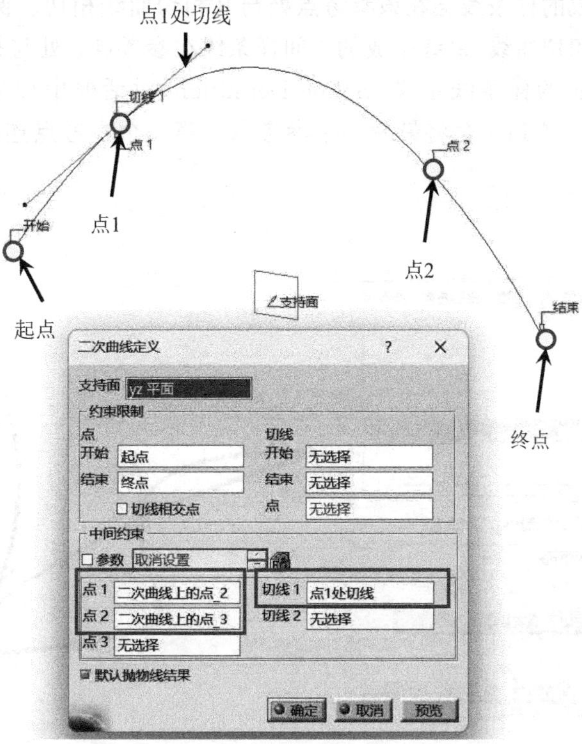


图 5-92　设置二次曲线上除起点和终点外的其他 2 个点及其中一个点处的切线

## 5.1.11　样条线(Spline)

样条线指经过空间中若干指定的参考点生成的一条样条线,如图 5-93 所示。

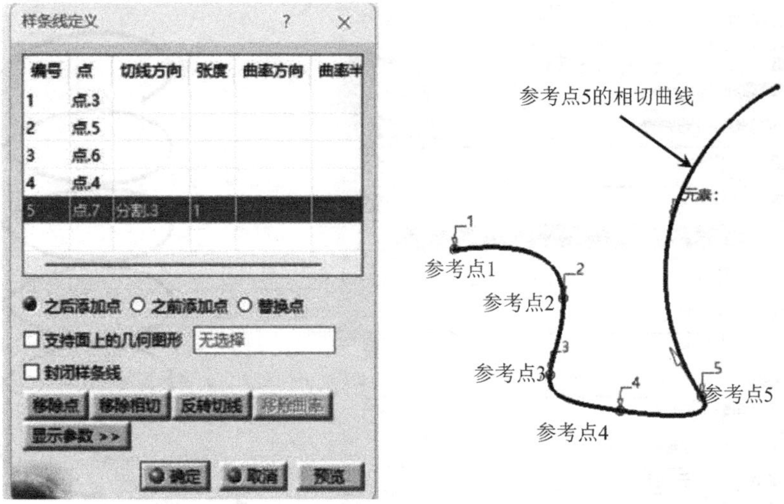


图 5-93　样条线(Spline)

要创建样条线,需要指定的基本参数包括:

① 空间样条线需要经过的一系列参考点。

② 指定参考点的相切曲线。

在必要的情况下,可以为所选参考点中的一个或多个参考点指定相切曲线,在指定了相切曲线之后，CATIA 生成的样条线会在该参考点处与其相切曲线相切。例如在图 5－93 中，为参考点 5 指定了一条相切曲线，最终生成的空间样条线在参考点 5 处与相切曲线相切。

在如图 5－93 所示的样条线定义(Spline Definition)对话框中如果选中了封闭样条线(Close Spline)复选框，CATIA 会将最后一个参考点与第一个参考点连接，将空间样条封闭，如图 5－94 所示。

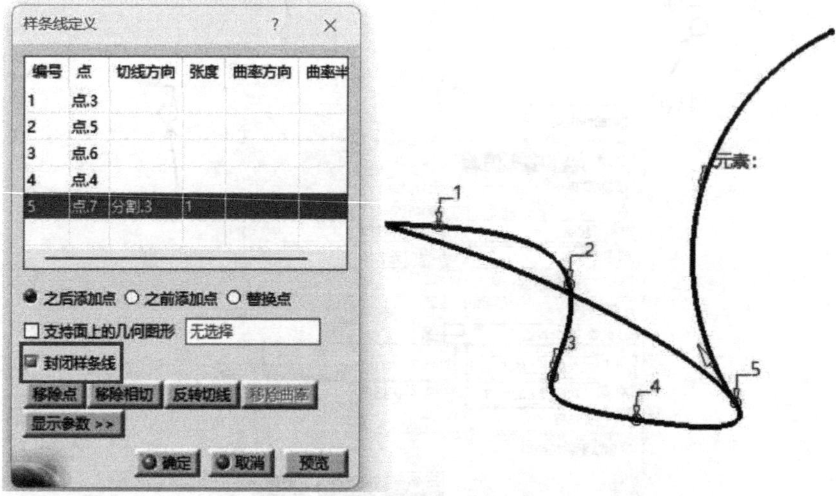


图 5－94　封闭样条线(Close Spline)

## 5.1.12　螺旋线(Helix)

螺旋线如图 5－95 所示。

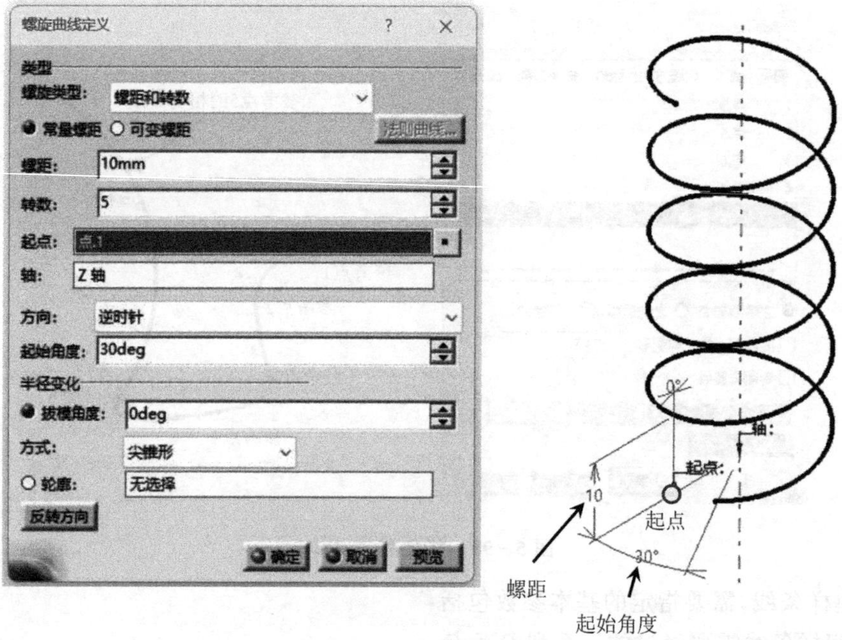


图 5－95　螺旋线(Helix)

要创建螺旋线,需要指定的基本参数如下:

(1) 起 点

螺旋线的起点可以通过图5-95中的起点(Start Point)文本框来选择或创建。

(2) 轴 线

螺旋线的轴线可以通过图5-95中的轴(Axis)文本框来选择或创建。

(3) 螺旋类型及其相关参数

1) 螺旋类型

图5-95中的螺旋类型(Helix Type)下拉列表框提供了3种螺旋类型:螺距和转数(Pitch and Revolution)、高度和螺距(Height and Pitch)、高度和转数(Height and Revolution),如图5-96所示。

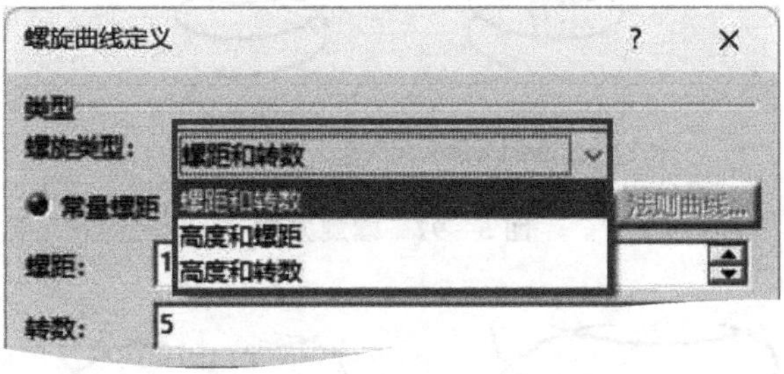


**图5-96 螺旋类型(Helix Type)**

2) 相关参数

与螺旋类型相关的参数包括:

① 螺距:指相邻两圈螺旋线之间的间距。

② 转数:指螺旋线的螺旋圈数。

③ 高度:指螺旋线的总高度。

(4) 螺旋方向

螺旋线的螺旋方向可以通过图5-95中的方向(Orientation)下拉列表框来选择,该列表框提供了2种螺旋方向:逆时针(Counter-clockwise)、顺时针(Clockwise),如图5-97所示。

(5) 螺旋起始角度

螺旋起始角度可以通过图5-95中的起始角度(Starting Angle)文本框进行设置。如果该角度为0,则从螺旋线的起点开始进行螺旋;否则,CATIA会将螺旋线的起点绕着轴线按照指定的螺旋方向旋转指定的角度,并从旋转后的位置开始进行螺旋,如图5-98所示。

(6) 螺旋半径变化规律

在如图5-95所示的螺旋曲线定义(Helix Curve Definition)对话框的半径变化(Radius Variation)选项组中,CATIA提供了2种螺旋半径变化规律:拔模角度(Taper Angle)、轮廓(Profile)。

1) 拔模角度

如果选择了按照指定的拔模角度规律变化,则需要在拔模角度文本框中输入角度值,并通过方式(Way)下拉列表框指定锥角的方向,包括尖锥形(Inward)和倒锥形(Outward)2种选择,如图5-99所示。

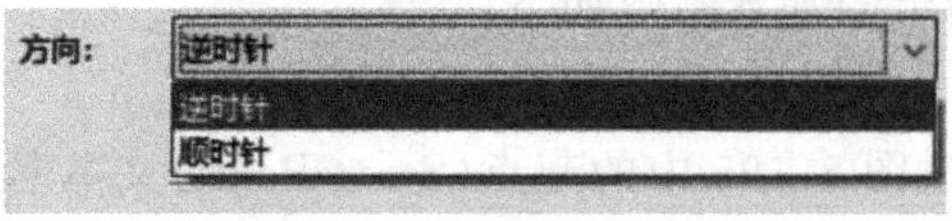


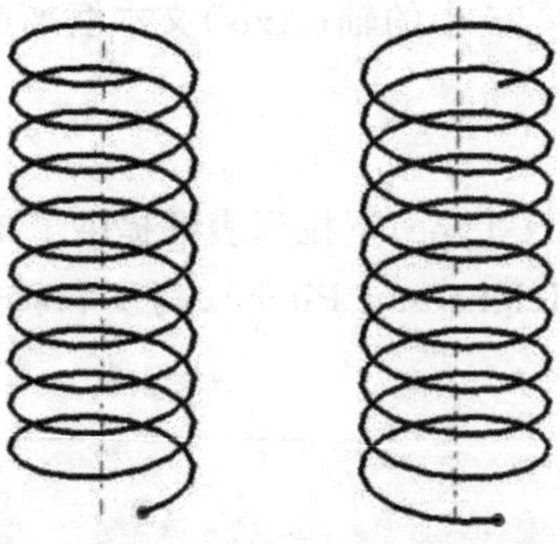

(a) 逆时针 (Counter-clockwise)　(b) 顺时针 (Clockwise)

**图 5－97　螺旋方向**

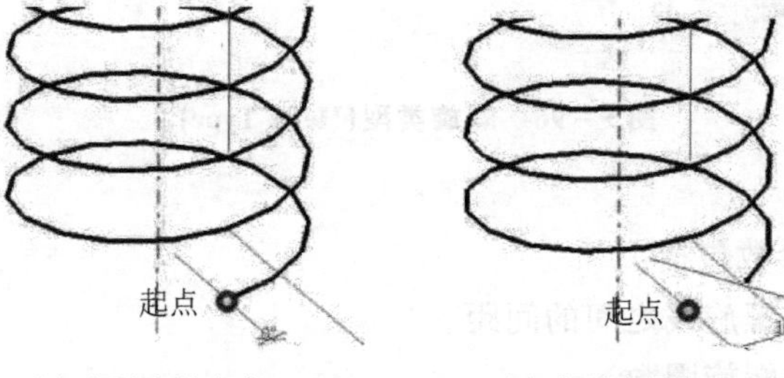


(a) 螺旋起始角度=0°　(b) 螺旋起始角度=30°

**图 5－98　螺旋起始角度**

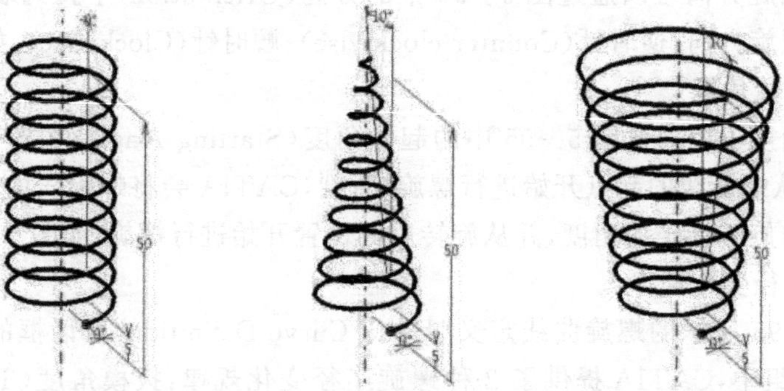


(a) 0°　(b) 10°（尖锥形）　(c) 10°（倒锥形）

**图 5－99　螺旋半径按照指定拔模角度规律变化**

2）轮　廓

如果选择了按照指定轮廓规律变化，则需要通过轮廓文本框选择或创建一条轮廓线，CATIA 会将空间螺旋线的半径按照这条轮廓线的规律来变化，如图 5－100 所示。

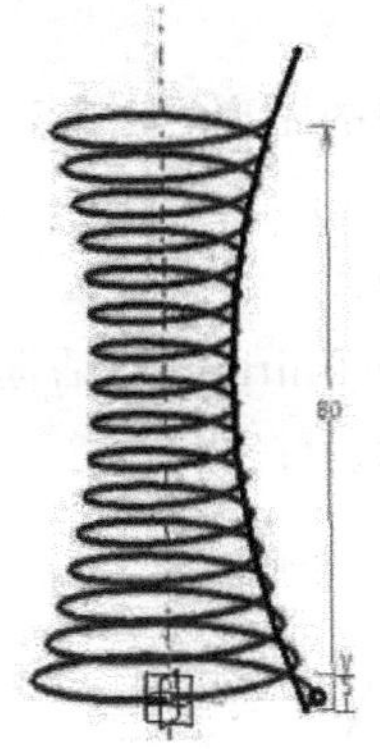


**图 5－100　螺旋半径按照指定轮廓规律变化**

## 5.1.13　螺线(Spiral)

螺线指平面螺旋线,如图 5－101 所示。

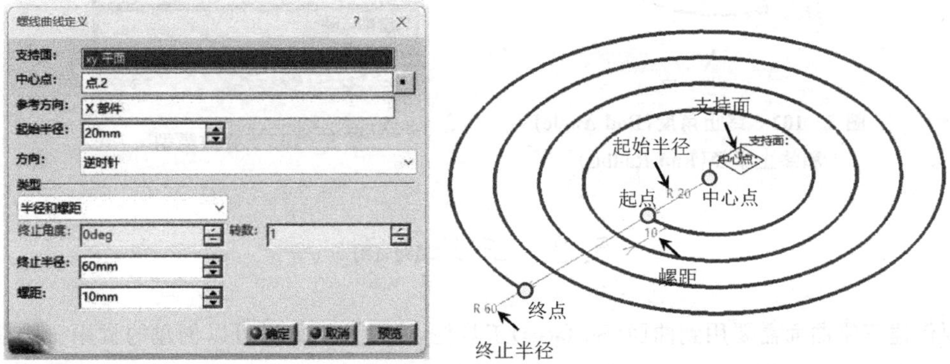


**图 5－101　螺线(Spiral)**

要创建螺线,需要指定的基本参数如下:

(1) 支持面

支持面指螺线所在平面,可以通过图 5－101 中的支持面文本框来选择或创建。

(2) 中心点

螺线的中心点可以通过图 5－101 中的中心点(Center Point)文本框来选择或创建。

(3) 参考方向

参考方向指螺线起点与中心点连线的方向,可以通过图 5－101 中的参考方向(Reference Direction)文本框来选择或创建。

(4) 起始半径

起始半径指螺线起点与中心点之间的距离,可以通过图 5－101 中的起始半径(Start Radius)文本框进行设置。根据参考方向和起始半径可以确定平面螺旋线的起点。

(5) 螺旋方向

螺线的螺旋方向可以通过图 5－101 中的方向下拉列表框来选择。该列表框提供了 2 种螺旋方向:逆时针、顺时针。

(6) 其他参数

创建螺线的其他参数包括:终止角度(End Angle)、终止半径(End Radius)、螺距(Pitch)。

1) 终止角度(End Angle)

终止角度指螺线终点和中心点连线与起点和中心点连线之间的夹角,如图 5－102 所示。

2）终止半径(End Radius)

终止半径指螺线终点与中心点之间的距离，如图 5－102 所示。

3）螺距(Pitch)

螺距指相邻两圈螺旋线之间的间距。

通过螺线曲线定义(Spiral Curve Definition)对话框中的类型下拉列表框可以选择不同的参数组合来设置螺线，如图 5－103 所示。

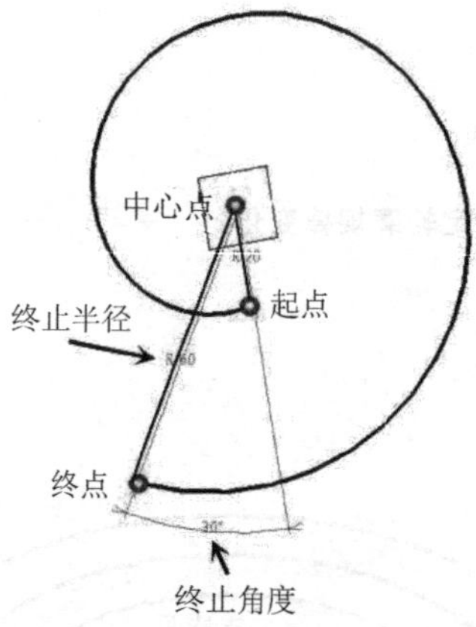


**图 5－102 终止角度(End Angle)和终止半径(End Radius)**

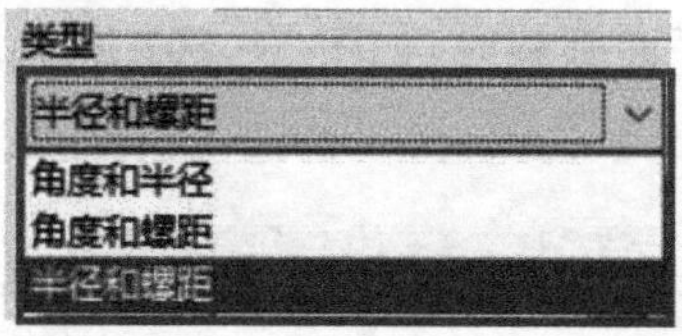


**图 5－103 参数类型**

## 5.2 三维曲面

要创建三维曲面需要用到曲面(Surfaces)工具栏，通过该工具栏可以创建的常用三维曲面包括：拉伸(Extrude)、旋转(Revolve)、球面(Sphere)、圆柱面(Cylinder)、偏移(Offset)、扫掠(Sweep)、填充(Fill)、多截面曲面(Multi-Sections Surface)、桥接(Blend)等，如图 5－104 所示。

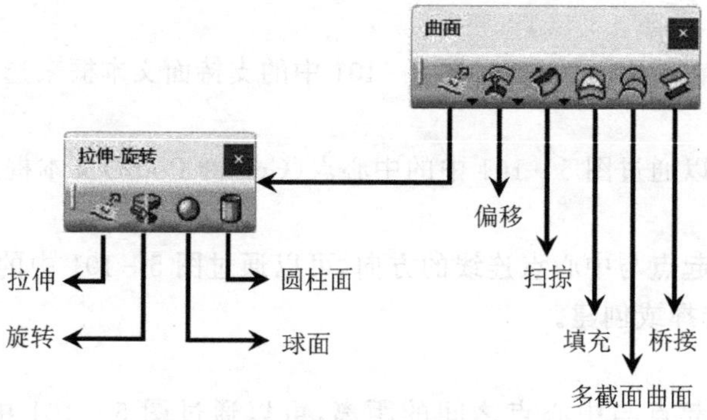


**图 5－104 曲面(Surfaces)工具栏**

### 5.2.1 拉伸(Extrude)

拉伸是通过对拉伸轮廓线(封闭/开放)沿着指定的拉伸方向拉伸指定的距离创建出来的曲面，如图 5－105 所示。

要创建拉伸曲面，需要指定的基本参数如下：

(1) 拉伸轮廓

通过图 5－105 中的轮廓文本框选择用于创建拉伸曲面的拉伸轮廓。拉伸轮廓既可以是

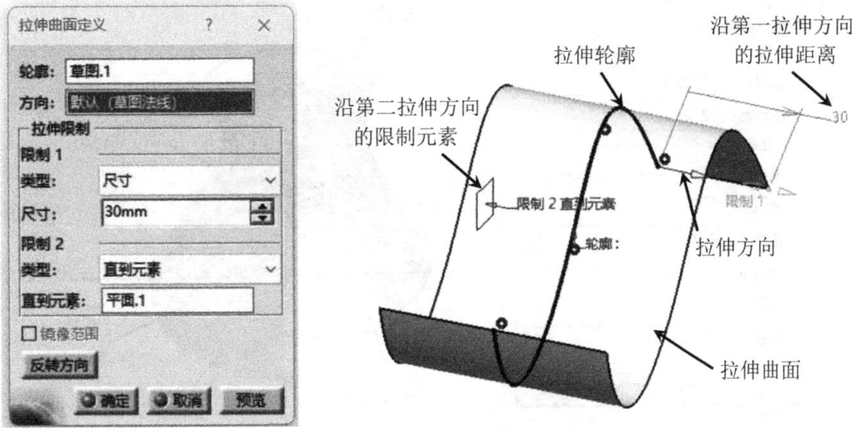


**图 5-105　拉伸(Extrude)**

平面草图轮廓线,也可以是空间三维曲线;既可以是封闭的,也可以是开放的。

(2) 拉伸方向

通过图 5-105 中的方向文本框设置拉伸方向。如果拉伸轮廓是平面草图轮廓线,CATIA 在默认情况下会选择草图平面的法线方向作为拉伸方向。

(3) 拉伸限制

图 5-105 中的拉伸限制(Extrusion Limits)选项组用于指定将拉伸轮廓沿着第一拉伸方向和第二拉伸方向(第一拉伸方向的反方向)进行拉伸的距离。

在拉伸限制选项组中,限制 1(Limit 1)选项组用于指定沿着第一拉伸方向的拉伸距离,限制 2(Limit 2)选项组用于指定沿着第二拉伸方向的拉伸距离。在限制 1 和限制 2 选项组的类型下拉列表框中,CATIA 提供了 2 种限制类型:尺寸(Dimension)、直到元素(Up-to element),如图 5-106 所示。

**图 5-106　拉伸限制类型(Type)**

1) 尺寸(Dimension)

尺寸指将拉伸轮廓沿着拉伸方向拉伸指定的距离。在图 5-105 中,拉伸轮廓沿着第一拉伸方向的拉伸限制类型就是尺寸。

2) 直到元素(Up-to element)

直到元素指将拉伸轮廓沿着拉伸方向拉伸到指定的限制元素(平面/曲面)上。在图 5-105 中,拉伸轮廓沿着第二拉伸方向的拉伸限制类型就是直到元素。

## 5.2.2　旋转(Revolve)

旋转是通过对旋转轮廓线(封闭/开放)绕着指定的旋转轴线旋转指定的角度创建出来的曲面,如图 5-107 所示。

要创建旋转曲面,需要指定的基本参数如下:

(1) 旋转轮廓

通过图 5-107 中的轮廓文本框选择用于创建旋转曲面的旋转轮廓,它既可以是平面草图轮廓线,也可以是空间三维曲线;既可以是封闭的,也可以是开放的。

(2) 旋转轴

通过图 5-107 中的旋转轴(Revolution Axis)文本框选择或创建旋转轴线。

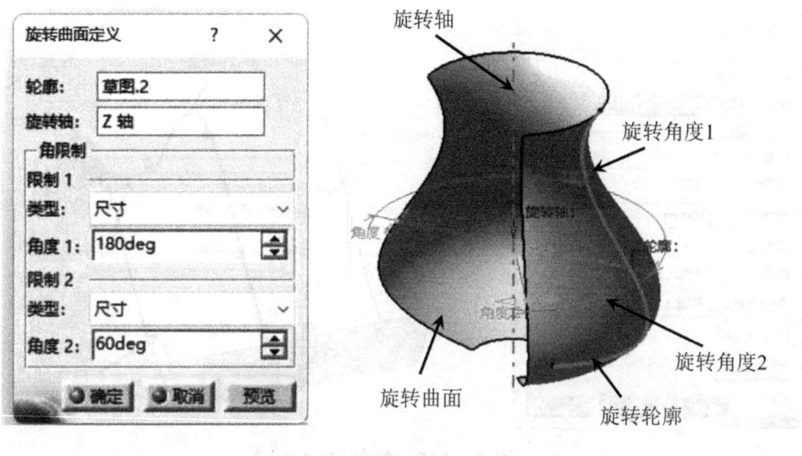


图 5-107 旋转(Revolve)

(3) 角度限制

在图 5-107 中的角限制(Angular Limits)选项组中,限制 1 选项组用于指定沿着逆时针方向的旋转限制,限制 2 选项组用于指定沿着顺时针方向的旋转限制。在限制 1 和限制 2 选项组的类型下拉列表框中,CATIA 提供了 2 种限制类型:尺寸、直到元素,如图 5-108 所示。

1) 尺寸(Dimension)

尺寸指将旋转轮廓绕着旋转轴线旋转的角度。

2) 直到元素(Up-to element)

直到元素指将旋转轮廓绕着旋转轴线旋转到指定的限制元素上。

图 5-108 旋转限制类型(Type)

## 5.2.3 球面(Sphere)

球面指按照指定的球心和半径创建完整或不完整的球面曲面,如图 5-109 所示。

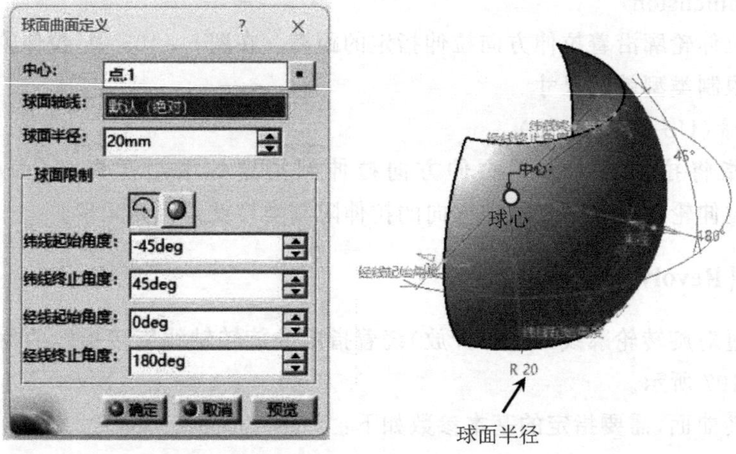


图 5-109 球面(Sphere)

要创建球面,需要指定的基本参数如下:

(1) 球 心

通过图 5-109 中的中心文本框选择或创建一个点作为球面的球心。

(2) 球面轴系

球面轴系指球心所在的轴系,通过图 5－109 中的球面轴线①(Sphere Axis)文本框进行设置,默认情况下,CATIA 会选择绝对轴系作为球面轴系。

(3) 球面半径

球面半径可以通过图 5－109 中的球面半径(Sphere Radius)文本框进行设置。

(4) 球面限制

图 5－109 中的球面限制(Sphere Limitation)选项组用于指定要创建的球面是完整球面,还是不完整球面,如果是不完整球面,则需要进一步指定不完整球面的角度限制。

### 5.2.4　圆柱面(Cylinder)

圆柱面指按照指定的轴线、半径、长度等参数创建出来的圆柱曲面,如图 5－110 所示。

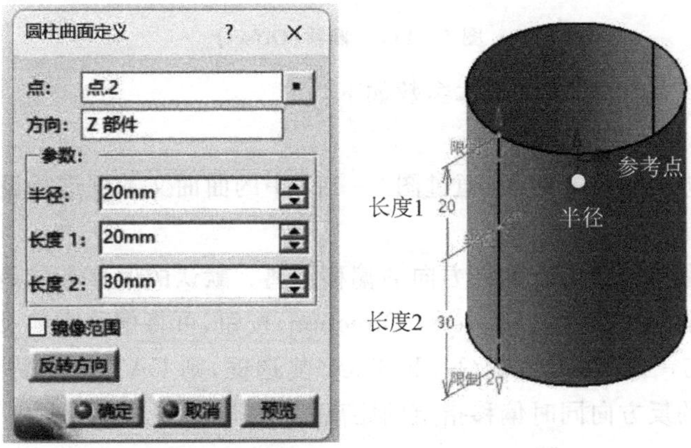


**图 5－110　圆柱面(Cylinder)**

要创建圆柱面,需要指定的基本参数如下:

(1) 参考点

参考点指圆柱面的轴线必须经过的一个点,可以通过图 5－110 中的点文本框来选择或创建。

(2) 轴线方向

轴线方向可以通过图 5－110 中的方向文本框来选择或创建。通过参考点和轴线方向可以唯一确定圆柱面的轴线。

(3) 圆柱面半径

圆柱面半径可以通过图 5－110 中的半径(Radius)文本框进行设置。

(4) 圆柱面长度

要确定圆柱面的长度,需要设置长度 1(Length 1)和长度 2(Length 2)两个参数。长度 1 指圆柱面沿着轴线方向的长度,长度 2 指圆柱面沿着轴线方向反方向的长度。

### 5.2.5　偏移(Offset)

偏移指对指定的参考曲面沿着其法线方向偏移指定的距离,如图 5－111 所示。

① 此处应译为球面轴系。

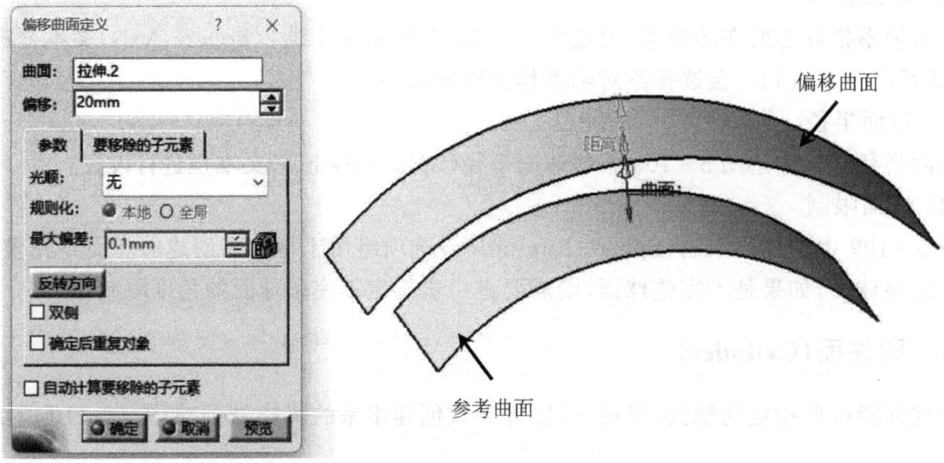


**图 5-111 偏移(Offset)**

要创建偏移曲面,需要指定的基本参数如下:

(1) 参考曲面

参考曲面是要进行偏移的曲面,通过图 5-111 中的曲面文本框进行设置。

(2) 偏移距离

偏移距离指将参考曲面沿着偏移方向的偏移距离。默认的偏移方向是参考曲面的法线方向,通过图 5-111 中的反转方向(Reverse Direction)按钮,可将偏移方向反向。

如果选中了图 5-111 中的双侧(Both Sides)复选框,则 CATIA 会将参考曲面沿着其法线方向和法线方向的反方向同时偏移指定的距离,如图 5-112 所示。

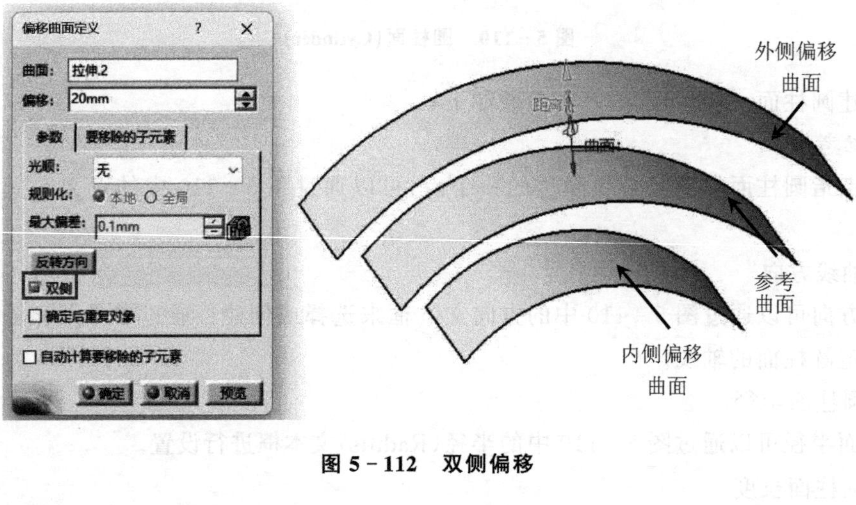


**图 5-112 双侧偏移**

### 5.2.6 扫掠(Sweep)

扫掠是通过将指定的扫掠轮廓线沿着引导曲线和脊线进行扫掠创建出来的曲面,如图 5-113 所示。

创建扫掠曲面的基本方法如下:

① 在曲面工具栏中单击扫掠图标,CATIA 弹出如图 5-113 所示的扫掠曲面定义(Swept Surface Definition)对话框;

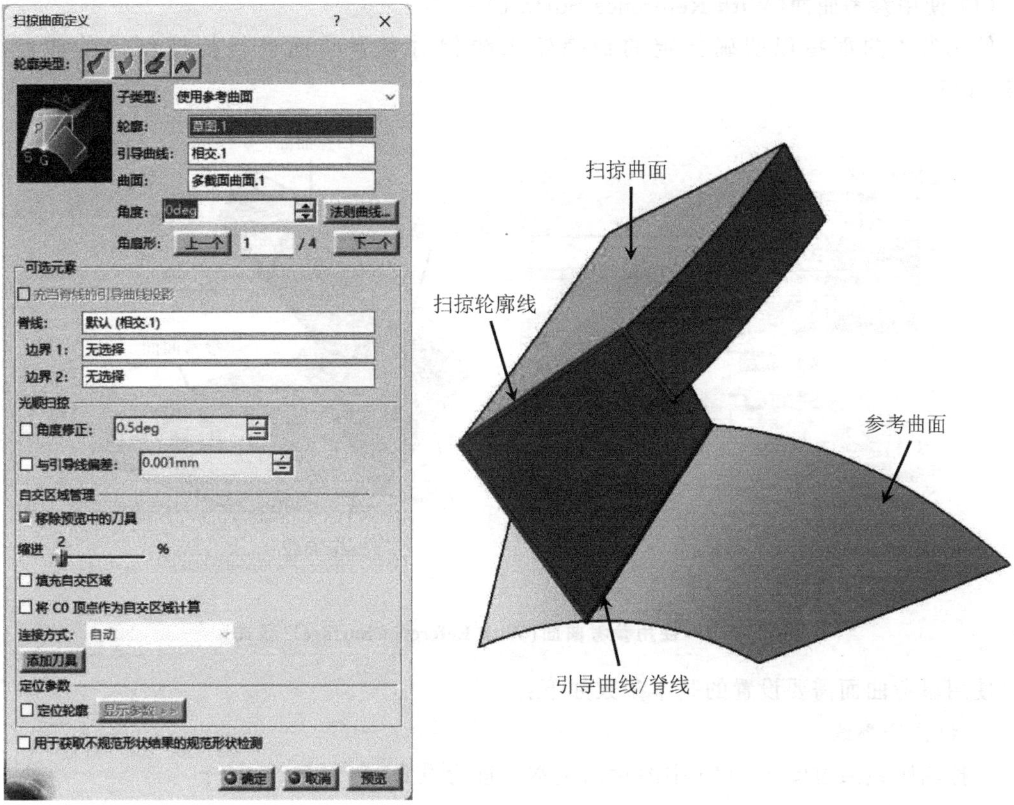


**图 5-113　扫掠(Sweep)**

② 在扫掠曲面定义对话框中指定扫掠的轮廓类型(Profile Type);

③ 选择一种与所选轮廓类型相关的扫掠子类型(Subtype);

④ 设置与所选扫掠子类型相关的扫掠参数,如扫掠轮廓线、引导曲线、脊线等;

⑤ 单击确定按钮完成扫掠曲面的创建。

在扫掠曲面定义对话框中,CATIA 提供了 4 种轮廓类型:显式(Explicit)、直线(Line)、圆(Circle)、二次曲线(Conic)。

**1. 显式(Explicit)**

显式指明确选择或创建一条曲线作为扫掠轮廓线。

该轮廓类型又包括 3 种子类型:使用参考曲面(With Reference Surface)、使用两条引导曲线(With Two Guide Curves)、使用拔模方向(With Pulling Direction),如图 5-114 所示。

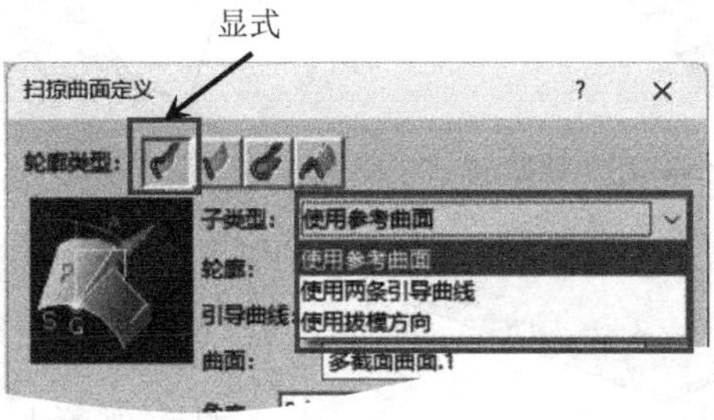


**图 5-114　显式的子类型**

(1) 使用参考曲面(With Reference Surface)

使用参考曲面指以明确指定的扫掠轮廓线相对参考曲面进行扫掠创建的曲面，如图 5-115 所示。

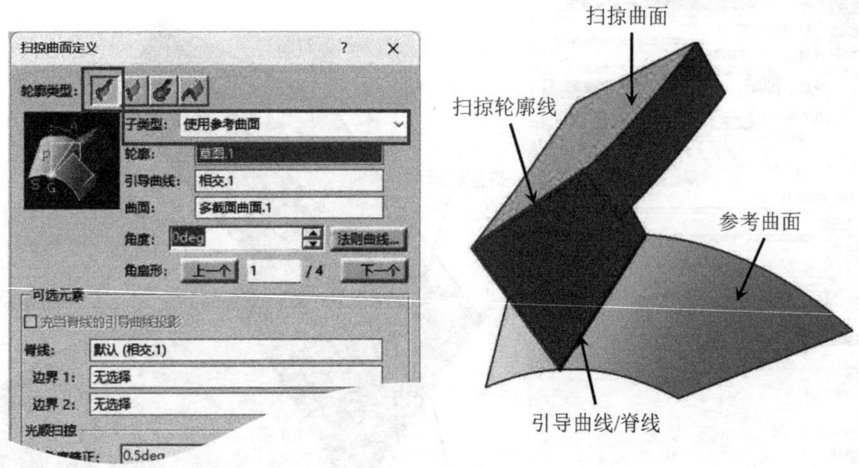


**图 5-115 使用参考曲面(With Reference Surface)(显式)**

使用参考曲面需要设置的基本参数如下：

1) 扫掠轮廓线

扫掠轮廓线通过图 5-115 中的轮廓文本框进行设置。

2) 引导曲线

引导曲线是创建扫掠曲面时的扫掠路径，通过图 5-115 中的引导曲线(Guide Curve)文本框进行设置。

3) 参考曲面

参考曲面通过图 5-115 中的曲面文本框进行设置，要求所选择的参考曲面必须包含引导曲线，即必须选择引导曲线所在的曲面作为参考曲面。默认情况下，CATIA 会选择引导曲线的平均平面(Mean Plane)作为参考曲面。

4) 偏转角度

偏转角度指扫掠轮廓线相对参考曲面的偏转角度，通过图 5-115 中的角度文本框进行设置，如图 5-116 所示。

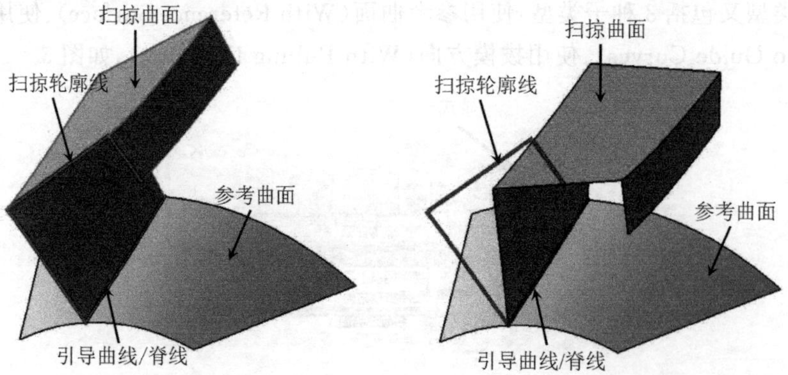


(a) 偏转角度=0°　　(b) 偏转角度=30°

**图 5-116 偏转角度(显式:使用参考曲面)**

符合指定偏转角度的扫掠曲面可能不止一个,可以通过图 5-115 中的下一个(Next)和上一个(Previous)按钮在多个方案之间进行切换。

5) 脊线(Spine)

在扫掠过程中,扫掠轮廓线所在平面始终与脊线垂直,因此通过设置脊线可以控制扫掠过程中扫掠轮廓线的方位。

注:在本书介绍扫掠曲面的过程中,凡涉及脊线的设置,其作用与此相同。

默认情况下,CATIA 会选择引导曲线作为脊线。

通过设置上述参数,CATIA 会将扫掠轮廓线沿着引导曲线进行扫掠,生成一个扫掠曲面,在扫掠过程中,扫掠轮廓线相对于参考曲面的偏转角度始终为设定的角度值,而且扫掠轮廓线所在截面始终与脊线垂直。

(2) 使用两条引导曲线(With Two Guide Curves)

使用两条引导曲线指以明确指定的扫掠轮廓线沿着两条引导曲线进行扫掠创建的曲面,如图 5-117 所示。

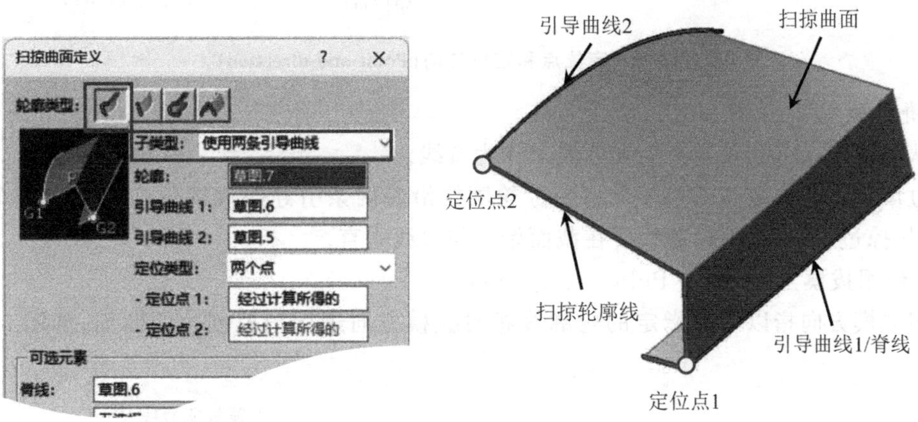


**图 5-117 使用两条引导曲线(With Two Guide Curves)(显式)**

使用两条引导曲线需要设置的基本参数如下:

1) 扫掠轮廓线

扫掠轮廓线通过图 5-117 中的轮廓文本框进行设置。

2) 引导曲线 1

引导曲线 1 通过图 5-117 中的引导曲线 1(Guide curve 1)文本框进行设置。

3) 引导曲线 2

引导曲线 2 通过图 5-117 中的引导曲线 2(Guide curve 2)文本框进行设置。

4) 定位参数

设置定位参数的目的是要确定扫掠轮廓线在扫描过程中的对齐和位置。在扫掠曲面定义(Swept Surface Definition)对话框的定位类型(Anchoring type)下拉列表框中,CATIA 提供了 2 种定位类型:两个点(Two points)、点和方向(Point and direction),如图 5-118 所示。

**图 5-118 定位类型(Anchoring type)**

a) 两个点(Two points)

如果选择了两个点类型,则需要指定两个定位点:定位点 1 和定位点 2,如图 5-117 所示。

b) 点和方向(Point and direction)

如果选择了点和方向类型,则需要选择一个点作为定位点 1,并通过定位方向(Anchor direction)文本框选择或创建定位方向,如图 5-119 所示。

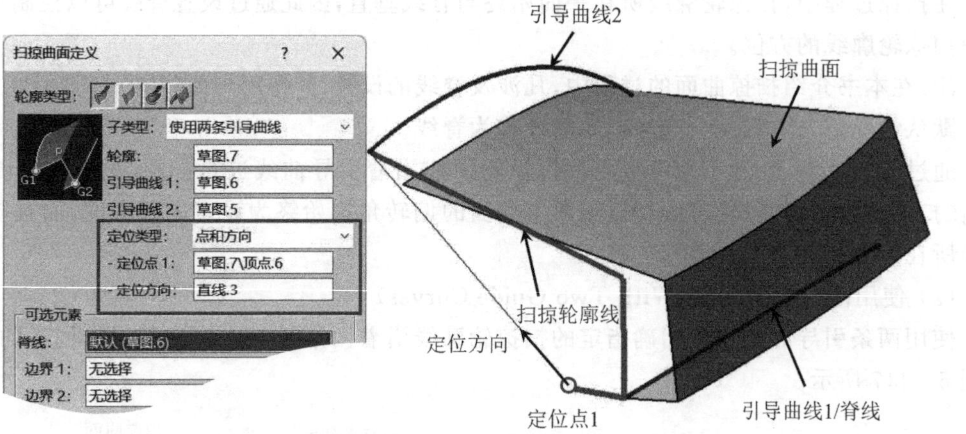


**图 5-119 定位点和定位方向(Point and direction)**

5) 脊 线

默认情况下,CATIA 选择引导曲线 1 作为脊线。

通过设置上述参数,CATIA 会将扫掠轮廓线沿着两条引导曲线进行扫掠生成一个扫掠曲面,在扫掠过程中,扫掠轮廓线所在截面始终与脊线垂直。

(3) 使用拔模方向(With Pulling Direction)

使用拔模方向指以明确指定的轮廓线相对拔模方向进行扫掠创建的曲面,如图 5-120 所示。

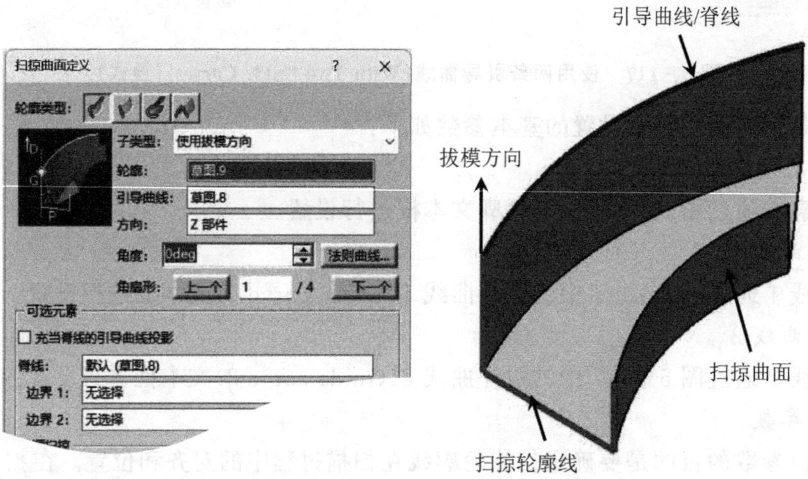


**图 5-120 使用拔模方向(With Pulling Direction)(显式)**

使用拔模方向需要设置的基本参数如下:

1) 扫掠轮廓线

扫掠轮廓线通过图 5-120 中的轮廓文本框进行设置。

2) 引导曲线

引导曲线通过图 5-120 中的引导曲线(Guide curve)文本框进行设置。

3) 拔模方向

拔模方向通过图 5-120 中的方向(Direction)文本框进行设置。

4) 偏转角度

偏转角度指扫掠轮廓线相对拔模方向的偏转角度，通过图 5-120 中的角度(Angle)文本框进行设置，如图 5-121 所示。

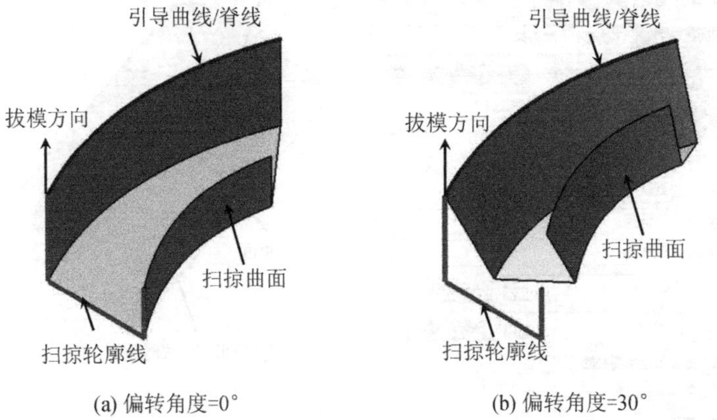


**图 5-121 偏转角度(显式:使用拔模方向)**

符合指定偏转角度的扫掠曲面可能不止一个，可以通过图 5-120 中的下一个和上一个按钮在多个方案之间进行切换。

5) 脊 线

通过设置上述参数，CATIA 会将扫掠轮廓线沿着引导曲线进行扫掠生成一个扫掠曲面，在扫掠过程中，扫掠轮廓线相对于拔模方向的偏转角度始终为设定的角度值，而且扫掠轮廓线所在截面始终与脊线垂直。

**2. 直线(Line)**

直线指 CATIA 根据所选的引导曲线、指定的边界条件和其他相关参数自动生成一条直线轮廓线，并以该直线轮廓线作为扫掠轮廓线，因此不需要人为选择或创建扫掠轮廓线。

该扫掠轮廓线类型又包括 7 种子类型：两极限(Two Limits)、极限和中间(Limit and Middle)、使用参考曲面(With Reference Surface)、使用参考曲线(With Reference Curve)、使用切面(With Tangency Surface)、使用拔模方向(With Draft Direction)、使用双切面(With Two Tangency Surfaces)，如图 5-122 所示。

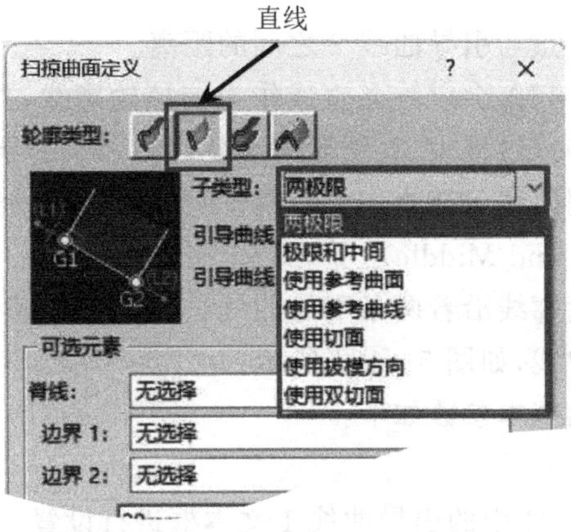


**图 5-122 直线的子类型**

(1) 两极限(Two Limits)

两极限指以直线轮廓线沿着两条限制引导曲线进行扫掠创建的扫掠曲面,如图 5-123 所示。

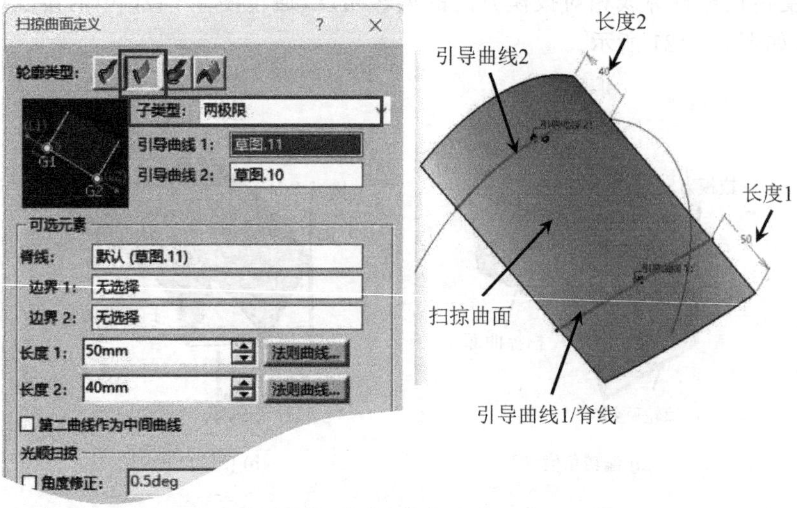


**图 5-123 两极限(Two Limits)(直线)**

两极限需要设置的基本参数如下:

1) 引导曲线 1

引导曲线 1 通过图 5-123 中的引导曲线 1 文本框进行设置。在扫掠过程中,直线轮廓线始终与引导曲线 1 相交。

2) 引导曲线 2

引导曲线 2 通过图 5-123 中的引导曲线 2 文本框进行设置。在扫掠过程中,直线轮廓线始终与引导曲线 2 相交。

3) 脊 线

脊线通过图 5-123 中的脊线文本框进行设置。默认情况下,CATIA 选择引导曲线 1 作为脊线。

4) 长度 1(Length 1)

长度 1 指直线轮廓线起点与引导曲线 1 之间的距离。

5) 长度 2(Length 2)

长度 2 指直线轮廓线终点与引导曲线 2 之间的距离。

通过设置上述参数,CATIA 会以一条直线作为扫掠轮廓线,并沿着两条引导曲线进行扫掠生成一个扫掠曲面。在扫掠过程中,直线轮廓线始终与两条引导曲线相交,直线轮廓线的两个端点与两条引导曲线之间始终保持指定的距离,而且直线轮廓线所在截面始终与脊线垂直。

(2) 极限和中间(Limit and Middle)

极限和中间指以直线轮廓线沿着两条引导曲线进行扫掠创建的扫掠曲面,该扫掠曲面以第二条引导曲线作为曲面中线,如图 5-124 所示。

极限和中间需要设置的基本参数如下:

1) 引导曲线 1

引导曲线 1 通过图 5-124 中的引导曲线 1 文本框进行设置。在扫掠过程中,直线轮廓线的起点始终位于引导曲线 1 上,因此最终生成的扫掠曲面将以引导曲线 1 作为其边界曲线。

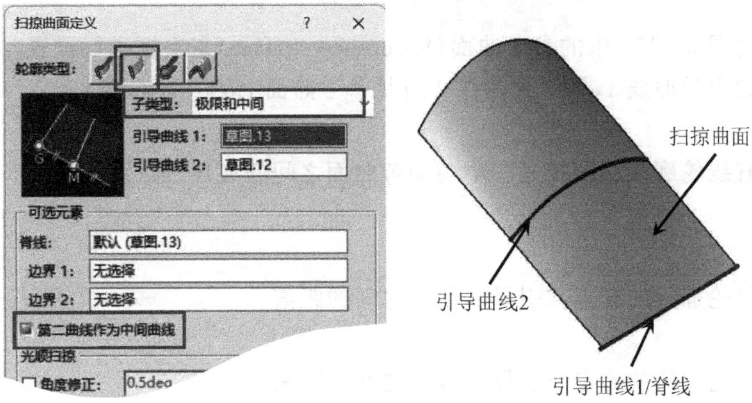


图 5 - 124　极限和中间(Limit and Middle)(直线)

2) 引导曲线 2

引导曲线 2 通过图 5 - 124 中的引导曲线 2 文本框进行设置。在扫掠过程中,直线轮廓线的中点始终位于引导曲线 2 上,因此最终生成的扫掠曲面将以引导曲线 2 作为其中线。

3) 脊　线

脊线通过图 5 - 124 中的脊线文本框进行设置。默认情况下,CATIA 选择引导曲线 1 作为脊线。

通过设置上述参数,CATIA 会以一条直线作为扫掠轮廓线,并沿着两条引导曲线进行扫掠生成一个扫掠曲面,在扫掠过程中,直线轮廓线的起点始终位于引导曲线 1 上,中点始终位于引导曲线 2 上,而且直线轮廓线所在截面始终与脊线垂直。

(3) 使用参考曲面(With Reference Surface)

使用参考曲面指以直线轮廓线沿着引导曲线,相对参考曲面进行扫掠创建的扫掠曲面,如图 5 - 125 所示。

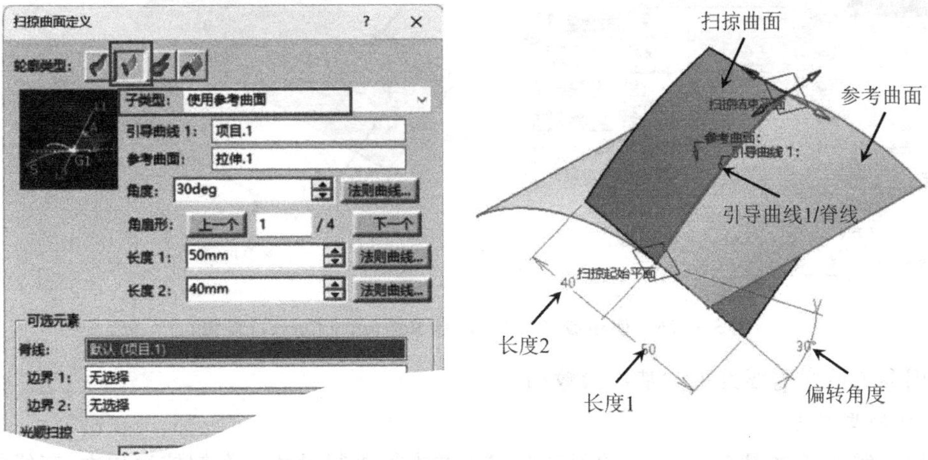


图 5 - 125　使用参考曲面(With Reference Surface)(直线)

使用参考曲面需要设置的基本参数如下:

1) 引导曲线 1

引导曲线 1 通过图 5 - 125 中的引导曲线 1 文本框进行设置。在扫掠过程中,直线轮廓线始终经过引导曲线 1。

2) 参考曲面

参考曲面通过图 5-125 中的参考曲面(Reference surface)文本框进行设置。要求所选的参考曲面必须包含引导曲线 1,即引导曲线 1 应是参考曲面上的一条曲线。

3) 偏转角度

偏转角度指直线轮廓线在扫掠过程中与参考曲面之间的夹角,通过图 5-125 中的角度文本框进行设置。

4) 长度 1

长度 1 指直线轮廓线的起点与引导曲线 1 之间的距离。

5) 长度 2

长度 2 指直线轮廓线的终点与引导曲线 1 之间的距离。

6) 脊　线

脊线通过图 5-125 中的脊线文本框进行设置。默认情况下,CATIA 选择引导曲线 1 作为脊线。

通过设置上述参数,CATIA 会以一条直线作为扫掠轮廓线沿着引导曲线 1 进行扫掠生成一个扫掠曲面。在扫掠过程中,直线轮廓线与所选参考曲面之间始终成指定的偏转角度,直线轮廓线的起点和终点与引导曲线之间始终保持指定的距离,而且直线轮廓线所在截面始终与脊线垂直。

(4) 使用参考曲线(With Reference Curve)

使用参考曲线指以直线轮廓线沿着引导曲线,相对参考曲线进行扫掠创建的扫掠曲面,如图 5-126 所示。

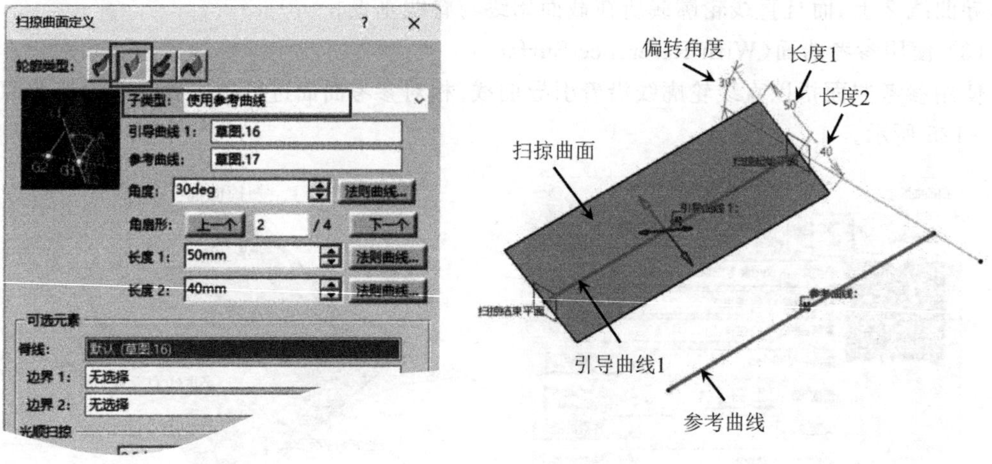


图 5-126　使用参考曲线(With Reference Curve)(直线)

使用参考曲线需要设置的基本参数如下:

1) 引导曲线 1

引导曲线 1 通过图 5-126 中的引导曲线 1 文本框进行设置。在扫掠过程中,直线轮廓线始终经过引导曲线 1。

2) 参考曲线

参考曲线通过图 5-126 中的参考曲线(Reference curve)文本框进行设置。

3) 偏转角度

偏转角度指直线轮廓线与 CATIA 计算生成的参考直线(脊线法平面与引导曲线 1 和参

考曲线交点之间的连线)之间的夹角,通过图 5－126 中的角度文本框进行设置。

4) 长度 1

长度 1 指直线轮廓线的起点与引导曲线 1 之间的距离。

5) 长度 2

长度 2 指直线轮廓线的终点与引导曲线 1 之间的距离。

6) 脊　线

脊线通过图 5－126 中的脊线文本框进行设置。默认情况下,CATIA 选择引导曲线 1 作为脊线。

通过设置上述参数,CATIA 会以一条直线作为扫掠轮廓线沿着引导曲线 1 进行扫掠生成一个扫掠曲面。在扫掠过程中,直线轮廓线与 CATIA 计算生成的参考直线(脊线法平面与引导曲线 1 和参考曲线交点之间的连线)之间始终成指定的偏转角度,直线轮廓线的起点和终点与引导曲线 1 之间始终保持指定的距离,而且直线轮廓线所在截面始终与脊线垂直。

(5) 使用切面(With Tangency Surface)

使用切面指以直线轮廓线沿着引导曲线,相对相切曲面进行扫掠创建的扫掠曲面,如图 5－127 所示。

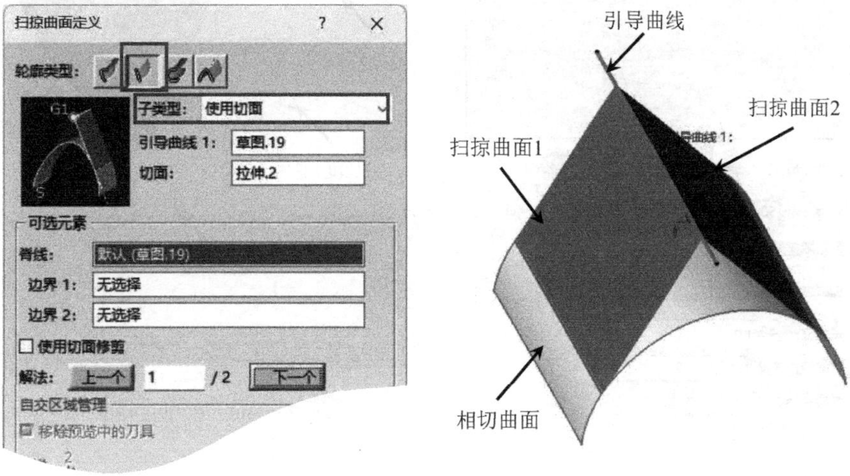


**图 5－127　使用切面(With Tangency Surface)(直线)**

使用切面需要设置的基本参数如下:

1) 引导曲线 1

引导曲线 1 通过图 5－127 中的引导曲线 1 文本框进行设置。在扫掠过程中,直线轮廓线的一个端点始终位于引导曲线 1 上,因此最终生成的扫掠曲面将以引导曲线 1 作为其边界曲线。

2) 相切曲面

相切曲面通过图 5－127 中的切面(Tangency Surface)文本框进行设置。在扫掠过程中,直线轮廓线始终与所选相切曲面相切,并以切点作为直线轮廓线的另一个端点,因此最终生成的扫掠曲面会与相切曲面相切。

3) 脊　线

脊线通过图 5－127 中的脊线文本框进行设置。默认情况下,CATIA 选择引导曲线 1 作为脊线。

通过设置上述参数,CATIA 会以一条直线作为扫掠轮廓线,并沿着引导曲线 1 进行扫掠生成一个扫掠曲面。在扫掠过程中,直线轮廓线的一个端点始终位于引导曲线 1 上,直线轮廓线始终与所选相切曲面相切,并以切点作为直线轮廓线的另一个端点,而且直线轮廓线所在截面始终与脊线垂直。

(6) 使用拔模方向(With Draft Direction)

使用拔模方向指以直线轮廓线沿着引导曲线,相对拔模方向进行扫掠创建的扫掠曲面,如图 5-128 所示。

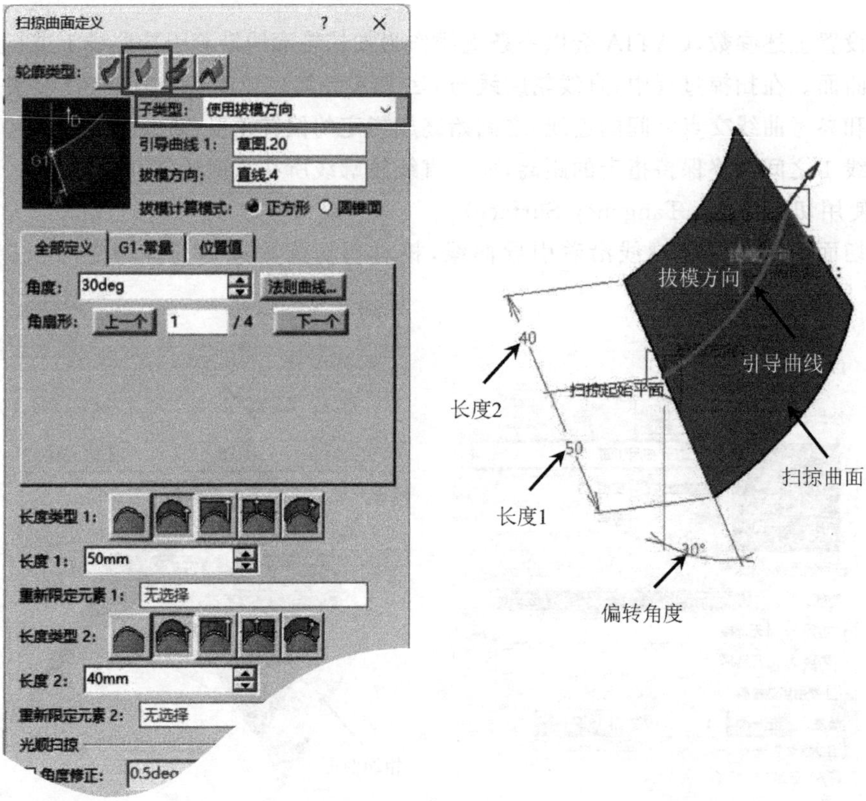


**图 5-128　使用拔模方向(With Draft Direction)(直线)**

使用拔模方向需要设置的基本参数如下:

1) 引导曲线 1

引导曲线 1 通过图 5-128 中的引导曲线 1 文本框进行设置。在扫掠过程中,直线轮廓线始终经过引导曲线 1。

2) 拔模方向

拔模方向通过图 5-128 中的拔模方向(Draft direction)文本框进行设置。

3) 偏转角度

偏转角度指直线轮廓线与拔模方向之间的夹角,通过图 5-128 中的角度文本框进行设置。

4) 长度 1

长度 1 指直线轮廓线的起点与引导曲线 1 之间的距离。

5) 长度 2

长度 2 指直线轮廓线的终点与引导曲线 1 之间的距离。

通过设置上述参数,CATIA 会以一条直线作为扫掠轮廓线,并沿着引导曲线 1 进行扫掠生成一个扫掠曲面。在扫掠过程中,直线轮廓始终与引导曲线 1 相交,直线轮廓与拔模方向之间始终成指定的偏转角度,直线轮廓两个端点与引导曲线 1 之间始终保持指定的距离。

(7) 使用双切面(With Two Tangency Surfaces)

使用双切面指以直线轮廓线相对两个相切曲面进行扫掠创建的扫掠曲面,如图 5 - 129 所示。

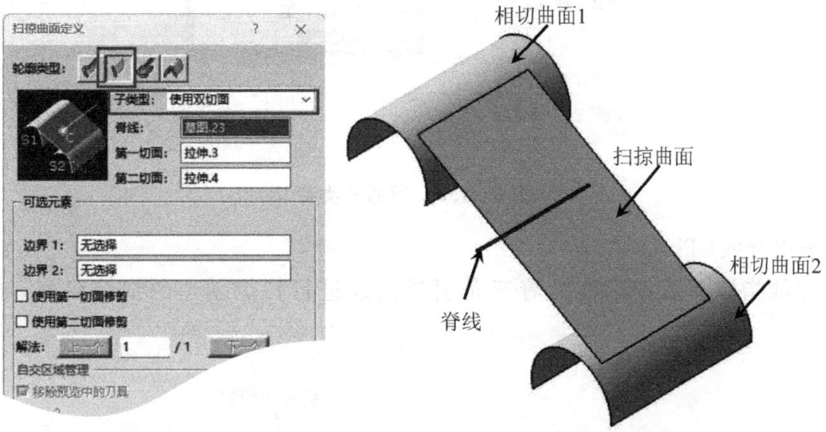


**图 5 - 129　使用双切面(With Two Tangency Surface)(直线)**

使用双切面需要设置的基本参数如下:

1) 脊　线

脊线通过图 5 - 129 中的脊线文本框进行设置。

2) 相切曲面 1

相切曲面 1 通过图 5 - 129 中的第一切面(First tangency surface)文本框进行设置。在扫掠过程中,直线轮廓线始终与所选相切曲面 1 相切,并以切点作为直线轮廓线的起点。

3) 相切曲面 2

相切曲面 2 通过图 5 - 129 中的第二切面(Second tangency surface)文本框进行设置。在扫掠过程中,直线轮廓线始终与所选相切曲面 2 相切,并以切点作为直线轮廓线的终点。

通过设置上述参数,CATIA 会以一条直线作为扫掠轮廓线进行扫掠生成一个扫掠曲面。在扫掠过程中,直线轮廓始终与两个相切曲面都相切,而且直线轮廓线所在截面始终与脊线垂直。

**3. 圆(Circle)**

圆指 CATIA 根据所选的引导曲线、指定的边界条件和其他相关参数自动生成一条圆/圆弧轮廓线,并以该圆/圆弧轮廓线作为扫掠轮廓线,因此不需要人为选择或创建扫掠轮廓线。

该扫掠轮廓线类型又包括 7 种子类型:三条引导线(Three Guides)、两个点和半径①(Two Guides and Radius)、中心和两个角度(Center and Two Angles)、圆心和半径(Center and Radius)、两条引导线和切面(Two Guides and Tangency Surface)、一条引导线和切面(One Guide and Tangency Surface)、限制曲线和切面(Limit Curve and Tangency Surface),如图 5 - 130 所示。

① 此处应译为两条引导线和半径。

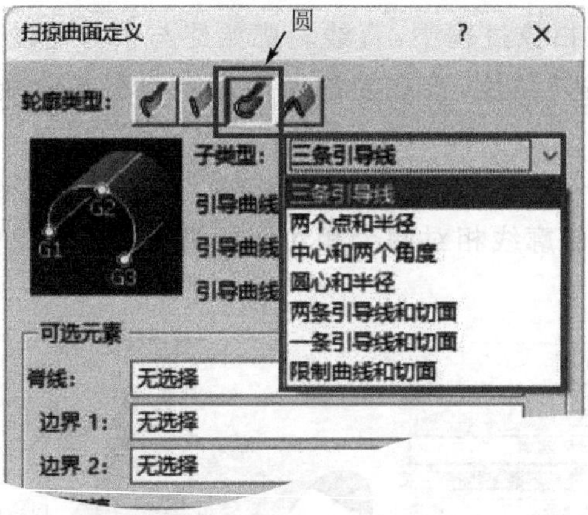


图 5-130 圆的子类型

(1) 三条引导线(Three Guides)

三条引导线指以圆弧轮廓线沿着三条引导曲线进行扫掠创建的扫掠曲面，如图 5-131 所示。

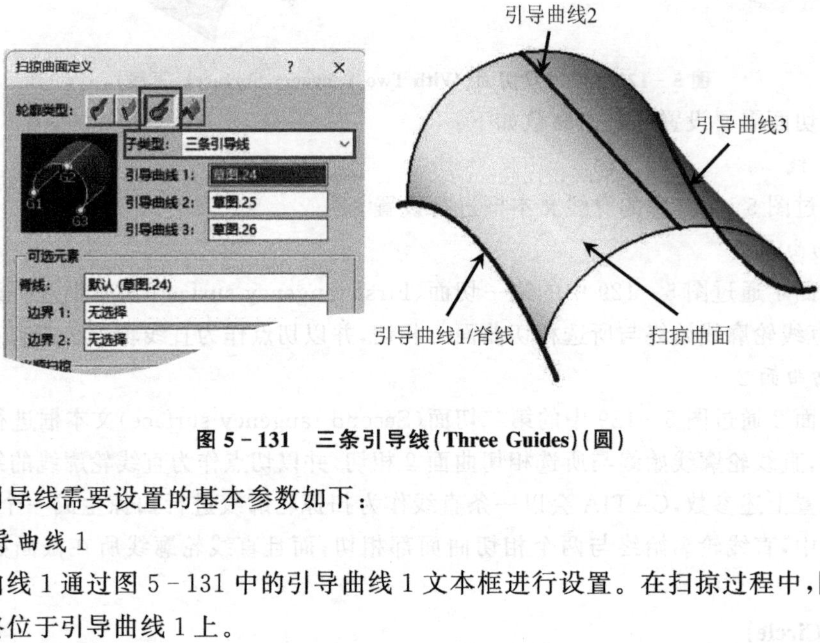


图 5-131 三条引导线(Three Guides)(圆)

三条引导线需要设置的基本参数如下：

1) 引导曲线 1

引导曲线 1 通过图 5-131 中的引导曲线 1 文本框进行设置。在扫掠过程中，圆弧轮廓线的起点始终位于引导曲线 1 上。

2) 引导曲线 2

引导曲线 2 通过图 5-131 中的引导曲线 2 文本框进行设置。在扫掠过程中，圆弧轮廓线始终经过引导曲线 2。

3) 引导曲线 3

引导曲线 3 通过图 5-131 中的引导曲线 3 文本框进行设置。在扫掠过程中，圆弧轮廓线的终点始终位于引导曲线 3 上。

4) 脊　线

脊线通过图 5-131 中的脊线文本框进行设置。默认情况下，CATIA 选择引导曲线 1 作为脊线。

通过设置上述参数,CATIA 会以一个圆弧作为扫掠轮廓线,并沿着三条引导曲线进行扫掠生成一个扫掠曲面。在扫掠过程中,圆弧轮廓线始终与三条引导曲线相交,而且圆弧轮廓线所在截面始终与脊线垂直。

(2) 两条引导线和半径(Two Guides and Radius)

两条引导线和半径指以圆弧轮廓线按照指定的半径沿着两条引导曲线进行扫掠创建的扫掠曲面,如图 5-132 所示。

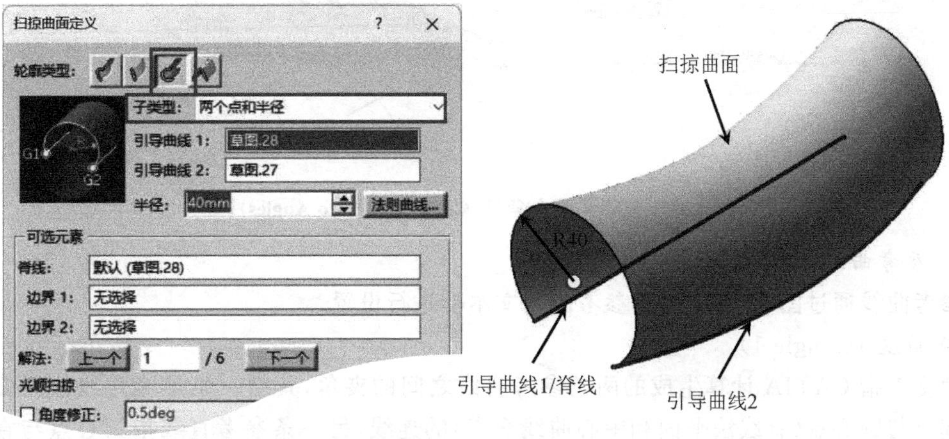


**图 5-132　两条引导线和半径(Two Guides and Radius)(圆)**

两条引导线和半径需要设置的基本参数如下:

1) 引导曲线 1

引导曲线 1 通过图 5-132 中的引导曲线 1 文本框进行设置。在扫掠过程中,圆弧轮廓线的起点始终位于引导曲线 1 上。

2) 引导曲线 2

引导曲线 2 通过图 5-132 中的引导曲线 2 文本框进行设置。在扫掠过程中,圆弧轮廓线的终点始终位于引导曲线 2 上。

3) 半　径

半径通过图 5-132 中的半径文本框进行设置。

4) 脊　线

脊线通过图 5-132 中的脊线文本框进行设置。默认情况下,CATIA 选择引导曲线 1 作为脊线。

通过设置上述参数,CATIA 会以一个指定半径的圆弧作为扫掠轮廓线,并沿着两条引导曲线进行扫掠生成一个扫掠曲面。在扫掠过程中,圆弧轮廓线的两个端点始终位于两条引导曲线上,而且圆弧轮廓线所在截面始终与脊线垂直。

(3) 中心和两个角度(Center and Two Angles)

中心和两个角度指以圆弧轮廓线按照指定的角度限制沿着中心曲线进行扫掠创建的扫掠曲面,如图 5-133 所示。

中心和两个角度需要设置的基本参数如下:

1) 中心曲线

中心曲线通过图 5-133 中的中心曲线(Center curve)文本框进行设置。在扫掠过程中,圆弧轮廓线的圆心始终位于中心曲线上。

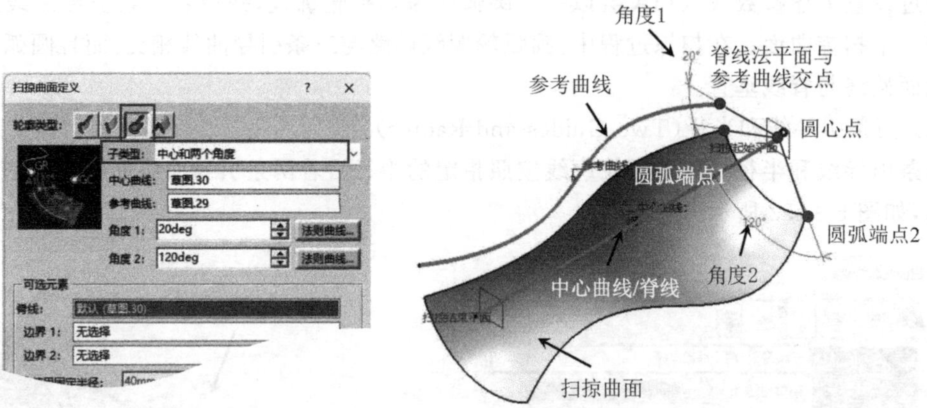


图 5-133　中心和两个角度(Center and Two Angles)(圆)

2) 参考曲线

参考曲线通过图 5-133 中的参考曲线文本框进行设置。

3) 角度 1(Angle 1)

角度 1 指 CATIA 计算生成的两条参考直线之间的夹角,其中一条参考直线指圆弧轮廓线的起点与圆心点(脊线法平面和中心曲线交点)的连线,另一条参考直线指圆心点与脊线法平面和参考曲线交点的连线。

4) 角度 2(Angle 2)

角度 2 指 CATIA 计算生成的两条参考直线之间的夹角,其中一条参考直线指圆弧轮廓线的终点与圆心点(脊线法平面和中心曲线交点)的连线,另一条参考直线指圆心点与脊线法平面和参考曲线交点的连线。

5) 脊　线

脊线通过图 5-133 中的脊线文本框进行设置。默认情况下,CATIA 选择中心曲线作为脊线。

通过设置上述参数,CATIA 会以一个圆弧作为扫掠轮廓线,并沿着中心曲线进行扫描生成一个扫掠曲面。在扫掠过程中,圆弧轮廓线的圆心始终位于中心曲线上,角度 1 和角度 2 始终为指定的角度,而且圆弧轮廓线所在截面始终与脊线垂直。

(4) 圆心和半径(Center and Radius)

圆心和半径是以圆轮廓线按照指定的半径沿着中心曲线进行扫掠创建的扫掠曲面,如图 5-134 所示。

圆心和半径需要设置的基本参数如下:

1) 中心曲线

中心曲线通过图 5-134 中的中心曲线文本框进行设置。在扫掠过程中,圆弧轮廓线的圆心始终位于中心曲线上。

2) 半　径

半径通过图 5-134 中的半径文本框进行设置。

3) 脊　线

脊线通过图 5-134 中的脊线文本框进行设置。默认情况下,CATIA 选择中心曲线作为脊线。

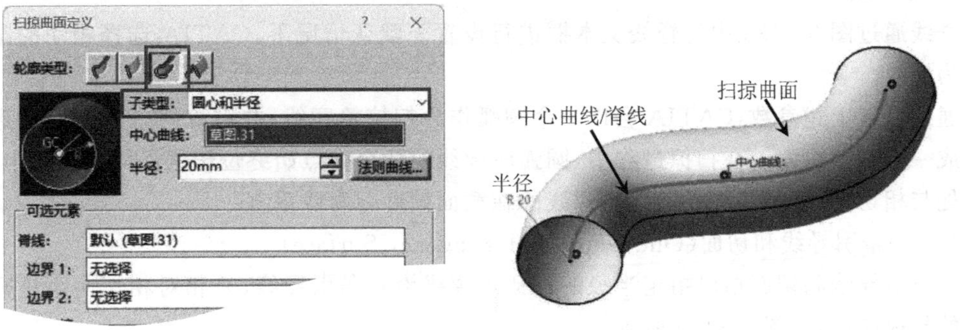


图 5－134　圆心和半径(Center and Radius)(圆)

通过设置上述参数,CATIA 会以一个指定半径的圆作为扫掠轮廓线,并沿着中心曲线进行扫掠生成一个扫掠曲面。在扫掠过程中,圆弧轮廓线的圆心始终位于中心曲线上,而且圆弧轮廓线所在截面始终与脊线垂直。

(5) 两条引导线和切面(Two Guides and Tangency Surface)

两条引导线和切面指以圆弧轮廓线沿两条限制曲线,并相对相切曲面进行扫掠创建的扫掠曲面,如图 5－135 所示。

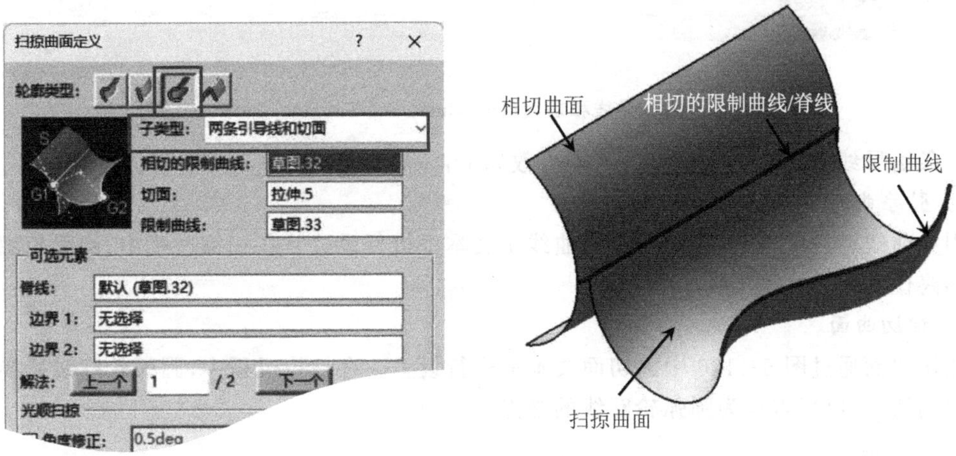


图 5－135　两条引导线和切面(Two Guides and Tangency Surface)(圆)

两条引导线和切面需要设置的基本参数如下:

1) 相切的限制曲线

相切的限制曲线通过图 5－135 中的相切的限制曲线(Limit curve with tangency)文本框进行设置。在扫掠过程中,圆弧轮廓线的起点始终位于相切的限制曲线上。

2) 相切曲面

相切曲面通过图 5－135 中的切面(Tangency surface)文本框进行设置。要求相切曲面必须包含相切的限制曲线,即相切的限制曲线必须是相切曲面上的一条曲线,且在扫掠过程中,圆弧轮廓线始终在其起点处与相切曲面相切。

3) 限制曲线

限制曲线通过图 5－135 中的限制曲线(Limit curve)文本框进行设置。在扫掠过程中,圆弧轮廓线的终点始终位于限制曲线上。

4）脊　线

脊线通过图 5－135 中的脊线文本框进行设置。默认情况下，CATIA 选择相切的限制曲线作为脊线。

通过设置上述参数，CATIA 会以一个圆弧作为扫掠轮廓线，并沿着两条限制曲线进行扫掠生成一个扫掠曲面。在扫掠过程中，圆弧轮廓线的两个端点始终位于两条限制曲线上，并在起点处与相切曲面相切，而且圆弧轮廓线所在截面始终与脊线垂直。

（6）一条引导线和切面（One Guide and Tangency Surface）

一条引导线和切面指以指定半径的圆弧轮廓线沿一条引导线，并相对相切曲面进行扫掠创建的扫掠曲面，如图 5－136 所示。

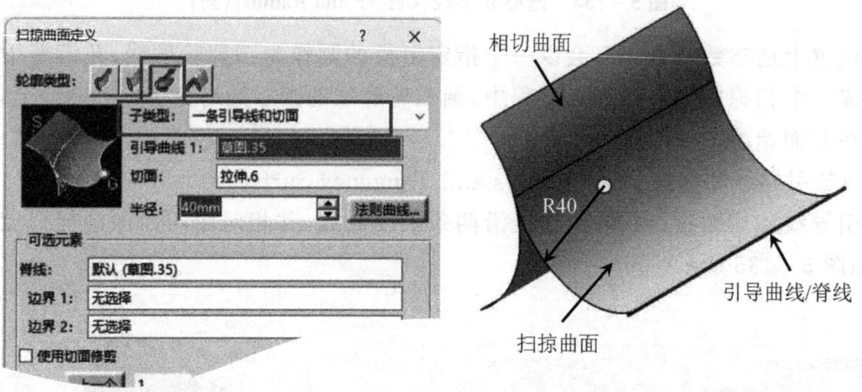


**图 5－136　一条引导线和切面（One Guide and Tangency Surface）（圆）**

一条引导线和切面需要设置的基本参数如下：

1）引导曲线

引导曲线通过图 5－136 中的引导曲线 1 文本框进行设置。在扫掠过程中，圆弧轮廓线的起点始终位于引导曲线上。

2）相切曲面

相切曲面通过图 5－136 中的切面文本框进行设置。在扫掠过程中，圆弧轮廓线始终与相切曲面相切，并以切点作为圆弧轮廓线的终点。

3）半　径

半径通过图 5－136 中的半径（Radius）文本框进行设置。

4）脊　线

脊线通过图 5－136 中的脊线文本框进行设置。默认情况下，CATIA 选择引导曲线作为脊线。

通过设置上述参数，CATIA 会以一个指定半径的圆弧作为扫掠轮廓线，并沿着引导曲线进行扫掠生成一个扫掠曲面。在扫掠过程中，圆弧轮廓线的起点始终位于引导曲线上，且与相切曲面相切，并以切点作为圆弧轮廓线的终点，而且圆弧轮廓线所在截面始终与脊线垂直。

（7）限制曲线和切面（Limit Curve and Tangency Surface）

限制曲线和切面指以圆弧轮廓线沿着限制曲线，并相对相切曲面进行扫掠创建的扫掠曲面，如图 5－137 所示。

限制曲线和切面需要设置的基本参数如下：

1）限制曲线

限制曲线通过图 5－137 中的限制曲线文本框进行设置。

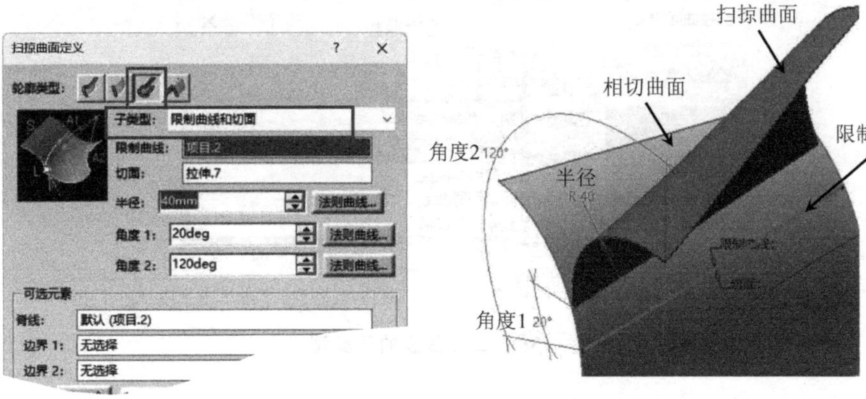


**图 5-137　限制曲线和切面(Limit Curve and Tangency Surface)(圆)**

2) 相切曲面

相切曲面通过图 5-137 中的切面文本框进行设置。要求相切曲面必须包含限制曲线,即限制曲线必须是相切曲面上的一条曲线,且在扫掠过程中,圆弧轮廓线始终在限制曲线处与相切曲面相切。

3) 半　径

半径通过图 5-137 中的半径文本框进行设置。

4) 角度 1

角度 1 指圆弧轮廓线的圆心点和起点的连线与 CATIA 计算生成的一条参考直线(圆弧轮廓线的圆心点与脊线法平面和限制曲线的交点之间的连线)之间的夹角。

5) 角度 2

角度 2 指圆弧轮廓线的圆心点和终点的连线与 CATIA 计算生成的一条参考直线(圆弧轮廓线的圆心点与脊线法平面和限制曲线的交点之间的连线)之间的夹角。

6) 脊　线

脊线通过图 5-137 中的脊线文本框进行设置。默认情况下,CATIA 选择限制曲线作为脊线。

通过设置上述参数,CATIA 会以一个指定半径的圆弧作为扫掠轮廓线,并沿着限制曲线进行扫掠生成一个扫掠曲面。在扫掠过程中,圆弧轮廓线或其延长线始终在限制曲线处与相切曲面相切,圆弧轮廓线的圆心点和两个端点的连线与 CATIA 计算生成的一条参考直线(圆弧轮廓线的圆心点与脊线法平面和限制曲线的交点之间的连线)之间始终成指定的角度,而且圆弧轮廓线所在截面始终与脊线垂直。

**4. 二次曲线(Conic)**

二次曲线指 CATIA 根据所选的引导曲线、指定的边界条件和其他相关参数自动生成一条二次曲线轮廓线,并以该二次曲线轮廓线作为扫掠轮廓线,因此不需要人为选择或创建扫掠轮廓线。

该扫掠轮廓线类型又包括 4 种子类型:两条引导曲线(Two Guide Curves)、三条引导曲线(Three Guide Curves)、四条引导曲线(Four Guide Curves)、五条引导曲线(Five Guide Curves),如图 5-138 所示。

(1) 两条引导曲线(Two Guide Curves)

两条引导曲线指以二次曲线轮廓线沿着两条引导曲线进行扫掠创建的扫掠曲面,如图 5-139 所示。

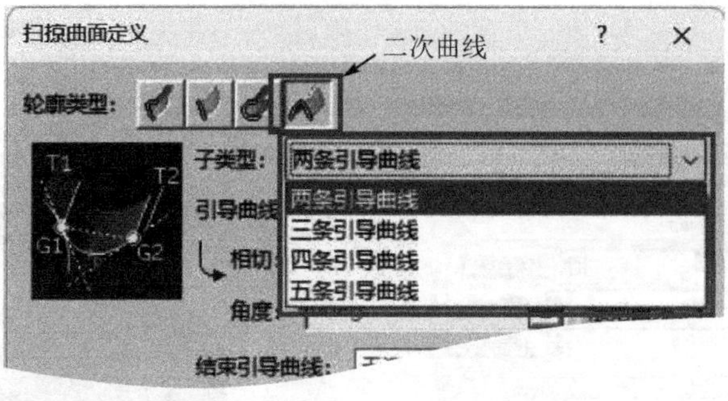


图 5-138 二次曲线的子类型

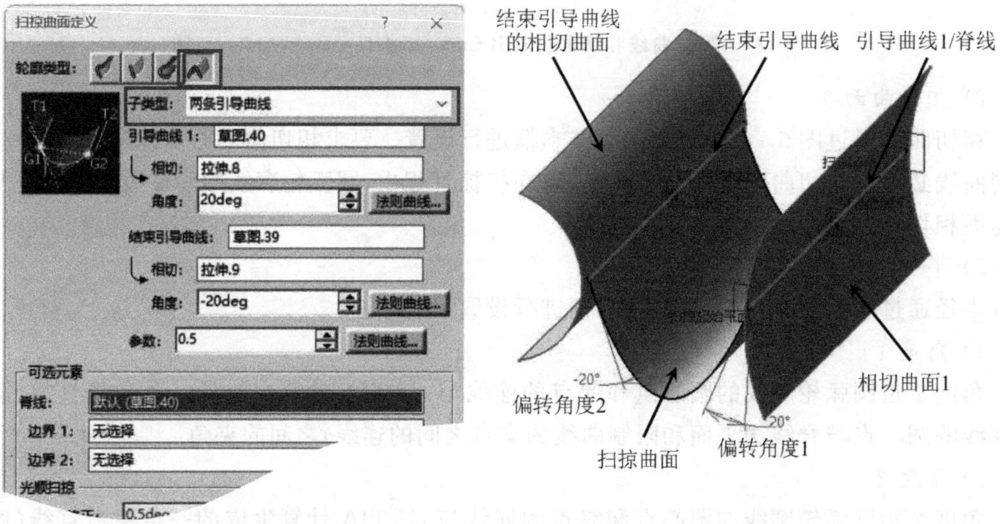


图 5-139 两条引导曲线(Two Guide Curves)(二次曲线)

两条引导曲线需要设置的基本参数如下:

1) 引导曲线 1

引导曲线 1 通过图 5-139 中的引导曲线 1 文本框进行设置。在扫掠过程中,二次曲线轮廓线的起点始终位于引导曲线 1 上。

2) 相切曲面 1

相切曲面 1 通过图 5-139 中引导曲线 1 文本框下方的相切文本框进行设置。要求相切曲面 1 必须包含引导曲线 1,即引导曲线 1 必须是相切曲面 1 上的一条曲线。

3) 偏转角度 1

偏转角度 1 通过图 5-139 中引导曲线 1 文本框下方的角度文本框进行设置。偏转角度 1 指二次曲线轮廓线在起点处的切线与相切曲面 1 之间的夹角,如果该角度为 0°,则二次曲线轮廓线在起点处的切线与相切曲面 1 相切。

4) 结束引导曲线

结束引导曲线通过图 5-139 中的结束引导曲线(Last guide curve)文本框进行设置。在扫掠过程中,二次曲线轮廓线的终点始终位于结束引导曲线上。

5) 结束引导曲线的相切曲面

结束引导曲线的相切曲面通过图 5-139 中结束引导曲线文本框下方的相切文本框进行设置。要求结束引导曲线的相切曲面必须包含结束引导曲线,即结束引导曲线必须是结束引导曲线的相切曲面上的一条曲线。

6) 偏转角度 2

偏转角度 2 通过图 5-139 中结束引导曲线文本框下方的角度文本框进行设置。偏转角度 2 指二次曲线轮廓线在终点处的切线与结束引导曲线的相切曲面之间的夹角，如果该角度为 0°，则二次曲线轮廓线在终点处的切线与结束引导曲线的相切曲面相切。

7) 控制参数

控制参数用来控制二次曲线轮廓的形状，通过图 5-139 中的参数(Parameter)文本框进行设置，如图 5-140 所示。

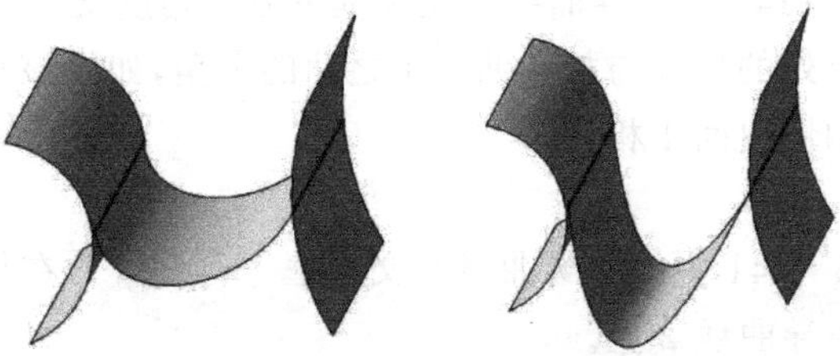

(a) 控制参数=0.2　　(b) 控制参数=0.5

**图 5-140 控制参数(Parameter)**

8) 脊　线

脊线通过图 5-139 中的脊线文本框进行设置。默认情况下，CATIA 选择引导曲线 1 作为脊线。

通过设置上述参数，CATIA 会以一条二次曲线轮廓线作为扫掠轮廓线，并沿着两条引导曲线进行扫掠生成一个扫掠曲面。在扫掠过程中，二次曲线的两个端点始终分别位于两条引导曲线上，二次曲线在两个端点处的切线方向与两个相切曲面之间成指定的角度，而且二次曲线轮廓线所在截面始终与脊线垂直。

(2) 三条引导曲线(Three Guide Curves)

三条引导曲线指以二次曲线轮廓线沿着三条引导曲线进行扫掠创建的扫掠曲面，如图 5-141 所示。

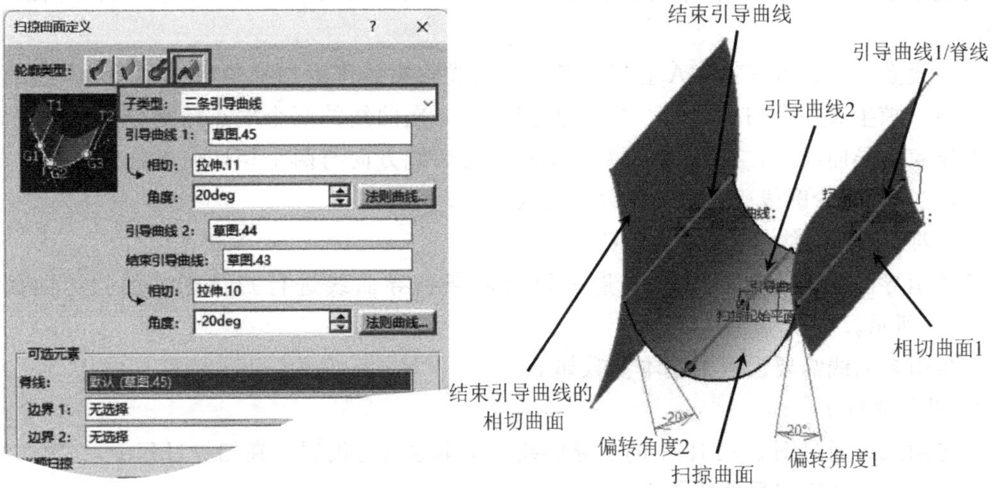


**图 5-141 三条引导曲线(Three Guide Curves)(二次曲线)**

三条引导曲线需要设置的基本参数如下：

1）引导曲线 1

引导曲线 1 通过图 5-141 中的引导曲线 1 文本框进行设置。在扫掠过程中，二次曲线轮廓线的起点始终位于引导曲线 1 上。

2）相切曲面 1

相切曲面 1 通过图 5-141 中引导曲线 1 文本框下方的相切文本框进行设置。要求相切曲面 1 必须包含引导曲线 1，即引导曲线 1 必须是相切曲面 1 上的一条曲线。

3）偏转角度 1

偏转角度 1 通过图 5-141 中引导曲线 1 文本框下方的角度文本框进行设置。偏转角度 1 指二次曲线轮廓线在起点处的切线与相切曲面 1 之间的夹角，如果该角度为 0°，则二次曲线轮廓线在起点处的切线与相切曲面 1 相切。

4）引导曲线 2

引导曲线 2 通过图 5-141 中的引导曲线 2 文本框进行设置。在扫掠过程中，二次曲线轮廓线上的一点始终位于引导曲线 2 上。

5）结束引导曲线

结束引导曲线通过图 5-141 中的结束引导曲线文本框进行设置。在扫掠过程中，二次曲线轮廓线的终点始终位于结束引导曲线上。

6）结束引导曲线的相切曲面

结束引导曲线的相切曲面通过图 5-141 中结束引导曲线文本框下方的相切文本框进行设置。要求结束引导曲线的相切曲面必须包含结束引导曲线，即结束引导曲线必须是结束引导曲线的相切曲面上的一条曲线。

7）偏转角度 2

偏转角度 2 通过图 5-141 中结束引导曲线文本框下方的角度文本框进行设置。偏转角度 2 指二次曲线轮廓线在终点处的切线与结束引导曲线的相切曲面之间的夹角，如果该角度为 0°，则二次曲线轮廓线在终点处的切线与结束引导曲线的相切曲面相切。

8）脊　线

脊线通过图 5-141 中的脊线文本框进行设置。默认情况下，CATIA 选择引导曲线 1 作为脊线。

通过设置上述参数，CATIA 会以一条二次曲线轮廓线作为扫掠轮廓线，并沿着三条引导曲线进行扫掠生成一个扫掠曲面。在扫掠过程中，二次曲线的两个端点始终分别位于引导曲线 1 和结束引导曲线上，二次曲线在两个端点处的切线方向与两个相切曲面之间成指定的角度，而且二次曲线轮廓线所在截面始终与脊线垂直。

(3) 四条引导曲线(Four Guide Curves)

四条引导曲线指以二次曲线轮廓线沿着四条引导曲线进行扫掠创建的扫掠曲面，如图 5-142 所示。

四条引导曲线需要设置的基本参数如下：

1）引导曲线 1

引导曲线 1 通过图 5-142 中的引导曲线 1 文本框进行设置。在扫掠过程中，二次曲线轮廓线的起点始终位于引导曲线 1 上。

2）相切曲面

相切曲面通过图 5-142 中引导曲线 1 文本框下方的相切文本框进行设置。要求相切曲

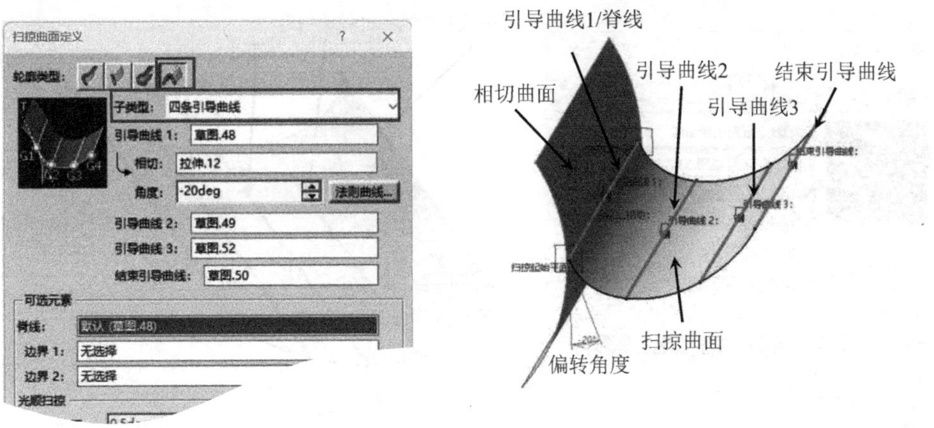


**图 5-142　四条引导曲线(Four Guide Curves)(二次曲线)**

面必须包含引导曲线 1,即引导曲线 1 必须是相切曲面上的一条曲线。

3) 偏转角度

偏转角度通过图 5-142 中引导曲线 1 文本框下方的角度文本框进行设置。偏转角度指二次曲线轮廓线在起点处的切线与相切曲面之间的夹角,如果该角度为 0°,则二次曲线轮廓线在起点处的切线与相切曲面相切。

4) 引导曲线 2

引导曲线 2 通过图 5-142 中的引导曲线 2 文本框进行设置。在扫掠过程中,二次曲线轮廓线上的一点始终位于引导曲线 2 上。

5) 导引曲线 3

引导曲线 3 通过图 5-142 中的引导曲线 3 文本框进行设置。在扫掠过程中,二次曲线轮廓线上的一点始终位于引导曲线 3 上。

6) 结束引导曲线

结束引导曲线通过图 5-142 中的结束引导曲线文本框进行设置。在扫掠过程中,二次曲线轮廓线的终点始终位于结束引导曲线上。

7) 脊　线

脊线通过图 5-142 中的脊线文本框进行设置。默认情况下,CATIA 选择引导曲线 1 作为脊线。

通过设置上述参数,CATIA 会以一条二次曲线轮廓线作为扫掠轮廓线,并沿着四条引导曲线进行扫掠生成一个扫掠曲面。在扫掠过程中,二次曲线的起点和终点始终分别位于引导曲线 1 和结束引导曲线上,二次曲线在起点处的切线方向与相切曲面之间成指定的角度,而且二次曲线轮廓线所在截面始终与脊线垂直。

(4) 五条引导曲线(Five Guide Curves)

五条引导曲线指以二次曲线轮廓线沿着五条引导曲线进行扫掠创建的扫掠曲面,如图 5-143 所示。

五条引导曲线需要设置的基本参数如下:

1) 引导曲线 1

引导曲线 1 通过图 5-143 中的引导曲线 1 文本框进行设置。在扫掠过程中,二次曲线轮廓线的起点始终位于引导曲线 1 上。

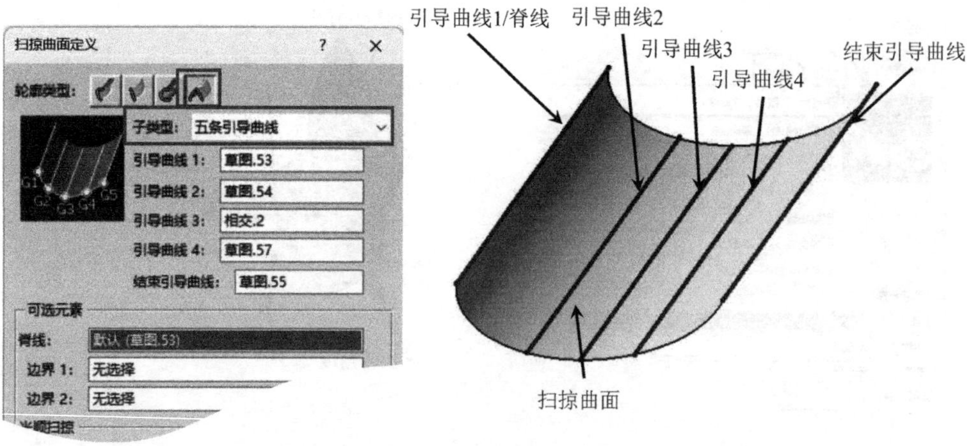


**图 5-143　五条引导曲线(Five Guide Curves)(二次曲线)**

2) 引导曲线 2

引导曲线 2 通过图 5-143 中的引导曲线 2 文本框进行设置。在扫掠过程中,二次曲线轮廓线上的一点始终位于引导曲线 2 上。

3) 引导曲线 3

引导曲线 3 通过图 5-143 中的引导曲线 3 文本框进行设置。在扫掠过程中,二次曲线轮廓线上的一点始终位于引导曲线 3 上。

4) 引导曲线 4

引导曲线 4 通过图 5-143 中的引导曲线 4 文本框进行设置。在扫掠过程中,二次曲线轮廓线上的一点始终位于引导曲线 4 上。

5) 结束引导曲线

结束引导曲线通过图 5-143 中的结束引导曲线文本框进行设置。在扫掠过程中,二次曲线轮廓线的终点始终位于结束引导曲线上。

6) 脊　线

默认情况下,CATIA 选择引导曲线 1 作为脊线。

通过设置上述参数,CATIA 会以一条二次曲线轮廓线作为扫掠轮廓线,并沿着五条引导曲线进行扫掠生成一个扫掠曲面。在扫掠过程中,二次曲线的起点和终点始终分别位于引导曲线 1 和结束引导曲线上,而且二次曲线轮廓线所在截面始终与脊线垂直。

### 5.2.7　填充(Fill)

填充是通过对一组封闭的边界轮廓线进行填充创建的曲面,如图 5-144 所示。

要创建填充曲面,需要设置的基本参数如下:

(1) 边界轮廓线(Curves)

选择的边界轮廓线必须首尾相连构成一个封闭的轮廓,最终创建的填充曲面会以所选的边界轮廓线作为曲面的边界。

(2) 支持面(Supports)

在创建填充曲面时,可以根据实际情况,为所选边界轮廓线指定支持面,要求所选支持面必须包含对应的边界轮廓线,最终创建的填充曲面会与所选支持面保持指定的连续关系。

(3) 连续关系(Continuity)

连续关系指最终创建的填充曲面与所选支持面之间的连续关系。在连续(Continuity)下

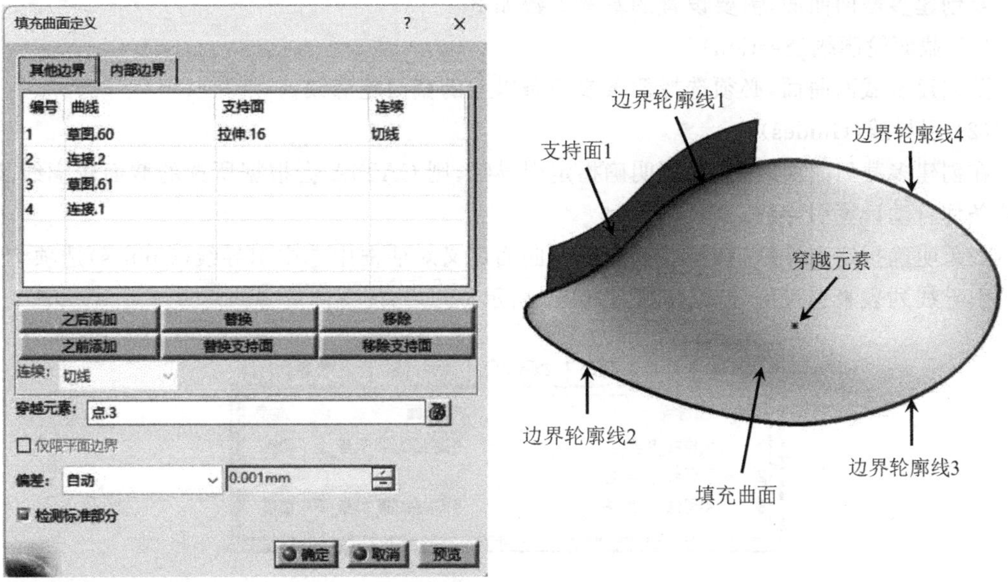


图 5-144　填充(Fill)

拉列表框中,CATIA 提供了 3 种连续关系:点(Point)、切线(Tangent)、曲率(Curvature),如图 5-145 所示。

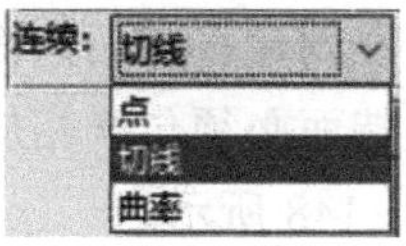


图 5-145　连续关系(Continuity)

(4) 穿越元素(Passing element(s))

在创建填充曲面时,可以根据实际情况,通过填充曲面定义(Fill Surface Definition)对话框的穿越元素(Passing element(s))文本框选择或创建相关元素,使最终创建的填充曲面经过这些元素。

## 5.2.8　多截面曲面(Multi-Sections Surface)

多截面曲面指在多条指定的截面轮廓线之间,沿着指定的或 CATIA 自动计算生成的引导线和脊线,并按照设置的其他边界条件进行扫掠创建出来的曲面,如图 5-146 所示。

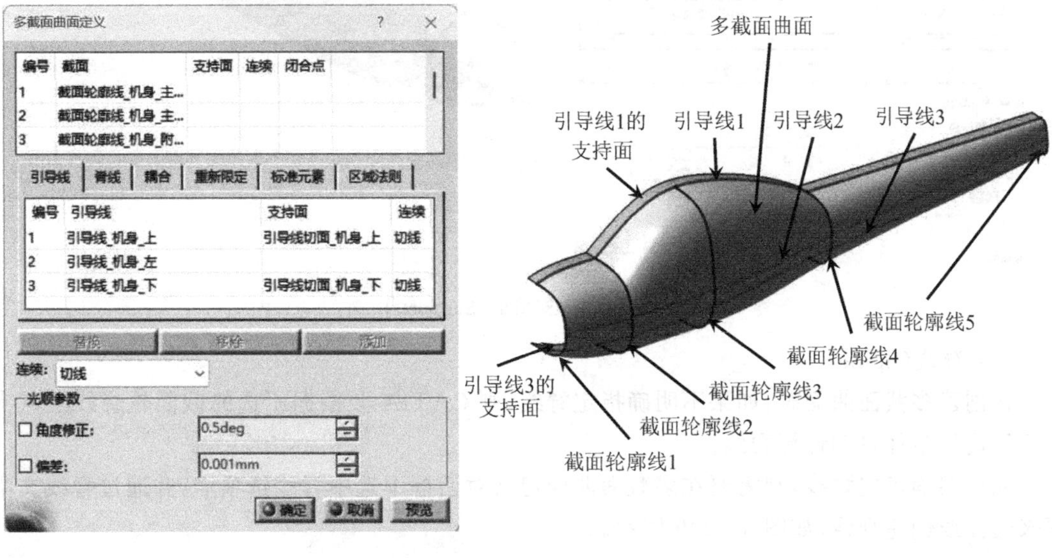


图 5-146　多截面曲面(Multi-Sections Surface)

要创建多截面曲面，需要设置的基本参数如下：

(1) 截面轮廓线(Section)

要创建多截面曲面，必须选择两条或两条以上的截面轮廓线。

(2) 引导线(Guides)

在创建多截面曲面时，如果不明确指定引导线，则 CATIA 会根据所选的截面轮廓线及其边界条件自动计算引导线。

如果明确指定引导线，则需要在多截面曲面定义对话框中选中引导线(Guides)选项卡，并通过引导线列表来选择引导线，如图 5-147 所示。

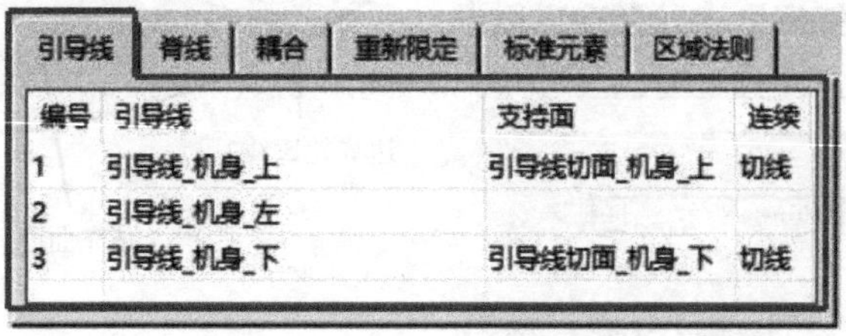


**图 5-147 引导线(Guides)**

(3) 支持面(Supports)

在创建多截面曲面时，可以根据实际情况，为所选的截面轮廓线或引导线指定支持面，要求支持面必须包含相应的截面轮廓线或引导线，最终创建的多截面曲面会与支持面相切，如图 5-148 所示。

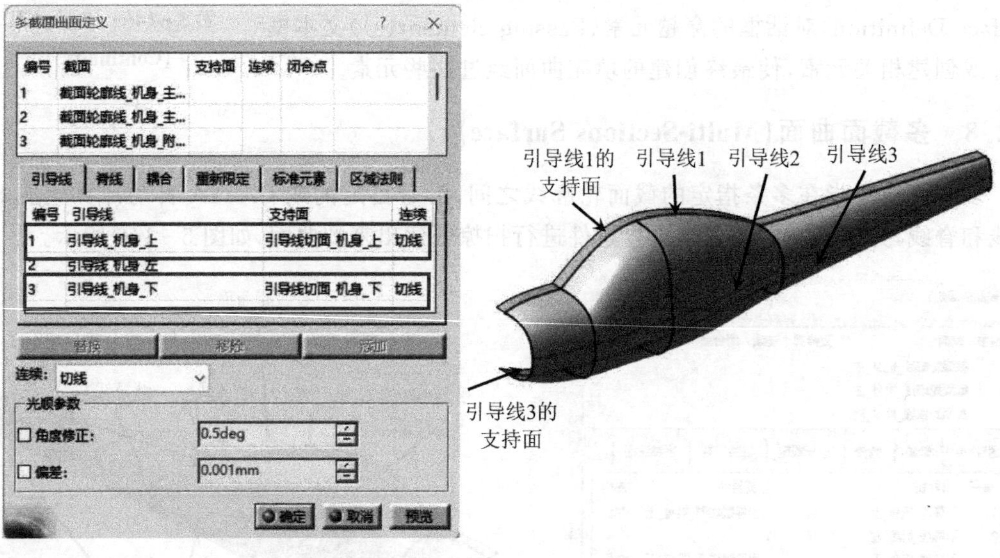


**图 5-148 支持面(Supports)**

(4) 脊线(Spine)

在创建多截面曲面时，如果不明确指定脊线，则 CATIA 会根据所选的截面轮廓线及其支持面等边界条件自动计算脊线。

如果明确指定脊线，则需要在多截面曲面定义对话框中选中脊线选项卡，并通过脊线文本框来选择或创建脊线，如图 5-149 所示。

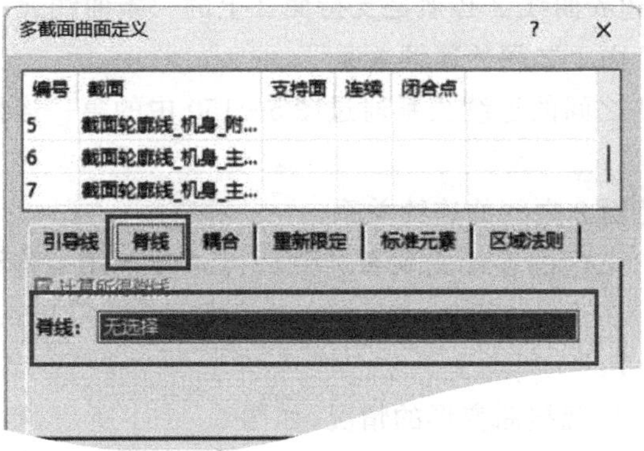


图 5-149 脊线(Spine)

## 5.2.9 桥接(Blend)

桥接指在两条边界曲线之间创建的过渡曲面,如图 5-150 所示。

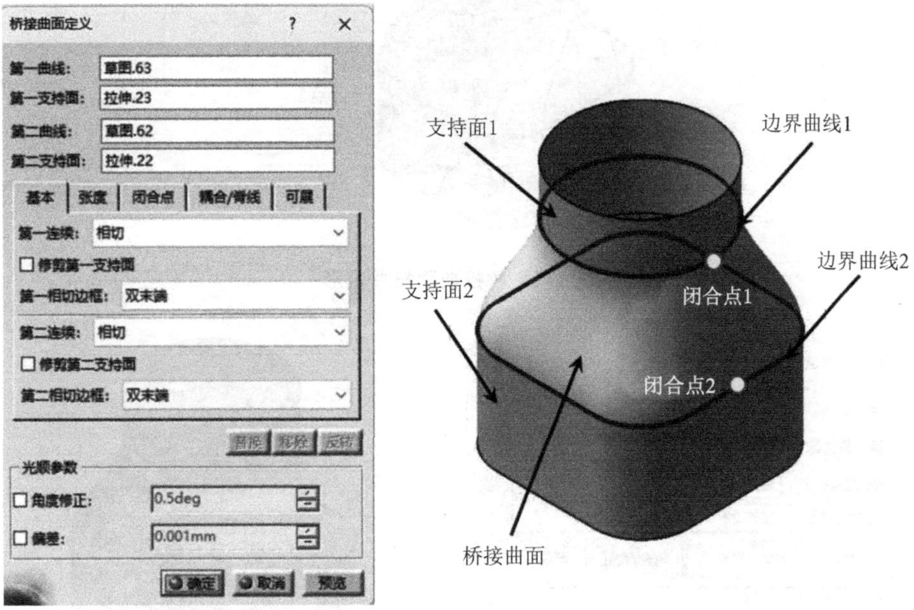


图 5-150 桥接(Blend)

要创建桥接曲面,需要设置的基本参数如下:

(1) 边界曲线 1

边界曲线 1 通过图 5-150 中的第一曲线(First curve)文本框进行设置。

(2) 支持面 1

支持面 1 通过图 5-150 中的第一支持面(First support)文本框进行设置。要求支持面 1 必须包含边界曲线 1,即边界曲线 1 必须是支持面 1 上的一条曲线。

(3) 边界曲线 2

边界曲线 2 通过图 5-150 中的第二曲线(Second curve)文本框进行设置。

(4) 支持面 2

支持面 2 通过图 5-150 中的第二支持面(Second support)文本框进行设置。要求支持面 2

必须包含边界曲线 2，即边界曲线 2 必须是支持面 2 上的一条曲线。

(5) 桥接曲面与支持面 1 之间的连续关系

桥接曲面与支持面 1 之间的连续关系通过图 5－150 中的第一连续(First continuity)下拉列表框进行设置。

(6) 桥接曲面与支持面 2 之间的连续关系

桥接曲面与支持面 2 之间的连续关系通过图 5－150 中的第二连续(Second continuity)下拉列表框进行设置。

(7) 闭合点(Closing Point)

如果生成的桥接曲面出现扭曲变形的情况，如图 5－151 所示，则有可能是闭合点设置不合理导致的，此时可以通过闭合点选项卡重新设置闭合点，以使生成的桥接曲面平滑光顺，如图 5－152 所示。

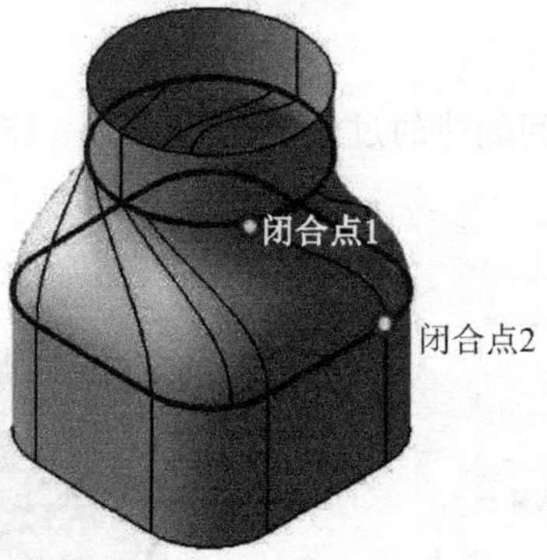


**图 5－151 桥接曲面扭曲变形**

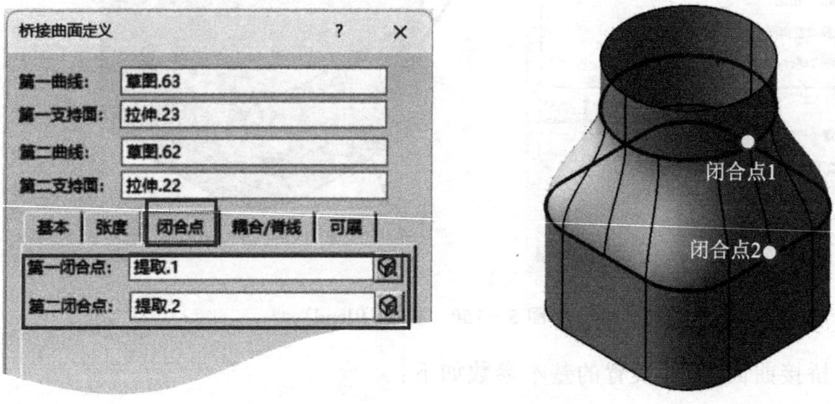


**图 5－152 闭合点(Closing Point)**

## 5.3 曲线曲面编辑

要对曲线曲面进行编辑需要用到操作(Operations)工具栏，通过该工具栏可对曲线曲面进行的常用编辑操作包括：接合－修复(Join－Healing)、修剪－分割(Trim－Split)、提取(Extracts)、圆角(Fillets)、倒角(Chamfer)、变换(Transformation)、外插延伸－反转方向(Extrapolate－Invert)等，如图 5－153 所示。

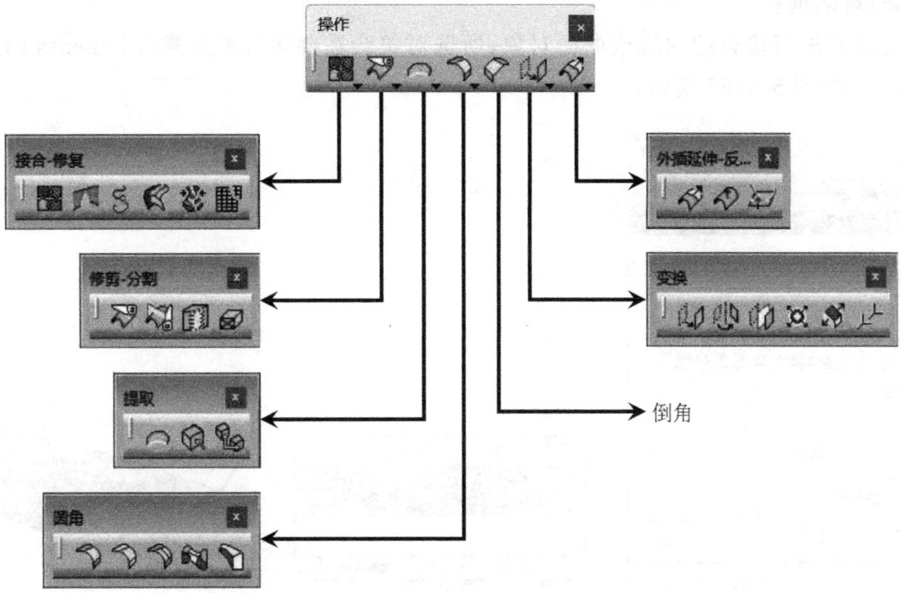


图 5 - 153　操作(Operations)工具栏

## 5.3.1　接合-修复(Join - Healing)

在接合-修复工具栏中,CATIA 提供了 6 个功能图标:接合(Join)、修复(Healing)、曲线光顺(Curve Smooth)、曲面简化(Surface Simplification)、取消修剪(Untrim)、拆解(Disassembly),如图 5 - 154 所示。本小节重点介绍接合。

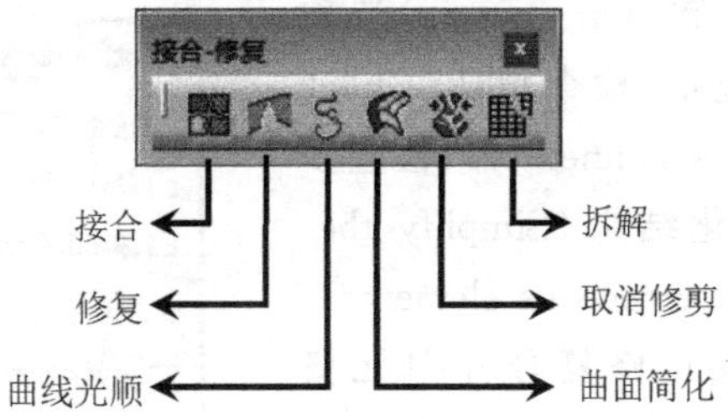


图 5 - 154　接合-修复(Join - Healing)工具栏

### 1. 接合(Join)

接合功能用于将多个相互独立的曲线或曲面合并成一个整体,如图 5 - 155 所示。

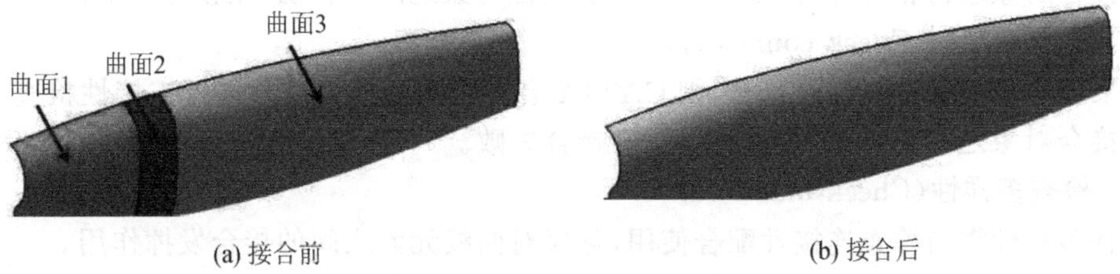


图 5 - 155　接合(Join)

接合的基本方法如下:

① 在接合-修复工具栏中单击接合图标,CATIA 弹出如图 5 - 156 所示的接合定义(Join

Definition)对话框；

② 选择要进行接合的曲线或曲面对象，所选对象会在要接合的元素(Elements to Join)列表框中显示，如图 5－157 所示；

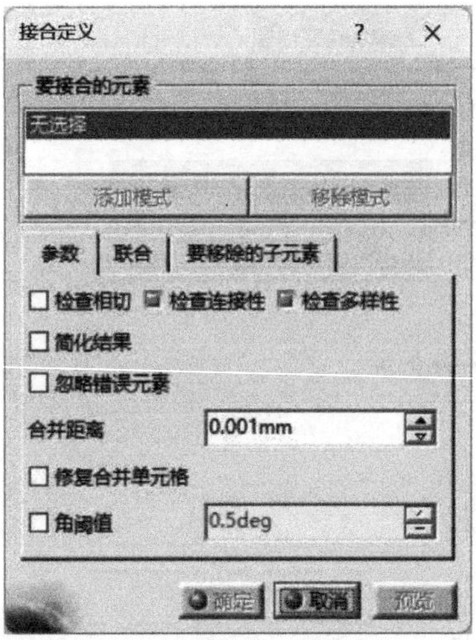


图 5－156　接合定义 (Join Definition)对话框

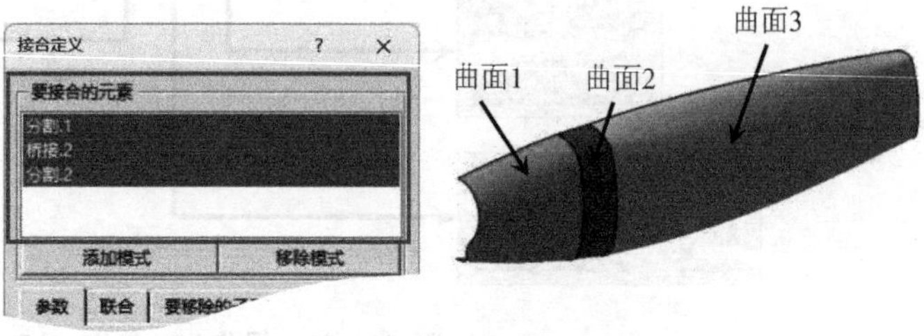


图 5－157　要接合的元素 (Elements to Join)列表框

③ 在接合定义对话框的参数选项卡中设置检查相切、检查连接性等接合参数，如图 5－156 所示；

④ 单击确定按钮完成接合操作。

在接合定义对话框的参数(Parameters)选项卡中需要设置的接合参数包括：检查相切(Check tangency)、检查连接性(Check connexity)、检查多样性(Cheek manifold)、简化结果(Simplify the result)、忽略错误元素(Ignore erroneous elements)、合并距离(Merging distance)、修复合并单元格(Heal merged cells)、角阈值(Angular Threshold)，如图 5－158 所示。

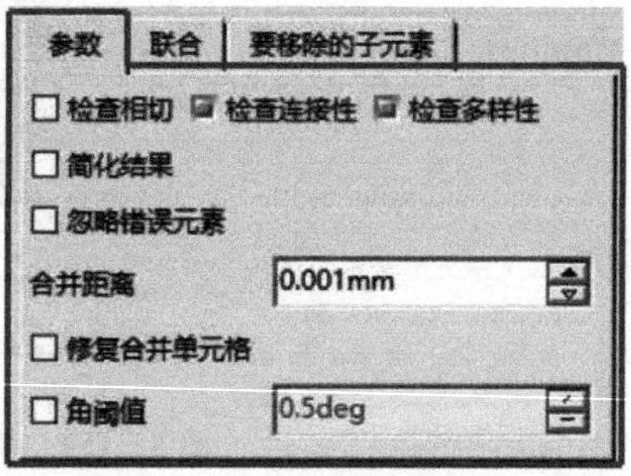


图 5－158　参数(Parameters)选项卡

(1) 检查相切(Check tangency)

如果选中了检查相切复选框，则 CATIA 会对所选的接合对象进行相切检查，如果相邻两个接合对象之间不相切，则接合失败。

(2) 检查连接性(Check connexity)

如果选中了检查连接性复选框，则 CATIA 会对所选的接合对象进行连接性检查，如果相邻两个接合对象之间的间隙超过设定值，则接合失败。

(3) 检查多样性(Check manifold)

检查多样性需与检查连接性配合使用，且仅对曲线元素之间的接合发挥作用。

在进行曲线接合时，如果选中了检查连接性和检查多样性两个复选框，则 CATIA 会对所选的曲线元素进行多样性检查，若曲线之间存在相互重叠的部分，则接合失败。

(4) 简化结果(Simplify the result)

如果选中了简化结果复选框，则 CATIA 会尽可能简化合并后的曲线或曲面。

(5) 忽略错误元素(Ignore erroneous elements)

如果选中了忽略错误元素复选框,则 CATIA 在接合过程中会自动忽略无法接合的对象。

(6) 合并距离(Merging distance)

如果两个合并对象在边界处存在间隙,但是间距小于合并距离文本框中设定的数值,则 CATIA 仍然认为这两个接合对象是连接的,可以接合。

(7) 修复合并单元格(Heal merged cells)

如果选中了修复合并单元格复选框,则 CATIA 会在接合后对不连续、重叠或缺失的部分进行检测和修复。

(8) 角阈值(Angular Threshold)

如果选中了角阈值复选框,且两个合并对象在边界处的角度值小于角阈值文本框中设定的数值,则 CATIA 允许两个对象进行接合。

**2. 修复(Healing)**

修复功能用于修复曲面之间的缝隙,通过修复将两个曲面连接成一个整体。

**3. 曲线光顺(Curve Smooth)**

曲线光顺功能用于降低曲线的不连续程度(包括点不连续、斜率不连续和曲率不连续),使其具有更好的品质。

**4. 曲面简化(Surface Simplification)**

曲面简化功能用于对复杂曲面进行简化,以便对曲面进行后续编辑和修改。

**5. 取消修剪(Untrim)**

取消修剪功能是修剪功能的反操作,通过该功能可以将被修剪的曲线或曲面恢复到修剪之前的状态。

**6. 拆解(Disassembly)**

拆解功能用于将由多个元素构成的复合元素分解开,例如通过该功能可以将接合后的曲线或曲面分解为接合前的状态,可以将草图分解为单独的线段、圆弧等元素。

## 5.3.2 修剪-分割(Trim - Split)

在修剪-分割工具栏中,CATIA 提供了 4 个功能图标:分割(Split)、修剪(Trim)、缝合曲面(Sew Surface)、移除面/边线(Remove Face/Edge),如图 5 - 159 所示,本小节重点介绍分割(Split)和修剪(Trim)。

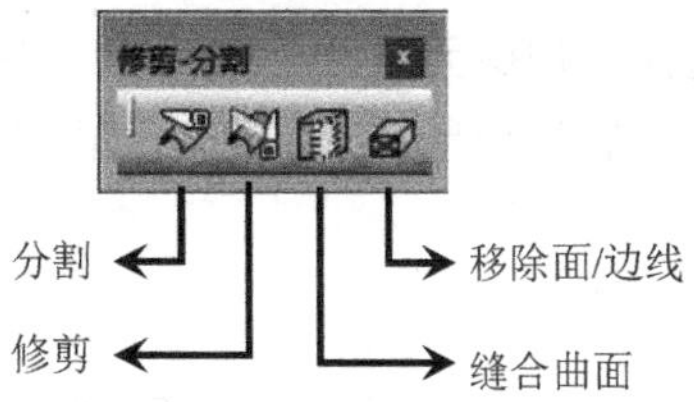


**图 5 - 159 修剪-分割(Trim - Split)工具栏**

**1. 分割(Split)**

通过分割功能可以用一个或多个分割元素对指定的对象进行分割,并保留分割后指定的部分,如图 5 - 160 所示。

分割的方法如下:

① 在修剪-分割工具栏中单击分割图标,CATIA 弹出如图 5 - 161 所示的分割定义(Split Definition)对话框。

② 选择要进行分割切除的对象,如图 5 - 162 中的曲面。

③ 选择切除元素,如图 5 - 162 中的曲线。

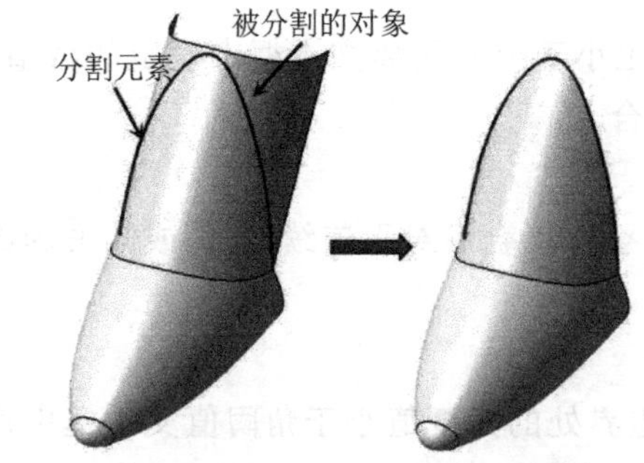


(a) 分割前　　(b) 分割后

**图 5-160　分割(Split)**

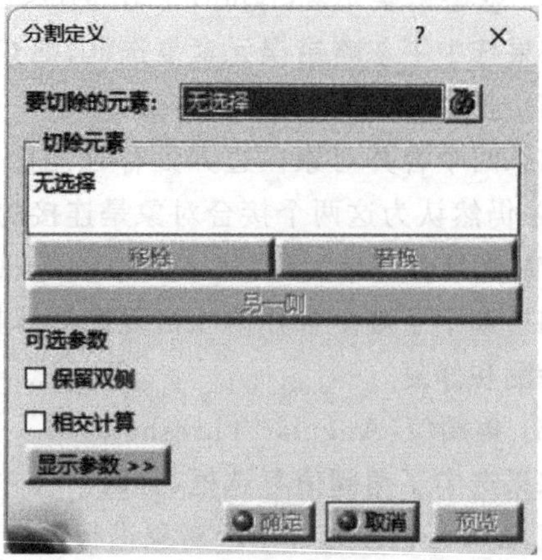


**图 5-161　分割定义(Split Definition)对话框**

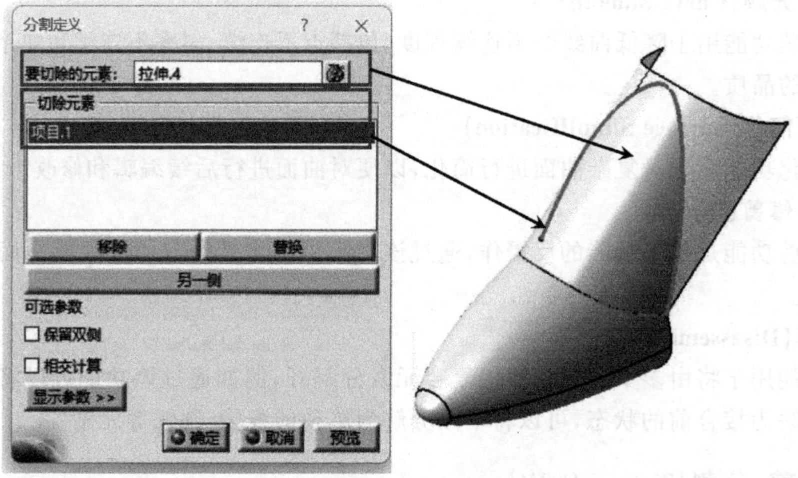


**图 5-162　要切除的元素和切除元素**

选择了切除元素之后,CATIA 用切除元素将要切除的元素分割成两部分,高亮显示的部分在分割后被保留,半透明显示的部分在分割后被删除,如图 5-163 所示。

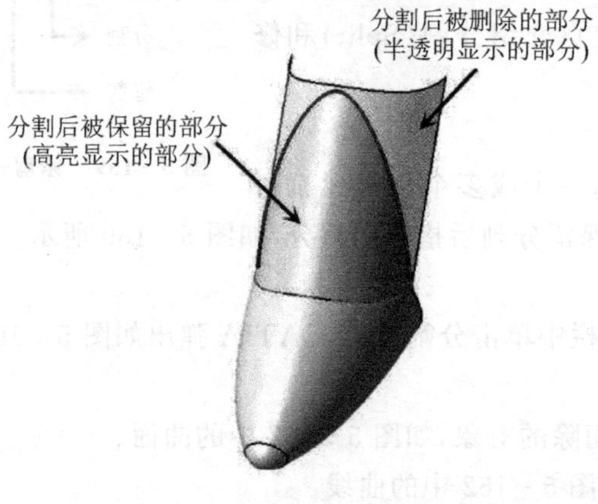


**图 5-163　分割后被保留和被删除的部分**

通过分割定义对话框中的另一侧(Other side)按钮(见图 5－162),可以在被保留与被删除的部分之间切换。

④ 单击确定按钮完成分割操作。

在进行分割操作时,如果选中了分割定义对话框中的保留双侧(Keep both sides)复选框,则 CATIA 会通过切除元素将要切除的元素分割成两个部分,且两个部分都会被保留,如图 5－164 所示。

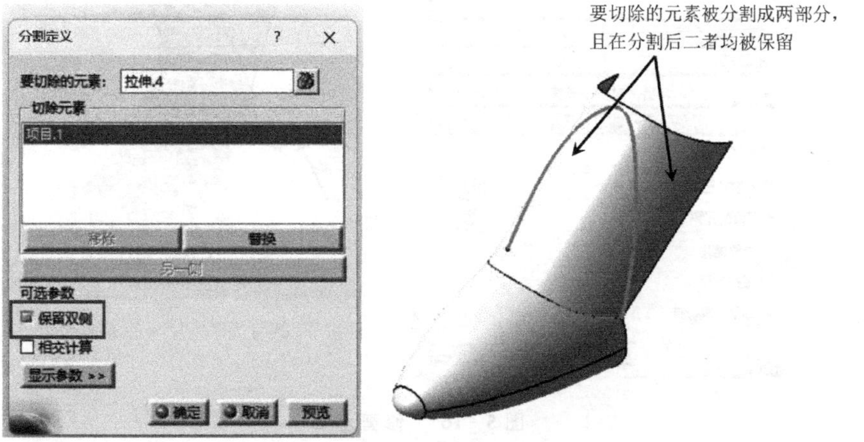


**图 5－164　保留双侧(Keep both sides)**

在进行分割操作时,如果选中了相交计算(Intersections computation)复选框,则 CATIA 会在分割后自动计算并生成切除元素与要切除的元素之间的交点或交线。

**2. 修剪(Trim)**

修剪功能用于两个对象之间进行相互修剪,并将两个对象修剪后保留的部分合并成一个对象,如图 5－165 所示。

修剪的基本方法如下:

① 在修剪-分割(Trim－Split)工具栏中单击修剪图标,CATIA 弹出如图 5－166 所示的修剪定义(Trim Definition)对话框;

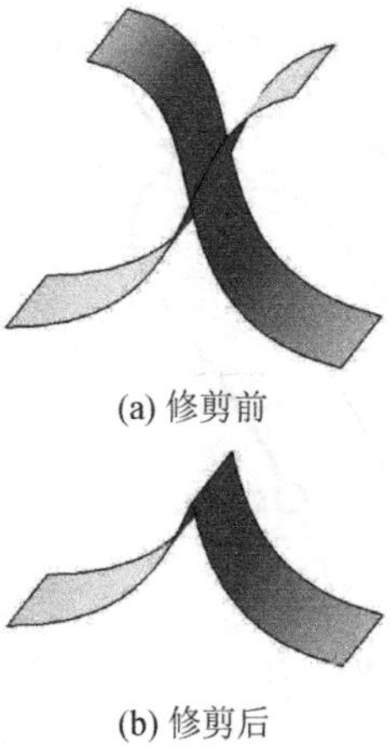


**图 5－165　修剪(Trim)**

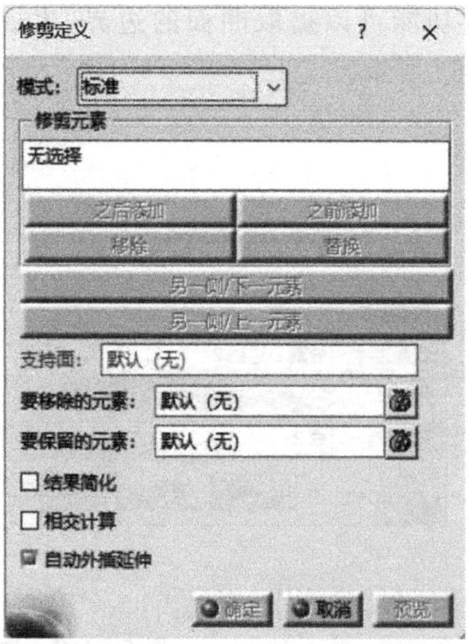


**图 5－166　修剪定义(Trim Definition)对话框**

② 选择修剪元素，如图 5－167 所示；

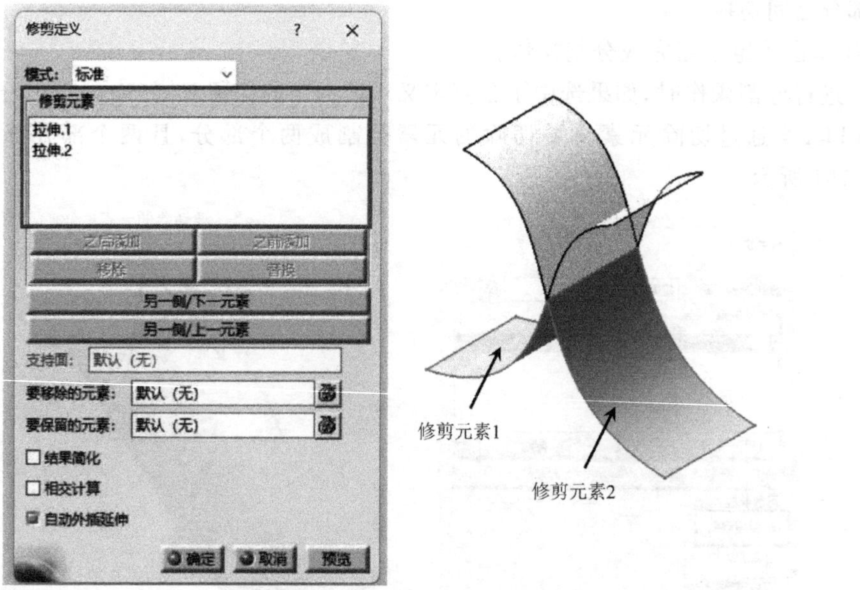


**图 5－167 修剪元素**

③ 通过另一侧/下一元素（Other side/next element）按钮切换修剪元素 1 的被保留部分和被修剪部分，通过另一侧/上一元素（Other side/previous element）按钮切换修剪元素 2 的被保留部分和被修剪部分；

④ 单击确定按钮完成修剪操作。

## 5.3.3 提取（Extracts）

在提取工具栏中，CATIA 提供了 3 个功能图标：边界（Boundary）、提取（Extracts）、多重提取（Multiple Extract），如图 5－168 所示，本小节重点介绍边界和提取。

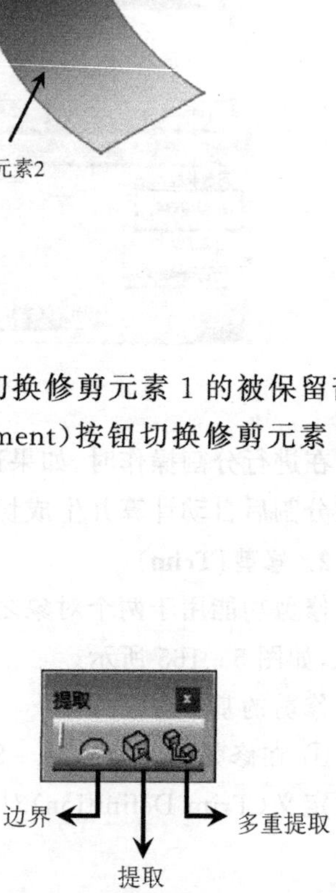


**图 5－168 提取（Extracts）工具栏**

**1. 边界（Boundary）**

通过边界功能可以提取曲面的边界，生成一条边界曲线，如图 5－169 所示。

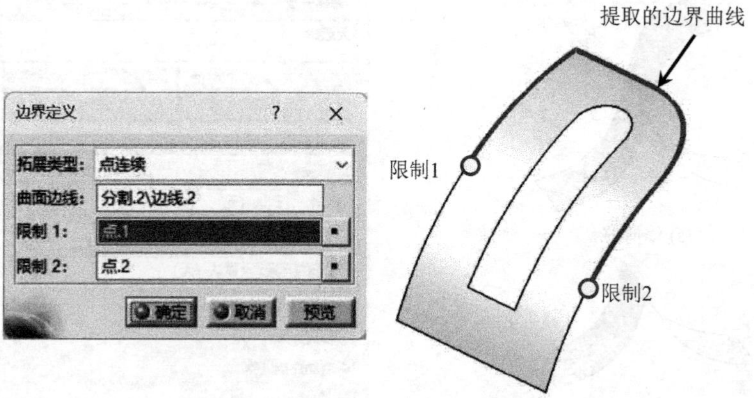


**图 5－169 边界（Boundary）**

提取边界的基本方法如下：

① 在提取工具栏中单击边界图标，CATIA 弹出如图 5-170 所示的边界定义(Boundary Definition)对话框。

② 选择要提取的曲面边界，如图 5-171 所示的边界。

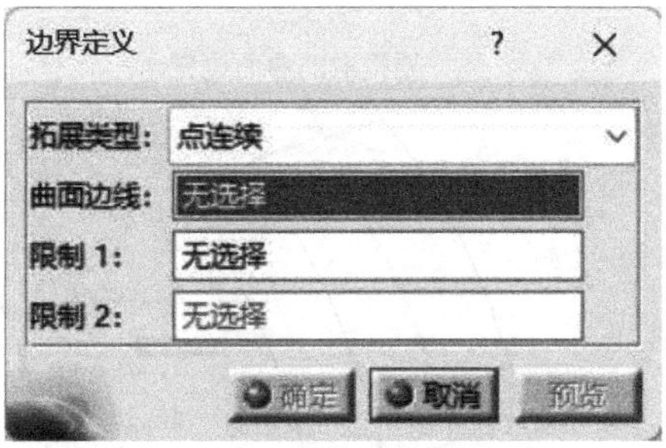

**图 5-170　边界定义(Boundary Definition)对话框**　　**图 5-171　要提取的曲面边界**

③ 通过边界定义对话框中的拓展类型(Propagation type)下拉列表框选择一种边界拓展类型，该下拉列表框中提供了 4 种类型：完整边界(Complete boundary)、点连续(Point continuity)、切线连续(Tangent continuity)、无拓展(No propagation)，如图 5-172 所示。

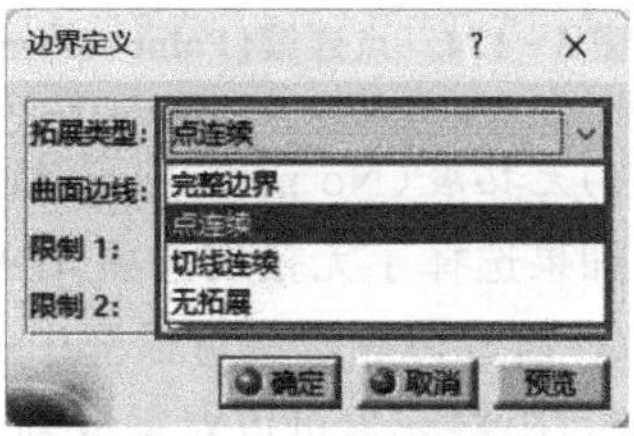


**图 5-172　拓展类型(Propagation type)**

1) 完整边界(Complete boundary)

如果选择了完整边界选项，CATIA 会提取指定曲面的所有边界，并在确定后弹出多重结果管理对话框，可通过该对话框从曲面所有边界中选取真正需要的边界曲线，如图 5-173 所示。

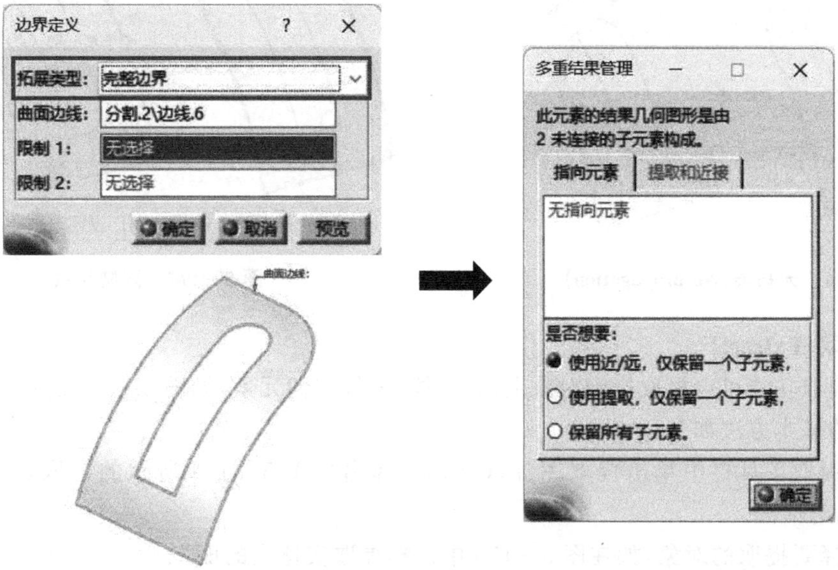


**图 5-173　完整边界(Complete boundary)**

2）点连续（Point continuity）

如果选择了点连续选项，CATIA 会提取所选边界以及与所选边界相连的其他边界，如图 5 - 174 所示。

3）切线连续（Tangent continuity）

如果选择了切线连续选项，CATIA 会提取所选边界以及与所选边界相切的其他边界，如图 5 - 175 所示。

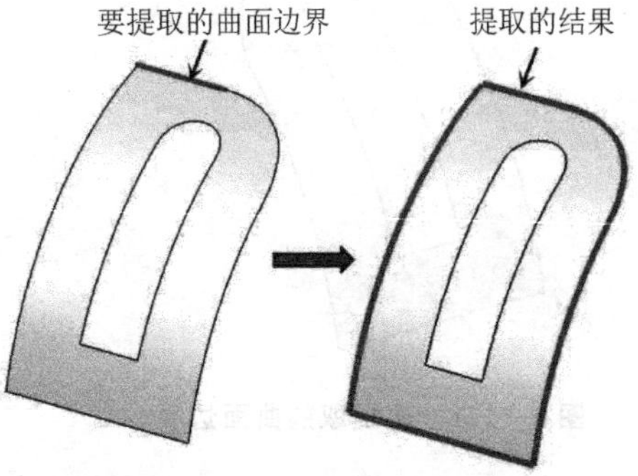


**图 5 - 174 点连续（Point continuity）**

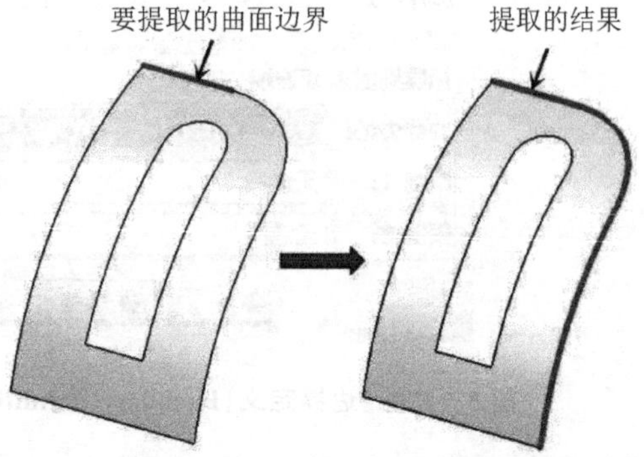


**图 5 - 175 切线连续（Tangent continuity）**

4）无拓展（No propagation）

如果选择了无拓展选项，CATIA 只提取所选边界，如图 5 - 176 所示。

④ 通过边界定义对话框中的限制 1（Limit 1）和限制 2（Limit 2）文本框选择或创建限制元素，通过限制元素可以对提取到的边界曲线做进一步的分割，保留其中一部分边界曲线作为最终的提取结果，如图 5 - 177 所示。

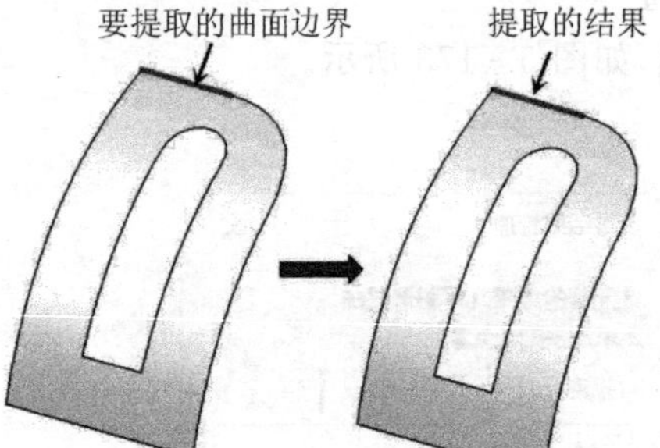


**图 5 - 176 无拓展（No propagation）**

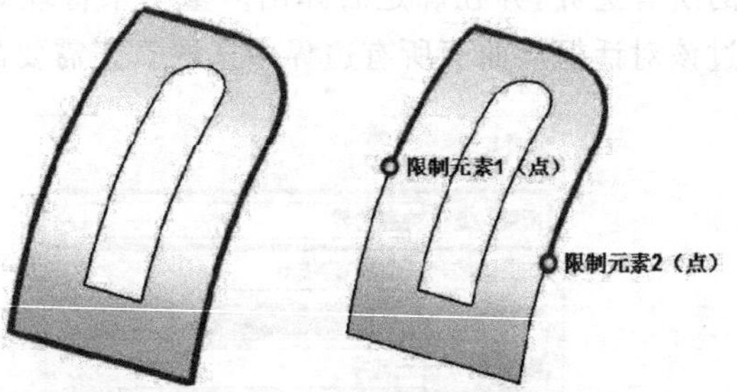


(a) 设置限制元素前　(b) 设置限制元素后

**图 5 - 177 限制元素**

**2. 提取（Extract）**

通过提取功能可以提取指定对象上的点、线、面等几何元素，如图 5 - 178 所示。

提取的基本方法如下：

① 在提取工具栏中单击提取图标，CATIA 弹出如图 5 - 179 所示的提取定义（Extract Definition）对话框。

② 选择要提取的对象，如在图 5 - 178 中选择提取实体上的面。

③ 通过提取定义对话框中的拓展类型（Propagation type）下拉列表框选择一种拓展类型。在该下拉列表框中，CATIA 提供了 6 种类型：点连续（Point continuity）、切线连续（Tangent continuity）、曲率连续（Curvature continuity）、凹陷拓展（Depression propagation）、

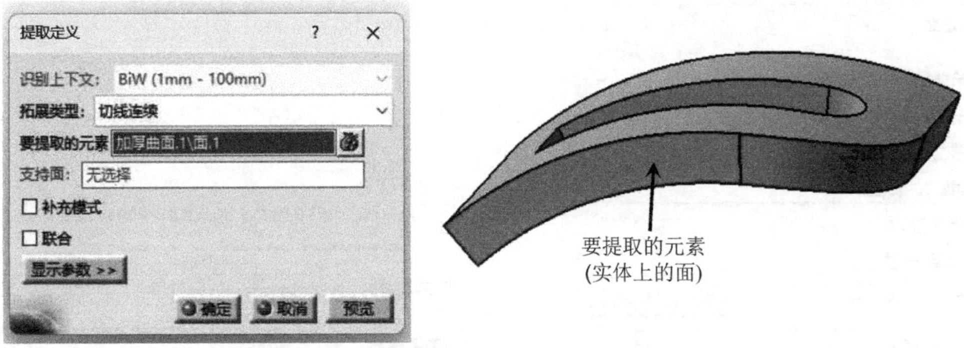


图 5-178　提取(Extracts)

突出拓展(Protrusion propagation)、无拓展(No propagation),如图 5-180 所示。

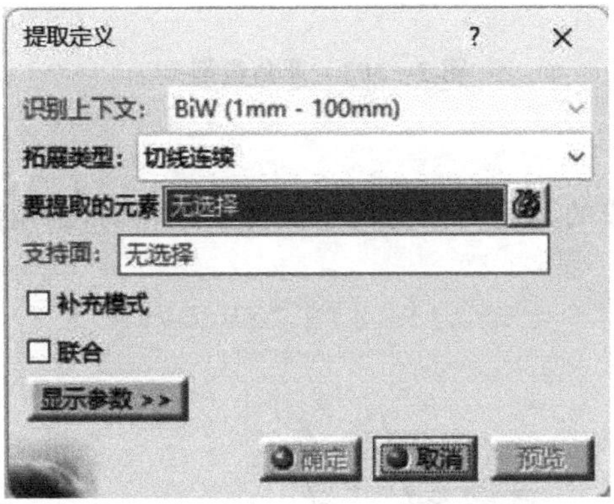


图 5-179　提取定义(Extract Definition)对话框

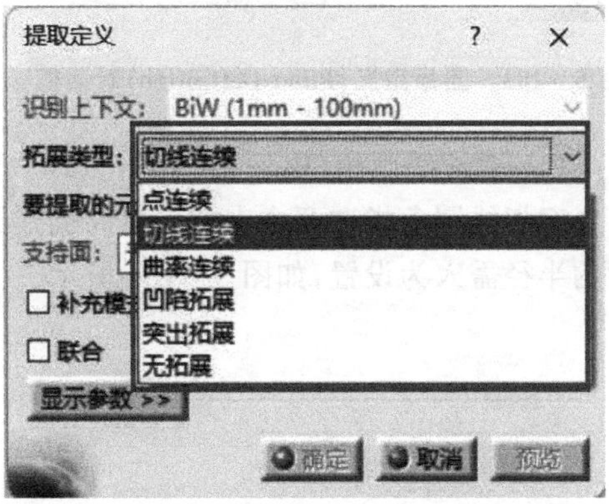


图 5-180　拓展类型(Propagation type)

④ 单击确定按钮完成提取操作。

## 5.3.4　圆角(Fillets)

在圆角工具栏中,CATIA 提供了 5 个功能图标:简单圆角(Shape Fillet)、倒圆角(Edge Fillet)、样式圆角(Styling Fillet)、面与面的圆角(Face-Face Fillet)、三切线内圆角(Tritangent Fillet),如图 5-181 所示。

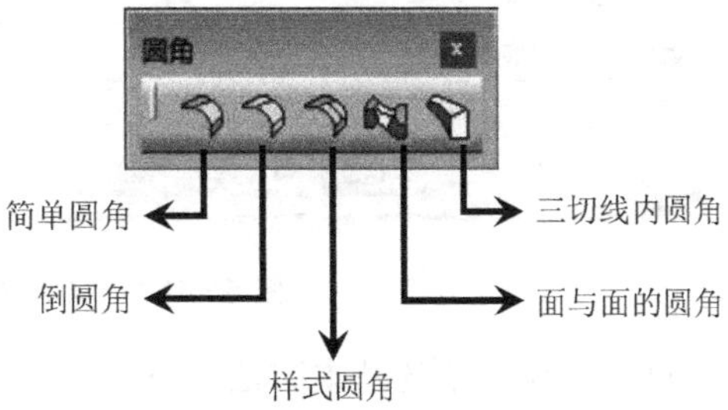


图 5-181　圆角(Fillets)工具栏

### 1. 简单圆角(Shape Fillet)

简单圆角用于在两个曲面之间创建圆角。

在圆角工具栏中单击简单圆角图标,CATIA 弹出如图 5-182 所示的圆角定义(Fillet Definition)对话框。

在圆角定义对话框的圆角类型(Fillet Type)下拉列表框中,CATIA 提供了 2 种简单圆角的类型:双切线圆角(Bitangent Fillet)和三切线内圆角(Tritangent Fillet),如图 5-183 所示。

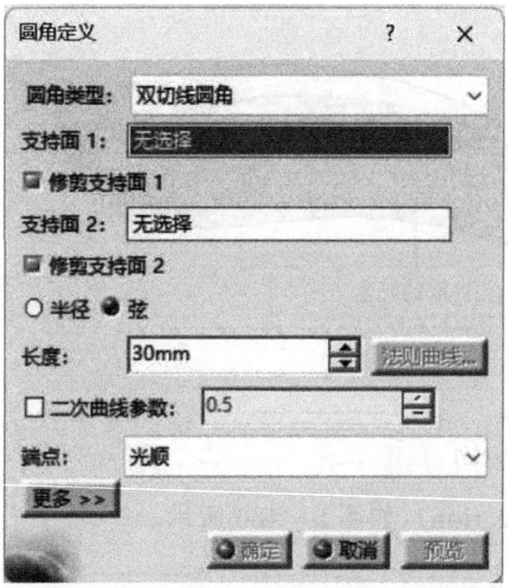


图 5－182　圆角定义(Fillet Definition)对话框

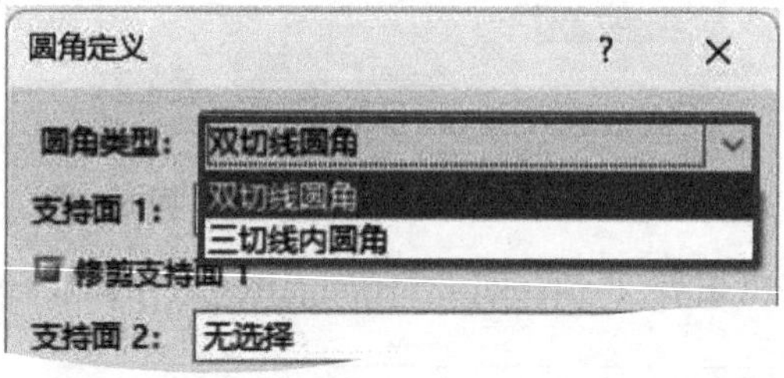


图 5－183　圆角类型

(1) 双切线圆角(Bitangent Fillet)

双切线圆角指在两个支持面之间创建圆角，生成的圆角曲面与两个支持面都相切，圆角曲面的半径需人为设置，如图 5－184 所示。

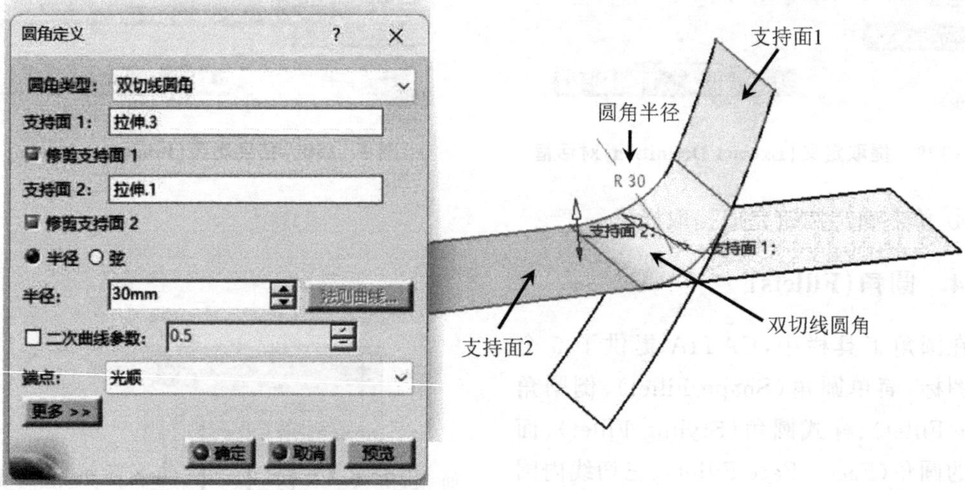


图 5－184　双切线圆角(Bitangent Fillet)

创建双切线圆角的基本方法如下：

① 在圆角工具栏中单击简单圆角图标，CATIA 弹出如图 5－182 所示的圆角定义(Fillet Definition)对话框。

② 在圆角类型下拉列表框中选择双切线圆角。

③ 选择支持面 1。

④ 选择支持面 2。

⑤ 设置圆角大小。

创建双切线圆角时，CATIA 提供 2 种确定圆角大小的方法：圆角半径(Radius)、弦长(Chordal length)，如图 5－185 所示。

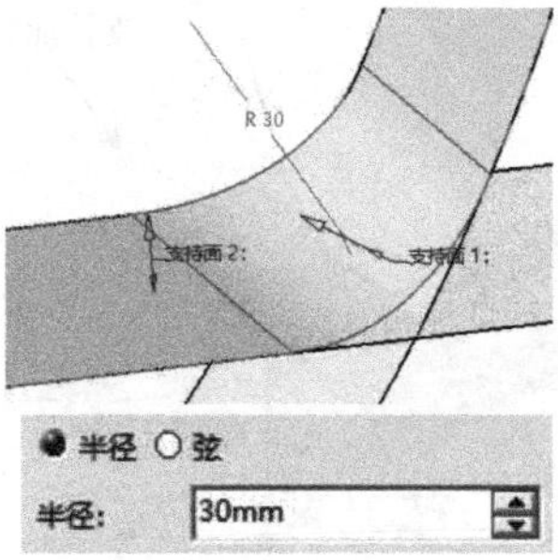


(a) 圆角半径(Radius)

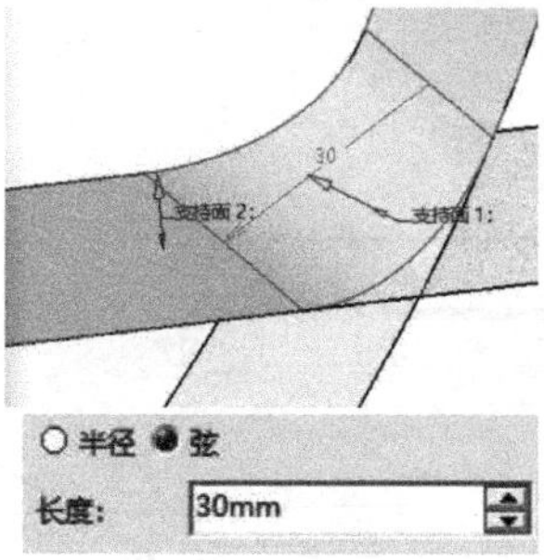


(b) 弦长(Chordal length)

**图 5-185 确定双切线圆角大小的方法**

⑥ 在圆角定义对话框的端点(Extremists)下拉列表框中指定圆角边界类型。

在端点下拉列表框中,CATIA 提供了 4 种圆角边界类型:光顺(Smooth)、直线(Straight)、最大值(Maximum)、最小值(Minimum),如图 5-186 所示。

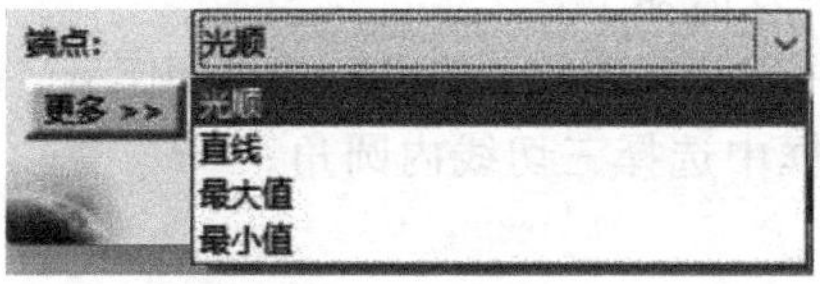


**图 5-186 端点(Extremists)下拉列表框**

光顺指两个支持面边界光滑过渡,如图 5-187(a)所示;直线指将两个支持面的边线直接连接,如图 5-187(b)所示;最大值指将双切线圆角扩大到最大范围,如图 5-187(c)所示;最小值指将双切线圆角缩小到最小范围,如图 5-187(d)所示。

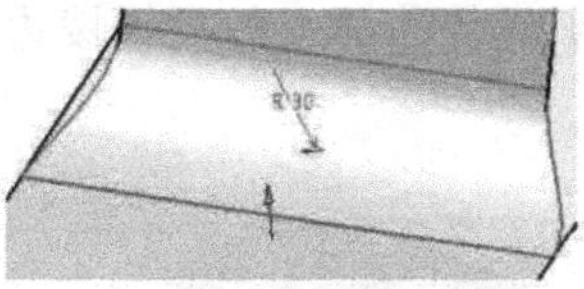


(a) 光顺(Smooth)

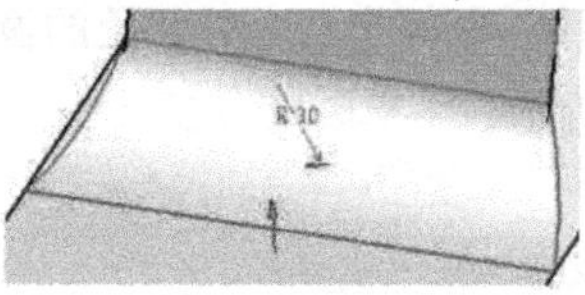


(b) 直线(Straight)

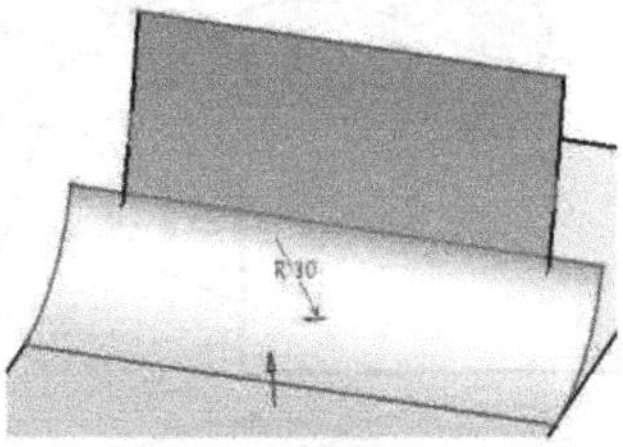


(c) 最大值(Maximum)

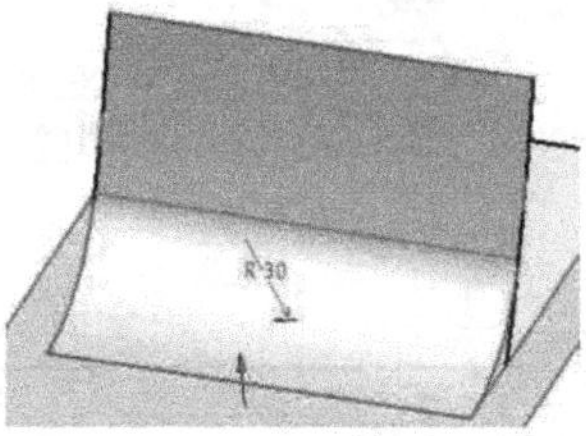


(d) 最小值(Minimum)

**图 5-187 圆角边界类型**

⑦ 单击确定按钮完成双切线圆角操作。

(2) 三切线内圆角(Tritangent Fillet)

三切线内圆角指在两个支持面之间创建圆角,生成的圆角曲面与两个支持面都相切,圆角曲面的半径由第三个支持面来确定,即保证圆角曲面与第三个支持曲面也相切,如图 5-188 所示。

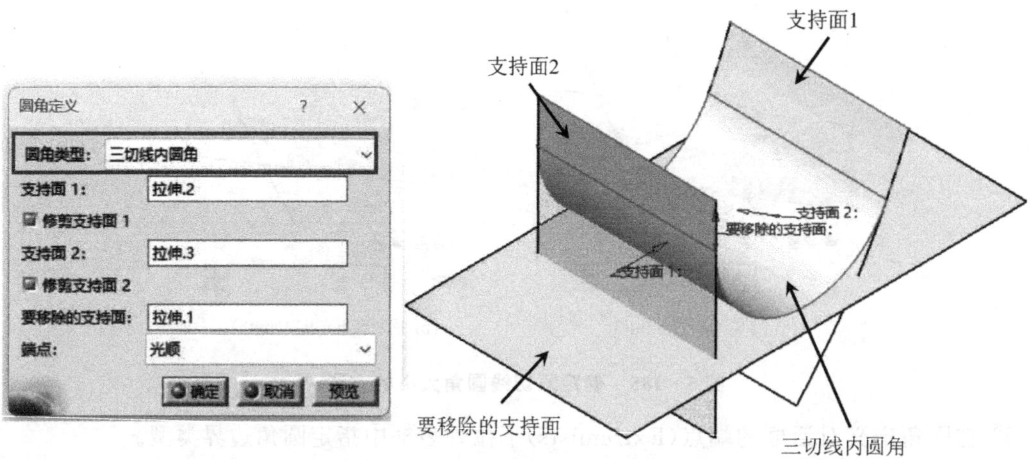


**图 5－188　三切线内圆角(Tritangent Fillet)**

创建三切线内圆角的基本方法如下：

① 在圆角工具栏中单击简单圆角图标，CATIA 弹出如图 5－182 所示的圆角定义对话框；

② 在圆角类型下拉列表框中选择三切线内圆角；

③ 选择支持面 1；

④ 选择支持面 2；

⑤ 选择要移除的支持面；

⑥ 在端点下拉列表框中指定圆角边界类型；

⑦ 单击确定按钮完成三切线内圆角操作。

**2. 倒圆角(Edge Fillet)**

倒圆角就是用一个等半径/变半径的圆角曲面来代替曲面上的尖锐棱边，从而实现光滑过渡，如图 5－189 所示。

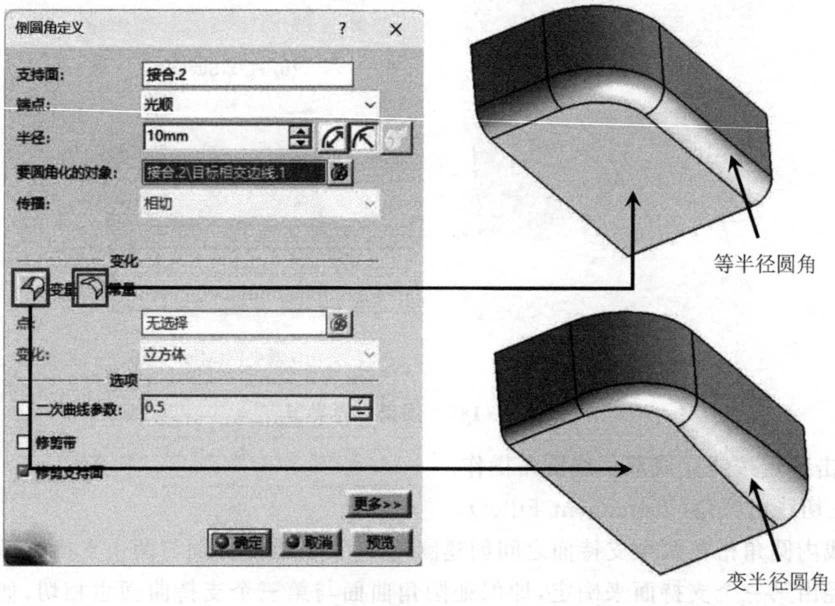


**图 5－189　倒圆角(Edge Fillet)**

(1) 等半径圆角

创建等半径圆角的基本方法如下：

① 在圆角工具栏中单击倒圆角图标，CATIA 弹出如图 5 - 189 所示的倒圆角定义(Edge Fillet Definition)对话框。

② 在倒圆角定义对话框的变化(Variation)选项组中单击常量(Constant)图标。

③ 选择要圆角化的对象。

要圆角化的对象(Object(s) to fillet)可以是曲面上的边线，也可以是曲面，如果以曲面作为圆角化的对象，则 CATIA 会对该曲面上所有能够进行倒圆角操作的边线都倒出半径相同的圆角。

④ 定义圆角大小。圆角大小可以通过弦长(Chordal length)或半径两种方法进行定义，如图 5 - 190 所示。

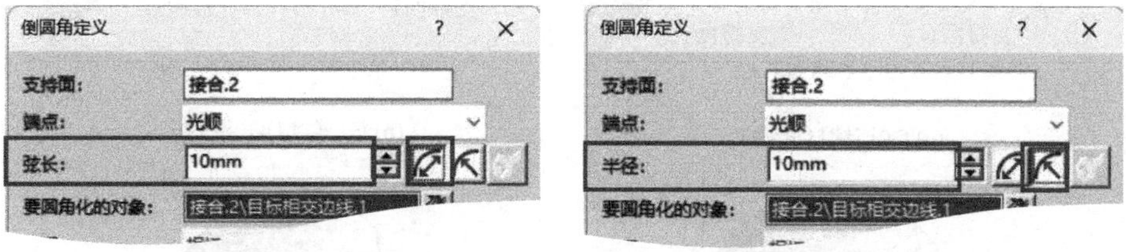


(a) 通过弦长(Chordal length)确定圆角大小　　(b) 通过半径(Radius)确定圆角大小

**图 5 - 190　圆角大小**

⑤ 通过倒圆角定义对话框中的传播(Propagation)下拉列表框设置边线的传播模式。

⑥ 通过倒圆角定义对话框中的端点(Extremists)下拉列表框设置圆角边界类型。

⑦ 单击确定按钮完成等半径圆角操作。

(2) 变半径圆角

变半径圆角就是用一个半径按照指定规律变化的圆角曲面来代替曲面上的尖锐棱边，从而实现光滑过渡，如图 5 - 191 所示。

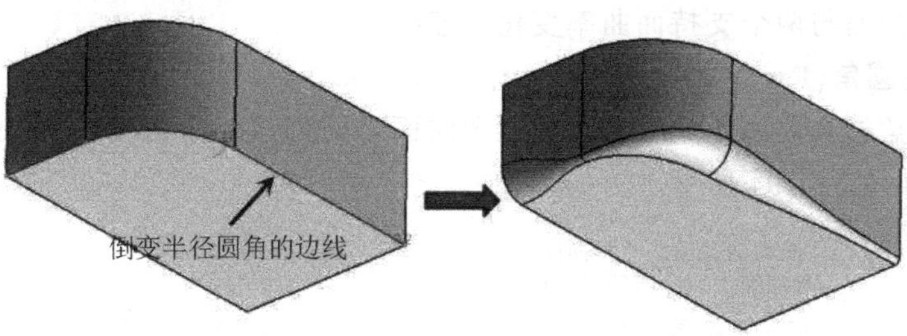


**图 5 - 191　变半径圆角(Variable Fillet)**

要创建变半径圆角，需要在如图 5 - 189 所示对话框的变化选项组中单击变量(Variable)图标，然后根据实际情况在指定的边线上设置一系列控制点，并指定每一个控制点处的圆角半径，相邻两个控制点之间的圆角半径按照指定的规律变化。可以选择的变化规律包括立方体①(Cubic)和线性(Linear)两种，如图 5 - 192 所示。

① 此处应译为三次插值。

**3. 样式圆角(Styling Fillet)**

样式圆角用于在两个支持面之间创建指定样式的圆角,主要包括 G0 连续样式圆角、G1 连续样式圆角、G2 连续样式圆角和 G3 连续样式圆角四种类型,如图 5－193 所示。

**图 5－192 圆角半径变化规律**

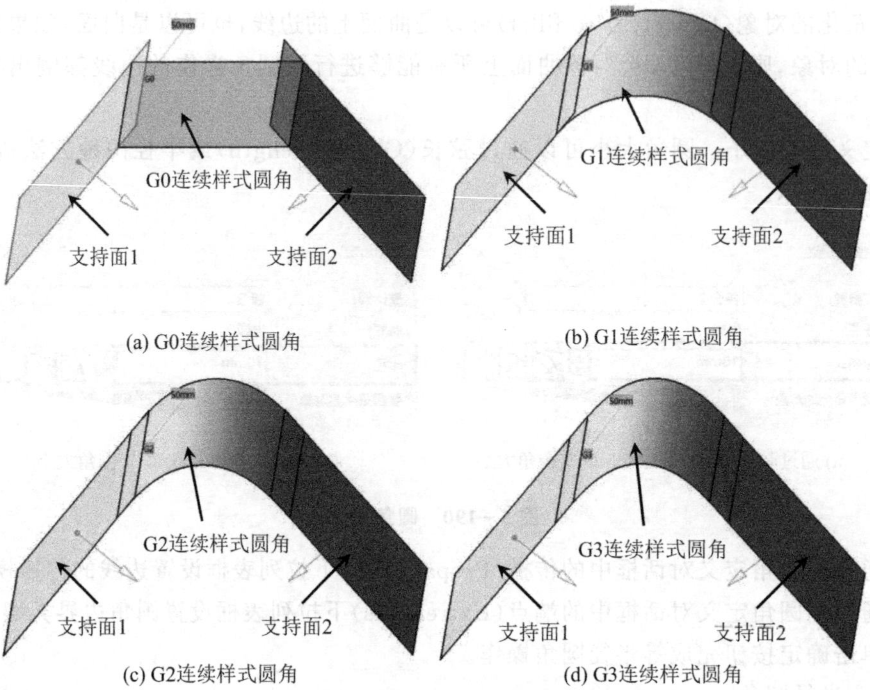


**图 5－193 样式圆角(Styling Fillet)**

图 5－193 中,G0 连续样式圆角指圆角曲面与两个支持面点连续,G1 连续样式圆角指圆角曲面与两个支持面相切连续,G2 连续样式圆角指圆角曲面与两个支持面曲率连续,G3 连续样式圆角指圆角曲面与两个支持面曲率变化率连续。

**4. 面与面的圆角(Face－Face Fillet)**

面与面的圆角指在同属于一个整体的两个曲面之间创建一个圆角曲面,通过该圆角曲面实现光滑过渡,如图 5－194 所示。

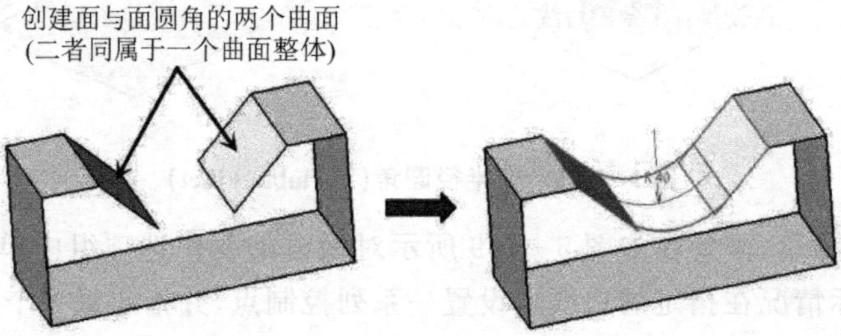


**图 5－194 面与面的圆角(Face－Face Fillet)**

**5. 三切线内圆角(Tritangent Fillet)**

要创建三切线内圆角,需要选择 3 个同属于一个曲面整体的三个曲面,CATIA 会在第一个和第二个曲面之间生成一个圆角曲面,该圆角曲面与所选的第三个曲面相切,如图 5-195 所示。

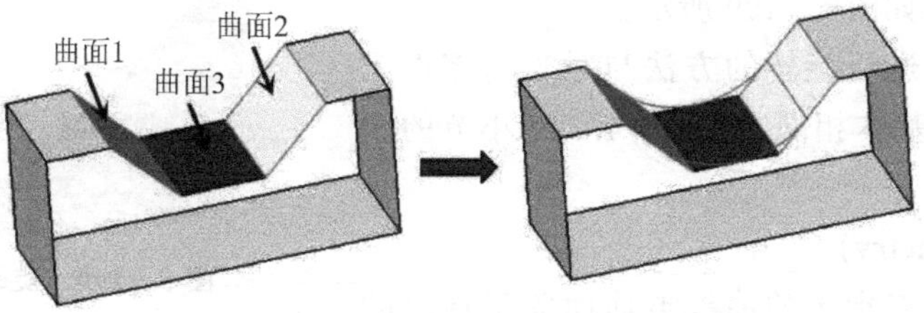


**图 5-195　三切线内圆角(Tritangent Fillet)**

## 5.3.5　倒角(Chamfer)

倒角指在曲面的边线交界处创建一个倒角曲面,如图 5-196 所示。

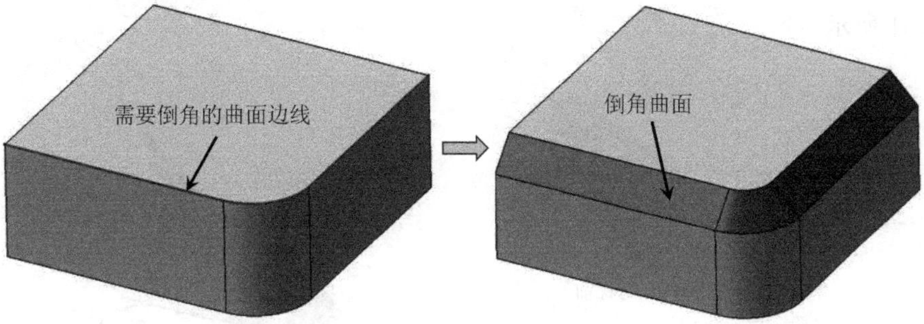


**图 5-196　倒角(Chamfer)**

创建倒角曲面需要设置的基本参数及参数含义请参考 4.2.2 小节的相关内容。

## 5.3.6　变换(Transformation)

在变换工具栏中,CATIA 提供了 6 个功能图标:平移(Translate)、旋转(Rotate)、对称(Symmetry)、缩放(Scaling)、仿射(Affinity)、定位变换(Axis To Axis),如图 5-197 所示。

**1. 平移(Translate)**

平移功能用于将指定的曲线或曲面按照指定的方向平移指定的距离,如图 5-198 所示。

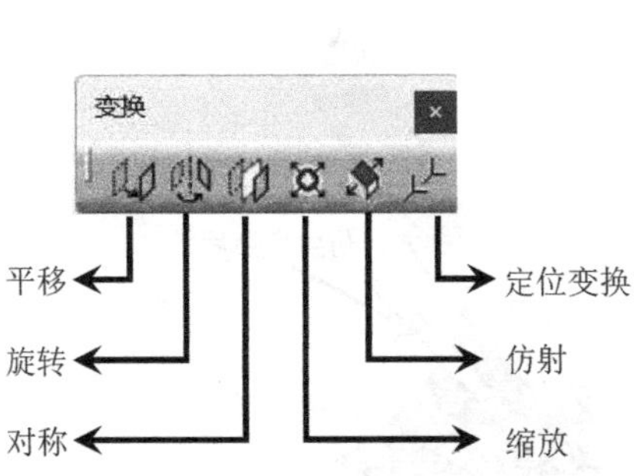


**图 5-197　变换(Transformation)工具栏**

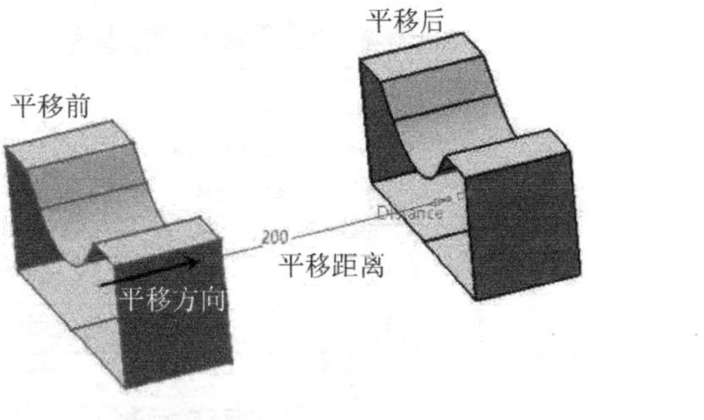


**图 5-198　平移(Translation)**

对曲线或曲面进行平移的方法与对当前零件实体进行平移的方法基本相同,请参考 4.3.1 小节的相关内容。

**2. 旋转(Rotate)**

旋转功能用于将指定的曲线或曲面绕着指定的轴线旋转指定的角度，如图 5－199 所示。

对曲线或曲面进行旋转的方法与对当前零件实体进行旋转的方法基本相同，请参考 4.3.2 小节的相关内容。

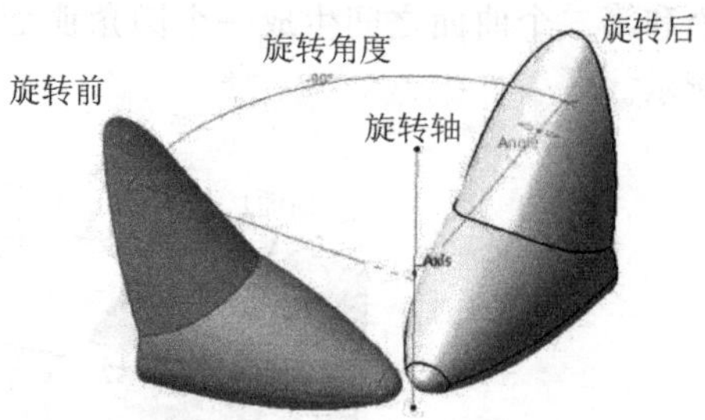


**图 5－199 旋转(Rotation)**

**3. 对称(Symmetry)**

对称功能用于将指定的曲线或曲面关于指定的参考平面进行对称，如图 5－200 所示。

对曲线或曲面进行对称的方法与对当前零件实体进行对称的方法基本相同，请参考 4.3.3 小节的相关内容。

**4. 缩放(Scaling)**

缩放功能用于将指定的曲线或曲面关于指定的缩放参考元素，按照指定的比例进行缩放，如图 5－201 所示。

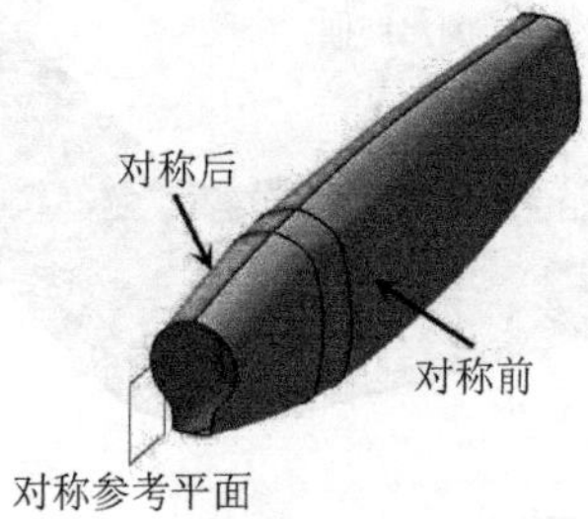


**图 5－200 对称(Symmetry)**

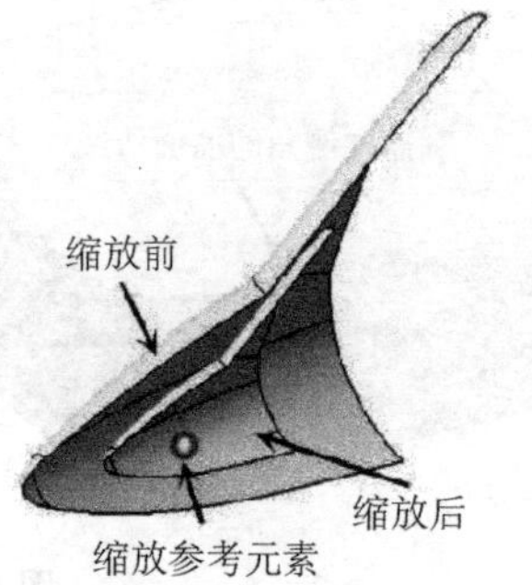


**图 5－201 缩放(Scaling)**

对曲线或曲面进行缩放的方法与对当前零件实体进行缩放的方法基本相同，请参考 4.3.9 小节的相关内容。

**5. 仿射(Affinity)**

仿射指在指定的轴系中对曲线或曲面沿着 X、Y、Z 三个坐标轴方向分别缩放不同的比例，如图 5－202 所示。

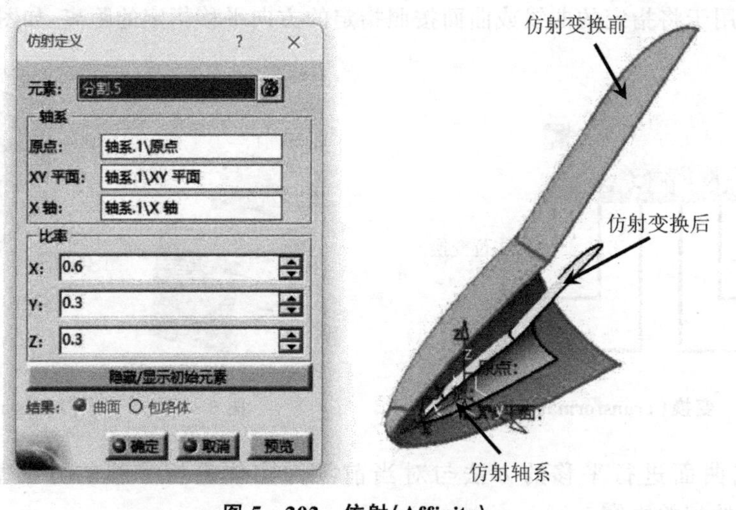


**图 5－202 仿射(Affinity)**

**6. 定位变换(Axis To Axis)**

定位变换指将曲线或曲面从一个轴系移动到另一个轴系中。

## 5.3.7　外插延伸-反转(Extrapolate - Invert)

在外插延伸-反转工具栏中，CATIA 提供了 3 个功能图标：外插延伸(Extrapolate)、反转方向(Invert Orientation)、近/远定义(Near/Far Definition)，如图 5 - 203 所示。

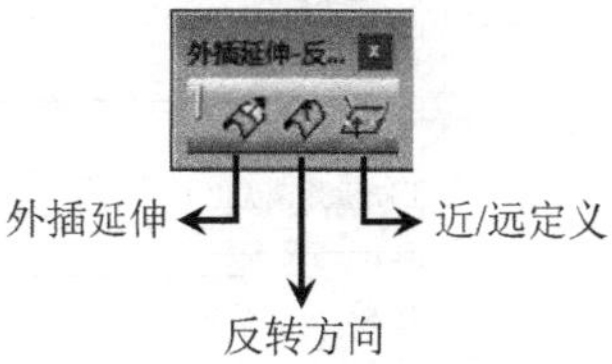


**图 5 - 203　外插延伸-反转(Extrapolate-Invert)工具栏**

**1. 外插延伸(Extrapolate)**

外插延伸指对曲线或曲面从指定边界处向外进行插值延伸。以曲面的外插延伸为例，其基本操作方法如下：

① 单击外插延伸(Extrapolate)图标，CATIA 弹出如图 5 - 204 所示的外插延伸定义(Extrapolate Definition)对话框；

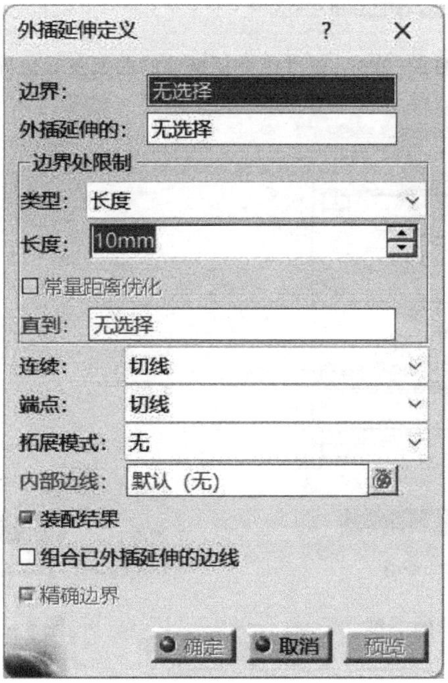


**图 5 - 204　外插延伸定义(Extrapolate Definition)对话框**

② 分别通过边界(Boundary)文本框和外插延伸的(Extrapolated)文本框选择要进行外插延伸的曲面边界和曲面，如图 5 - 205 所示；

③ 通过边界处限制(Limit at boundary)选项组设置外插延伸的类型及其相关参数，其中类型(Type)下拉列表框用于设置外插延伸的类型，包括长度(Length)和直到元素(Up to element)两种类型，如图 5 - 206 所示，如果选择长度，则需要在长度文本框中指定外插延伸的长度；如果选择直到元素，则需要通过直到(Up to)文本框选择一个限制元素，CATIA 会将曲面延伸至该限制元素；

④ 通过连续(Continuity)下拉列表框选择外插延伸的曲面部分与原曲面在边界处的连续类型，包括切线(Tangent)和曲率(Curvature)两种类型，如图 5 - 207 所示。.

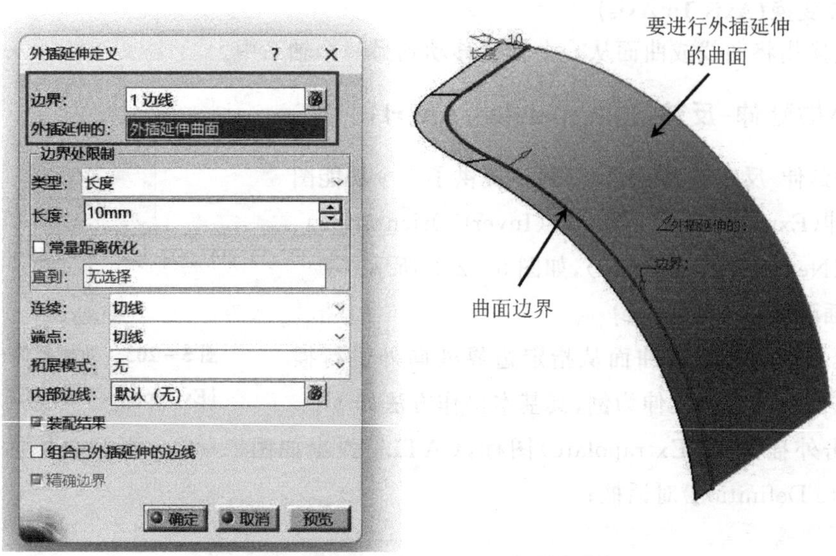


图 5-205 要进行外插延伸的曲面及其边界

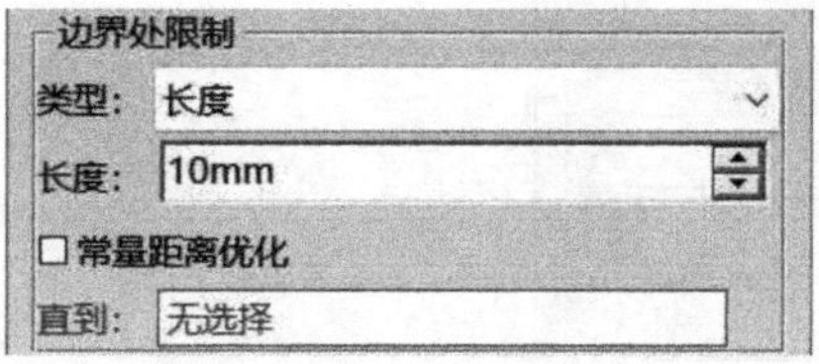


(a) 长度(Length)

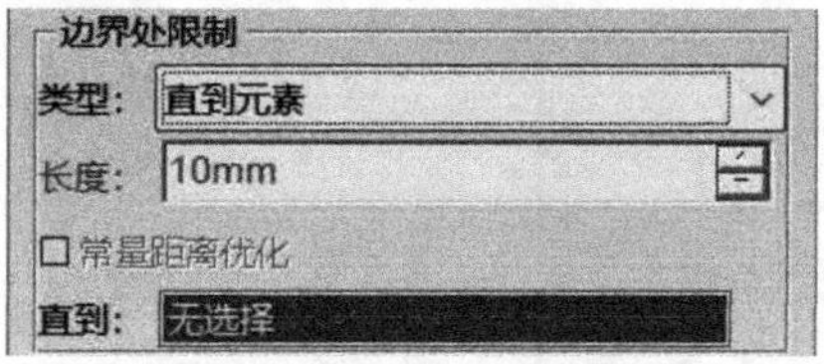


(b) 直到元素(Up to element)

图 5-206 外插延伸的类型

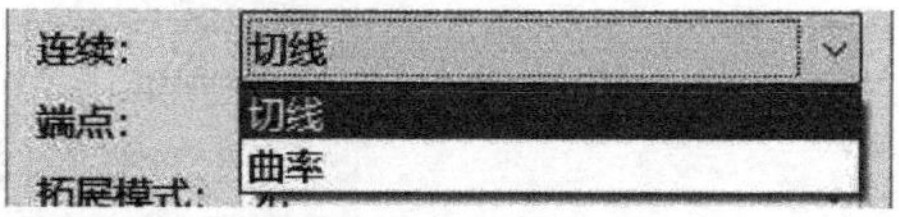


图 5-207 连续类型

**2. 反转方向(Invert Orientation)**

反转方向指创建默认方向与指定曲线或曲面方向相反的曲线或曲面，如图 5-208 所示。

反转方向的基本操作方法如下：

① 单击反转方向(Invert Orientation)图标，CATIA 弹出如图 5-209 所示的反转定义(Invert Definition)对话框；

② 通过反转定义对话框中的反转(To Invert)文本框选择要进行反转的曲线或曲面，如图 5-209 所示；

③ 单击确定按钮完成反转，如图 5-208(b)所示。

**3. 近/远定义(Near/Far Definition)**

近/远定义指从一组多重元素中求取距离指定参考元素最近或最远的元素。

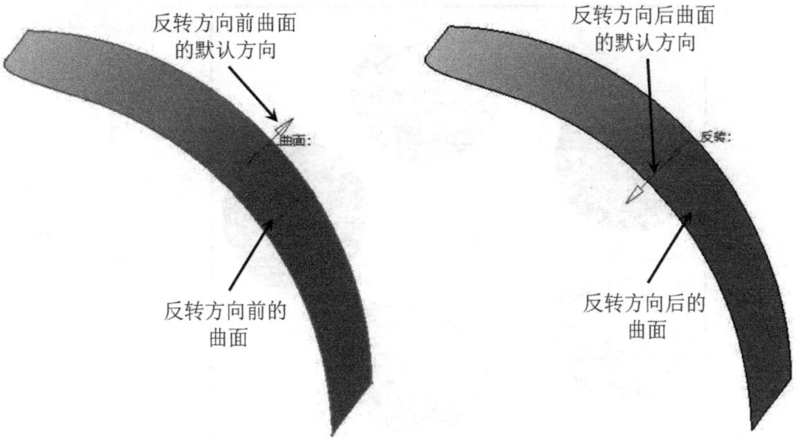


(a) 反转方向前　　(b) 反转方向后

**图 5-208　反转方向(Invert Orientation)**

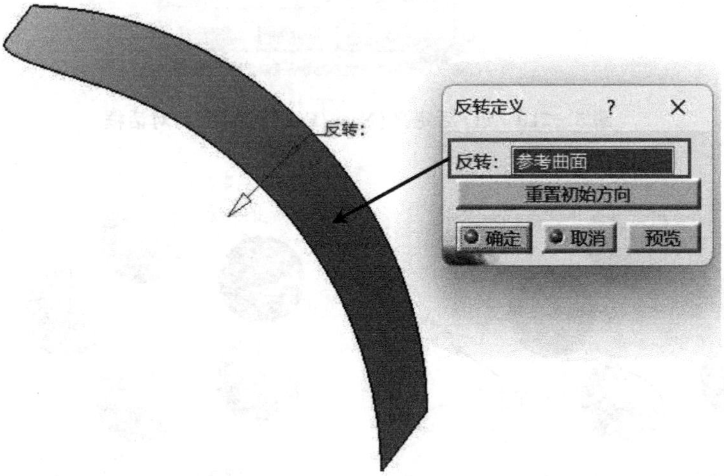


**图 5-209　反转定义(Invert Definition)对话框**

图 5-210 中的 5 个球面为通过接合(Join)命令合并到一起的一组多重元素，如果要通过近/远定义功能求取距离参考点最近或最远的球面，其基本操作方法如下：

① 单击近/远定义(Near/Far Definition)图标，CATIA 弹出如图 5-210 所示的近/远定义(Near/Far Definition)对话框。

② 通过多重元素(Multiple Element)文本框选择一组多重元素，如图 5-210 所示。

③ 通过参考元素(Reference Element)文本框选择一个参考元素，如图 5-210 所示，选择一个点作为参考元素。

④ 如果在近/远定义对话框中选中近(Near)单选按钮，CATIA 就会从 5 个球面中求取距离参考元素最近的那个球面，如图 5-211(a)所示；如果在近/远定义对话框中选中远(Far)单选按钮，CATIA 就会从 5 个球面中求取距离参考元素最远的那个球面，如图 5-211(b)所示。

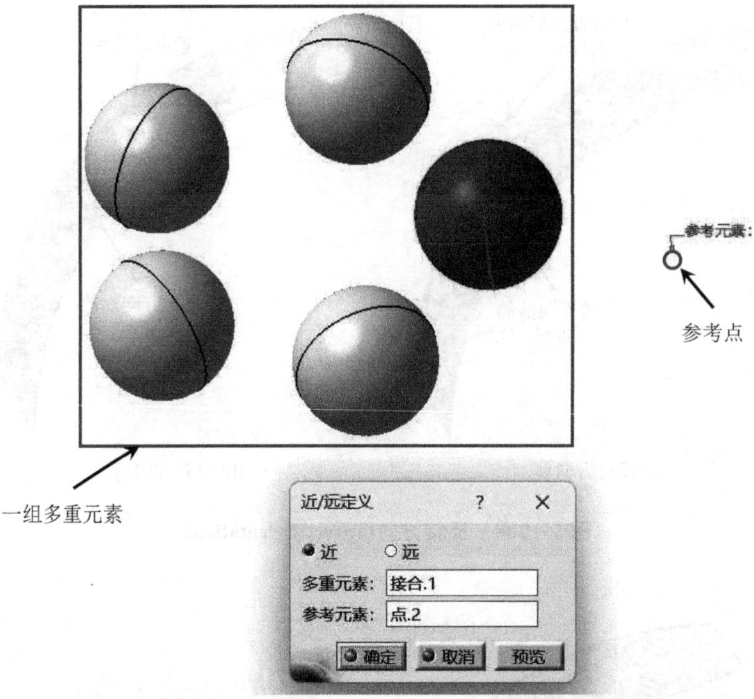


图 5-210　近/远定义(Near/Far Definition)对话框

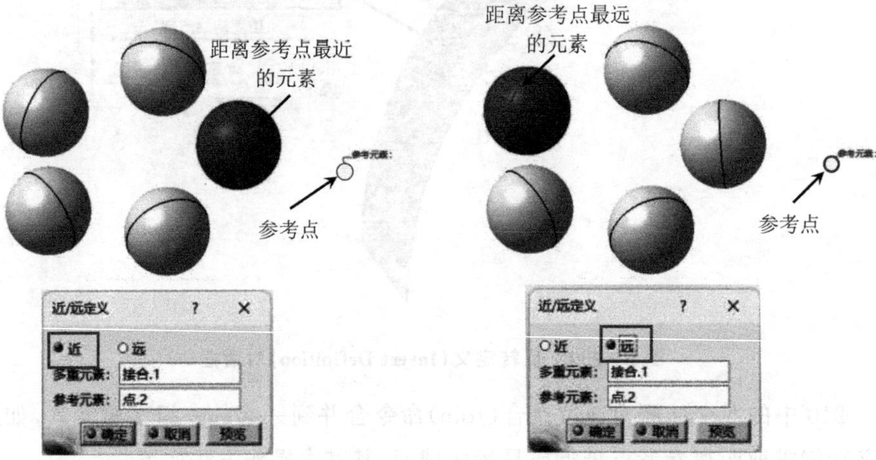


(a) 近(Near)　(b) 远(Far)

图 5-211　距离参考元素最近或最远的元素

# 第6章　装配设计(Assembly Design)

## 6.1　概　述

装配设计工作台(Assembly Design)的主要功能是对零部件进行装配,形成最终的产品,如图 6-1 所示。

图 6-1　飞机产品

### 6.1.1　产品结构

CATIA 对产品结构的划分与实际的产品结构是相同的,都是由若干零件构成部件,再由若干部件构成最终的产品,如图 6-2 所示。

产品是装配的最终产物,零件是构成产品的最基本单元,部件是一个相对的概念,相对于整架飞机,机翼是构成飞机的一个部件,相对于构成机翼的零部件,机翼又是一个产品。

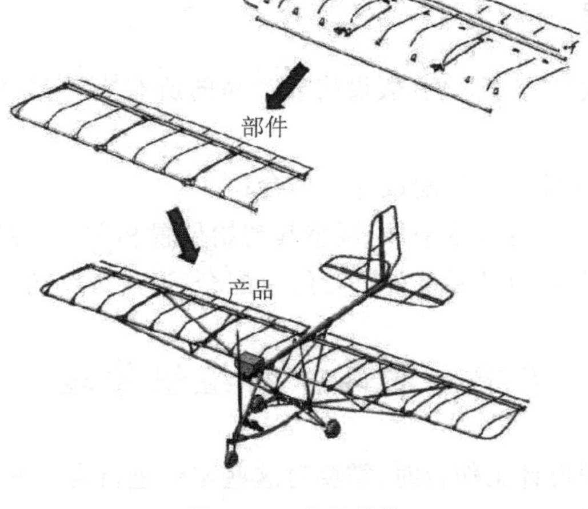


图 6-2　产品结构

### 6.1.2　产品设计方式

通过 CATIA 的装配设计工作台进行产品设计,包括两种基本的产品设计方式:自下(零件)而上(产品)的产品设计方式和自上(产品)而下(零件)的产品设计方式。“下”指的是零件，“上”指的是产品。

**1. 自下而上的产品设计方式**

通过自下而上的方式(见图6-3)进行产品设计和产品装配的一般流程如下：

① 在零件设计工作台(Part Design)中设计出构成产品的所有零件；

② 将设计完成的零件导入装配设计工作台中；

③ 在装配设计工作台中对导入的零件进行装配,形成最终的产品。

**2. 自上而下的产品设计方式**

通过自上而下的方式(见图6-4)进行产品设计和产品装配的一般流程如下：

① 在装配设计工作台中插入一个空的新零件；

② 在零件的装配位置上,根据该零件与其他零部件之间的相对位置关系,并以其他零部件作为定位基准进行零件设计。

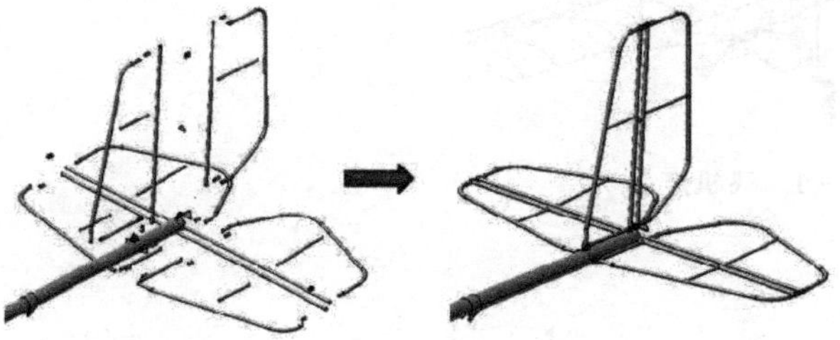

**图6-3 自下而上的产品设计方式**

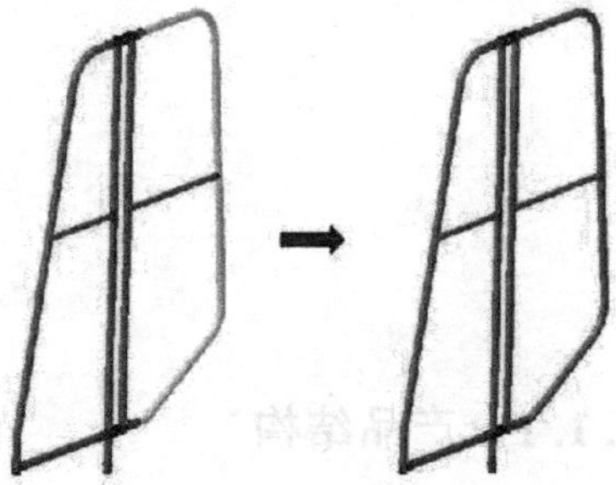

**图6-4 自上而下的产品设计方式**

如果构成产品的零件都相对比较简单,则可以通过自下而上的方式进行产品设计和装配；如果构成产品的零件中有部分零件相对比较复杂,单独通过零件设计工作台进行零件设计无法保证装配精度,则需要针对这部分零件采用自上而下的方式进行设计。

### 6.1.3 产品设计流程

以自下而上的产品设计方式为例(假设构成产品的所有零件都已设计完成),进行产品设计和装配的一般流程如下：

① 将设计完成的零部件导入装配设计工作台；

② 对导入装配设计工作台的零部件,调整其初始位置和方位,为后续的装配约束做准备；

③ 对导入装配设计工作台的零部件进行约束配合,形成最终的产品。

## 6.2 零部件的组织管理

在将零部件导入装配设计工作台时,需要对这些零件进行合理的组织管理,否则会对后续的操作造成不利影响。

对零部件进行组织管理,主要通过产品结构工具(Product Structure Tools)工具栏实现,该工具栏提供的管理功能包括:部件(Component)、产品(Product)、零件(Part)、现有部件(Existing Component)、具有定位的现有部件(Existing Component with Positioning)、替换部件(Replace Component)、图形树重新排序(Graph Tree Reordering)、生成编号(Generate

Numbering)、选择性加载(Selective Load)、管理展示(Manage Representation)、多实例化(Multi-Instantiation),如图 6-5 所示。

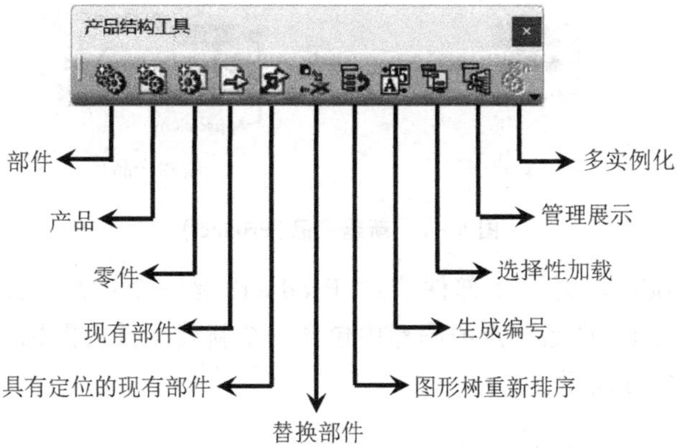


**图 6-5　产品结构工具(Product Structure Tools)工具栏**

## 6.2.1　部件(Component)

部件图标用于在配置树指定的产品或部件节点中新建一个部件,该部件节点是空的,不包含任何其他零部件,可以在后续装配过程中,根据实际情况在该部件节点中创建或插入其他零部件。

新建部件的相关信息存储在该部件所属的产品文件中,在进行保存操作时,CATIA 并不会创建新的文件来存储该部件的信息。

在配置树指定的产品或部件节点中创建一个新部件的方法如下:

① 在产品结构工具工具栏中单击部件图标;

② 在配置树中选择新部件的创建位置,即新部件所属的产品或部件节点;

③ CATIA 会在所选的产品或部件节点中新建一个部件节点,如图 6-6 所示。

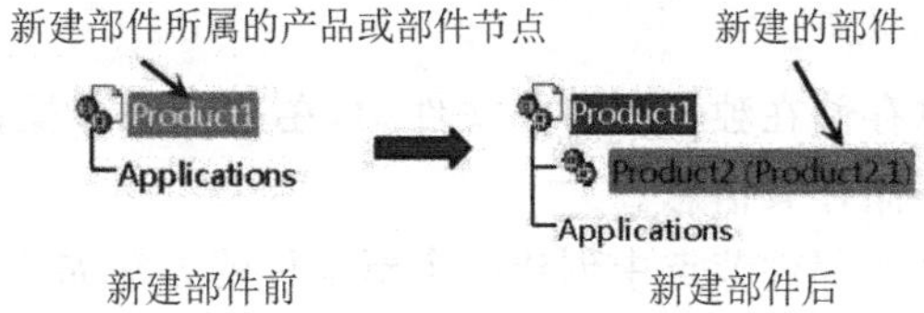


**图 6-6　新建部件(Component)**

## 6.2.2　产品(Product)

产品图标用于在配置树指定的产品或部件节点中新建一个产品,该产品节点是空的,不包含任何其他零部件,可以在后续装配过程中,根据实际情况在该产品节点中创建或插入其他零部件。

新建产品的相关信息存储在独立的产品文件中,在进行保存操作时,CATIA 会单独为该产品创建一个产品文件来储存其信息。

在配置树指定的产品或部件节点中创建一个新产品的方法如下:

① 在产品结构工具工具栏中单击产品图标;

② 在配置树中选择新产品的创建位置,即新产品所属的产品或部件节点;

③ CATIA 在所选的产品或部件节点中新建一个产品节点，如图 6-7 所示。

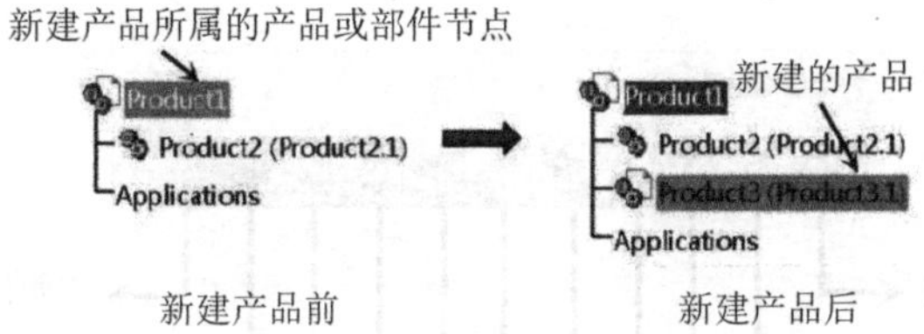


**图 6-7 新建产品(Product)**

在图 6-7 中，Product2 是一个部件节点，Product3 是一个产品节点，可以通过部件节点和产品节点的图标来区别：产品节点的图标中包含一个新建文件的图标，而部件节点的图标中不包含该图标，如图 6-8 所示。

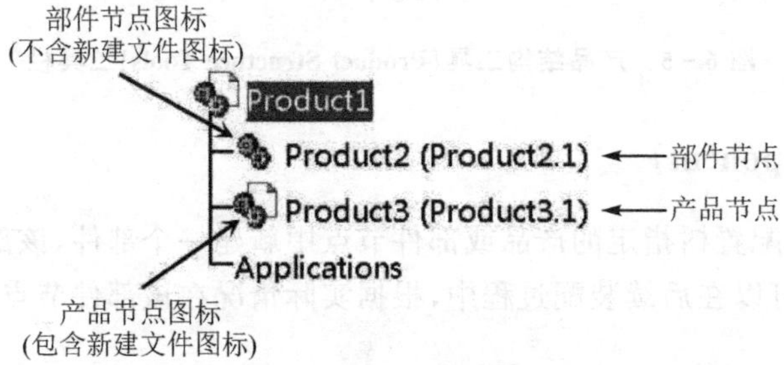


**图 6-8 产品节点图标与部件节点图标的区别**

## 6.2.3 零件(Part)

零件图标用于在配置树指定的产品或部件节点中新建一个零件，该零件节点是空的，不包含任何三维特征。创建该零件后，可以在该零件的装配位置上，根据该零件与产品中其他零部件的相对位置，或者以其他零部件的外形作为基准进行三维建模，即采用自上而下的方式进行零件设计。

新建零件的相关信息存储在独立的零件文件中，在进行保存操作时，CATIA 会单独为该零件创建一个零件文件来储存其信息。

在配置树指定的产品或部件节点中创建一个新零件的方法如下：

① 在产品结构工具工具栏中单击零件图标；

② 在配置树中选择新零件的创建位置，即新零件所属的产品或部件节点；

③ 如果该新建零件是产品中的第一个零件，则 CATIA 会立即在所选的产品或部件节点中新建一个零件节点，并以该零件的坐标原点作为整个产品的原点，如图 6-9 所示；

④ 如果在新建该零件之前，产品中已经存在其他零部件，则 CATIA 会弹出如图 6-10 所示的新零件：原点(New Part：Origin Point)对话框，需要通过该对话框人为指定新建零件的坐标原点。

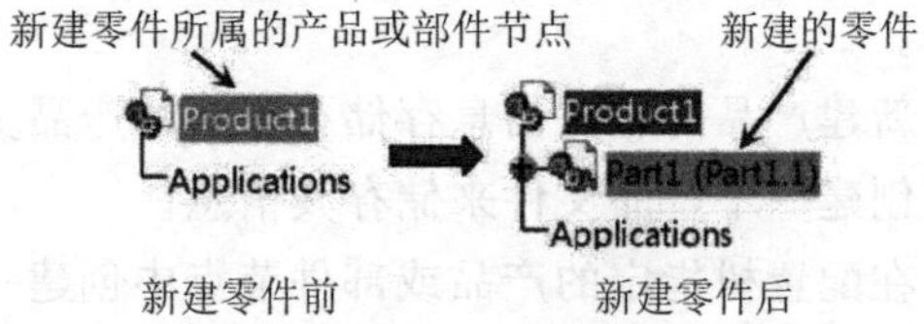


**图 6-9 新建产品中的第一个零件**

在如图 6-10 所示的对话框中，如果单击否按钮，CATIA 会选择产品的坐标原点作为新建零件的坐标原点；如果单击是按钮，则需要选择产品中的一个零部件，

CATIA 会以所选零部件的坐标原点作为新建零件的坐标原点，或者直接选择产品中已经存在的一个点作为新建零件的坐标原点。

在图 6－11 中，Part1 是在产品 Product1 中新建的一个零件，要在该零件的装配位置上对该零件进行设计，可以双击该零件节点，CATIA 会自动从装配设计工作台跳转到零件设计工作台进行零件设计。

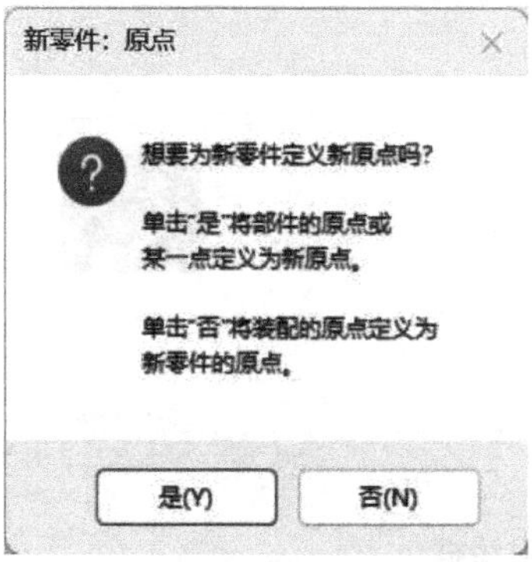


**图 6－10　新零件：原点 (New Part ：Origin Point)对话框**

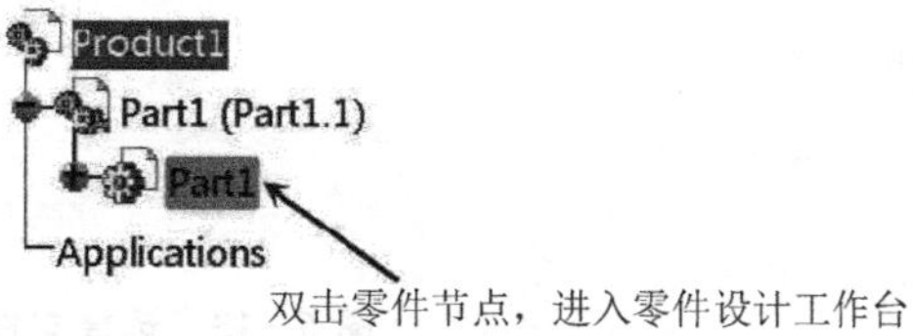


**图 6－11　在零件的装配位置上进行零件设计**

## 6.2.4　现有部件(Existing Component)

现有部件图标用于将已经设计完成的零部件导入指定的产品或部件节点中，作为待装配产品的组成部分。

向指定的产品或部件节点中导入现有部件的方法如下：

① 在配置树中选择零部件的导入位置，即要导入的零部件所属的产品或部件节点，如图 6－12 所示；

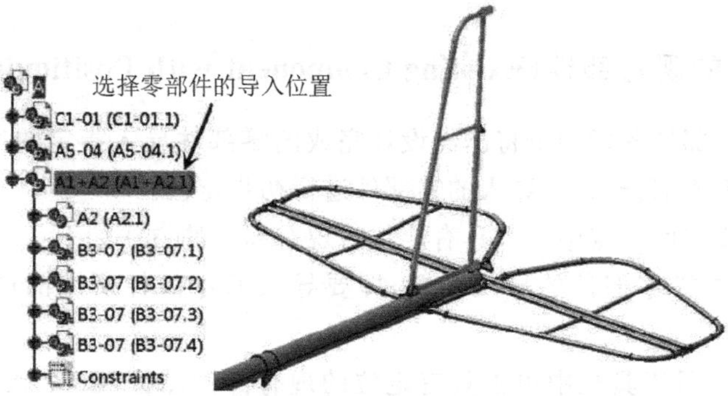


**图 6－12　选择零部件的导入位置(现有部件)**

② 在产品结构工具工具栏中单击现有部件图标，CATIA 弹出如图 6－13 所示的选择文件(File Selection)对话框；

③ 通过选择文件对话框选择要导入的零部件，并单击打开按钮，CATIA 将所选的零部件导入指定的产品或部件节点中，如图 6－14 所示。

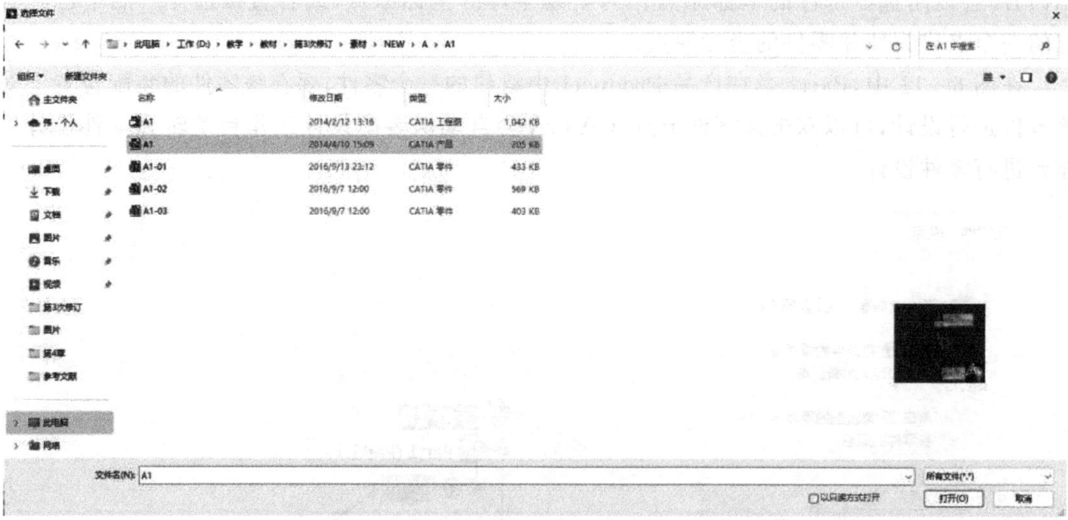


图 6-13 选择文件(File Selection)对话框

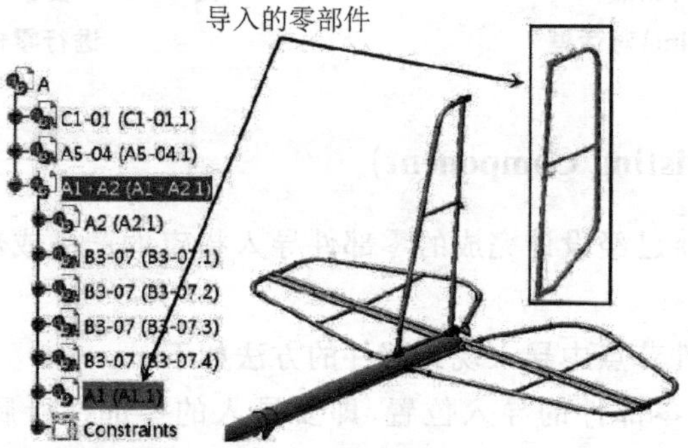


图 6-14 导入现有部件

### 6.2.5 具有定位的现有部件(Existing Component with Positioning)

具有定位的现有部件图标用于将已经设计完成的零部件导入指定的产品或部件节点中，作为待装配产品的组成部分，并对导入的零部件进行初步定位。

向指定的产品或部件节点中导入具有定位的现有部件的方法如下：

① 在配置树中选择零部件的导入位置，即要导入的零部件所属的产品或部件节点，如图 6-15 所示；

② 在产品结构工具工具栏中单击具有定位的现有部件图标，CATIA 弹出如图 6-13 所示的选择文件对话框；

③ 通过选择文件对话框选择要导入的零部件，并单击“打开”按钮，CATIA 将所选的零部件导入指定的产品或部件节点中，并弹出如图 6-16 所示的智能移动(Smart Move)对话框；

④ 为了方便后续操作，可以通过鼠标在智能移动对话框中对要导入的零部件进行平移、旋转、缩放等操作；

⑤ 通过鼠标在智能移动对话框中选择要导入的零部件上的某个元素(点、线或面)作为第一个定位元素，如图 6-17 所示；

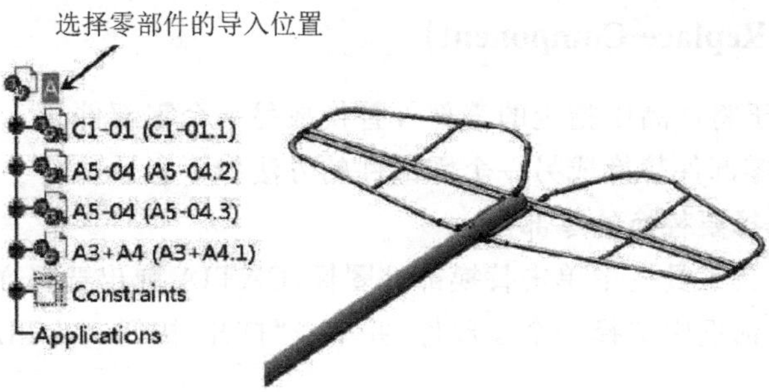


**图 6-15 选择零部件的导入位置(具有定位的现有部件)**

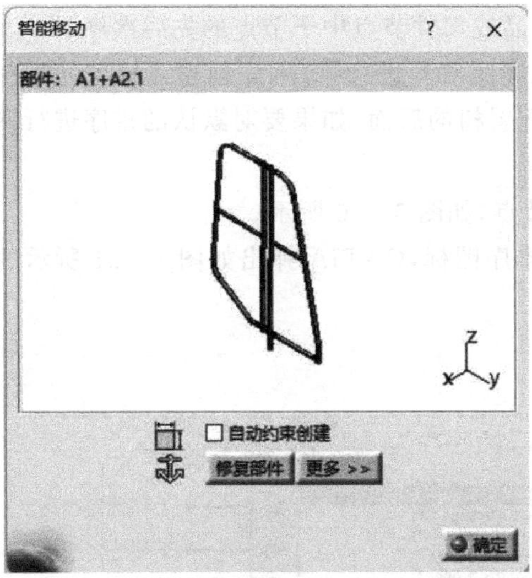


**图 6-16 智能移动(Smart Move)对话框**

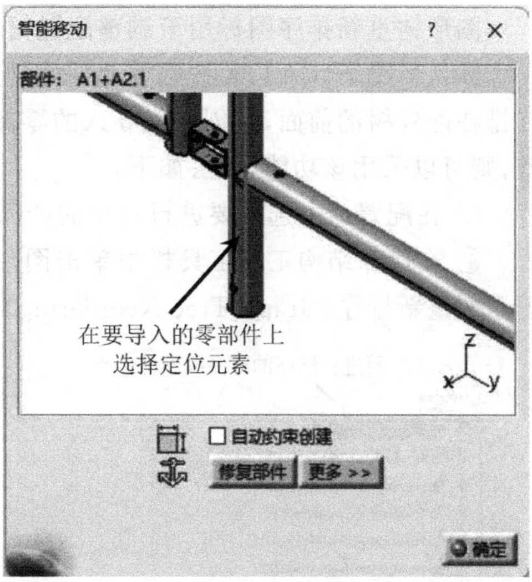


**图 6-17 在要导入的零部件上选择定位元素**

⑥ 通过鼠标在装配窗口中选择已存在于零部件上的某个元素(点、线或面)作为第二个定位元素,如图 6-18 所示;

⑦ CATIA 根据所选的两个定位元素的类型,对要导入的零部件进行初步定位,例如在上述步骤中选择了两条轴线作为定位元素,CATIA 通过将两条轴线重合来定位要导入的零部件,如图 6-19 所示;

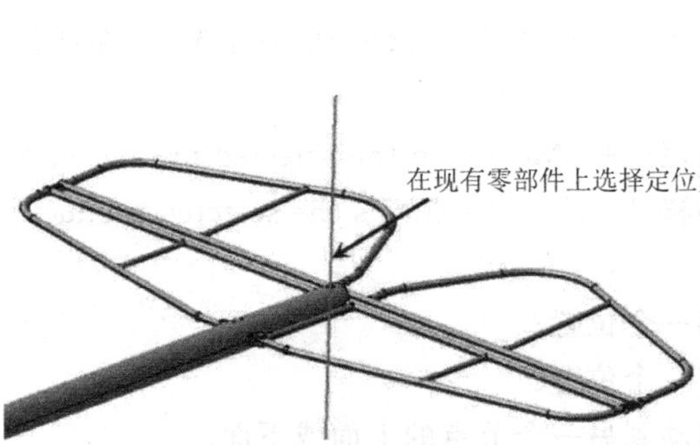


**图 6-18 在现有零部件上选择定位元素**

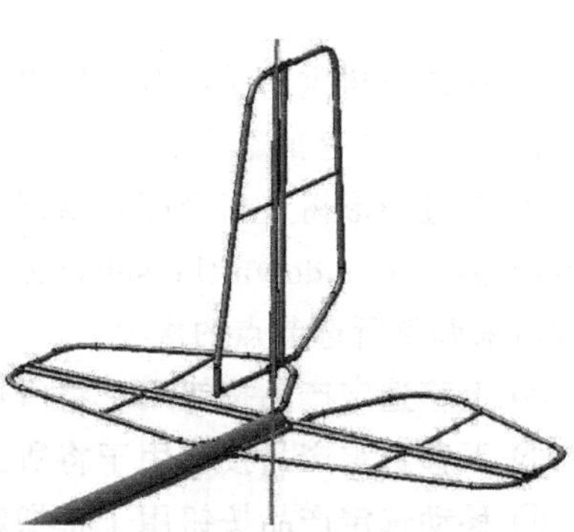

**图 6-19 导入现有零部件并定位**

⑧ 在智能移动对话框中单击确定按钮完成导入操作。

## 6.2.6 替换部件(Replace Component)

替换部件图标用于将产品中指定的零部件替换成另一个零部件。

将产品中指定的零部件替换成另一个零部件的方法如下：

① 在配置树中选择要替换的零部件；

② 在产品结构工具工具栏中单击替换部件图标,CATIA 弹出选择文件对话框；

③ 在选择文件对话框中选择一个零部件,并单击“打开”按钮,CATIA 会用新的零部件将原零部件替换掉。

## 6.2.7 图形树重新排序(Graph Tree Reordering)

图形树重新排序图标用于调整配置树中指定产品或部件节点中子节点的先后次序。

默认情况下,CATIA 按照零部件的创建或导入顺序对其进行排序,先创建或导入的零部件排在配置树的前面,后创建或导入的零部件排在配置树的后面,如果要对默认的排序进行调整,则可以采用该功能,方法如下：

① 在配置树中选择要进行排序的产品或部件节点,如图 6-20 所示。

② 在产品结构工具工具栏中单击图形树重新排序图标,CATIA 弹出如图 6-21 所示的图形树重新排序(Graph Tree Reordering)对话框。

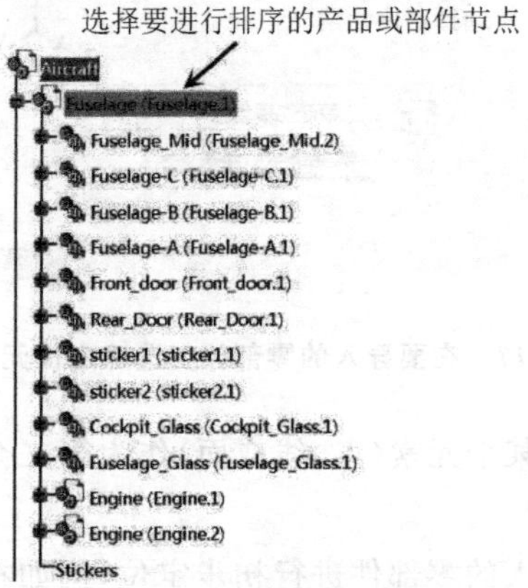


**图 6-20 选择要进行排序的产品或部件节点**

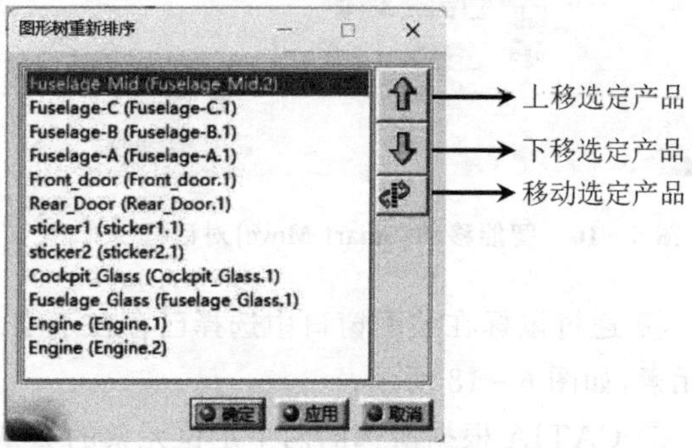


**图 6-21 图形树重新排序(Graph Tree Reordering)对话框**

③ 在图形树重新排序对话框中的列表中列出了所选产品或部件的所有子节点,在该列表中选择要调整次序的节点。

④ 通过图形树重新排序对话框中的上移选定产品(Moves up the selected product)、下移选定产品(Moves down the selected product)和移动选定产品(Moves the selected product)三个按钮来调整所选节点的次序：

ⓐ 上移选定产品按钮用于将所选节点上移一个位置；

ⓑ 下移选定产品按钮用于将所选节点下移一个位置；

ⓒ 移动选定产品按钮用于将指定的节点移动到另一个节点的上面或下面。

⑤ 单击确定按钮完成排序调整操作。

### 6.2.8　生成编号(Generate Numbering)

生成编号图标用于对构成产品的零部件进行编号,方法如下:

① 在配置树中选择要进行编号的产品,如图 6-22 所示。

② 在产品结构工具工具栏中单击生成编号图标,CATIA 弹出如图 6-23 所示的生成编号(Generate Numbering)对话框。

图 6-22　选择要进行编号的产品

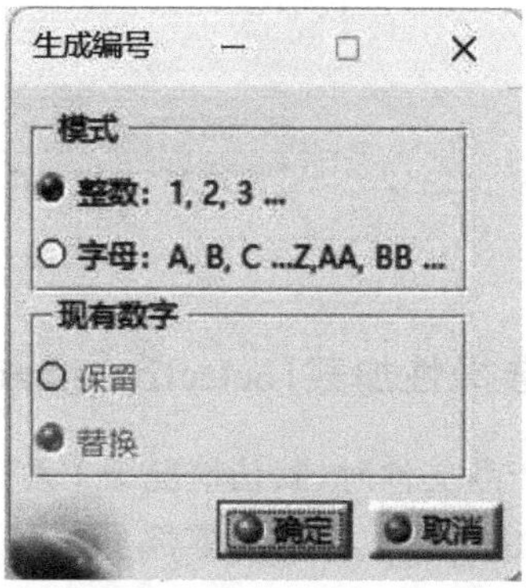


图 6-23　生成编号(Generate Numbering)对话框

③ 在生成编号对话框中的模式(Mode)选项组中,CATIA 提供了两种编号模式:整数(Integer)和字母(Letter),即用整数和字母进行编号;如果要进行编号的产品已经被编过号了,则可以保留(Keep)原有编号或用新的编号替换(Replace)原有编号。

④ 单击确定按钮完成编号操作。

查看零部件编号的方法如下:

① 在配置树上右击要查看编号的零部件,并在弹出的快捷菜单中选择属性(Properties)选项,如图 6-24 所示;

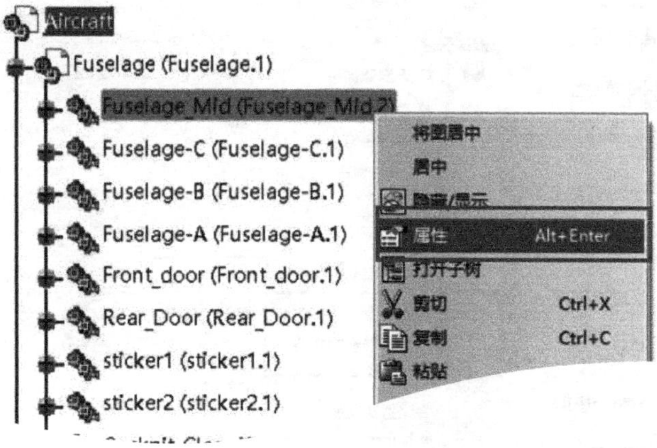


图 6-24　属性(Properties)选项

② 在弹出的属性(Properties)对话框中可以查看该零部件的编号,如图 6-25 所示。

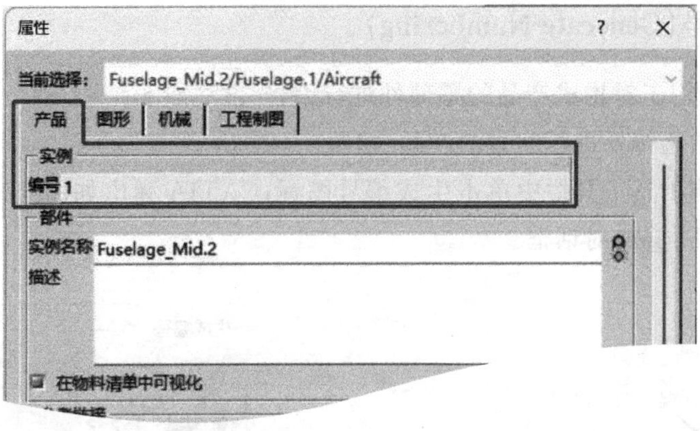


图 6-25 零部件的编号

## 6.2.9 选择性加载(Selective Load)

打开产品文件时,默认情况下 CATIA 会自动加载组成产品的所有零部件。但对于大型产品文件,由于构成产品的零部件数量众多,加载组成产品的所有零部件会严重影响加载效率,占用大量内存,因此可进行选择性加载。

通过选择性加载功能可以根据需要只加载产品中的部分零部件,从而能够提高加载效率,释放内存空间。

选择性加载的基本操作方法如下:

① 进行选项设置,方法如下:

ⓐ 在工具(Tools)菜单中选择选项(Options)菜单项,CATIA 打开如图 6-26 所示的选项(Options)对话框;

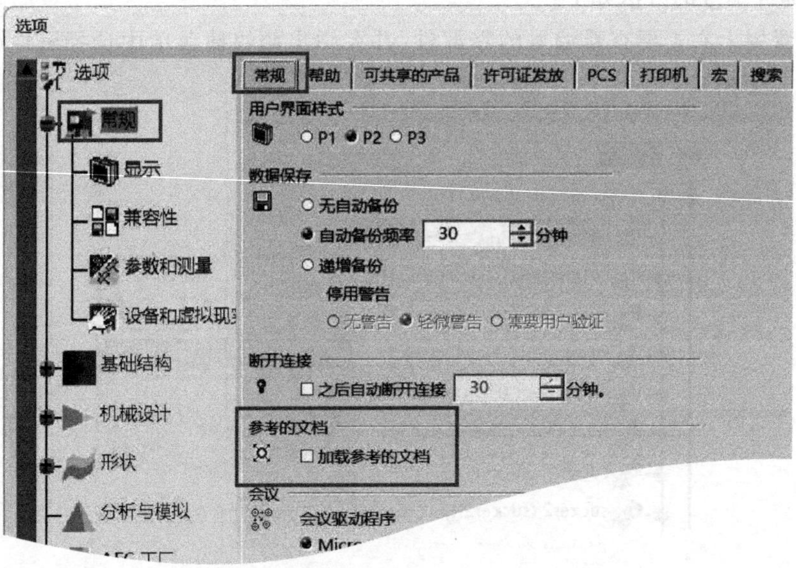


图 6-26 选项(Options)对话框(选择性加载)

ⓑ 在选项对话框左侧的树形结构区中选择常规(General);

ⓒ 在选项对话框右侧的选项卡区中打开常规(General)选项卡;

ⓓ 在常规选项卡的参考的文档(Referenced Documents)选项组中,取消加载参考的文档(Load referenced documents)复选框;

ⓔ 单击确定按钮完成选项设置。

② 完成上述设置后,打开一个产品文件,CATIA 将不会自动加载构成产品的零部件,产品配置树如图 6-27 所示。

③ 单击选择性加载(Selective Load)图标,CATIA 打开如图 6-28 所示的产品加载管理(Product Load Management)对话框。

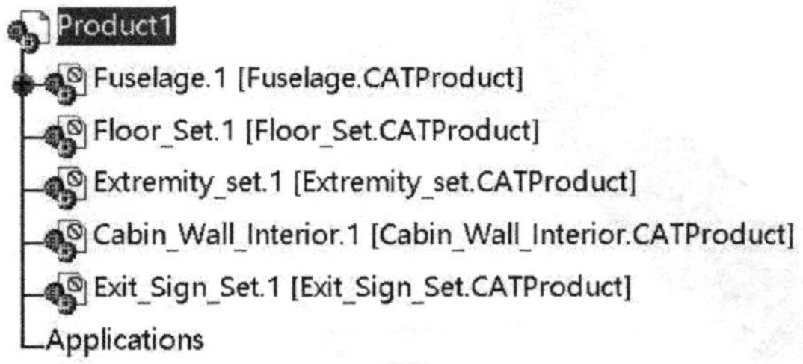


图 6-27 产品配置树

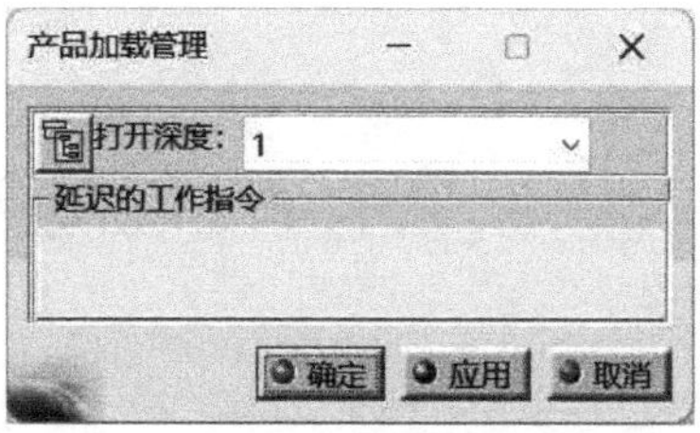


图 6-28 产品加载管理 (Product Load Management)对话框

④ 在产品配置树中选择要加载的零部件节点,如图 6-29 所示。

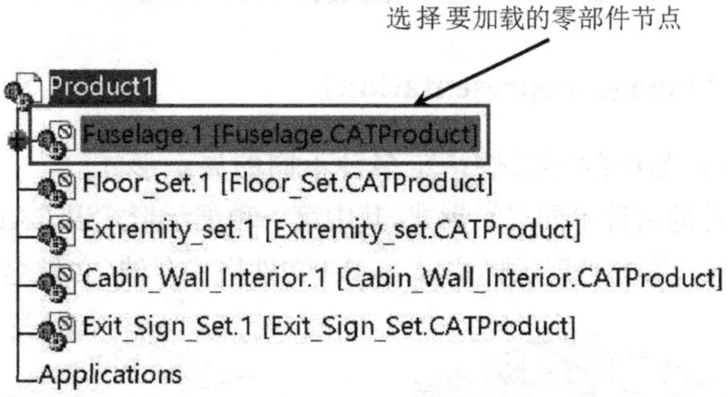


图 6-29 选择要加载的零部件节点

⑤ 通过产品加载管理对话框,在打开深度(Open depth)下拉列表框中设置打开深度,包括 1、2 和所有(all)三个选项,如图 6-30 所示。

⑥ 在产品加载管理对话框中单击选择性加载(Selective Load)按钮,如图 6-30 所示。

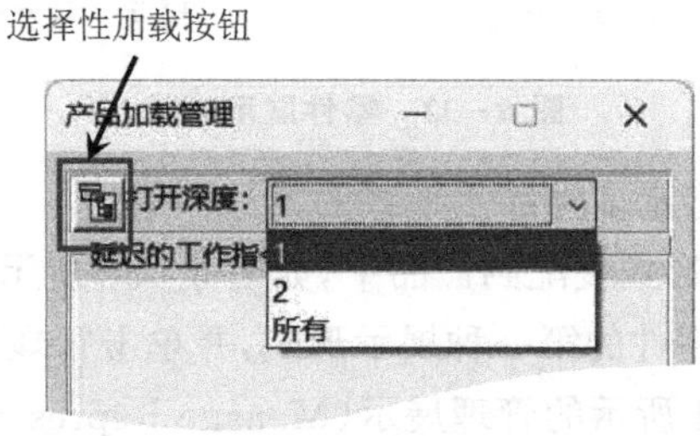


图 6-30 打开深度(Open depth)

⑦ 在产品加载管理对话框中单击确定按钮完成加载,如图 6-31 所示。

**图 6-31 选择性加载(Selective Load)**

### 6.2.10 管理展示(Manage Representation)

管理展示功能可为产品中的零部件指定多种不同的展示形式。

图 6-32 为一个零件的两种不同展示形式,其中第一种展示形式以 CATPart 文件格式存储(文件名为 Part1_A. CATPart),第二种展示形式以 model 文件格式存储(文件名为 Part1_B. model)。

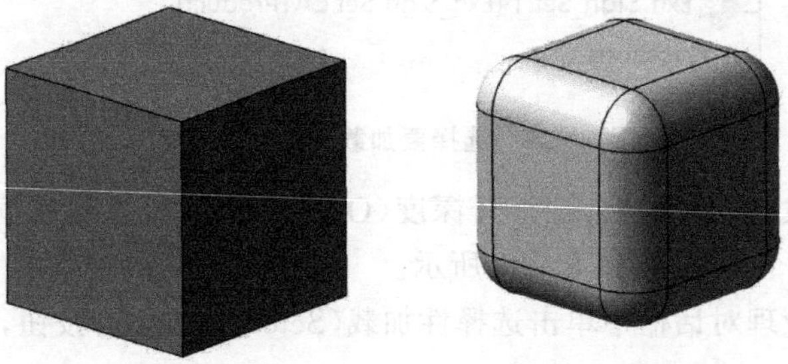

(a) 第一种展示形式　　(b) 第二种展示形式

**图 6-32 零件展示形式**

为如图 6-32 所示零件指定多种展示形式的方法如下:

① 将零件的第一种展示形式装配到产品中,如图 6-33 所示;

② 在产品配置树中选中零件的第一种展示形式,并单击管理展示(Manage Representation)图标,CATIA 弹出如图 6-34 所示的管理展示(Manage Representation)对话框;

③ 在管理展示对话框的列表中列出了零件的第一种展示形式,在对话框中单击关联(Associate)按钮,CATIA 弹出如图 6-35 所示的关联展示(Associate Representation)对话框;

④ 通过关联展示对话框选择零件的第二种展示形式(Part1_B. model),如图 6-35 所示;

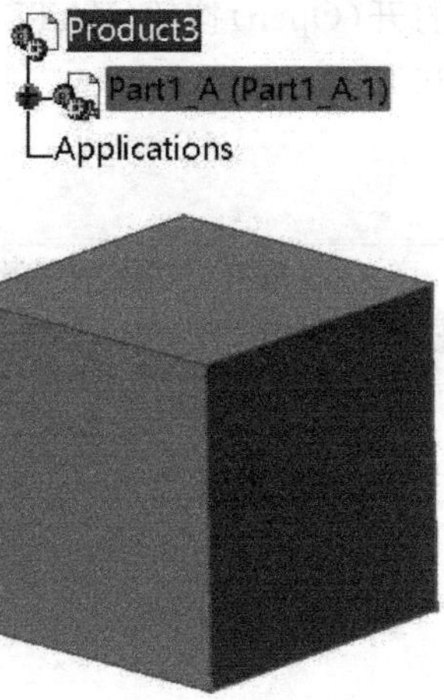


**图 6-33　装配零件的第一种展示形式**

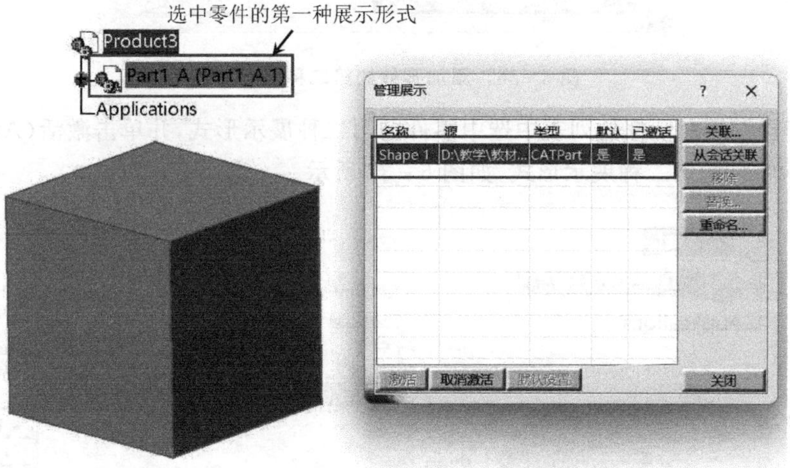


**图 6-34　管理展示(Manage Representation)对话框**

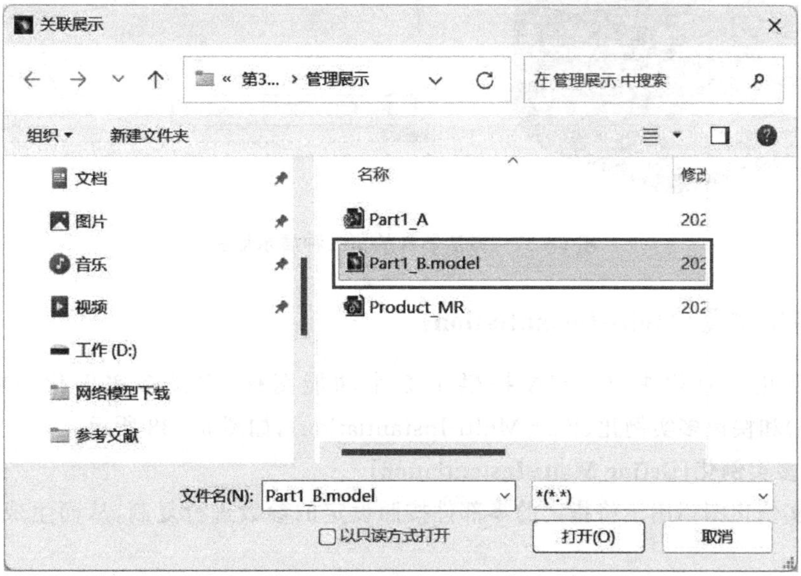


**图 6-35　关联展示(Associate Representation)对话框**

⑤ 在关联展示对话框中单击打开(Open)按钮，CATIA 将零件的第二种展示形式加入管理展示对话框的列表中，如图 6－36 所示；

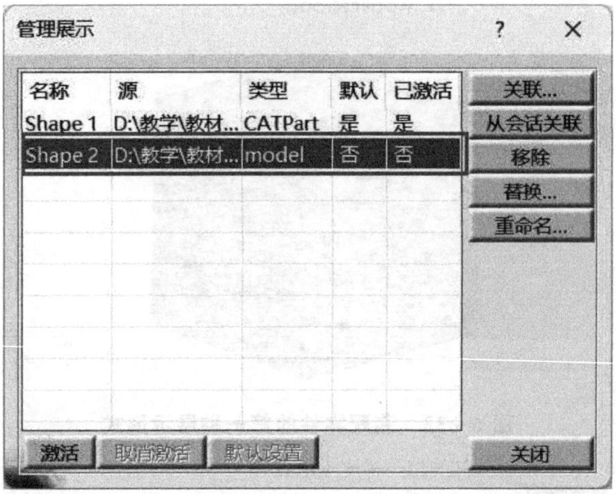


图 6－36 添加零件的第二种展示形式

⑥ 在管理展示对话框的列表中选中零件的第二种展示形式，并单击激活(Activate)按钮，CATIA 显示零件的第二种展示形式，如图 6－37 所示。

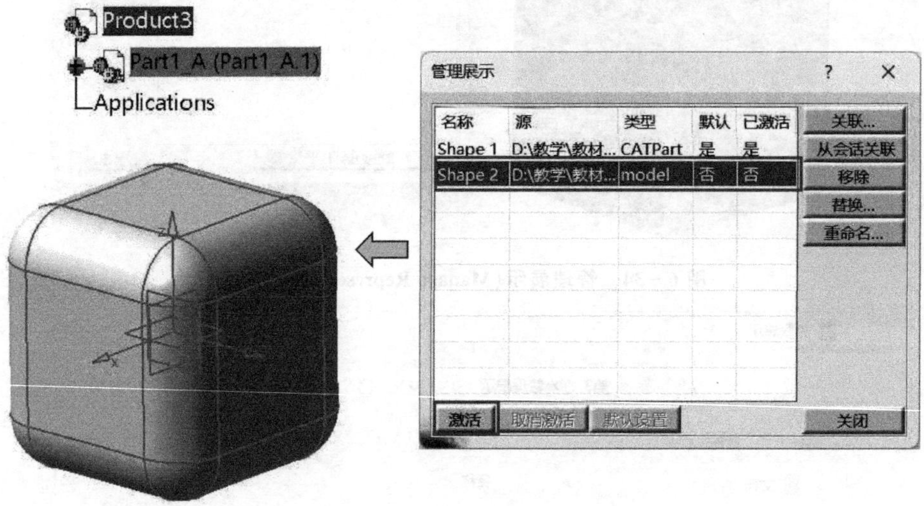


图 6－37 激活零件的第二种展示形式

## 6.2.11 多实例化(Multi-Instantiation)

在多实例化工具栏中，CATIA 提供了 2 个功能图标：定义多实例化(Define Multi-Instantiation)和快速多实例化(Fast Multi-Instantiation)，如图 6－38 所示。

### 1. 定义多实例化(Define Multi-Instantiation)

定义多实例化图标用于将指定的零部件按照设定的参数进行复制，从而生成该零部件的多个实例。

定义多实例化的方法如下：

① 选择要进行复制的零部件，如在图 6－39 中选择中段机身(Fuselage_Mid)作为复制的对象。

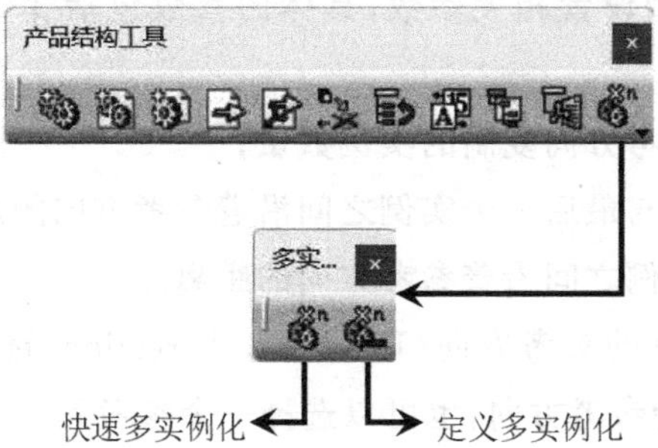


图 6-38 多实例化(Multi-Instantiation)工具栏

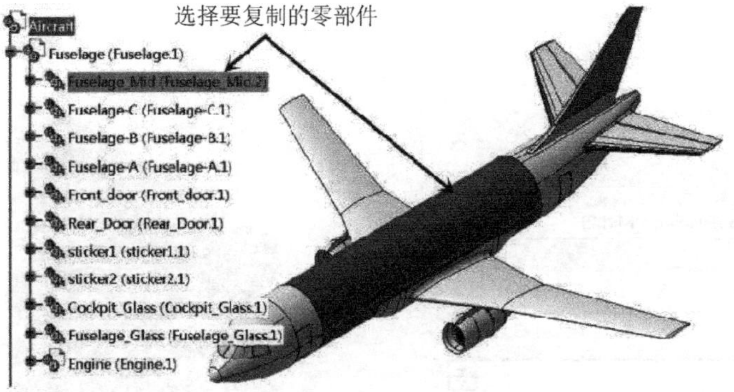


图 6-39 选择要进行复制的零部件

② 单击定义多实例化图标,CATIA 弹出如图 6-40 所示的多实例化(Multi-Instantiation)对话框。

③ 根据实际情况选择多重实例的参数类型。

在多实例化对话框的参数(Parameters)下拉列表框中,CATIA 提供了三种参数类型:实例和间距(Instance(s) & Spacing)、实例和长度(Instance(s) & Length)、间距和长度(Spacing & Length),如图 6-41 所示。

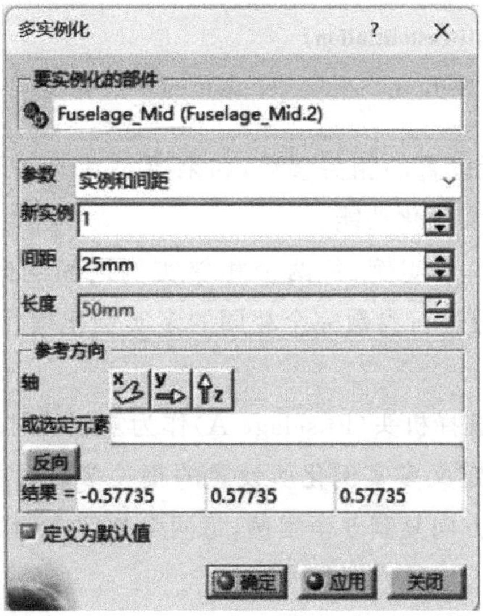


图 6-40 多实例化(Multi-Instantiation)对话框

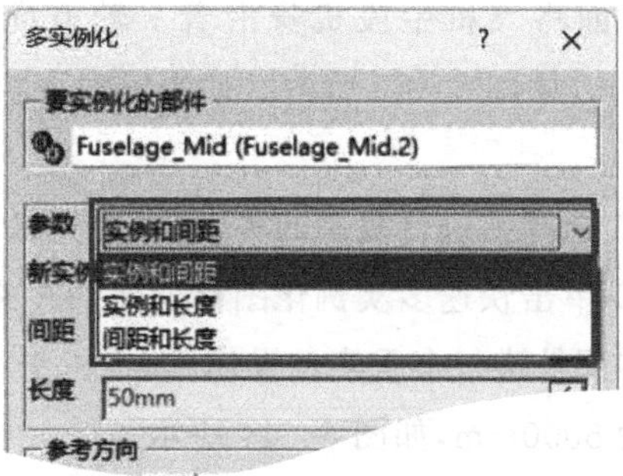


图 6-41 参数(Parameters)

④ 根据所选的参数类型设置相关参数，具体的参数包括 3 个：实例（Instance(s)）、长度（Length）、间距（Spacing）：

ⓐ 实例：指沿着指定参考方向复制的实例数量；

ⓑ 长度：指第一个实例与最后一个实例之间沿着参考方向的总长度；

ⓒ 间距：指相邻两个实例之间沿着参考方向的距离。

⑤ 通过多实例化对话框的参考方向（Reference Direction）选项组指定参考方向，可以选择 x 轴、y 轴或 z 轴方向作为参考方向，也可以选择一个参考元素来定义参考方向。

⑥ 单击确定按钮完成定义多重实例操作。

在图 6－42 中，将中段机身沿着 z 轴方向复制了 5 个实例，每两个相邻实例之间的间距为 5000mm。

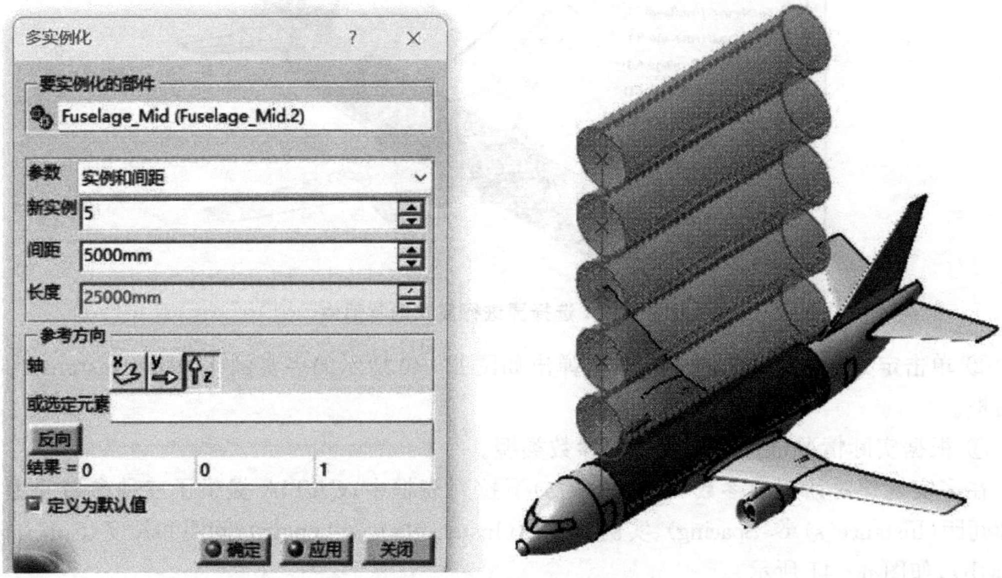


图 6－42 多实例化（Multi-Instantiation）

**2. 快速多实例化（Fast Multi-Instantiation）**

CATIA 会自动记录最近一次定义多实例化所设置的相关参数，如果要对其他零部件进行参数完全相同的多实例化操作，则可采用快速多实例化功能。

上面将飞机中段机身沿着 z 轴方向复制了 5 个实例，每两个相邻实例之间的间距为 5000mm，如图 6－42 所示。如果要对飞机机头部分进行参数完全相同的多实例化操作，其方法如下：

① 选择要进行复制的零部件，如图 6－43 中，选择机头（Fuselage-A）作为复制的对象；

② 单击快速多实例化图标，CATIA 采用上次定义多实例化所设置的相关参数对所选的机头零部件进行多重实例操作，即将机头沿着 z 轴方向复制 5 个实例，每两个相邻实例之间的间距为 5000mm，如图 6－44 所示。

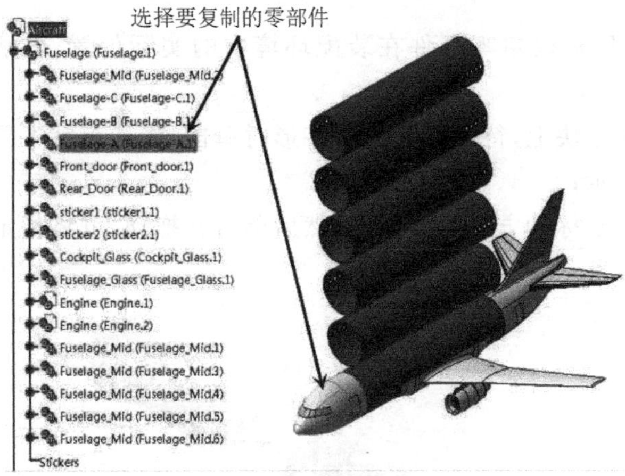


**图 6-43　选择要进行复制的零部件**

**图 6-44　快速多实例化**

# 6.3　零部件的位置调整

在装配设计工作台中调整零部件的位置，包括两种常用的方法：

① 通过指南针工具(Compass Tool)调整零部件位置；

② 通过移动(Move)工具栏调整零部件位置。

不管采用哪种方法对零部件的位置进行调整，都需要在调整之前在配置树上双击以激活该零部件所属的上一级父节点，如图 6-45 所示。

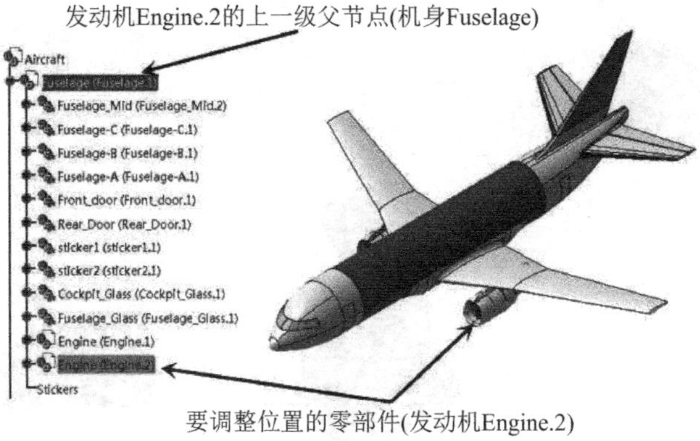


**图 6-45　激活上一级父节点**

在图 6-45 的配置树中，发动机(Engine.2)节点的上一级父节点是机身(Fuselage)，机身节点的上一级父节点是飞机(Aircraft)。要对发动机的位置进行调整，需要首选在配置树中双击发动机节点所属的上一级父节点——机身节点。如果当前激活的是飞机节点，则在调整发动机位置时，发动机与机身上的其他零部件一起进行移动；如果当前激活的是发动机节点，则在调整发动机位置时，只对组成发动机的某个零部件进行移动。

## 6.3.1 通过指南针工具(Compass Tool)调整零部件位置

通过指南针工具调整零部件位置，实际是调整零部件在装配环境中的实际位置，方法如下：

① 将光标移至指南针工具中的红色小方块上，待光标变成十字形时单击，将指南针工具拖至要调整位置的零部件上，如图 6-46 所示；

② 将光标移至指南针工具上代表三个坐标轴方向的直线上，然后单击并拖动，可将指定的零部件沿着坐标轴方向平移，如图 6-47 所示；

图 6-46 将指南针工具拖至要调整位置的零部件上

图 6-47 沿着坐标轴方向移动零部件

③ 将光标移至指南针工具上代表三个坐标平面的平面上，然后单击并拖动，可将指定的零部件在坐标平面内平移，如图 6-48 所示；

④ 将光标移至指南针工具中的三段圆弧上，然后单击并拖动，可将指定的零部件绕着相应的坐标轴旋转，如图 6-49 所示；

⑤ 将光标移至指南针工具中的小圆点上，然后单击并拖动，可将指定的零部件自由旋转，如图 6-50 所示。

图 6-48 在坐标平面内移动零部件

图 6-49 绕着坐标轴旋转零部件

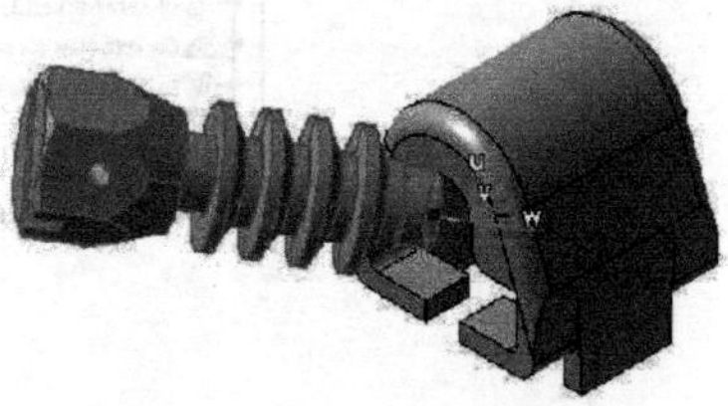

图 6-50 自由旋转零部件

## 6.3.2 通过移动(Move)工具栏调整零部件位置

在移动工具栏中提供了 5 个功能图标，包括：操作(Manipulation)、捕捉(Snap)、智能移动(Smart move)、分解(Explode)、碰撞时停止操作(Stop manipulation on clash)，如图 6-51 所示。

**1. 操作(Manipulation)**

操作图标用于对指定的零部件进行移动和旋转，使用方法如下：

① 在移动工具栏中单击操作图标，CATIA 弹出如图 6-52 所示的操作(Manipulation)对话框。

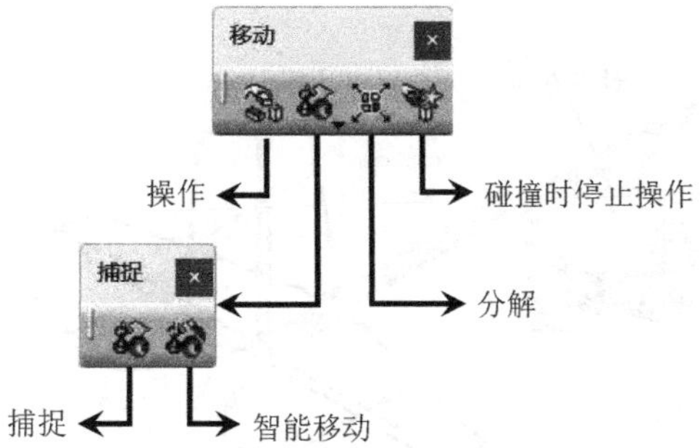


图 6-51　移动(Move)工具栏

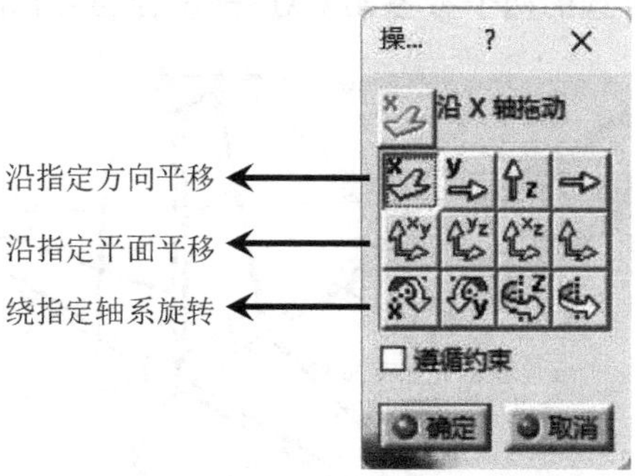


图 6-52　操作(Manipulation)对话框

操作对话框中包括三排四列共 12 个功能按钮：第一排 4 个按钮用于将指定的零部件沿着 x 轴、y 轴、z 轴方向或其他指定方向进行平移；第二排 4 个按钮用于将指定的零部件沿着 xy 平面、yz 平面、zx 平面或其他指定平面进行平移；第三排 4 个按钮用于将指定的零部件绕着 x 轴、y 轴、z 轴或其他指定的轴线进行旋转。

② 在操作对话框中根据实际需要单击某一个功能按钮。

③ 如果在操作对话框中单击的是第四列 3 个按钮之一，即：沿任意轴线方向平移(Drag along any axis)、沿任意平面平移(Drag along plane)、绕任意轴线旋转(Drag around any axis)，则需要人为选择一条直线/平面或轴线作为参考元素。

④ 将光标移至要调整位置的零部件上，然后单击并拖动，即可对该零部件的位置进行调整。

⑤ 在调整零部件位置时，如果在操作对话框中选中了遵循约束(With respect to constraints)复选框，则 CATIA 会在保持现有约束的基础上对零部件的位置进行调整，即所选零部件只能沿着没有被约束的自由度方向进行位置调整。

**2. 捕捉(Snap)**

通过捕捉图标可以捕捉两个零部件上的参考元素(点、线或面)，CATIA 会将所选的两个参考元素对齐(重合、共面等)，通过对齐来调整第一个参考元素所属零部件的位置。

通过捕捉功能调整零部件位置的方法如下：

① 在移动工具栏中单击捕捉图标；

② 在要调整位置的零部件上选择一个参考元素(点、线或面)，如图 6-53 所示；

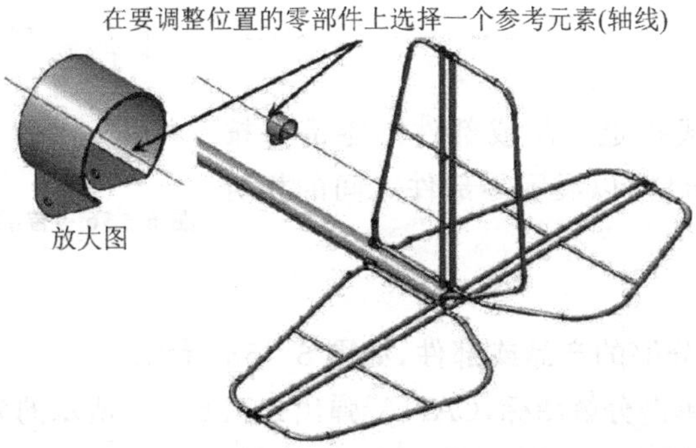


图 6-53　在要调整位置的零部件上选择一个参考元素

③ 根据实际情况在要调整位置的零部件或其他零部件上选择另一个参考元素(点、线或面),如图 6 - 54 所示;

④ 选择了两个参考元素之后,CATIA 会通过调整第一个参考元素所在零部件的位置,将所选的两个参考元素对齐(重合、共面等),如图 6 - 55 所示;

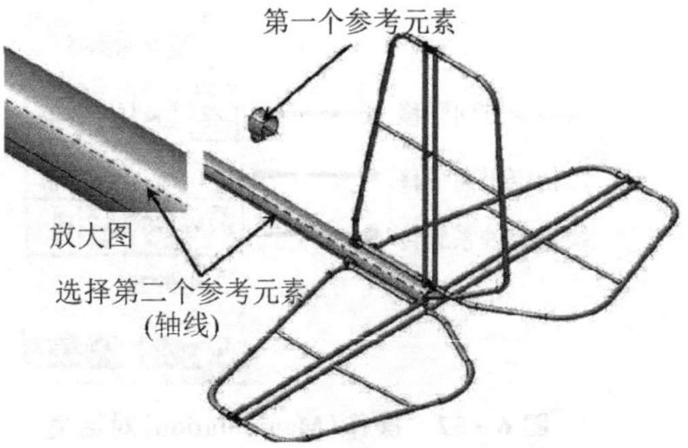


**图 6 - 54 选择第二个参考元素**

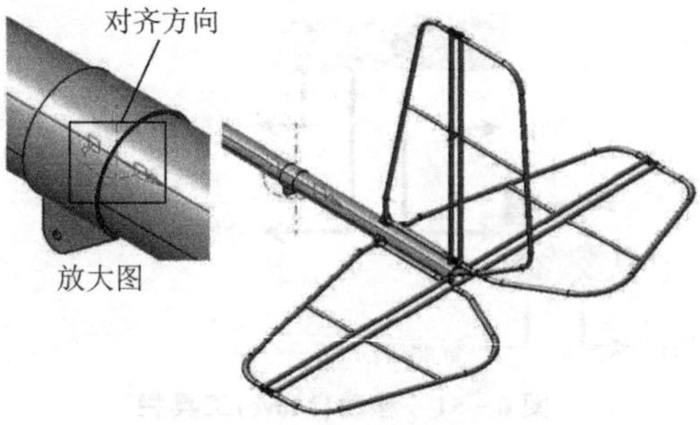


**图 6 - 55 两个参考元素对齐**

⑤ 图 6 - 55 中的箭头代表对齐方向,通过单击该箭头,可以改变对齐方向。

**3. 智能移动(Smart Move)**

智能移动图标的功能与捕捉图标类似,都是通过将两个参考元素进行对齐来调整零部件的位置,区别在于智能移动只需在要调整位置的零部件上选择一个参考元素即可,另一个参考元素由 CATIA 进行智能判断。

智能移动的方法如下:

① 在移动工具栏中单击智能移动图标,CATIA 弹出如图 6 - 56 所示的智能移动(Smart Move)对话框;

② 在要调整位置的零部件上单击选中一个参考元素,并拖动该零部件;

③ CATIA 会自动捕捉零部件移动路径上存在的其他点、线、面等参考元素,并对齐,当 CATIA 捕捉到所需要的参考元素时,松开鼠标,即可完成对齐移动操作,如图 6 - 57 所示;

④ 如果在如图 6 - 56 所示的智能移动对话框中选中了自动约束创建(Automatic constraint creation)复选框,则 CATIA 会在完成零部件位置调整时从快速约束(Quick constraint)列表中按照先后次序自动选择并创建相应的约束。

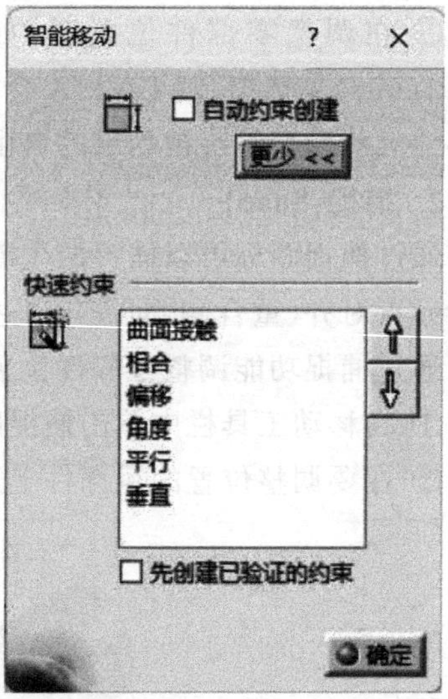


**图 6 - 56 智能移动(Smart Move)对话框**

**4. 分解(Explode)**

分解图标用于将构成指定产品或部件的零部件按照设定的条件进行爆炸分解,以展示零部件之间的相对位置关系。

分解的方法如下:

① 选择要进行爆炸分解的产品或部件,如图 6 - 58 所示。

② 在移动工具栏中单击分解图标,CATIA 弹出如图 6 - 59 所示的分解(Explode)对话框。

③ 设置爆炸分解的深度。在深度(Depth)下拉列表框中,CATIA 提供了两种深度选择:

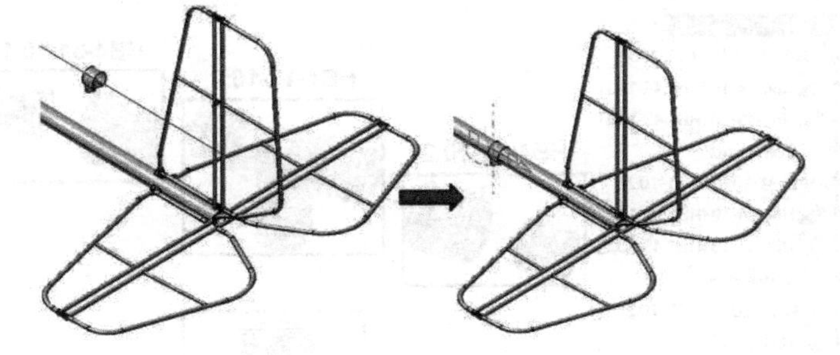

(a) 智能移动前　　　　(b) 智能移动后

**图 6 - 57　智能移动(Smart Move)**

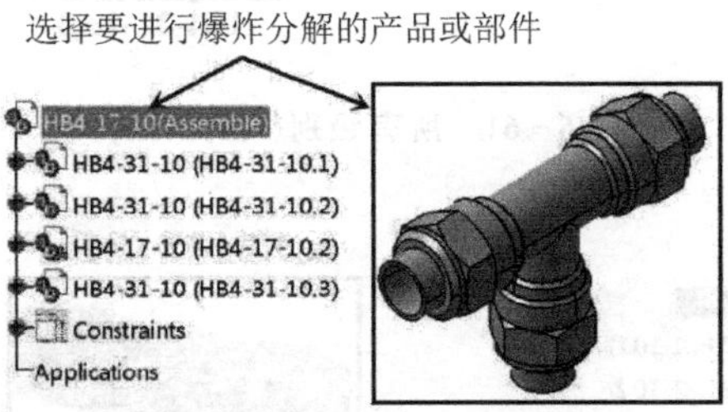


**图 6 - 58　选择要进行爆炸分解的产品或部件**

所有级别(All levels)和第一级别(First level),如图 6 - 60 所示：

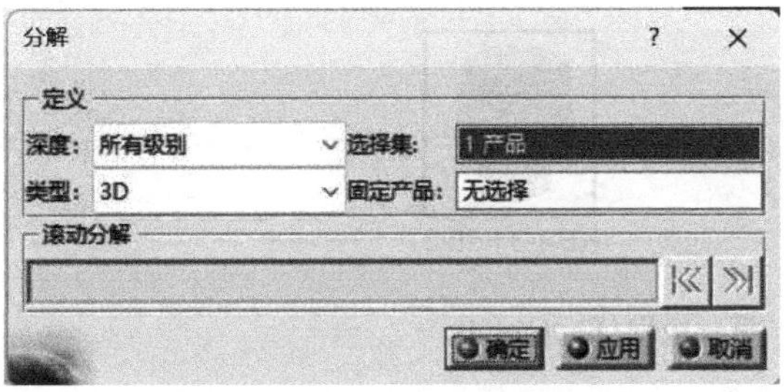


**图 6 - 59　分解(Explode)对话框**

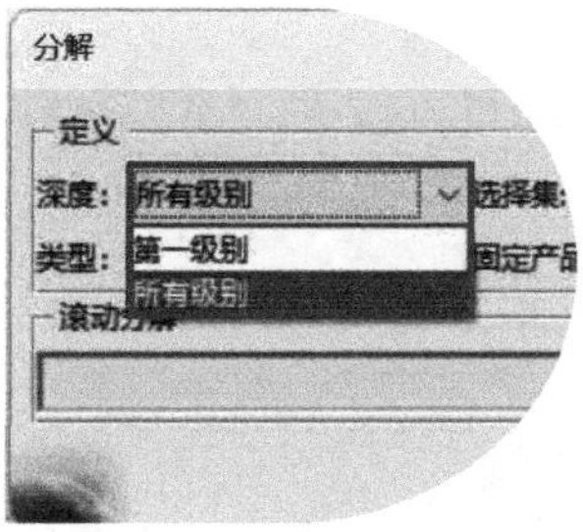


**图 6 - 60　深度(Depth)**

ⓐ 所有级别指对构成所选产品或部件的所有零件进行爆炸分解,如图 6 - 61 所示；

ⓑ 第一级别指只对构成所选产品或部件的第一层零部件进行爆炸分解,如图 6 - 62 所示。

④ 设置爆炸分解类型。在类型(Type)下拉列表框中,CATIA 提供了 3 种类型：3D、2D、受约束(Constraint),如图 6 - 63 所示：

ⓐ 3D 指爆炸分解后,零部件在 3D 空间均匀分布；

ⓑ 2D 指爆炸分解后,零部件在 2D 空间均匀分布；

ⓒ 受约束指爆炸分解后,零部件保持相对的共线或共面关系。

⑤ 如果有需要,可以通过分解对话框选择一个零部件,使其在爆炸分解操作时位置固定不动。

⑥ 单击确定按钮完成爆炸分解操作。

**5. 碰撞时停止操作(Stop manipulation on clash)**

碰撞时停止操作功能需要与操作功能配合使用,如果在使用操作功能之前,单击碰撞时停止操作图标,那么在通过操作功能对零部件位置进行调整时,可以防止零部件之间发生碰撞,一旦发生碰撞,被调整的零部件将会停止移动,并高亮显示。

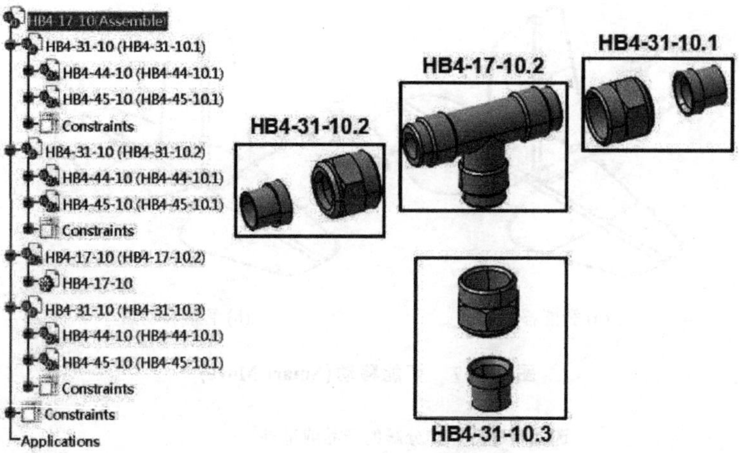


**图 6-61　所有级别(All levels)**

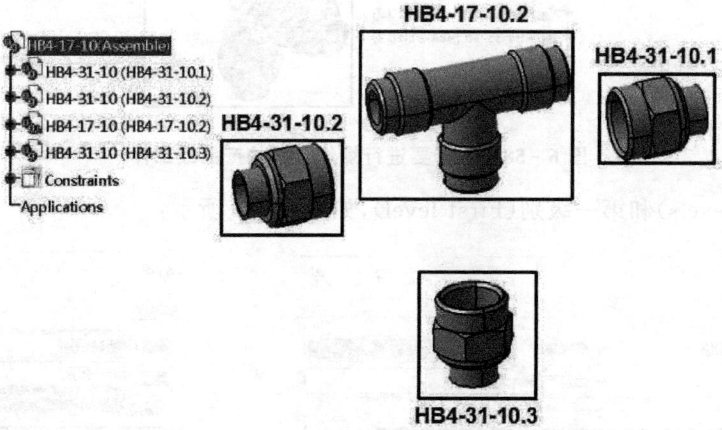


**图 6-62　第一级别(First level)**

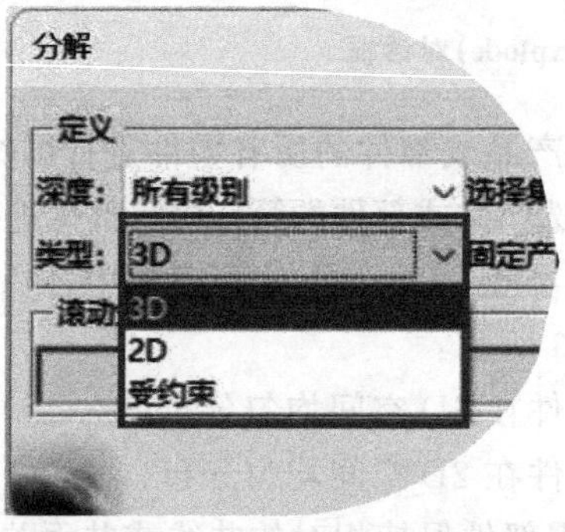


**图 6-63　爆炸分解的类型(Type)**

## 6.4　零部件的约束配合

通过对零部件设置约束,可以限制零部件的自由度,并确定零部件相互之间的位置关系。要对零部件添加约束,需要用到约束(Constraint)工具栏,该工具栏提供了 10 种约束功能:相合约束(Coincidence Constraint)、接触约束(Contact Constraint)、偏移约束(Offset Constraint)、角度约束(Angle Constraint)、固定部件(Fix Component)、固联(Fix Together)、快速约束(Quick Constraint)、柔性/刚性子装配(Flexible/Rigid Sub-Assembly)、更改约束(Change Constraint)、重复使用阵列(Reuse Pattern),如图 6-64 所示。

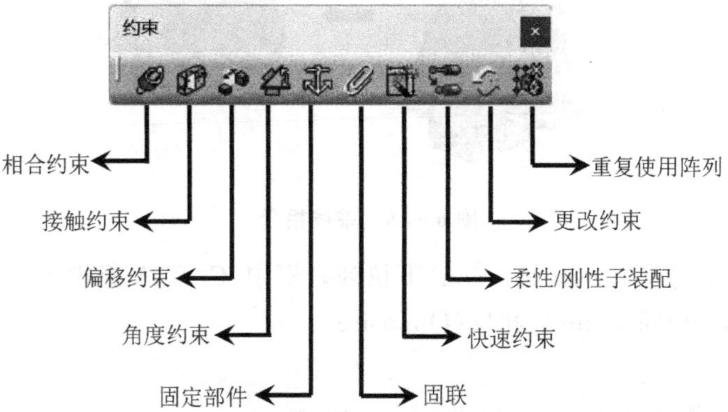


**图 6-64　约束(Constraint)工具栏**

在对零部件添加约束之前,必须首先明确该约束涉及哪些零部件,然后在配置树中找到这些零部件共同的父节点,并双击该父节点将其激活,否则该约束可能无法正确添加,如图 6-65 所示。

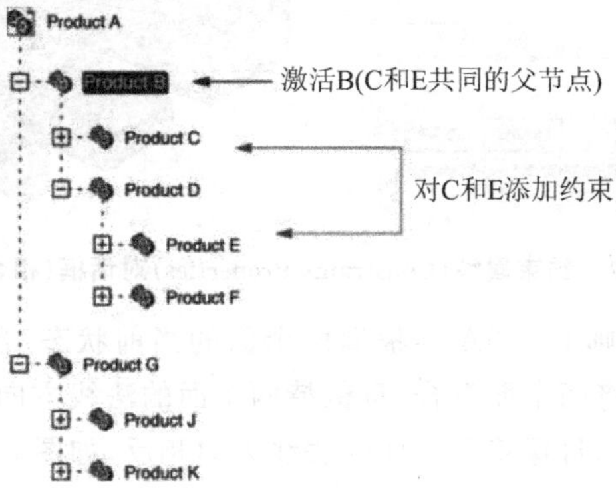


**图 6-65　约束前激活零部件父节点**

## 6.4.1　相合约束(Coincidence Constraint)

相合约束通过约束两个零部件中的指定支持元素(点、线、面)相互重合来确定两个零部件相互之间的相对位置关系。

创建相合约束的方法如下:

① 在约束工具栏中单击相合约束图标。

② 在两个要进行相合约束的零部件上选择两个支持元素(点、线、面):

ⓐ 如果所选的支持元素是零部件上的直线或轴线,则 CATIA 会直接将两条所选的直线或轴线重合,完成相合约束,如图 6-66 所示;

ⓑ 如果所选的支持元素是零部件上的面,则 CATIA 在完成相合约束之前,会弹出如图 6-67 所示的约束属性(Constraint Properties)对话框。

在图 6-67 中,选择了两个面作为支持面元素进行相合,需要在约束属性对话框中设置这

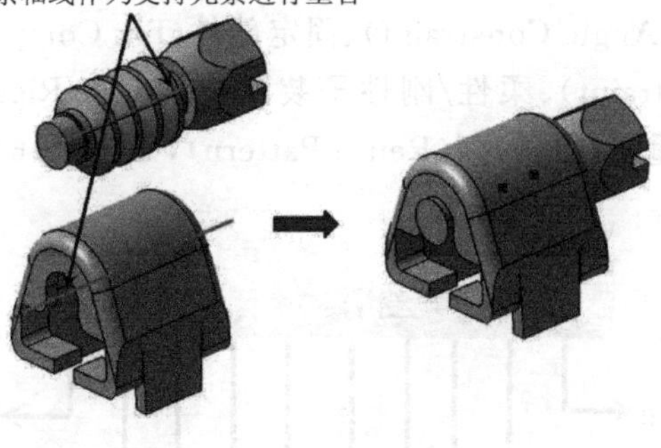


图 6-66 轴线相合

两个面的相合方向。在方向(Orientation)下拉列表框中,CATIA 提供了 3 种相合方向类型:未定义(Undefined)、相同(Same)、相反(Opposite)。

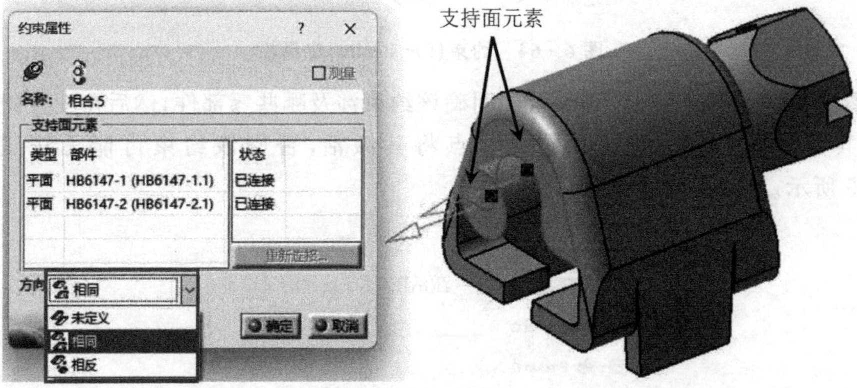


图 6-67 约束属性(Constraint Properties)对话框(相合约束)

如果选择的是未定义,则 CATIA 会根据两个面的当前状态,自动确定相合方向;如果选择的是相同,则 CATIA 会将两个面重合,且保持两个面的法线方向相同;如果选择的是相反,则 CATIA 会将两个面重合,且保持两个面的法线方向相反,如图 6-68 所示。

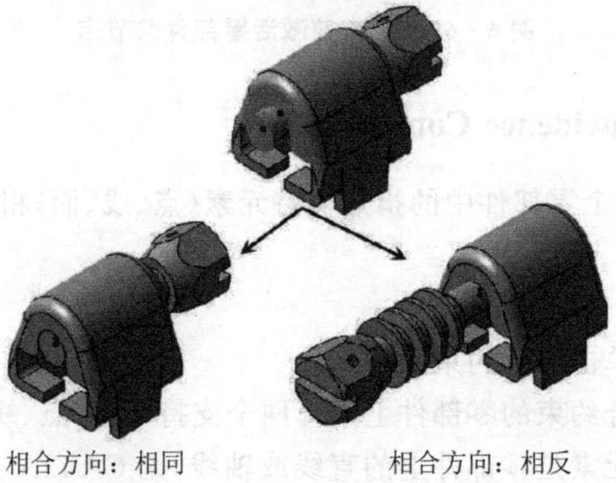


图 6-68 相合方向(Orientation)

完成相合约束之后,在配置树的约束节点中能找到所建立的相合约束,如图 6-69 所示。

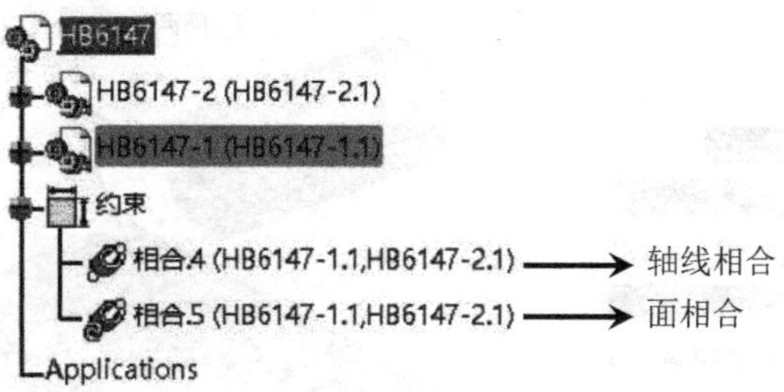


**图 6－69　约束(Constraints)节点**

需要注意的是,如果创建的相合约束会改变两个零部件的当前位置关系,那么在设置了相合约束之后,在默认情况下,两个零部件的当前位置关系并不会立即发生变化,而需要人为进行约束更新。约束更新有两种常用的方法:

① 在配置树的约束节点中,右击要进行更新的约束,并在弹出的快捷菜单中选择更新(Update)命令,如图 6－70 所示;

② 在更新(Update)工具栏中单击全部更新(Update All)图标,如图 6－71 所示。

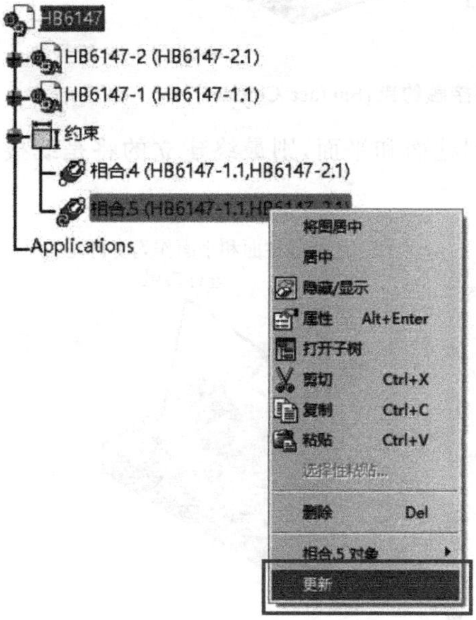


**图 6－70　更新(Update)命令**

**图 6－71　更新(Update)工具栏中的全部更新(Update All)图标**

## 6.4.2　接触约束(Contact Constraint)

接触约束通过约束两个零部件中的指定支持元素(点、线、面)相互接触来确定两个零部件之间的相对位置关系。根据所选支持元素类型的不同,接触约束又可分为三种类型:曲面接触(Surface Contact)、线接触(Line Contact)、点接触(Point Contact)。

创建接触约束的方法如下:

① 在约束工具栏中单击接触约束图标。

② 在两个要进行接触约束的零部件上选择两个支持元素(点、线、面)。

③ 如果所选的两个支持元素的相互接触部分为平面或曲面,则最终建立的将是曲面接触约束(Surface Contact),如图 6－72 所示。

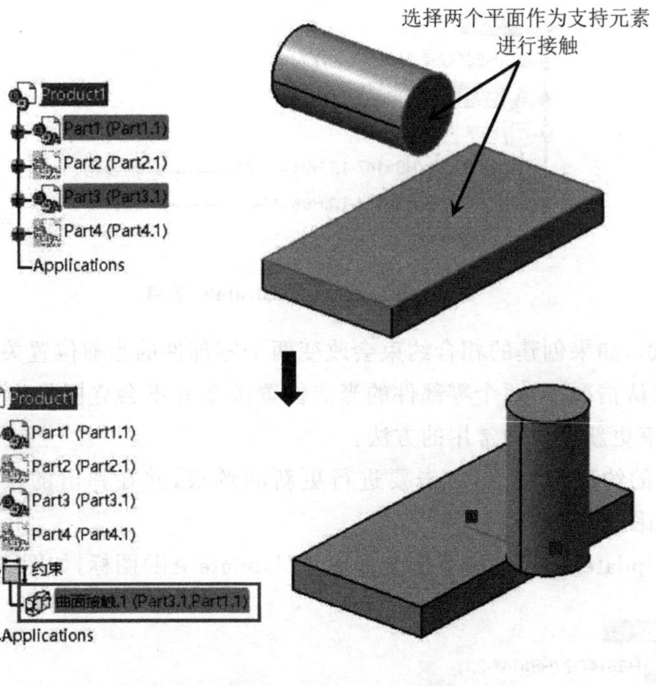


**图 6-72　曲面接触约束(Surface Contact)**

④ 如果所选的两个支持元素分别是圆柱面和平面，则最终建立的将是线接触约束(Line Contact)，如图 6-73 所示。

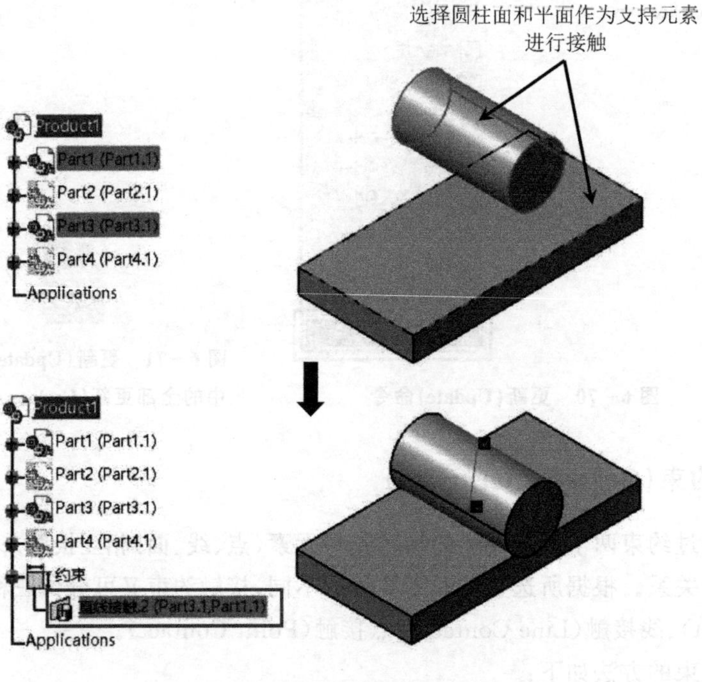


**图 6-73　线接触约束(Line Contact)**

如果所选的两个支持元素分别是圆柱面和平面，则在最终建立线接触约束之前，CATIA 会弹出如图 6-74 所示的约束属性(Constraint Properties)对话框。

在如图 6 - 74 所示的约束属性对话框中需要设置线接触约束的接触方向。在方向下拉列表框中,CATIA 提供了两种接触方向:内部(Internal)、外部(External),如图 6 - 75 所示。

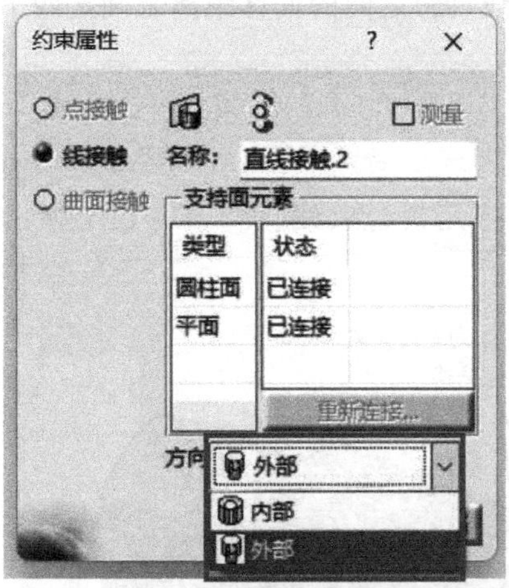


**图 6 - 74　约束属性(Constraint Properties)对话框(接触约束)**

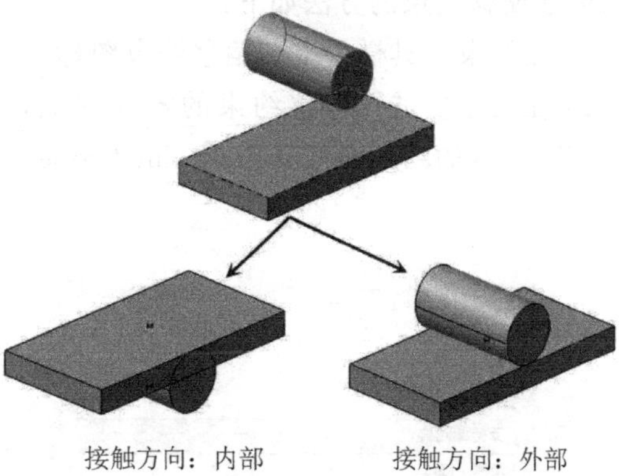


**图 6 - 75　接触方向**

⑤ 如果所选的两个支持元素分别是球面和平面,则最终建立的将是点接触约束(Point Contact),如图 6 - 76 所示。

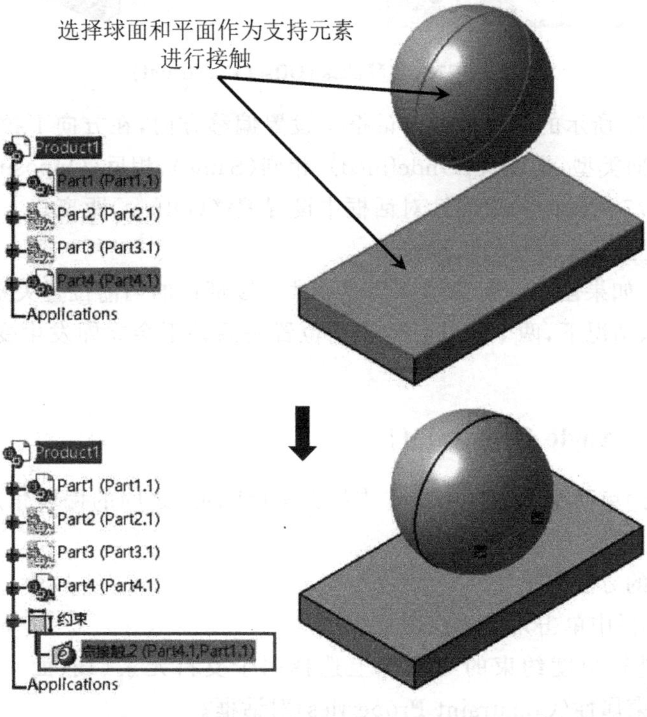


**图 6 - 76　点接触约束(Point Contact)**

需要注意的是,如果创建的接触约束会改变两个零部件的当前位置关系,那么在设置了接触约束之后,在默认情况下,两个零部件的当前位置关系并不会立即发生变化,而需要人为进行约束更新。

### 6.4.3 偏移约束(Offset Constraint)

偏移约束通过约束两个零部件中指定支持元素(点、线、面)之间的偏移距离来确定两个零部件之间的相对位置关系。

创建偏移约束的方法如下：

① 在约束工具栏中单击偏移约束图标；

② 在两个要进行偏移约束的零部件上选择两个支持元素(点、线、面),CATIA 弹出如图 6-77 所示的约束属性(Constraint Properties)对话框；

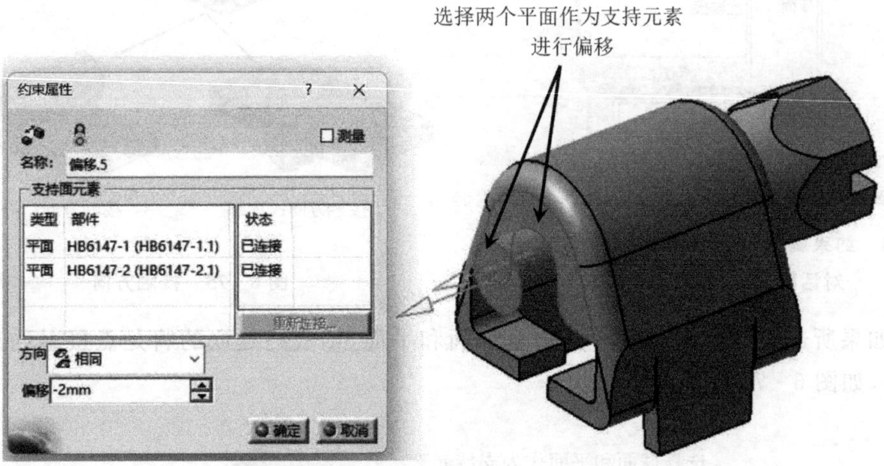


图 6-77 偏移约束(Offset Constraint)

③ 在如图 6-77 所示的约束属性对话框中设置偏移方向,在方向下拉列表框中,CATIA 提供了 3 种偏移方向类型:未定义(Undefined)、相同(Same)、相反(Opposite)；

④ 在如图 6-77 所示的约束属性对话框中设置偏移(Offset)距离；

⑤ 单击确定按钮完成偏移约束操作。

需要注意的是,如果创建的偏移约束会改变两个零部件的当前位置关系,那么在设置了偏移约束之后,在默认情况下,两个零部件的当前位置关系并不会立即发生变化,而需要人为进行约束更新。

### 6.4.4 角度约束(Angle Constraint)

角度约束通过约束两个零部件中指定支持元素(线、面)之间的偏转角度来确定两个零部件之间的相对位置关系。

创建角度约束的方法如下：

① 在约束工具栏中单击角度约束图标。

② 在两个要进行角度约束的零部件上选择两个支持元素(线、面),CATIA 会弹出如图 6-78 所示的约束属性(Constraint Properties)对话框。

③ 如果所选的两个支持元素在约束之后应该相互垂直,则可以在约束属性对话框中选中垂直(Perpendicularity)单选按钮(即约束二者之间的偏转角度为 90°)；如果所选的两个支持元素在约束之后应该相互平行,则可以在约束属性对话框中选中平行(Parallelism)单选按钮(即约束二者之间的偏转角度为 0°)；如果所选的两个支持元素在约束之后成 90°和 0°之外的其他角度,则可以在约束属性对话框中选中角度单选按钮,然后设置偏转角度及该偏转角度所

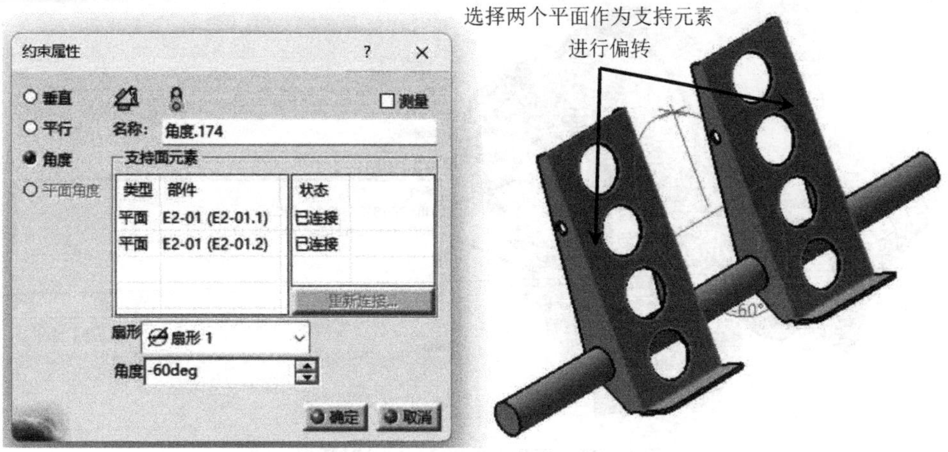


图 6-78 约束属性(Constraint Properties)对话框(角度约束)

属的象限,如图 6-79 所示。

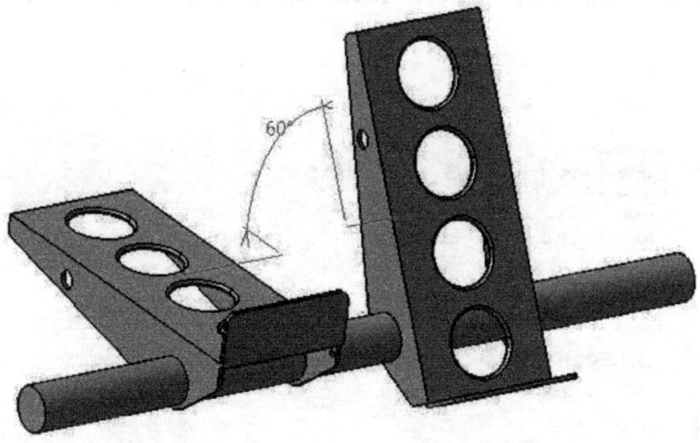


图 6-79 角度约束(Angle Constraint)

### 6.4.5 固定部件(Fix Component)

通过固定部件可以将指定的零部件在当前的位置和方位下进行固定,使其自由度为 0。

建立固定部件的方法如下:

① 选择要进行固定的零部件作为约束对象;

② 在约束工具栏中单击固定部件图标即可完成固定约束。

对指定零部件建立固定约束后,仍然可以通过由指南针或移动工具栏提供的移动工具对其进行移动,但是在更新之后,该零部件又会恢复到原来的位置和方位。

### 6.4.6 固联(Fix Together)

通过固联约束可将产品中的多个零部件按照当前的相对位置关系约束为一个整体,当移动其中一个零部件时,其他零部件也会随之移动。

建立固联的方法如下:

① 在约束(Constraint)工具栏中单击固联(Fix Together)图标,CATIA 弹出如图 6-80 所示的固联(Fix Together)对话框。

② 通过固联对话框选择要固联为一个整体的零部件,如图 6-80 所示。

③ 在固联对话框中单击确定按钮完成固联约束。

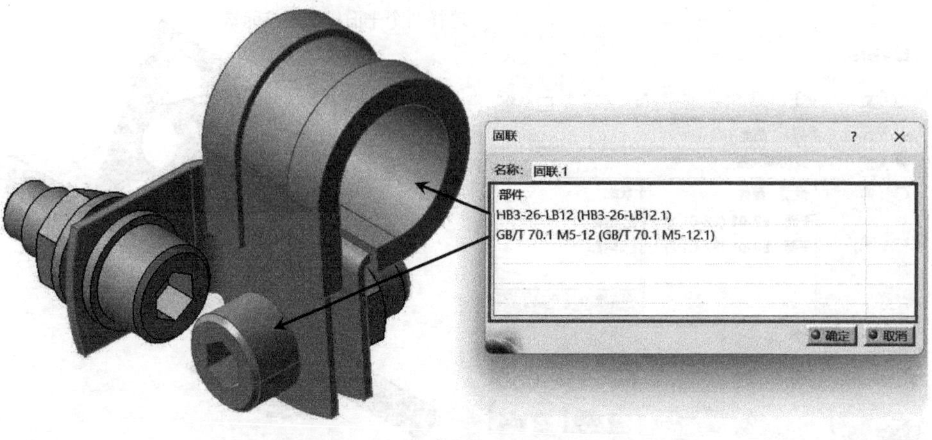


图 6-80 固联(Fix Together)对话框

④ 完成固联约束后，要想使固联到一起的零部件作为一个整体来移动，还需要进行如下设置：

ⓐ 在工具(Tools)菜单中选择选项(Options)菜单项，CATIA 打开如图 6-81 所示的选项(Options)对话框；

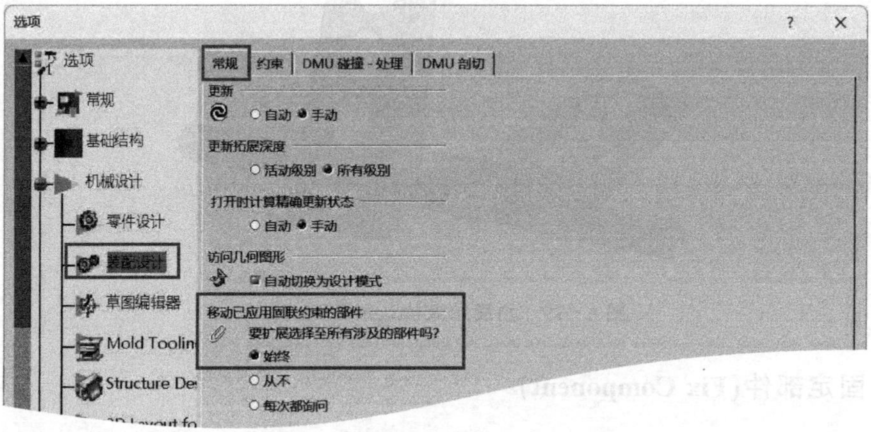


图 6-81 选项(Options)对话框(固联)

ⓑ 在选项对话框左侧的树形结构区中选择机械设计(Mechanical Design)中的装配设计(Assembly Design)节点；

ⓒ 在选项对话框右侧选项卡区中选择常规(General)选项卡；

ⓓ 在常规选项卡的移动已应用固联约束的部件(Move components involved in a Fix Together)选项组中选中始终(Always)单选按钮；

ⓔ 单击确定按钮完成选项设置。

### 6.4.7 快速约束(Quick Constraint)

通过快速约束，CATIA 可根据用户选择的两个零部件中的几何元素类型，自动创建相合(Coincidence Constraint)、接触(Contact Constraint)、偏移(Offset Constraint)、角度(Angle Constraint)等约束。

建立快速约束的方法如下：

① 在约束(Constraint)工具栏中单击快速约束(Quick Constraint)图标；

② 选择两个零部件上的几何元素，例如选择图 6-82 中螺钉和螺母零件的轴线；

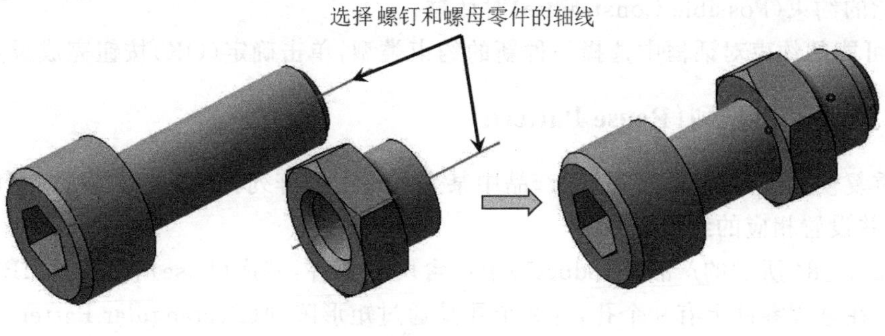


图 6-82 快速约束(Quick Constraint)

③ CAITA 会根据所选的几何元素类型自动创建相应的约束,例如在图 6-82 中,CATIA 会在两个轴线之间创建相合约束。

### 6.4.8 柔性/刚性子装配(Flexible/Rigid Sub-Assembly)

通过柔性/刚性子装配功能可将一个产品(Product)或部件(Component)设置为柔性子装配(Flexible Sub-Assembly)或刚性子装配(Rigid Sub-Assembly)。

默认情况下,CATIA 会将所有产品和部件设置为刚性子装配。在对刚性子装配进行移动时,刚性子装配中的所有零部件会作为一个整体进行移动,零部件之间的相对位置关系不变。

通过柔性/刚性子装配功能可将刚性子装配转变为柔性子装配。在对柔性子装配进行移动时,柔性子装配中零部件的相对位置关系可根据已有约束条件进行变化。

将刚性子装配转变为柔性子装配,或将柔性子装配转变为刚性子装配的方法如下:

① 选择一个产品或部件;

② 在约束(Constraint)工具栏中单击柔性/刚性子装配(Flexible/Rigid Sub-Assembly)图标;

③ CATIA 会将刚性子装配转变为柔性子装配,或将柔性子装配转变为刚性子装配。

### 6.4.9 更改约束(Change Constraint)

通过更改约束功能可改变已有约束的约束类型,操作方法如下:

① 在约束(Constraint)工具栏中单击更改约束(Change Constraint)图标;

② 在产品配置树或图形操作区域中选择需要更改类型的约束,CATIA 弹出如图 6-83

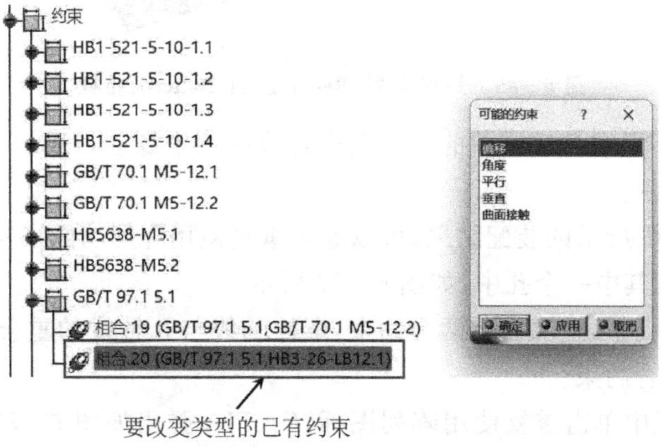


图 6-83 已有约束及可能的约束(Possible Constraints)对话框

所示的可能的约束(Possible Constraints)对话框;

③ 在可能的约束对话框中选择一种新的约束类型,单击确定(OK)按钮完成设置。

### 6.4.10 重复使用阵列(Reuse Pattern)

通过重复使用阵列功能可以按照产品中某个零件上的阵列特征的相关参数对其他零部件进行阵列,并设置相应的约束关系。

在如图 6-84 所示的产品(Product1)中包含两个零件:基座(Base)和螺栓(HB1-201G-M6×18)。在基座零件上有 9 个孔,这 9 个孔是通过矩形阵列(Rectangular Pattern)特征生成的,如图 6-85 所示。

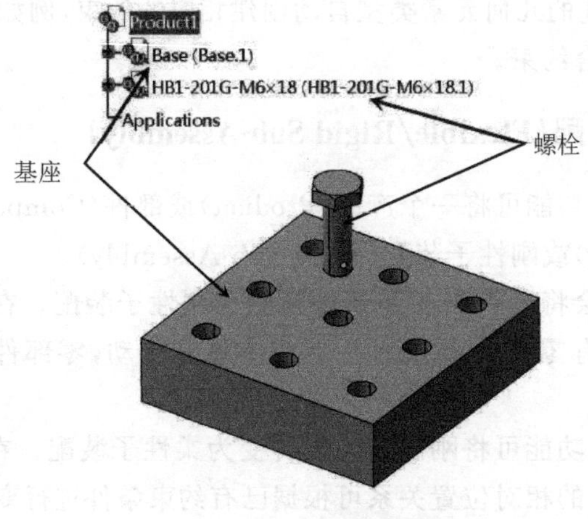


**图 6-84 待约束的产品**

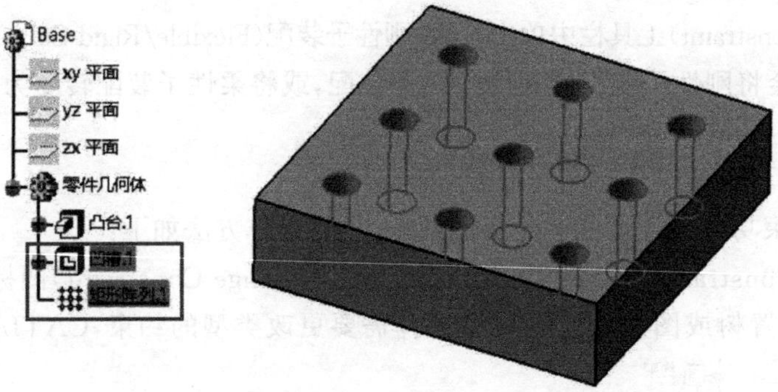


**图 6-85 矩形阵列(Rectangular Pattern)特征**

根据实际需求,需要在基座零件的 9 个孔中各装配一个螺栓(HB1-201G-M6×18),装配结果如图 6-86 所示。

要实现如图 6-86 所示的装配结果,可以通过重复使用阵列功能来实现,基本方法如下:

① 将螺栓装配到其中一个孔中,如图 6-87 所示。

要将螺栓装配到孔中,至少需要两个约束:螺栓轴线与孔轴线的重合约束、螺栓头部下端面与基座上表面的重合约束。

② 在约束工具栏中单击重复使用阵列图标,CATIA 弹出如图 6-88 所示的在阵列上实例化(Instantiation on a pattern)对话框。

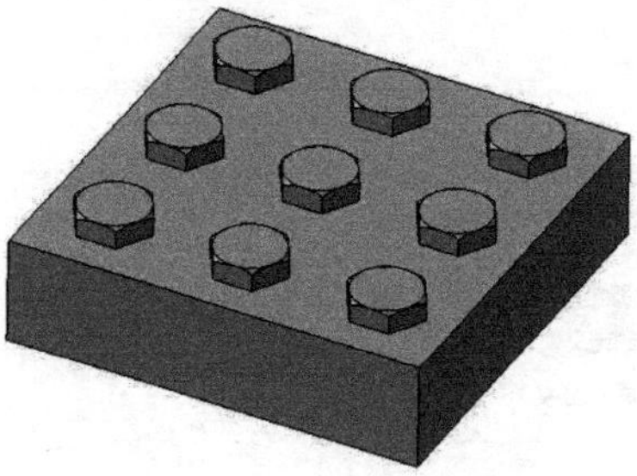

图 6-86 装配结果

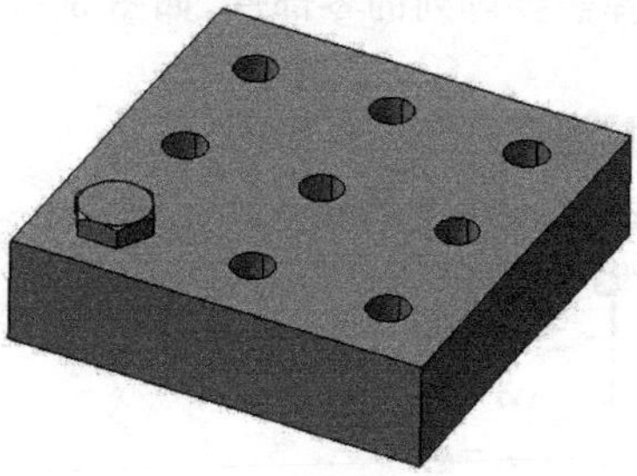

图 6-87 装配一个螺栓

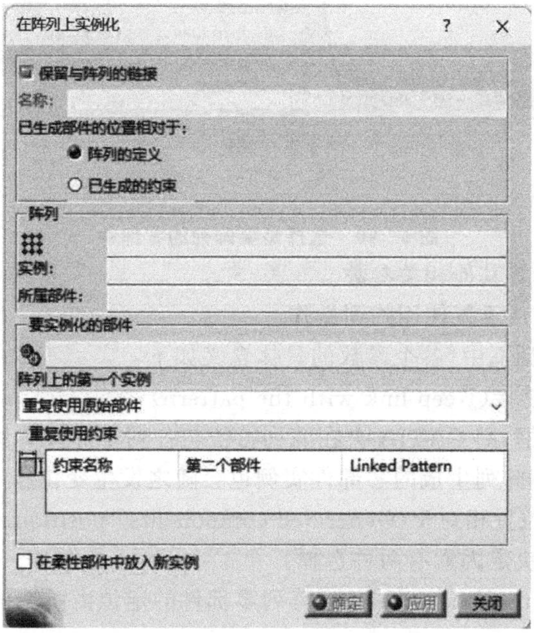


图 6-88 在阵列上实例化(Instantiation on a pattern)对话框

③ 在基座(Base)零件中选择阵列特征,如图 6-89 所示。

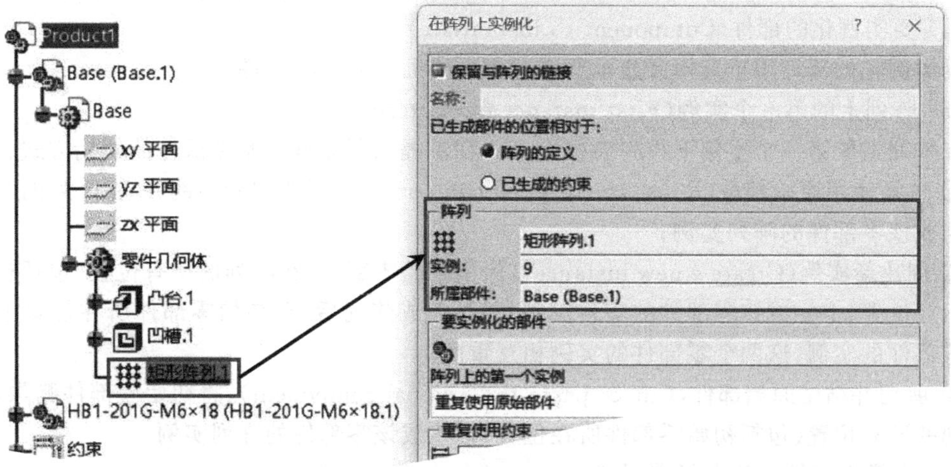


图 6-89 选择阵列特征

④ 选择需要阵列的零部件，如图 6－90 所示。

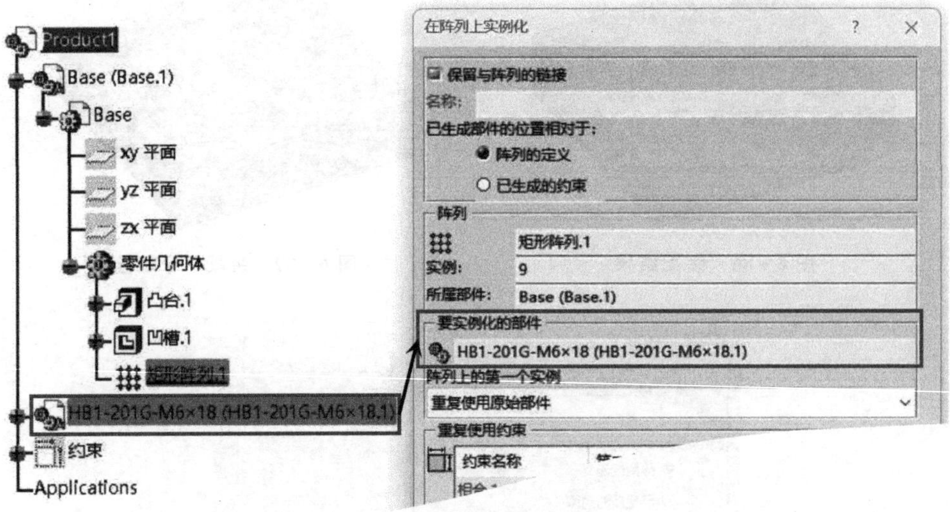


**图 6－90 选择需要阵列的零部件**

⑤ 根据实际情况设置其他相关参数。

⑥ 单击确定按钮完成重复使用阵列操作。

在阵列上实例化对话框中，各个参数的具体含义如下：

(1) 保留与阵列的链接(Keep link with the pattern)

如果选中了该复选框，则 CATIA 会在阵列特征与阵列零部件实例之间建立链接；如果阵列特征的参数被修改，则阵列生成的零部件实例也会随之发生变化。

(2) 已生成部件的位置相对于(Generated components' position with respect to)

阵列零部件定位的决定因素有两种选择：

① 阵列的定义(Pattern's definition)：阵列零部件的定位由所选的阵列特征决定，只保留初始零部件的约束；

② 已生成的约束(Generated constraints)：阵列零部件的定位由各自的约束决定。

(3) 阵列(Pattern)

阵列选项组用于选择并显示所选阵列特征的名称、实例数量及该特征所属部件等信息。

(4) 要实例化的部件(Component to instantiate)

要实例化的部件用于选择并显示所选的需要阵列的初始零部件。

(5) 阵列上的第一个实例(First instance on pattern)

在阵列上的第一个实例下拉列表框中，CATIA 提供了 3 种初始零部件的使用方式：

① 重复使用原始部件(Reuse the original component)：保留初始零部件，在阵列的其他位置上生成该零部件的阵列实例；

② 创建新实例(Create a new instance)：保留初始零部件，在阵列的所有位置(包括初始零部件所在位置)上生成该零部件的阵列实例，即在完成阵列后，在初始零部件所在位置上会有两个零部件的实例，这两个零部件的实例相互重叠；

③ 剪切并粘贴原始部件(Cut & paste the original component)：将初始零部件删除，然后在阵列的所有位置(包括初始零部件所在位置)上生成该零部件的阵列实例。

(6) 在柔性部件中放入新实例(Put new instances in a flexible component)

如果选中了该复选框，则 CATIA 会将阵列生成的零部件实例放到柔性部件中。

# 第 7 章　工程制图(Drafting)

## 7.1　概　述

工程制图工作台(Drafting)的主要功能是绘制零件或产品的工程图,如图 7-1 所示。

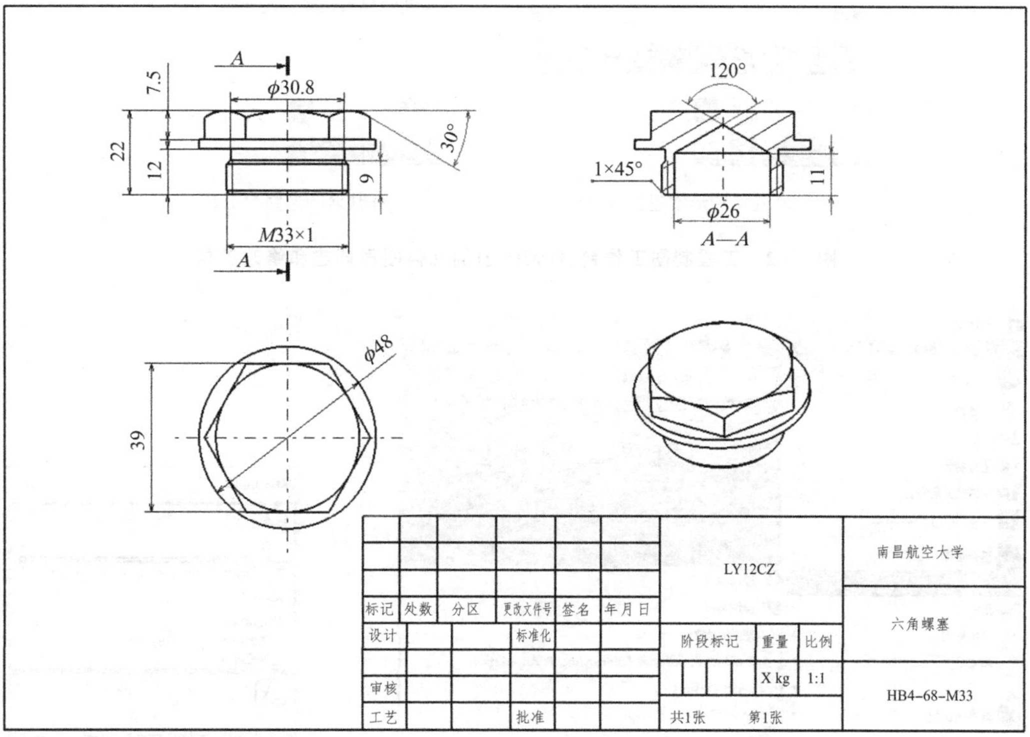


图 7-1　工程图

CATIA 的工程制图工作台提供了两种绘制工程图的模式:绘制模式和投影模式。

### 7.1.1　绘制模式

绘制模式指使用工程制图工作台提供的几何图形创建、修改工具及尺寸标注工具等来绘制零件或产品的工程图。该模式也是 AutoCAD 等二维制图软件所采用的绘图模式。

通过绘制模式绘制零件或产品的工程图,与在草图设计工作台(Sketcher)上绘制二维草图的情况比较类似,而且工程制图工作台提供的各种几何图形的创建和修改工具在名称、图标样式及使用方法上都与草图设计工作台非常类似,如图 7-2 所示。

通过绘制模式绘制零件或产品工程图的一般流程如下。

(1) 新建工程图

新建工程图时,需要根据所绘制的工程图的实际情况,设置图纸的相应属性,包括图纸的标准(Standards)、图纸样式(Sheet Style)和图纸方向,如图 7-3 所示。

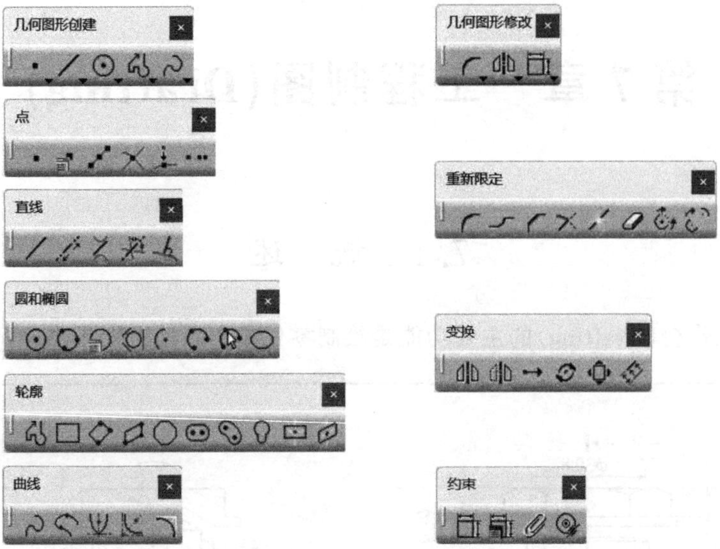


(a) 几何图形创建工具　　　　(b) 几何图形修改工具

**图 7-2　工程制图工作台(Drafting)的几何图形创建和修改工具**

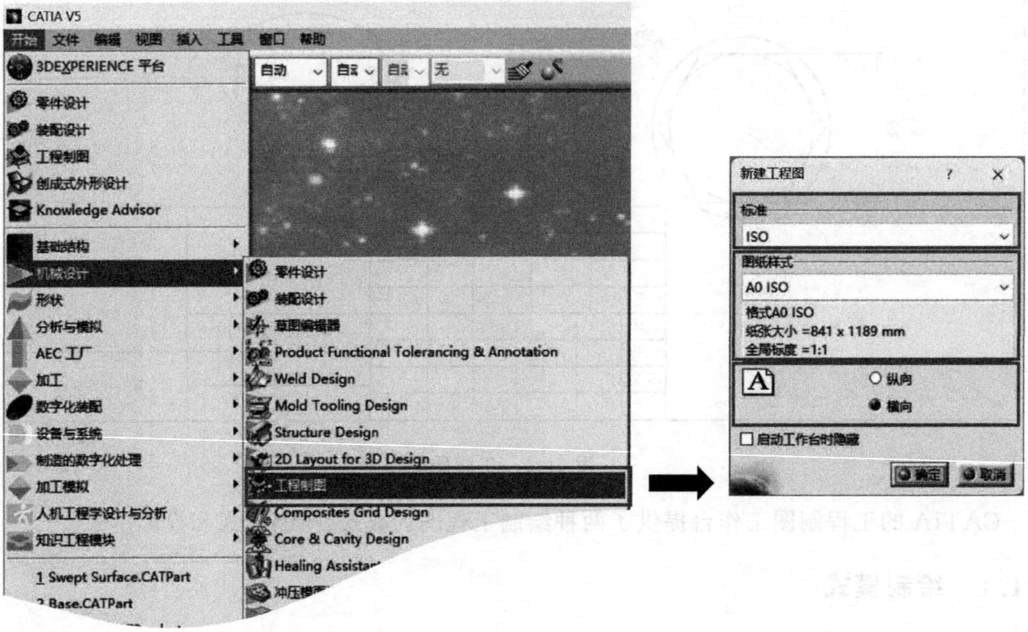


**图 7-3　新建图纸**

(2) 创建视图

通过工程图(Drawing)工具栏中的新建视图(New View)图标，根据实际需要在图纸上创建视图，例如正视图(Front View)、俯视图(Top View)、左视图(Left View)等，如图 7-4 所示。在空白图纸上创建的第一个视图是正视图(也称主视图)。

需要注意的是，此时创建的视图都是空白视图，其中不包含任何几何图形元素。

(3) 绘制视图

使用工程制图工作台提供的几何图形创建、修改工具及尺寸标注工具在相应的视图中进

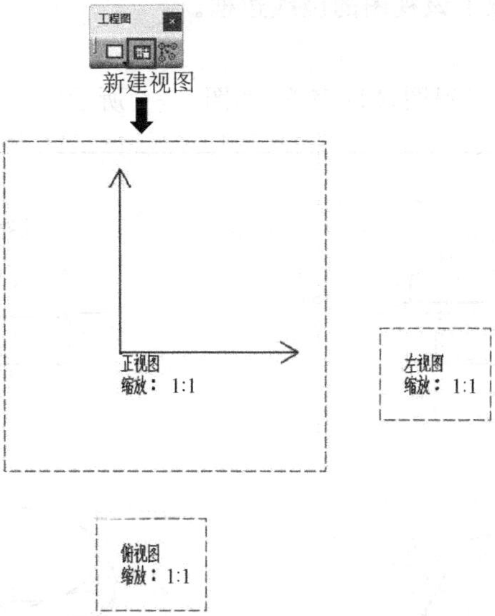


图 7-4　新建视图(New View)

行图形绘制,如图 7-5 所示。

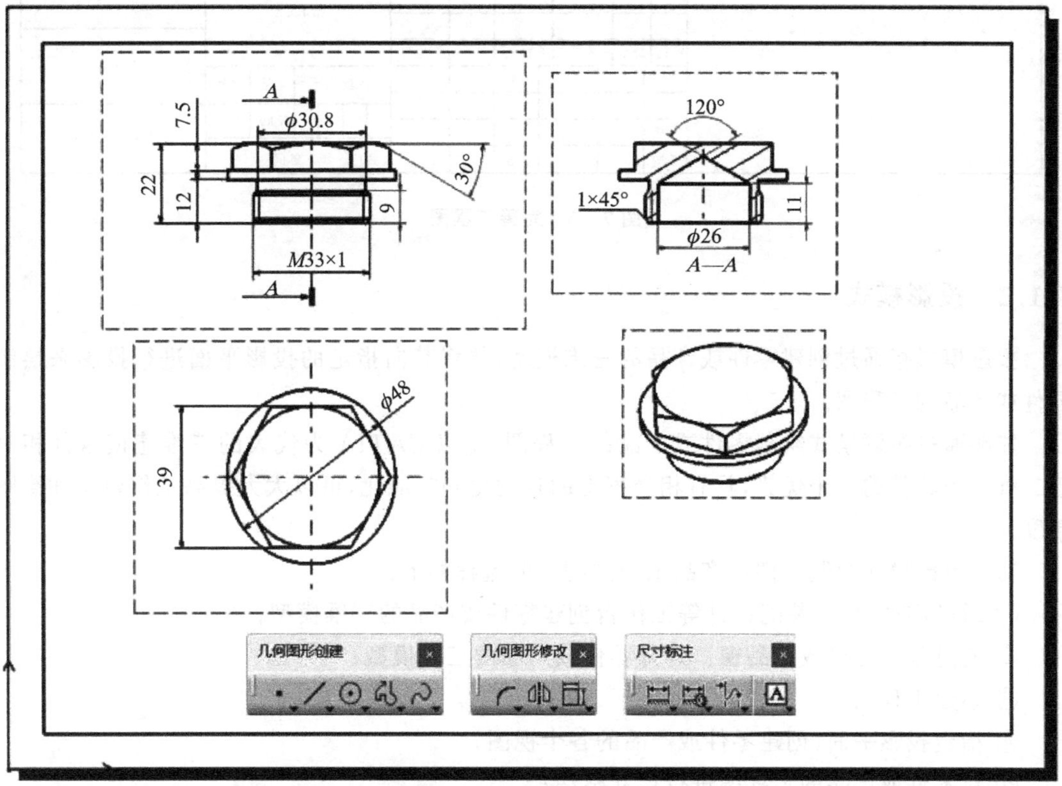


图 7-5　绘制视图

需要注意的是,在绘制一个视图之前,应首先将该视图激活,使其成为当前视图,激活的方法有两种:

① 在配置树中双击该视图对应的节点;

② 在工程图绘制区域双击该视图的虚线边框。

(4) 完善工程图

绘制图框、标题栏等，对工程图进行完善，如图 7-6 所示。

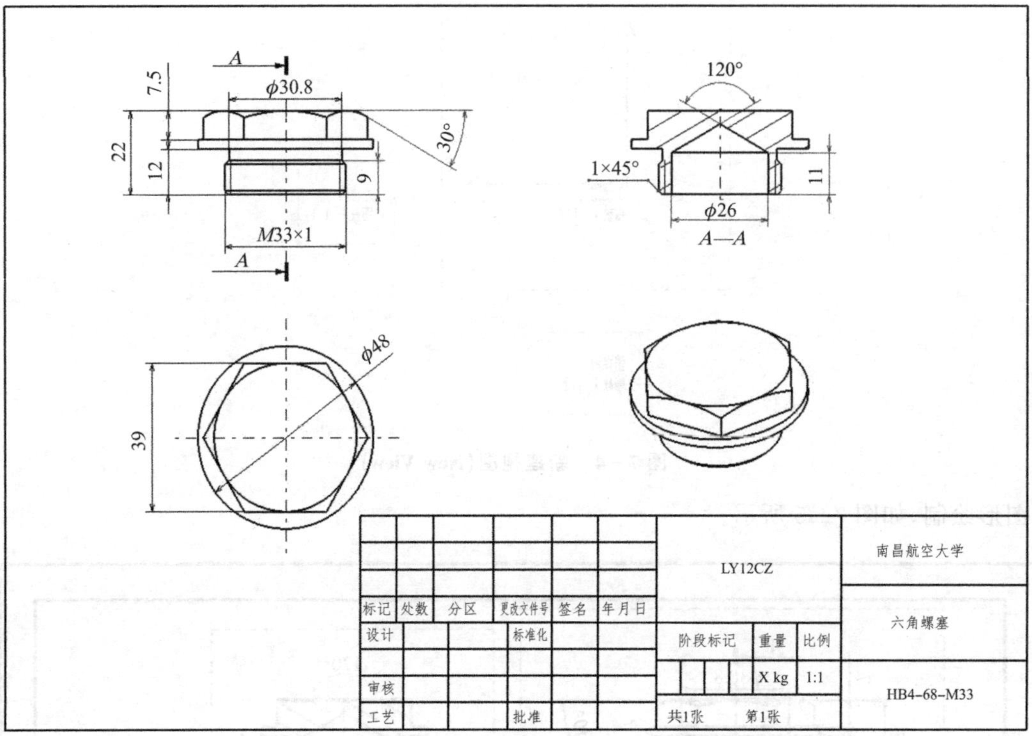


图 7-6 完善工程图

### 7.1.2 投影模式

投影模式指通过创建零件或产品的三维模型，并将其向指定的投影平面进行投影来绘制零件或产品的工程图。

能够通过投影模式绘制零件或产品的工程图，是以 CATIA 为代表的三维建模软件相对于二维绘图软件的一个优势，具有相当程度的自动化和智能化，可以大大提高工作效率和绘图精度。

通过投影模式绘制零件或产品工程图的一般流程如下：

① 通过零件设计、装配设计等工作台创建零件或产品的三维模型；

② 通过零件窗口或产品窗口打开零件或产品的三维模型；

③ 新建工程图；

④ 指定投影平面，创建零件或产品的各个视图；

⑤ 对零件或产品的工程图进行尺寸标注；

⑥ 绘制图框、标题栏等，对工程图进行完善。

## 7.2 新建工程图

新建工程图的基本方法如下：

### 1. 打开三维模型

通过零件窗口或产品窗口打开零件或产品的三维模型，如图 7－7 所示。

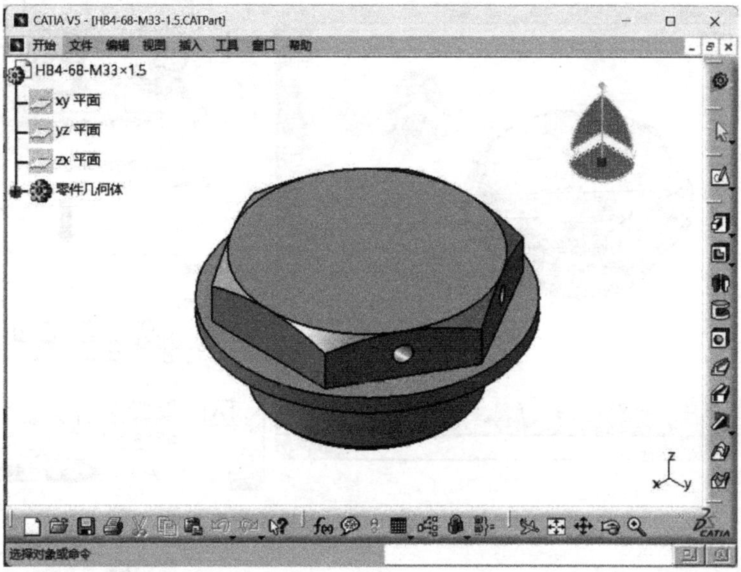


图 7－7　通过零件窗口或产品窗口打开零件或产品的三维模型

### 2. 新建工程图

新建工程图包括 3 种常用的方法：

① 选择开始(Start)→机械设计(Mechanical Design)→工程制图(Drafting)菜单项，CATIA 弹出如图 7－8 所示的创建新工程图(New Drawing Creation)对话框；

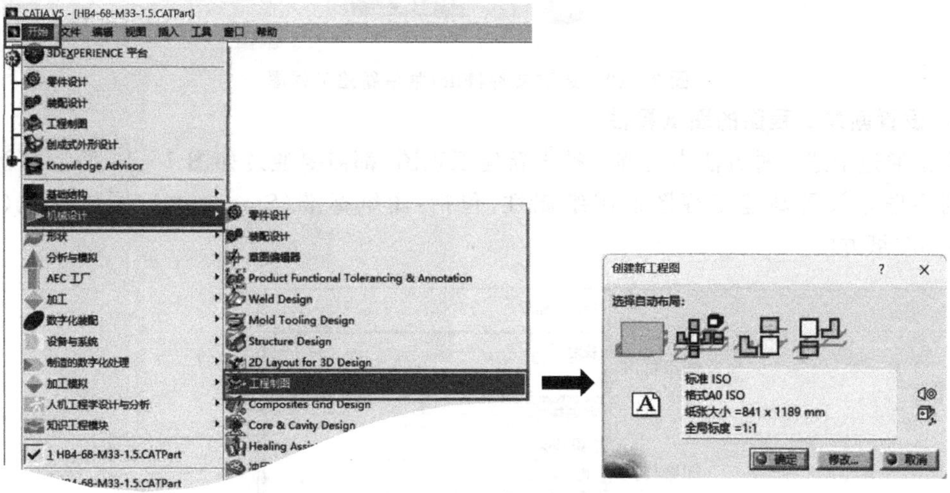


图 7－8　通过开始(Start)菜单新建工程图

② 在三维模型窗口中单击当前工作台图标，弹出欢迎使用 CATIA V5(Welcome to CATIA V5)对话框，单击工程制图图标，CATIA 弹出如图 7－9 所示的创建新工程图对话框；

③ 选择文件(File)→新建(New)菜单项，弹出新建对话框，选择 Drawing(工程制图)选项，CATIA 弹出如图 7－10 所示的新建工程图(New Drawing)对话框。

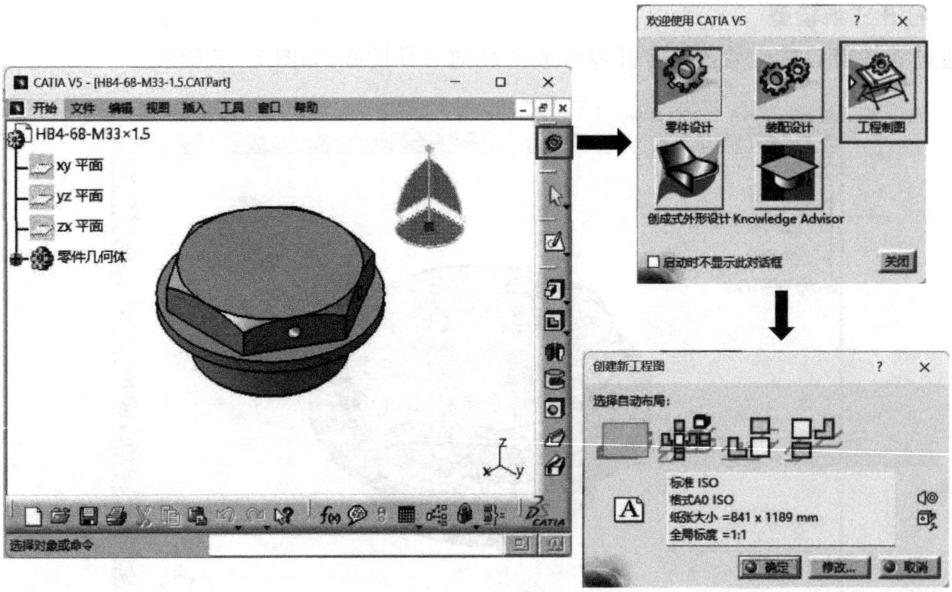


图 7-9 通过当前工作台图标新建工程图

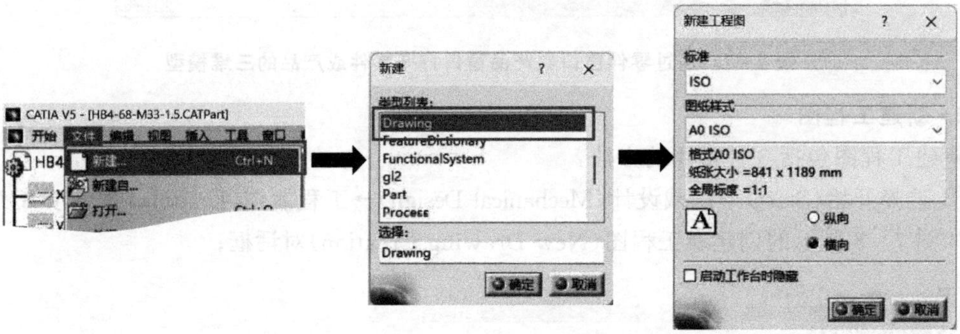


图 7-10 通过文件(File)菜单新建工程图

### 3. 设置新建工程图的图纸属性

无论通过上述 3 种方法中的哪一种来新建工程图,都需要通过如图 7-11 所示的新建工程图对话框来设置新建工程图的图纸属性,包括:图纸标准(Standards)、图纸样式(Sheet Style)和图纸方向。

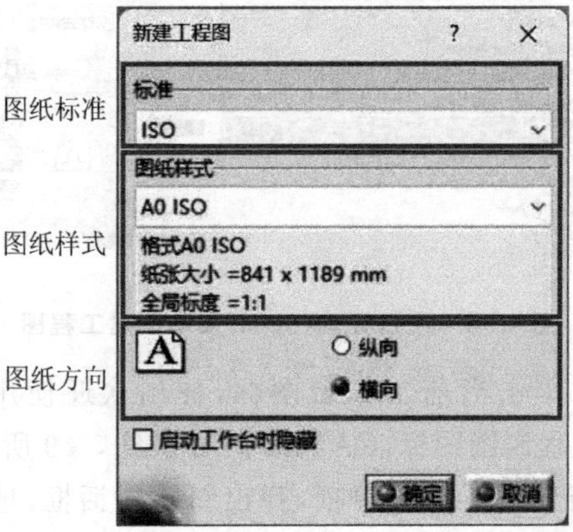


图 7-11 新建工程图(New Drawing)对话框

如果是通过前两种方法新建工程图，则 CATIA 弹出的是创建新工程图对话框，这时需要单击该对话框中的修改(Modify)按钮来打开新建工程图对话框，如图 7－12 所示。

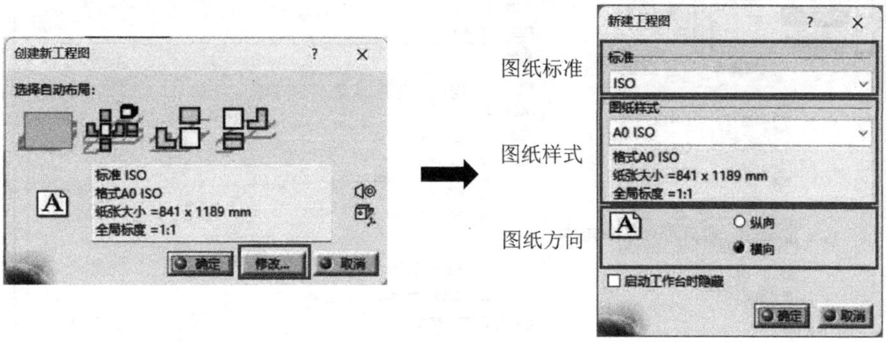


**图 7－12　通过创建新工程图(New Drawing Creation)对话框打开新建工程图(New Drawing)对话框**

**4. 修改图纸属性**

新建了工程图并设置了图纸属性后，CATIA 自动打开一个工程制图窗口，进入工程制图工作台，如图 7－13 所示。

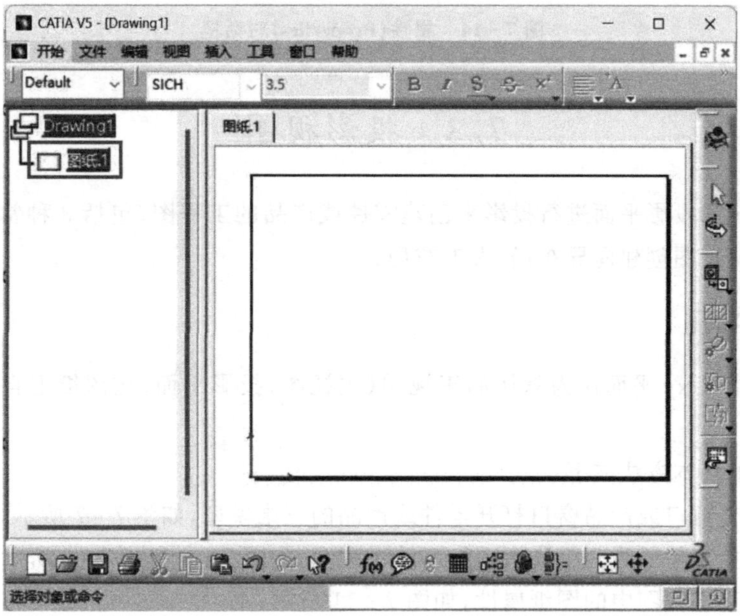


**图 7－13　工程制图(Drafting)工作台**

进入工程制图工作台后，CATIA 自动生成一张图纸，即图 7－13 中的"图纸. 1"(Sheet. 1)，在前面设置图纸属性操作中设置的就是该图纸的属性，在绘制工程图过程中，可以随时对该图纸的属性进行修改，修改方法如下：

① 右击配置树中的图纸. 1 节点，在快捷菜单中选择属性(Properties)选项，CATIA 弹出如图 7－14 所示的属性对话框；

② 通过属性(Properties)对话框对图纸的属性进行修改。

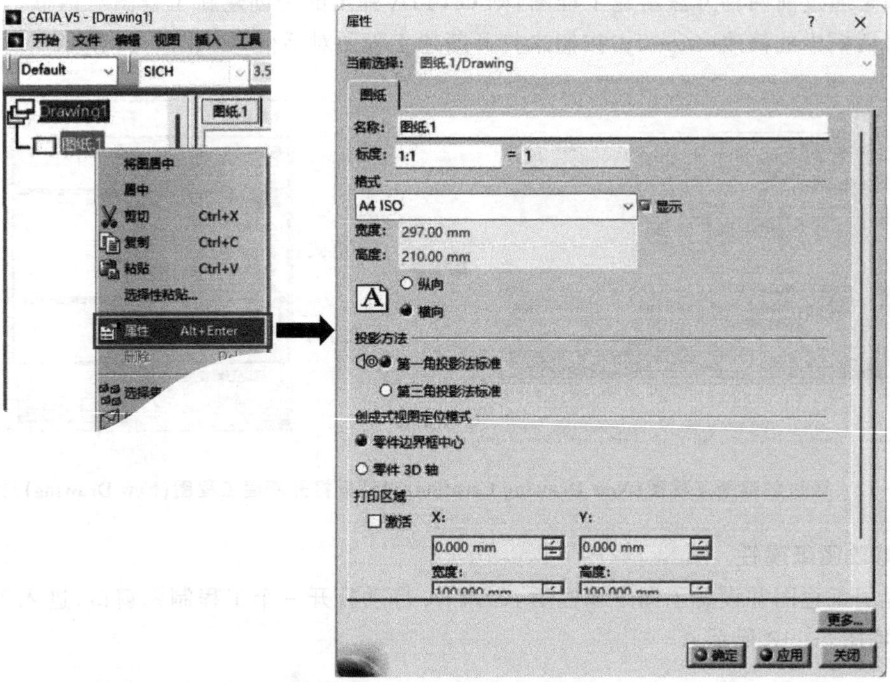


**图 7-14 属性(Properties)对话框**

# 7.3 投影视图

通过向指定的投影平面进行投影来创建零件或产品的工程图,包括 3 种常用的视图布局方法:自动布局、视图创建向导布局、人工布局。

## 7.3.1 自动布局

自动布局指以 xy 平面作为默认的正视图(主视图)投影平面,在图纸上自动创建指定的视图。

自动布局的基本方法如下:

① 通过零件窗口或产品窗口打开零件或产品的三维模型,如图 7-7 所示;

② 通过开始菜单或当前工作台图标新建工程图,如图 7-8 和图 7-9 所示;

③ 设置新建工程图中的图纸属性,如图 7-11 所示;

④ 在创建新工程图对话框中选择一种布局方式,包括:空图纸(Empty sheet),所有视图(All views),正视图、仰视图和右视图(Front, Bottom and Right),正视图、俯视图和左视图(Front, Top and Left),如图 7-15 所示。

(1) 空图纸(Empty sheet)

该布局方式指创建一张空白图纸,在图纸上不创建任何视图,可以在后续通过视图创建向导或人工布局的方式在空白图纸上创建需要的视图,如图 7-16 所示。

(2) 所有视图(All views)

该布局方式指以 xy 平面作为默认的主视图投影平面,在图纸上创建零件或产品的所有视图,包括:正视图(Front View,即主视图)、背视图(Rear View,即后视图)、俯视图(Top

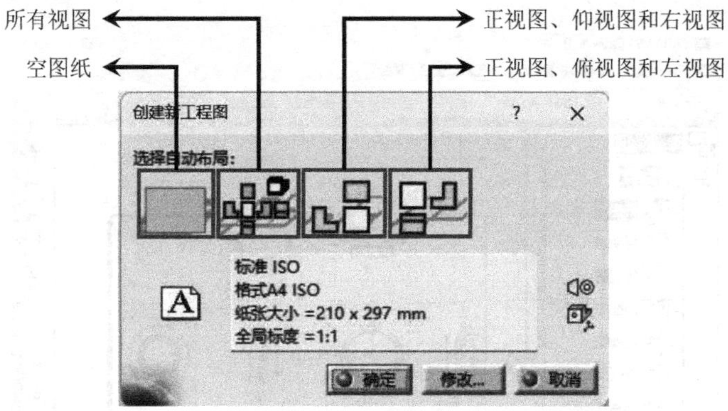


图 7 - 15　自动布局

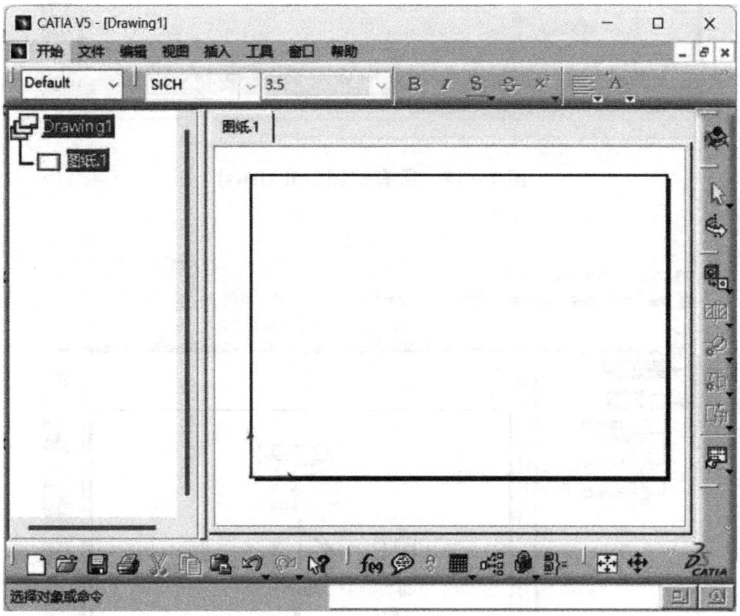


图 7 - 16　空图纸(Empty sheet)

View)、仰视图(Bottom View)、左视图(Left View)、右视图(Right View)、等轴测视图(Isometric View),如图 7 - 17 所示。

(3) 正视图、仰视图和右视图(Front, Bottom and Right)

该布局方式指以 xy 平面作为默认的主视图投影平面,在图纸上创建零件或产品的正视图、仰视图和右视图,如图 7 - 18 所示。

(4) 正视图、俯视图和左视图(Front, Top and Left)

该布局方式指以 xy 平面作为默认的主视图投影平面,在图纸上创建零件或产品的正视图、俯视图和左视图,如图 7 - 19 所示。

通过自动布局在图纸上创建选定的视图(以图 7 - 19 为例)之后,如果发现默认的主视图投影平面不合适,则还可以随时修改,修改方法如下:

① 右击配置树中的正视图节点,在弹出的快捷菜单中选择正视图对象(Front View Object)→修改投影平面(Modify Projection Plane)菜单项,如图 7 - 20 所示;

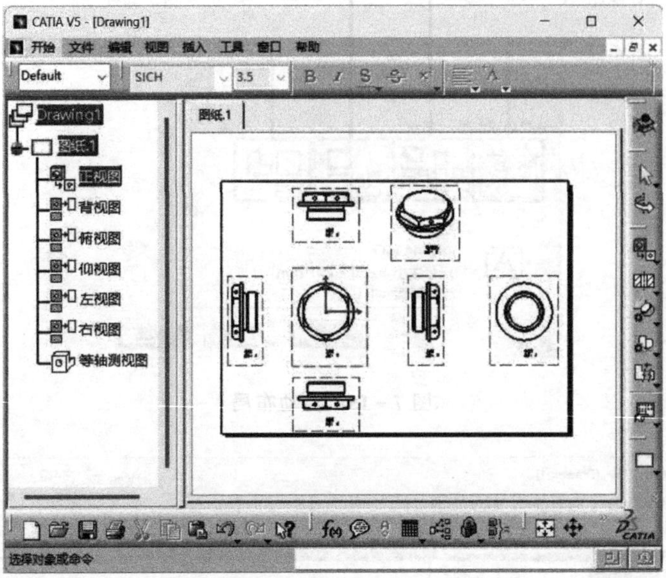

图 7-17 所有视图(All views)

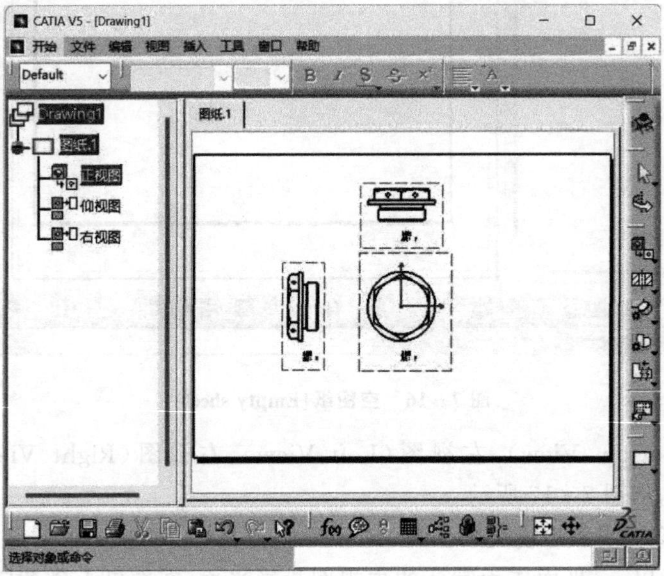

图 7-18 正视图、仰视图和右视图(Front, Bottom and Right)

② 通过窗口(Window)菜单切换到零件窗口,并在零件窗口中重新选择一个投影平面,如图 7-21 所示,选择 yz 平面作为新的正视图投影平面;

③ 选择了新的投影平面后,CATIA 会自动切换到工程制图窗口,并在原正视图位置上显示新的投影预览图,如图 7-22 所示;

④ 如果所选择的投影平面仍然不理想,则还可以通过如图 7-22 所示的视图控制器进一步对正视图投影平面进行旋转调整;

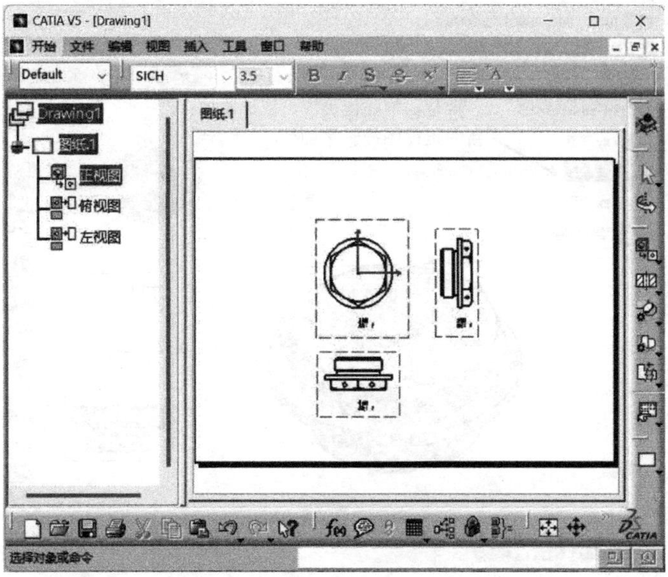


图 7-19 正视图、俯视图和左视图(Front, Top and Left)

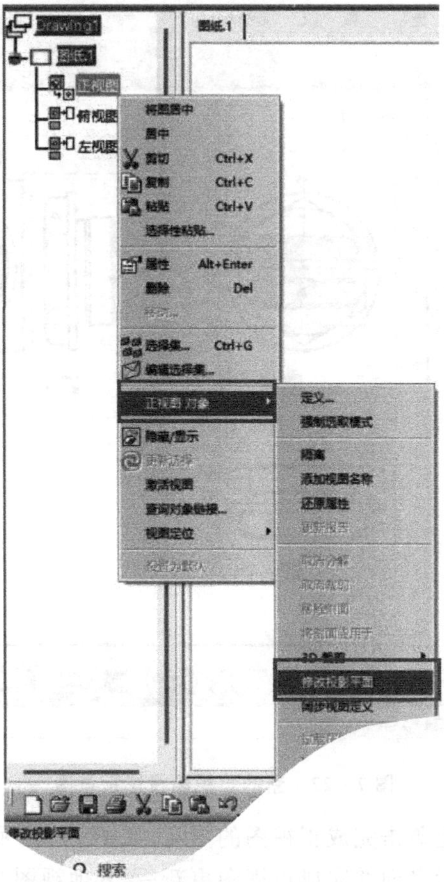


图 7-20 修改投影平面(Modify Projection Plane)

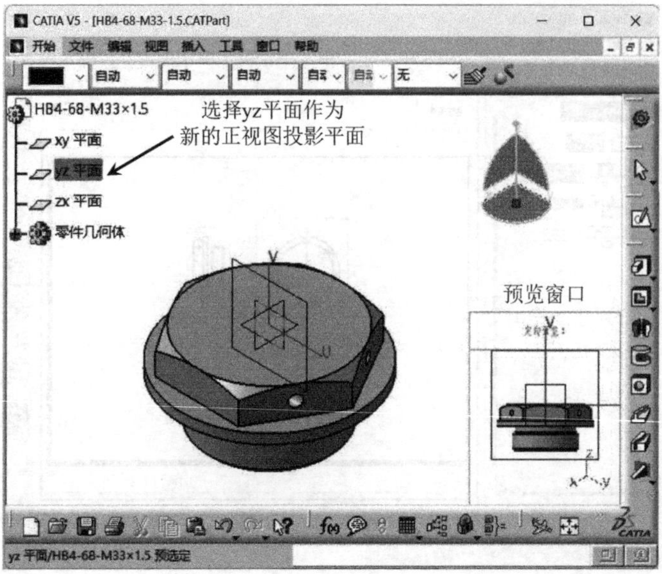


图 7-21 选择投影平面(自动布局)

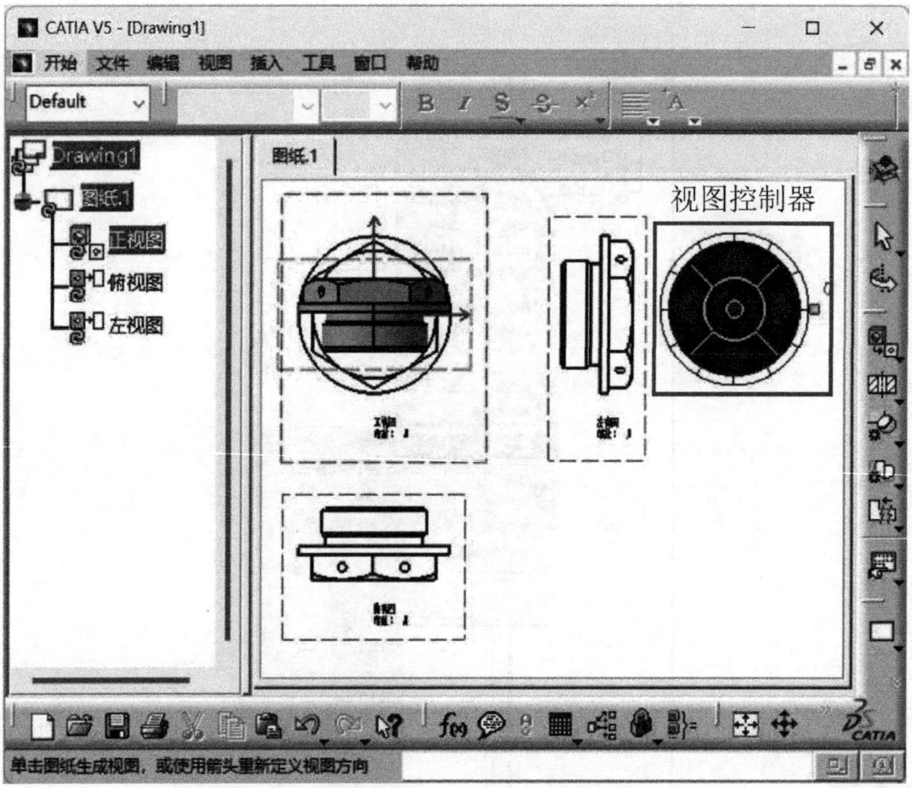


图 7-22 新的正视图投影预览图

⑤ 在图纸的空白位置上单击完成正视图的更新，如图 7-23 所示；

⑥ 修改了正视图的投影平面并完成正视图更新后，其他视图与正视图之间的投影关系并不能相应更新，而需要在工具栏中单击如图 7-23 所示的更新当前图纸(Update current sheet)图标才能完成对其他视图的更新，如图 7-24 所示。

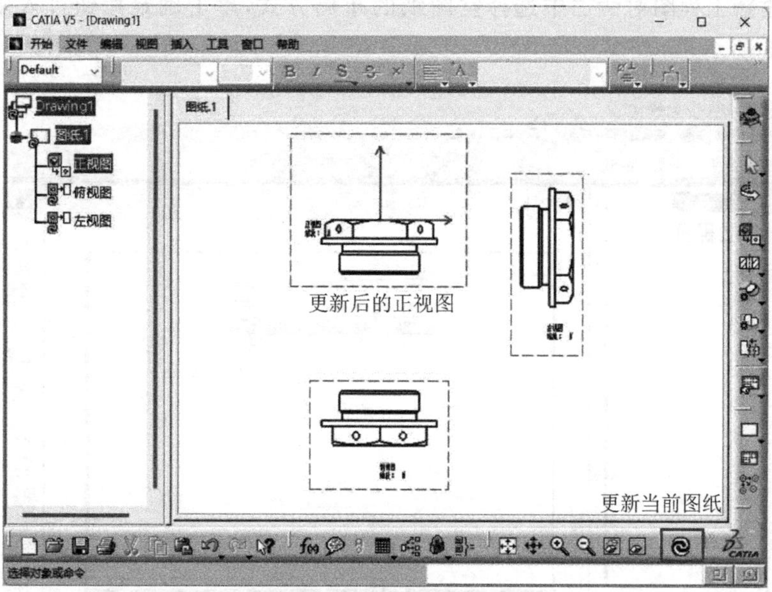


**图 7-23　正视图更新**

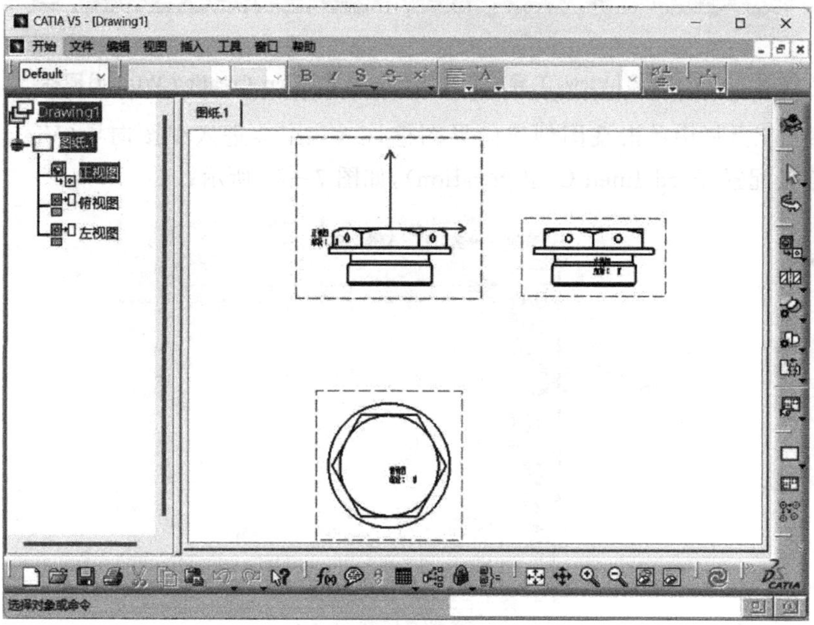


**图 7-24　更新后的图纸(自动布局)**

## 7.3.2　视图创建向导布局

视图创建向导布局指通过视图创建向导(View Creation Wizard)来设置布局形式,然后在指定的投影平面上应用该布局形式,以此来绘制零件或产品的工程图。

视图创建向导布局的基本方法如下:

① 通过零件窗口或产品窗口打开零件或产品的三维模型,如图 7-7 所示;

② 通过开始菜单或当前工作台图标新建工程图,如图 7-8 和图 7-9 所示;

③ 设置新建工程图中的图纸属性,如图 7-11 所示;

④ 在创建新工程图对话框中选择空图纸的布局方式，单击确定按钮进入工程制图工作台，如图 7-25 所示；

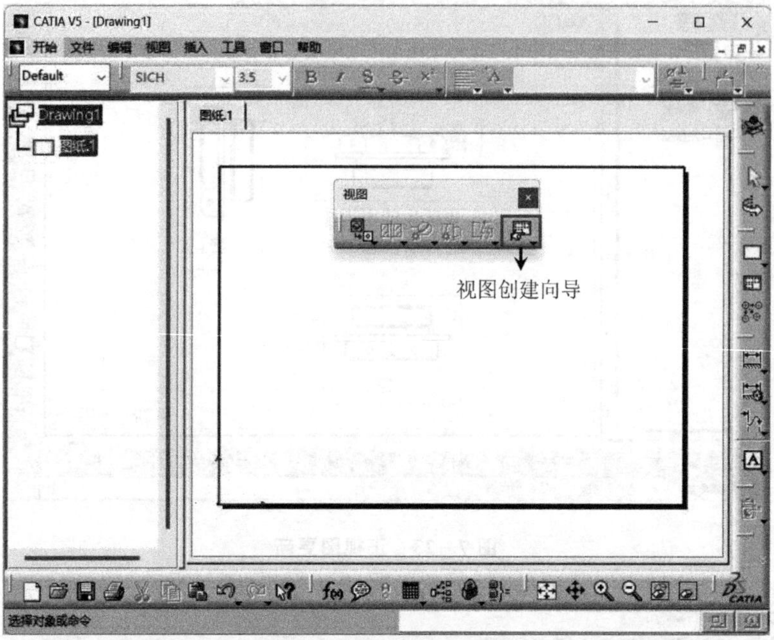


**图 7-25 视图(View)工具栏和视图创建向导(View Creation Wizard)图标**

⑤ 在视图工具栏中单击视图创建向导图标，CATIA 会进入视图向导(View Wizard)的第 1 步：预定义配置(Predefined Configuration)，如图 7-26 所示；

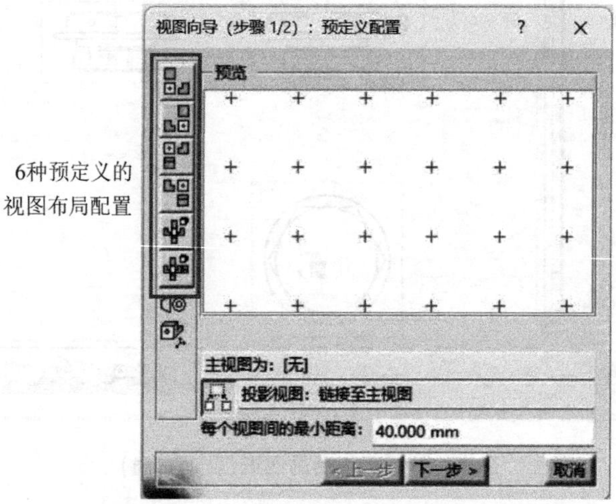


**图 7-26 视图向导(View Wizard)：预定义配置(Predefined Configuration)**

⑥ 在如图 7-26 所示的视图向导对话框中，根据实际需要选择一种视图布局配置，例如选择第 3 种视图布局配置，以创建正视图、俯视图和左视图，如图 7-27 所示；

⑦ 在如图 7-27 所示的对话框中单击下一步(Next)按钮，CATIA 进入视图向导的第 2 步：布置配置(Arranging the Configuration)，如图 7-28 所示；

⑧ 在如图 7-28 所示的对话框中根据实际情况添加其他视图，并可以对各个视图的位置重新调整，例如在正视图、俯视图和左视图的基础上，增加一个等轴测视图，如图 7-29 所示；

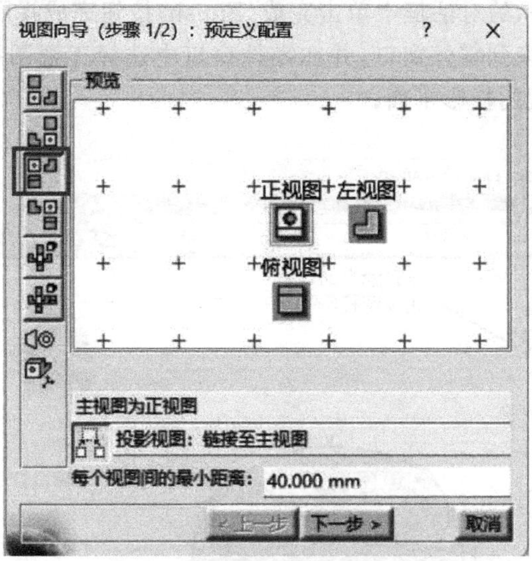


图 7－27 选择视图布局配置

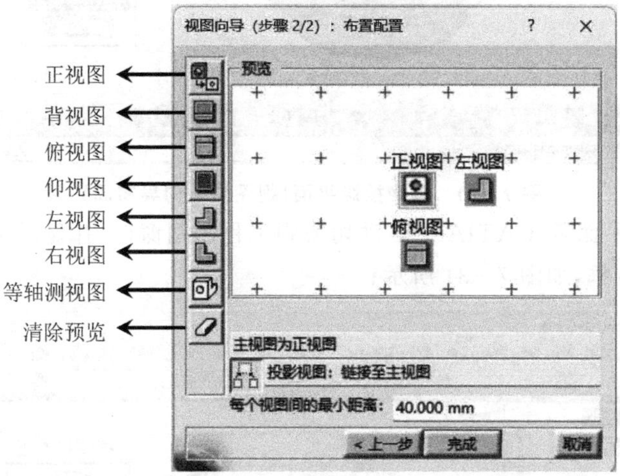


图 7－28 视图向导(View Wizard):布置配置(Arranging the Configuration)

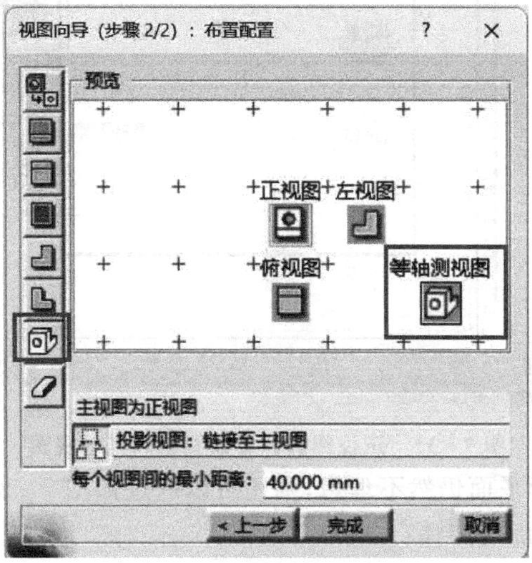


图 7－29 布置配置

⑨ 在如图 7－29 所示的对话框中单击完成(Finish)按钮完成视图配置；

⑩ 通过窗口菜单切换到零件窗口，并在零件窗口中选择正视图投影平面，如图 7－30 所示，选择 yz 平面作为正视图投影平面；

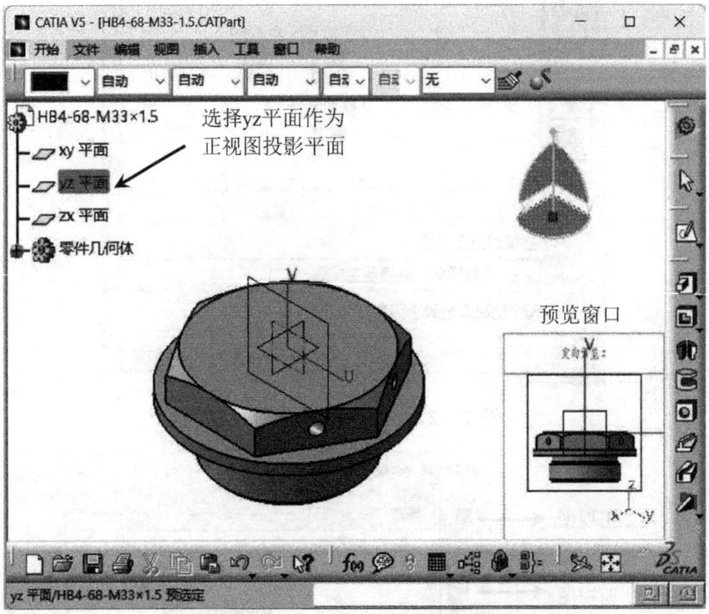


图 7－30 选择投影平面(视图创建向导布局)

⑪ 选择了投影平面后，CATIA 会自动切换到工程制图窗口，并显示正视图的投影预览图和其他视图的虚线方框，如图 7－31 所示；

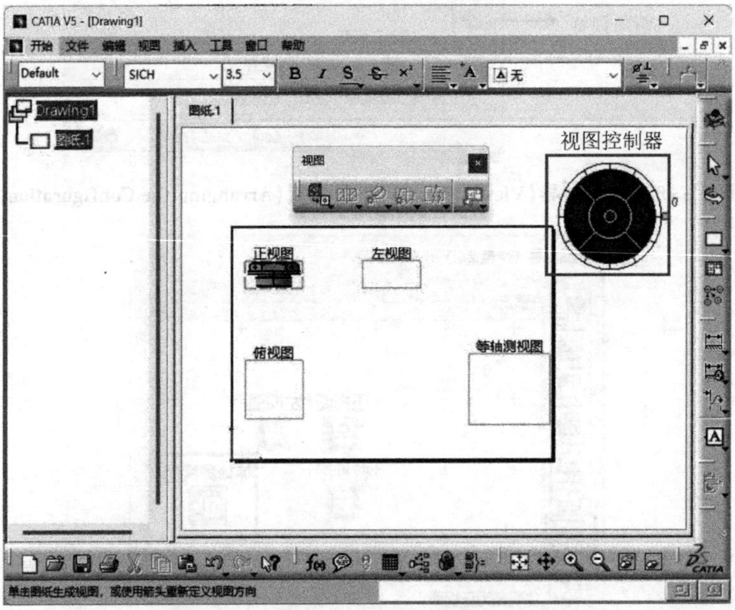


图 7－31 正视图的投影预览图和其他视图

⑫ 如果所选择的投影平面仍然不理想，则还可以通过如图 7－31 所示的视图控制器进一步对正视图投影平面进行旋转调整；

⑬ 在图纸的空白位置上单击完成各个视图的更新，如图 7－32 所示。

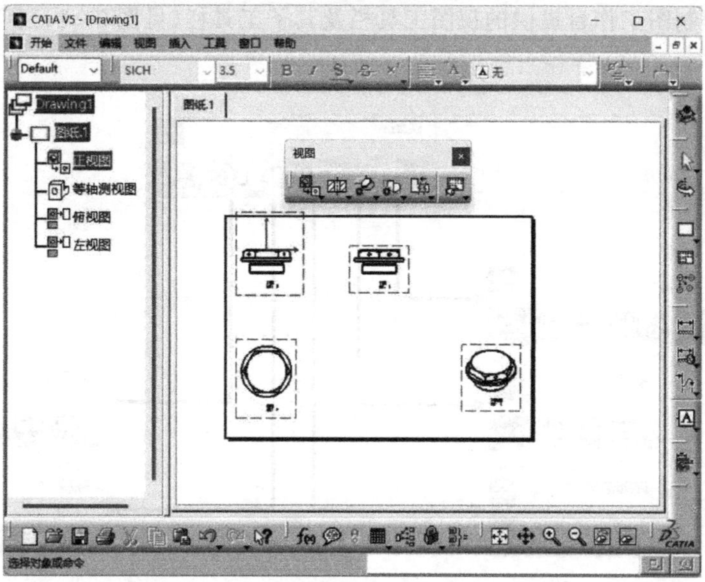


图 7-32　更新后的图纸(视图创建向导布局)

### 7.3.3　人工布局

人工布局指在指定的投影平面上,通过视图工具栏人为指定要创建的正视图及其他相关视图。

人工布局的基本方法如下:

① 通过零件窗口或产品窗口打开零件或产品的三维模型,如图 7-7 所示;

② 通过开始菜单或当前工作台图标新建工程图,如图 7-8 和图 7-9 所示;

③ 设置新建工程图中的图纸属性,如图 7-11 所示;

④ 在创建新工程图对话框中选择空图纸的布局方式,单击确定按钮进入工程制图工作台,如图 7-33 所示;

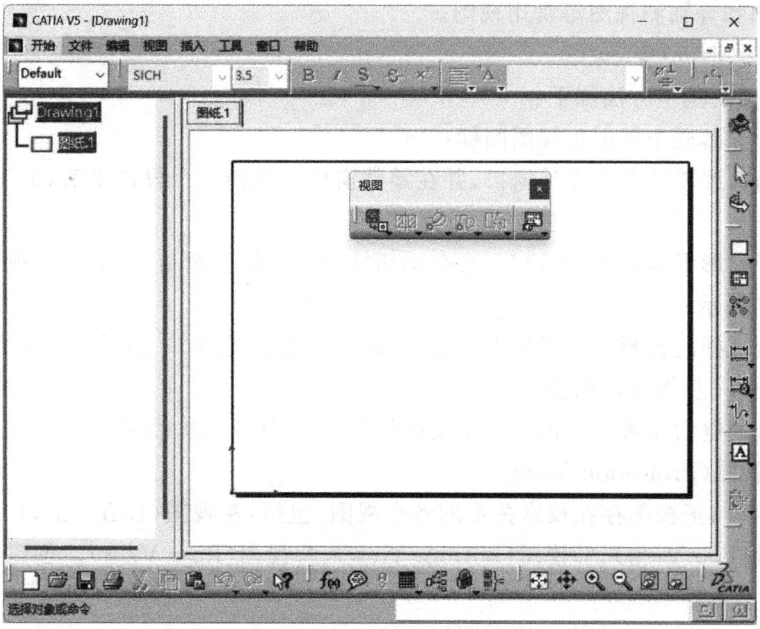


图 7-33　工程制图(Drafting)工作台(人工布局)

⑤ 通过工程制图工作台提供的视图工具栏及其子工具栏(见图 7－34)创建正视图及其他相关视图。

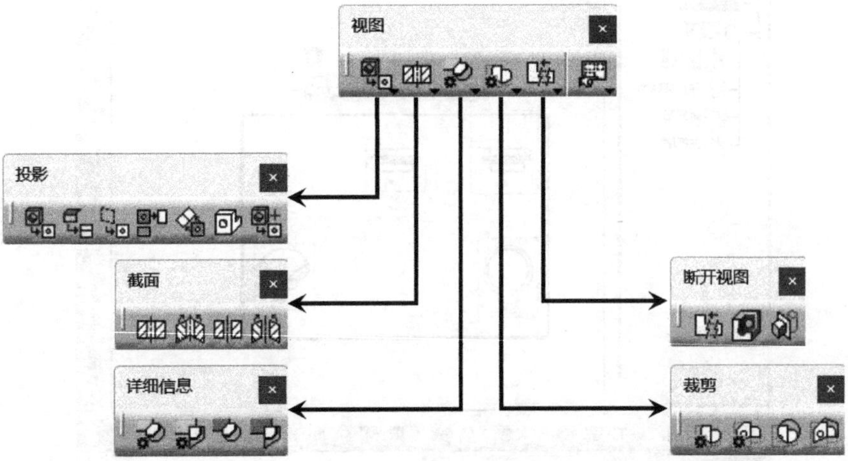


图 7－34 视图(View)工具栏及其子工具栏

下面对各子工具栏进行介绍。

**1. 投影工具栏:投影视图**

各种类型投影视图的创建,需要用到投影(Projections)工具栏,如图 7－35 所示。

通过投影工具栏可以创建的视图包括:正视图(Front View)、展开视图(Unfolded View)、3D 视图(View From 3D)、投影视图(Projection View)、辅助视图(Auxiliary View)、等轴测视图(Isometric View)、高级正视图(Advanced Front View)。下面主要介绍正视图、投影视图和等轴测视图等常用视图。

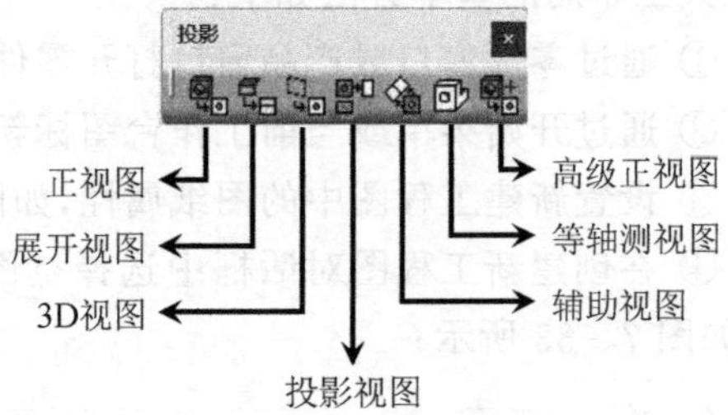


图 7－35 投影(Projections)工具栏

(1) 正视图(Front View)

创建正视图的基本方法如下:

① 在投影工具栏中单击正视图图标;

② 通过窗口菜单切换到零件窗口,并在零件窗口中选择一个投影平面,如图 7－36 所示,选择 yz 平面作为正视图投影平面;

③ 选择了投影平面以后,CATIA 会自动切换到工程制图窗口,并显示正视图的投影预览图,如图 7－37 所示;

④ 如果所选择的投影平面仍然不理想,则还可以通过如图 7－37 所示的视图控制器对正视图投影平面进一步做旋转调整;

⑤ 在图纸的空白位置上单击完成正视图的更新,如图 7－38 所示。

(2) 投影视图(Projection View)

投影视图指与正视图存在投影关系的各个视图,包括:左视图(Left View)、右视图(Right View)、俯视图(Top View)、仰视图(Bottom View)、背视图(Rear View)。创建投影视图的基本方法如下:

① 在投影工具栏中单击投影视图图标;

② 将光标移至正视图的上下左右不同方位并单击以创建相应的视图,例如在正视图的右

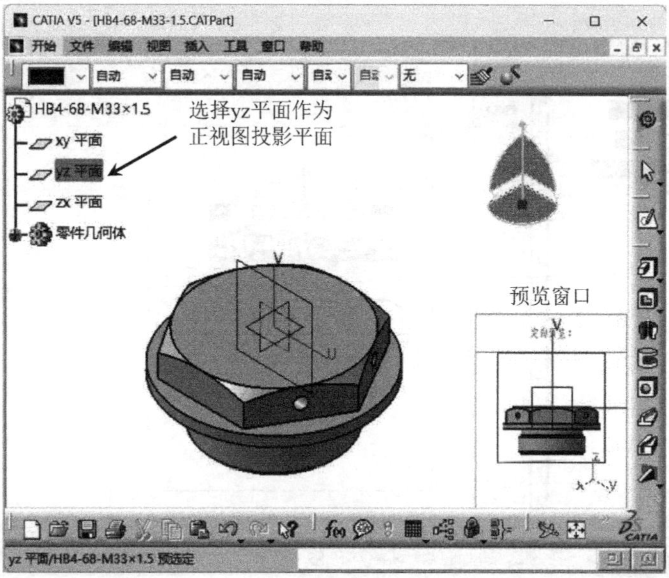


图 7 - 36　选择投影平面(人工布局)

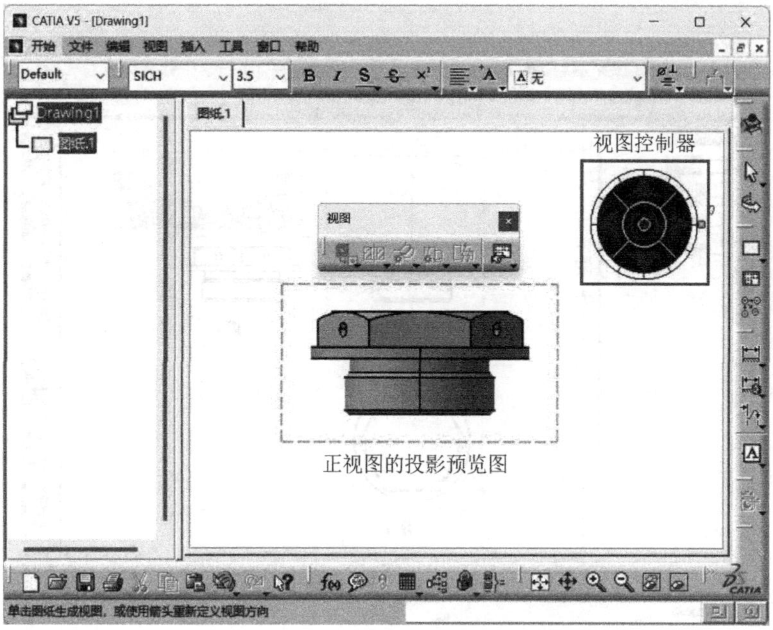


图 7 - 37　正视图的投影预览图

边创建左视图，在正视图的下方创建俯视图，如图 7 - 39 所示。

(3) 等轴测视图(Isometric View)

创建等轴测视图的基本方法如下：

① 在投影工具栏中单击等轴测视图图标；

② 通过窗口菜单切换到零件窗口，并通过旋转将零件或产品旋转到合适的方位，如图 7 - 40 所示；

③ 单击零件上的任意一个位置，CATIA 会自动切换到工程制图窗口，并显示等轴测视图的投影预览图，如图 7 - 41 所示；

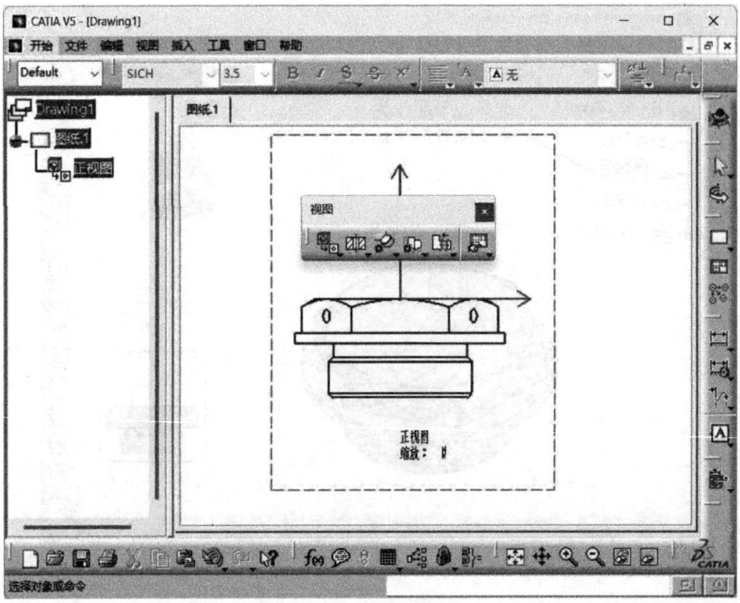

图 7-38 更新后的正视图

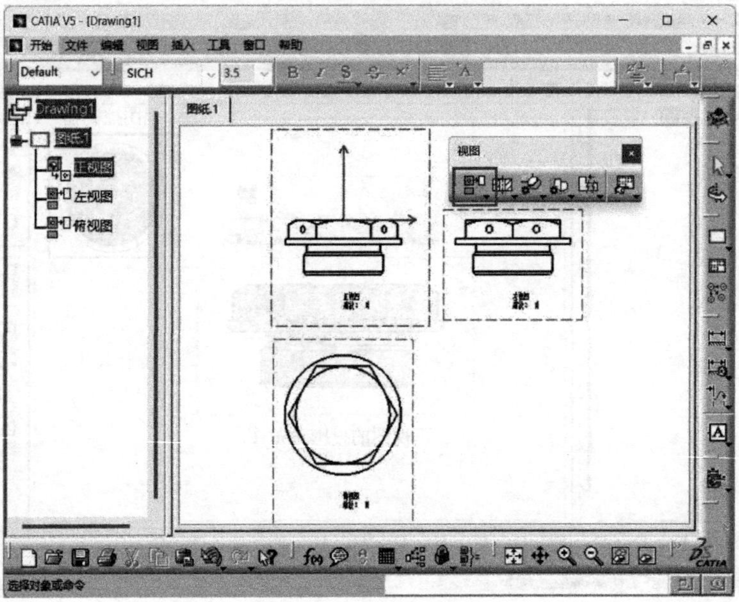

图 7-39 创建投影视图

④ 通过如图 7-41 所示的视图控制器进一步对等轴测视图进行旋转调整；

⑤ 在图纸的空白位置上单击完成等轴测视图的创建，通过鼠标拖动等轴测视图以调整其在图纸上的位置，如图 7-42 所示。

**2. 截面工具栏：剖视图**

各种类型剖视图的创建，需要用到截面(Sections)工具栏，如图 7-43 所示。

通过截面工具栏可以创建的剖视图包括：偏移剖视图(Offset Section View)、对齐剖视图(Aligned Section View)、偏移截面分割(Offset Section Cut)、对齐截面分割(Aligned Section Cut)。

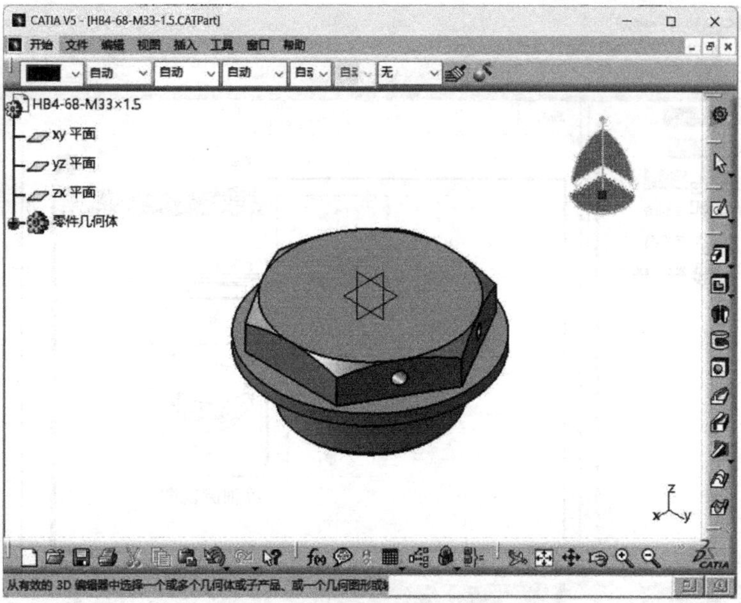


图 7-40　将零件或产品旋转到合适的方位

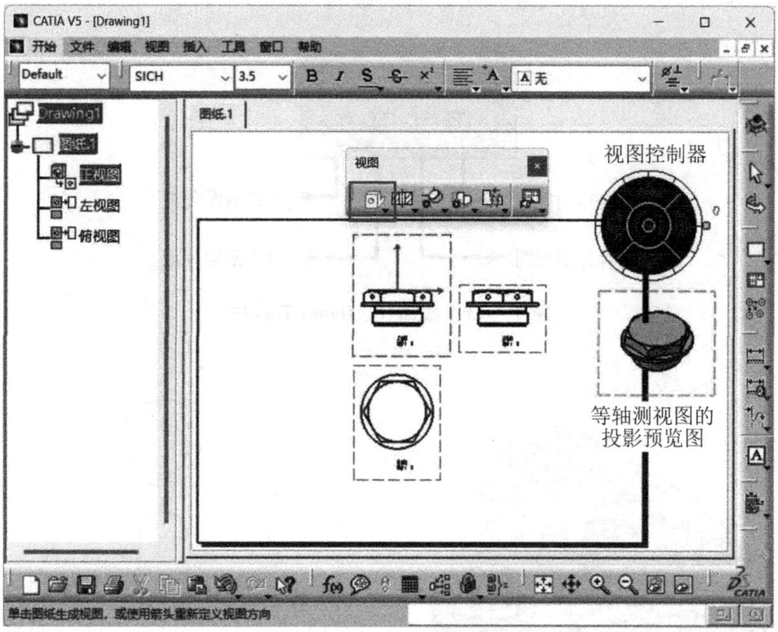


图 7-41　等轴测视图的投影预览图

(1) 偏移剖视图(Offset Section View)

通过偏移剖视图图标可以创建 3 种类型的剖视图:全剖视图、阶梯剖视图、局部剖视图。

下面以图 7-44(a)所示的零件为例,介绍全剖视图、阶梯剖视图和局部剖视图的创建方法,图 7-44(b)为该零件的正视图。

1) 全剖视图

全剖视图指通过一个贯穿整个零件的剖切平面对零件进行剖切创建出来的剖视图。创建全剖视图的基本方法如下:

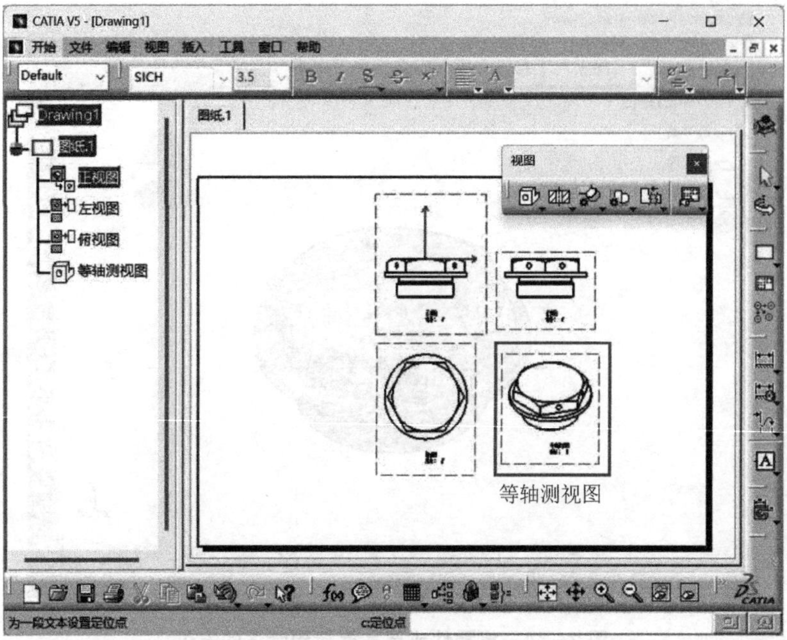


图 7-42　完成等轴测视图的创建

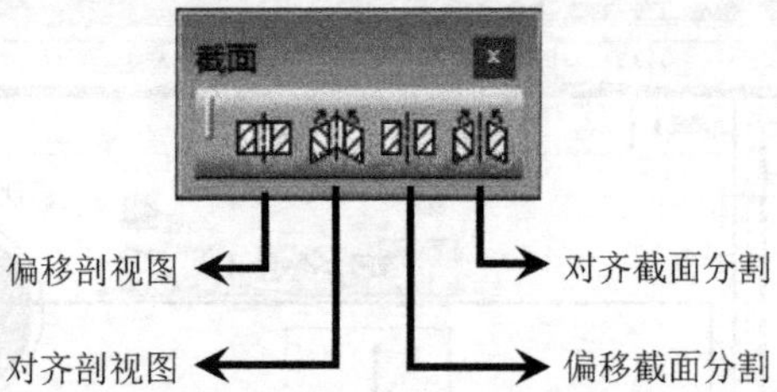


图 7-43　截面(Sections)工具栏

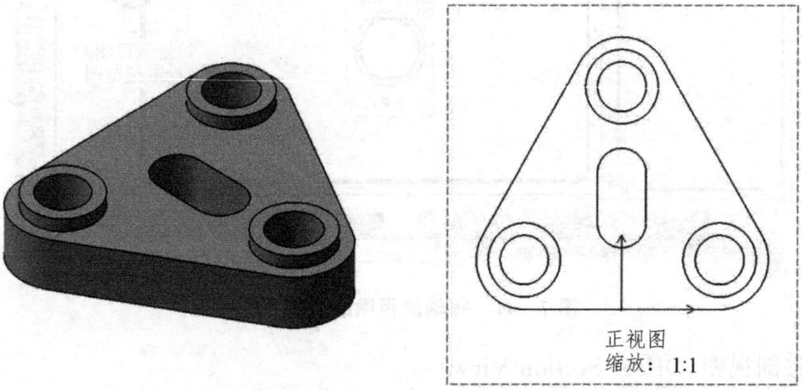


(a) 零　件　　(b) 正视图

图 7-44　零件及其正视图

① 在配置树上双击某个已存在的视图节点将其激活，使其成为当前视图，目的是要通过该视图确定剖切平面的位置，如图 7-45 所示，将正视图激活为当前视图(当前视图的虚线边框呈红色)；

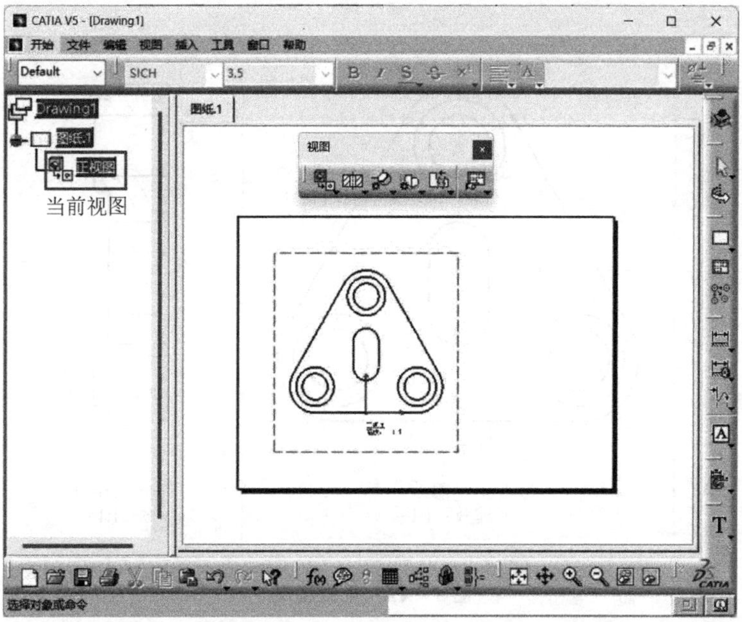


图 7-45　当前视图(剖视图)

② 在截面工具栏中单击偏移剖视图图标；

③ 在当前视图中通过捕捉两个点来确定一条直线(在捕捉第二个点时，应双击鼠标以完成直线的确定)，该直线为剖切平面在当前视图中的投影线(剖切平面垂直于当前视图)，且要求该直线必须贯穿整个视图，如图 7-46 所示；

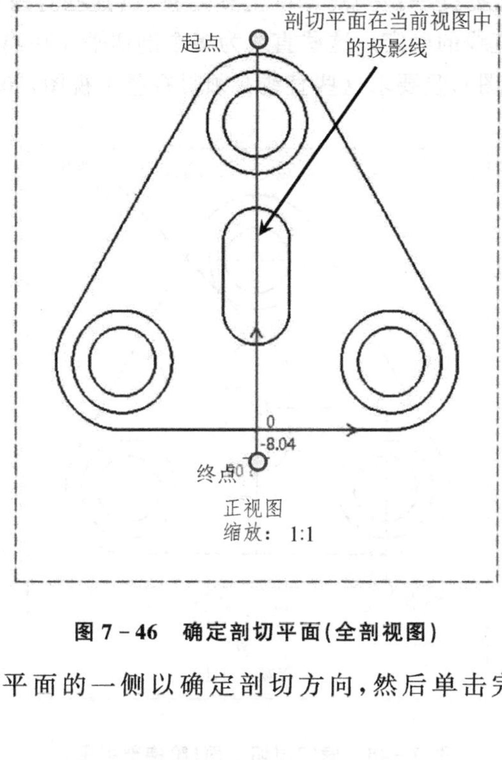


图 7-46　确定剖切平面(全剖视图)

④ 将光标移至剖切平面的一侧以确定剖切方向，然后单击完成全剖视图的创建，如图 7-47 所示。

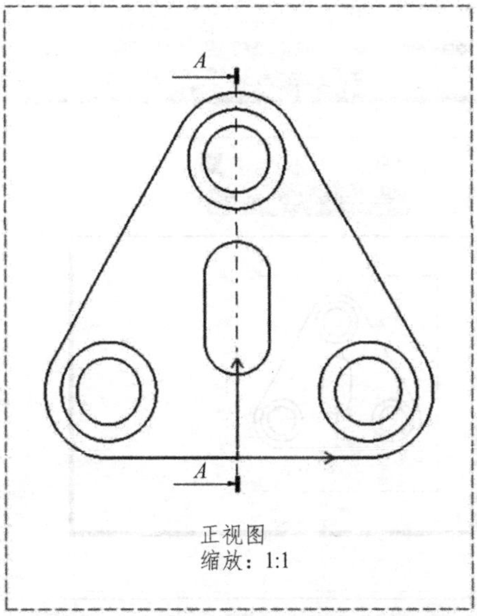


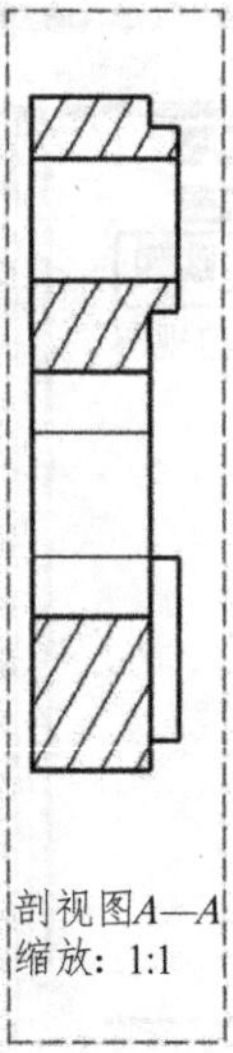


**图 7－47 全剖视图**

2）阶梯剖视图

阶梯剖视图指通过一组相互垂直，且贯穿整个零件的剖切平面对零件进行剖切创建出来的剖视图。建立阶梯剖视图的基本方法如下：

① 在配置树中双击某个已存在的视图节点将其激活，使其成为当前视图，目的是要通过该视图确定剖切平面的位置，如图 7－45 所示，将正视图激活为当前视图；

② 在截面工具栏中单击偏移剖视图图标；

③ 在当前视图中通过捕捉一系列点来确定多条直线（这些直线应相互垂直，在捕捉最后一个点时，应双击以完成直线的确定），这些直线为多个剖切平面在当前视图中的投影线（这些剖切平面均垂直于当前视图），且要求这些直线必须贯穿整个视图，如图 7－48 所示；

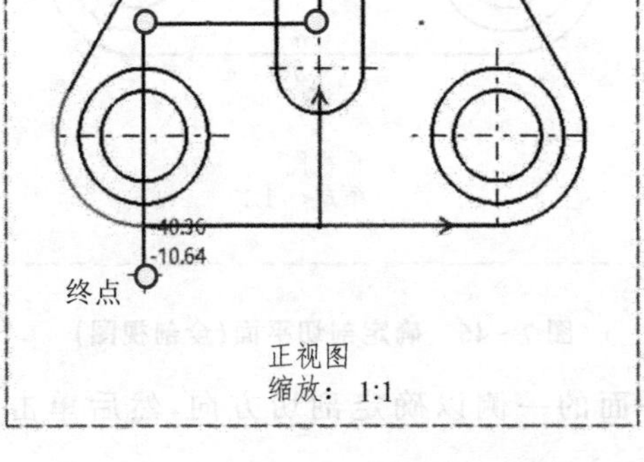

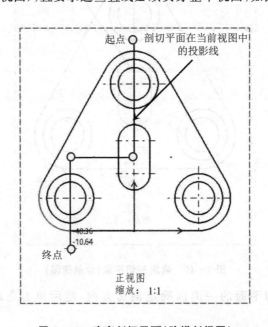


**图 7－48 确定剖切平面（阶梯剖视图）**

④ 将光标移至剖切平面的一侧以确定剖切方向，然后单击完成阶梯剖视图的创建，如图 7－49 所示。

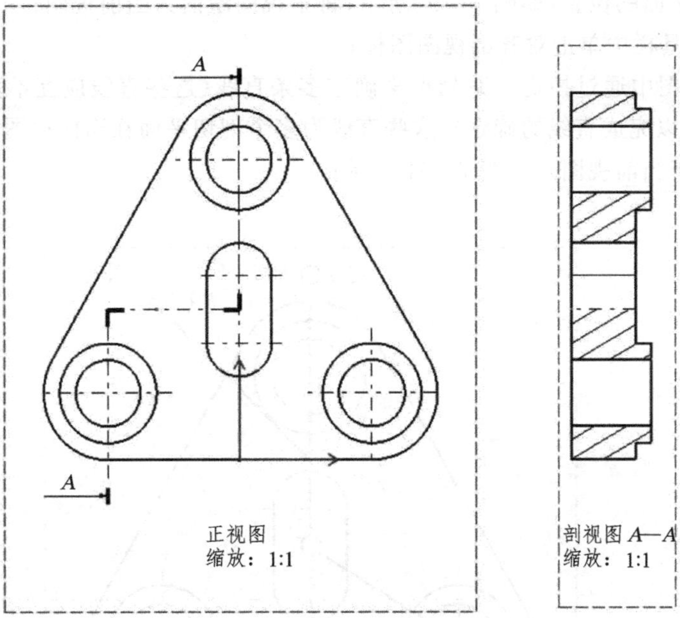


**图 7－49　阶梯剖视图**

3）局部剖视图

局部剖视图又分为局部全剖视图和局部阶梯剖视图，创建方法与全剖视图和阶梯剖视图基本相同，区别在于局部剖视图的剖切平面无需贯穿整个零件，如图 7－50 所示。

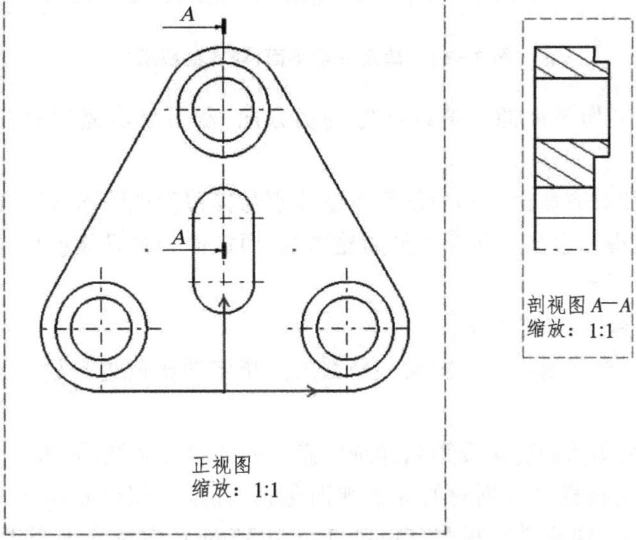


**图 7－50　局部全剖视图**

(2) 对齐剖视图(Aligned Section View)

对齐剖视图指通过一组互不垂直的剖切平面对零件进行剖切，然后将剖面的倾斜部分旋转至与基本投影面平行后创建出来的剖视图。创建对齐剖视图的基本方法如下：

① 在配置树上双击某个已存在的视图节点将其激活，使其成为当前视图，目的是要通过该视图确定剖切平面的位置，如图 7-45 所示，将正视图激活为当前视图；

② 在截面工具栏中单击对齐剖视图图标；

③ 在当前视图中通过捕捉一系列点来确定多条直线（这些直线应互不垂直，在捕捉最后一个点时，应双击以完成直线的确定），这些直线为多个剖切平面在当前视图中的投影线（这些剖切平面均垂直于当前视图），如图 7-51 所示；

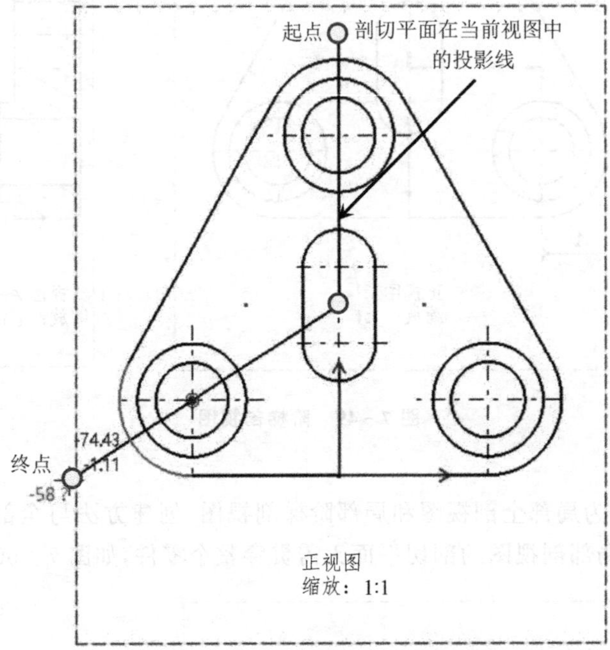


**图 7-51 确定剖切平面（对齐剖视图）**

④ 将光标移至剖切平面的一侧以确定剖切方向，然后单击完成对齐剖视图的创建，如图 7-52 所示。

偏移截面分割和对齐截面分割的创建方法分别与偏移剖视图和对齐剖视图的创建方法基本相同，区别在于剖视图会显示所有可见的轮廓线，而截面分割只显示与剖切平面直接接触的轮廓线，如图 7-53 所示。

**3. 详细信息工具栏：详细视图**

详细视图指通过对当前视图中的某一局部按照指定的比例进行放大创建的视图，又称局部视图。

各种类型详细视图的创建需要用到详细信息（Details）工具栏，如图 7-54 所示。

通过详细信息工具栏可以创建的详细视图包括：详细视图（Detail View）、详细视图轮廓（Detail View Profile）、快速详细视图（Quick Detail View）、快速详细视图轮廓（Quick Detail View Profile）。

(1) 详细视图（Detail View）

详细视图指在当前视图中指定一个圆形区域，将该区域中的图形细节按照指定比例进行放大创建一个新的视图，在该视图中只显示与图形相交的圆形区域边界。

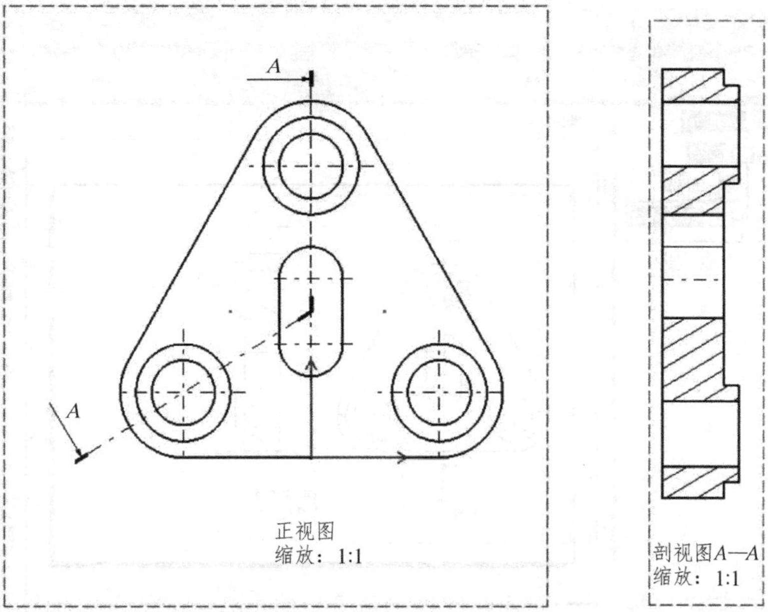


图 7-52　对齐剖视图

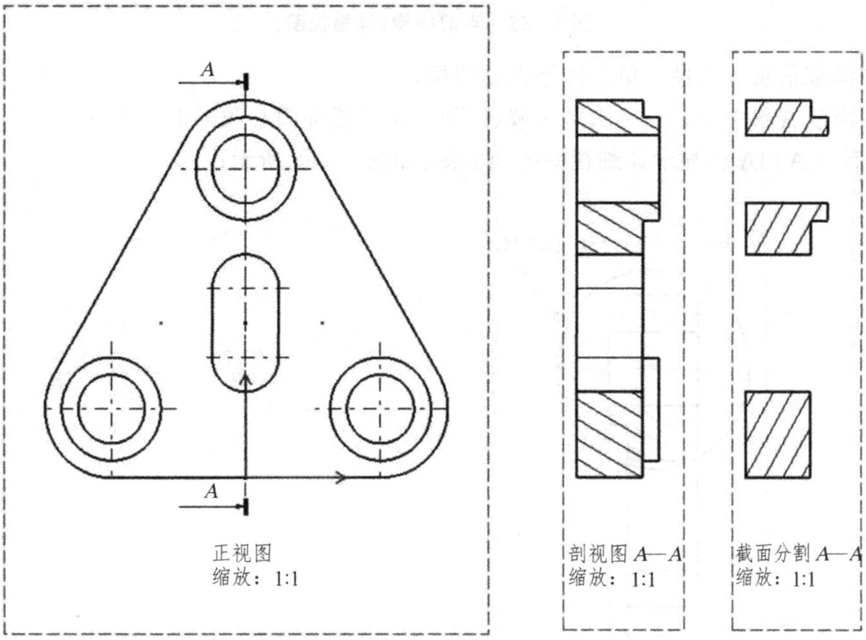


图 7-53　剖视图和截面分割

创建详细视图的基本方法如下：

① 在配置树中双击某个已存在的视图节点将其激活，使其成为当前视图，目的是要通过该视图确定详细视图的放大显示区域，如图 7-55 所示，将剖视图 A—A 激活为当前视图；

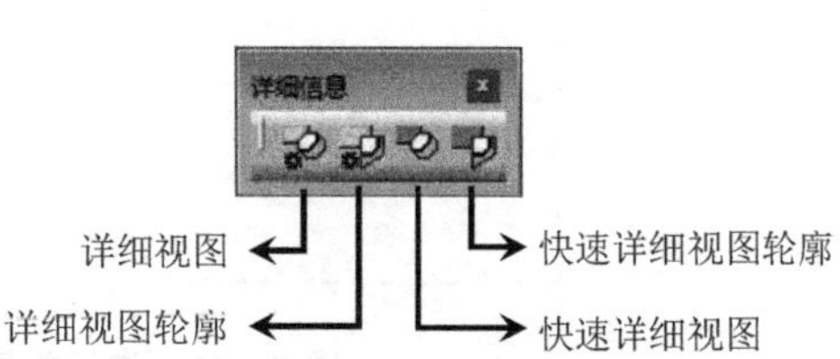


图 7-54　详细信息(Details)工具栏

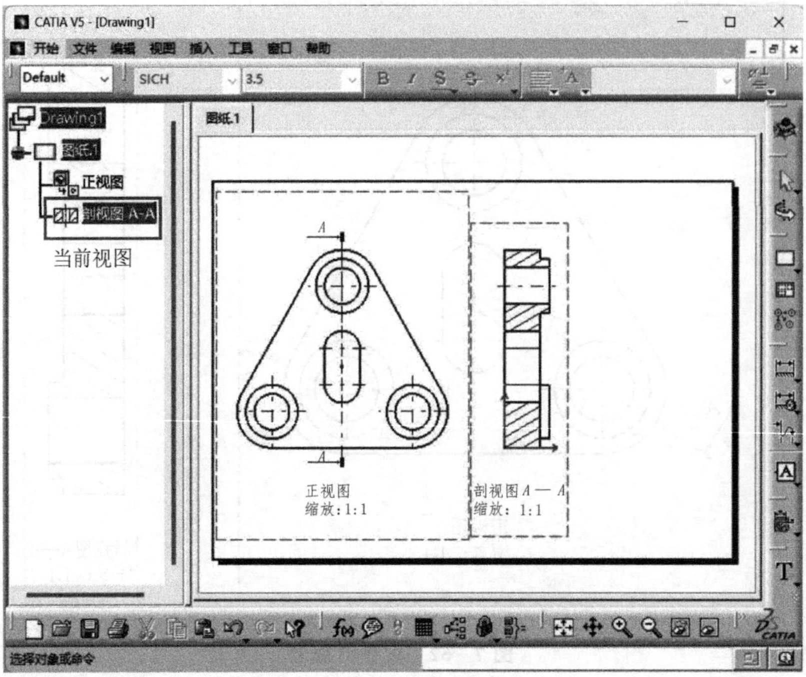


图 7-55 当前视图(详细视图)

② 在详细信息工具栏中单击详细视图图标；

③ 在当前视图中绘制一个圆形区域(绘制方法是捕捉圆心和圆上的任意一点)，圆形区域绘制完成后，CATIA 会显示详细视图的预览图，如图 7-56 所示；

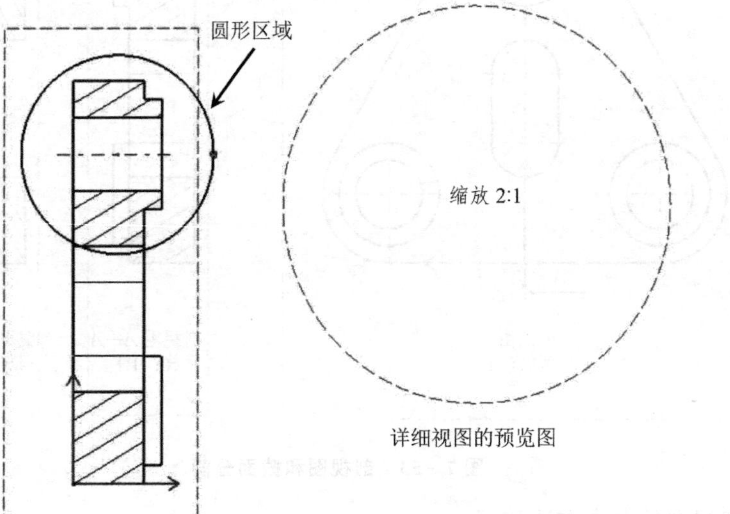


图 7-56 详细视图(Detail View)的预览图

④ 移动光标改变预览图的位置，在合适的位置处单击完成详细视图的创建，如图 7-57 所示；

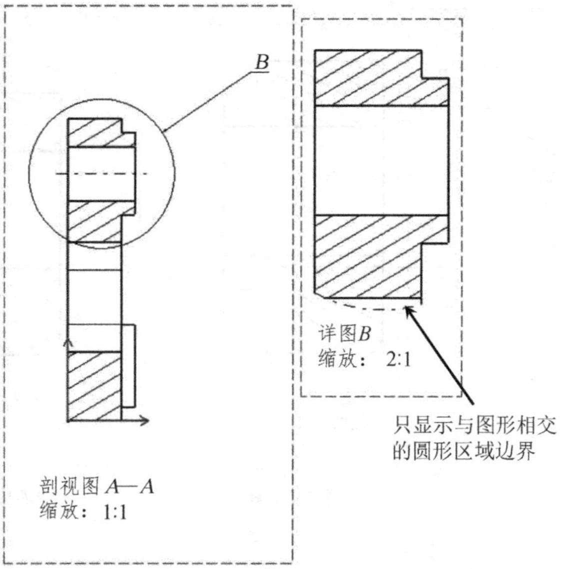


**图 7-57 详细视图(Detail View)**

⑤ 如果需要改变详细视图的缩放比例，则可以在配置树中该视图对应的节点上右击，在快捷菜单中选择属性(Properties)菜单项，然后在弹出的属性对话框中重新设置缩放比例，如图 7-58 所示。

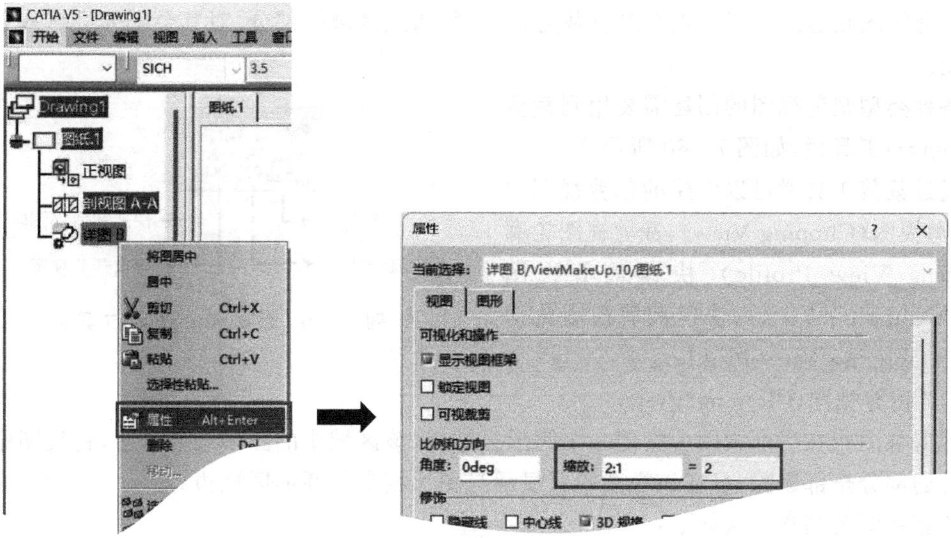


**图 7-58 修改视图缩放比例**

(2) 详细视图轮廓(Detail View Profile)

详细视图轮廓指在当前视图中指定一个封闭的多边形区域，将该区域中的图形细节按照指定的比例进行放大创建一个新的视图，在该视图中只显示与图形相交的多边形区域边界。

详细视图轮廓的创建方法与详细视图的创建方法基本相同。

快速详细视图和快速详细视图轮廓的创建方法分别与详细视图和详细视图轮廓的创建方法基本相同，区别在于快速详细视图和快速详细视图轮廓会显示完整的圆形边界和多边形边界，如图 7-59 所示。

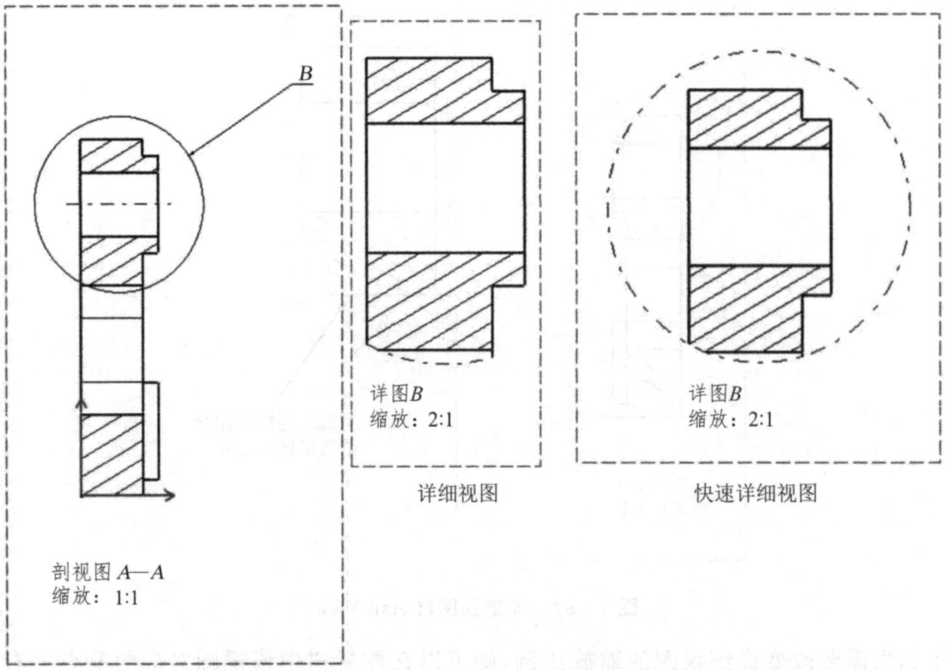


**图 7-59 详细视图和快速详细视图**

**4. 裁剪工具栏：裁剪视图**

裁剪视图指通过对当前视图进行裁剪，只保留指定区域的部分，对其余部分进行裁剪创建的视图。

各种类型裁剪视图的创建需要用到裁剪(Clippings)工具栏，如图 7-60 所示。

通过裁剪工具栏可以创建的裁剪视图包括：裁剪视图(Clipping View)、裁剪视图轮廓(Clipping View Profile)、快速裁剪视图(Quick Clipping View)、快速裁剪视图轮廓(Quick Clipping View Profile)。

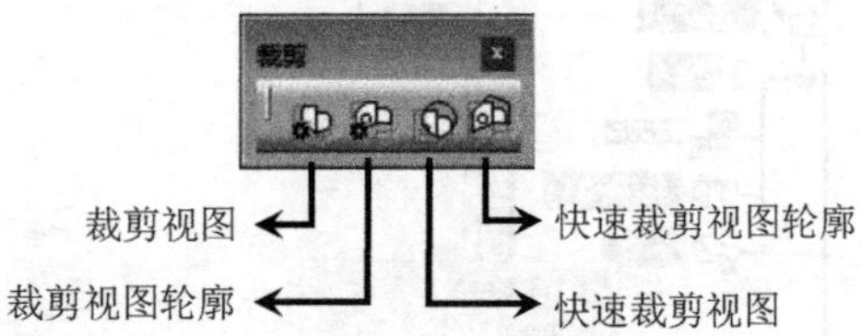


**图 7-60 裁剪(Clippings)工具栏**

(1) 裁剪视图(Clipping View)

裁剪视图指在当前视图中指定一个圆形区域，将该区域中的图形细节保留，将视图中该区域以外的部分全部删除，且在该视图中只显示与图形相交的圆形区域边界。

裁剪视图的基本方法如下：

① 在配置树中双击某个已存在的视图节点将其激活，使其成为当前视图，目的是要通过该视图确定剪裁视图的显示区域，如图 7-61 所示将正视图激活为当前视图；

② 在裁剪工具栏中单击裁剪视图图标；

③ 在当前视图中绘制一个圆形区域，绘制方法是捕捉圆心和圆上的任意一点，如图 7-62 所示；

④ 圆形区域确定后即可完成裁剪视图的创建，如图 7-63 所示。

(2) 裁剪视图轮廓(Clipping View Profile)

裁剪视图轮廓指在当前视图中指定一个封闭的多边形区域，将该区域中的图形细节保留，将视图中该区域以外的部分全部删除，且在该视图中只显示与图形相交的多边形区域边界。

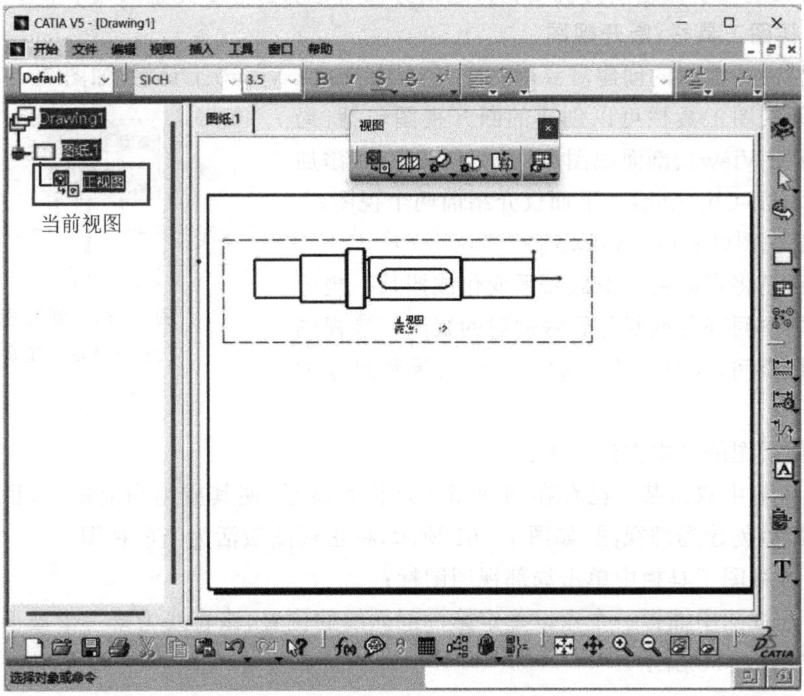


图 7 - 61　当前视图(裁剪视图)

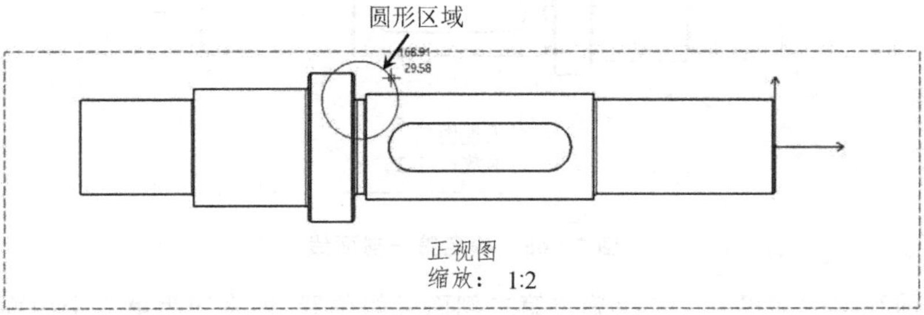


图 7 - 62　裁剪视图的圆形区域

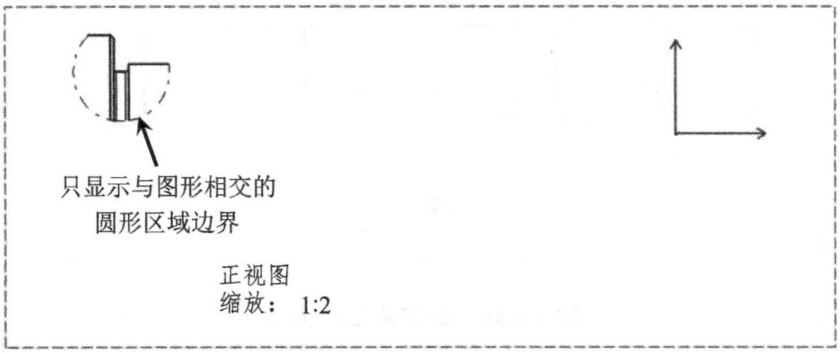


图 7 - 63　裁剪视图

裁剪视图轮廓的创建方法与裁剪视图的创建方法基本相同。

快速裁剪视图和快速裁剪视图轮廓的创建方法分别与裁剪视图和裁剪视图轮廓的创建方

法基本相同，区别在于快速裁剪视图和快速裁剪视图轮廓会显示完整的圆形和多边形边界。

**5. 断开视图工具栏：断开视图**

各种类型断开视图的创建需要用到断开视图(Break View)工具栏，如图 7 - 64 所示。

通过断开视图工具栏可以创建的断开视图包括：局部视图(Broken View)、剖面视图(Brokeout View)、添加3D 裁剪(Add 3D Clipping)。下面仅介绍前两个视图。

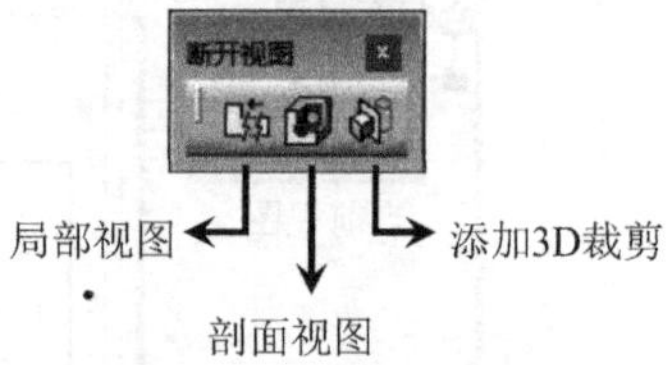


**图 7 - 64 断开视图 (Break View)工具栏**

(1) 局部视图(Broken View)

局部视图是将当前视图中截面无变化或按某一规律变化的细长的中间部分截断并删除创建的视图。该视图可以节省图纸空间，而且并不影响对零件结果和尺寸的表达。

创建局部视图的基本方法如下：

① 在配置树中双击某个已存在的视图节点将其激活，使其成为当前视图，目的是要对该视图进行截断以创建局部视图，如图 7 - 61 所示，将正视图激活为当前视图；

② 在断开视图工具栏中单击局部视图图标；

③ 在当前视图中捕捉一个点以确定第一剖面线的位置，该直线为第一个截面在当前视图中的投影，如图 7 - 65 所示；

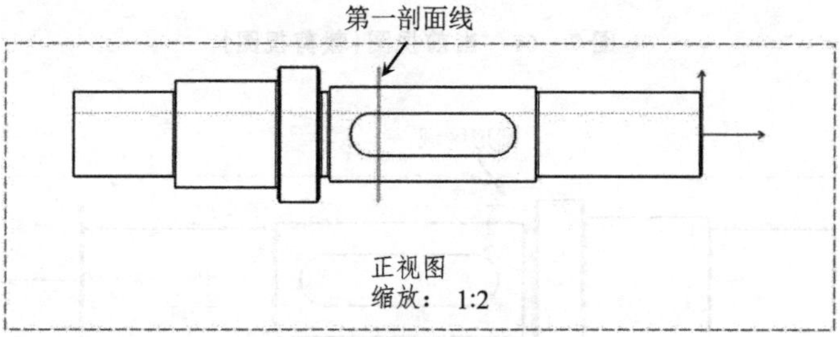


**图 7 - 65 确定第一剖面线**

④ 在当前视图中捕捉一个点以确定第二剖面线的位置，该直线为第二个截面在当前视图中的投影，如图 7 - 66 所示；

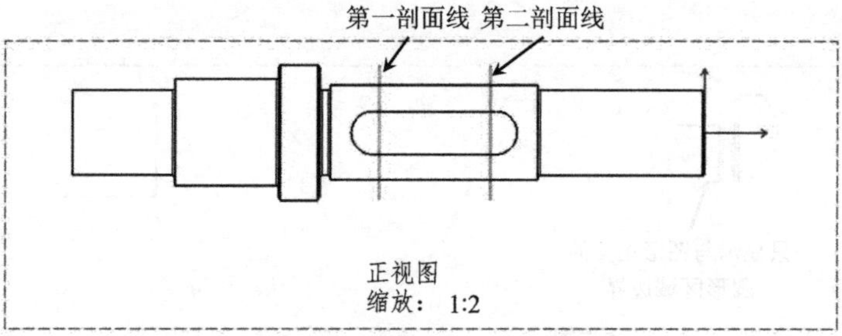


**图 7 - 66 确定第二剖面线**

⑤ 在图纸空白处单击完成局部视图的创建，如图 7 - 67 所示。

(2) 剖面视图(Brokeout View)

剖面视图指通过一个平行于当前视图投影平面的剖切平面对当前视图进行局部剖切，用于表达被剖切部分内部结构和尺寸的视图。

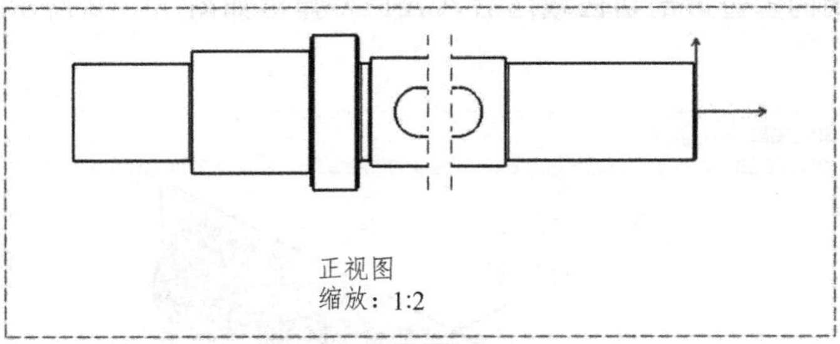


**图 7－67　局部视图**

创建剖面视图的基本方法如下：

① 在配置树中双击某个已存在的视图节点将其激活，使其成为当前视图，目的是要通过该视图确定剖面视图的剖切区域，如图 7－68 所示，将俯视图激活为当前视图；

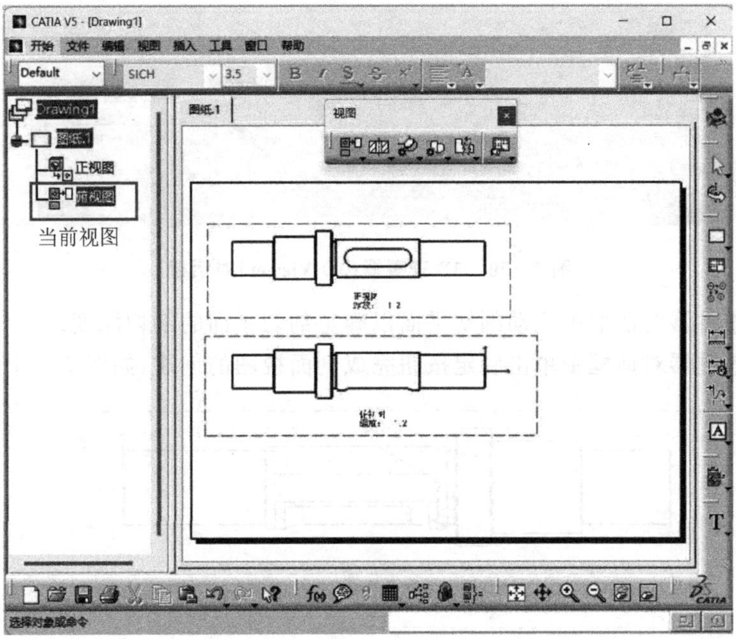


**图 7－68　当前视图(剖面视图)**

② 在断开视图工具栏中单击剖面视图图标；

③ 在当前视图中指定一个封闭的多边形区域，以确定剖切的区域，如图 7－69 所示；

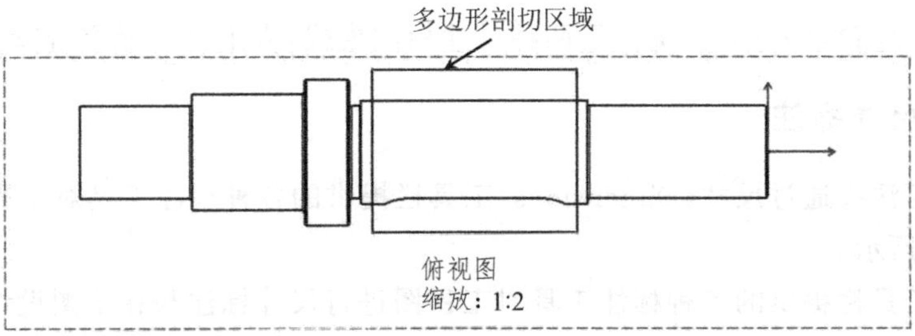


**图 7－69　指定封闭的多边形剖切区域**

④ 确定了封闭的多边形剖切区域之后，CATIA 弹出如图 7－70 所示的 3D 查看器（3D Viewer）对话框；

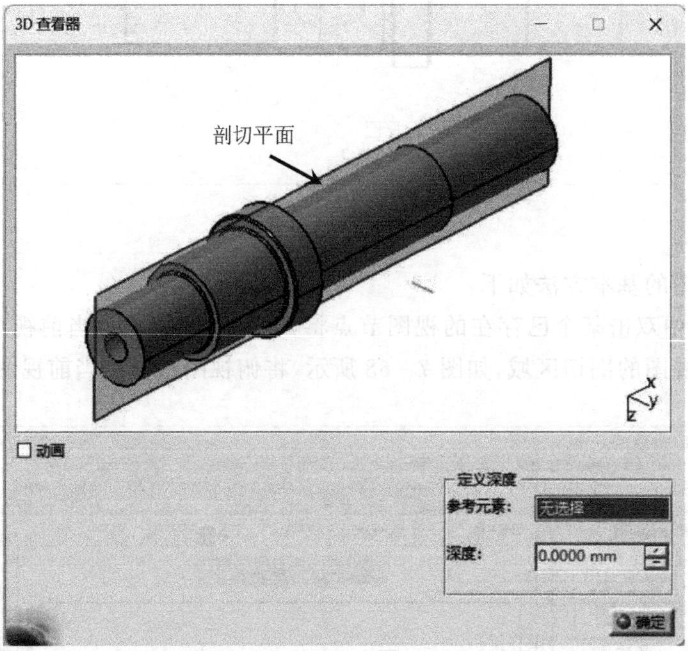


图 7－70　3D 查看器（3D Viewer）对话框

⑤ 在 3D 查看器对话框中拖动剖切平面以确定剖切平面的剖切深度；

⑥ 在 3D 查看器对话框中单击确定按钮完成剖面视图的创建，如图 7－71 所示。

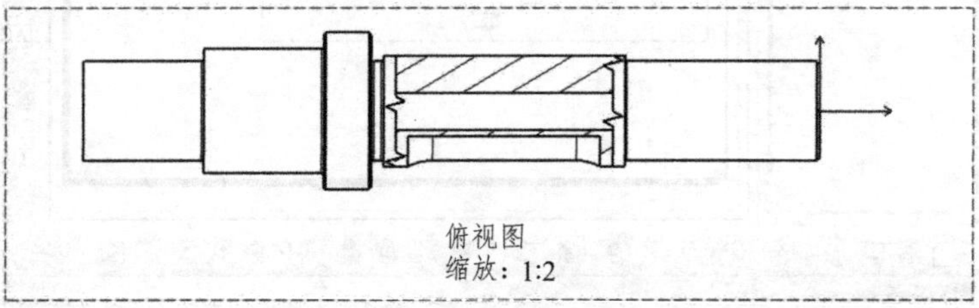


图 7－71　剖面视图

## 7.4　尺寸标注

工程制图工作台（Drafting）提供了两种尺寸标注模式：人工尺寸标注、自动尺寸标注。

### 7.4.1　人工尺寸标注

人工尺寸标注指通过尺寸（Dimensions）工具栏提供的各种标注工具对工程图进行尺寸标注，如图 7－72 所示。

通过尺寸工具栏提供的各种标注工具对工程图进行尺寸标注与在草图设计工作台中对草图对象进行尺寸约束的情况比较类似，本小节不做详细介绍。

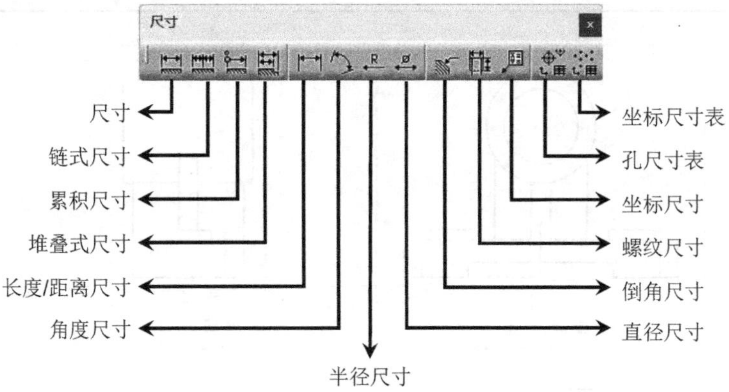


**图 7-72　尺寸(Dimensions)工具栏**

## 7.4.2　自动尺寸标注

在零件建模和产品装配过程中，需要涉及草图设计工作台、零件设计工作台、曲面设计工作台、装配设计工作台等常用的工作台，工程制图工作台中的自动尺寸标注就是将在这些工作台建立的各种尺寸约束自动转换成工程图中的尺寸标注。要进行自动尺寸标注，需要用到尺寸生成(Dimensions Generation)工具栏，该工具栏是生成(Generation)工具栏的子工具栏，如图 7-73 所示。

通过尺寸生成工具栏可以进行 3 种自动尺寸标注：生成尺寸(Generate Dimensions)、逐步生成尺寸(Generate Dimensions Step by Step)、生成零件序号(Generate Balloons)。

**1. 生成尺寸(Generate Dimensions)**

生成尺寸指将零件或产品三维模型中已有的尺寸约束(包括草图中的尺寸约束、零件特征中的尺寸约束、装配尺寸约束等)自动转换为尺寸标注。

下面以如图 7-74 所示的零件为例，介绍自动生成尺寸标注的方法：

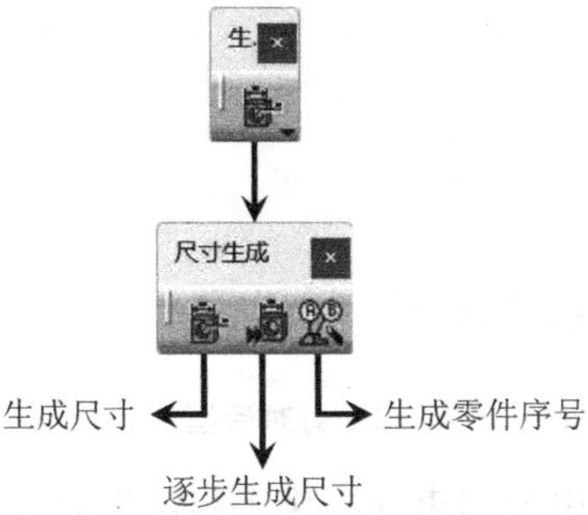

**图 7-73　尺寸生成(Dimensions Generation)工具栏**

**图 7-74　零　件**

① 进入工程制图工作台，绘制如图 7-74 所示零件的正视图、左视图和俯视图，如图 7-75 所示；

② 在尺寸生成工具栏中单击生成尺寸图标，CATIA 弹出如图 7-76 所示的生成的尺寸分析(Dimension Generation Filters)对话框；

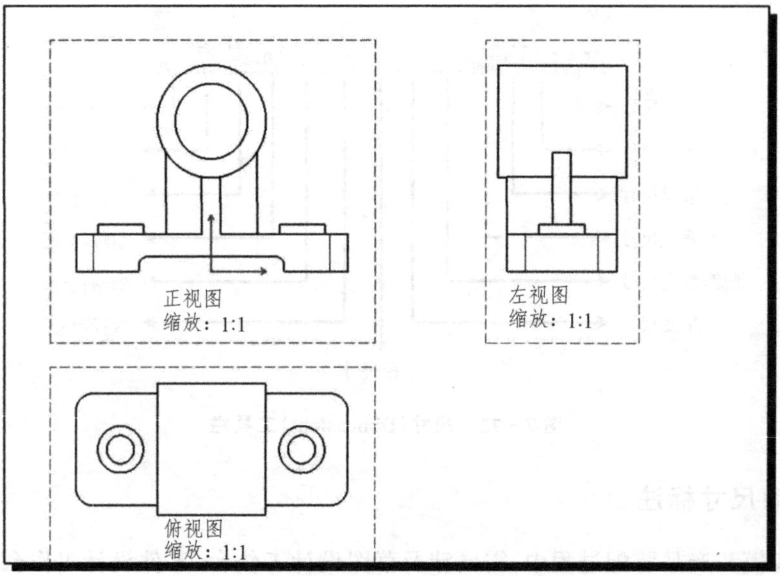


**图 7－75　零件三视图**

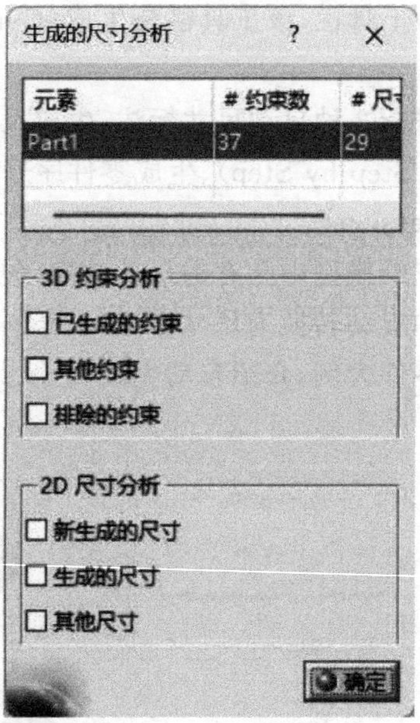


**图 7－76　生成的尺寸分析(Dimension Generation Filters)对话框**

③ 通过生成的尺寸分析对话框可以对三维模型中的约束和二维工程图中的尺寸标注进行分析，单击确定按钮即可完成自动尺寸标注，如图 7－77 所示；

④ 对自动生成的尺寸标注的位置、字体、字号等属性进行修改，必要时还需删除某些不必要的尺寸标注，或者人工创建某些尺寸标注。

**2. 逐步生成尺寸(Generate Dimensions Step by Step)**

通过逐步生成尺寸图标，可以逐个生成尺寸标注。

**3. 生成零件序号(Generate Balloons)**

生成零件序号功能可对产品中各个零部件的序号进行标注。在生成零件序号之前，需要在装配设计工作台中对组成产品的各个零部件进行编号。

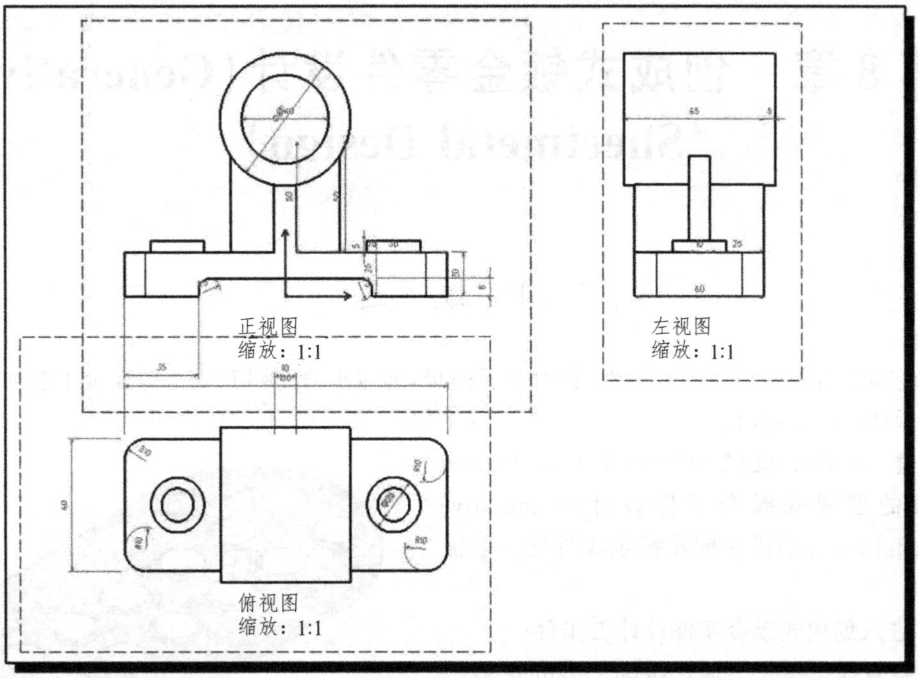
正视图
缩放：1:1
左视图
缩放：1:1
俯视图
缩放：1:1

图 7－77　自动尺寸标注

# 第 8 章　创成式钣金零件设计(Generative Sheetmetal Design)

## 8.1　概　述

钣金零件指利用金属的可塑性,针对金属薄板,通过折弯、剪切、成型等钣金工艺加工出来的零件,如图 8－1 所示。

通过 CATIA 机械设计模组(Mechanical Design)的创成式钣金零件设计(Generative Sheetmetal Design)模块创建钣金零件的一般流程如下:

① 进入创成式钣金零件设计工作台;

② 设置钣金参数(Sheet Metal Parameters);

③ 创建主墙体;

④ 在主墙体上创建附加墙体;

⑤ 在钣金墙体上创建各类钣金特征;

⑥ 根据实际情况对钣金零件进行折弯和展开。

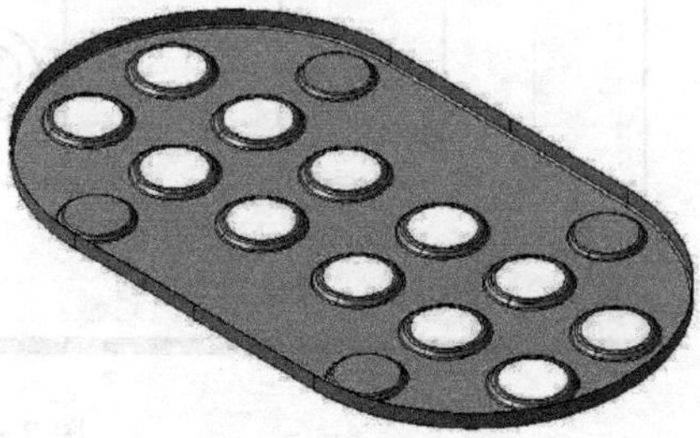

图 8－1　钣金零件

## 8.2　创成式钣金零件设计工作台

创成式钣金零件设计工作台是机械设计模组中创成式钣金零件设计模块的用户操作界面,通过该工作台可以调用各种与钣金零件创建相关的功能和命令来创建钣金零件。该工作台的常用工具栏如图 8－2 所示。

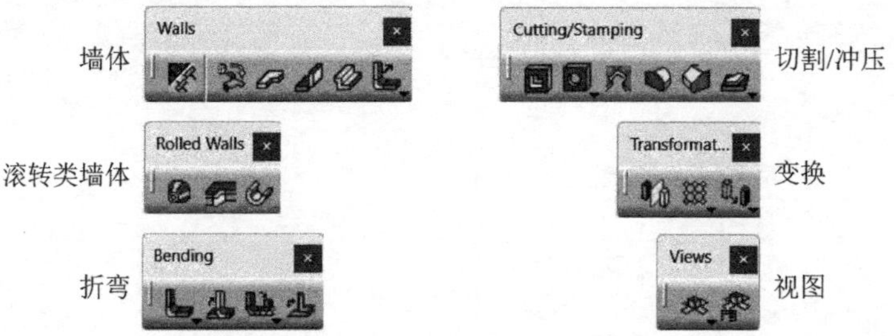


图 8－2　创成式钣金零件设计工作台(Generative Sheetmetal Design)常用工具栏

## 8.3　钣金参数(Sheet Metal Parameters)

进入创成式钣金零件设计工作台之后,在创建钣金零件之前,首先需要设置钣金参数。

设置钣金参数的一般方法如下：

① 在如图 8 - 3 所示的墙体(Walls)工具栏中单击钣金参数(Sheet Metal Parameters)图标，CATIA 弹出如图 8 - 4 所示的钣金参数(Sheet Metal Parameters)对话框；

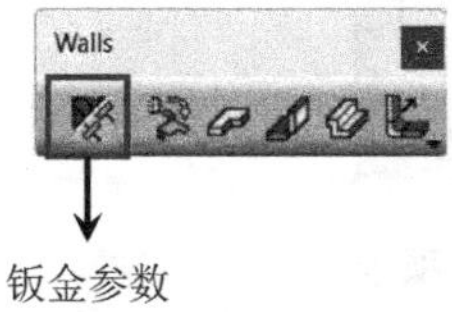


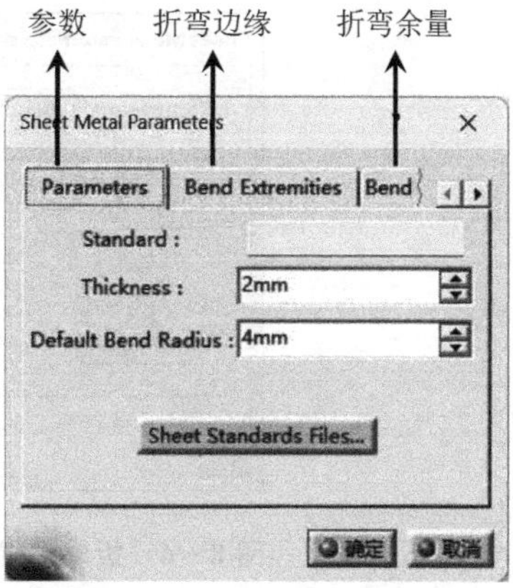


**图 8 - 3　钣金参数(Sheet Metal Parameters)　图 8 - 4　钣金参数(Sheet Metal Parameters)对话框**

② 在如图 8 - 4 所示的钣金参数对话框中设置钣金参数。

钣金参数对话框中包括 3 个选项卡，分别是：参数(Parameters)、折弯边缘(Bend Extremities)、折弯余量(Bend Allowance)。

### 8.3.1　参数(Parameters)选项卡

参数选项卡主要用于设置钣金零件的标准(Standard)、壁厚(Thickness)和默认折弯半径(Default Bend Radius)，如图 8 - 5 所示。

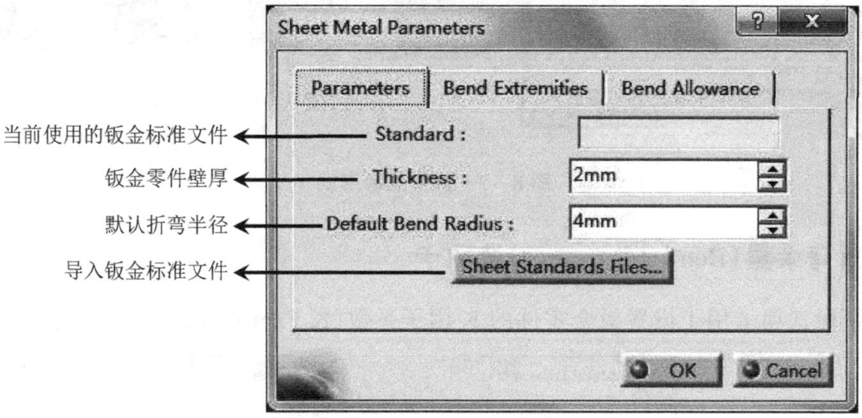


**图 8 - 5　参数(Parameters)选项卡**

参数选项卡中各项目的功能如下：

① 标准文本框：用于显示当前使用的钣金标准文件的名称，如果当前没有使用钣金标准文件，则该文本框为空；

② 壁厚文本框：用于设置钣金零件的壁厚；

③ 默认折弯半径文本框：用于设置钣金零件的默认折弯半径；

④ 钣金标准文件(Sheet Standards Files)按钮：用于导入钣金标准文件。

### 8.3.2 折弯边缘(Bend Extremities)选项卡

折弯边缘选项卡用于设置折弯边缘的形式,如图 8-6 所示。

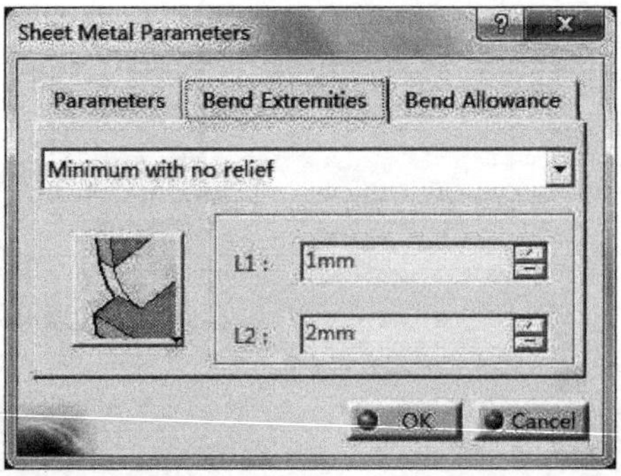


图 8-6 折弯边缘(Bend Extremities)选项卡

在折弯边缘选项卡中,CATIA 提供了 8 种折弯边缘形式,分别是:最小无止裂槽(Minimum with no relief)、矩形止裂槽(Square relief)、圆形止裂槽(Round relief)、线性(Linear)、相切(Tangent)、最大(Maximum)、封闭(Closed)、平面接合(Flat joint),如图 8-7 所示。

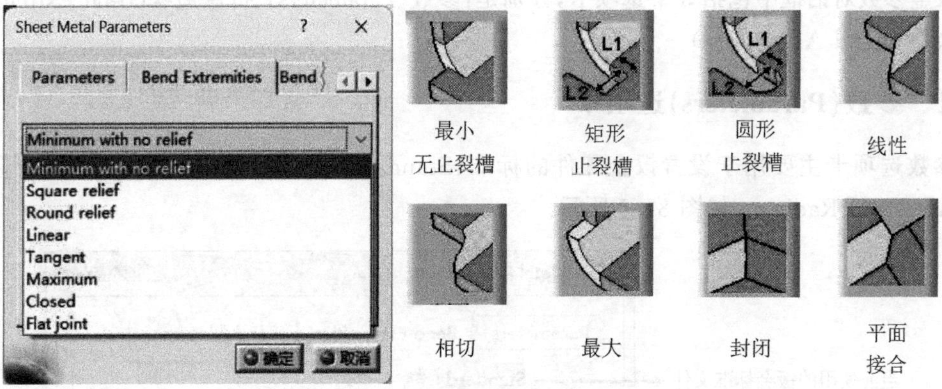


图 8-7 折弯边缘形式

### 8.3.3 折弯余量(Bend Allowance)选项卡

折弯余量选项卡用于设置钣金零件的 K 因子系数(K Factor),如图 8-8 所示。

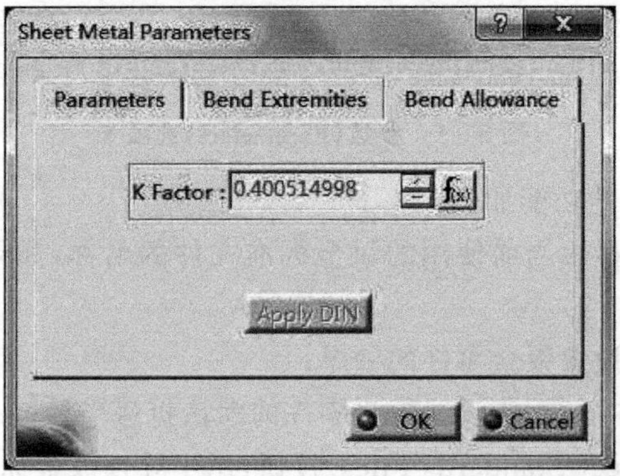


图 8-8 折弯余量(Bend Allowance)选项卡

K 因子系数用于计算钣金零件中性层(中性层在钣金零件中展开后既不伸长也不压缩)的位置,进而计算钣金零件的展开尺寸。

# 8.4 主墙体

墙体是钣金零件的基体,其他钣金特征都是在墙体上创建出来的。墙体又包括主墙体和附加墙体,附加墙体是在主墙体的基础上创建出来的。

主墙体包括 4 种主要类型:平板类、拉伸类、滚转类漏斗形、滚转类圆柱形,如图 8-9 所示。

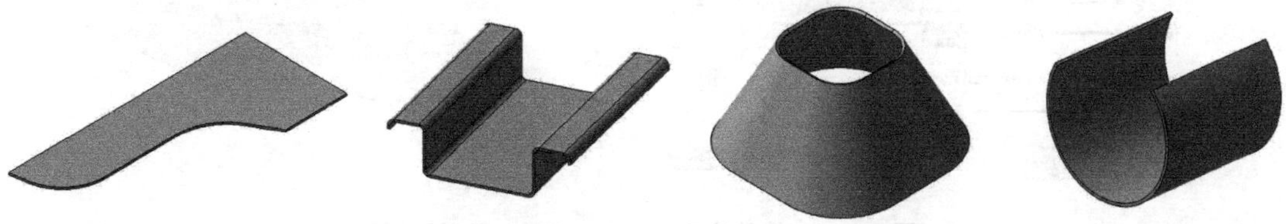

(a) 平板类　(b) 拉伸类　(c) 滚转类漏斗形　(d) 滚转类圆柱形

图 8-9 主墙体

## 8.4.1 平板类

创建如图 8-10 所示的平板类墙体,其方法如下:

① 进入草图设计工作台,绘制平板类墙体的草图轮廓,要求该草图轮廓必须是封闭的,如图 8-11 所示;

② 从草图设计工作台返回创成式钣金零件设计工作台,并在墙体(Walls)工具栏中单击墙体(Wall)图标,如图 8-12 所示;

③ CATIA 弹出如图 8-13 所示的墙体定义(Wall Definition)对话框,并通过该对话框对墙体的相关参数进行设置;

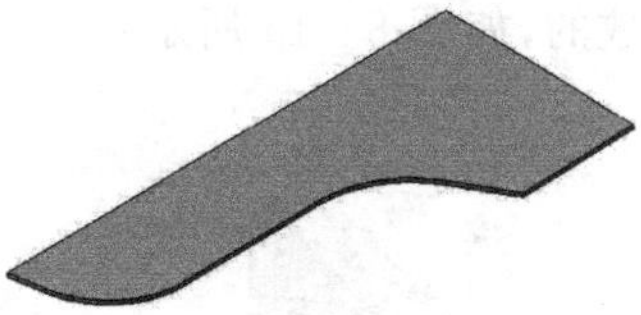

图 8-10 平板类墙体

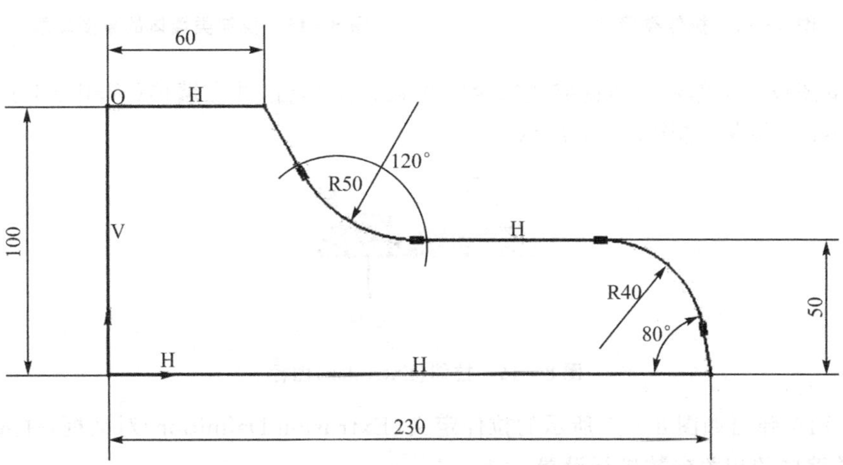


图 8-11 平板类墙体的草图轮廓

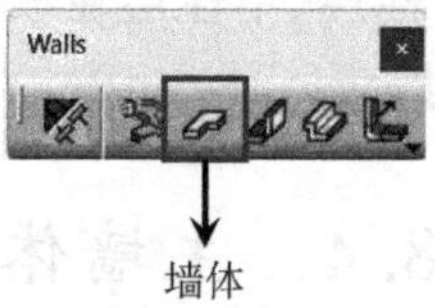


**图 8-12 墙体(Wall)图标**

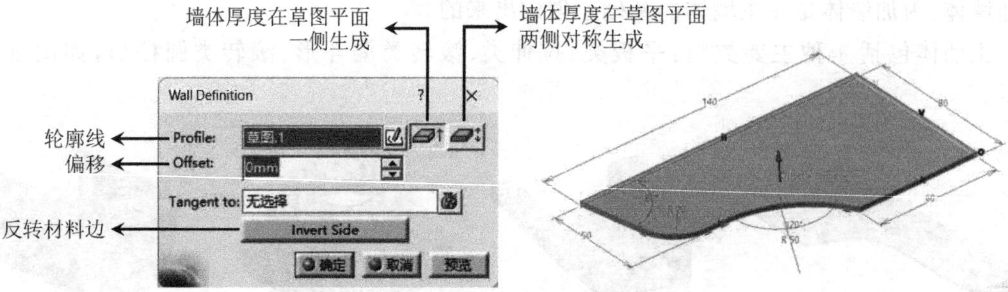


**图 8-13 墙体定义(Wall Definition)对话框**

④ 单击确定按钮完成操作。

## 8.4.2 拉伸类

创建如图 8-14 所示的拉伸类墙体,其方法如下:

① 进入草图设计工作台,绘制拉伸类墙体的草图轮廓,该草图轮廓可以是封闭的,也可以是开放的,如图 8-15 所示;

**图 8-14 拉伸类墙体**

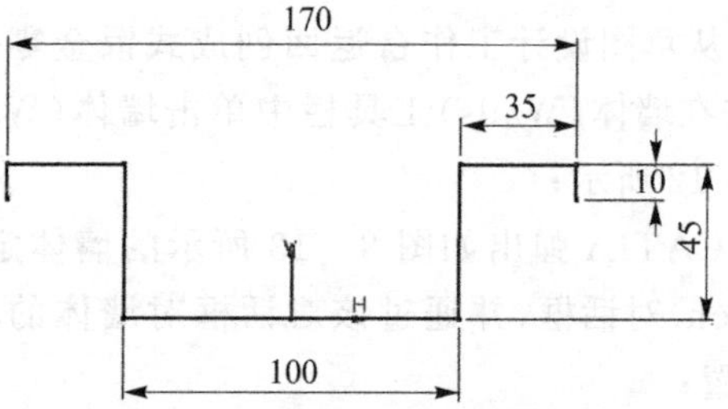


**图 8-15 拉伸类墙体的草图轮廓**

② 从草图设计工作台返回创成式钣金零件设计工作台,并在墙体(Walls)工具栏中单击拉伸(Extrusion)图标,如图 8-16 所示;

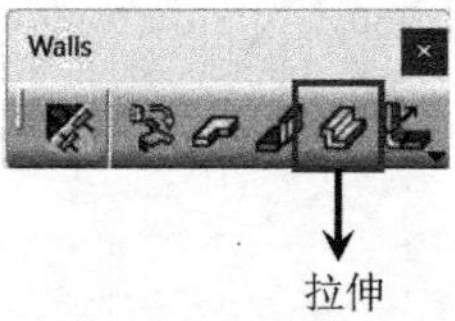


**图 8-16 拉伸(Extrusion)图标**

③ CATIA 弹出如图 8-17 所示的拉伸定义(Extrusion Definition)对话框,并通过该对话框对拉伸类墙体的相关参数进行设置;

④ 单击确定按钮完成操作。

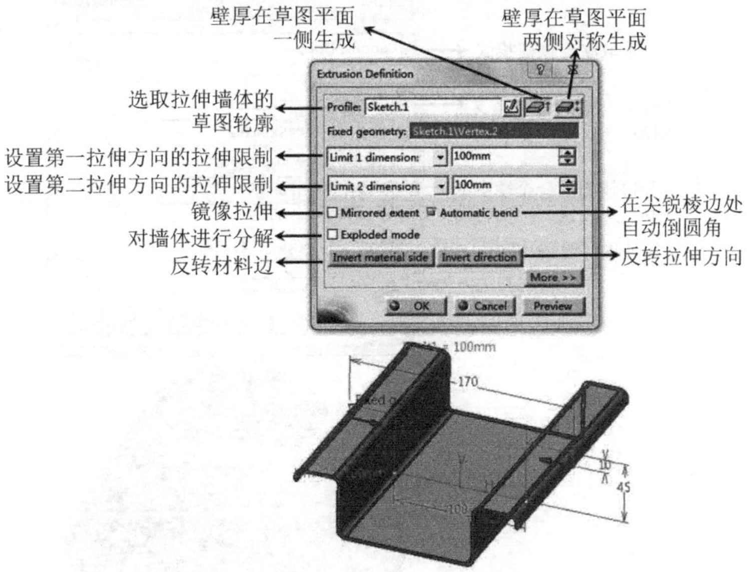


图 8-17 拉伸定义(Extrusion Definition)对话框

## 8.4.3 滚转类漏斗形

滚转类漏斗形墙体又包括两种创建模式:基于两条截面轮廓线创建漏斗(Canonic Hopper)、基于曲面创建漏斗(Surfacic Hopper)。

**1. 基于两条截面轮廓线创建漏斗**

基于两条截面轮廓线创建如图 8-18 所示的漏斗,其方法如下:

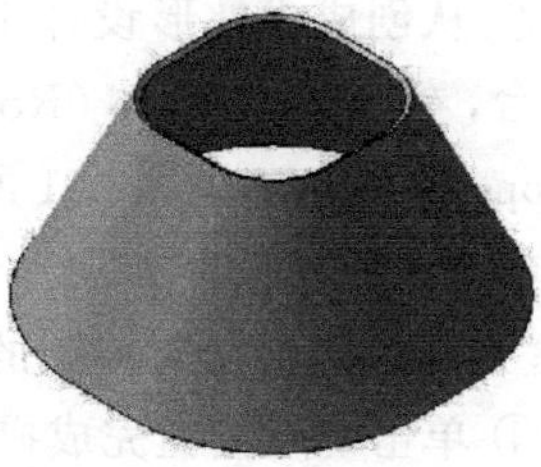

图 8-18 漏 斗

① 在两个参考平面上分别绘制两条截面轮廓线,如图 8-19 所示;

② 在两条截面轮廓线上分别创建一个点,作为开口线(钣金零件展开后,断面的分界线)的两个端点,如图 8-20 所示;

③ 在滚转类墙体(Rolled Walls)工具栏中单击漏斗(Hopper)图标,如图 8-21 所示;

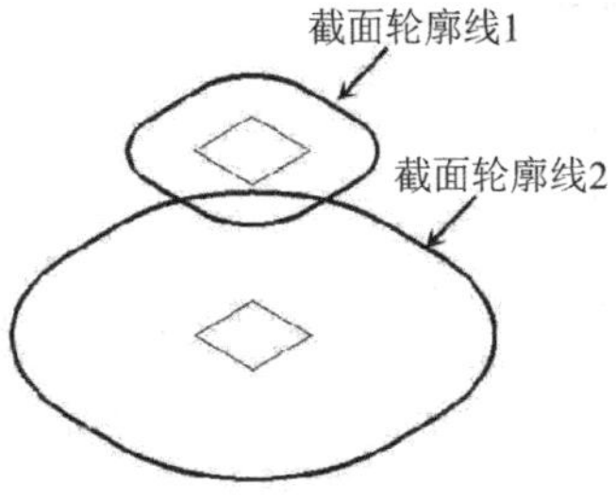


图 8-19 截面轮廓线

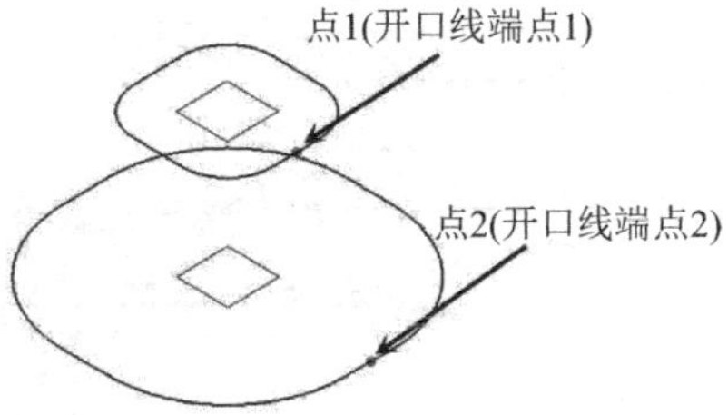


图 8-20 开口线端点

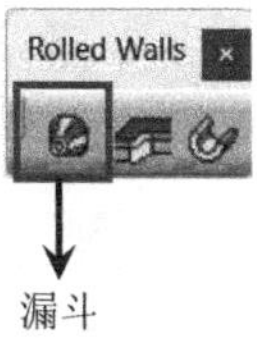


图 8-21 漏斗(Hopper)图标

④ CATIA 弹出如图 8-22 所示的漏斗(Hopper)对话框,并通过该对话框对漏斗的相关参数进行设置;

⑤ 单击确定按钮完成操作。

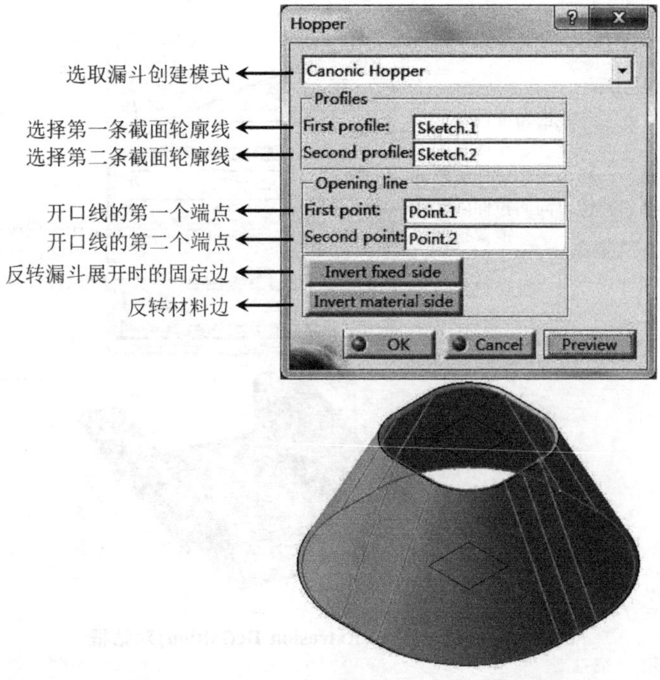


**图 8-22 漏斗(Hopper)对话框(基于两条截面轮廓线)**

**2. 基于曲面创建漏斗**

基于曲面创建如图 8-18 所示的漏斗,其方法如下:

① 在创成式外形设计工作台上创建如图 8-23 所示的曲面;

② 从创成式外形设计工作台返回创成式钣金零件设计工作台,在滚转类墙体(Rolled Walls)工具栏中单击漏斗(Hopper)图标,如图 8-21 所示;

③ CATIA 弹出如图 8-24 所示的漏斗(Hopper)对话框,并通过该对话框对漏斗的相关参数进行设置;

④ 单击确定按钮完成操作。

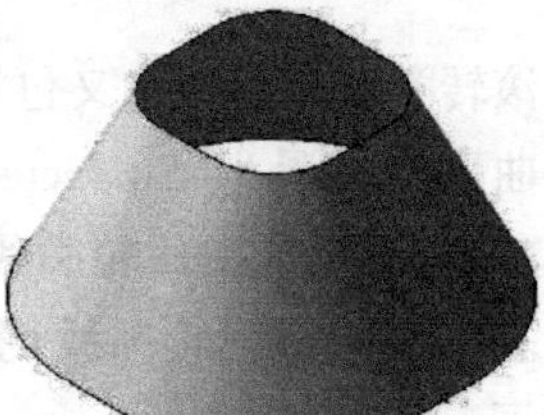

**图 8-23 曲 面**

**图 8-24 漏斗(Hopper)对话框(基于曲面)**

### 8.4.4　滚转类圆柱形

创建如图 8-25 所示的滚转类圆柱形墙体,其方法如下:

① 进入草图设计工作台,绘制滚转类圆柱形主钣金壁的草图轮廓,该草图轮廓必须是圆或圆弧,如图 8-26 所示;

② 从草图设计工作台返回创成式钣金零件设计工作台,并在滚转类墙体(Rolled Walls)工具栏中单击滚转墙体(Rolled Wall)图标,如图 8-27 所示;

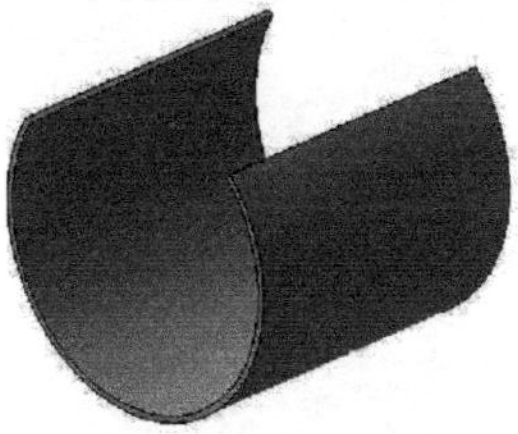

**图 8-25　滚转类圆柱形墙体**

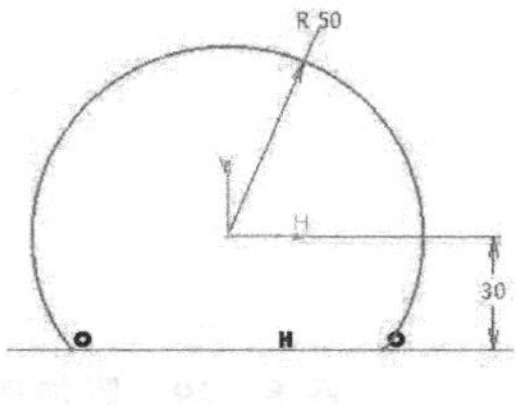


**图 8-26　滚转类圆柱形墙体的草图轮廓**

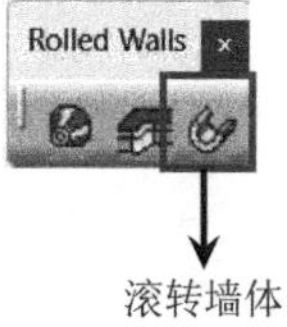


**图 8-27　滚转墙体(Rolled Wall)图标**

③ CATIA 弹出如图 8-28 所示的滚转墙体定义(Rolled Wall Definition)对话框;

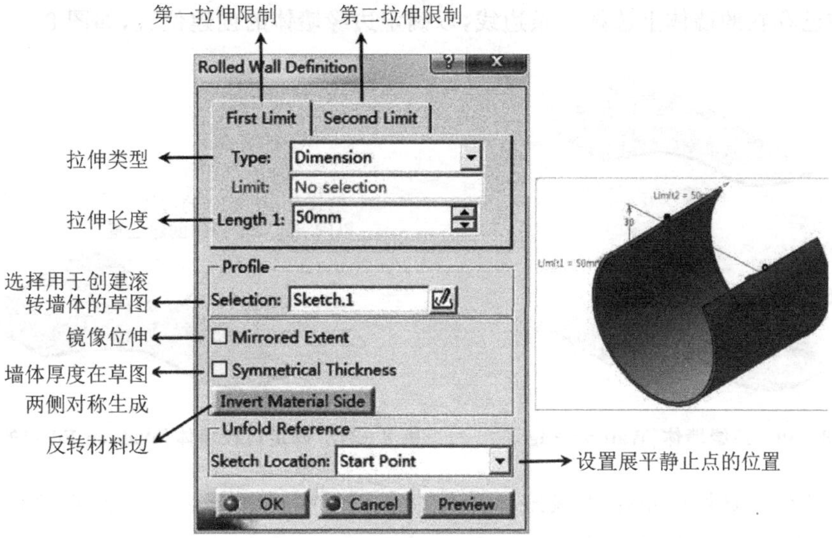


**图 8-28　滚转墙体定义(Rolled Wall Definition)对话框**

④ 在滚转墙体定义对话框中设置第一拉伸限制和第二拉伸限制的相关参数;

⑤ 单击确定按钮完成操作。

## 8.5　附加墙体

附加墙体是在已有墙体(主墙体或其他附加钣金壁)边缘上创建的墙体,主要包括边缘墙体(Wall on Edge)、凸缘(Flange)、折边(Hem)、滴料折边(Tear Drop)和自定义凸缘(User Flange),如图 8-29 所示。

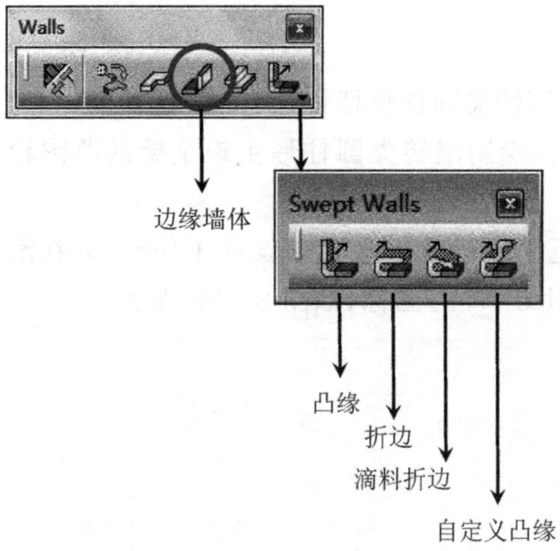


**图 8-29 附加墙体**

## 8.5.1 边缘墙体(Wall on Edge)

边缘墙体是在已存在墙体的直线边缘上创建出来的墙体,如图 8-30 所示。

创建如图 8-30 所示的边缘墙体(Wall on Edge),其方法如下:

① 在已存在的墙体上选择一条边线,以确定边缘墙体的创建位置,如图 8-31 所示。

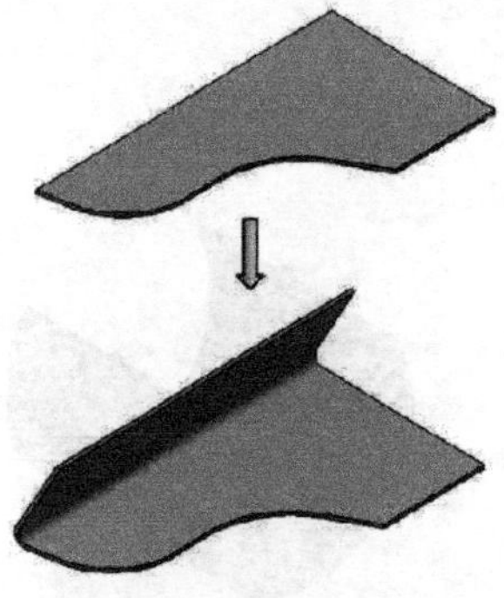

**图 8-30 边缘墙体(Wall on Edge)**

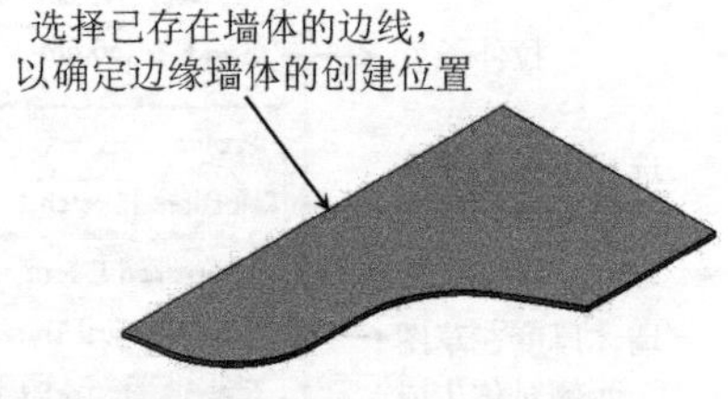


**图 8-31 确定边缘墙体(Wall on Edge)的创建位置**

② 在墙体工具栏中单击边缘墙体图标,CATIA 弹出如图 8-32 所示的边缘墙体定义(Wall on Edge Definition)对话框。

③ 在边缘墙体类型(Type)下拉列表框中,CATIA 提供了两种边缘墙体类型:自动(Automatic)、基于草图(Sketch Based),如图 8-33 所示。要创建如图 8-30 所示的边缘墙体,可以在该下拉列表框中选择自动(Automatic),即在所选的墙体边缘上根据设置的相关参数自动创建边缘墙体。

④ 在高度和倾斜度(Height & Inclination)选项卡中设置边缘墙体的基本参数,主要包括:

a) 边缘墙体的高度

在如图 8-34 所示的高度下拉列表框中,CATIA 提供了 2 种高度的设置模式:通过指定具体的高度值来限制边缘墙体的高度(Height)、通过指定的平面或曲面来限制边缘墙体的高度(Up to Plane/Surface)。

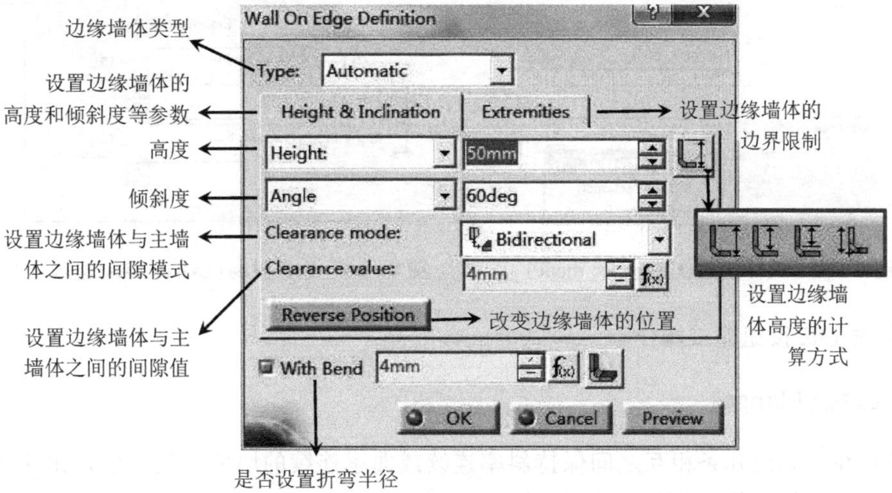


**图 8-32　边缘墙体定义(Wall on Edge Definition)对话框**

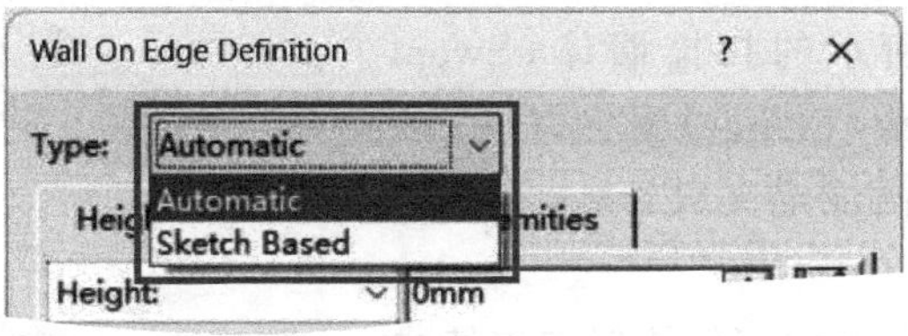


**图 8-33　边缘墙体类型(Type)**

b）边缘墙体高度的计算方式

在如图 8-35 所示的高度下拉列表中，CATIA 提供了 5 种边缘墙体高度的计算方式。

c）边缘墙体的倾斜度

在如图 8-36 所示的角度下拉列表框中，CATIA 提供了 2 种倾斜度的设置模式：通过指定具体的倾斜角度值来限制边缘墙体的倾斜度(Angle)、通过指定的平面来限制边缘墙体的倾斜度(Orientation plane)。

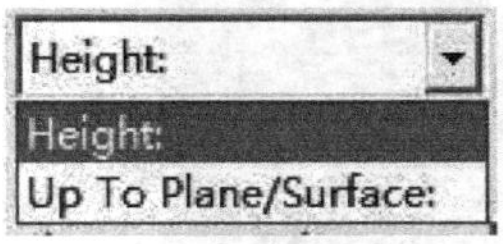


**图 8-34　边缘墙体的高度设置模式**

**图 8-35　边缘墙体高度的计算方式**

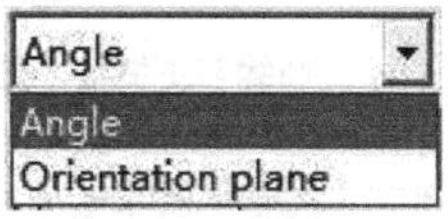


**图 8-36　边缘墙体的倾斜度设置模式**

d）边缘墙体与主墙体之间的间隙模式和间隙值

在间隙模式(Clearance mode)下拉列表框中，CATIA 提供了 3 种边缘钣金壁与主钣金壁之间的间隙模式：无间隙(No Clearance)、以指定的间隙值限制边缘墙体与主墙体之间的单向水平间隙(Monodirectional)、以与折弯半径成指定函数关系的间隙值限制边缘墙体和主墙体之间的双向间隙(Bidirectional)，如图 8-37 所示，如果选择后两种模式，则可通过图 8-32 中的间隙值(Clearance value)文本框设置间隙值。

⑤ 在边界限制(Extremities)选项卡中设置边缘墙体的延伸边界，如图 8-38 所示。

图 8-37 间隙模式(Clearance mode)

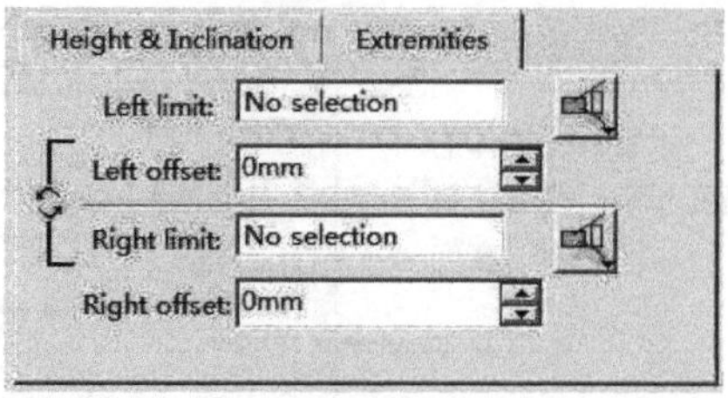


图 8-38 边界限制(Extremities)选项卡

⑥ 单击 OK 按钮完成操作。

## 8.5.2 凸缘(Flange)

凸缘是在一条或几条相互之间保持斜率连续或曲率连续的墙体边线上创建出来的与墙体成指定角度的附加墙体,如图 8-39 所示。

创建如图 8-39 所示的凸缘(Flange),其方法如下:

① 在如图 8-29 所示的扫描墙体(Swept Walls)工具栏中单击凸缘(Flange)图标,CATIA 弹出如图 8-40 所示的凸缘定义(Flange Definition)对话框;

② 选择一条或几条相互之间保持斜率连续或曲率连续的墙体边线,以确定凸缘的创建位置,如图 8-41 所示;

③ 在凸缘定义对话框中设置凸缘的相关参数,如图 8-41 所示;

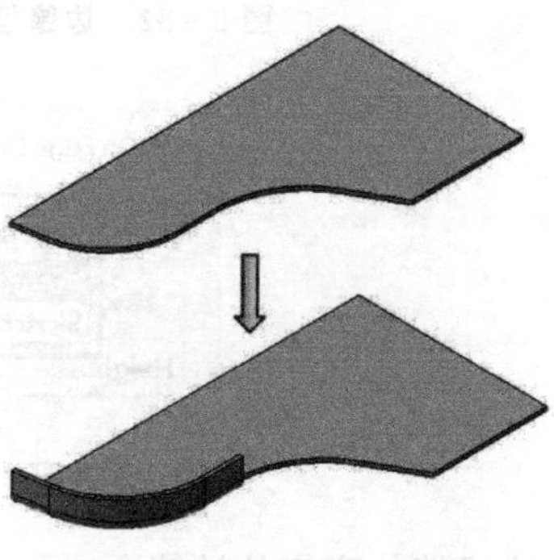

图 8-39 凸缘(Flange)

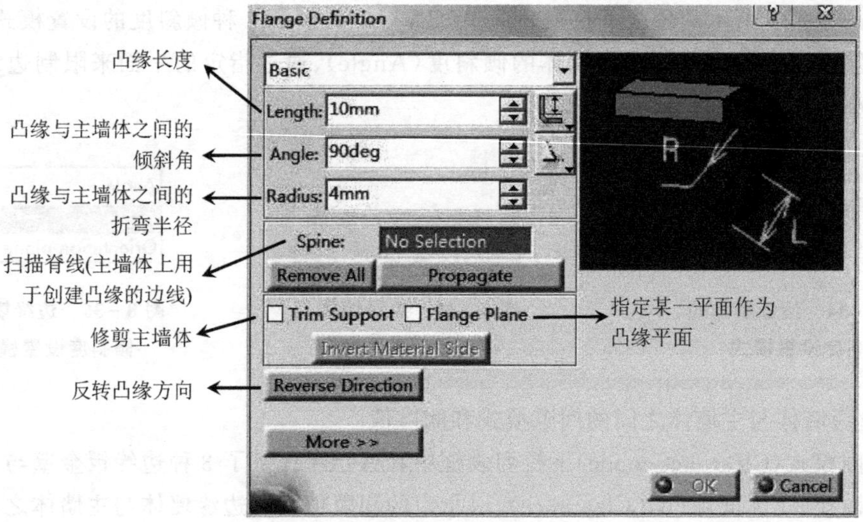


图 8-40 凸缘定义(Flange Definition)对话框

④ 单击 OK 按钮完成操作。

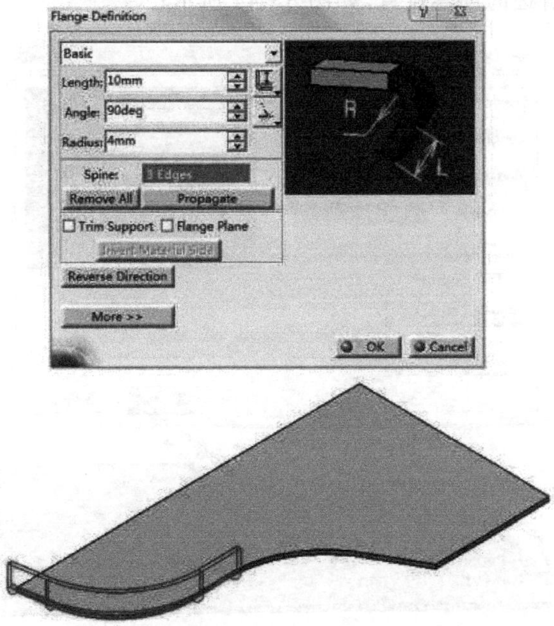


图 8 - 41　选择墙体边线以确定凸缘的创建位置

## 8.5.3　折边(Hem)

折边(Hem)是在一条或几条相互之间保持斜率连续或曲率连续的墙体边线上创建出来的与主墙体平行的附加墙体,如图 8 - 42 所示。

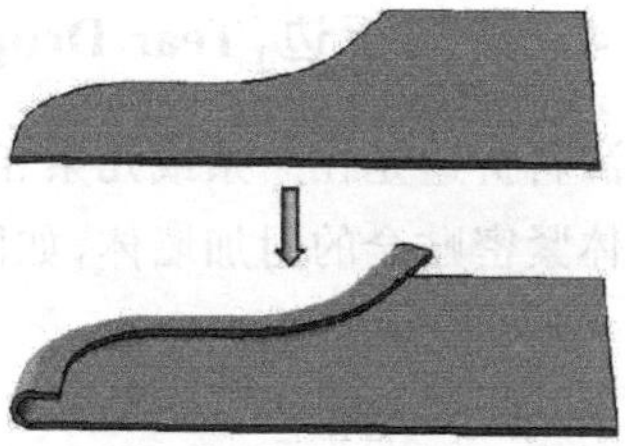

图 8 - 42　折边(Hem)

创建如图 8 - 42 所示的折边,其方法如下:

① 在如图 8 - 29 所示的扫描墙体(Swept Walls)工具栏中单击折边(Hem)图标,CATIA 弹出如图 8 - 43 所示的折边定义(Hem Definition)对话框;

② 选择一条或几条相互之间保持斜率连续或曲率连

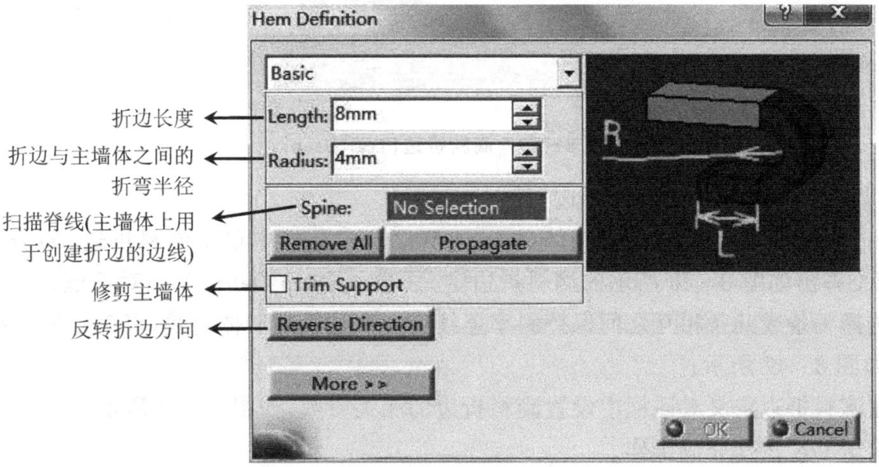


图 8 - 43　折边定义(Hem Definition)对话框

续的墙体边线，以确定折边的创建位置，如图 8－44 所示；

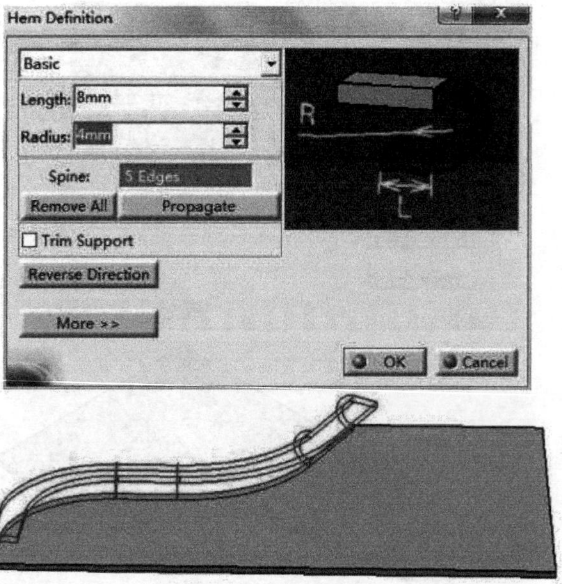


**图 8－44　选择墙体边线以确定折边的创建位置**

③ 在折边定义对话框中设置折边的相关参数，如图 8－43 所示；

④ 单击 OK 按钮完成操作。

## 8.5.4　滴料折边(Tear Drop)

滴料折边是在一条或几条相互之间保持斜率连续或曲率连续的墙体边线上创建出来的与主墙体紧密贴合的附加墙体，如图 8－45 所示。

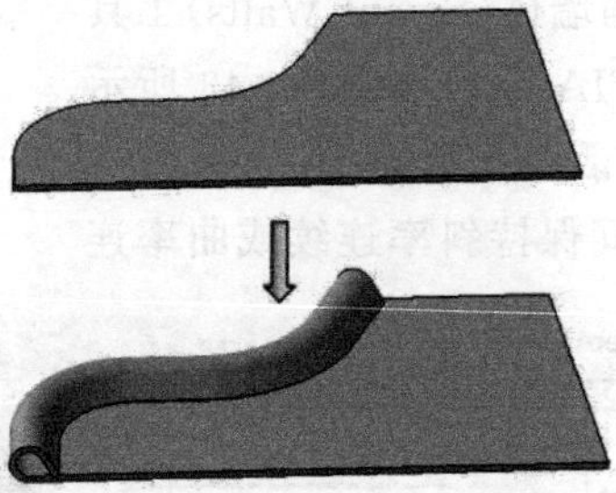

**图 8－45　滴料折边(Tear Drop)**

创建如图 8－45 所示的滴料折边，其方法如下：

① 在如图 8－29 所示的扫描墙体(Swept Walls)工具栏中单击滴料折边(Tear Drop)图标，CATIA 弹出如图 8－46 所示的滴料折边定义(Tear Drop Definition)对话框；

② 选择一条或几条相互之间保持斜率连续或曲率连续的墙体边线，以确定滴料折边的创建位置，如图 8－47 所示；

③ 在滴料折边定义对话框中设置滴料折边的相关参数，如图 8－47 所示；

④ 单击 OK 按钮完成操作。

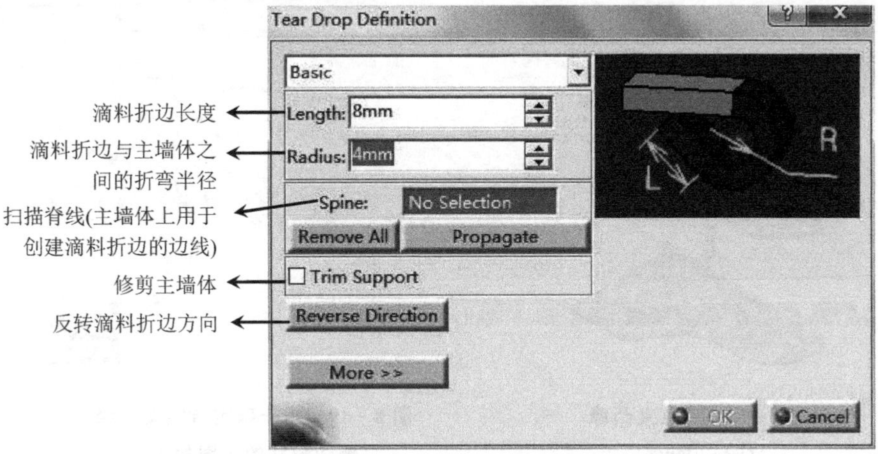


**图 8-46　滴料折边定义(Tear Drop Definition)对话框**

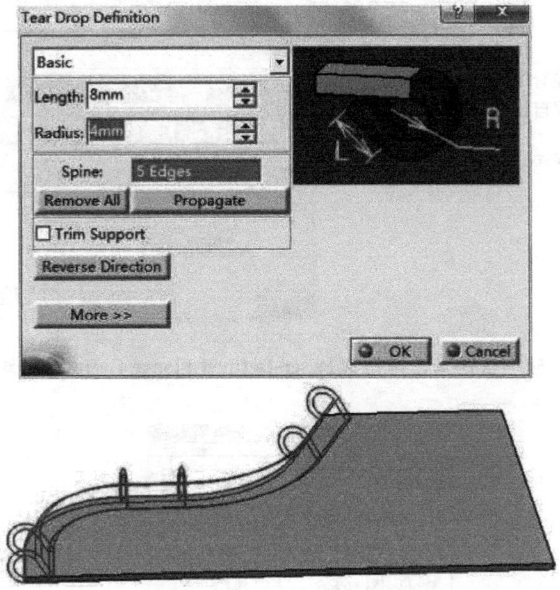


**图 8-47　选择墙体边线以确定滴料折边的创建位置**

## 8.5.5　自定义凸缘(User Flange)

自定义凸缘是在一条或几条相互之间保持斜率连续或曲率连续的墙体边线上，按照人为指定的轮廓形状创建出来的附加钣金壁，如图 8-48 所示。

创建如图 8-48 所示的自定义凸缘，其方法如下：

① 绘制用于确定自定义凸缘侧边形状的草图轮廓，如图 8-49 所示；

② 在如图 8-29 所示的扫描墙体(Swept Walls)工具栏中单击自定义凸缘(User Flange)图标，CATIA 弹出如图 8-50 所示的自定义凸缘定义(User-Defined Flange Definition)对话框；

③ 选择一条或几条相互之间保持斜率连续或曲率连续的墙体边线，以确定自定义凸缘的创建位置，并选择用于确定自定义凸缘侧边形状的草图轮廓，如图 8-51 所示；

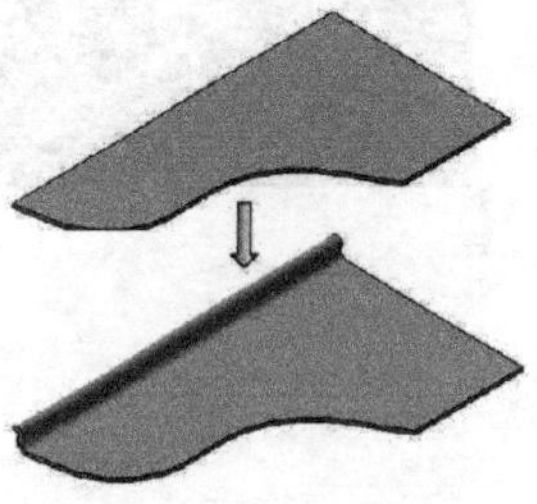

图 8 - 48　自定义凸缘
(User Flange)

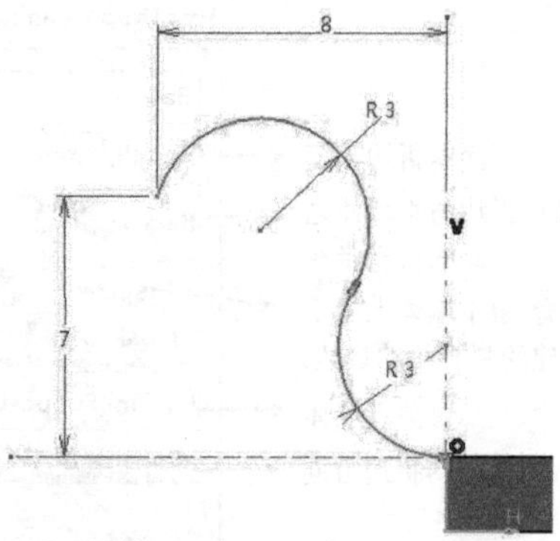


图 8 - 49　用于确定自定义凸缘
侧边形状的草图轮廓

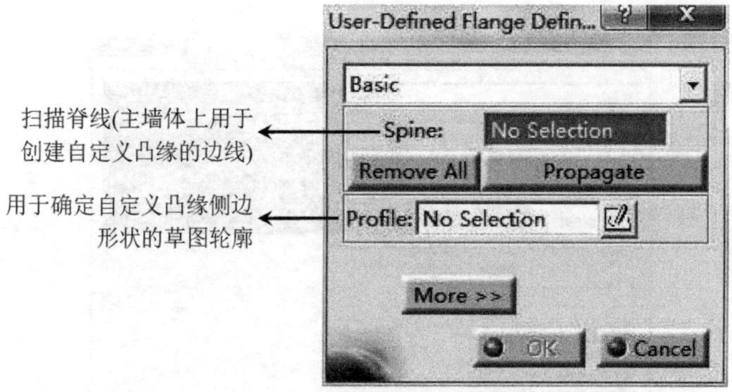


图 8 - 50　自定义凸缘定义(User-Defined Flange Definition)对话框

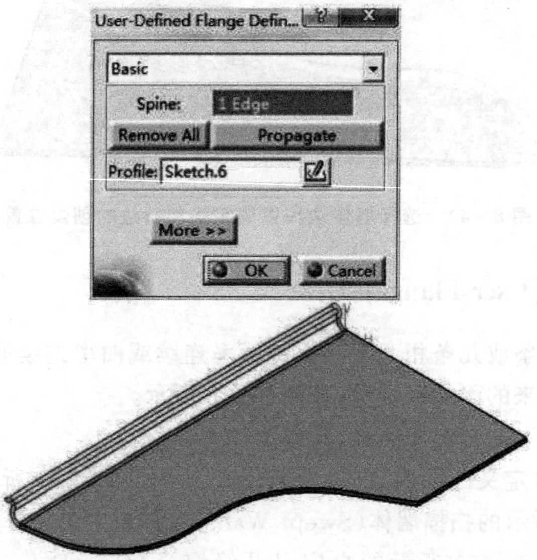


图 8 - 51　选择墙体边线以确定自定义凸缘的创建位置

④ 单击 OK 按钮完成操作。

# 8.6　钣金特征

钣金特征指在主墙体或附加墙体上创建的变换、切割、冲压、折弯等特征。

## 8.6.1　钣金变换特征

钣金变换特征指对指定的钣金特征进行镜像(Mirror)、阵列(Pattern)、平移(Translation)、旋转(Rotation)、对称(Symmetry)、轴系变换(Axis to Axis)等变换操作创建出来的特征。

要创建钣金变换特征,需要用到变换(Transformations)工具栏,如图 8-52 所示。

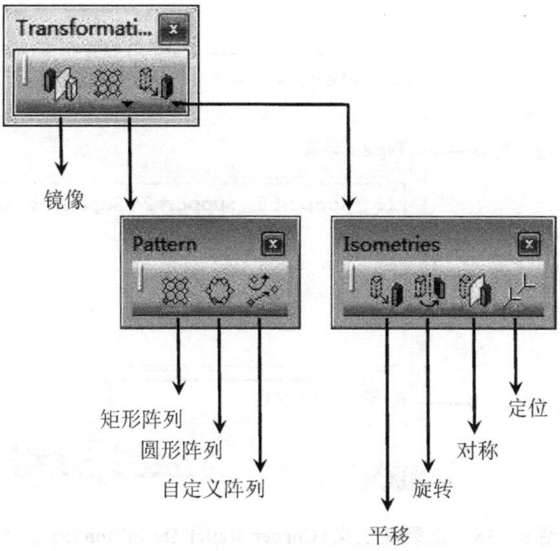


**图 8-52　变换(Transformations)工具栏**

创建钣金变换特征与在零件设计工作台中创建同类型变换特征的情况比较类似,本小节不做详细介绍。

## 8.6.2　钣金切割特征

钣金切割特征指在主钣金壁或附加钣金壁上通过切除材料创建的特征,主要包括:剪口(Cut out)、孔(Hole)、圆形剪口(Circular Cutout)、止裂槽(Corner Relief)、倒圆角(Corner)、倒角(Chamfer),如图 8-53 所示。

在上述钣金切割特征中,剪口特征与零件设计工作台中的型腔(Pocket)特征类似,孔、倒圆角、倒角等特征与零件设计工作台中的同类特征类似,本小节主要介绍止裂槽和圆形剪口的创建。

**1. 止裂槽(Corner Relief)**

止裂槽是在钣金零件的折弯部分创建的工艺孔,以避免在弯曲部分因局部应力过大导致龟裂或材料堆积,如图 8-54 所示。

创建如图 8-54 所示的止裂槽,其方法如下:

① 在如图 8-53 所示的切割/冲压(Cutting/Stamping)工具栏中单击止裂槽图标,CATIA 弹出如图 8-55 所示的止裂槽定义(Corner Relief Definition)对话框;

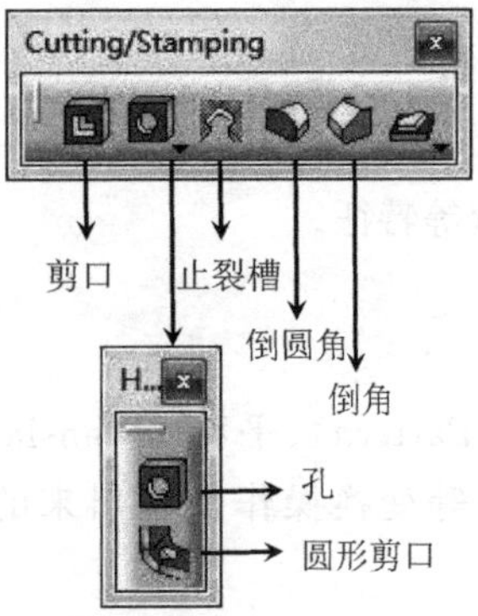


**图 8-53　钣金切割特征**

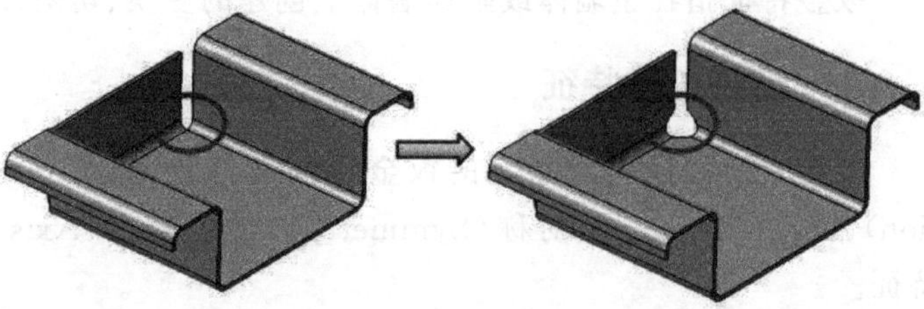

**图 8-54　止裂槽(Corner Relief)**

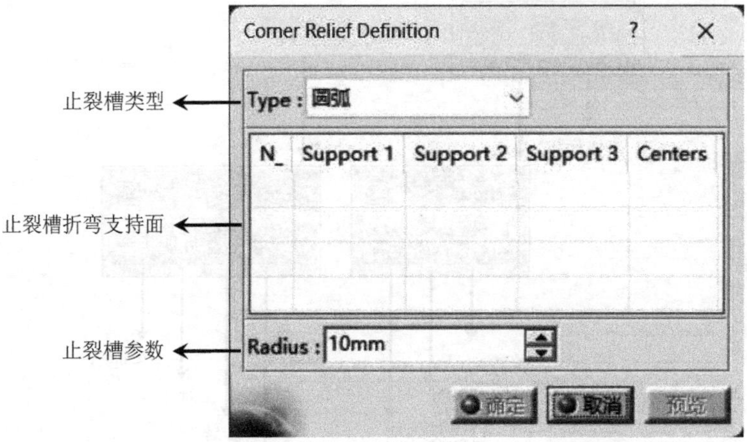


**图 8-55　止裂槽定义(Corner Relief Definition)对话框**

② 在止裂槽类型(Type)下拉列表框中设置止裂槽的类型，要创建如图 8-54 所示的止裂槽，应选择圆弧(Circular)，并设置圆弧止裂槽的半径；

③ 选择止裂槽的折弯支持面，如图 8-56 所示；

④ 单击确定按钮完成操作。

在止裂槽定义对话框的止裂槽类型下拉列表框中，CATIA 提供了 3 种止裂槽的类型：正方形(Square)、圆弧(Circular)、用户配置文件(User Profile)，如图 8-57 所示。

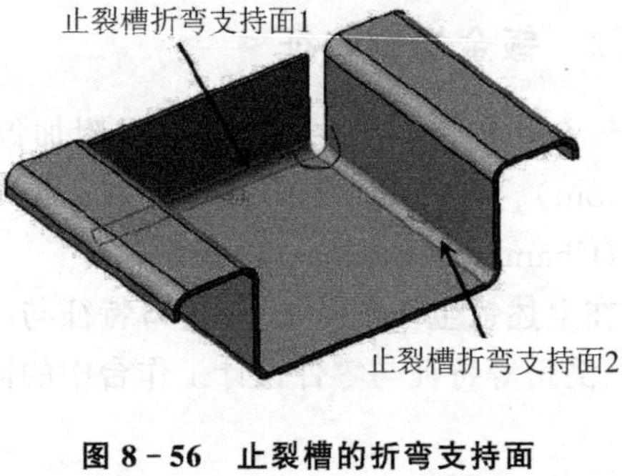


**图 8-56　止裂槽的折弯支持面**

**2. 圆形剪口(Circular Cutout)**

圆形剪口是以指定点为圆心在钣金零件上创建的圆形剪口特征，如图 8-58 所示。

创建如图 8-58 所示的圆形剪口，其方法如下：

① 在切割/冲压(Cutting/Stamping)工具栏中单击圆形剪口(Circular Cutout)图标，CATIA 弹出如图 8-59 所示的圆形剪口定义(Circular Cutout Definition)对话框；

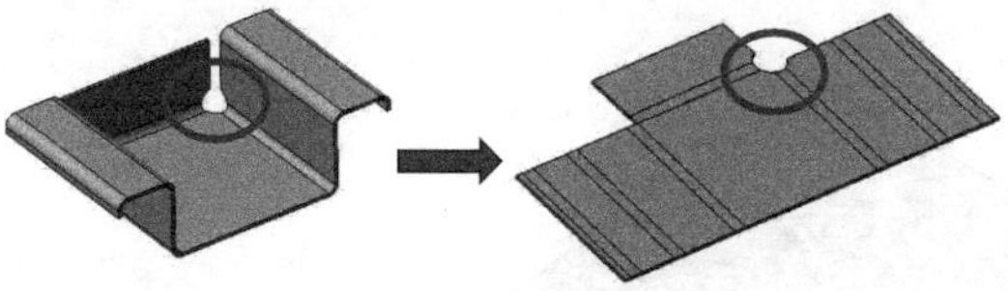

(a) 圆弧(Circular)

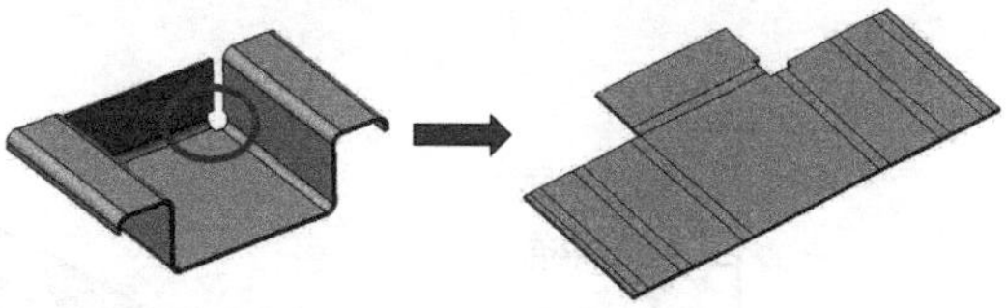

(b) 正方形(Square)

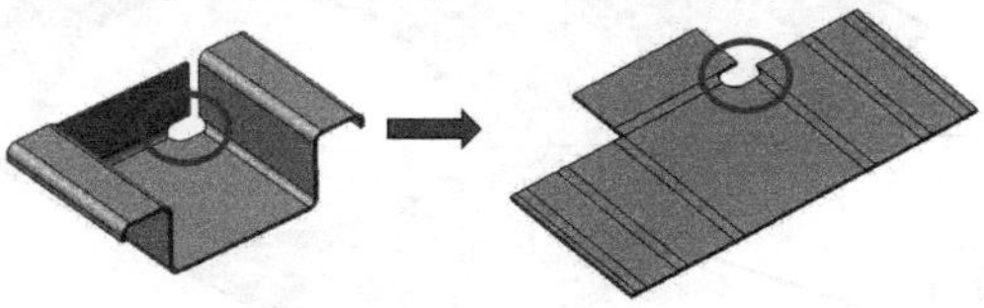

(c) 用户配置文件(User Profile)

**图 8-57　止裂槽类型(Type)**

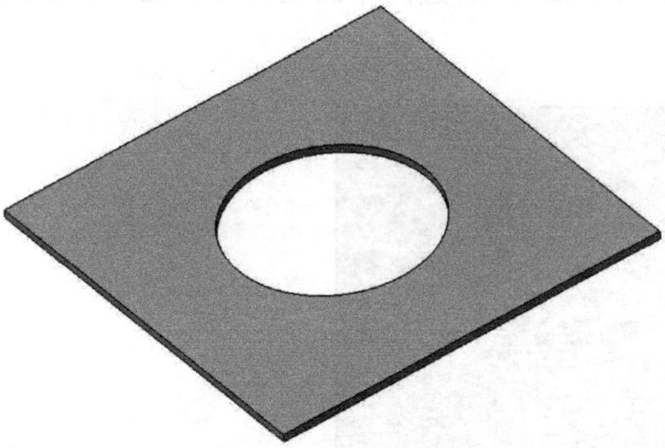

**图 8-58　圆形剪口**
**(Circular Cutout)**

**图 8-59　圆形剪口定义**
**(Circular Cutout Definition)对话框**

② 在钣金零件的某个位置单击，确定圆形剪口圆心的初始位置及圆心所在的支持面，如图 8-60 所示；

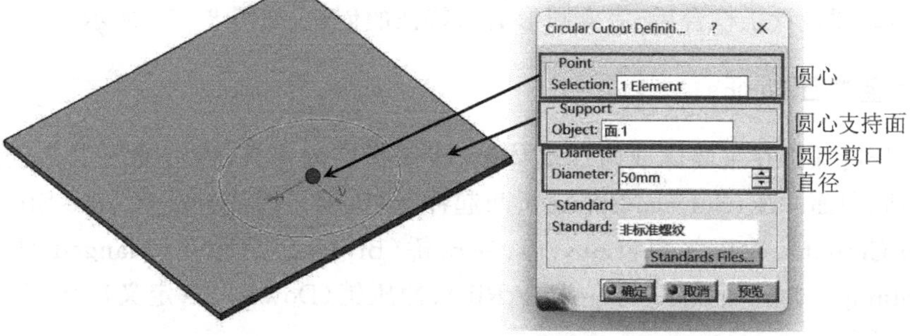


**图 8-60　确定圆心初始位置及其支持面**

③ 通过直径(Diameter)文本框设置圆形剪口的直径，如图 8-60 所示；

④ 在圆形剪口定义对话框中单击确定(OK)按钮，完成圆形剪口特征的初步定义，如图 8-61 所示；

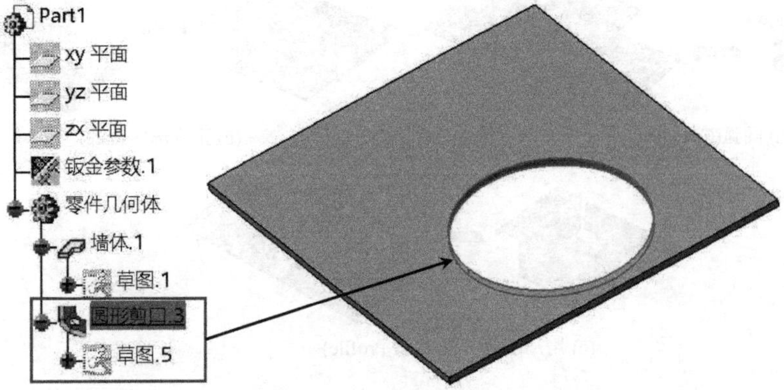


**图 8-61　圆形剪口(Circular Cutout)特征及其配置树节点**

⑤ 在配置树中双击圆形剪口特征节点下的草图节点，进入草图设计工作台，对圆形剪口的圆心点进行约束，如图 8-62 所示；

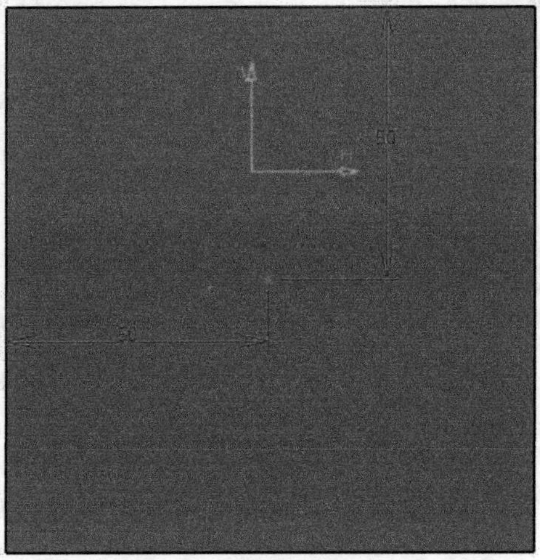


**图 8-62　约束圆心点**

⑥ 退出草图设计工作台后，完成圆形剪口特征的创建，如图 8-58 所示。

## 8.6.3　钣金冲压特征

钣金冲压特征指在主墙体或附加墙体上，按照指定的模具，通过冲压工艺创建出来的特征，主要包括：曲面冲压(Surface Stamp)、凸起冲压(Bead)、曲线冲压(Curve Stamp)、凸缘开口(Flanged Cutout)、冲压气窗(Louver)、冲压桥(Bridge)、凸缘孔(Flanged Hole)、加强窝(Circular Stamp)、冲压加强筋(Stiffening Rib)、冲压销(Dowel)、自定义冲压(User Stamp)，如图 8-63 所示。

**1. 曲面冲压(Surface Stamp)**

曲面冲压指对封闭草图轮廓进行填充生成一个曲面范围，通过对该曲面范围内的墙体进行冲压而生成的钣金特征，如图 8-64 所示。

创建如图 8-64 所示的曲面冲压特征，其方法如下：

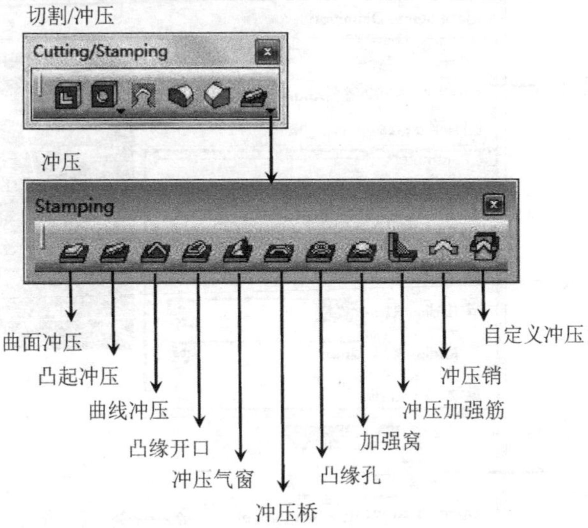


**图 8-63　钣金冲压特征**

① 以要创建曲面冲压特征的墙体平面作为草图平面，进入草图设计工作台(Sketcher)，绘制如图 8-65 所示的封闭草图轮廓；

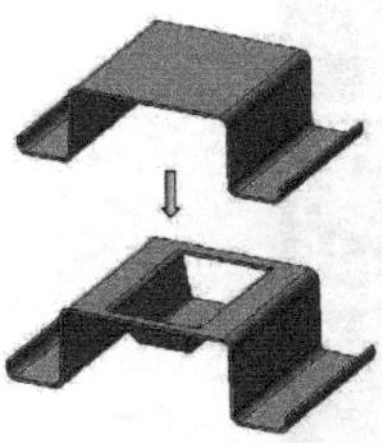

**图 8-64　曲面冲压(Surface Stamp)**

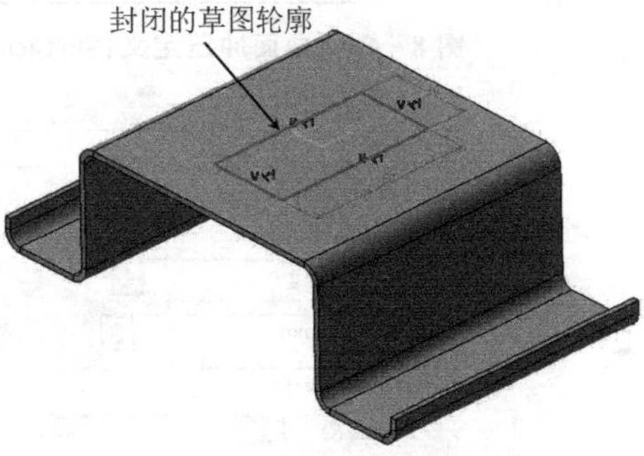


**图 8-65　绘制封闭草图轮廓**

② 在如图 8-63 所示的冲压(Stamping)工具栏中单击曲面冲压(Surface Stamp)图标，CATIA 弹出如图 8-66 所示的曲面冲压定义(Surface Stamp Definition)对话框；

③ 通过参数选择(Parameters choice)下拉列表框选择曲面冲压的参数类型，并根据所选择的参数类型，在参数(Parameters)选项组中设置相应的曲面冲压参数，如图 8-67 所示；

④ 选择用于创建曲面冲压特征的草图轮廓，并设置该草图轮廓的类型，包括 Upward sketch profile 和 Downward sketch profile 两种选择，其中 Upward sketch profile 类型指通过所选的草图轮廓来限制曲面冲压特征的上端面，Downward sketch profile 类型指通过所选的草图轮廓来限制曲面冲压特征的下端面，如图 8-68 所示；

⑤ 选择开放边，如图 8-69 所示；

⑥ 单击 OK 按钮完成操作。

**2. 凸起冲压(Bead)**

凸起冲压来指按照开放性的草图轮廓对钣金壁进行冲压后生成的具有圆弧形截面的钣金冲压特征，如图 8-70 所示。

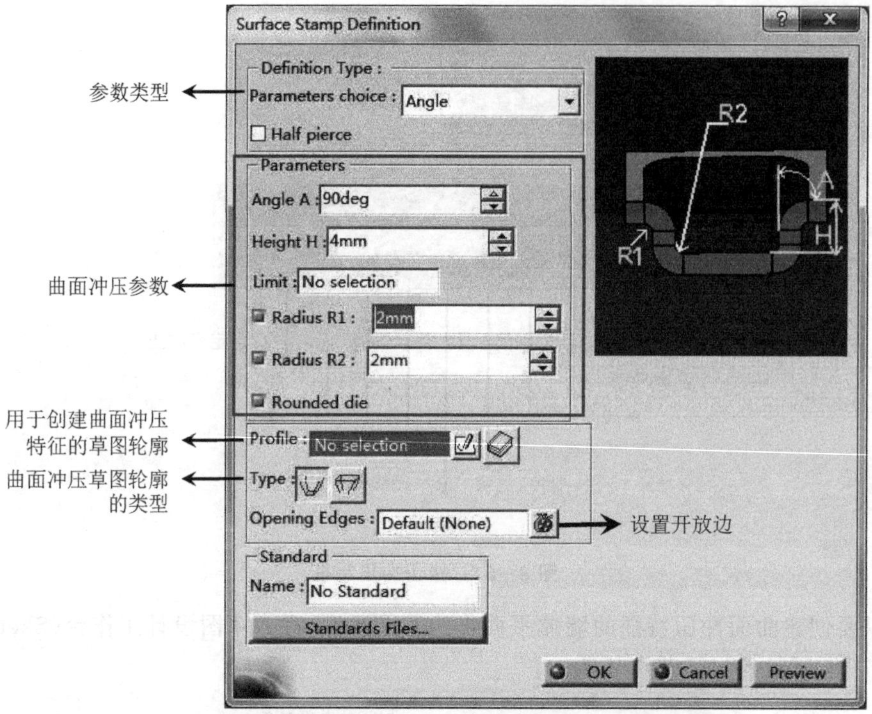


**图 8-66 曲面冲压定义(Surface Stamp Definition)对话框**

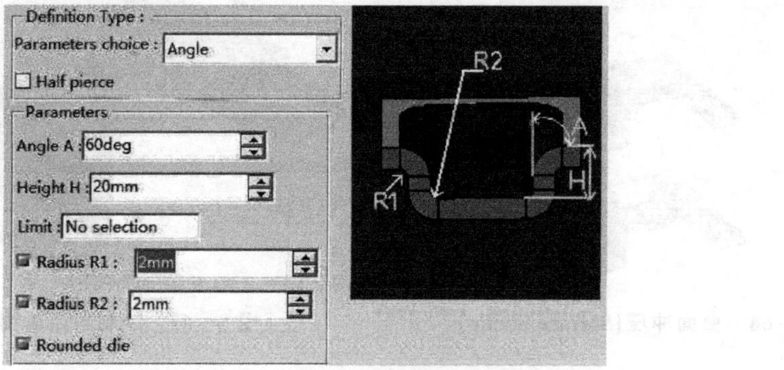


**图 8-67 设置曲面冲压参数**

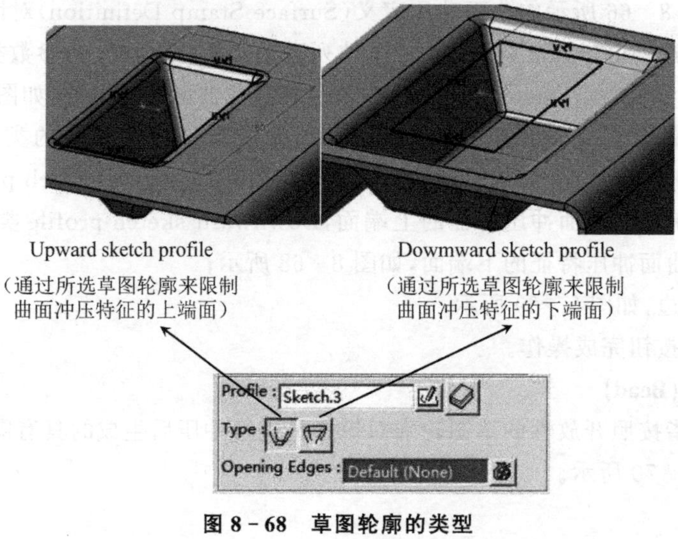


**图 8-68 草图轮廓的类型**

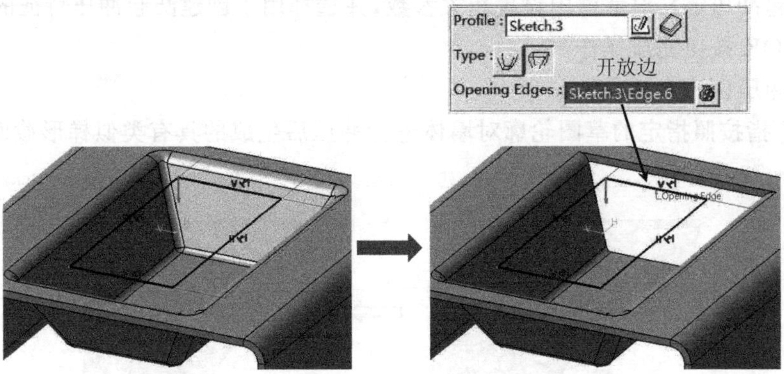


(a) 不选择开放边　　(b) 选择开放边

**图 8-69　选择开放边**

要创建如图 8-64 所示的凸起冲压特征，其方法如下：

① 以要创建凸起冲压特征的墙体平面作为草图平面，进入草图设计工作台(Sketcher)，绘制如图 8-71 所示的开放草图轮廓；

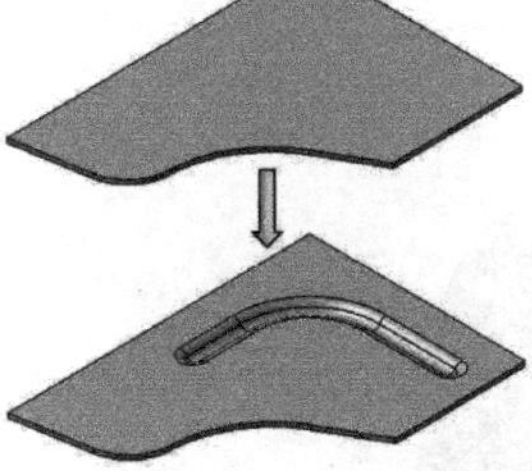

**图 8-70　凸起冲压(Bead)**

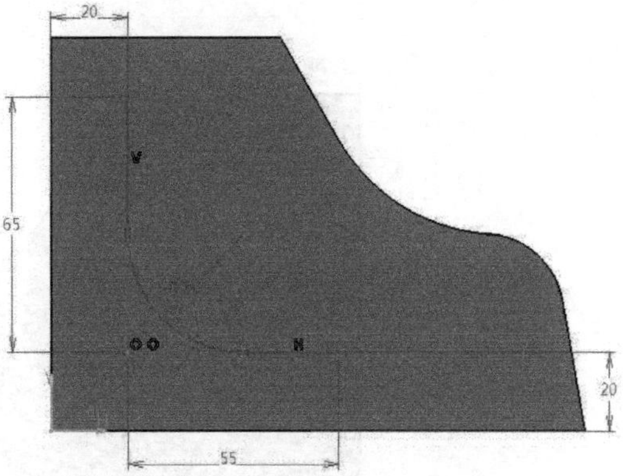


**图 8-71　绘制开放草图轮廓**

② 在冲压(Stamping)工具栏中单击凸起冲压(Bead)图标，CATIA 弹出如图 8-72 所示的凸起冲压定义(Bead Definition)对话框；

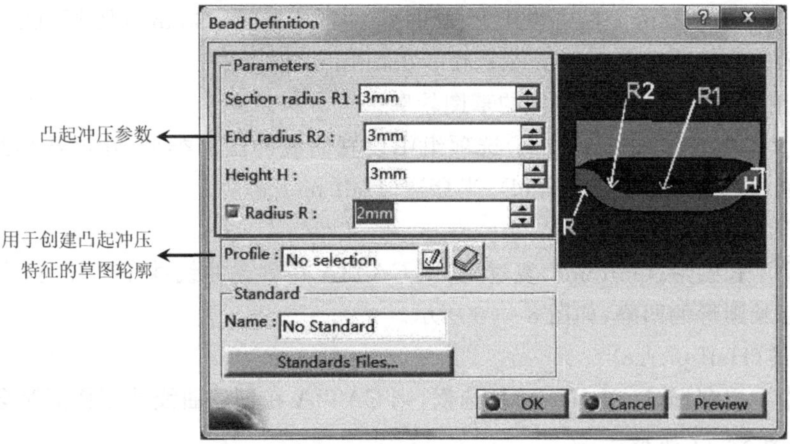


**图 8-72　凸起冲压定义(Bead Definition)对话框**

③ 在凸起冲压定义对话框中设置相关参数，并选择用于创建凸起冲压特征的草图轮廓；

④ 单击 OK 按钮完成操作。

**3. 曲线冲压(Curve Stamp)**

曲线冲压指按照指定的草图轮廓对墙体进行冲压后生成的具有类似梯形截面的钣金冲压特征，如图 8－73 所示。

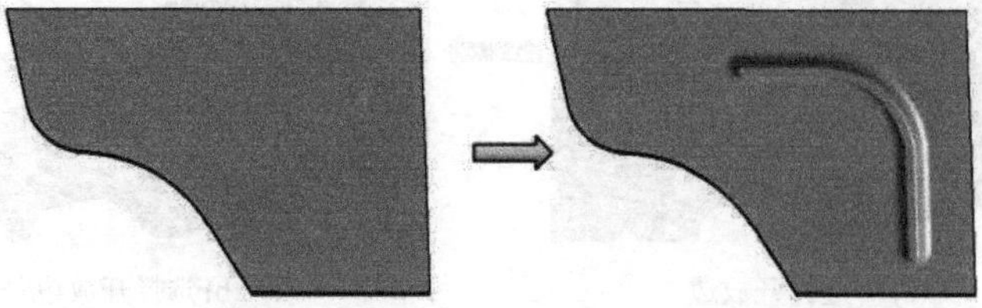

**图 8－73 曲线冲压(Curve Stamp)**

要创建如图 8－73 所示的曲线冲压特征，其方法如下：

① 以要创建曲线冲压特征的墙体平面作为草图平面，进入草图设计工作台(Sketcher)，绘制如图 8－74 所示的草图轮廓(用于创建曲线冲压特征的草图轮廓可以是封闭的，也可以是开放的)。

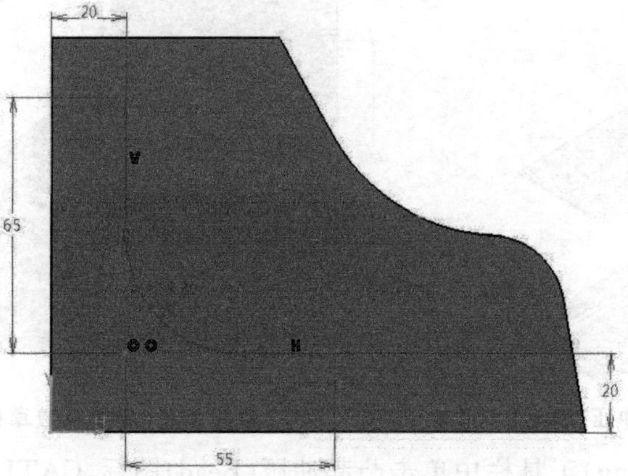


**图 8－74 绘制草图轮廓**

② 在冲压(Stamping)工具栏中单击曲线冲压(Curve Stamp)图标，CATIA 弹出如图 8－75 所示的曲线冲压定义(Curve stamp definition)对话框。

③ 选择用于创建曲线冲压特征的草图轮廓。

④ 在定义类型(Definition Type)选项组中设置曲线冲压的类型，在该选项组中，CATIA 提供了两个复选框：长圆形(Obround)、半穿透(Half pierce)：

a) 长圆形(Obround)

如果选中了长圆形(Obround)复选框，则 CATIA 在创建曲线冲压特征时，会在草图轮廓线的末端创建长圆形的凹陷，如图 8－76 所示。

b) 半穿透(Half pierce)

如果选中了半穿透(Half pierce)复选框，则 CATIA 在创建曲线冲压特征时会忽略角度和圆角参数，如图 8－77 所示。

⑤ 在参数(Parameters)选项组中设置曲线冲压的相关参数。

⑥ 单击 OK 按钮完成操作。

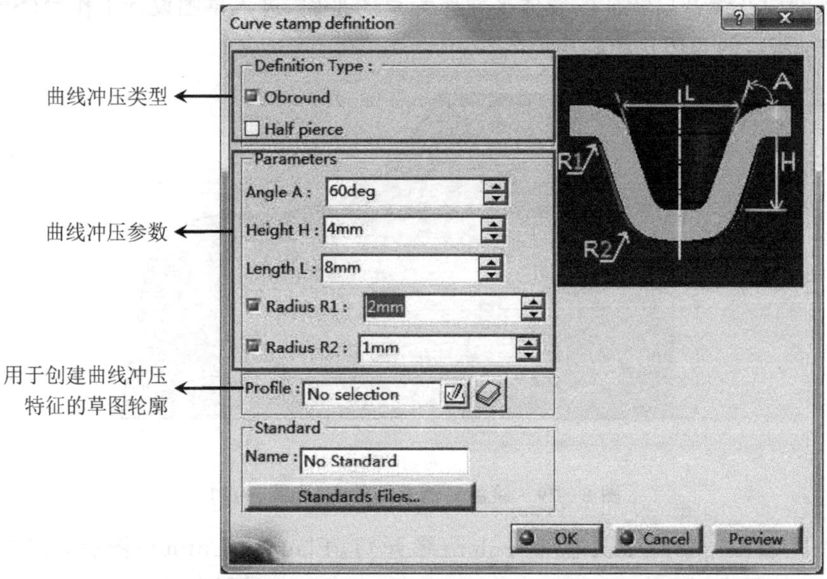


**图 8－75　曲线冲压定义(Curve stamp definition)对话框**

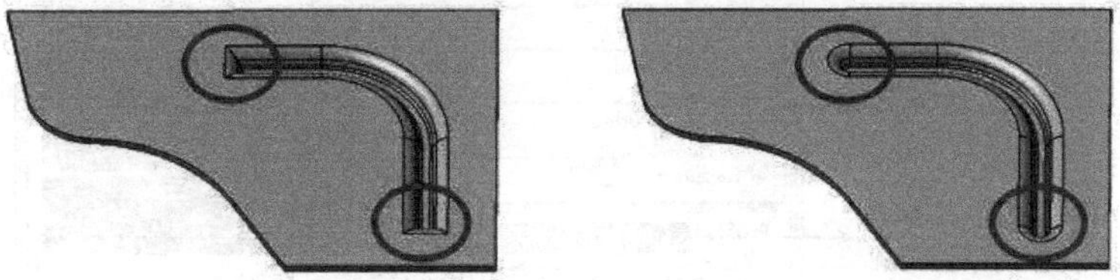

(a) 未选中长圆形复选框　　(b) 选中长圆形复选框

**图 8－76　未选中/选中长圆形(Obround)复选框**

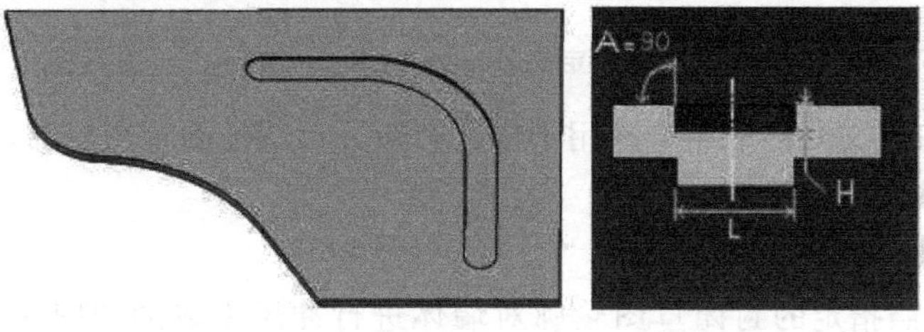


**图 8－77　选中半穿透(Half pierce)复选框**

**4. 凸缘开口(Flanged Cutout)**

凸缘开口指按照指定的封闭草图轮廓对墙体进行冲压,并将草图轮廓内部的墙体切除后生成的钣金冲压特征,如图 8－78 所示。

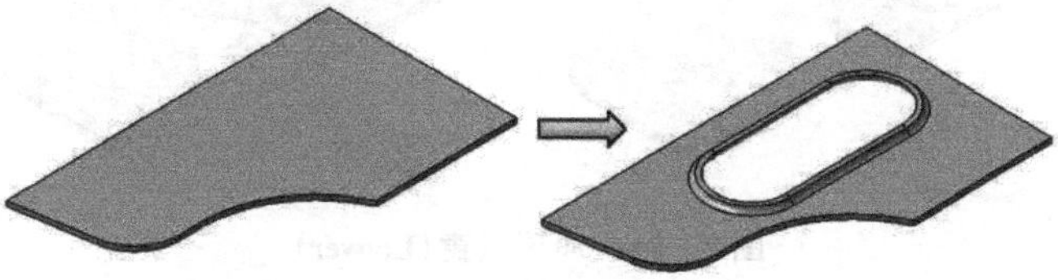

**图 8－78　凸缘开口(Flanged Cutout)**

要创建如图 8－78 所示的凸缘开口特征,其方法如下:

① 以要创建凸缘开口特征的墙体平面作为草图平面，进入草图设计工作台(Sketcher)，绘制如图 8－79 所示的封闭草图轮廓；

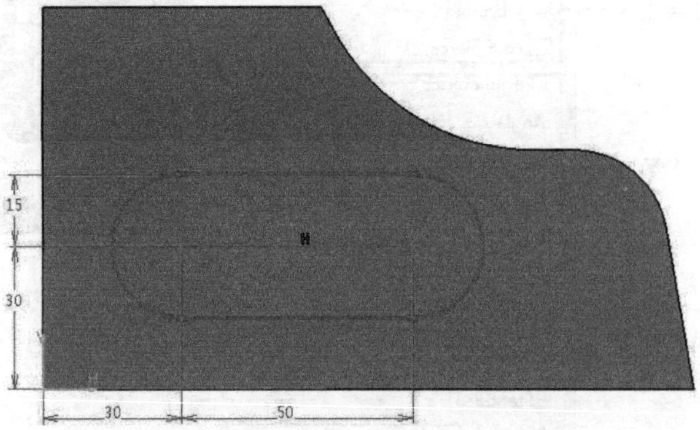


图 8－79 绘制封闭草图轮廓(凸缘开口)

② 在冲压(Stamping)工具栏中单击凸缘开口(Flanged Cutout)图标，CATIA 弹出如图 8－80 所示的凸缘开口定义(Flanged cutout Definition)对话框；

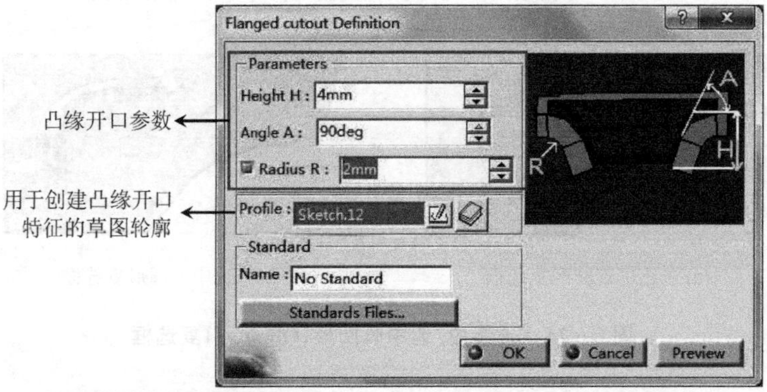


图 8－80 凸缘开口定义(Flanged cutout Definition)对话框

③ 在凸缘开口定义对话框中选择用于创建凸缘开口特征的草图轮廓，并设置相关参数；

④ 单击 OK 按钮完成操作。

**5. 冲压气窗(Louver)**

冲压气窗指按照指定的封闭草图轮廓对墙体进行冲压生成的如图 8－81 所示钣金冲压特征。

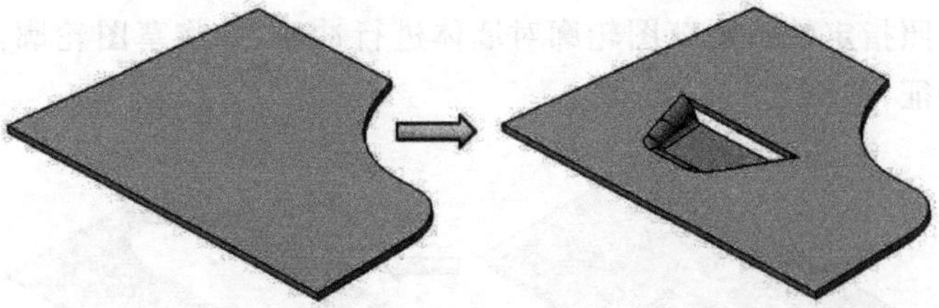

图 8－81 冲压气窗(Louver)

要创建如图 8－81 所示的冲压气窗特征，其方法如下：

① 以要创建冲压气窗特征的墙体平面作为草图平面，进入草图设计工作台(Sketcher)，绘

制如图 8－82 所示的封闭草图轮廓；

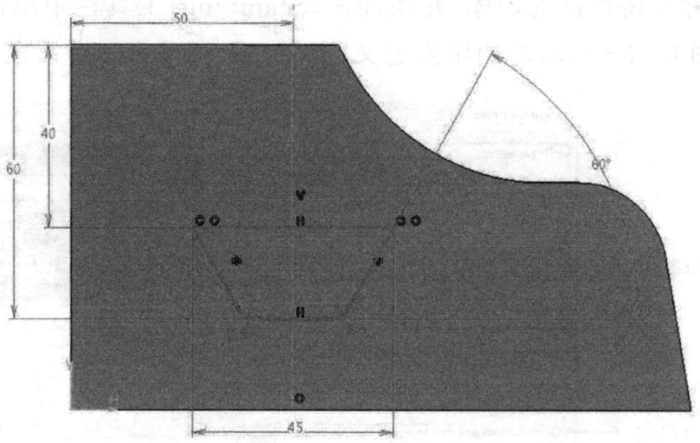


**图 8－82　绘制封闭草图轮廓(冲压气窗)**

② 在冲压(Stamping)工具栏中单击冲压气窗(Louver)图标，CATIA 弹出如图 8－83 所示的冲压气窗定义(Louver Definition)对话框；

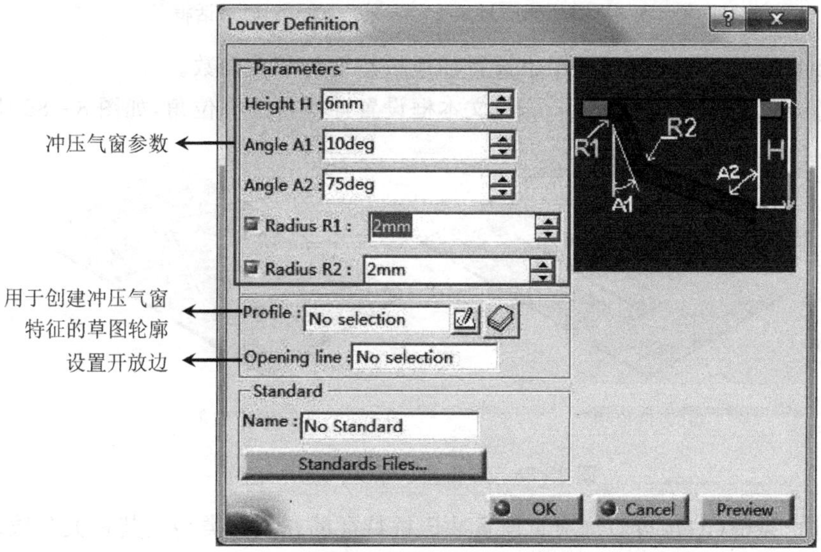


**图 8－83　冲压气窗定义(Louver Definition)对话框**

③ 在冲压气窗定义对话框中选择用于创建冲压气窗特征的草图轮廓，并设置开放边；

④ 在冲压气窗定义对话框中设置相关参数；

⑤ 单击 OK 按钮完成操作。

**6．冲压桥(Bridge)**

冲压桥特征如图 8－84 所示。

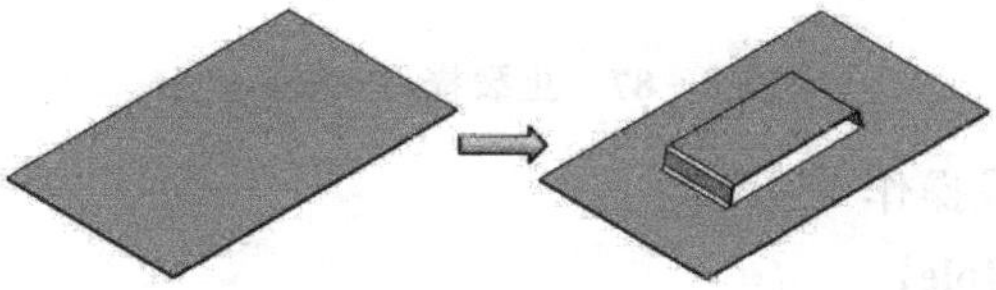

**图 8－84　冲压桥(Bridge)特征**

要创建如图 8－84 所示的冲压桥特征，其方法如下：

① 选择要创建冲压桥特征的墙体，并在冲压（Stamping）工具栏中单击冲压桥（Bridge）图标，CATIA 弹出如图 8－85 所示的冲压桥定义（Bridge Definition）对话框。

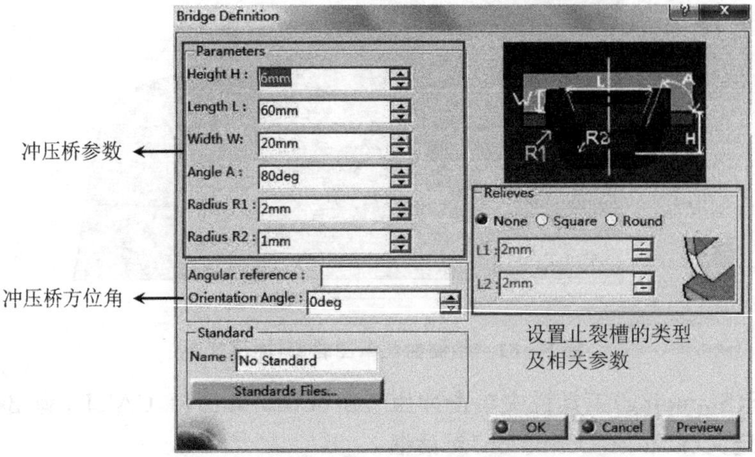


**图 8－85 冲压桥定义（Bridge Definition）对话框**

② 在参数（Parameters）选项组中设置冲压桥特征的相关参数。

③ 通过方位角（Orientation Angle）文本框设置冲压桥的方位角，如图 8－86 所示。

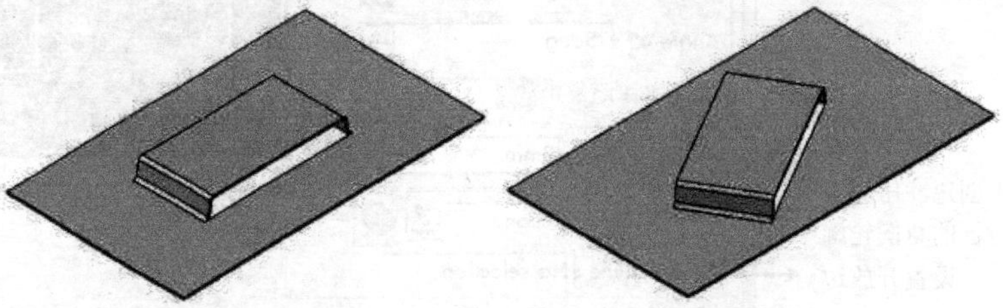

(a) 方位角=0°　　(b) 方位角=30°

**图 8－86 方位角（Orientation Angle）**

④ 通过止裂槽（Relieves）选项组设置冲压桥特征的止裂槽类型及其相关参数。在该选项组中，CATIA 提供了三种止裂槽类型：无止裂槽（None）、矩形止裂槽（Square）、圆形止裂槽（Round），如图 8－87 所示。

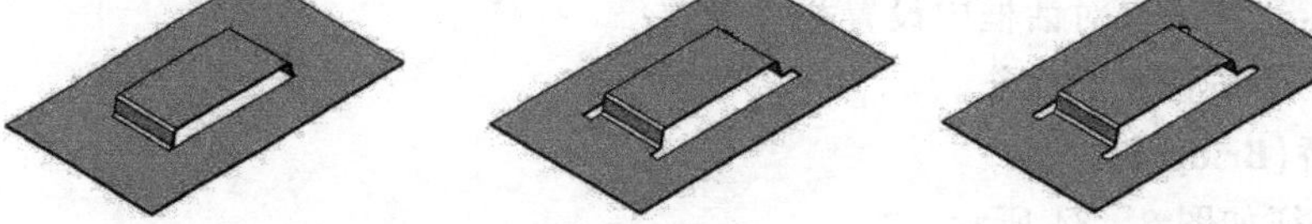

(a) 无止裂槽(None)　　(b) 矩形止裂槽(Square)　　(c) 圆形止裂槽(Round)

**图 8－87 止裂槽（Relieves）**

⑤ 单击 OK 按钮完成操作。

**7. 凸缘孔（Flanged Hole）**

凸缘孔特征如图 8－88 所示。

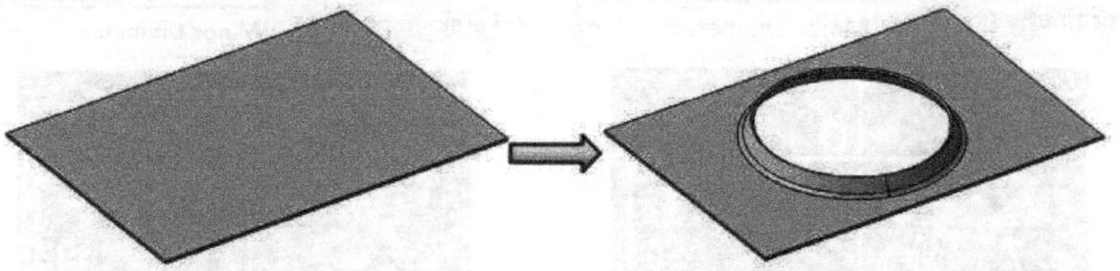

图 8-88　凸缘孔(Flanged Hole)

要创建如图 8-88 所示的凸缘孔特征,其方法如下:

① 选择要创建凸缘孔特征的墙体,并在冲压(Stamping)工具栏中单击凸缘孔(Flanged Hole)图标,CATIA 弹出如图 8-89 所示的凸缘孔定义(Flanged Hole Definition)对话框。

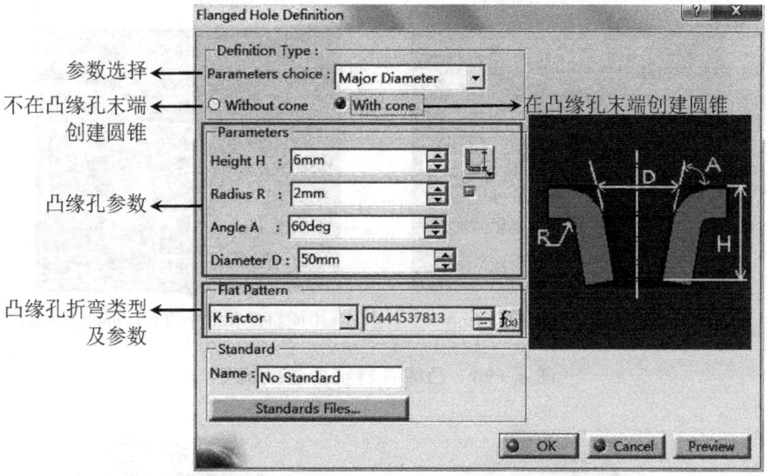


图 8-89　凸缘孔定义(Flanged Hole Definition)对话框

② 通过参数选择(Parameters choice)下拉列表框指定凸缘孔特征的参数类型,并在参数(Parameters)选项组中设置与所选参数类型相关的凸缘孔参数。CATIA 在参数选择下拉列表框中提供了 4 种参数类型:最大直径(Major Diameter)、最小直径(Minor Diameter)、两端直径(Two diameters)、中间直径和最小直径(Punch & Die),如图 8-90 所示。

③ 通过不创建圆锥(Without cone)和创建圆锥(With cone)两个单选按钮来指定是否在凸缘孔的末端创建圆锥,如图 8-91 所示。

④ 设置凸缘孔折弯的类型及相关参数。CATIA 提供了两种凸缘孔折弯类型:折弯系统 K 因子(K Factor)、平面直径(Flat Diameter)。

⑤ 单击 OK 按钮完成操作,如图 8-92 所示。

⑥ 在图 8-92 中,Flanged Hole.1 节点对应的就是上述步骤创建的凸缘孔特征,双击该节点下的 Sketch.3 节点,可以进入草图设计工作台,通过草图约束工具可以精确定位凸缘孔的位置。

**8. 加强窝(Circular Stamp)**

加强窝特征如图 8-93 所示。

要创建如图 8-93 所示的加强窝特征,其方法如下:

① 选择要创建加强窝特征的墙体,并在冲压(Stamping)工具栏中单击加强窝(Circular Stamp)图标,CATIA 弹出如图 8-94 所示的加强窝定义(Circular Stamp Definition)对话框。

② 通过参数选择(Parameters choice)下拉列表框指定加强窝特征的参数类型,并在参数

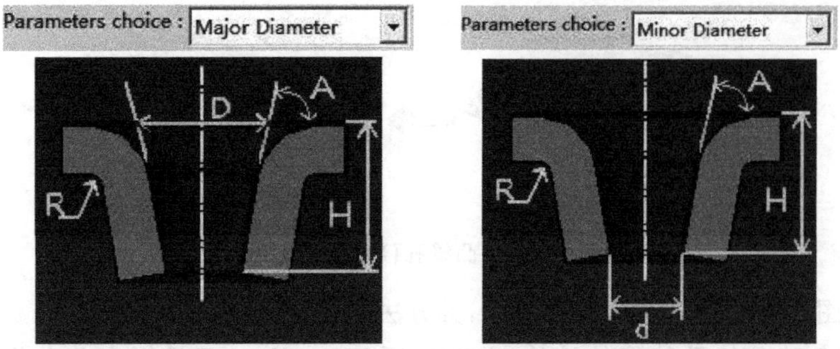


(a) 最大直径(Major Diameter)　　(b) 最小直径(Minor Diameter)

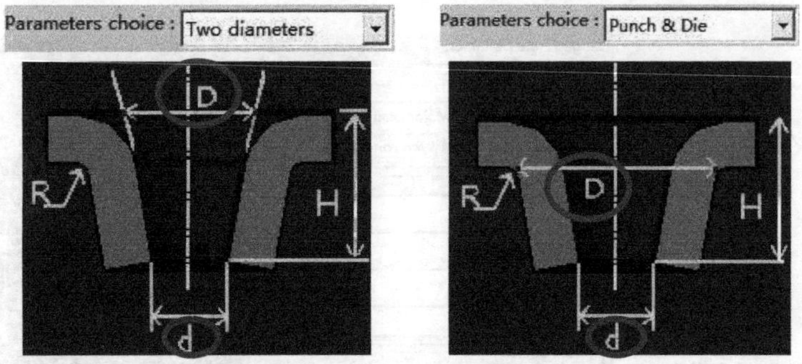


(c) 两端直径(Two diameters)　　(d) 中间直径和最小直径(Punch & Die)

**图 8-90　凸缘孔特征的参数类型**

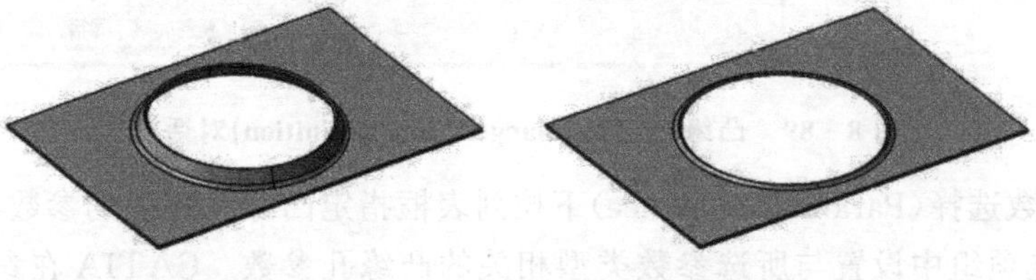

(a) 创建圆锥(With cone)　　(b) 不创建圆锥(Without cone)

**图 8-91　指定是否在凸缘孔的末端创建圆锥**

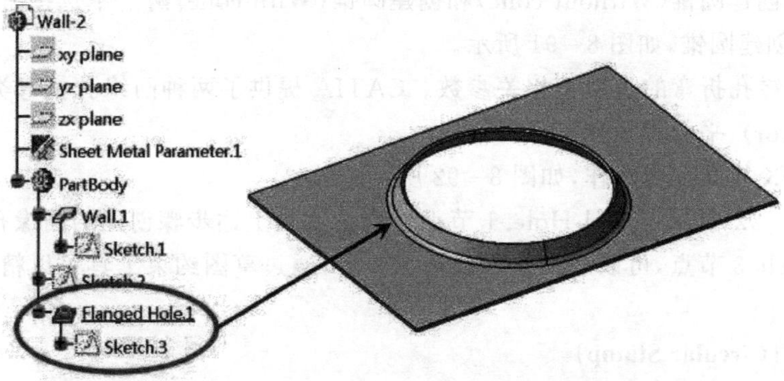


**图 8-92　凸缘孔特征及其在配置树中对应的节点**

(Parameters)选项组中设置与所选参数类型相关的加强窝参数。CATIA 在参数选择下拉列表框中提供了 4 种参数类型：最大直径（Major Diameter）、最小直径（Minor Diameter）、两端直径（Two diameters）、中间直径和最小直径（Punch & Die）。

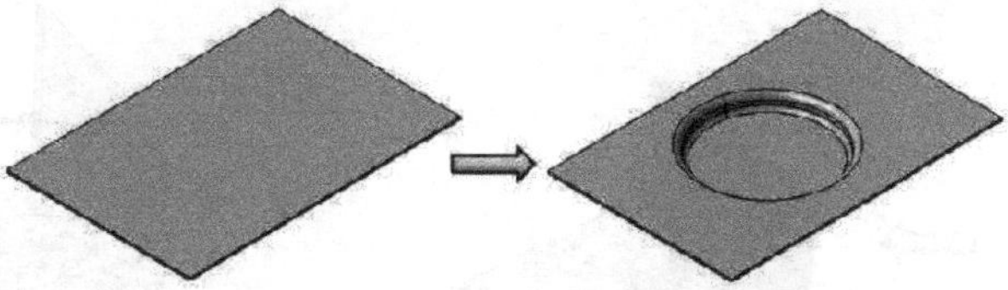

图 8 - 93 加强窝(Circular Stamp)

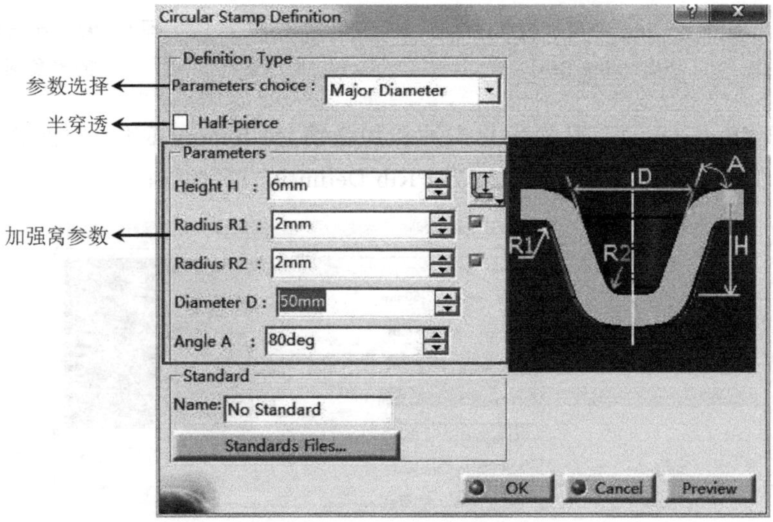


图 8 - 94 加强窝定义(Circular Stamp Definition)对话框

③ 单击 OK 按钮完成操作,如图 8 - 95 所示。

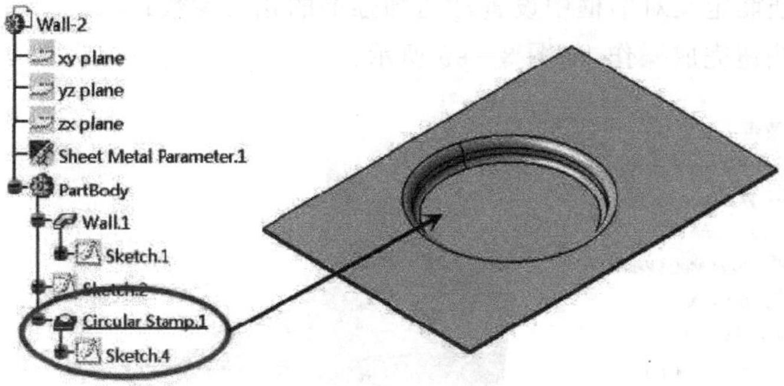


图 8 - 95 加强窝特征及其在配置树中对应的节点

④ 在图 8 - 95 中,Circular Stamp. 1 节点对应的就是上述步骤创建的加强窝特征,双击该节点下的 Sketch. 4 节点,可以进入草图设计工作台,通过草图约束工具可以精确定位加强窝的位置。

**9. 冲压加强筋(Stiffening Rib)**

冲压加强筋特征如图 8 - 96 所示。

要创建如图 8 - 96 所示的冲压加强筋特征,其方法如下:

① 选择两个墙体之间的过渡曲面作为冲压加强筋的附着面,如图 8 - 97 所示;

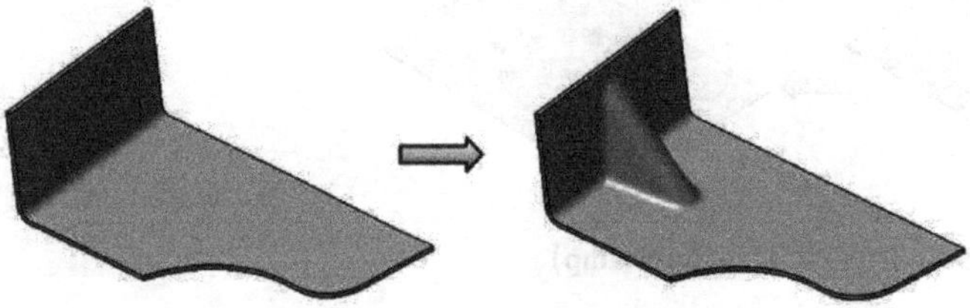

图 8－96 冲压加强筋（Stiffening Rib）

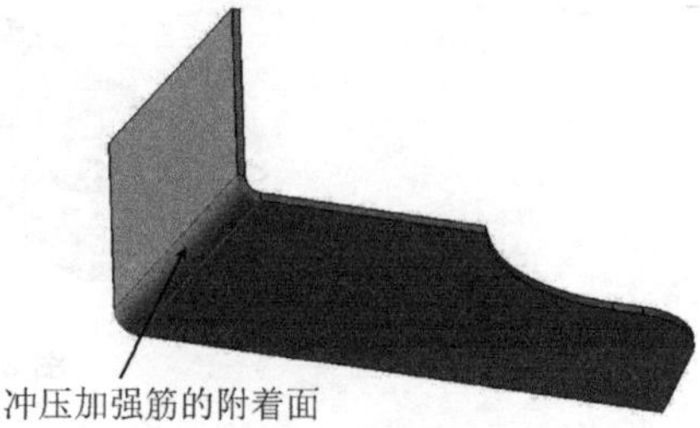


图 8－97 冲压加强筋的附着面

② 在冲压（Stamping）工具栏中单击冲压加强筋（Stiffening Rib）图标，CATIA 弹出如图 8－98 所示的冲压加强筋定义（Stiffening Rib Definition）对话框；

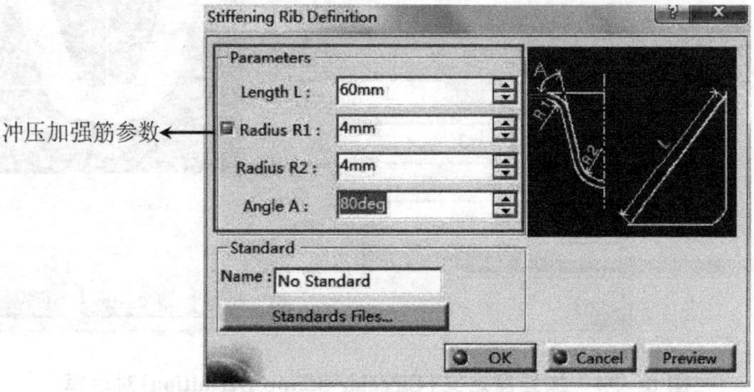


图 8－98 冲压加强筋定义（Stiffening Rib Definition）对话框

③ 在冲压加强筋定义对话框中设置冲压加强筋的相关参数；

④ 单击 OK 按钮完成操作，如图 8－99 所示；

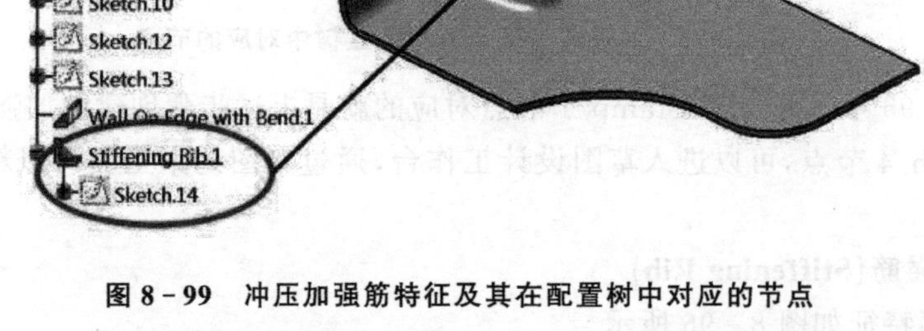

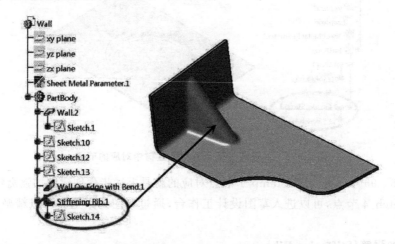


图 8－99 冲压加强筋特征及其在配置树中对应的节点

⑤ 在图 8－99 中，Stiffening Rib.1 节点对应的就是上述步骤创建的冲压加强筋特征，双击该节点下的 Sketch.14 节点，可以进入草图设计工作台，通过草图约束工具可以精确定位冲压加强筋的位置。

**10. 冲压销(Dowel)**

冲压销特征如图 8－100 所示。

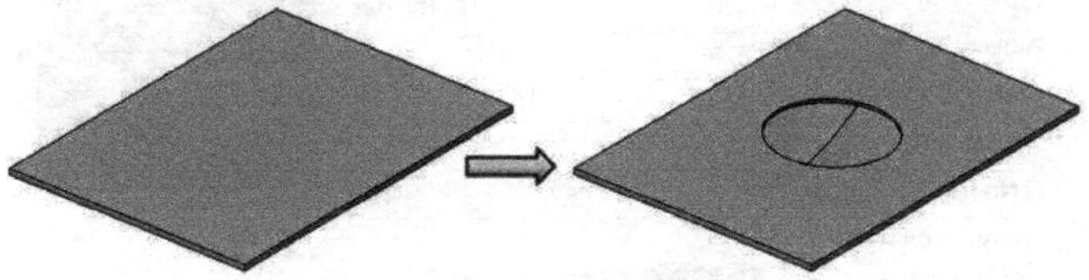

**图 8－100 冲压销(Dowel)**

要创建如图 8－100 所示的冲压销特征,其方法如下:

① 选择要创建冲压销特征的墙体,并在冲压(Stamping)工具栏中单击冲压销(Dowel)图标,CATIA 弹出如图 8－101 所示的冲压销定义(Dowel Definition)对话框;

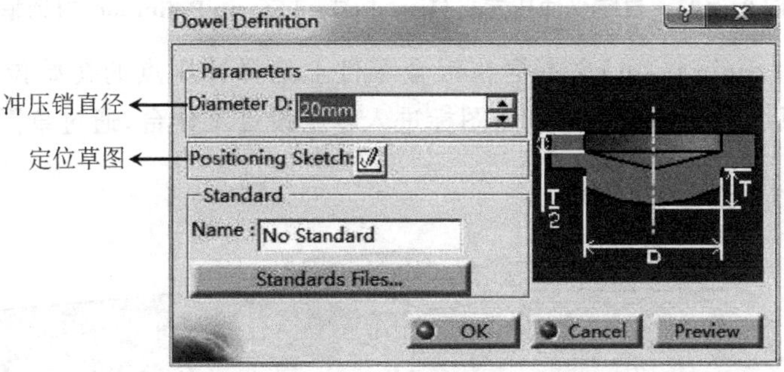


**图 8－101 冲压销定义(Dowel Definition)对话框**

② 通过冲压销直径(Diameter D)文本框设置冲压销的直径;

③ 单击定位草图(Positioning Sketch)按钮,进入草图设计工作台,通过草图约束工具精确定位冲压销的位置;

④ 退出草图设计工作台后,单击 OK 按钮完成操作。

**11. 自定义冲压(User Stamp)**

自定义冲压允许用户通过自定义冲头创建钣金冲压特征,其基本操作方法如下:

① 在零件中插入两个几何体,一个几何体(钣金几何体)用于定义钣金特征,另一个几何体(冲头几何体)用于定义冲头,如图 8－102 所示;

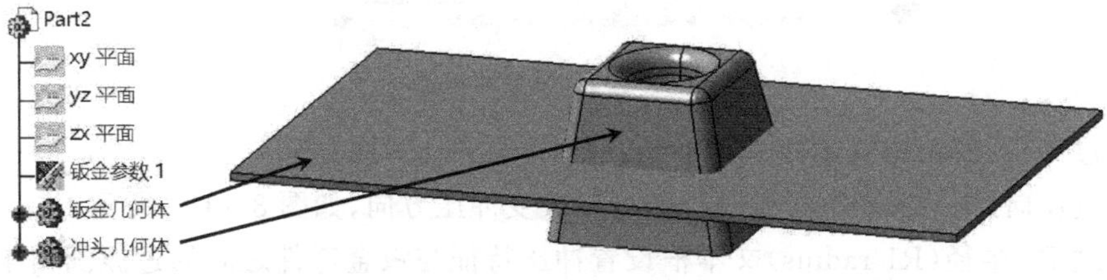


**图 8－102 插入钣金几何体和冲头几何体**

② 设置钣金几何体为当前工作对象,在如图 8－63 所示的冲压(Stamping)工具栏中单击自定义冲压(User Stamp)图标,CATIA 弹出如图 8－103 所示的自定义冲压定义(User-Defined Stamp Definition)对话框;

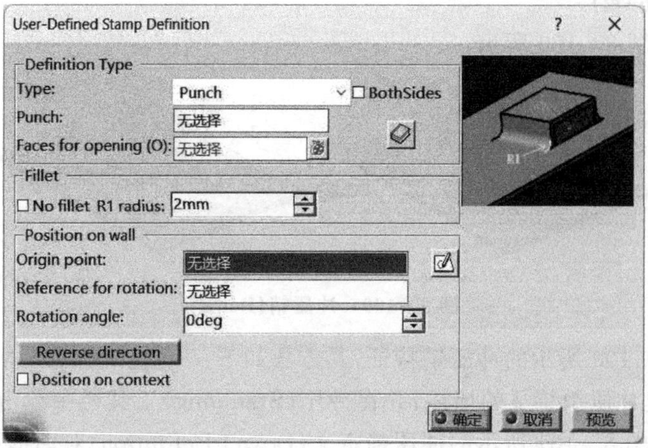


图 8-103 自定义冲压定义(User-Defined Stamp Definition)对话框

③ 通过原点(Origin point)文本框在钣金零件上选择冲压点的初始位置,冲压点的准确位置可通过单击原点文本框右侧的草图图标进入草图设计工作台,通过草图约束进行设置,如图 8-104 所示;

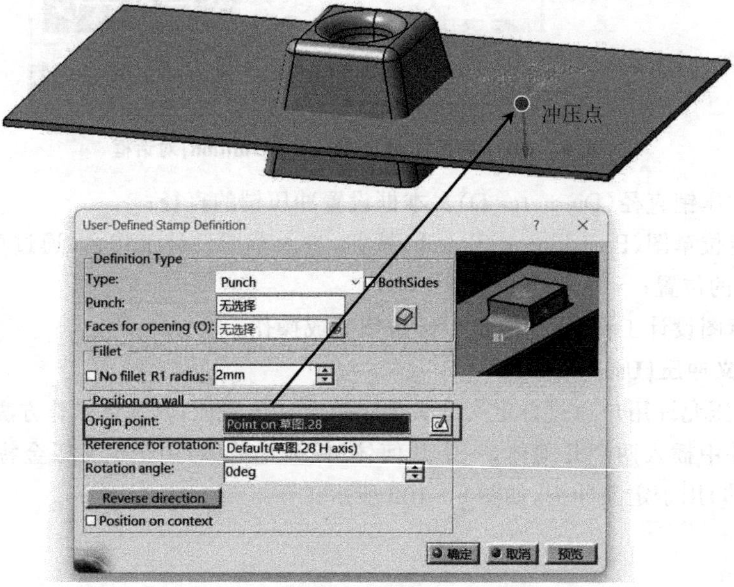


图 8-104 设置冲压点

④ 通过冲头(Punch)文本框选择冲头几何体,如图 8-105 所示;

⑤ 通过反向(Reverse direction)按钮可以改变冲压方向,如图 8-106 所示;

⑥ 通过 R1 半径(R1 radius)文本框设置冲压特征与钣金零件之间的过渡圆角半径,如果选中无圆角(No fillet)复选框,则不在冲压特征与钣金零件之间倒圆角,如图 8-107 所示;

⑦ 根据实际需要,通过开口面(Faces for opening)文本框在冲头几何体上选择开口面,如图 8-108 所示;

⑧ 在自定义冲压定义对话框中单击确定(OK)按钮完成操作。

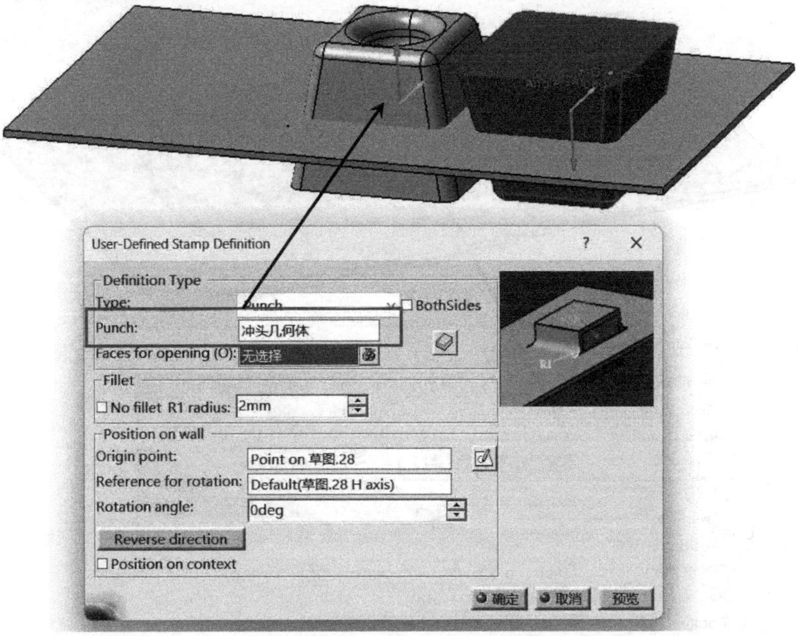


**图 8－105　选择冲头几何体**

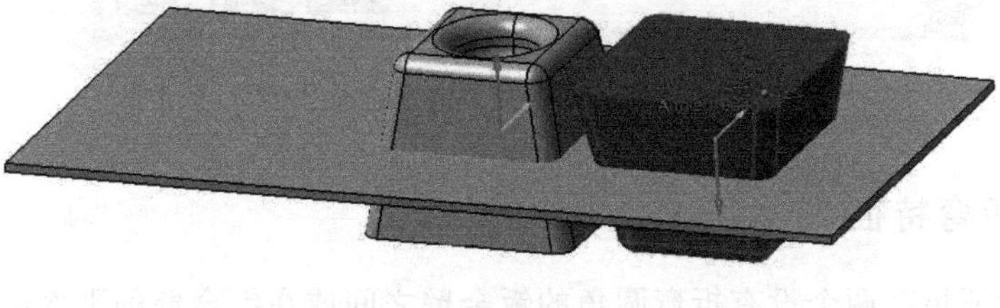

(a) 反向前

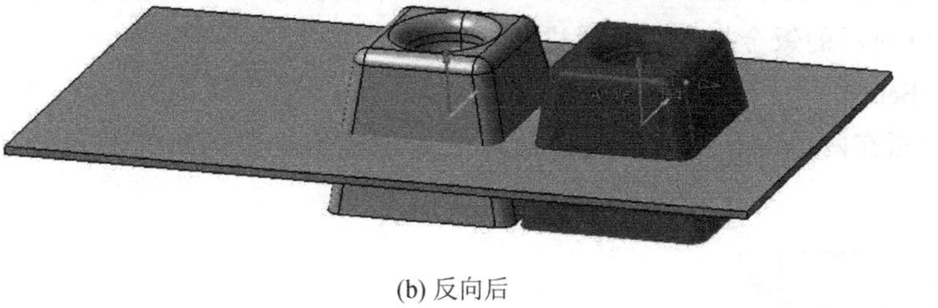

(b) 反向后

**图 8－106　改变冲压方向**

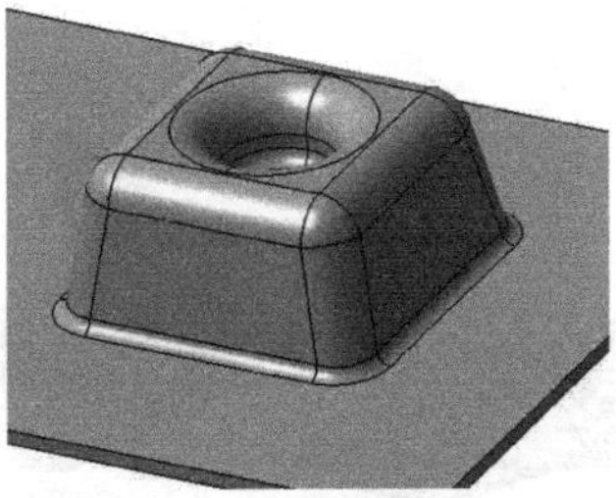

(a) 有圆角

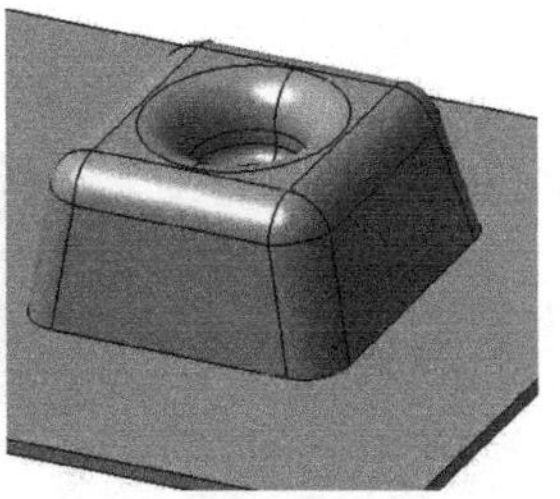

(b) 无圆角

**图 8－107　设置圆角**

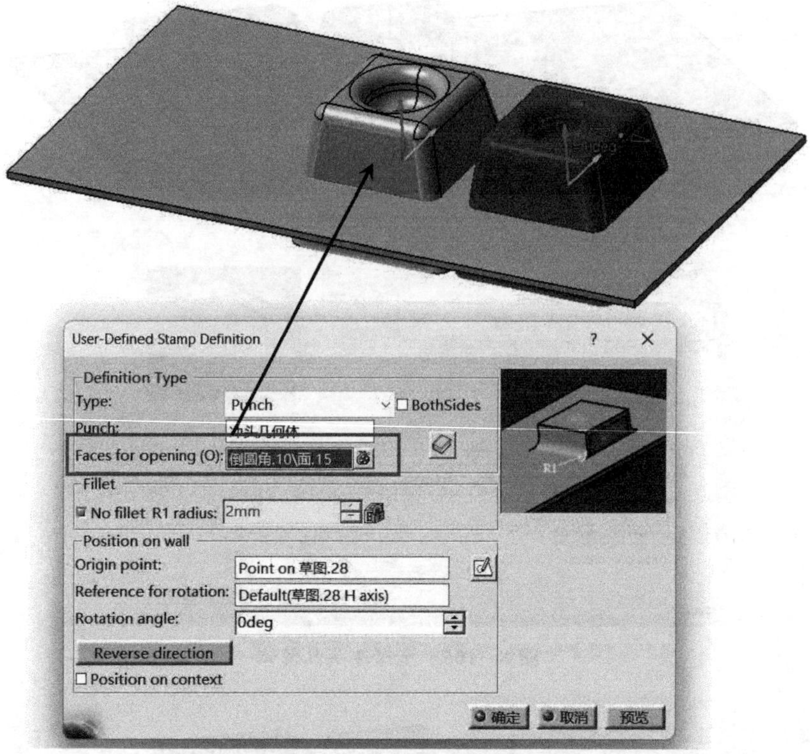


图 8-108 设置开口面

## 8.6.4 钣金折弯特征

钣金折弯特征指在两个没有折弯圆角的钣金壁之间或在钣金壁的平面区域建立的钣金特征，包括折弯(Bend)、变半径折弯(Conical Bend)和平面折弯(Bend From Flat)，这些特征可通过如图 8-109 所示的钣金折弯工具栏进行设置。

**1. 折弯(Bend)**

折弯特征指在两个没有折弯圆角的墙体之间创建等半径的折弯圆角特征，如图 8-110 所示。

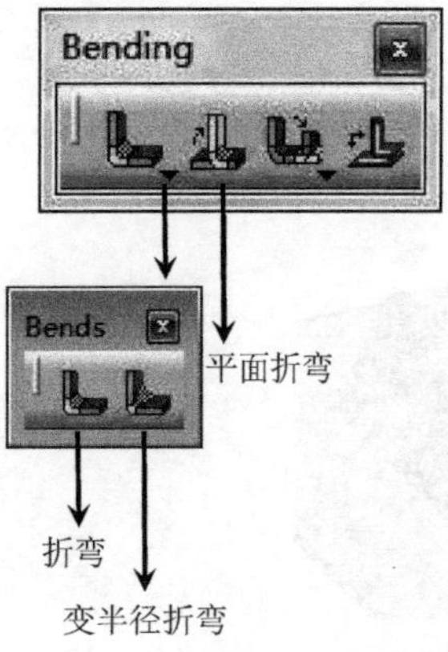


图 8-109 钣金折弯工具栏

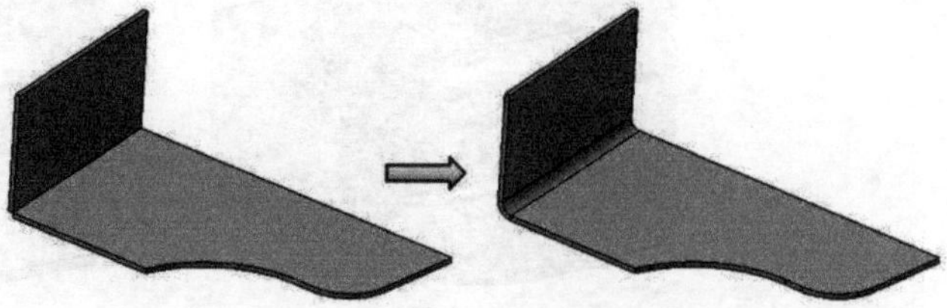

图 8-110 折弯(Bend)

要创建如图 8-110 所示的折弯特征，其方法如下：

① 在折弯(Bends)工具栏中单击折弯(Bend)图标，CATIA 弹出如图 8－111 所示的折弯定义(Bend Definition)对话框；

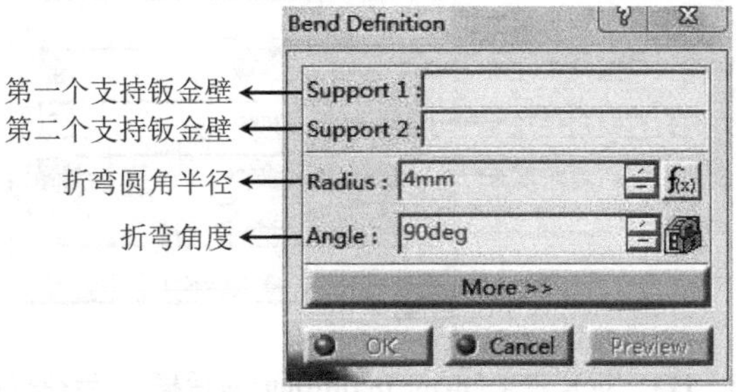


图 8－111　折弯定义(Bend Definition)对话框(折弯)

② 选择两个没有折弯圆角的墙体作为支持墙体，如图 8－112 所示；

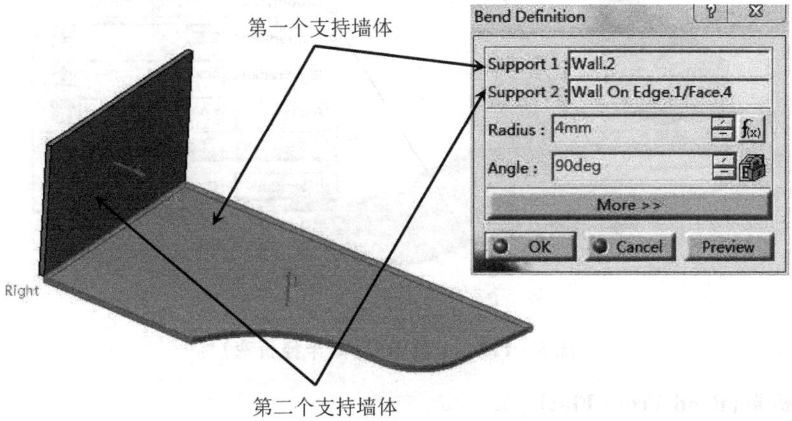


图 8－112　支持墙体(折弯)

③ 单击 OK 按钮完成操作。

**2. 变半径折弯(Conical Bend)**

变半径折弯特征指在两个没有折弯圆角的墙体之间创建变半径的折弯圆角特征，如图 8－113 所示。

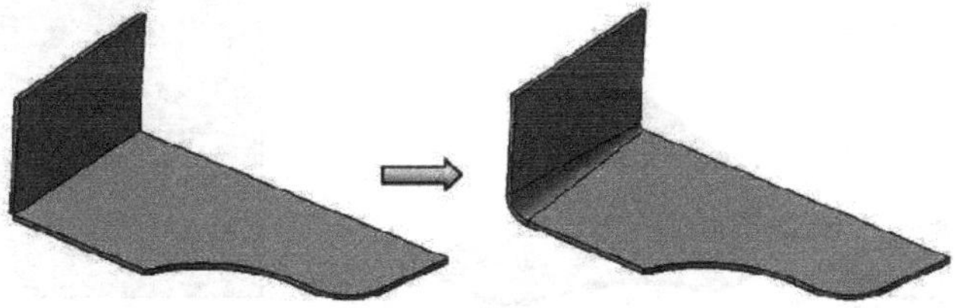

图 8－113　变半径折弯(Conical Bend)

要创建如图 8－113 所示的变半径折弯特征，其方法如下：

① 在折弯(Bends)工具栏中单击变半径折弯(Conical Bend)图标，CATIA 弹出如图 8－114 所示的折弯定义(Bend Definition)对话框；

② 选择两个没有折弯圆角的钣金壁作为支持墙体，如图 8－115 所示；

③ 设置左侧折弯圆角半径和右侧折弯圆角半径；

④ 单击 OK 按钮完成操作。

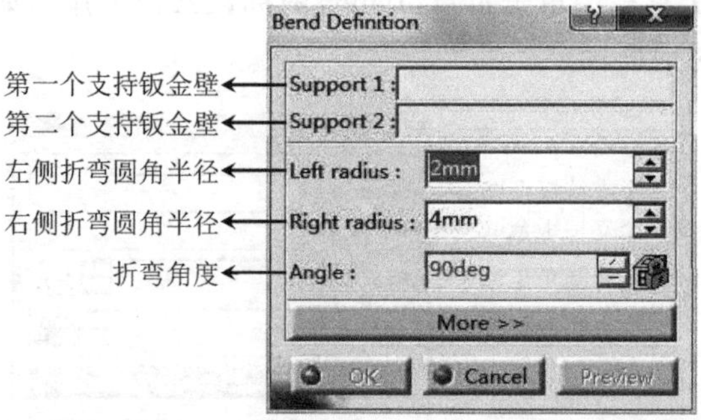


图 8-114 折弯定义(Bend Definition)对话框(变半径折弯)

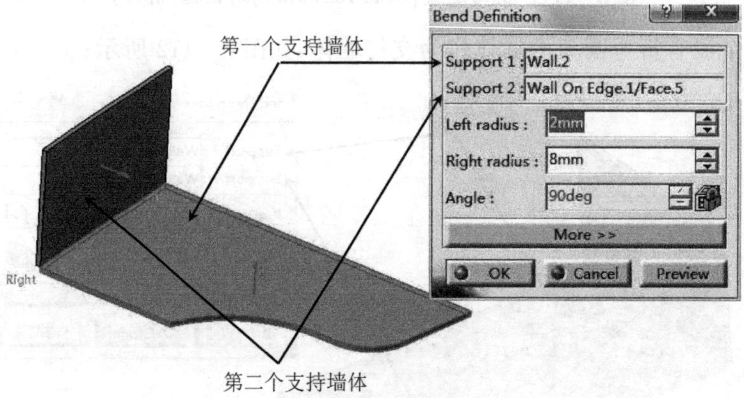


图 8-115 支持墙体(变半径折弯)

### 3. 平面折弯(Bend From Flat)

平面折弯特征指在钣金壁的平面区域按照指定的折弯线进行折弯创建的钣金特征，如图 8-116 所示。

要创建如图 8-116 所示的平面折弯特征，其方法如下：

① 在要进行折弯的钣金壁平面区域绘制如图 8-117 所示的草图；

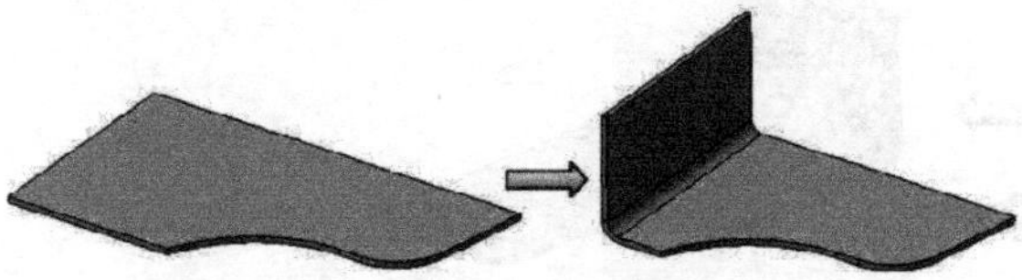

图 8-116 平面折弯(Bend From Flat)

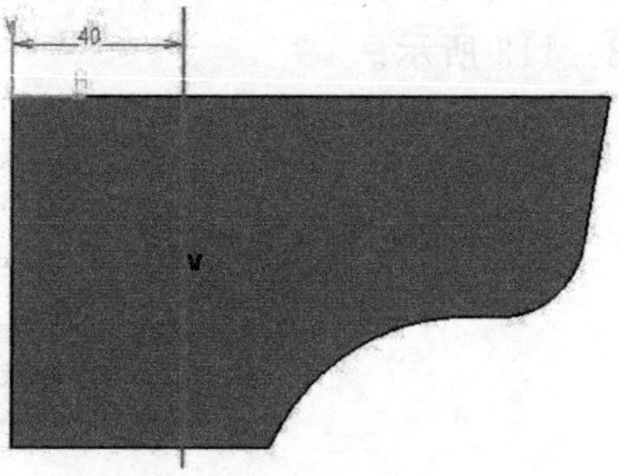


图 8-117 绘制支持草图

② 在折弯(Bending)工具栏中单击平面折弯(Bend From Flat)图标，CATIA 弹出如图 8-118 所示的平面折弯定义(Bend From Flat Definition)对话框；

③ 选择折弯草图，并选取一个点作为固定点，以确定折弯时的固定侧，如图 8-119 所示；

④ 设置折弯线类型、折弯角度等折弯参数；

⑤ 单击 OK 按钮完成操作。

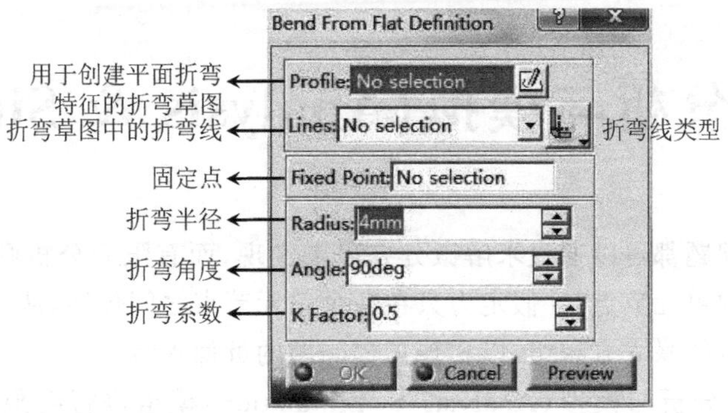


**图 8-118 平面折弯定义(Bend From Flat Definition)对话框**

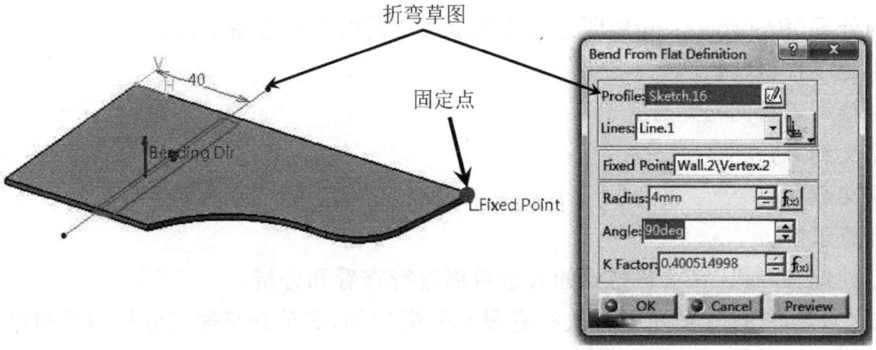


**图 8-119 选取折弯草图和固定点**

# 第 9 章　分析与模拟(Analysis & Simulation)

工程上的许多问题都可以通过求解微分方程来实现，而有限元分析则是将被分析的对象分解为有限个微小的单元节点，并假定力只在各个单元节点之间传递，从而将求解复杂的微分方程简化为求解相应的联立方程组，以实现工程问题的近似求解。

通过 CATIA 的分析与模拟(Analysis & Simulation)模组进行有限元分析的一般流程如下：

① 建立零件或产品的三维模型。

② 前处理(Preprocessing)，即完成计算求解之前的各项准备工作：

ⓐ 指定零件材料；

ⓑ 对模型进行网格划分；

ⓒ 定义约束；

ⓓ 定义载荷。

③ 计算求解。

④ 后处理，即对计算求解得到的大量数据进行查看和分析。

本章以对如图 9-1 所示零件进行有限元分析为例，简单介绍通过分析与模拟模组中的创成式结构分析(Generative Structural Analysis)工作台进行有限元分析的一般流程和方法。

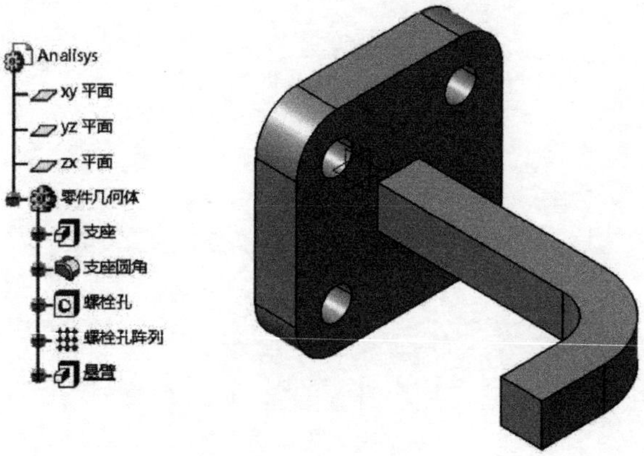


**图 9-1　待分析零件**

## 9.1　创成式结构分析工作台

访问创成式结构分析工作台的方法如下：

① 进入零件设计(Part Design)工作台，按图 9-2 进行零件建模；

② 指定零件材料为钢(Steel)，如图 9-3 所示；

③ 选择开始(Start)→分析与模拟(Analysis & Simulation)→创成式结构分析(Generative Structural Analysis)菜单项，如图 9-4 所示；

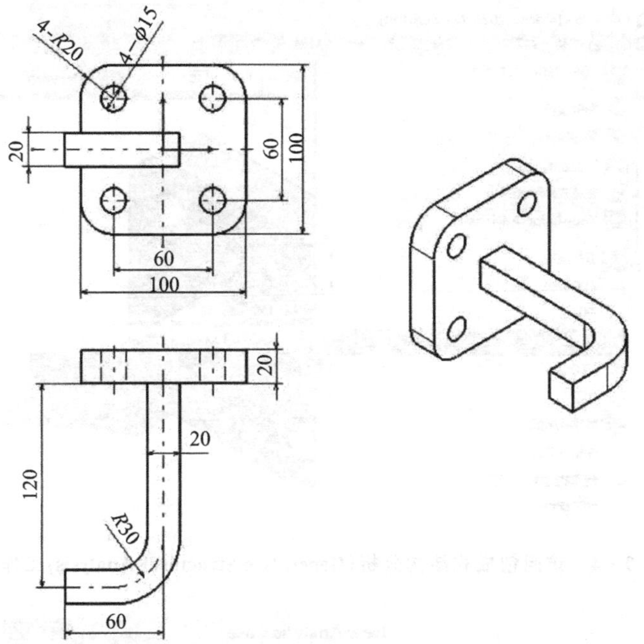


图 9-2　零件工程图

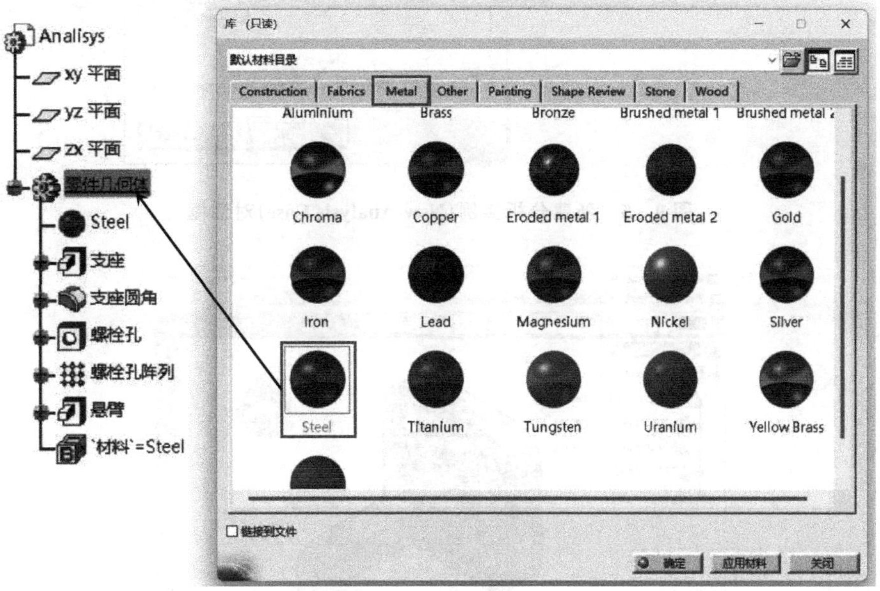


图 9-3　指定零件材料

④ CATIA 进入创成式结构分析工作台，并弹出如图 9-5 所示的新建分析实例(New Analysis Case)对话框；

⑤ 在新建分析实例对话框中选择静态分析(Static Analysis)，并单击 OK 按钮完成操作，如图 9-6 所示。

在如图 9-5 所示的新建分析实例对话框中提供了 3 种基本的有限元分析类型：静态分析(Static Analysis)、限制状态固有频率分析(Frequency Analysis)、自由状态固有频率分析(Free Frequency Analysis)。

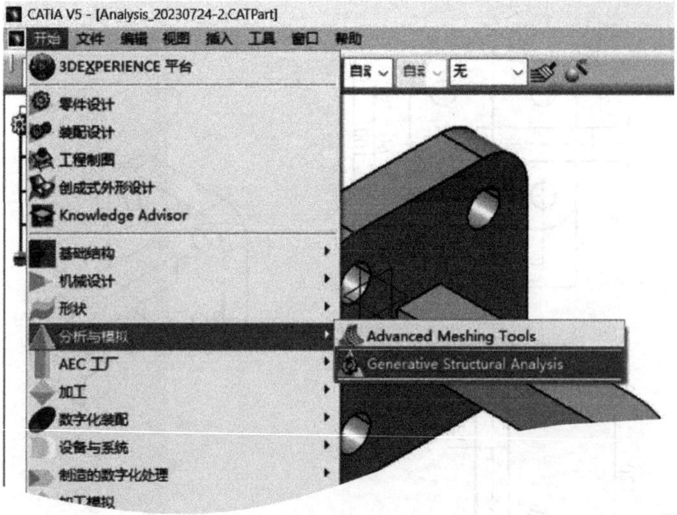


**图 9-4 访问创成式结构分析(Generative Structural Analysis)工作台**

**图 9-5 新建分析实例(New Analysis Case)对话框**

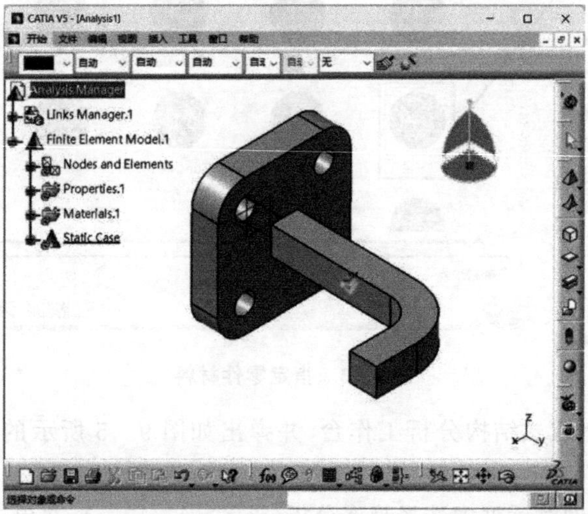


**图 9-6 创成式结构分析(Generative Structural Analysis)工作台**

(1) 静态分析(Static Analysis)

静态分析用于分析在一定约束和载荷作用下,零部件的静力学应力应变。

(2) 限制状态固有频率分析(Frequency Analysis)

限制状态固有频率分析用于分析零部件在一定约束下的频率响应。

(3) 自由状态固有频率分析(Free Frequency Analysis)

自由状态固有频率分析用于分析在不施加任何约束的自由状态下,零部件的频率响应。

## 9.2　网格划分

CATIA 提供了两种网格划分方式:自动网格划分和高级网格划分。自动网格划分通过创成式结构分析工作台进行设置,高级网格划分通过高级网格工具(Advanced Meshing Tools)工作台进行设置。本节主要介绍自动网格划分。

进入创成式结构分析工作台后,CATIA 自动完成对零部件的网格划分,通过右击配置树中的节点和单元(Nodes and Elements),并在快捷菜单中选择网格可视化(Mesh Visualization)命令,可以显示网格的划分情况,如图 9-7 所示。

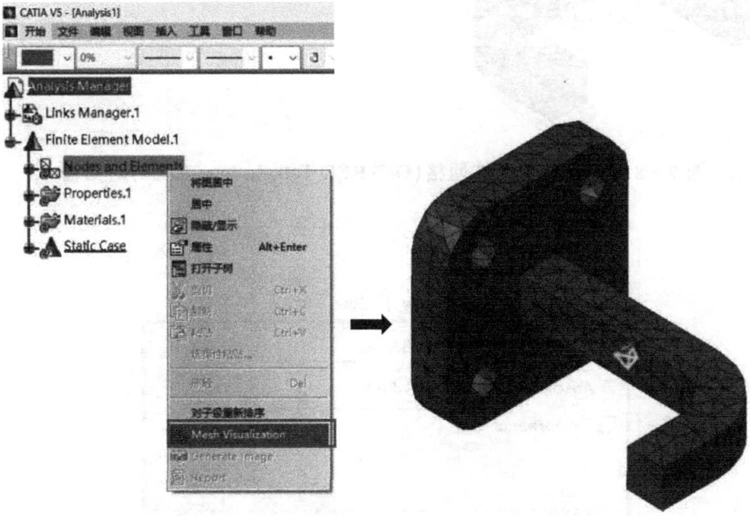


图 9-7　网格可视化

CATIA 自动划分的网格数量与零部件的几何尺寸相适应,通过双击配置树中节点和单元(Nodes and Elements)下的八叉树四面体网格(OCTREE Tetrahedron Mesh)节点,或双击零部件模型上的网格图标,可以打开如图 9-8 所示的八叉树四面体网格对话框,通过该对话框可以对 CATIA 自动划分的网格参数进行人为调整。

通过如图 9-8 所示的八叉树四面体网格对话框可以进行 4 类网格参数的设置,分别为:全局参数、局部参数、质量参数和其他参数。

**1. 全局参数**

八叉树四面体网格对话框的全局(Global)选项卡用于设置全局参数,包括网格尺寸、垂度和单元类型,如图 9-9 所示。

(1) 网格尺寸

图 9-9 中的尺寸(Size)文本框用于设置允许用户定义的网格平均尺寸,数值越小,分析精度越高,但是计算量也会相应增大。

(2) 垂　度

垂度用于定义几何形状和网格之间的最大间隙,垂度越小,划分的网格越接近真实几何

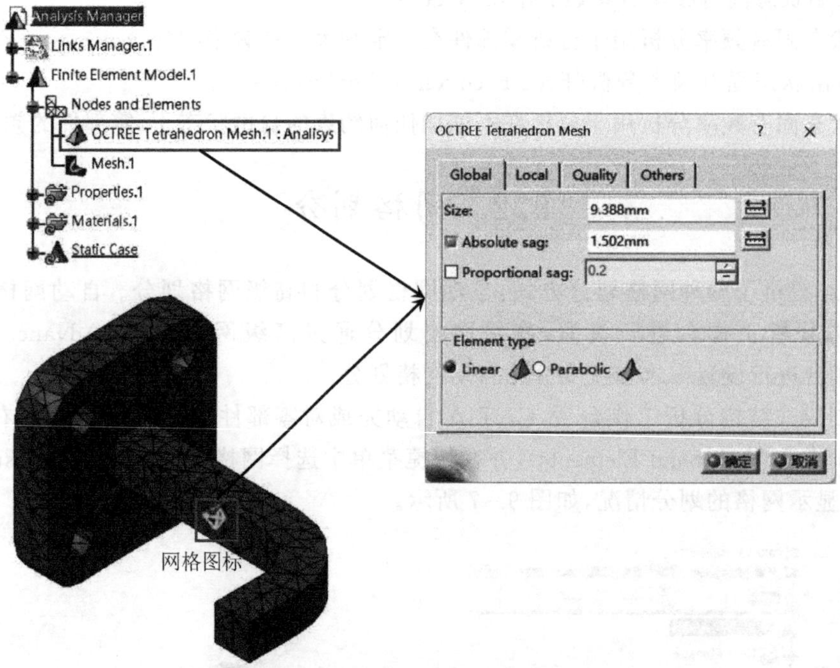


**图 9-8 八叉树四面体网格(OCTREE Tetrahedron Mesh)对话框**

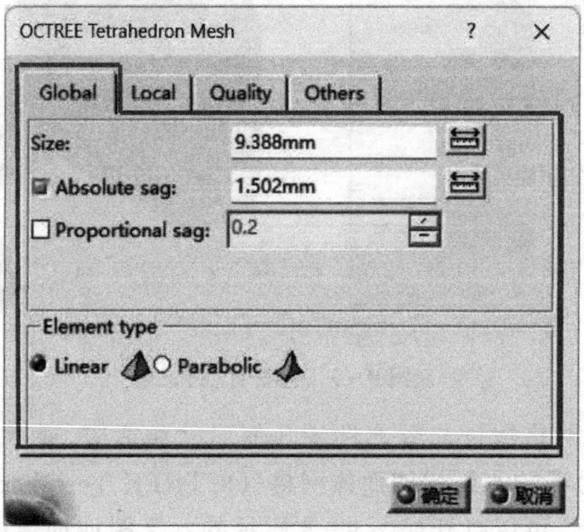


**图 9-9 全局(Global)参数**

体。CATIA 在图 9-9 中的全局(Global)选项卡中提供了两种垂度的定义方式:绝对垂度(Absolute sag)、比例垂度(Proportional sag)。

绝对垂度指几何形状和网格之间的最大间隙值仅对弯曲几何体有效,对直线几何体没有意义;比例垂度指绝对垂度与网格棱边长度的比值。

(3) 单元类型

图 9-9 中的单元类型(Element type)选项组提供了两种单元类型:线性单元(Linear)、抛物线单元(Parabolic)。

线性单元没有中间节点,适用于只有直线棱边的实体网格划分;抛物线单元具有中间节点,适用于具有曲线棱边的实体网格划分,相较线性单元,其精度更高。

**2. 局部参数**

八叉树四面体网格对话框的局部(Local)选项卡用于设置局部网格参数,包括局部尺寸(Local size)、局部垂度(Local sag)、棱边上的分布(Edges distribution)、强制点(Imposed points)和尺寸分布(Size distribution),如图 9-10 所示。

**3. 质量参数**

八叉树四面体网格对话框的质量(Quality)选项卡用于设置网格质量,包括标准(Criterial)和中间节点参数(Intermediate nodes parameters),如图 9-11 所示。

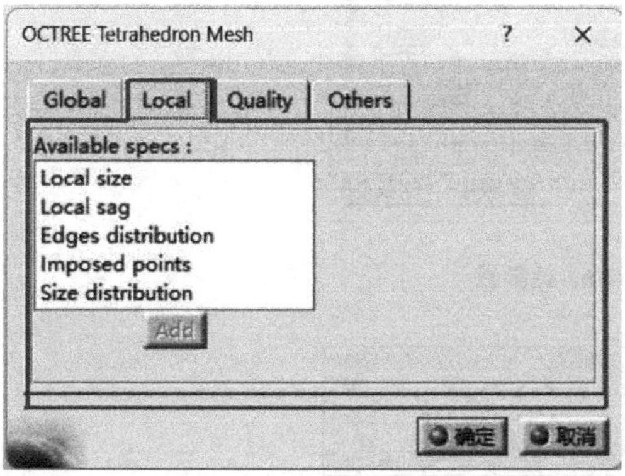


图 9-10 局部(Local)参数

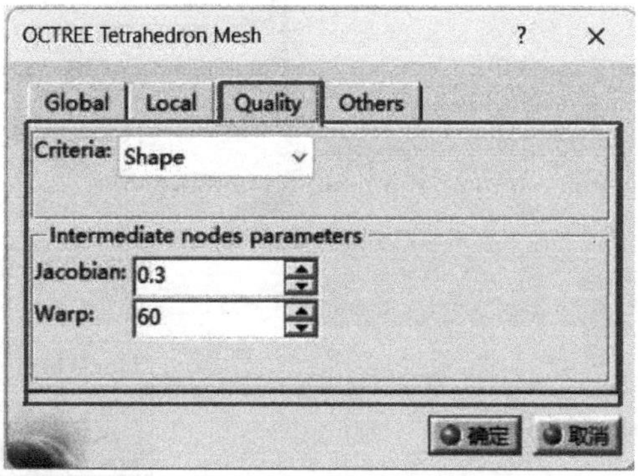


图 9-11 质量(Quality)参数

(1) 标准(Criterial)

图 9-11 中的标准下拉列表框用于设置网格标准,包括形状(Shape)、偏斜度(Skewness)和伸展(Stretch)3 种选择,如图 9-12 所示。

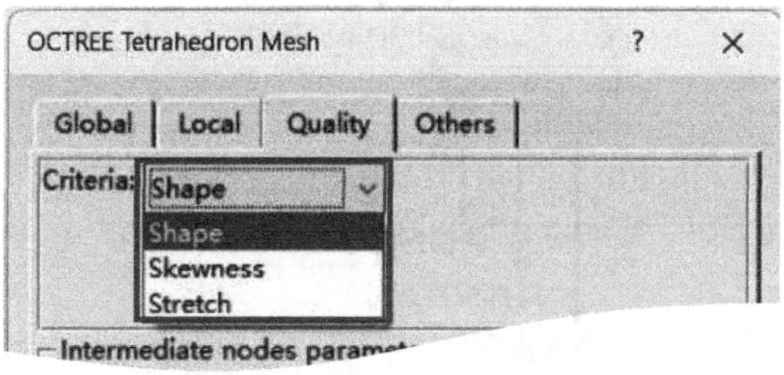


图 9-12 标准(Criterial)

(2) 中间节点参数(Intermediate nodes parameters)

若网格的单元类型(Element type)设置为抛物线单元(Parabolic),则需要在中间节点参数选项组中通过雅可比值(Jacobian)和翘曲值(Warp)来设置几何图形与中间节点之间的距离,如图 9-11 所示。

**4. 其他参数**

八叉树四面体网格对话框的其他(Others)选项卡用于设置其他网格参数,如图 9-13 所示。

通过如图 9-14 所示的模型管理(Model Manager)工具栏可以对网格及其属性进行相关设置。

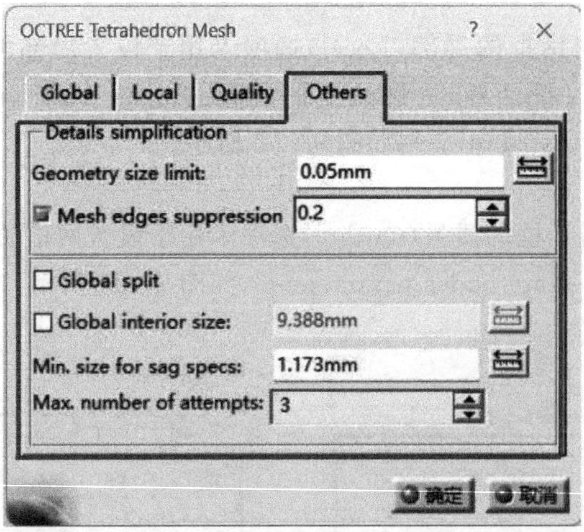


图 9-13 其他(Others)参数

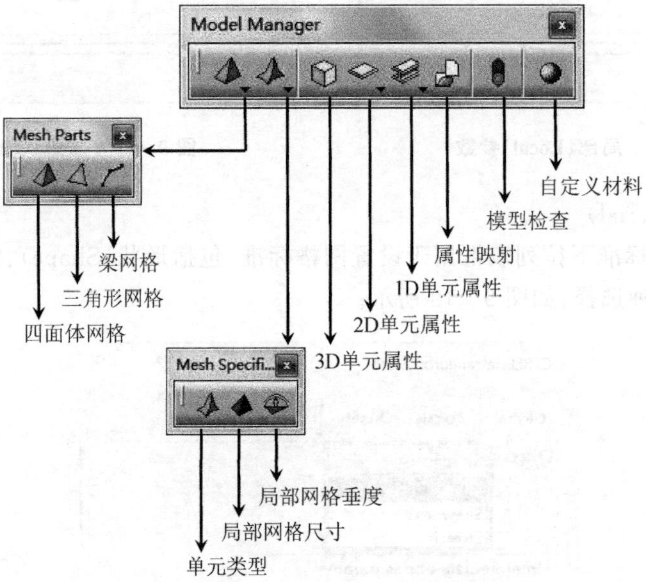


图 9-14 模型管理(Model Manager)工具栏

## 9.3 虚拟零件

虚拟零件(Virtual Part)是创成式结构分析(Generative Structural Analysis)工作台提供的一种不具备几何形体,也没有质量,主要用于跨距离传递质量、约束、载荷等动作的特殊结构,简称虚件。在进行有限元分析时,若某些零部件的几何形状和物理特性的变化不会对设计对象的分析产生关键性影响,则可通过虚件来代替这些零部件,以简化模型,提高分析效率。

在如图 9-15 所示的虚拟零件(Virtual Parts)工具栏中,CATIA 提供了 5 种虚拟零件:柔性虚件(Smooth Virtual Part)、接触虚件(Contact Virtual Part)、刚性虚件(Rigid Virtual Part)、刚性弹簧虚件(Rigid Spring Virtual Part)、柔性弹簧虚件(Smooth Spring Virtual Part)。

**1. 柔性虚件(Smooth Virtual Part)**

柔性虚件是一个联系操作点(Handler)和支持几何体(Supports)的虚拟刚体,通过该虚拟刚体可以将施加在操作点上的质量、约束、载荷等动作传递到与之相连的支持几何体上,并保持支持几何体的柔性变形特性。

**2. 接触虚件(Contact Virtual Part)**

接触虚件指将支持几何体的每一个节点进行偏移,生成一系列偏移节点,偏移节点与对应的原节点之间为接触单元,偏移节点与操作点之间通过虚拟的刚性三脚架传递动作。接触虚件会阻止与实体之间的互相穿透,但是允许支持几何体产生弹性变形。

**3. 刚性虚件(Rigid Virtual Part)**

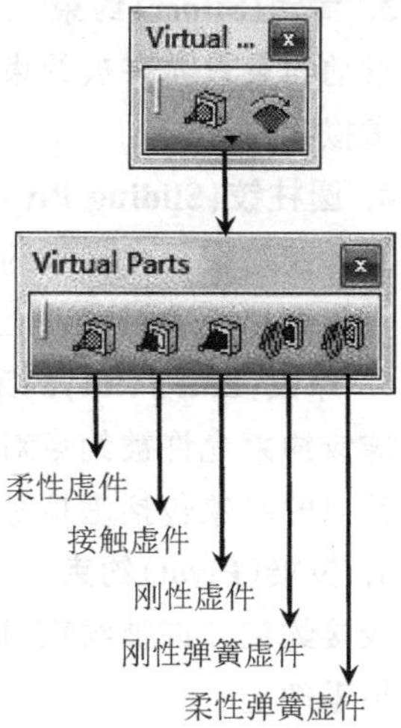


**图 9-15　虚拟零件(Virtual Parts)**

刚性虚件是一个联系操作点和支持几何体的虚拟刚体,通过该虚拟刚体可以将施加在操作点上的质量、约束、载荷等动作传递到与之相连的支持几何体上,但是忽略支持几何体的柔性变形特性。

**4. 刚性弹簧虚件(Rigid Spring Virtual Part)**

刚性弹簧虚件指将操作点进行偏移,生成一个偏移节点,该偏移节点与支持几何体之间相当于是刚性虚件,与操作点之间相当于为弹簧连接。

**5. 柔性弹簧虚件(Smooth Spring Virtual Part)**

柔性弹簧虚件指将操作点进行偏移,生成一个偏移节点,该偏移节点与支持几何体之间相当于是柔性虚件,与操作点之间相当于为弹簧连接。

## 9.4　定义约束

定义约束通过约束(Restraints)工具栏来操作,包括夹紧(Clamp)约束、表面滑动(Surface Slider)约束、滑动(Slider)约束、圆柱铰(Sliding Pivot)约束、球铰(Ball Joint)约束、铰接(Pivot)约束、自定义约束(User-defined Restraint)和静定约束(Isostatic Restraint),如图 9-16 所示。

**1. 夹紧(Clamp)约束**

夹紧约束可以限定被约束对象的所有自由度,使其位置固定。可以施加夹紧约束的对象包括实体表面、边界、顶点、虚拟零件或自定义的类型组。

**2. 表面滑动(Surface Slider)约束**

表面滑动约束可以限定被约束对象沿支持面法向的自由度,允许被约束对象沿着支持面滑动或转动。可以施加表面滑动约束的对象包括实体表面或曲面,不能施加于虚拟零件上。

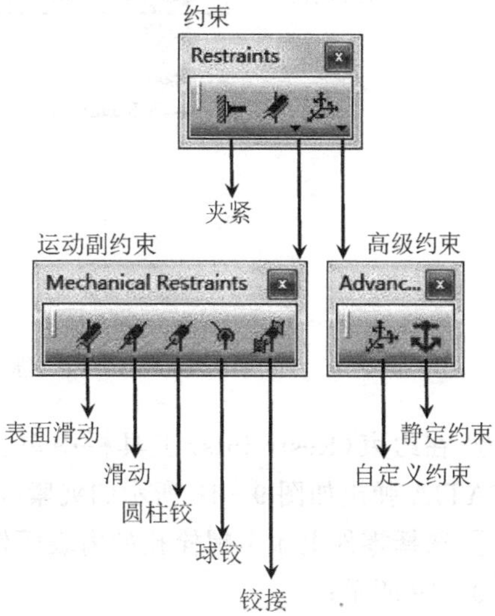


**图 9-16　约束(Restraints)工具栏**

**3. 滑动(Slider)约束**

滑动约束只允许被约束对象沿着指定的轴滑动,限定其他 5 个自由度。滑动约束只能施加于虚拟零件上。

**4. 圆柱铰(Sliding Pivot)约束**

圆柱铰约束只允许被约束对象沿着指定的轴滑动或转动,限定其他 4 个自由度。圆柱铰约束只能施加于虚拟零件上。

**5. 球铰(Ball Joint)约束**

球铰约束允许被约束对象绕着指定的点自由转动,限定其他 3 个平移自由度。可以施加球铰约束的对象包括虚拟零件或点/顶点(Point/Vertex)。

**6. 铰接(Pivot)约束**

铰接约束允许被约束对象绕着指定的轴转动,限定其他 5 个自由度。铰接约束只能施加于虚拟零件上。

**7. 自定义约束(User-defined Restraint)**

自定义约束可以人为指定对被约束对象限定的自由度。可以施加自定义约束的对象包括点/顶点(Point/Vertex)、边/曲线、面/曲面、组(Group)和虚拟零件。

**8. 静定约束(Isostatic Restraint)**

静定约束指在被约束对象上由 CATIA 自动选择 3 个较为均匀的点,实现对被约束对象的完全约束。

如图 9-1 所示,零件通过支座的四个螺栓孔安装固定在其他零部件上,因此可以对支座上的四个螺栓孔施加夹紧(Clamp)约束,方法如下:

① 隐藏网格划分,显示零件实体,如图 9-17 所示;

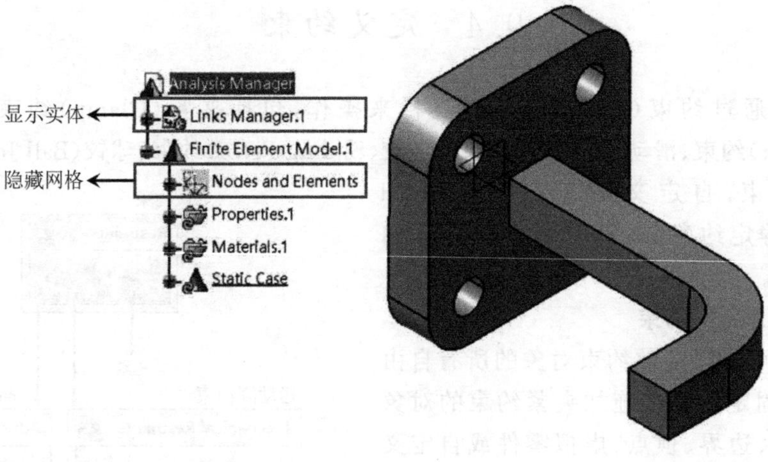


**图 9-17 隐藏网格划分,显示零件实体**

② 在约束(Restraints)工具栏中单击夹紧(Clamp)约束图标,CATIA 弹出如图 9-18 所示的夹紧(Clamp)对话框;

③ 选择零件上 4 个螺栓孔的内表面作为支持面(Supports),如图 9-19 所示;

④ 单击 OK 按钮完成操作,显示如图 9-20 所示的内容。

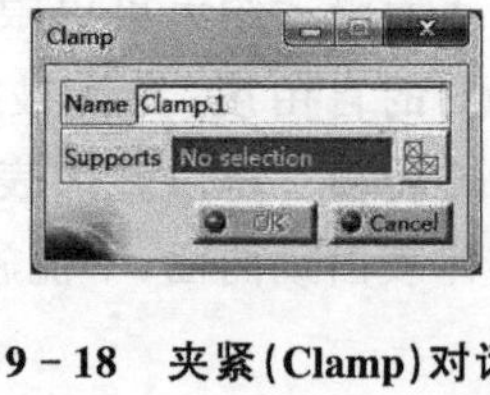


**图 9-18 夹紧(Clamp)对话框**

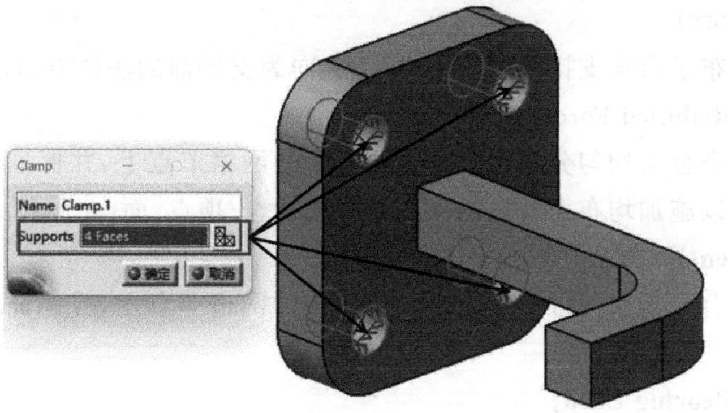


图 9-19　选择支持面(Supports)

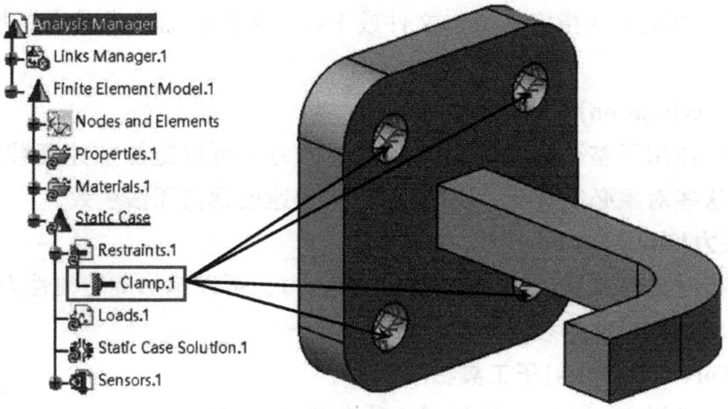


图 9-20　夹紧(Clamp)约束

# 9.5　定义载荷

定义载荷通过载荷(Loads)工具栏来操作,如图 9-21 所示。

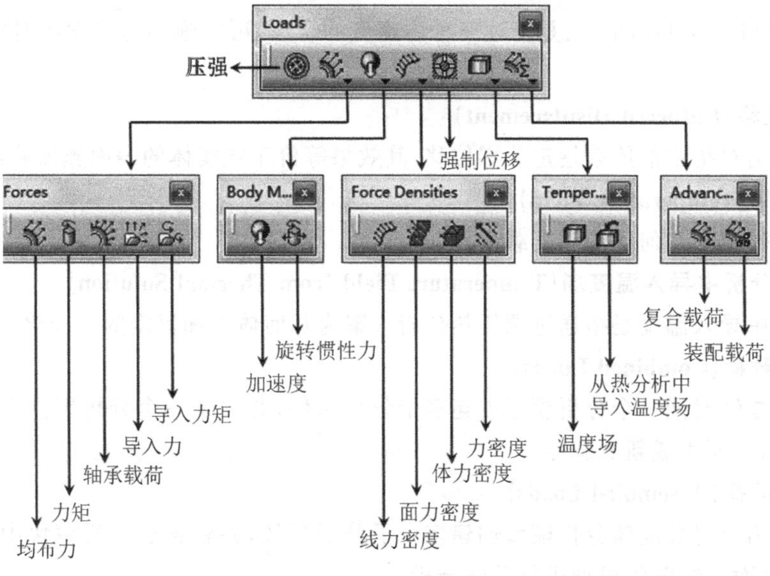


图 9-21　载荷(Loads)工具栏

**1. 压强(Pressure)**

压强指均匀分布于指定支持面的压力,压力方向为支持面的法线方向,其单位为 $N/m^2$。

**2. 均布力(Distributed Force)**

均布力指将一个合力均匀分布到指定支持元素的网格节点上,并保证均布力对支持元素的总力矩为零。可以施加均布力载荷的支持元素包括点/顶点、面/曲面和虚拟零件。

**3. 力矩(Moment)**

力矩指将一个合力矩均匀分布到指定支持元素的网格节点上,并保证对支持元素的合力为零。

**4. 轴承载荷(Bearing Load)**

轴承载荷主要用于模拟作用在圆柱面上的力,该力可以施加于圆柱面或圆柱形虚拟零件上。

**5. 导入力(Imported Force)和导入力矩(Imported Moment)**

导入力和导入力矩指从指定的文本文件或 Excel 文件中加载力或力矩数据,并映射到指定的零部件上。

**6. 加速度(Acceleration)**

加速度指均匀作用于整个指定对象体积场上的力。可以施加加速度载荷的对象包括实体、面和组,要求这些对象必须具有质量属性,否则加速度载荷无法生效。

**7. 旋转惯性力(Rotation Force)**

旋转惯性力指对具有质量属性的对象施加离心力。可以施加旋转惯性力载荷的对象包括实体、面和组,要求这些对象必须具有质量属性。

**8. 力密度(Force Densities)子工具栏**

在力密度子工具栏中,CATIA 提供了 4 种类型的力密度:

① 线力密度(Line Force Density):指均匀作用于指定边或曲线上的力场,其单位为 $N/m$;

② 面力密度(Surface Force Density):指均匀作用于曲面上的力场,其单位为 $N/m^2$;

③ 体力密度(Volume Force Density):指均匀作用于整个零件体积上的力场,其单位为 $N/m^3$;

④ 力密度(Force Density):是上述三种力密度的合成,可以施加力密度的对象包括边/曲线、曲面和体。

**9. 强制位移(Enforced Displacement)**

强制位移指对指定的约束指定非零位移,其效果等价于在实体的表面施加载荷。

**10. 温度场(Temperature Field)**

温度场指作用于几何体的温度载荷。

**11. 从热分析中导入温度场(Temperature Field from Thermal Solution)**

从热分析中导入温度场指通过调用热分析方案为几何体施加恒定的或变化的温度载荷。

**12. 复合载荷(Combined Loads)**

复合载荷指针对同一个分析模型创建多个分析事件,并对某一个分析事件应用其他分析事件中的载荷,从而生成新的载荷。

**13. 装配载荷(Assembled Loads)**

装配载荷指针对装配体分析模型创建多个子分析模块,并将各子分析模块中的载荷组合成装配载荷,从而对装配体模型进行总体分析。

对如图 9－1 所示零件定义载荷的方法如下：

① 在载荷(Loads)工具栏中单击均布力(Distributed Force)图标，CATIA 弹出如图 9－22 所示的均布力(Distributed Force)对话框；

② 选择零件的末端表面作为施加均布力载荷的支持面，如图 9－22 所示；

③ 定义载荷大小：X 方向为 0N，Y 方向为 0N，Z 方向为－500N，如图 9－22 所示；

④ 单击确定按钮完成载荷定义。

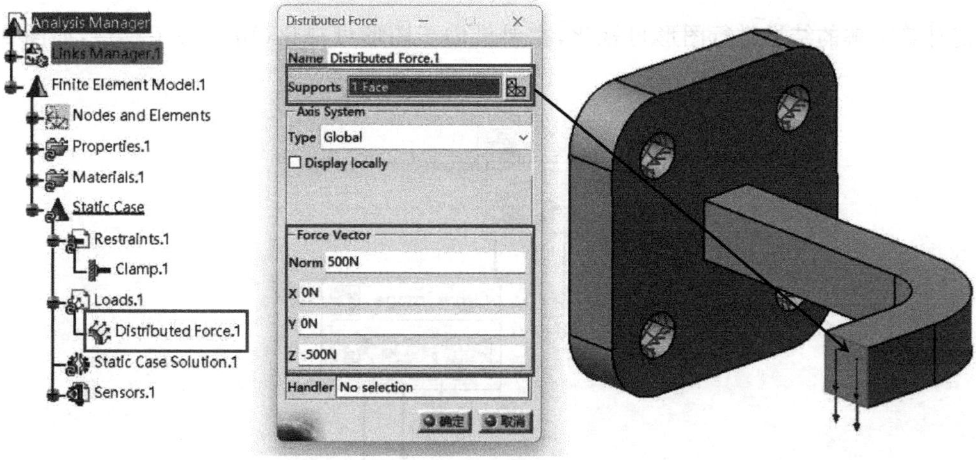


**图 9－22　均布力(Distributed Force)对话框**

# 9.6　计算求解

计算求解的方法是在计算(Compute)工具栏中单击计算(Compute)图标，如图 9－23 所示。

单击计算图标后，CATIA 弹出如图 9－24 所示的计算(Compute)对话框。

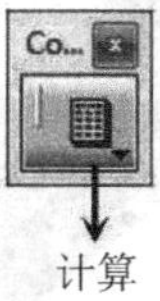


**图 9－23　计算(Compute)工具栏**

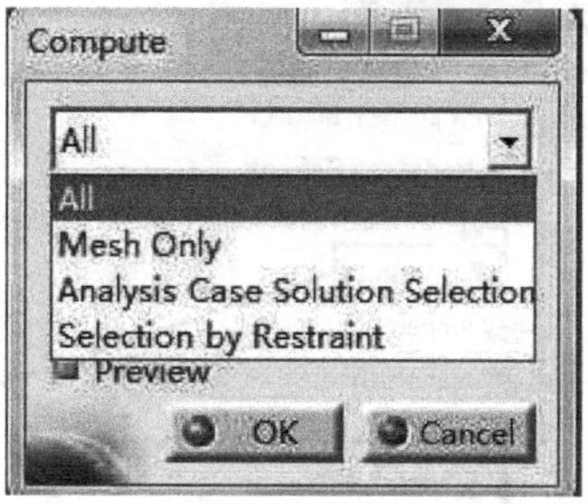


**图 9－24　计算(Compute)对话框**

在计算对话框的下拉列表框中，CATIA 提供 4 种计算求解的内容：

① 全部计算求解(All)；

② 只求解网格划分的效果(Mesh Only)；

③ 对配置树中指定的分析案例进行求解(Analysis Case Solution Selection)；

④ 通过配置树中的约束集选择相应的分析案例(Selection by Restraints)。

在计算对话框中指定了计算求解的内容后，单击 OK 按钮即可开始求解。

# 9.7 后处理

后处理指对计算求解后得到的大量数据进行图形可视化，主要包括结果图形可视化、结果图形可视化分析和生成分析报告 3 个主要内容。

## 9.7.1 结果图形可视化

对计算求解的结果进行图形可视化，主要借助于图形可视化(Image)工具栏，如图 9-25 所示。

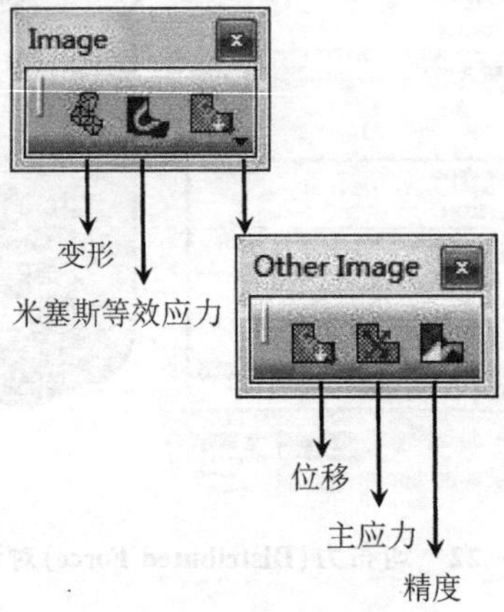


**图 9-25 图形可视化(Image)工具栏**

### 1. 变形(Deformation)

变形图标用于显示静力学分析结果的变形(见图 9-26)或模态分析对应的模态变形。

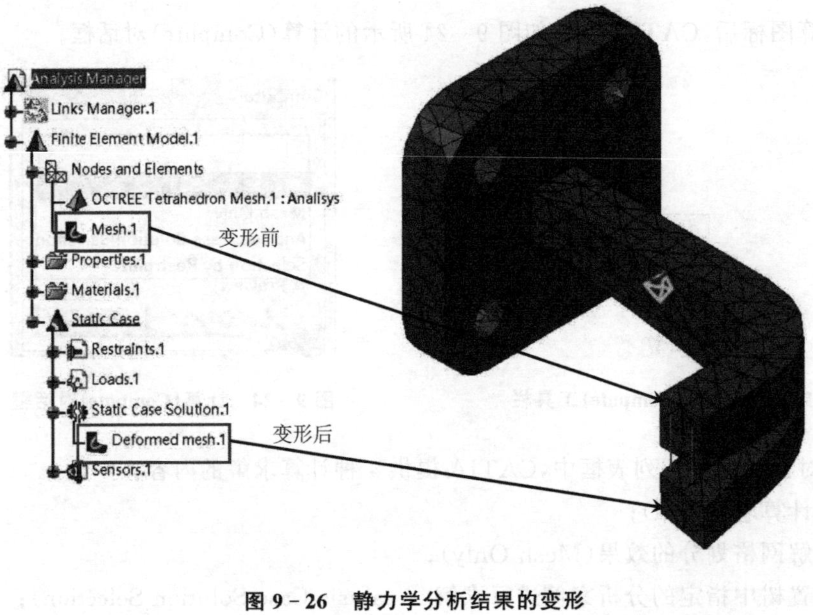


**图 9-26 静力学分析结果的变形**

**2. 米塞斯等效应力(Von Mises Stress)**

米塞斯等效应力图标用于显示米塞斯等效应力云图,如图 9-27 所示。

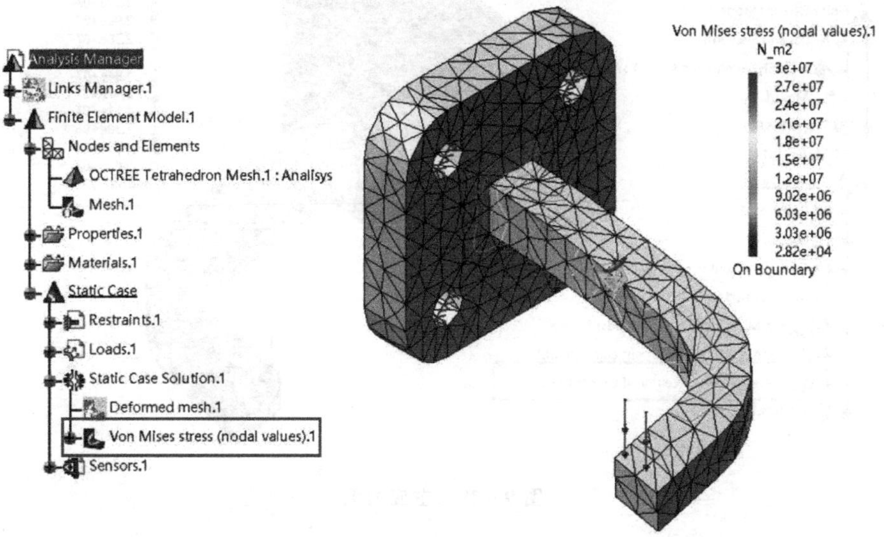


**图 9-27　米塞斯等效应力云图**

**3. 位移(Displacement)**

位移图标用于显示位移图,如图 9-28 所示。

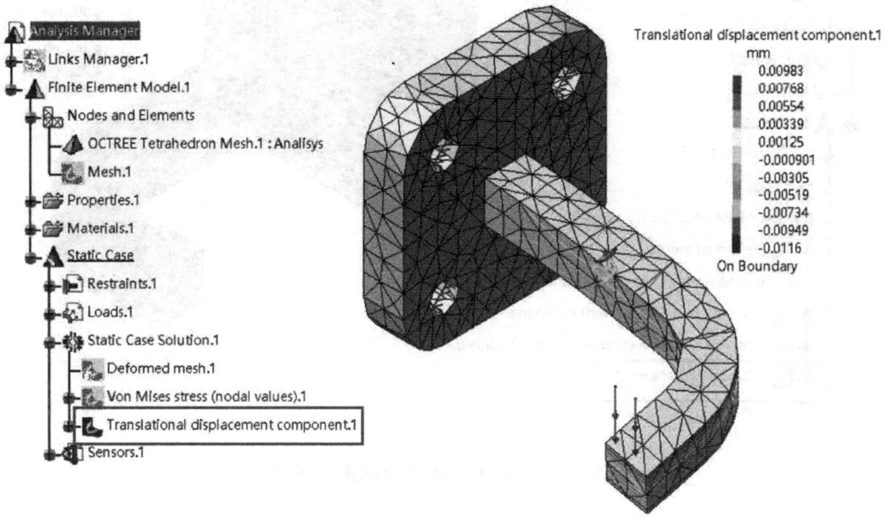


**图 9-28　位移图**

**4. 主应力(Principal Stress)**

主应力图标用于显示主应力图,如图 9-29 所示。

**5. 精度(Precision)**

精度图标用于显示有限元分析的能量误差图,以评价分析结果的有效性,如图 9-30 所示。

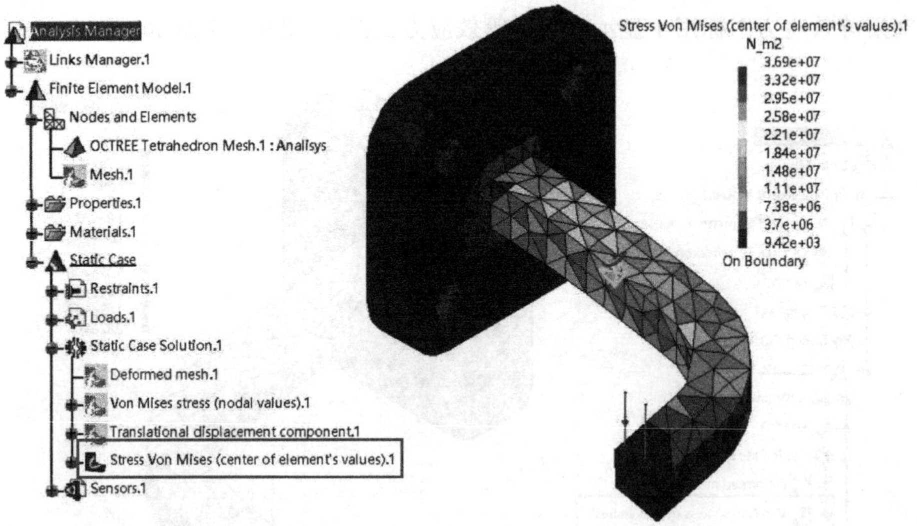


图 9-29 主应力图

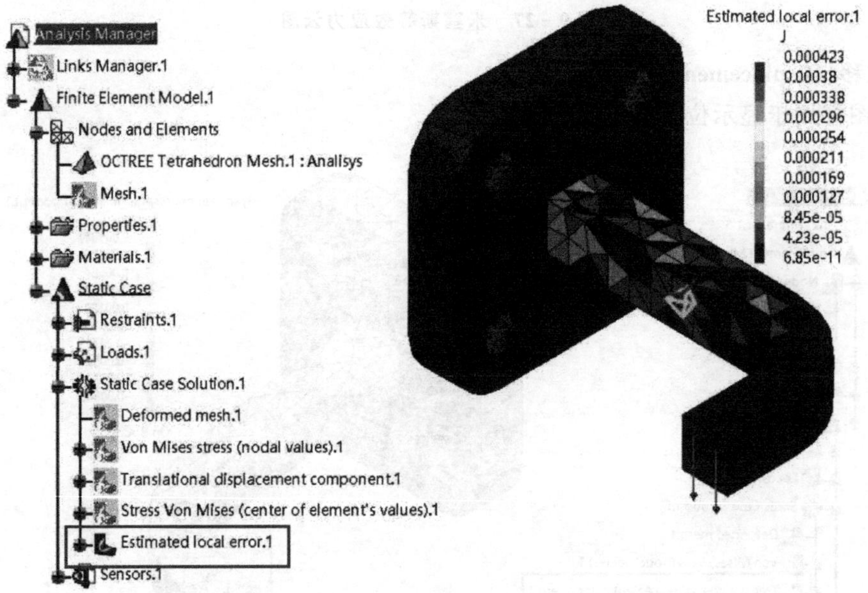


图 9-30 有限元分析的能量误差图

## 9.7.2 结果图形可视化分析

对结果图形进行可视化分析，主要借助于分析工具(Analysis Tools)工具栏，如图 9-31 所示。

**1. 动画(Animate)**

动画图标用于以动画的形式显示结果图形。

**2. 切面分析(Cut Plane Analysis)**

切面分析图标用于显示结果图形的某一切面。可以通过罗盘工具调整切面的方位。

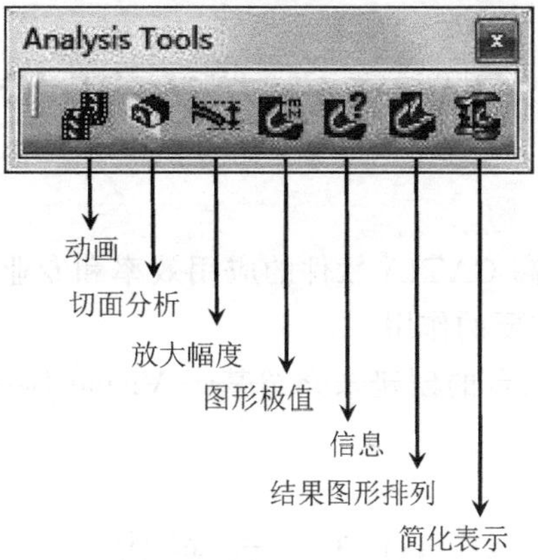


**图 9－31　分析工具(Analysis Tools)工具栏**

**3. 放大幅度(Amplification Magnitude)**

放大幅度图标用于调整结果显示的放大倍数。

**4. 图形极值(Image Extrema)**

图形极值图标用于在指定的结果图形中创建指定数量的极值点。

**5. 信息(Information)**

信息图标用于显示指定结果图形的相关信息。

**6. 结果图形排列(Images Layout)**

结果图形排列图标用于显示排列结果图。

**7. 简化表示(Simplified Representation)**

简化表示图标用于简化指定的结果图形,以加快显示速度。

## 9.7.3　生成分析报告

生成分析报告主要借助于分析结果(Analysis Results)工具栏,如图 9－32 所示。

**1. 生成报告(Generate Report)**

生成报告图标用于生成基本的分析报告。

**2. 生成高级报告(Generate Advanced Report)**

生成高级报告图标用于生成用户定制的报告。

**3. 计算历史(Historic of Computations)**

计算历史图标用于对两次计算的特点进行对比。

**4. 日志分析(Elfini Solver Log)**

日志分析图标用于对计算求解日志进行分析。

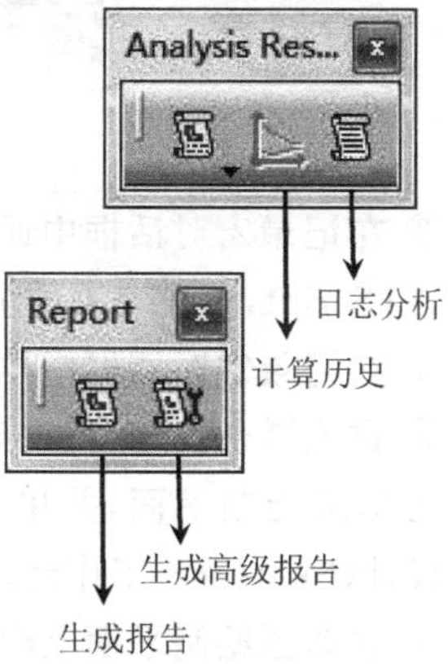


**图 9－32　分析结果(Analysis Results)工具栏**

# 第 10 章　CATIA 二次开发技术基础

CATIA 的二次开发在提高 CATIA 软件的应用效率和专业性，充分发挥 CATIA 软件的使用效益等方面都具有非常重要的作用。

本章通过简单的圆柱体凸台的创建来介绍基于 Visual Basic. NET 的 CATIA 二次开发技术。

## 10.1　录制宏

CATIA 中的宏指一系列 CATIA 操作指令的集合，通过这些指令集合来完成特定的操作。

本节主要介绍如何将创建圆柱体凸台的操作过程录制成宏，并通过运行宏来创建一个圆柱体凸台，操作过程如下：

① 启动 CATIA 软件，并关闭当前所有已打开的 CATIA 窗口；

② 选择工具(Tools)→宏(Macro)→启动录制(Start Recording)菜单项，CATIA 弹出如图 10-1 所示的记录宏(Record macro)对话框；

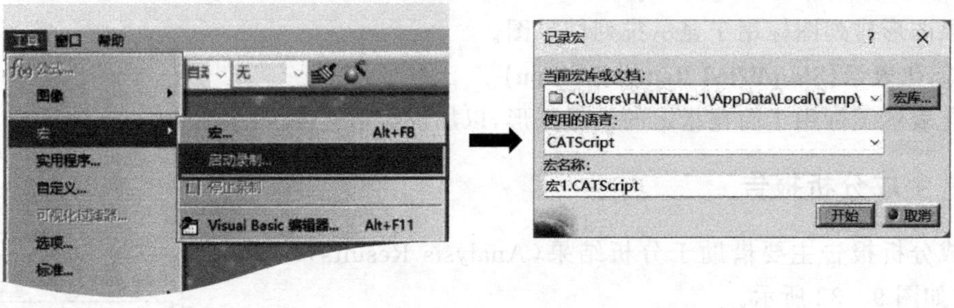


**图 10-1　记录宏(Record macro)对话框**

③ 在记录宏对话框中通过使用的语言(Language used)文本框将录制宏的脚本语言设置为：CATScript，并设置宏的名称和保存路径；

④ 在记录宏对话框中单击开始(Start)按钮开始录制宏；

⑤ 进入零件设计(Part Design)工作台，选择 xy 平面作为草图绘制平面，并单击草图(Sketch)图标，进入草图设计(Sketcher)工作台；

⑥ 在草图绘制平面上绘制一个圆，该圆的圆心与坐标原点重合，圆的直径为 100mm，如图 10-2 所示；

⑦ 从草图设计工作台返回零件设计工作台，对绘制的圆进行拉伸，创建一个圆柱体凸台，凸台长度(即高度)为 20mm，如图 10-3 所示；

⑧ 单击停止宏录制(Stop macro recording)图标，完成宏的录制，如图 10-4 所示；

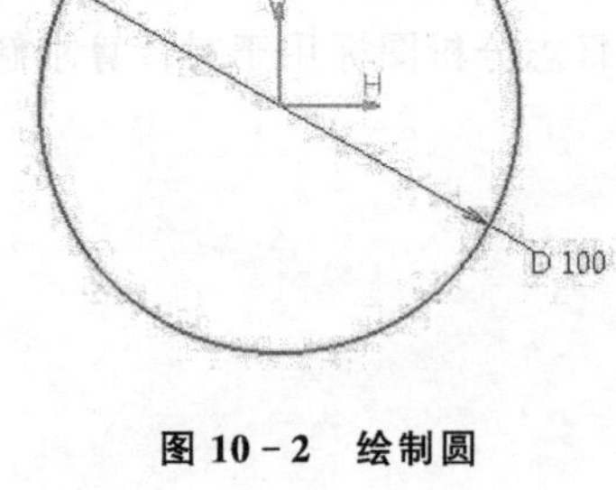


**图 10-2　绘制圆**

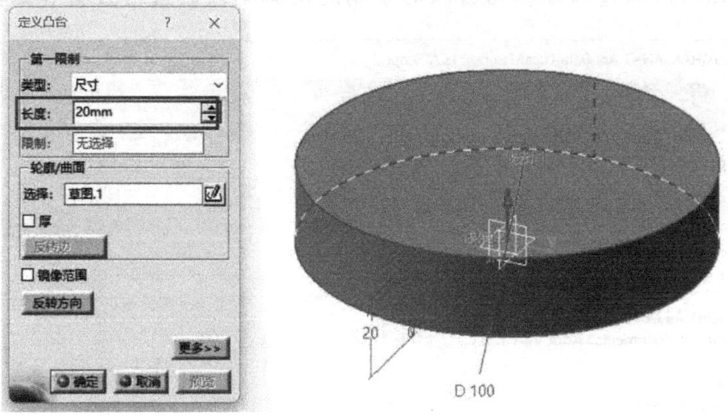


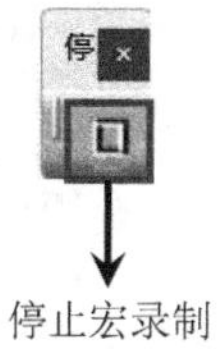


图 10-3 创建圆柱体凸台

图 10-4 停止宏录制 (Stop macro recording)图标

⑨ 选择工具(Tools)→宏(Macro)→宏(Macros)菜单项，CATIA 弹出如图 10-5 所示的宏(Macros)对话框；

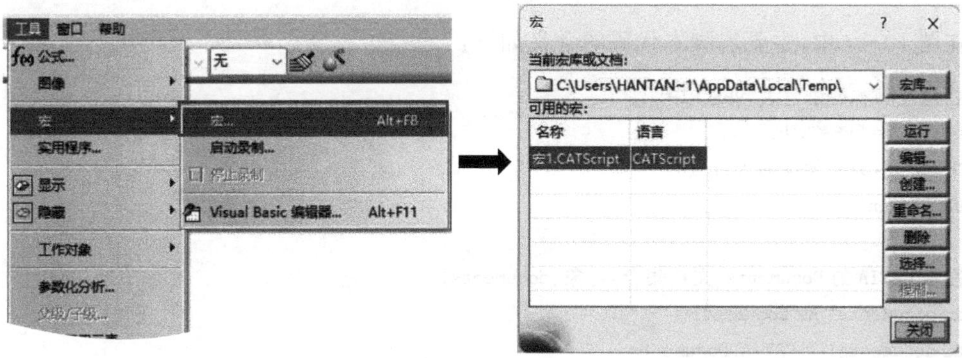


图 10-5 宏(Macros)对话框

⑩ 在宏对话框中选中之前录制的宏，并单击运行(Run)按钮，CATIA 自动运行宏文件中录制的 CATIA 操作指令集合，创建一个直径为 100mm、高度为 20mm 的圆柱体凸台，如图 10-6 所示。

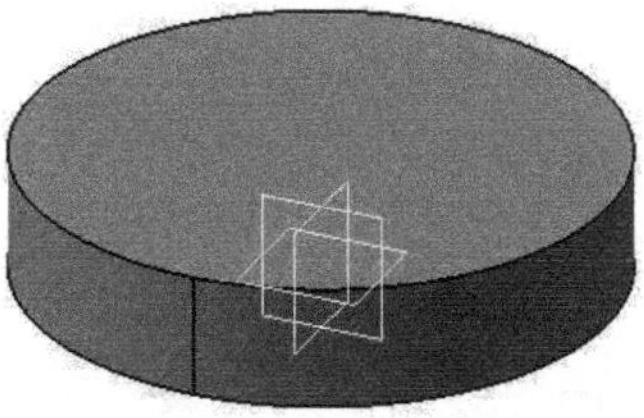

图 10-6 通过运行宏创建的圆柱体凸台

## 10.2 理解录制的宏

在如图 10-5 所示的宏(Macros)对话框中单击编辑(Edit)按钮，可以打开如图 10-7 所示的宏编辑器(Macros Editor),通过该编辑器可以对录制的宏脚本代码进行查看和编辑。

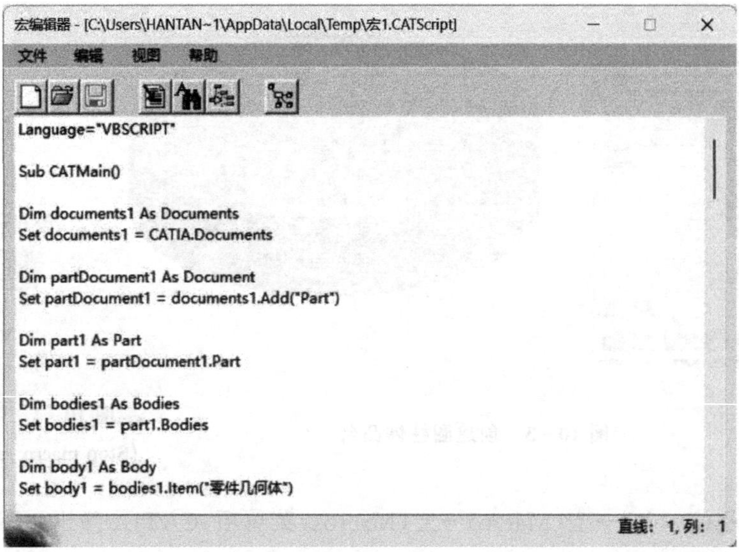


**图 10-7 宏编辑器(Macros Editor)**

在图 10-7 中,主要宏脚本代码的含义如下:

```
'指定宏脚本的语言为:VBSCRIPT
Language = "VBSCRIPT"
'CATMain()为宏脚本的入口点
SubCATMain()

'获取 CATIA 的 Documents(文档集合)对象:documents1
Dim documents1 As Documents
Set documents1  = CATIA.Documents

'新建一个 Part(零件)文档对象,并将其加入 Documents(文档集合)中
Dim partDocument1 As Document
Set partDocument1 = documents1.Add("Part")

'获取新建的 Part(零件)文档对象:part1
Dim part1 As Part
Set part1 = partDocument1.Part

'获取 Part(零件)文档中的 Bodies(实体集合)
Dim bodies1 As Bodies
Set bodies1 = part1.Bodies

'获取 Bodies(实体集合)中名为"零件几何体"的 Body(实体)
Dim body1 As Body
Set body1 = bodies1.Item("零件几何体")

'获取"零件几何体"中的 Sketches(草图对象集合)
Dim sketches1 As Sketches
```

```
Set sketches1 = body1.Sketches

'获取 OriginElements(三维坐标轴系统)对象
Dim originElements1 As OriginElements
Set originElements1 = part1.OriginElements

'选择 OriginElements(三维坐标轴系统)中的 XY 基准平面作为参考平面
Dim reference1 As AnyObject
Set reference1 = originElements1.PlaneXY

'以 XY 基准平面作为参考平面创建一个 Sketch(草图)对象:sketch1
'并将其加入 Sketches(草图对象集合)中
Dim sketch1 As Sketch
Set sketch1 = sketches1.Add(reference1)

'定义草图的横轴和纵轴
Dim arrayOfVariantOfDouble1(8)
arrayOfVariantOfDouble1(0) = 0.000000
arrayOfVariantOfDouble1(1) = 0.000000
arrayOfVariantOfDouble1(2) = 0.000000
arrayOfVariantOfDouble1(3) = 1.000000
arrayOfVariantOfDouble1(4) = 0.000000
arrayOfVariantOfDouble1(5) = 0.000000
arrayOfVariantOfDouble1(6) = 0.000000
arrayOfVariantOfDouble1(7) = 1.000000
arrayOfVariantOfDouble1(8) = 0.000000
sketch1.SetAbsoluteAxisData arrayOfVariantOfDouble1

'将 Sketch(草图)对象 sketch1 设置为当前的工作对象
part1.InWorkObject = sketch1

'定义 Factory2D(草图元素构造器)对象:factory2D1
Dim factory2D1 As Factory2D
Set factory2D1 = sketch1.OpenEdition()

'获取 GeometricElements(草图元素集合)对象:geometricElements1
Dim geometricElements1 As GeometricElements
Set geometricElements1 = sketch1.GeometricElements

'获取草图的绝对轴系
Dim axis2D1 As GeometricElement
Set axis2D1 = geometricElements1.Item("绝对轴")

'获取绝对轴系的横轴
Dim line2D1 As CATBaseDispatch
Set line2D1 = axis2D1.GetItem("横向")
line2D1.ReportName = 1
```

```
'获取绝对轴系的纵轴
Dim line2D2 As CATBaseDispatch
Set line2D2 = axis2D1.GetItem("纵向")
line2D2.ReportName = 2

'以坐标原点为圆心,绘制一个半径为 50mm 的圆
Dim circle2D1 As Circle2D
Set circle2D1 = factory2D1.CreateClosedCircle(0.000000, 0.000000, 50.000000)

'获取草图的坐标原点
Dim point2D1 As CATBaseDispatch
Set point2D1 = axis2D1.GetItem("原点")

'使圆心点与坐标原点重合
circle2D1.CenterPoint = point2D1

circle2D1.ReportName = 3

'获取草图的 Constraints(约束集合)
Dim constraints1 As Constraints
Set constraints1 = sketch1.Constraints

'将绘制的圆定义成约束的 Reference(参考元素)
Dim reference2 As Reference
Set reference2 = part1.CreateReferenceFromObject(circle2D1)

'新建一个 catCstTypeRadius(半径约束),并将其加入约束集合中
Dim constraint1 As Constraint
Set constraint1 = constraints1.AddMonoEltCst(catCstTypeRadius, reference2)

'将新建的半径约束设置成 catCstModeDrivingDimension(尺寸驱动模式)
constraint1.Mode = catCstModeDrivingDimension

'获取半径约束的半径值
Dim length1 As Dimension
Set length1 = constraint1.Dimension

'约束半径值为 50mm
length1.Value = 50.000000

'结束草图编辑并退出草图
sketch1.CloseEdition

part1.InWorkObject = sketch1

'对零件进行更新
part1.Update
```

```
'获取 Part(零件)文档中的实体特征构造器
Dim shapeFactory1 As Factory
Set shapeFactory1 = part1.ShapeFactory

'基于绘制的草图创建一个高度为 20mm 的凸台特征
Dim pad1 As Pad
Set pad1 = shapeFactory1.AddNewPad(sketch1, 20.000000)

part1.UpdateObject pad1

part1.Update

End Sub
```

## 10.3 宏的参数化

一个圆柱体凸台涉及两个基本尺寸：半径、高度。可以通过在宏脚本入口点对参数进行设置的方法，来人为设置圆柱体凸台的半径和高度，方法如下：

① 在宏脚本入口点设置两个参数 r 和 h，r 代表半径，h 代表高度，如图 10－8 所示；

```
Sub CATMain()  ⇒  Sub CATMain(r,h)
```

图 10－8 在宏脚本入口点设置参数

② 将圆柱体凸台的半径由 50mm 改为 r，如图 10－9 所示；

```
'获取半径约束的半径值                         '获取半径约束的半径值
Dim length1 As Dimension                      Dim length1 As Dimension
Set length1 = constraint1.Dimension     ⇒    Set length1 = constraint1.Dimension

'约束半径值为50mm                             '约束半径值为 r
length1.Value=50.000000                       length1.Value=r
```

图 10－9 将圆柱体凸台的半径由 50mm 改为 r

③ 将圆柱体凸台的高度由 20mm 改为 h，如图 10－10 所示；

```
'基于绘制的草图创建一个高度为20mm的凸台特征
Dim pad1 As Pad
Set pad1 = shapeFactory1.AddNewPad(sketch1, 20.000000)
                    ⇓
'基于绘制的草图创建一个高度为 h 的凸台特征
Dim pad1 As Pad
Set pad1 = shapeFactory1.AddNewPad(sketch1, h)
```

图 10－10 将圆柱体凸台的高度由 20mm 改为 h

④ 保存修改后的宏脚本文件，并关闭宏编辑器(Macros Editor)；

⑤ 在宏对话框中重新运行编辑后的宏脚本，CATIA 弹出如图 10－11 所示的宏参数(Macro parameters)对话框；

⑥ 在宏参数对话框的值(Value)文本框中分别指定圆柱体凸台的半径和高度，并单击设置(Set)按钮使其生效，如图 10－12 所示；

⑦ 在宏参数对话框中单击运行按钮，CATIA 自动创建出指定半径和高度的圆柱体凸台，如图 10－13 所示。

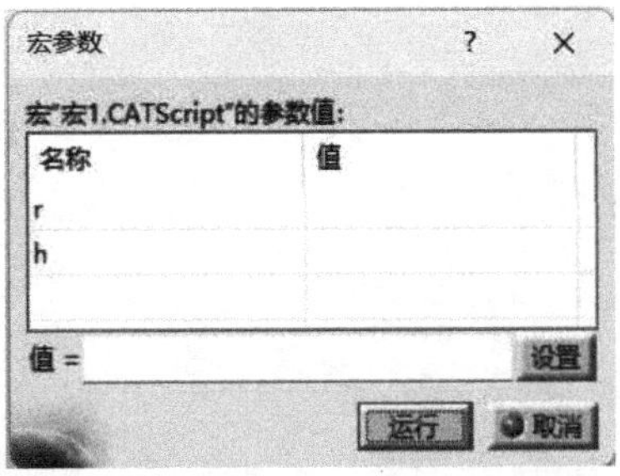


图 10－11　宏参数 (Macro parameters) 对话框

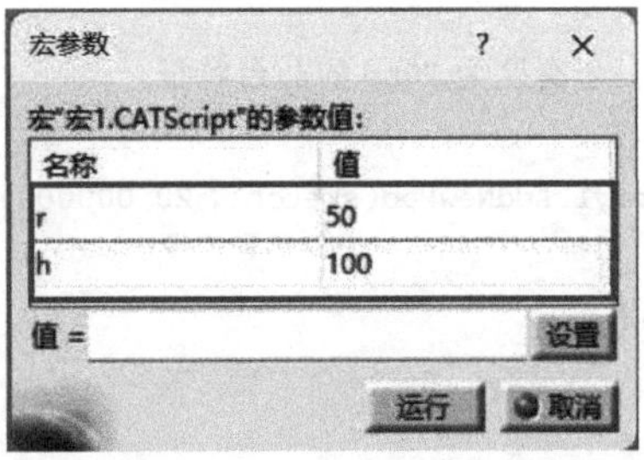


图 10－12　设置圆柱体凸台的半径和高度

图 10－13　创建指定半径和高度的圆柱体凸台

# 10.4　基于 Visual Basic.NET 的 CATIA 二次开发技术

本节主要介绍如何通过 Microsoft Visual Studio 2008，并基于 Visual Basic 语言为创建圆柱体凸台设计更加人性化的界面。

## 10.4.1　新建 Windows 窗体应用程序

新建 Windows 窗体应用程序的方法如下：

① 启动 Microsoft Visual Studio 2008；

② 创建基于 Visual Basic 语言的 Windows 窗体应用程序，操作方法如图 10－14 所示；

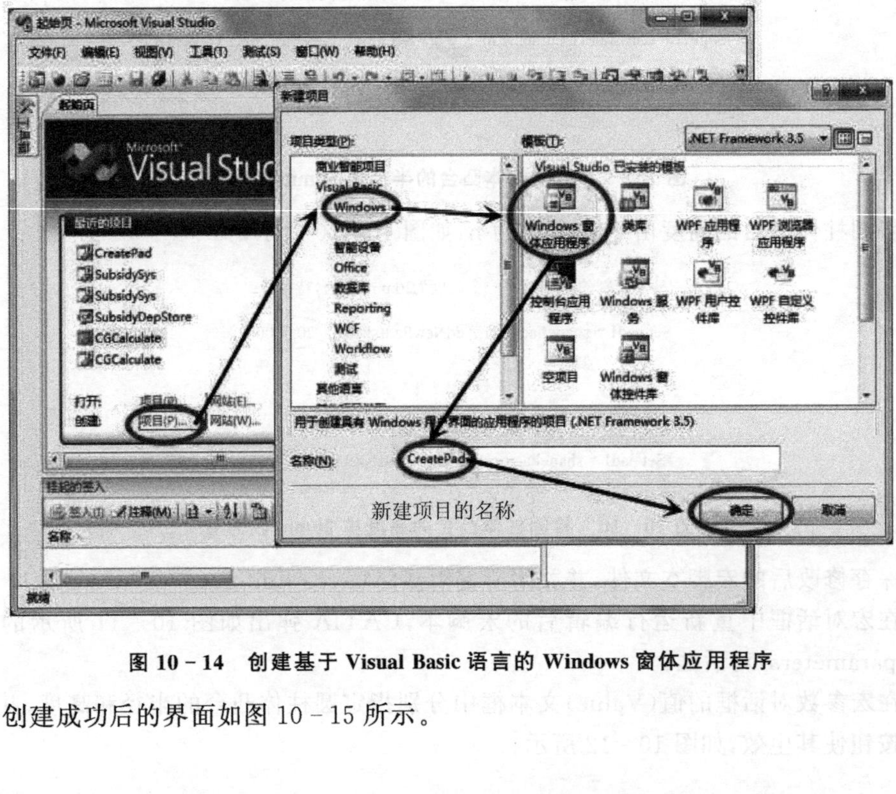


图 10－14　创建基于 Visual Basic 语言的 Windows 窗体应用程序

③ 创建成功后的界面如图 10－15 所示。

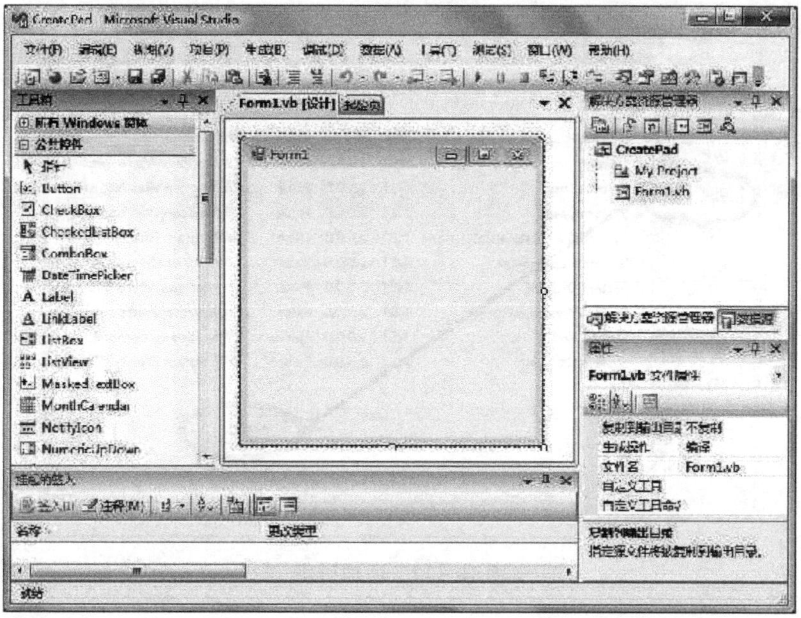


图 10-15　基于 Visual Basic 语言的 Windows 窗体应用程序(CreatePad)

## 10.4.2　配置项目属性

对项目属性进行配置的方法如下：

① 选择项目→CreatePad 属性菜单项，如图 10-16 所示；

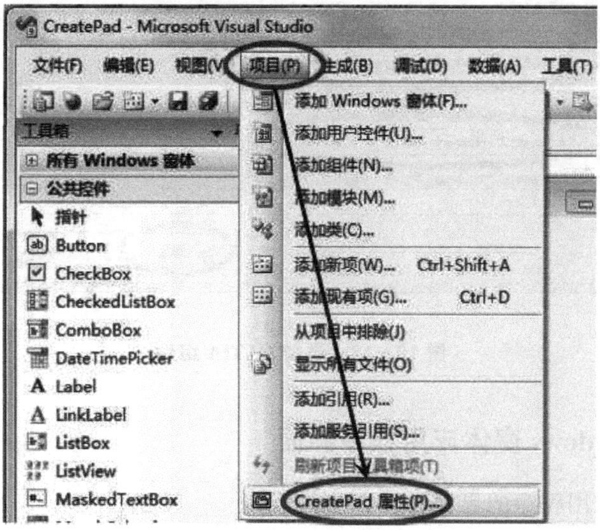


图 10-16　项目→CreatePad 属性菜单项

② 在 CreatePad 属性窗口添加引用，操作方法如图 10-17 所示；

③ 在弹出的添加引用对话框的 COM 选项卡中添加如图 10-18 所示的 3 个 CATIA 组件，单击确定按钮完成操作。

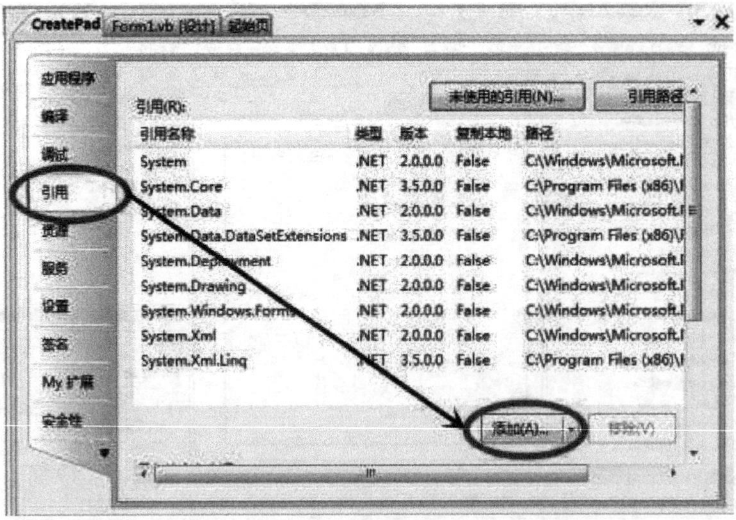


图 10-17 添加引用

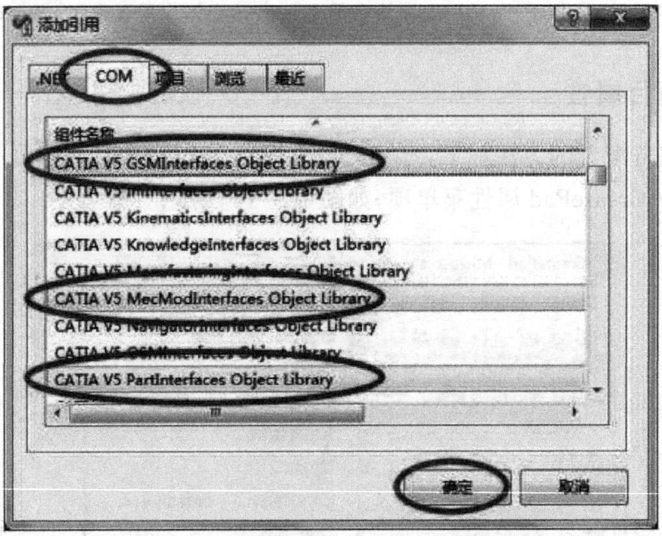


图 10-18 添加 CATIA 组件

### 10.4.3 设计 Windows 窗体应用程序界面

Windows 窗体应用程序的界面设计方法如下：

① 切换到视图设计窗口，如图 10-19 所示；

② 在如图 10-19 所示的 Windows 窗体上添加两个文本标签(Label)控件、两个文本框(TextBox)控件和一个按钮(Button)控件，如图 10-20 所示；

③ 编辑控件属性，如表 10-1 所列；

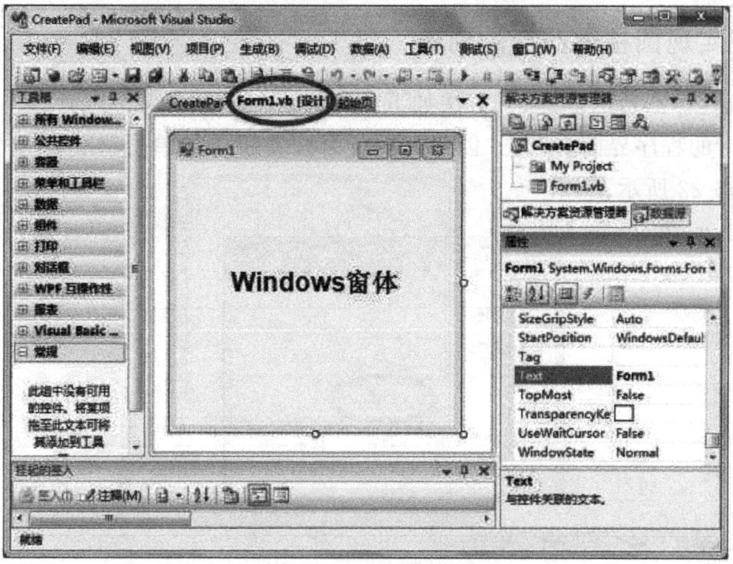


图 10-19　视图设计窗口

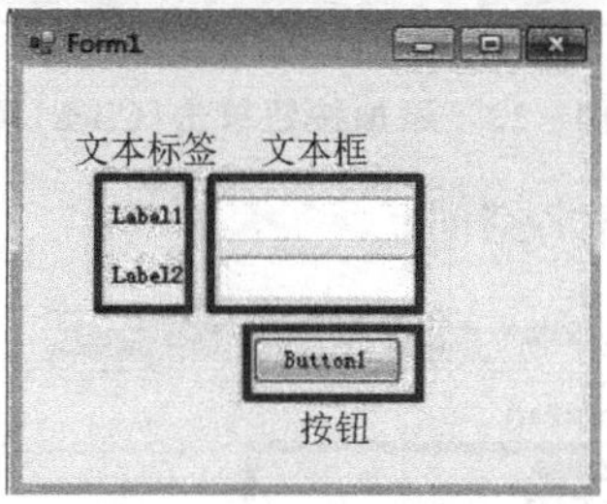


图 10-20　添加控件

表 10-1　控件属性

| 控件类型 | 原 Name 属性 | 新 Name 属性 | 新 Text 属性 |
| --- | --- | --- | --- |
| Form | Form1 | Form_CreatePad | 创建圆柱体凸台 |
| Label | Label1 | Lab_Radius | 半径： |
| Label | Label2 | Lab_Height | 高度： |
| TextBox | TextBox1 | TB_Radius | — |
| TextBox | TextBox2 | TB_Height | — |
| Button | Button1 | Btn_Create | 创建 |

④ 控件属性编辑完成后，程序界面如图 10-21 所示。

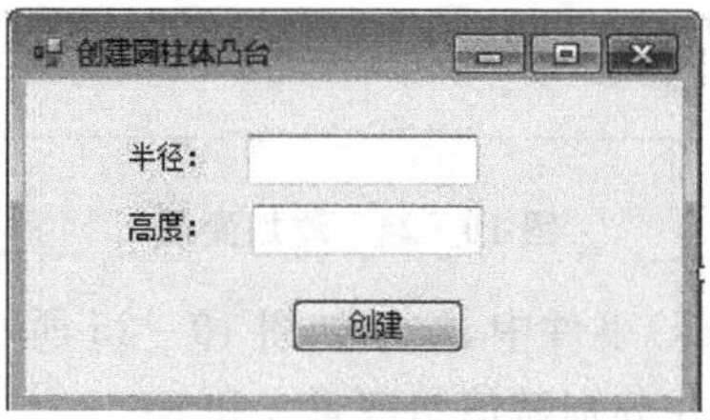


图 10-21　程序界面

### 10.4.4 编程实现圆柱体凸台的创建

编程实现圆柱体凸台的创建，其方法如下：

① 在新设计的程序界面上双击“创建”按钮，为该按钮添加单击(Click)事件，并切换到代码窗口，如图 10－22 所示；

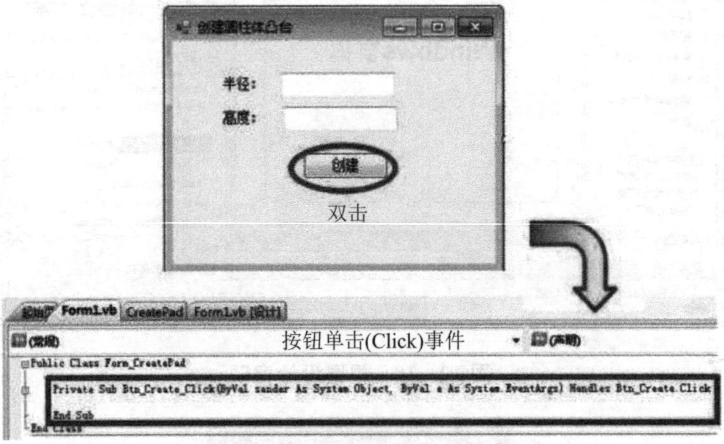


图 10－22　添加按钮单击(Click)事件

② 导入如图 10－23 所示的命名空间；

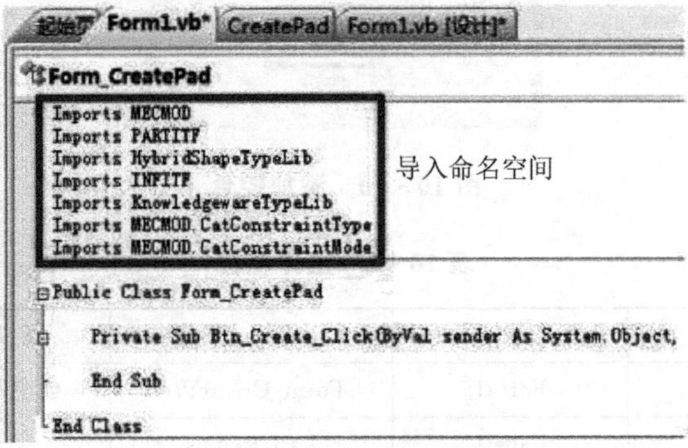


图 10－23　导入命名空间

③ 添加两个单精度型变量 r 和 h，如图 10－24 所示；

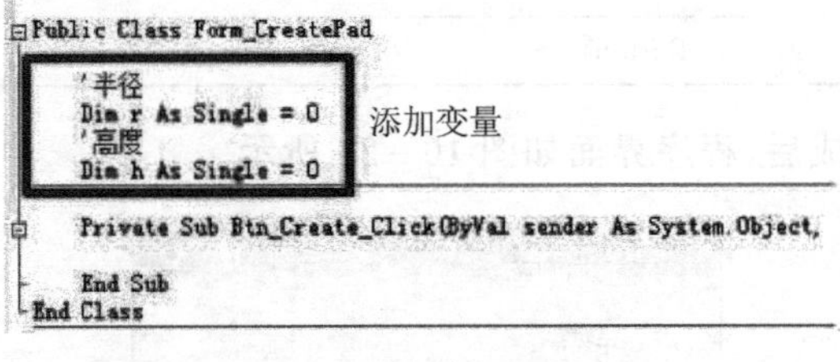


图 10－24　添加变量

④ 在创建按钮的单击(Click)事件中，添加如图 10－25 所示的代码，将两个文本框控件中的值转换成单精度(Single)型，并分别赋值给变量 r 和 h；

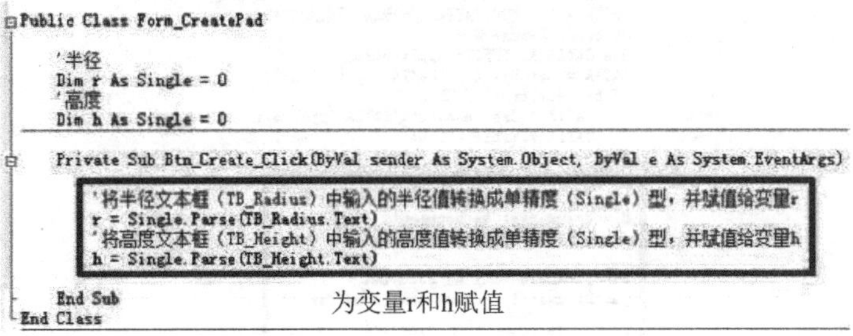


**图 10－25　为变量赋值**

⑤ 在创建按钮的单击(Click)事件中，添加如图 10－26 所示的代码，以连接 CATIA，如果 CATIA 未曾启动，则启动 CATIA；

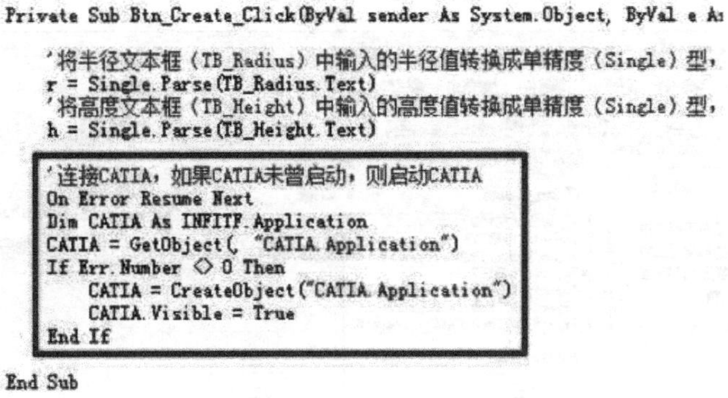
Private Sub Btn_Create_Click(ByVal sender As System.Object, ByVal e As
'将半径文本框（TB_Radius）中输入的半径值转换成单精度（Single）型，
r = Single.Parse(TB_Radius.Text)
'将高度文本框（TB_Height）中输入的高度值转换成单精度（Single）型，
h = Single.Parse(TB_Height.Text)
'连接CATIA，如果CATIA未曾启动，则启动CATIA
On Error Resume Next
Dim CATIA As INFITF.Application
CATIA = GetObject(, "CATIA.Application")
If Err.Number <> 0 Then
CATIA = CreateObject("CATIA.Application")
CATIA.Visible = True
End If
End Sub

**图 10－26　启动连接 CATIA**

⑥ 切换到 CATIA 界面，启动宏编辑器(Macros Editor)，如图 10－27 所示；

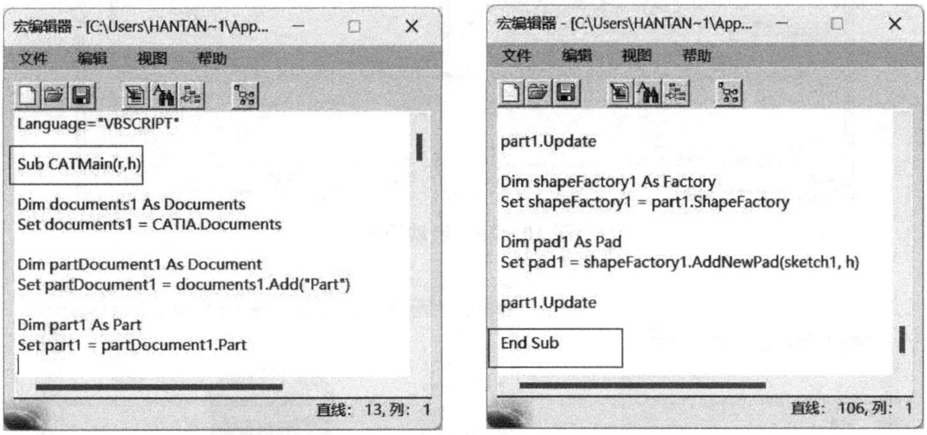


(a) Sub CATMain(r,h)　　(b) End Sub

**图 10－27　宏编辑器(Macros Editor)**

⑦ 将宏编辑器中 Sub CATMain(r,h)与 End Sub 之间的代码复制粘贴到创建按钮的单击(Click)事件中，如图 10－28 所示；

⑧ 单击启动按钮，启动创建圆柱体凸台窗口，如图 10－29 所示；

⑨ 在创建圆柱体凸台窗口中输入半径和高度，单击创建按钮，程序自动启动CATIA，并按照程序中指定的半径和高度值创建圆柱体凸台，如图 10－30 所示。

```
'连接CATIA，如果CATIA未曾启动，则启动CATIA
On Error Resume Next
Dim CATIA As INFITF.Application
CATIA = GetObject(, "CATIA.Application")
If Err.Number <> 0 Then
    CATIA = CreateObject("CATIA.Application")
    CATIA.Visible = True
End If

'以下是从CATIA宏编辑器中复制过来的代码
Dim documents1 As Documents
documents1 = CATIA.Documents

Dim partDocument1 As Document
partDocument1 = documents1.Add("Part")

Dim part1 As Part
part1 = partDocument1.Part

Dim bodies1 As Bodies
bodies1 = part1.Bodies

Dim body1 As Body
body1 = bodies1.Item("PartBody")
```

图 10-28 添加代码

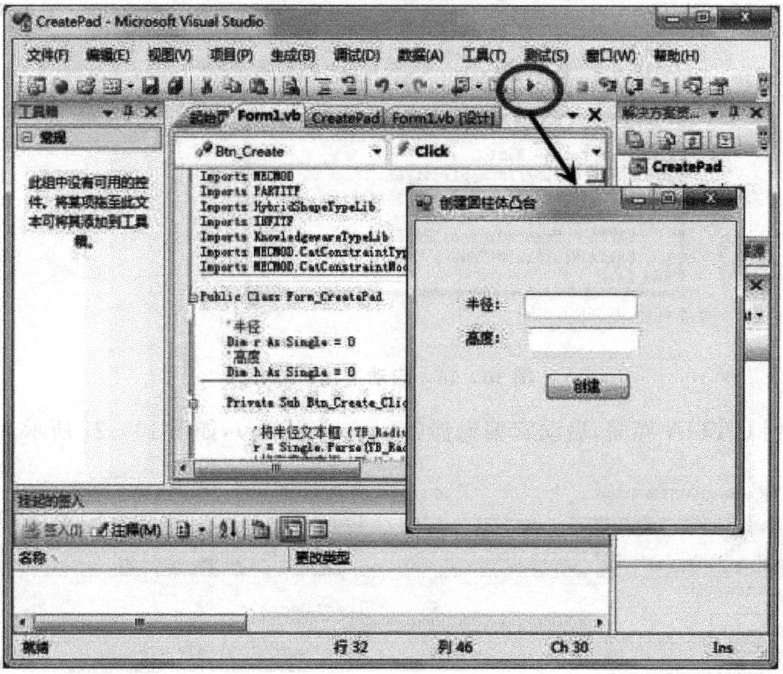


图 10-29 启动调试

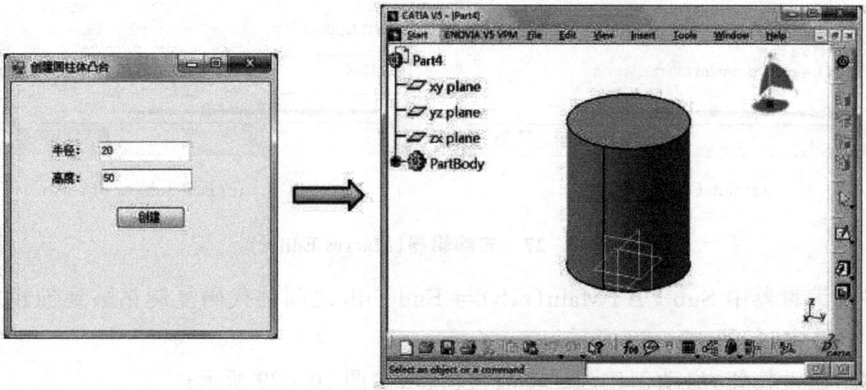


图 10-30 创建圆柱体凸台

# 参考文献


[1] 谢龙汉. CATIA V5 CAD 快速入门[M]. 北京:清华大学出版社,2006.

[2] 丁仁亮. CATIA V5 基础教程[M]. 北京:机械工业出版社,2006.

[3] 詹熙达. CATIA V5R20 钣金设计教程[M]. 北京:机械工业出版社,2012.

[4] 刘宏新,王登宇. CATIA 有限元工程结构分析(CAE)[M]. 北京:机械工业出版社,2019.

[5] 鞠成伟,刘春. CATIA V5-6R2018 完全实战技术手册[M]. 北京:清华大学出版社,2022.